RAMAN, INFRARED, AND NEAR-INFRARED CHEMICAL IMAGING

拉曼、红外和近红外化学成像

（美）斯洛博丹·萨希奇 (Slobodan Šašić)
（日）尾崎幸洋 (Yukihiro Ozaki) 编

杨辉华 褚小立 李灵巧 等译

·北京·

内容简介

光谱成像技术是近10多年发展起来的一门新兴学科，是现代过程分析技术中一项重要的手段。它将传统的光学成像和光谱方法相结合，可以同时获得样品空间各点的光谱，从而进一步通过化学计量学等方法获取空间各点的组成和结构信息。《拉曼、红外和近红外化学成像》是一本系统介绍分子振动光谱化学成像技术的专著，涉及光谱成像基本原理、仪器硬件、化学计量学方法，以及在生物医学、制药、食品和聚合物等领域的应用。参与本书撰写的作者大都来自大学、研究院所、仪器公司和工业应用部门，具有深厚的分子振动光谱成像的理论基础和丰富的实践经验。

《拉曼、红外和近红外化学成像》可作为分子光谱分析、现代过程分析技术、化学计量学等领域从业人员的参考资料，也可以作为高等院校、科研院所的仪器分析、分析仪器、光学、信息科学等专业研究生的专业用书，还可作为一般读者了解分子振动光谱化学成像技术的参考读物。

Raman, Infrared, and Near-Infrared Chemical Imaging by SLOBODAN ŠAŠIĆ and YUKIHIRO OZAKI.
ISBN 978-0-470-38204-2

北京市版权局著作权合同登记号：01-2020-7764

图书在版编目（CIP）数据

拉曼、红外和近红外化学成像/(美) 斯洛博丹·萨希奇，(日) 尾崎幸洋编；杨辉华等译. —北京：化学工业出版社，2020.1（2022.9重印）
书名原文：Raman, Infrared, and Near-Infrared Chemical Imaging
ISBN 978-7-122-35885-1

Ⅰ.①拉… Ⅱ.①斯…②尾…③杨… Ⅲ.①喇曼光谱法②红外分光光度法 Ⅳ.①O657.3

中国版本图书馆CIP数据核字（2019）第297903号

责任编辑：杜进祥　　文字编辑：向　东
责任校对：边　涛　　装帧设计：韩　飞

出版发行：化学工业出版社（北京市东城区青年湖南街13号　邮政编码100011）
印　　装：北京科印技术咨询服务有限公司数码印刷分部
710mm×1000mm　1/16　印张25½　彩插8　字数516千字
2022年9月北京第1版第2次印刷

购书咨询：010-64518888　　售后服务：010-64518899
网　　址：http://www.cip.com.cn
凡购买本书，如有缺损质量问题，本社销售中心负责调换。

定　　价：196.00元

本书翻译人员

杨辉华（北京邮电大学）

褚小立（中国石化石油化工科学研究院）

李灵巧（北京邮电大学）

李彦晖（桂林电子科技大学）

杜师帅（北京邮电大学）

潘细朋（北京邮电大学）

胡锦泉（北京邮电大学）

王其滨（桂林电子科技大学）

魏曼曼（桂林电子科技大学）

吴鹏飞（桂林电子科技大学）

刘勇飞（桂林电子科技大学）

马　超（桂林电子科技大学）

曹志伟（北京邮电大学）

张隆昊（北京邮电大学）

郑安兵（北京邮电大学）

马　震（北京邮电大学）

陈依依（北京邮电大学）

余　杰（北京邮电大学）

路皓翔（桂林电子科技大学）

贺胜晖（桂林电子科技大学）

伏为峰（桂林电子科技大学）

张天宇（桂林电子科技大学）

吴开宇（桂林电子科技大学）

莫艳红（桂林电子科技大学）

刘秉曦（北京邮电大学）

本书编写人员

Nils Kristian Afseth，挪威，Nofima Mat股份有限公司

Ulrike Böcker，挪威，Nofima Mat股份有限公司

R. A. Crocombe，美国，马萨诸塞，比尔利卡市，赛默飞世尔公司

Janie Dubois，美国，马里兰，哥伦比亚，马尔文仪器有限公司

Carol R. Flach，美国，新泽西，纽瓦克，罗格斯大学纽瓦克学院化学系

Paul Geladi，瑞典，于默奥，瑞典农业科学大学生物技术与化学系

Ad Gerich，荷兰，北布拉班特省，先灵葆雅公司

Hans Grahn，瑞典，斯德哥尔摩，卡罗林斯卡学院行为神经科学系

Hiro-o Hamaguchi，日本，东京，东京大学科学学院化学系

Xiaoxia Han（韩晓霞），中国，长春，吉林大学超分子结构与材料国家重点实验室

Mohammad Kamal Hossain，日本，三田，关西学院大学科学技术学院化学系

R. A. Hoult，英国，白金汉郡，珀金埃尔默仪器有限公司

Yu-San Huang（黄玉山），日本，东京，东京大学科学学院化学系

Tamitake Itoh，日本，香川，高松市，国家先进工业科学技术研究所

Jianhui Jiang（蒋健晖），中国，长沙，湖南大学化学/生物传感和化学计量学国家重点实验室

Olga Jilkina，加拿大，曼尼托巴，温尼伯，加拿大国家研究委员会生物诊断研究所

Hideaki Kano，日本，东京，东京大学科学学院化学系/日本，埼玉，日本科学技术振兴机构胚胎科学与技术研究院（PRESTO）

Yasutaka Kitahama，日本，三田，关西学院大学科学技术学院化学系

Sergei G. Kazarian，英国，伦敦，伦敦帝国理工学院化学工程系

Linda H. Kidder，美国，马里兰，哥伦比亚，马尔文仪器有限公司

Valery V. Kupriyanov，加拿大，曼尼托巴，温尼伯，加拿大国家研究委员会生物诊断研究所

E. Neil Lewis，美国，马里兰，哥伦比亚，马尔文仪器有限公司

Gurjit S. Mandair，美国，密歇根，安德堡，密歇根大学化学系

Marena Manley，南非，斯特兰德，斯特兰德大学食品科学系

Richard Mendelsohn，美国，新泽西，纽瓦克，罗格斯大学纽瓦克学院化学系

David J. Moore，美国，新泽西，韦恩，美国国际特品公司

Michael D. Morris，美国，密歇根，安德堡，密歇根大学化学系

Yasuaki Naito，日本，东京，学习院大学化学系

Matthew P. Nelson，美国，宾夕法尼亚，匹兹堡，开米美景公司

Yukihiro Ozaki，日本，三田，关西学院大学科学技术学院化学系

C. C. Pelletier，美国，康涅狄格州，大风渡口，美国航空航天局喷气推进实验室

M. J. Pelletier，美国，康涅狄格州，格罗顿，辉瑞制药有限公司

Slobodan Šašić，美国，康涅狄格州，格罗顿，辉瑞制药有限公司分析化学研究所

Harumi Sato，日本，三田，关西学院大学科学技术学院化学系

J. Sellors，英国，白金汉郡，珀金埃尔默仪器有限公司

Laurence Senak，美国，新泽西，韦恩，美国国际特品公司

R. Anthony Shaw，加拿大，马尼托巴，温尼伯，加拿大国家研究委员会生物诊断研究所

Rintaro Shimada，日本，东京，东京大学科学学院化学系

Hideyuki Shinzawa，日本，名古屋，中部地区，产业技术综合研究院前沿仪器研究所

Michael G. Sowa，加拿大，曼尼托巴，温尼伯，加拿大国家研究委员会生物诊断研究所

Athiyanathil Sujith，印度，喀拉拉邦，卡利卡特，卡利卡特国立技术学院

Patrick J. Treado，美国，宾夕法尼亚，匹兹堡，开米美景公司

Patrick S. Wray，英国，伦敦，伦敦帝国理工学院化学工程系

N. A. Wright，美国，加利福尼亚，波莫纳，汉胜公司 AIT 分公司

Ru-Qin Yu（俞汝勤），中国，长沙，湖南大学化学/生物传感和化学计量学国家重点实验室

Lin Zhang（张林），美国，康涅狄格州，格罗顿，辉瑞制药有限公司分析化学研究所

中文版序言

很高兴知道我们编写的《拉曼、红外和近红外化学成像》(SLOBODAN ŠAŠIĆ 和 YUKIHIRO OZAKI，Wiley) 一书已经被翻译成中文。

我有很多中国朋友，因此清楚中国人口众多，学术历史悠久。所以，我很高兴也很荣幸这本书有中文版。本书涵盖了拉曼、红外 (IR) 和近红外 (NIR) 光谱成像的相关知识。近二十年来，由于光源、光谱仪、探测器和各种光学元件的发展，这些成像技术取得了显著的进步。化学成像技术是当今世界上研究和应用的重要工具。这本书涉及光谱理论，仪器、数据分析方法，以及它们在各个领域的应用，包括生物医学、制药技术、食品技术、聚合物科学和工程等。许多国家的杰出科学家为这本书的出版作出了努力。

当然，这本书的中文版是杨辉华教授、褚小立教授和李灵巧博士付诸努力的结果。我非常感谢他们的巨大贡献。

我希望中文版能让许多读者感到非常有用和受益。如果这本书能激发读者开启新的更令人兴奋的图像研究，我们将不胜荣幸。

尾崎幸洋 (Yukihiro Ozaki)
日本关西学院大学
2019 年 5 月 6 日

译者的话

分子振动光谱（中红外、近红外和拉曼）分析技术已广泛应用于农业、石化、制药、食品和临床医学等领域，但是传统的分子振动光谱得到的是样品某一点（或很小区域）的平均光谱，因此非常适合于均匀物质的分析。如果想得到不同组分在不均匀混合样品中的空间及浓度分布，则需要采用光谱成像技术。光谱成像技术将传统的光学成像和光谱方法相结合，可以同时获得样品空间各点的光谱，从而进一步得到空间各点的组成和结构信息。

光谱成像先前多应用于遥感如农业、地质、海洋、大气以及军事等领域，依据光谱分辨能力的不同称为多光谱成像（multispectral imaging）或高光谱成像（hyperspectral imaging）。近些年，随着过程分析技术在制药、石化和食品等领域的兴起，现代化学计量学方法随之被应用于光谱图像数据的分类和识别，光谱成像仪器逐渐走进了实验室和生产现场，成为现代过程分析技术平台中的一员，光谱成像也越来越多地被化学成像（chemical imaging，CI）一词所替代。尤其是分子振动光谱化学成像技术，目前正在成为传统分子光谱的互补技术，在制药、农业、食品和医学等领域得到了广泛关注，在实际应用中也取得了显著进展。

《Raman，Infrared，and Near-Infrared Chemical Imaging》是一本系统介绍分子振动光谱化学成像技术的专著，涉及光谱成像原理、仪器硬件、化学计量学方法，以及在生物医学、制药、食品和聚合物等领域的应用。参与撰写的作者大都来自大学、研究院所、仪器公司和工业应用部门，具有深厚的理论基础和丰富的实践经验。本书与2015年翻译出版的《过程分析技术——针对化学和制药工业的光谱方法和实施策略》（机械工业出版社，姚志湘等译）、2016年翻译出版的《食品工业中的过程分析技术》（化学工业出版社，姚志湘等译）、2016年撰写出版的《现代过程分析技术交叉学科发展前沿与展望》（机械工业出版社，褚小立等编著）、2018年翻译出版的《过程分析技术在生物制药工艺开发与生产中的应用》（化学工业出版社，褚小立等译）以及2021年出版的《现代过程分析技术新进展》（化学工业出版社，褚小立等编著）互为补充，形成现代过程分析技术的系列图书。

本书由杨辉华、褚小立和李灵巧等人翻译，褚小立对全书进行了审校。苏州泽达兴邦医药科技有限公司过程分析部王钧经理和山东大学李连博士等人也参与了本书诸多章节的校对工作，在此表示诚挚感谢。

目前我国分子振动光谱化学成像技术的研发和应用工作刚刚起步，期望本书的翻译出版能起到一定的推动作用。因本书涉及专业较多，译者水平有限，书中不确切甚至错误之处在所难免，敬请读者批评指正。

译者

2021 年 1 月

原著前言

近10年来，振动光谱化学成像作为一种较为新颖的成像方法快速发展起来。它更多的是用于样品的探索而不是常规分析，因此相比于工业实验室更适用于学术实验室。当然，成像技术也在不断发展，已经在各个行业中获得应用，并用以解决各种实际问题。拉曼光谱、红外或近红外响应/光谱化学成像的关键是光谱采集所产生的化学专一性和光谱信息的丰富性。对于光谱图像蕴含的丰富数据，通常用基于线性代数的算法来处理，这些算法仍然相当先进，现在已经普遍应用于化学成像领域中。由于样本成像的数据响应是线性的，线性代数（在这一领域称为化学计量学）得以应用。通常，在化学成像上应用化学计量学方法可以获取很多有用的信息，而仅仅采用波长特征作为目标成分的判据（事实上，这是目前成像技术最常用的方法），往往不能给出这些信息或只能给出模棱两可的信息，这也很好地说明了化学计量学方法的重要作用。本书讲述的许多实例都采用化学计量学来获得有意义的图像。

硬件是化学成像发展的另一个关键因素。近年来，光谱仪与显微镜（即化学成像仪器）组合在一起的仪器得到了极大的发展，这无疑很大程度上促进了化学成像技术的广泛应用。可以毫不夸张地说，目前针对化学成像技术的应用开发有点落后于可用的硬件技术。本书尤其关注硬件技术。

软件也同样关键。有几种商业软件可供选择，但用户通常单独使用编程语言（Matlab无疑占主导地位）编写程序处理这些复杂的3D（或4D）数据集，这些程序只需要巧妙地应用现有算法即可。在这里，没有着重介绍对计算方法的改进，因为它们已相当广泛地应用于不同的问题，如合适的算法应用于成像领域，证明它们具有能够在成千上万光谱数据集中提取可靠信息的能力。

本书从各个角度介绍了振动光谱的化学成像。首先介绍振动光谱学，硬件介绍得更多，软件相对较少（因为在应用中频繁出现计算细节的介绍），然后列出了多个领域的应用，其中篇幅最多和影响最大的是生物医学和制药行业，其次是同样具有前景和重要性的食品与聚合物领域。通过列出一些前沿的实验成果，让读者对振动光谱成像的发展和未来有大致的了解。书中的每一章都涵盖了三种振动光谱的应用（拉曼光谱、红外光谱和近红外光谱），本书的最后几章更注重于拉曼光谱。本质上说，获取化学图像不是一项艰难的任务，甚至在某些情况下可以很容易地完成，更重要的是需要一位具有丰富光谱学知识和化学计量学知识的专家来对棘手的数据进行处理，并从实验处理结果中获得有用的信息。而这本书的作者恰恰都是这样的人，他们要么是世界级的科学家，要么是各自领域的权威。我们希望这本书中提出的各个观点都富有影响力，它详细地阐述了什么是化学成像，怎么实现它，以及怎么去获取更多的信息。我们希望读者如同作者热爱编著本书一样喜欢阅读它。

Slobodan Šašić
Yukihiro Ozaki
2010 年 2 月

目　录

第二篇 生物医学中的应用

第三篇　药学中的应用

第四篇 食品研究中的应用

第五篇 聚合物研究中的应用

第六篇 特殊方法

化学成像的光谱原理

M. J. Pelletier 美国，康涅狄格州，格罗顿，辉瑞制药有限公司

C. C. Pelletier 美国，康涅狄格州，大风渡口，美国航空航天局喷气推进实验室

1.1 引言

图像通过对比度方法来区分出视野中的感兴趣场景。最常见的图像对比度是反射光强度的变化（灰度）。对比度可以基于样本点的任意可测量属性，该可测量属性能够通过一个位置函数表示。对每个像素点的多个变量值进行测量，且测量值有更大的动态范围时，可以提升图像的对比度效果，如同彩色图像对比黑白图像。也可以通过数字图像处理和结构照明等多种技术中的一种或多种来增强对比度。本书将侧重于使用振动光谱对比度方法产生的化学图像。该对比度是通过量化红外吸收光谱、红外辐射谱或拉曼散射光谱中每个像素的一种或者多种属性产生的。通过提供诸如分子的组成、结构、状态和浓度属性的空间分布，振动光谱成像技术提供了一种看世界的新手段。

可以通过同时测量整个视野的某种属性来实现成像（全局成像），也可以通过连续地测量视野中的单个点的属性，然后集合所有的点来生成图像（绘图）。因为绘图法需要大量的测量值，所以实际使用中，必须相对较快地获取每个测量值。例如，一个 640 像素×480 像素的图像包含超过 30 万个测量值，如果每个测量值的获取需要 1s，则绘图需要花费超过 3.5d。

绘图的速度可以通过同时测量视野中子区域内的多个点的属性值，然后集合这些子区域生成图像来提高。子区域可以由单列的测量点组成（线成像），或由多列测量点组成（马赛克成像）。在绝大多数情况下，即使是全局成像，也需要连续采集多个帧，每帧包含不同的光谱信息，然后将多个帧重叠成单张图像。在连续测量的过程中样品的变化可能会对解释光谱图像造成干扰。

本章给出用于产生化学图像的振动光谱学的概述和理论背景。红外、拉曼和其他相关振动光谱由分子振动与电磁辐射间的相互作用产生，本章首先介绍分子振动方面的相关知识，随后一节是关于电磁辐射和电磁辐射与物质的相互作用。接下来按照红外光谱的光谱区域划分为三节介绍红外光谱。之后分别介绍用于化学成像的几种不同类型的拉曼光谱。最后一节简要介绍通过遥感将拉曼和红外光谱用于化学图像。因为在大气、天文行星（包括地球、月球）成像中的应用，遥感可能已是大多数化学图像的生成方式。

1.2 分子振动

两个原子间的化学键可以通过两个质点间的弹性连接来描述。如果该弹性连接服从胡克定律，那么两个质点间弹性连接产生的作用力与该弹性连接相对于其能量最低位置的位移成比例。该系统称为简谐振荡器，存在单一的谐振频率 ν，由式(1.1) 给出

$$\nu=\frac{1}{2\pi c}\left(\frac{k}{\mu}\right)^{1/2} \tag{1.1}$$

式中，c 是光速；k 是力学常数；μ 是折合质量，$\mu=m_{a}m_{b}/(m_{a}+m_{b})$。

式(1.1) 很好地描述了双原子分子的振动频率。增强化学键力将会增大振动频率。增大原子质量会减小振动频率。

然而，化学键产生的作用力并不完全服从胡克定律。原子大小有限且原子不能占用同一空间。因此，当原子相互靠近时，原子间斥力比胡克定律所预测的增加的快得多。当原子间隔相当大时，化学键的作用被削弱，在无限远的情况下接近 0，这也违反了胡克定律。胡克定律的误差会随着两原子质量的差异而被放大。不遵循胡克定律的振动系统被称为非简谐振荡系统，这种系统与理想简谐振荡器的差异程度被称为非简谐度。非简谐度对大多数形式的拉曼光谱影响相对较小，而对中红外（mid-IR）光谱影响有些大，对近红外光谱影响最大。

包含多于两个原子的分子的振动相对更为复杂。一个含有 n 个原子的分子，当它为线形分子时，包含不同或正则的振动（不考虑非简谐性）总数为 $3n-5$，当为非线形分子时，总数为 $3n-6$。例如，一个有 24 个原子的非简谐分子存在 66 个正则振动。其中有些振动的振动频率完全相同（称为退化振动）。由于对称性约束，另一些振动对特殊类型的振动频谱不产生任何信号。由于这些光谱简化，大部分大分子的振动频谱都易于解释。

那些共享一个相同原子的振荡器，振荡时可能会相互实施作用力。如果各个振荡器的频率相差较大，则它们之间会保持相互独立。但如果频率相似，振荡器会相互结合，本质上构成了新的单个振荡器，该振荡器具有新的频率。例如，CO_2 是线形分子，两个碳-氧键完全相同，从而结合构成具有两个不同振动的单个振荡器。其中一个振荡由每个碳-氧键同向拉伸造成，导致所产生的振动中碳原子不运动。这种同向振动就是对称性振动的一个例子。另一种振动由碳-氧键

相互异向拉伸造成，导致所产生的振动中碳原子运动，而氧原子不动，这种异向振动就是反对称振动的一个例子。通常，对比未结合振荡器的固有频率，反对称振荡倾向于更高的频率而对称振荡倾向于更低的频率。

当分子中的官能团不与分子余下的部分发生振动耦合时，任何分子中的这类基团具有几乎相同的振动频率。因此使用特定的化学官能团，例如羟基或苯环的振动频率代表任意分子中与其相同的基团的振动频率，而不考虑分子其余部分变得可行。这些通用的振动频率被称为基团频率。典型基团频率表精确到分子其余部分，例如由于分子的其余部分的吸电子密度能力使振动键力变弱产生的偏移。

典型的基团频率表也具体到振动谱类型，因为振动可能在一种类型的振动谱中产生较强信号，而在另一类不同的振动谱中信号会变得较弱甚至不产生信号。

当分子振动按群组划分时描述振动比较直观。改变键长的振动称为“拉伸”，改变键角度的振动称为“形变”或“弯曲”，还包括“摆动”“摇动”或“呼吸模态”这些更详细的振动描述。分子振荡也可以使用群理论通过它们的对称性来划分。对于某些光谱具有特定对称性振动，理论上产生信号几乎为 0，但其他光谱不适用。通过对称性考量识别出不产生光谱信号振动的那些规则称为选律。参考文献 [1，2] 详细地介绍了群理论在振动光谱中的应用。

1.3 电磁辐射和物质间的相互作用

1.3.1 电磁辐射

电磁辐射由电场和磁场同相、正交或沿传播方向相互振动构成。伽马射线、X射线、紫外（UV）线辐射、可见光、近红外辐射、中红外辐射、太赫兹（远红外）辐射、微波、无线电波都是电磁辐射的形式，它们的区别仅是其振荡频率逐渐下降。电磁辐射的能量是量子化的。光的最小单位是光子，光子能量为 E，通过 $E=h\nu$ 给出，式中，ν 是电磁辐射的频率；h 是普朗克常量。

电磁辐射既可视作粒子（光子），也可视为波。当描述包含电磁辐射的现象时，文中将会使用非常直观的表述方式。为了简化，我们把“光”作为任意频率的电磁辐射的同义词，“光”不是仅指我们肉眼能看到的那些频率部分。

真空中光速为 2.99792458×10^{8} m/s。光速可以用于将时间量换算为距离量，从而具有深度分辨能力。拉曼、中红外和近红外光谱均使用这种方式来生成在大气中对象（例如云或排放羽流）的三维化学图像。

特定频率的光通过它的波长（电子域一个振动周期光传播的距离）、波数（每厘米包含的振动周期数）、能量（J/光子）来具体化描述。例如，具有 6.0×10^{14} 频率的光波长为 500nm，波数为 20000cm^{-1}，能量为 3.98×10^{-19}J/光子，或 57.2kcal/mol 光子（1cal=4.1868J）。

光的另一个重要属性是相干性。相干性是光子之间非随机的关系。相干性可能是空间的（基于光子的位置或方向的光子关系）或是时间的（基于光子振动域最大值发生时间的光子关系）。例如，热光源在时间上不相干，因为其不存在任何机制来协调不同光子的发射时间。激光在时间上相干，因为受激发射的过程会导致产生的光子与受激发射的光子同相。一些光谱产生的过程，例如相干反斯托克斯拉曼光谱（CARS）或拉曼增益谱，依赖光子间时间相干而建立。诸如红外光谱傅里叶变换（FTIR）、光学相干断层扫描（OCT）等一些光谱技术依赖于从名义上不相干光源建立的时间相干性。

1.3.2 光的吸收与发射

存在内部过程的材料，例如与入射光频率产生共振的分子振动，可以吸收一些光被激发到更高的能量状态。这种更高的能量状态又会通过释放热和（或）光迅速地衰减到最低能量状态。

光的吸收和发射的强度可以用来确定分析物的浓度。不考虑过渡过程是否包含电场、振动或旋转激发状态，朗伯-比尔定律[3] 将分析物的浓度与光吸收强度关联起来：

$$A_\lambda = -\lg T = a_\lambda bc \tag{1.2}$$

式中，A_λ 是波长为 λ 时的吸收率；a_λ 是波长为 λ 时的摩尔吸光系数；b 是光程；c 是分析物浓度；T 是透射比，也就是透射强度与入射强度之比。

发射强度也与分析物浓度成正比。

1.3.3 折射率

光穿过物体时，其速度相比于真空中会变小。真空中的光速与材料中的光速之比为该材料的折射率。光入射于两种不同折射率的透光材料之间的平行界面时，当光不是垂直入射时，会因为速度的改变发生弯曲。斯涅尔定律（光的折射定律）描述了界面上的这种弯曲度：

$$n_1 \sin\theta_1 = n_2 \sin\theta_2 \tag{1.3}$$

式中，n_1 是第一种材料的折射率；θ_1 是入射光与第一种材料界面法线的夹角；n_2 是第二种材料的折射率；θ_2 是入射光与第二种材料界面法线的夹角。

材料的折射率随着光波长和材料温度的改变而改变。

光也会在两种不同折射率的透光材料间的界面发生反射。菲涅尔（Fresnel）方程给出了反射强度[4]：

$$\begin{aligned} R_\perp &= \frac{I_R}{I_i} = \left(\frac{n_1\cos\theta_1 - n_2\cos\theta_2}{n_1\cos\theta_1 + n_2\cos\theta_2}\right)^2 \\ R_{/\!/} &= \frac{I_R}{I_i} = \left(\frac{n_2\cos\theta_1 - n_1\cos\theta_2}{n_1\cos\theta_2 + n_2\cos\theta_1}\right)^2 \end{aligned} \tag{1.4}$$

式中，$R_\perp$ 是相对入射面垂直偏振光的反射率；$R_{/\!/}$ 是相对入射面水平偏振光的反射率；I_R 是反射光强度；I_i 是入射光强度；n_1 是第一种材料的折射率；θ_1 是入射光与第一种材料界面法线的夹角；n_2 是第二种材料的折射率；θ_2 是入射光与第二种材料界面法线的夹角。

图 1.1（a）和（b）给出了两种对于 500nm 偏振光在空气（$n=1.000$）和石英玻璃（$n=1.462$）间界面的反射率。当平行于入射面的偏振光射入更高折射率材料时，除了在布鲁斯特角 θ_B[$\theta_B=\tan^{-1}(n_2/n_1)$，本例中是 55.6°] 减小为 0 外，界面的反射率随着入射角度的增大而增大。

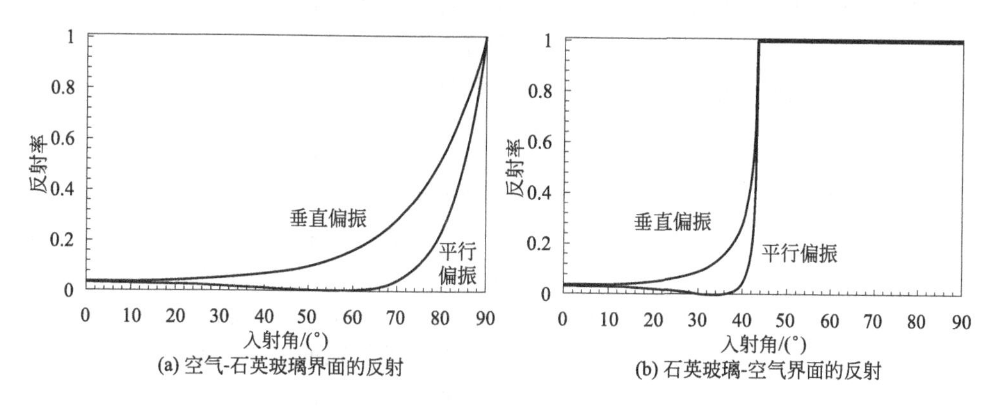

图 1.1　500nm 光在空气和石英玻璃间界面的 Fresnel 反射率：
（a）光从空气穿入石英玻璃；（b）光从石英玻璃穿入空气

光从更高折射率材料进入低折射率材料，当入射角大于临界角 θ_C[$\theta_C=\sin^{-1}(n_2/n_1)$，本例中是 43.2°]时，发生全内反射。在全内反射中，虽然没有能量通过界面，却存在延伸到较低折射率材料的渐逝场。如果较高折射率的材料，或吸收性材料被放置在渐逝场，能量就能由渐逝场转移至该材料。该能量转移过程称为“衰减全反射”或简称 ATR[5]。衰减场会随着到界面的距离增加而迅速衰减：

$$d_p=\frac{\lambda}{2\pi n_1(\sin^2\phi-n_{21}^2)^{1/2}} \tag{1.5}$$

式中，d_p 是衰减场的渗透深度；λ 是光的波长；n_1 是 ATR 晶体的折射率；ϕ 是内部入射角；n_{21} 是样品与 ATR 晶体折射率之比。

ATR 对本书后续介绍的一些光谱成像技术非常重要。

当折射界面的大小接近光的波长时，衍射效应占主导地位，光和折射界面（现在称为粒子）的相互作用可以很好地描述为米氏散射。米氏散射光从粒子向各个方向传播。大部分的米氏散射光相对于粒子前向传播 5～10 个光波长。当粒子尺寸变小时，散射强度不定向性越强。

分子有两种对光进行散射的方式。如果散射不改变光的能量，则称为弹性散射或瑞利（Rayleigh）散射。非弹性散射或拉曼散射改变散射光的能量。在后续章节将更详细地介绍拉曼散射。分子散射的强度与光频率的四次方成正比。偏光的瑞利散射在垂直于光的电场的方向最强，在平行于电场的方向为0。拉曼散射光的偏振性依赖性更为复杂，在后续章节予以介绍。

当光与由多粒子密集集合构成的材料相互作用时，会发生多次散射。通过这类样品的光程可用中值通过该材料不发生散射光程长度的10～100倍的路径分布来很好地描述。大量散射的出现又会倾向于去偏振光。在经过多次散射后最终被材料反射的光称为漫反射光。类似的，在经过多次散射后最终被材料透射的光称为漫透射光。

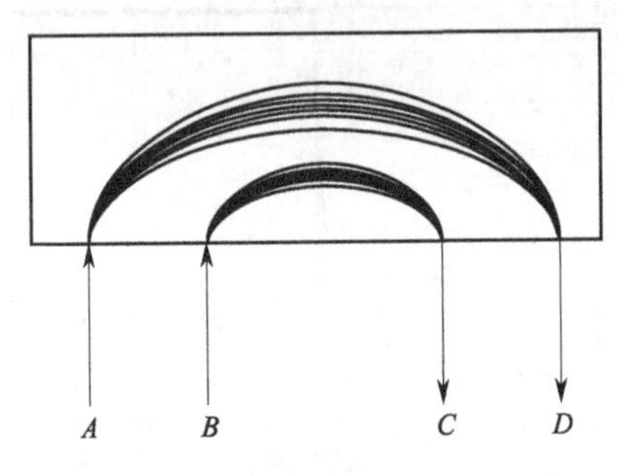

图1.2　对高散射材料通过漫反射的空间解析进行深度鉴别（在样品中空间上连接分隔的激发点和接收点的最可能的光路形成香蕉体。使用点 A 和 D 作为激发和检测点比使用点 B 和 C 能探测得更深）

漫反射和漫透射通常会使成像退化。光谱成像系统通常是在样品的漫散射光最小的情况下设计的。但存在一个例外是使用空间上局部的漫反射来进行深度鉴别和深度剖面分析。通过高散射材料的光路最可能构成香蕉体，连接光进入材料的点和光离开材料的点，如图1.2所示。光探测的深度随着进入点和离开点的间隔的增加而增加。这种深度鉴别和容积成像的方法被广泛地用于近红外光谱[6-9]。拉曼谱也同样通过散射媒介用这种方法采集[10,11]。所以拉曼漫反射成像也有可能是可行的。

1.3.4 热发射

所有材料都在不断地释放辐射，因为它们的温度高于热力学零度。如果它们的温度与环境维持平衡，它们也会吸收等量的环境能量以维持自身温度不变。完全吸收所有频率入射光辐射的材料，称为理想的黑体辐射源。下面给出它的发射谱定义[12]：

$$H_\lambda(T)=\frac{2hc^2}{\lambda^5(\mathrm{e}^{hc/\lambda kT}-1)},H_\nu(T)=\frac{2hc^2\nu^3}{\mathrm{e}^{hc\nu/kT}-1} \tag{1.6}$$

式中，$H_\lambda(T)$ 是光谱辐射能量密度/纳米；$H_\nu(T)$ 是光谱辐射能量密度/波数；λ 是波长；ν 是波数；T 是热力学温度；h 是普朗克常量，6.626×10^{-34} J·s；c 是光速，2.998×10^8 m/s；k 是玻尔兹曼常量，1.3807×10^{-23} J/K。

实际的材料并不完全吸收所有频率的电磁辐射。它们的发射谱是理想黑体辐射谱乘以它们的吸收度谱，吸收度表示吸收光的比例。例如，理想黑体吸收率为1，完全透光物体的吸收率为0。

利用热发射谱可以根据材料自发发射的光确定材料的吸收谱。实验室样本通常被加热以提升数据品质。基于热发射谱的化学成像技术被广泛地应用于遥感，遥感在本章最后给予详细介绍。

1.3.5 荧光

荧光是电子由激发状态通过发射光子衰减到较低的电子状态的过程。图 1.3 给出了一个描述荧光的能级图。激发状态通常是第一激发单重电子状态中最低的振动能级。较低的状态是电子基态中的众多振动能级之一。通常基态振动能级发射谱带的部分重叠，在光谱上生成一个相对较宽、光谱特征较少的荧光发射谱。

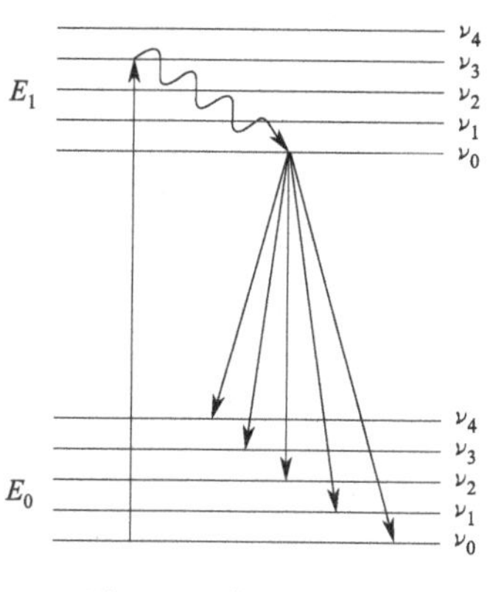

图 1.3 荧光能级图

典型荧光过程的寿命近似为 1～10ns。分子从电子激发状态变为返回基态而不发射光子的运动竞争过程，称为暗反应，会缩短荧光的寿命周期。暗反应也会减小荧光量子产率，荧光量子产率定义为产生的荧光光子数量除以激发状态下能产生荧光光子的分子数。该荧光量子产率减小的过程称为荧光猝灭。高荧光分子的荧光量子产率非常接近 1。

吸收光子是产生荧光发射所需激发状态的最常见机制。另外的机制还有化学激发（化合光）或电子轰击（阴极射线发光）。产生荧光激发所需激发状态过程中的吸收谱称为荧光激发光谱。材料的吸收谱是荧光激发谱和所有不产生荧光过程的吸收谱的总和。存在单一荧光物质的材料，在所有的激发波长下有相同的发射谱。因为荧光总是从第一电子激发态的最低振动级发生，而不管起始位于哪个状态。

杂质的荧光发射谱常常是多种不同化学混合物光谱的组合。因此可以由观测的荧光区分该材料是否是纯净物。当激发波长变化时或在荧光猝灭时，激发和发射谱都会有很明显的改变。由于不同杂质的荧光寿命不同，荧光衰减率可能会呈非指数形式。既然包含多种荧光物质的材料的发射谱也有多种，则可以用激发-发射矩阵来描述其荧光特性。激发-发射矩阵的元素是在激发波长轴、发射波长轴、发射强度轴下的三维点。

荧光成像是一种性能非常优越且运用广泛的化学成像技术，但是在本书内不对其详细介绍。之所以在此提及荧光，是因为它经常是限制拉曼化学成像性能的主因。这种限制在书的后续会给予更详细的介绍。在拉曼光谱背景下，荧光一词通常是指任何（经常是未知的）在光谱上产生较宽背景强度的过程。非荧光过程的磷光现象就是一个例子，在拉曼光谱中可能会被错认为荧光。

1.4 中红外吸收谱

中红外光谱的波长范围在 2.5～25μm。对应于 4000～400cm^{-1} 或 11～1.1kcal/mol。在该光谱区域的吸收是由改变分子偶极矩的分子振动产生的。这些振动的能量要比化学键能小。例如，98kcal/mol 的 C—H 键能是 2950cm^{-1}C—H 键拉伸振动能量 8.4kcal/mol 的 12 倍。

表 1.1 列出了一些典型官能团的中红外吸收频率。关于表格更多的拓展信息见参考文献 [13-15]。这样的表为建立对于化学成像分析有用的中红外吸收带的光谱位置提供了较好的基础，也利于将已知材料光谱中观测到的波段与该材料中的官能团对应。

已有巨大的中红外光谱库，能提供大多数常见材料的实验观测光谱，也免除了从特征频率表中估计光谱的麻烦。这些商业库可以通过自定义库或按标准采集的实验光谱小集合来增补。当库中不含所需材料的光谱时，可以用几个相关材料的光谱作为非常具体的特征频率表来估计所需的光谱。

表 1.1 一些常见官能团的中红外特征频率

振动	波数/cm^{-1}	官能团
羟基拉伸(稀溶液)	3600～3700	醇类和酚类化合物中的羟基
羟基拉伸(固体和液体)	3250～3420	醇类和酚类化合物中的羟基
氨基非对称拉伸(固体)	3340～3360	伯胺中的氨基
羟基中的氢键;非常宽	2400～3100	羧酸中的羟基
═C—H 中的碳氢键拉伸	3000～3100	不饱和烃
碳氢键拉伸	2850～2990	脂肪烃
碳氮叁键拉伸	2200～2260	腈类
倍频和合频谱带	1650～2000	取代苯环
碳氧双键拉伸	1650～1870	羰基化合物
碳氧双键拉伸	1740～1750	酯类
碳氧双键拉伸	1700～1720	酮类
氨基形变	1580～1650	伯胺
环拉伸,尖峰	1590～1615	芳烃中的苯环
羧酸根非对称拉伸	1560～1610	羧酸盐
非对称甲基形变	1440～1465	脂肪烃中的甲基
对称甲基形变	1370～1380	脂肪烃中的甲基
碳氧键拉伸	1015～1200	醇类
硅氧烷键非对称拉伸	1000～1100	硅氧烷类
碳溴键拉伸	500～650	溴化合物中的碳溴键
COC 弯曲	430～520	醚类
CNC 弯曲	400～510	胺类

注：引自参考文献 [15]。

分子振动产生的中红外吸收的强度与分子偶极矩变化量的平方成比例。然而，官能团吸收率一般不如官能团频率有用，因为偶极矩更易受邻近基团的影响。另外，分子振动的吸收率服从朗伯-比尔定律，所以中红外摩尔吸光系数可以用于测量分析物浓度。表 1.2 列出了许多常见材料中振动的摩尔吸光系数。这些材料相对较强的中红外吸收需要大约 10μm 的光程，以得到不失真的谱图。

表 1.2　一些常见官能团的中红外摩尔吸光系数

谱带描述	样本	谱带位置/cm^{-1}	摩尔吸光系数/[L/(mol·cm)]	纯物质中 1AU 的光程/μm
羟基拉伸	水	3404	100	1.8
羟基弯曲	水	1643	22	8.3
碳氢键拉伸	甲苯	3025	53	20.2
碳氢键弯曲	甲苯	728	302	3.5
环拉伸	甲苯	1496	94	11.4
碳氢键弯曲	二氯甲烷	1265	109	5.9
碳氢键拉伸	二氯甲烷	3054	8	83.1
碳氢键拉伸	苯,25℃	3036	79	11.2
碳氢键弯曲	苯,25℃	673	397	2.2
环拉伸	苯,25℃	1478	102	8.7
碳氢键拉伸	乙腈	2944	5.83	90.5
碳氢键弯曲	乙腈	1445	15.54	34.0

注：引自参考文献 [16-20]。

并非所有的分子都振动吸收光。例如，前文描述的二氧化碳的对称拉伸振动造成的一个 C—O 键的偶极矩的变化会被另一个 C—O 键偶极矩的变化完全抵消。因为振动并未改变它的偶极矩，所以它不能吸收红外线。更一般的，群论能够用来识别其中一个化学键的偶极矩改变会被另一个化学键抵消的对称振动。这样的振动不吸收光，被称为对称禁止。

可以通过测量不被样品吸收的外界光强度谱来生成中红外吸收化学图像。实现方法有三种：测量透过材料的光强度、经材料反射后的光强度和 ATR 后的光强度。这三种方法都能通过绘图或全局成像来生成图像。在不同模式下使用的 ATR 可以通过改变隐失波穿透深度来测量中红外深度剖面分布[21]。这可以通过改变全内反射点的入射线角度或使用不同折射率的 ATR 晶体来获得。

也可以使用光声光谱学测量材料吸收的光强来生成中红外深度剖面分布[22]。吸收光产生的热波会回到样品表面。一些热波能量在样品表面聚集为气体会发出声响，从而被灵敏麦克风检测到。对样品的穿透深度取决于中红外光的调制频率。调制频率可以通过改变傅里叶变换中红外仪器的扫描速度来改变。典型的采样深度范围从几微米到 100μm。

也可以从样品的自发热发射谱生成中红外化学图像，因为样品的吸收谱能从它的发射谱推导出。在典型的地球环境温度－20～50℃，最大理想黑体强度的波长为9～11.5μm。这些发射波长不仅处于高精度预测中红外指纹谱区域的中心，也在8～14μm大气透过的范围内。这使得中红外发射谱具有用于遥感的独特优势。中红外发射谱的实验应用一般包括样品加热，因为增大样品和探测器的温差可以提高灵敏度。

1.5 远红外和太赫兹谱

在电磁谱中，远红外、太赫兹和亚毫米谱区域都是指近似的同一波段。这段光谱的波长范围为25～1000μm，对应于400～10cm^{-1}，12～0.3THz，或1.14～0.0286kcal/mol。室温热能kT，约处于207cm^{-1}的光谱范围。不同的叫法，对应区域中不同的光谱范围，分别与不同的实验技术相关。远红外和亚毫米在天文学和遥感学领域都有丰富的光谱和众多成像技术。在该光谱区域太赫兹已经更频繁地用于测量——使用基于飞秒激光器、量子级联激光器或非线性光学技术的创新性新光源和检测方法。

远红外区域的光吸收需要比中红外区域更低频率振动的偶极矩，暗示存在着更大质量的谐振子或更弱的化学键力。对该光谱区域有贡献的分子内振动包括重原子、有机骨架弯曲模式、扭转模式（单个化学键受限制的转动）的化学键拉伸，小环分子的环褶皱。不同分子间因氢键或静电相互作用引起的分子振动，以及聚合物和无机固体晶体点阵模式，同样发生在该光谱区域。另外，气相分子的纯转动跃迁会从微波区域拓展到远红外区域。表1.3给出了远红外吸收谱带中的一些典型摩尔吸光系数。

表1.3 一些常见材料的远红外摩尔吸光系数

化合物	光谱位置/cm^{-1}	摩尔吸光系数/[L/(mol·cm)]	纯物质中1AU的光程/mm
苯	300	0.110	8.1
苯	185	180	0.005
苯	33①	0.24	3.7
甲苯	345	1.63	0.66
甲苯	33①	0.5	2.1
二氯甲烷	285	2.77	0.23
甲醇	34①	2.22	0.18
水	198	9.35	0.019
水	32①	1.82	0.10
已烷	33①	0.09	15

① 背景吸收缓慢变化，不存在峰值位置。

注：引自参考文献［20］和［23-26］。

黑体激发源的光谱，在远红外光谱区域非常弱。而另一些光源，例如HCN激光、量子级联激光器、差频光学在该光谱区域可以进行传统的透射测量。太赫兹被用作主要的远红外成像技术[27]。太赫兹光谱使用独特的光源和检测技术，从而赋予它传统吸收谱不具备的性能。简单地说，太赫兹辐射脉冲是通过钛蓝宝石的近红外超短波脉冲照射偏置光导天线生成的。脉冲通过类似的时间选通光导天线进行检测。在与样品作用后，亚皮秒太赫兹脉冲的透射时间、相位和振幅被记录下来，使得能够进一步计算距离、样品的折射率和吸收谱。

太赫兹仪器尽管已结合了报道的 3D 光谱成像[28]，但通常采用成像模式或光谱模式进行操作。成像模式测量来自样品的反射，发生在不同折射率的物质界面处。相邻层材料的折射率使用菲涅尔方程得出的反射强度来确定。层的厚度由在该层的上界面和下界面折射的时间差确定。

二维图中的每个像素都可以提供样品折射率的深度剖面分布。可以在几分钟内收集到整个药片的三维图。横向空间的分辨率因衍射限制在几百微米，而轴向分辨率由仪器的时间分辨率决定，大约为 30μm。

太赫兹仪器的光谱模式通过透射样品的太赫兹脉冲的傅里叶变换来确定吸收谱。使用透射而非反射可以消除由脉冲反射的傅里叶变换等因素造成的光谱伪影。在进行太赫兹成像时，对反射脉冲使用窗口傅里叶变换，可以得到任意层的光谱。因为层中的折射率不均一，导致这些谱的品质会有一定程度的降低。

远红外发射光谱广泛用于制作深空的化学图像。这个应用将在 1.8 节中详细介绍。

1.6 近红外吸收谱

近红外谱的波长范围在 0.78～2.5μm。对应于 12820～4000cm^{-1} 或 37～11kcal/mol。这些振动能量比中红外基频的更强，但与化学键振动的键能仍有相当的差距。例如，98kcal/mol 的 C—H 键能是 5870cm^{-1}C—H 键拉伸振动（16.8kcal/mol）的第一倍频能量的 5.8 倍。

此光谱区域的吸收由分子振动的倍频和结合频谱带产生，这些振动其实改变了分子的偶极矩。倍频谱带是由两个或更多相同振动的振动量子同时吸收造成的。组合谱带是由以相同对称性和相同官能团的两种或更多不同振动方式的两个或更多振动量子同时吸收造成的。

倍频或组合谱带的能量略低于相关的基频振动个体能量之和。例如，对于脂肪烃中的 C—H 键，拉伸振动基频发生在 2800～3000cm^{-1} 区域。脂肪烃的第一、第二和第三倍频分别发生在 5555～5882cm^{-1}、8264～8696cm^{-1} 和 10929～11664cm^{-1} 的光谱区域[29]。基频能量总和的偏离是因为非简谐振动的存在。事实上，倍频和组合谱带的存在非常依赖于非简谐振动，并且这些吸收带的强度也随着非简谐性的增加而增加。

对近红外光谱区域光谱的诠释远没有中红外光谱区域深入。可能的组合谱带广泛多样且严重重叠，使得明确谱带归属变得困难。参考文献［29］给出了一些重要分子在近红外光谱区域的谱带归属汇总。这些已公开的典型分子的谱带归属，连同通过基频能量求和来估计谱带的位置，为分析估计化学成像中的近红外吸收谱带的光谱位置提供了一个良好基础。近红外光谱库也有商品化的NIR光谱库。

每增加一个对吸收谱起作用的基频振动量子，倍频和组合谱带会以10～100倍的比例减弱。例如，第一倍频吸收谱带（两个振动量子）比对应的第二倍频谱带（三个振动量子）增强10～100倍，但是仍是中红外区域基频吸收谱带强度的1/10到1/100。如果不同数量振动量子的组合和倍频谱带在同一光谱区域，谱带在强度上由那些最少振动量子组成的会比那些由更多振动量子组成的更占主导地位。含氢原子，主要是C—H键、O—H键和N—H键的拉伸振动，有最高的基频振动能量，因此它们的倍频和组合谱带在有机分子的近红外光谱中占主导地位。氢原子和它所结合的原子间较大的质量差会增加振动的非简谐性，从而进一步增强这些振动在近红外光谱上的主导地位。

氢键会严重影响近红外光谱。氢键不仅改变了诸如O—H键和N—H键等含氢键的化学键的键力，还会减小它们的非简谐性，也因此减小了它们的近红外吸收谱带的强度。O—H键、N—H键基团，不与氢原子结合时倍频和组合谱带比基频与氢原子结合时的谱带光谱更宽。

温度也对近红外光谱有重要影响。吸收基团的非简谐性随着温度的上升而增强。温度也会影响氢键，反过来也就是影响近红外光谱。因此，谱带频率和强度会随温度的较小变化发生明显改变。

由于近红外吸收度对样品微观环境的依赖，近红外官能团吸收率表主要用于半定量估计而非定量分析。分子振动吸收率服从朗伯-比尔定律，所以近红外分子吸收率可以用于测量分析物浓度。表1.4列出了一些常见官能团分子振动的摩尔吸光系数。总的来说，这些官能团的近红外吸收率比中红外要小很多。

表1.4　一些常见官能团的近红外摩尔吸光系数

谱带描述		化合物	谱带位置/cm^{-1}	摩尔吸光系数/[L/(mol·cm)]	纯物质中1AU的光程/mm
仲胺	$\nu+\delta$	1-丙胺	4942	0.98	0.84
仲胺	2ν	1-丙胺	6550	0.58	1.4
仲胺	3ν	1-丙胺	9560	0.05	16.3
脂肪族醇	$\nu+\delta$	1,3-丙二醇	4782	0.69	1.1
脂肪族醇	2ν	1,3-丙二醇	6750	0.16	4.4
脂肪族醇	2ν	2,5-二氯苯酚①	6901	2.23	0.44
次甲基	$\nu+\delta$	正己烷	4334	3.43	0.38
次甲基	2ν	正己烷	5800	0.62	2.1
次甲基	3ν	正己烷	8396	0.11	11.8
次甲基	$2\nu+\delta$	正己烷	7182	0.09	13.9
羟基	$\nu+\delta$	水	5173	1.07	0.17
羟基	2ν	水	6886	0.26	0.70

① 背景吸收缓慢变化，不存在峰值位置。

注：引自参考文献[23]，[30]。

与中红外光谱区域0.01mm的光程相比，纯物质一般需要大约毫米级的光程来获得两量子倍频和组合谱带的不失真光谱。增加的光程有利于分析更大的样品。还可以通过测量三量子倍频和组合谱带进一步增加最大可用光程。

近红外光谱区域较低的吸收率使得非均匀材料经过多次散射后仍能检测到光。样品中的光路大体上是样品弹性散射性质的函数，样品弹性散射性质取决于诸如粒度、硬度和密度等物理性质。在绝大多数情况下，弹性散射会降低近红外化学图像的质量。不仅点扩散函数（横向和纵向上）的尺寸有时会以非预期的方式增大，而且光路长度分布也会产生吸收率和分析物浓度间的非线性关系。

可以通过测量光透射样品的光谱、样品的反射光谱和空间偏移漫反射的光谱来获得近红外化学图像。这三种技术都可以通过绘图的方式生成图像。第一、二种也可以通过全局成像来生成图像。空间偏移漫反射可以用于前文所述的深度剖面分析。空间偏移漫反射的一个商业应用是无创、实时人脑氧合监测[31]。

1.7 拉曼散射

拉曼散射测量 17～4000cm^{-1} 范围的振动跃迁能量，近似等于远红外和中红外光谱覆盖的整个光谱范围。在低于约 17cm^{-1} 时，同样的物理效应叫作布里渊（Brillouin）散射。对比上文所述的光谱，拉曼激活频率范围覆盖从紫外线到近红外区域，赋予该技术额外一个维度的灵活性。

1.7.1 自发拉曼散射

本质上拉曼散射的产生与吸收或热发射光谱的过程不同。光子和分子的非弹性碰撞造成光子获得或损失于分子一个单位振动量子能量。绘制散射强度相对入射光子和散射光子间能量差的图像就得到拉曼光谱。拉曼光谱类似于红外吸收谱，在谱中显示样品内一些但一般不是全部的分子振动信息。

图 1.4 的能级图描述了一个振动的拉曼散射过程。光将分子激发为虚拟状态，用水平虚线表示。该虚拟状态不是量子力学静止状态，而且，它是被光的电场扭曲的化学键。这种变形产生一种诱发的偶极矩。虚拟状态释放光子后立即衰退到基态的振动级。这种返回到原始振动级所产生的光子能量与之前相同，并构成弹性散射（瑞利散射）光。返回到比原始振动级高或低一个振动量子的振动级所产生的光子构成拉曼散射光。斯托克斯拉曼散射产生的光子能量低于激活光子能量，因为一个振动量子的能量留在了分子中。反斯托克斯拉曼散射产生的光子能量比激活光子能量高，因为从分子中带走了一个振动量子的能量。

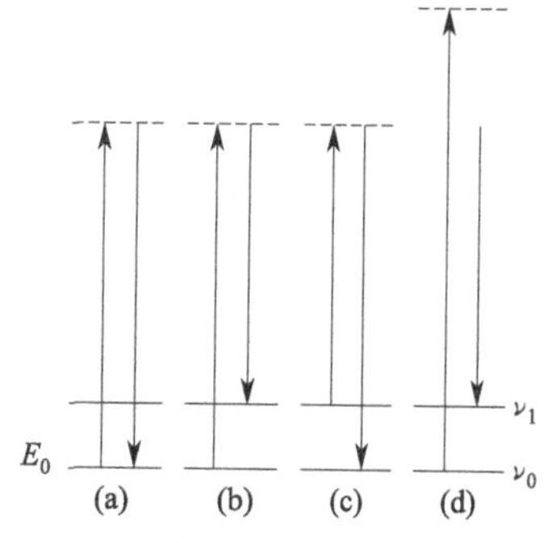

图 1.4 描述自发瑞利和拉曼散射的能级图：(a) 瑞利散射；(b) 斯托克斯拉曼散射；(c) 反斯托克斯拉曼散射；(d) 使用不同激发波长的斯托克斯拉曼散射

当激活频率变化时拉曼散射光的频率也随之改变。但是对于给定的拉曼谱带，激活频率和拉曼散射光频率之间的能量差维持不变。

根据经典物理学，拉曼散射可视为光的电场和化学键中电子的振动引起的。当光的电场强度增大时，将成键电子从它们的平衡位置移开的电场强度也会增大。电子运动产生偶极矩且减小激发光的强度。当光的电场强度减小时，成键电子会移回它们的平衡位置，同时减小偶极矩、增大光强。由于成键电子移回它们平衡位置产生的光和原始光具有相同的频率，因此也具有相同的能量、波长和颜色，但不具有相同的方向。产生的光是弹性散射光或瑞利散射。

瑞利散射的光强与化学键极化度（电荷响应电场移动距离的估量）的平方成比例。化学键极化度在分子振动中随核位移而改变。因此，弹性散射光的强度按分子振动或旋转的频率进行调制。这种调制可视为原始频率加上光的两个新的“边带”频率之和。这两个“边带”频率是拉曼散射光，并且其频率等于弹性散射频率加上或减去化学键的振动频率。也就是说，弹性散射光的调制强度在数值上等价于三色光之和：弹性散射光和两色拉曼散射光。

以上两段给出的拉曼散射经典描述虽直观但并不完整。例如，不包括斯托克斯与非斯托克斯强度比值的预测。任意比值将会与模型相一致。量子力学分析提供了描述拉曼散射各个方面的基础，但是这些内容超出本章节的范围。针对拉曼散射的经典和量子力学模型描述见参考文献［32］。我们仅仅简单地利用那些由完整分析取得的结果。

拉曼散射的量子力学模型被 Placzek 最先描述[33]。他将拉曼散射强度 I_R 表示为：

$$I_{\mathrm{R}}=\frac{2^4\pi^3}{45\times 3^2c^4}\times\frac{hI_{\mathrm{L}}N(\nu_0-\nu)^4}{\mu\nu(1-\mathrm{e}^{-h\nu/kT})}\times[45(\alpha_{\mathrm{a}}')^2+7(\gamma_{\mathrm{a}}')^2] \tag{1.7}$$

式中，h 是普朗克常量；c 是光速；I_L 是激活频率；N 是散射分子数目；ν 是以 Hz 为单位的分子振动频率；ν_0 是以 Hz 为单位的激光激发频率；μ 是振动原子的折合质量；k 是玻尔兹曼常量；T 是热力学温度；α_a' 是极化张量均值不变量；γ_a' 是极化张量各向异性不变量。

式(1.7) 描述了拉曼散射对化学成像非常有实际意义的几个方面。拉曼强度与激发强度成比例，用于拉曼光谱的激光一般强大到足以因为过度加热而损害样品的程度，所以样品损害阈值限制着灵敏度，因为灵敏度可通过增大激光功率得到提高，尤其是对于点绘图应用。拉曼强度与散射分子数量成比例。这种关系是大部分使用拉曼散射进行定量和半定量分析的基础（例如浓度图）。拉曼强度与拉曼光子频率（$\nu_0-\nu$）的四次方成比例。增大激发频率（减小波长）时拉曼光子频率会随之增大，因而拉曼灵敏度快速增大。

将分子激发到虚拟状态光电场诱导的偶极矩，如果振动是球对称的，则它的方向和光电场方向相同。在这种情况下，极化度是标量。分子中不满足球对称的化学键会限制电子在一些方向上的运动，导致由光电场诱导的偶极子指向与光电场方向不同的方向。这种情况需要将极化度通过被诱导偶极矩的每个坐标表示为张量，这要依赖于光电场的所有三个笛卡尔坐标。由于在其他吸收谱中没有与极化度的张量性质类似的情况，所以拉曼光谱会有一些额外的信息。式(1.7) 通过将极化度分为一个均值不变量和一个各向异性不变量，描述了极化度的矢量性质。

实验上，极化度的张量性质导致对称振动产生和激发光相同极化度的拉曼散射。但是由非对称振动导致的拉曼散射的极化度会与激发光的极化度有明显差异。另一个结果是，被极化光激发的随机确定方向的晶体，其光谱带一般有相同的拉曼移位。但是不同晶体相关的谱带高度和面积会有显著的变化。使用非极化或周期极化激发光可以通过平均三个张量分量中的两个来明显减小上述影响，但是由于还有一个张量分量不可控，所以上述影响不能完全消除。式(1.7) 可以重写为一个在分析上有用的、类似于朗伯-比尔定律的等式：

$$I_R=(I_L\sigma_R X)PC \tag{1.8}$$

式中，I_R 是被测的拉曼强度，光子/s；I_L 是激光光强，光子/s；σ_R 是绝对拉曼截面，cm^2/分子；X 是实验常数；P 是样品的光程，cm；C 是浓度，分子/cm^3。

在这里，实验影响因素，例如光和探测器的效能，被集中为一个常数 X。朗伯-比尔定律中的摩尔吸光系数被替换为拉曼谱带强度的测量量——拉曼截面。拉曼截面通常以 cm^2/分子为单位来表示。对于较强的液体或固体自发拉曼散射，典型的拉曼截面值在 $10^{-30}\sim10^{-29}cm^2$/分子范围。拉曼截面也可以用与摩尔吸光系数相同的单位表示，以便直观地与红外吸收率进行比较。表 1.5 给出了一些常见官能团的拉曼截面值，更多信息可从参考文献［34］获得。这些截面值约比中红外摩尔吸光系数小 10 个数量级，说明拉曼散射实际上很弱。不过，拉曼散射的灵敏度也与激发光强成比例。强激光源被用于几乎所有的拉曼化学成像以部分地补偿较低的拉曼截面值。

表 1.5　一些常见官能团的拉曼截面值

谱带描述	化合物	谱带位置/cm^{-1}	截面/[cm^2/(分子×10^{30})]	截面/[L/(mol·cm)×10^{10}]
环拉伸	液苯	992	28.0	169
碳氢键拉伸	液苯	3060	45.3	273
碳碳键拉伸	液态环己烷	802	5.2	31
碳氢键拉伸(全部)	液态环己烷	2800～3000	43.0	259
碳氢键拉伸	液态三氯甲烷	3032	4.4	26
三氯碳键非对称拉伸	液态三氯甲烷	758	3.2	19
三氯碳键对称拉伸	液态三氯甲烷	667	6.6	40
氮氮键拉伸	氮气	2331	0.4	3
氧氧键拉伸	氧气	1555	0.6	3
四氯化碳对称拉伸	四氯化碳	459	4.7	28

注：引自参考文献［35］。

然而，灵敏度不是影响拉曼光谱检测和定量性能的唯一变量。检测范围和对定量的精度和准确度的限制更取决于噪声而非灵敏度。噪声是所有检测到的但并非所需的信号，其妨碍所需信号的使用。拉曼光谱中最大的噪声源是荧光，一般来自于低含量的杂质。已有很多实验和数学方法被研究和使用以减小拉曼光谱中的荧光影响，但仍有较大的提升空间。另一种较大的噪声是包含目标分析物的样品基体的拉曼光谱。例如溶剂或赋形剂等样品基体，浓度较高，所以它的拉曼光谱或光谱强度的不确定性，可能会使较低浓度的分析物的光谱变得模糊。

检测和定量性能对化学成像很重要，因为它们有助于确定图像的对比度。例如，所有的拉曼绘图或成像都必须至少半定量，因为像素间关系与拉曼强度相关，拉曼强度与浓度成比例。半定量拉曼成像对近似的分析物相对浓度绘图，不含绝对浓度信息。但是高检测限制，和/或低动态范围，仍有可能掩盖图像中分析物的存在。另一种半定量方法是对每个像素进行分类，是否确定拉曼光谱检测到唯一的主要成分，然后通过分析物的像素占总像素的百分比表示分析物浓度[36]。当样品表现出最小漫反射时，来自邻域像素的拉曼反射光可以忽略，拉曼散射光定量分析更精确。

使用拉曼散射进行定量分析的基础是式(1.8)，分析物浓度与拉曼谱强度成正比。但遗憾的是，拉曼截面、仪器检测效率和光路长度通常都是未知的。由在分析物谱带波长处未修正的拉曼强度生成的图像可以提供对分析物分布的定性描述，但有一些不可控变量，例如样品不均匀的表面造成的对焦错误或由于样品异质性造成 Mie 散射的角度变化引起的光路长度变化。未知的拉曼截面通常通过依据合适的标准建立校正曲线来解决。仪器检测效率的光程可以通过求分析物拉曼光谱强度与样品中某一物质的拉曼光谱强度之比来解决，其中该物质的浓度是固定的，或者至少是可预测的。如果样品中的成分不是均匀分布的，需要用到质量平衡。参考文献［37］综述了使用拉曼光谱进行定量分析的知识。

拉曼光谱相比于远红外、中红外和近红外光谱，对温度的敏感性较低。其中一部分原因是拉曼散射对氢键敏感度降低，另一部分是因为拉曼光谱中的谱带更窄且较少重叠，因此不易因微小的温度诱导变化出现混杂情况。对拉曼成像来说，无损温度效应很少能成为一个严重问题。

表 1.6 列出了几种常见官能团的拉曼光谱典型频率。参考文献［13，14］给出了更完整的列表。这类表一般会提供附加信息，例如拉曼谱带或者它的极化方式。这些表为估计拉曼谱带的光谱归属提供了良好的基础，这时化学成像的分析十分有用，也有利于对观测到的已知材料光谱上化学官能团的谱带进行归属。

表 1.6 几种常见官能团的拉曼光谱典型频率

有机物			无机物	
振动	波数/cm^{-1}	官能团	波数/cm^{-1}	官能团
硫硫键拉伸	480～510	二烯丙基二硫	432～467	硫代硫酸盐
碳硫键拉伸	620～715	二烯丙基二硫	568～576	四硼酸盐
骨架拉伸	749～835	异丙基	683～817	碘酸盐
碳碳键拉伸	837～905	正烷烃	710～745	硝酸盐

续表

有机物			无机物	
振动	波数/cm^{-1}	官能团	波数/cm^{-1}	官能团
碳氧碳键对称拉伸	830～930	脂肪醚	776～817	溴酸盐
碳碳键拉伸	950～1150	正烷烃	806～855	过硫酸盐
二氧化硫对称拉伸	1188～1196	烷基硫酸盐	913～988	磷酸盐
苯甲基振动	1205	烷基苯	914～943	氯酸盐
亚甲基同相扭曲	1295～1305	正烷烃	933～952	高氯酸盐
亚甲基旋转扭曲	1175～1310	正烷烃	956～1040	硫酸盐
次甲基形变	1330～1350	异丙基	962～990	亚硫酸盐
环拉伸	1370～1390	萘	1028～1045	碳酸氢盐
环拉伸	1385～1415	蒽	1029～1069	硝酸盐
甲基形变	1465～1466	正烷烃	1051～1089	碳酸盐
氨基交叉	1590～1650	伯胺	1073～1090	过硫酸盐
碳氧双键拉伸	1700～1725	脂肪酮	1320～1322	亚硝酸盐
碳碳叁键拉伸	2100～2160	烷基乙炔	2033～2162	硫氰酸盐
碳氮叁键拉伸	2232～2251	脂肪腈	2044～2071	氰亚铁酸盐
巯基拉伸	2560～2590	硫醇	2070～2215	氰化物
亚甲基对称拉伸	2849～2861	正烷烃	2102～2109	氰亚铁酸盐
甲基对称拉伸	2883～2884	正烷烃	3045～3120	铵根

注：引自参考文献 [13]、[38]。

已有商品化的拉曼光谱库，但不像中红外光谱库那样广泛。在大多数的拉曼成像应用中，构成样品的纯化合物的光谱是可以获得的，可针对单个成像项目建立小型自定义谱库。当构成样品的纯化合物的光谱不可得时，或纯化合物间相互作用造成拉曼光谱变化时，有时可以利用化学计量法从图像数据中提取与纯组分光谱类似的光谱。

除了自发拉曼散射外，还有几种典型的拉曼光谱，且均有各自的优点、局限性和独特的实验实现方法。用于激发和收集拉曼光子的仪器使用方法有所区别。它们在光场上的使用、专用的底物或调谐以影响散射过程的物理特性等方面也有区别。在以下几个部分，我们简要地总结了对化学成像尤为有用的四种拉曼散射形式：共振拉曼散射、表面增强拉曼光谱（SERS)、相干反斯托克斯拉曼光谱和拉曼增益（损耗）光谱。

1.7.2 共振拉曼散射

当激发辐射的光子能量与电子吸收谱带能量（而非仅仅转变为虚拟状态的能量）匹配时，一些拉曼谱带的强度以 10^6 为系数急剧增长，该效应称为共振拉曼散射[32,39]。类似于发生在从电子基态转变为第一激发电子状态时分子几何变化的所有对称振动，被剧烈增强并在拉曼光谱中占主导地位。在某些情况下，另一些振动也可能增强，但以较弱增强幅度的趋向增强。相比于那些非共振拉曼散射，共振改变了选择和去极化率。例如，至少对于某些小分子，共振拉曼倍频和组合谱带会与基本振动一样强。而在非共振拉曼散射中，这些跃迁是禁止的。

共振拉曼测量难度很大，因为激发在吸收谱带波长的分析物，会增加因加热或分解造成样品损坏的概率。由自吸收和荧光发射引起的高背景强度造成的光谱失真，也会使共振拉曼测量复杂化。许多共振拉曼光谱研究是使用流动样品以最小化样品损坏的情况下完成的。一些文献介绍了校正因自吸收造成光谱失真的方法[40,41]。

荧光出现的可能性增加对于可见和近红外区域的共振激发是一个重要问题。然而，由 UV 激发获取拉曼光谱，包括共振拉曼散射，实际上荧光干扰减弱。这是因为绝大部分 UV 激发的荧光，特别是激发波长在 250nm 以下时，出现在与 UV 激发的拉曼散射相分隔的光谱区域。该优点被用于原位行星研究中，采集岩石和矿物上微生物的 UV 共振拉曼图像基础的实验工作[42,43]。

当激发频率被调谐到远离电子跃迁频率时，共振增强会急剧减小。然而，通过去谐，远离共振增强作用的减小会减缓，所以在远离共振 $1000cm^{-1}$ 外 5～10 倍增强并不罕见。远离共振衰弱的增强称为预共振增强。这种类型的增强非常重要，但对选律和去极化率几乎没有影响。荧光、自吸收和样品损害等问题也会由于吸收变得不紧要。

共振拉曼被用于改善特定成像应用中的速度和灵敏度，但目前为止，还未成为一个应用广泛的成像技术。使用共振拉曼成像对有一个强的或独特的（相对于周围环境）吸收谱带，且吸收谱带与可用的激发激光线相一致的发色团，效果最好。许多发表的成像例子是基于含卟啉分子的共振拉曼散射，例如血红蛋白、细胞色素、疟原虫色素（疟色素）。可实现心脏组织成分分布[44]、血红细胞感染[45] 和免疫反应细胞中的含亚铁血红素酶[46] 的无标记可视化。同样地，人类视网膜中类胡萝卜素化合物的共振拉曼成像可以描述黄斑色素分布的复杂性和变化性[47]。

还可以在多种激发波长下研究共振拉曼散射。给定拉曼谱带的强度是激发波长的函数，称为拉曼激发剖面分析，提供类似于共振增强跃迁的电子吸收光谱。其他的吸收种类没有贡献，所以拉曼激发剖面可以用于解决吸收光谱中的重叠谱带问题。在一些激发波长下整个拉曼光谱能被合为一个类似于荧光激发-发射点的三维点。据作者所知，还不存在公开发表的利用多种激发波长的拉曼化学成像例子。这种图像用现有的仪器生成不仅困难，且消耗时间巨大，但能在很大程度上提供增强的化学专一性。

1.7.3 表面增强拉曼光谱

通过紧贴金属表面放置分析物，拉曼散射的灵敏度在某些情况下提升几个数量级。所得表面增强拉曼过程[48,49] 利用金属和分析物之间两种相互作用：电磁增强和电荷转移机制。总增强是两者的乘积，其中电磁增强通常相对大得多。

电磁增强是一种类似天线的效应，这种效应会增加激发的幅度和拉曼散射电场。它是由局部表面等离子体、金属中与外部光电场共振的传导电子的集体振荡引起的。金和银以及在较小程度上的铜，会提供较强的 SERS 增强，因为它们的局部表面等离子体共振频率发生在可以正常进行拉曼光谱测量的可见/近红外光谱区，也因为等离子体共振阻尼造成的损失较小。

当金属表面平整光滑时，其表面的等离子体不能被电磁辐射激发。但当金属表面变得粗糙时，或者当金属是小微粒时，其表面的等离子体可以被电磁辐射激发。因此，SERS 很多时候用于电化学上粗糙的金属表面或胶体金属颗粒。最近，精确制造的纳米结构被用于 SERS 的基底以减小 SERS 增强因子的变化，并用来研究形态学对 SERS 增强的影响。

因为表面等离子体振荡增强了激发光和拉曼光两者的电场，SERS 增强与激发电场的四次方成正比。通过一个小球形微粒，电场可放大约 10 倍，会导致 SERS 增强 10^4 倍。更复杂的纳米结构可以产生更大的 SERS 增强。如果光频率与表面等离子体共振频率的峰值匹配，此时会出现最佳增强。由于激发和拉曼频率不相等，当表面等离子体频率的峰值在拉曼激发频率和拉曼散射频率之间时，最佳增强就会出现。电磁增强不需要靶分子来接触金属表面，但是增强会随着相对金属表面距离的增大非常迅速地下降，如式(1.9)：

$$I_{\mathrm{SERS}} \propto \left(\frac{a+r}{a}\right)^{-10} \tag{1.9}$$

式中，I_{SERS} 是 SERS 散射强度；a 是表面场增强特征的平均大小；r 是吸附物到金属表面的距离。

例如，一项研究[48] 报告了当附着物与增强微粒从间距 12nm 以 2.8nm 为单位分离时，SERS 信号以 10 倍速率减小。其深度分辨率的水平远优于同一光波长下受衍射限制的显微镜。

SERS 的电荷转移机制假定形成吸附物-金属复合物，允许附着物和金属间的激发和电荷转移。电荷转移机制难以核实，因为它仅在被吸附物的第一单层操作，而第一单层的电磁增强已经很强。Campion 等人[50] 在原子级平坦的铜单晶上，其电磁增强预期很小的状态被很好地理解，观测到了 30 倍 SERS 增强因子，为电荷转移机制提供了有力的证据。低能量的电子吸收带出现在被吸附分子的光谱中，而在分离分子的光谱中不存在，这进一步支持了电荷转移机制。

使用空间隔离的银纳米粒子，SERS 大约增强 10^6。尽管它的灵敏度提升显著，但与银胶体聚合物中的增强相形见绌。吸附到银胶体聚合物的一小部分分子的 SERS 大约增强 10^{14} 倍[48]！增强的水平用于单分子拉曼光谱的测量足够。正在进行一些研究，以更好地理解这些可能导致化学成像极限灵敏度的 SERS“热点”的纳米结构。

除了对金属表面附着物进行成像外，还有几种方法可用 SERS 进行化学成像。金纳米颗粒被直接注入活细胞中，探测在原生环境下的细胞分子。被金纳米颗粒附着的标记分子已被用于生成化学图像，例如单个活细胞的 pH 图[48]。针尖增强拉曼光谱（TERS）在表面几纳米移动一个微小的金属尖端，拉曼散射会随之剧烈增强[51]。TERS除了提供纳米空间分辨率的拉曼图外，还会提供形貌图像。

通过使用激发波长与吸附物发色团共振相同或者接近的频率，可以提高SERS的灵敏度。表面增强共振拉曼光谱（SERRS）提供额外的3～4个数量级的灵敏度增强。

1.7.4 相干反斯托克斯拉曼光谱

CARS[52,53]是另外一种能显著提升拉曼散射灵敏度的方法，在某些情况下，能够提升约10个数量级。图1.5(a)给出了CARS过程的能级图。激光，指定泵浦场将分子从基本振动状态激发到虚拟状态。第二频率的激光，指定的斯托克斯场，从虚拟状态激发斯托克斯光子的散射，而分子停留在它的第一激发振动级。当激光处于泵浦场时，此时称为探测场，然后将分子从它的第一激发振动级激发到新的虚拟状态。最后，分子通过散射一个反斯托克斯光子返回到振动基态。与自发拉曼散射不同，这里样品中的每个分子都独立散射其他分子的光。

CARS使用光场对样品中散射光的分子施加时间和空间相关系。这种施加在分子上的非随机关系是CARS缩写中“相干”的原因，也是区分CARS与自发反斯托克斯拉曼散射的理由。CARS是称为四波混频过程的一个例子，四波混频过程中四个光场——泵浦场、斯托克斯场、探测场和反斯托克斯场，相互交换能量。

由于CARS是一个相干过程，只要四个光场相互保持一个固定相位关系，相互作用距离便可增强能量交换。光透过物质的速度随波长改变，因为在透过样品的有限距离内波长依赖于折射率，会发生有效相位匹配。如果四个光场在稍有不同的方向传播，例如它们速度的矢量分量在共同的方向均相等，这个距离就可以被延长。然后，只要四个场在空间上重叠，它们的相位将会保持不变。这种非共线性CARS几何结构实验上可通过使用样品中斯托克斯激光束穿过泵激光束（其也是探测激光束）来实施。类似激光的反斯托克斯束以不同于泵和斯托克斯束的角度发出。如果光束紧聚焦时，相位匹配也可以用共线几何结构实现。紧聚焦产生传播方向的分布，可以自动地满足相位匹配条件。

CARS反斯托克斯信号的强度，给出如下：

$$I_{AS} \propto |\chi_3|^2 I_P^2 I_S \tag{1.10}$$

式中，χ_3是三阶极化率；I_P是泵光场的强度；I_S是斯托克斯光场的强度。

三阶极化率描述了分子键极化率是CARS作用的原因。不同于散射强度与振动振荡器的数量成比例的自发拉曼散射，CARS的强度与振动振荡器数量的平方成正比。平方依赖关系对本书后面所述的CARS分析应用有重要意义。

三阶极化率包括由分子振动增强的共振部分和由材料内的电子响应而非分子振动增强的非共振部的总和。三阶极化率的共振和非共振部分的散射分别在图1.5(a)和(b)所示的能级图中进行了说明。因此，式(1.10)中的三阶极化率的平方包含三项：一个纯的共振项、一个纯的非共振项和一个混合项。共振项通常产生所要的振动光谱。非共振项提供恒定的背景，降低 CARS 的检测上限。混合项产生一个类似衍生的谱峰形状，导致 CARS 谱带红移在谱带的高能量侧有一个下降。在一个 CARS 谱带中，红移和下降的数量正比于三阶极化率的共振和非共振部分的相对强度。

CARS 光场中间的相位相干性的空间维度，以及反斯托克斯场的方向性，可以通过样本的维度确定。共线的 CARS 透过极薄的样本在前、后方向产生的反斯托克斯强度相等。随着样本变厚，相长干扰增加了前向散射强度，而相消干涉降低了后向散射反斯托克斯强度，导致对于厚的均匀样品的后向散射强度更小。不管怎样，反斯托克斯后向散射会发生在大多数样本中，这是因为小物体 ($\lambda_P/3$)，在 χ_3 处的明显不连续和前向散射反斯托克斯强度的弹性散射。

已提出很多方案以减少非共振背景从而提高 CARS 信号。两种方式已经证明特别有利于 CARS 显微镜。从薄样本（epi-CARS）中后向散射反斯托克斯强度的采集大大降低了基体中的非共振强度。第二种方式是使用近红外泵浦场。如图 1.5(c) 的能级图所描述，如果泵浦场接近样本的双光子吸收谱带，非共振反斯托克斯强度能被提高。使用近红外线，产生更少的双光子电子吸收谱带，从而减少了许多样品的非共振背景。

对 CARS 来说，光谱的定性和定量分析比自发拉曼光谱更加困难。CARS 谱带高能量侧的红移和下降使 CARS 光谱变形，其程度随实验条件而改变。此外共振之间的干扰也会引起光谱变形。例如，一个频带高度可影响相邻带的高度。CARS 强度与分析物浓度的平方关系使得来自不同材料的重叠谱带的分辨率复杂化，使用标准的多变量分析算法也变得复杂。然而，随着许多半定量、定量 CARS 论文的发表，这些复杂性问题有望被解决。

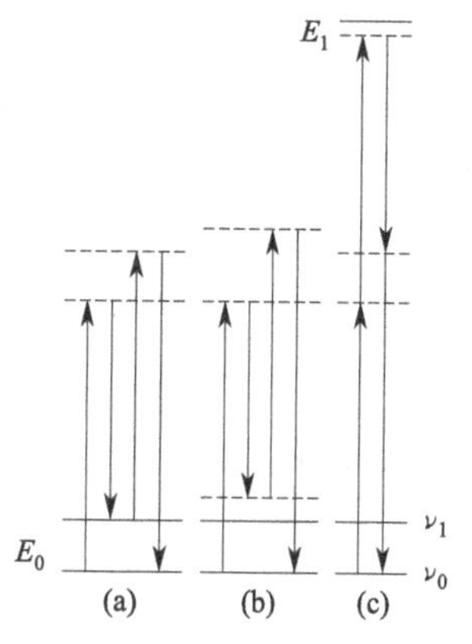

图 1.5 描述 CARS 过程的能级图：(a) 共振 CARS；(b) CARS 非共振背景；(c) 双光子增强非共振 CARS 背景

由于反斯托克斯 CARS 信号的强度正比于泵浦场光束强度的平方，脉冲泵浦场激光器相比于具有相同平均功率的连续波泵浦场激光器提供更大的信号强度。对于一个固定的泵浦场激光器平均功率和脉冲重复率，随着脉冲宽度减小，峰值光功率（和脉冲带宽）增大。随着脉冲持续时间的缩短，较高的峰值功率引起非共振反斯托克斯 CARS 强度的二次增长。共振的反斯托克斯 CARS 强度也随着脉冲宽度的减小而增大，但当激光脉冲带宽变得比拉曼线宽大时，逐渐饱和。几皮秒脉冲宽度有助于非共振反斯托克斯 CARS 强度和共振反斯托克斯强度最小的谱带增宽的灵敏度之间找到最佳的折中。

反斯托克斯 CARS 信号正比于泵浦场激光器功率的平方和斯托克斯激光器功率的乘积，因此分析物浓度的灵敏性随着激光束的聚焦而快速增大。所以，多数的 CARS 信号，来自聚焦区，提供深度判别甚至在共线几何结构中进行三维切片能力。

CARS化学成像的第一种方法是使用单一固定波长的斯托克斯激光器。反斯托克斯CARS强度以空间位置的函数被采集在视频帧率下生成单一波长化学图像。较高的图像采集速度真正有利于许多应用，而单一波长的使用是一个明显的限制。虽然已被证明单色图像信息丰富并有价值，它们可能被几种不同的有益于图像对比度的效果混淆。多图像也许可以使用不同波长顺序地采集，但不同图像的配准可能存在问题。

第二种方法，宽频带CARS[54]，通过使用斯托克斯光束的一个较宽的光谱源，同时地测量多个反斯托克斯CARS波长。有几个原因使每像素采集时间增加，包括在多个光谱分辨率元件下斯托克斯光束强度的分布、非共振背景减小的效果较低、增加检测器的读出时间。采集时间仍然比那些自发的拉曼光谱快得多，而且在不久的将来可能会进一步提升。

1.7.5 受激拉曼增益谱

CARS过程的前半部分，从振动基态激发到一个虚拟状态，接着是从虚拟状态受激发射到第一激发振动能级，可以用作实时化学成像方法[55]。这个过程将泵浦场能量转移到斯托克斯光束。斯托克斯强度增加的测量被称作受激拉曼增益（SRG）光谱，泵束强度降低的测量被称作受激拉曼损耗（SRL）光谱。二者都是受激拉曼光谱的实例，并且它们的名称被用于将它们与较少受控的受激拉曼光谱进行区分，其使用从样品中自发拉曼散射来产生斯托克斯光束，而不是外部斯托克斯光束[56]。

泵浦场束强度的变化 ΔI_P 与斯托克斯光束强度的变化 ΔI_S 之间的关系如下：

$$\Delta I_P \propto N\sigma_R I_P I_S, \quad \Delta I_S \propto N\sigma_R I_P I_S \tag{1.11}$$

式中，N 是分子探针的数量；σ_R 是拉曼截面；I_P 是泵浦场强度；I_S 是斯托克斯光场强度。

SRG和SRL光谱类似于CARS，其中均要求在泵浦场和斯托克斯光束之间相位匹配的相干过程。每一种情况下，信号对总的激光功率有非线性依赖，这为深度判别和三维切片提供机会。这三种方法可以比自发拉曼散射灵敏几个数量级。实际上，单层分子的SRG光谱早在1980年就被报道了[57]。

不同于CARS，SRG和SRL的信号正比于探针体中的分子数，使数据的解释和化学分析更容易。不存在非共振背景，所以样品看上去像自发拉曼光谱。没有非共振背景的缺乏也提高了图像的对比度。同一小组的初步研究[55]表明，相比于CARS测量，SRL光谱对甲醇中视黄醇的检测上限有所提升。

1.8 使用遥感生成化学图像

采用红外发射和拉曼散射，以及其他形式的光谱，遥感可生成大目标的化学图像。遥感可能在已采集的化学图像中占绝大多数。例如，从2002年开始，中等分辨率成像光谱辐射仪（MODIS）在Terra和Aqua两颗卫星上用36个可见的和红外的波段（0.4～14.4mm 的范围内）每 1～2 天对整个地球表面采集图像[58]。

众多成像光谱仪已经在飞行器上使用，放置在地球和其他行星的轨道周围，发射到深空，并发送到火星表面。表 1.7 总结了行星和月球的观测仪器的数量，包括数据采集的光谱范围。大多数光谱成像来自 NASA 公布。

表 1.7 采集振动数据的遥感成像仪器实例

仪器	目标	光谱范围/μm				参考文献
		可见光（0.4～0.78）	近红外（0.78～2.5）	中红外（2.5～25）	远红外（25～1000）	
机载可见光/红外成像光谱仪，20 世纪 90 年代升空，至今仍在使用	地球	0.4 ——	——	—— 2.5		[59]
印度月船 1 号的月球矿物绘图仪，分辨率为 70m	月球表面	0.4 ——	——	—— 3		[60]
可见光与红外绘图光谱仪，卡西尼号任务：金星、木星、土星、土卫六等	行星和卫星	0.35 ——	——	—— 5.1		[61]
热辐射光谱仪，火星全球探测者号，以 3km 的分辨率拍摄 10^8 张图像	火星			6 ——	—— 50	[62,63]
巡游火星表面的勇气号和机遇号上的迷你版热辐射光谱仪热辐射成像系统	火星			5 ——	—— 29	[64,65]
在整个光谱范围，一些仪器测量离散谱带，而另一些采集连续光谱	火星	0.4 ——	—— 0.9	7 —— 15		[66]
用于火星的紧凑型侦察成像光谱仪，在火星侦察轨道器上	火星	0.36 ——	——	—— 4		[67]

注：在整个光谱范围，一些仪器测量离散谱带，而另一些采集连续光谱。

光谱图像分析可能涉及传统化学计量学、图像处理、专家系统、广泛的光谱库或一些方法的组合[68]。对地球及其大气层产生的化学图像的常见用途包括：应用地质学和矿物学、气候、农业和污染研究。

同时也正在产生大量的振动化学图像来研究天体。例如美国宇航局的 Spitzer 太空望远镜[69] 及更早的宇宙背景探测器（COBE）[70]、协同红外天文卫星（IRAS）[71]、欧洲航天局的红外空间天文台（ISO）[72] 和日本的 AKARI[73] 等上的仪器。远红外波长可视化冷尘埃云和极冷分子云，而较短的红外波长（0.7～5μm）可以穿透尘埃，揭示隐藏于可见光和紫外线探测器的天体。对于离子和分子物质，在宇宙中，如原子和原子离子、多原子离子和分子、芳香族分子，正在使用覆盖整个从近至远红外区域的振动光谱发射带来成像。

而上述应用全部依赖于被动的发射辐射，遥感也可以通过使用激发源，通常是激光实现。激光雷达或激光定位器（光检测和测距修正）使用脉冲激光器的反向散射强度作为时间的函数来测量大气中的吸收深度剖面。差分吸收激光定位器

(DIAL) 改变激光频率处于和离开分析物吸收峰来解析出分析物的吸收。一个开路红外光谱阵列光谱仪已经被报道实时测量大气烟羽的三维侧面图[74]。

拉曼遥感包括拉曼激光定位器，其测量从一个或多个分析物的拉曼谱带检测出的拉曼光的强度。为了量化分析物，大气中氮的拉曼频带被用作内标准。拉曼激光定位器的一个优点是，它的激光发射器比传统激光定位器更容易实现自动化。拉曼激光定位器已被广泛地用于绘制绵延几十千米的大气中水的三维图。其他分析物如 NO、CO、H_2S 和碳氢化合物也能被绘图。

参 考 文 献

1. Cotton, F. A. (1971) *Chemical Applications of Group Theory*, Wiley–Interscience, New York.
2. McHale, J. L. (1999) *Molecular Spectroscopy*, Prentice Hall, New Jersey.
3. Griffiths, P. R. (2002) Beer's law. In: Chalmers, J. M. and Griffiths P. R. (Eds.), *Handbook of Vibrational Spectroscopy*, Vol. 3, Wiley, West Sussex, UK, pp. 2225–2234.
4. Hecht, E. and Zajac, A. (1974) *Optics*, Addison-Wesley Publishing Company, Menlo Park, CA, pp. 72–84.
5. Mirabella, F. M. (1993) Principles, theory, and practice of internal reflection spectroscopy. In: Mirabella, F. M. (Ed.), *Internal Reflection Spectroscopy: Theory and Applications*, Marcel Dekker, New York, pp. 17–52.
6. Strangman, G., Boas, D. A., and Sutton, J. P. (2002) Noninvasive neuroimaging using near-infrared light. *Biol. Psychiatry* **52**, 679–693.
7. Okamoto, M. and Dan, I. (2007) Functional near-infrared spectroscopy for human brain mapping of taste-related cognitive functions. *J. Biosci. Bioeng.* **103**, 207–215.
8. Jobsis, F. F. (1977) Noninvasive, infrared monitoring of cerebral and myocardial oxygen sufficiency and circulatory parameters. *Science* **198**, 1264–1267.
9. Hoshi, Y. (2003) Functional near-infrared optical imaging: utility and limitations in human brain mapping. *Psychophysiology* **40**, 511–520.
10. McCreery, R. L., Fleischmann, M., and Hendra, P. (1983) Fiber optic probe for remote Raman spectrometry. *Anal. Chem.* **55**, 148–150.
11. Matousek, P. (2007) Deep non-invasive Raman spectroscopy of living tissue and powders. *Chem. Soc. Rev.* **36**, 1292–1304.
12. Mink, J. (2002) Infrared emission spectroscopy. In: Chalmers, J. M. and Griffiths, P. R. (Eds.), *Handbook of Vibrational Spectroscopy*, Vol. 3, Wiley, West Sussex, UK, pp. 1193–1214.
13. Lin-Vien, D., Colthup, N. B., Fateley, W. G., and Grasselli, J. G. (1991) *The Handbook of Infrared and Raman Characteristic Frequencies of Organic Molecules*, Academic Press, Boston, MA.
14. Socrates, G. (2001) *Infrared and Raman Characteristic Group Frequencies*, 3rd ed., Wiley, New York.
15. Shurvell, H. F. (2002) Spectra–structure correlations in the mid- and far-infrared. In: Chalmers, J. M. and Griffiths, P. R. (Eds.), *Handbook of Vibrational Spectroscopy*, Vol. 3, Wiley, West Sussex, UK, pp. 1783–1816.
16. Venyaminov, S. Y. and Prendergast, F. G. (1997) Water (H_2O and D_2O) molar absorptivity in the 1000–4000 cm^{-1} range and quantitative infrared spectroscopy of aqueous solutions. *Anal. Biochem.* **248**, 234–245.
17. Bertie, J. E., Jones, R. N., and Keefe, C. D. (1993) Infrared intensities of liquids. XII. Accurate optical constants and molar absorption coefficients between 6225 and 500 cm^{-1} of benzene at 25°C, from spectra recorded in several laboratories. *Appl. Spectrosc.* **47**, 891–911.
18. Bertie, J. E., Jones, R. N., Apelblat, Y., and Keefe, C. D. (1994) Infrared intensities of liquids. XIII. Accurate optical constants and molar absorption coefficients between 6500 and 435 cm^{-1} of toluene at 25°C, from spectra recorded in several laboratories. *Appl. Spectrosc.* **48**, 127–143.
19. Bertie, J. E., Lan, Z., Jones, R. N., and Apelblat, Y. (1995) Infrared intensities of liquids. XVIII. Accurate optical constants and molar absorption coefficients between 6500 and 800 cm^{-1} of dichloromethane at 25°C, from spectra recorded in several laboratories. *Appl. Spectrosc.* **49**, 840–851.
20. Goplen, T. G., Cameron, D. G., and Jones, R. N. (1980) Absolute absorption intensity and dispersion measurements on some organic liquids in the infrared. *Appl. Spectrosc.* **34**, 657–691.
21. Chan, K. L., Tay, F. H., Poulter, G., and Kazarian, S. G. (2008) Chemical imaging with variable angles of incidence using a diamond attenuated total reflection accessory. *Appl. Spectrosc.* **62**, 1102–1107.
22. Power, J. F. (1993) Photoacoustic and photothermal imaging. In: Morris, M. D. (Ed.), *Microscopic and Spectroscopic Imaging of the Chemical State*, Marcel Dekker, New York, pp. 255–302.
23. Bertie, J. E. and Lan, Z. (1996) Infrared intensities of liquids. XX. The intensity of the OH stretching band of liquid water revisited, and the best current values of the optical constants of $H_2O(l)$ at 25°C between 15,000 and 1 cm^{-1}. *Appl Spectrosc.* **50**, 1047–1057.
24. Pedersen, J. E. and Keiding, S. R. (1992) THz time-domain spectroscopy of nonpolar liquids. *IEEE J. Quantum Electron.* **28**, 2518–2522.
25. Wilk, R., Pupeza, I., Cernat, R., and Koch, M. (2008) Highly accurate THz time-domain spectroscopy of multilayer structures. *IEEE J. Sel. Top. Quantum Electron.* **14**, 392–398.
26. Bertie, J. E., Zhang, S. L., Eysel, H. H., Baluja, S., and Ahmed, M. K. (1993) Infrared intensities of liquids. XI. Infrared refractive indices from 8000 to 2 cm^{-1}, absolute integrated intensities, and dipole moment derivatives of methanol at 25°C. *Appl. Spectrosc.* **47**, 1100–1114.
27. Chan, W. L., Deibel, J., and Mittleman, D. M. (2007) Imaging with terahertz radiation. *Rep. Prog. Phys.* **70**, 1325–1379.
28. Shen, Y., Taday, P. F., Newnham, D. A., Kemp, M. C., and

Pepper, M. (2005) 3D chemical mapping using terahertz pulsed imaging. *Proc. SPIE* **5727**, 24–31.

29. Weyer, L. G. and Lo, S.-C. (2002) Spectra–structure correlations in the near-infrared. In: Chalmers, J. M. and Griffiths, P. R. (Eds.), *Handbook of Vibrational Spectroscopy*, Vol. 3, Wiley, West Sussex, UK, pp. 1817–1837.
30. Buback M. and Vogele, H. (1993) *FT-NIR Atlas*, VCH, Berlin.
31. INVOS cerebral oximeter measures oxygen saturation of the blood in the brain noninvasively using near-infrared light, Somanetics Corporation, Troy, MI, USA.
32. Long, D. A. (2002) *The Raman Effect: A Unified Treatment of the Theory of Raman Scattering by Molecules*, Wiley, West Sussex, UK.
33. Placzek, G. (1934) Rayleigh-streuung und Raman-effekt. In: Marx, E. (Ed.), *Handbuch der Radiologie*, Vol. VI., No. 2, Acadeische-Verlag, Leipzig, pp. 205–374 (Translation: *The Rayleigh and Raman Scattering,* University of California Radiation Laboratory (UCRL) Trans. 526(L), 1962)
34. Schrotter, H. W. and Klockner, H. W. (1979) Raman scattering cross sections in gases and liquids. In: Weber, A. (Ed.), *Raman Spectroscopy of Gases and Liquids*, Springer, Berlin, pp. 123–166.
35. McCreery, R. L. (2000) *Raman Spectroscopy for Chemical Analysis*, Wiley–Interscience, New York.
36. Wang, A., Haskin, L. A., Lane, A. L., Wdowiak, T. J., Squyres, S. W., Wilson, R. J., Hovland, L. E., Manatt, K. S., Raouf, N., and Smith, C. D. (2003) Development of the Mars microbeam Raman spectrometer (MMRS). *J. Geophys. Res. E* **108**, 5005.
37. Pelletier, M. J. (2003) Quantitative analysis using Raman spectrometry. *Appl. Spectrosc.* **57**, 20A–42A.
38. Nyquist, R. A., Putzig, C. L., and Leugers, M. A. (1997) *Handbook of Infrared and Raman Spectra of Inorganic Compounds and Organic Salts: Raman Spectra*, Academic Press, San Diego, CA.
39. Smith, E. and Dent, G. (2005) *Modern Raman Spectroscopy: A Practical Approach*, Wiley, West Sussex, UK, Chapter 4.
40. Ludwig, M. and Asher, S. A. (1988) Self-absorption in resonance Raman and Rayleigh scattering: a numerical solution. *Appl. Spectrosc.* **42**, 1458–1466.
41. Womack, J. D., Mann, C. K., and Vickers, T. J. (1989) Correction for absorption in Raman measurements using the backscattering geometry. *Appl. Spectrosc.* **43**, 527–531.
42. Frosch, T., Tarcea, N., Schmitt, M., Thiele, H., Langenhorst, F., and Popp, J. (2007) UV Raman imaging—a promising tool for astrobiology: comparative Raman studies with different excitation wavelengths on SNC Martian meteorites. *Anal. Chem.* **79**, 1101–1108.
43. Tarcea, N., Harz, M., Roesch, P., Frosch, T., Schmitt, M., Thiele, H., Hochleitner, R., and Popp, J. (2007) UV Raman spectroscopy—a technique for biological and mineralogical *in situ* planetary studies. *Spectrochim. Acta A* **68**, 1029– 1035.
44. Ogawa, M., Harada, Y., Yamaoka, Y., Fujita, K., Yaku, H., and Takamatsu, T. (2009) Label-free biochemical imaging of heart tissue with high-speed spontaneous Raman microscopy. *Biochem. Biophys. Res. Commun.* **382**, 370–374.
45. Bonifacio, A., Finaurini, S., Krafft, C., Parapini, S., Taramelli, D., and Sergo, V. (2008) Spatial distribution of heme species in erythrocytes infected with *Plasmodium falciparum* by use of resonance Raman imaging and multivariate analysis. *Anal. Bioanal. Chem.* **392**, 1277–1282.
46. Van Manen, H.-J., Kraan, Y. M., Roos, D., and Otto, C. (2004) Intracellular chemical imaging of heme-containing enzymes involved in innate immunity using resonance Raman microscopy. *J. Phys. Chem. B* **108**, 18762–18771.
47. Sharifzadeh, M., Zhao, D.-Y., Bernstein, P. S., and Gellermann, W. (2008) Resonance Raman imaging of macular pigment distributions in the human retina. *J. Opt. Soc. Am. A* **25**, 947–957.
48. Stiles, P. L., Dieringer, J. A., Shah, N. C., and Van Duyne, R. P. (2008) Surface-enhanced Raman spectroscopy. *Annu. Rev. Anal. Chem.* **1**, 601–626.
49. Kneipp, K. (2007) Surface-enhanced Raman scattering. *Phys. Today* (November), 40–46.
50. Campion, A., Ivanecky, J. E., Child, C. M., and Foster, M. (1995) On the mechanism of chemical enhancement in surface-enhanced Raman scattering. *J. Am. Chem. Soc.* **117**, 11807–11808.
51. Bailo, E. and Deckert, V. (2008) Tip-enhanced Raman scattering. *Chem. Soc. Rev.* **37**, 921–930.
52. Evans, C. L. and Xie, X. S. (2008) Coherent anti-Stokes Raman scattering microscopy: chemical imaging for biology and medicine. *Annu. Rev. Anal. Chem.* **1**, 883–909.
53. Cheng, J. (2007) Coherent anti-Stokes Raman scattering microscopy. *Appl. Spectrosc.* **61**, 197A–208A.
54. Okuno, M., Kano, H., Leproux, P., Couderc, V., and Hamaguchi, H. (2007) Ultrabroadband ($>2000\ cm^{-1}$) multiplex coherent anti-Stokes Raman scattering spectroscopy using a subnanosecond supercontinuum light source. *Opt. Lett.* **32**, 3050–3052.
55. Freudiger, C. W., Min, W., Saar, B. G., Lu, S., Holtom, G. R., He, C., Tsai, J. C., Kang, J. X., and Xie, X. S. (2008) Label-free biomedical imaging with high sensitivity by stimulated Raman scattering microscopy. *Science* **322**, 1857–1861.
56. Ghaziaskar, H. S. and Lai, E. P. C. (1992) Stimulated Raman scattering in analytical spectroscopy. *Appl. Spectrosc. Rev.* **27**, 245–288.
57. Heritage, J. P. and Allara, D. L. (1980) Surface picosecond Raman gain spectra of a molecular monolayer. *Chem. Phys. Lett.* **74**, 507–510.
58. http://modis.gsfc.nasa.gov/about.
59. http://aviris.jpl.nasa.gov.
60. http://m3.jpl.nasa.gov.
61. http://wwwvims.lpl.arizona.edu.
62. Christensen, P. R., Anderson, D. L., Chase, S. C., Clancy, R. T., Clark, R. N., Conrath, B. J., Kieffer, H. H., Kusmin, R. O., Malin, M. C., Pearl, J. C., Roush, T. L., and Smith, M. D. (1998) Results from the Mars Global Surveyor Thermal Emission Spectrometer. *Science* **279**, 1692–1698.
63. http://tes.asu.edu/about/index.html#anchor_206million.
64. http://marsrover.nasa.gov/mission/spacecraft_instru_minites.html.
65. http://minites.asu.edu/aboutmer.html.
66. http://themis.asu.edu/faq.
67. http://crism.jhuapl.edu/CRISMfacts.php.
68. Clark, R. N., Swayze, G. A., Livo, K. E., Kokaly, R. F., Sutley, S. J., Dalton, J. B., McDougal, R. R., and Gent, C. A. (2003). Imaging spectroscopy: Earth and planetary remote sensing with the USGS Tetracorder and expert systems. *J. Geophys. Res. E* **108**, 5131–5175.
69. http://gallery.spitzer.caltech.edu/Imagegallery/chron.php?cat=Astronomical Images (Space telescope launched in 2003).
70. http://lambda.gsfc.nasa.gov/product/cobe/cobe_image_table.cfm (Satellite launched in 1989).
71. http://www.ipac.caltech.edu/Outreach/Gallery/IRAS/irasgallery.html (Satellite launched in 1983).
72. http://iso.esac.esa.int/science/ (Satellite launched in 1995).
73. http://sci.esa.int/science-e/www/object/index.cfm?fobjectid=39279 (Satellite launched in 2006).
74. Dupuis, J. R., Mansur, D. J., Engel, J. R., and Vaillancourt, R. (2008) Imaging open-path Fourier transform infrared spectrometer for 3D cloud profiling. *Proc. SPIE* **6954**, 69540N.

第一篇

硬　件

2 拉曼光谱成像仪器

Matthew P. Nelson 和 Patrick J. Treado
美国，宾夕法尼亚，匹兹堡，开米美景公司

2.1 简介

拉曼光谱成像是一种将数码视觉成像技术与源自拉曼光谱分析的特定分子数据相结合的成像方法。拉曼图像最基本的定义是一组精确排列的空间拉曼光谱，也被称为拉曼化学成像[1]、拉曼光谱成像和拉曼分子成像。常用相关术语包括多光谱成像（小于10光谱段）、高光谱成像（10～1000光谱段）和超光谱成像（大于1000光谱段）。

在分析材料特性时采用拉曼成像技术的主要原因是大多数材料在空间和结构上的多样性。为了充分了解材料的特性、成分分布、结构分布以及这些特性是如何影响材料性能的，最少需要从2～3个不同的方面来测量材料性能。针对这种需求，拉曼成像技术提供了一种高效、直观的手段，以无损和非入侵的方式将材料的二维和三维结构可视化。

拉曼成像仪是用于确定高度非均质材料中特定拉曼散射位置的设备，可对目标材料生成成百上千，甚至上百万独立的、空间分散的拉曼光谱。图2.1中显示的数据结构被称为高光谱数据立方，由 X、Y（甚至 Z）空间维度和一个波长（即拉曼位移）维度构成，这种数据立方通常在一个典型的拉曼成像实验中就可以得到。由此产生的高光谱数据立方，组成一系列特定波长的图像，其中每一个像素都包涵与之相应位置成像的拉曼光谱。超光谱立方中的拉曼光谱一般用来显示图像对比度，具有化学特性，不需要褪色、染色或造影剂。因此不同于其他材料分析设备，拉曼成像器的成本较小，不需要样品制备。

从每个独立单元中提取的拉曼光谱与图2.1(d)中高光谱立方中的平均光谱

相比可知，拉曼光谱成像技术的材料分析质量要超过大部分传统光谱分析。平均光谱是大量拉曼光谱代表，与各个部分的局部光谱有很大不同。利用自然空间变化的空间抽样，可以得到更可靠的识别效果，对于实际混合物，还可使用化学计量学处理工具，通过光谱变化来识别单个成分。

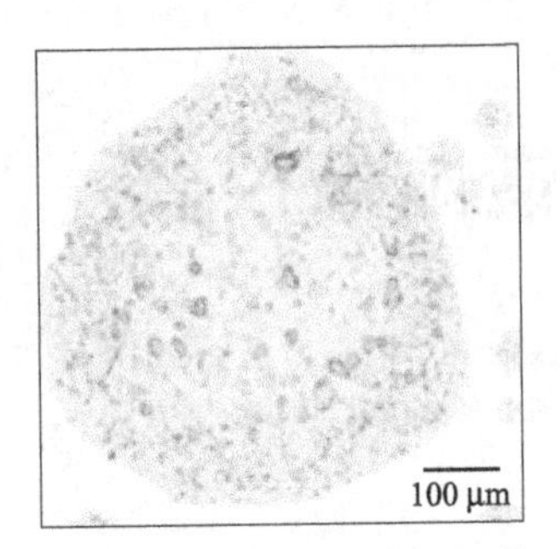

(a) 鼻喷雾剂中多个成分的光学图像

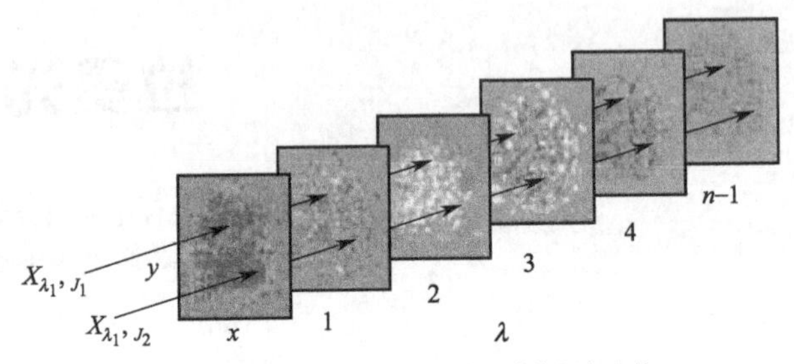

(b) 将图像表示为以波数为函数的超立方体

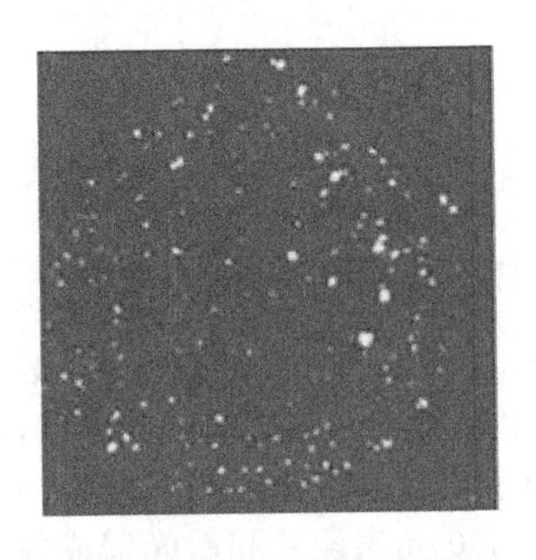

(c) 布地奈德(API)粒子的拉曼成像

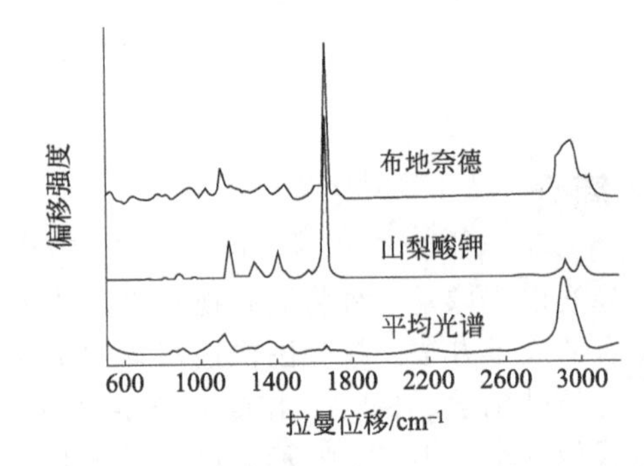

(d) 从高光谱数据立方中提取有关布地奈德粒子、山梨酸钾的拉曼光谱和整个数据立方的平均光谱

图 2.1　典型拉曼成像实验获得的高光谱数据立方结构

近年来拉曼成像技术与拉曼光谱仪技术同步。与拉曼光谱的发展相同，拉曼成像技术也得益于激光技术的进步，它提供了一个高纯度单色光源、可以有效滤除瑞利散射光的多层介质全息彩色滤光片、能分离目标波长的成像分光仪以及高敏感度 CCD 成像器件和高性能计算机，这些计算机具有足够的数据存储能力和快速处理源自拉曼成像实验的大数据文件的能力。拉曼光谱和拉曼成像仪器的其他发展包括拉曼成像仪自动化程度提高，更加易于使用，硬件的耐用性和稳定性大大增强。正是这些设备的改进，使得拉曼成像技术被广泛接受并大量应用于工业、法医学和医疗中。

本章的重点是介绍拉曼成像设备。下面详细介绍目前应用于拉曼成像仪的技术方法、拉曼仪器平台的类型、用于低光照水平的信号增强拉曼设备、基于多传感器正交信息的串联式拉曼成像仪以及如何评估拉曼成像仪的工作性能。

2.2 拉曼成像仪的类型

在过去的30多年里，大量用于拉曼成像的仪器设计已有了长足的发展并且商业化。这些设备可大致分为扫描型（即绘图）和宽域（即全局）光源照明型。

本节中，对扫描型和宽域型作一个大致比较，综合对比结果如图2.2所示。

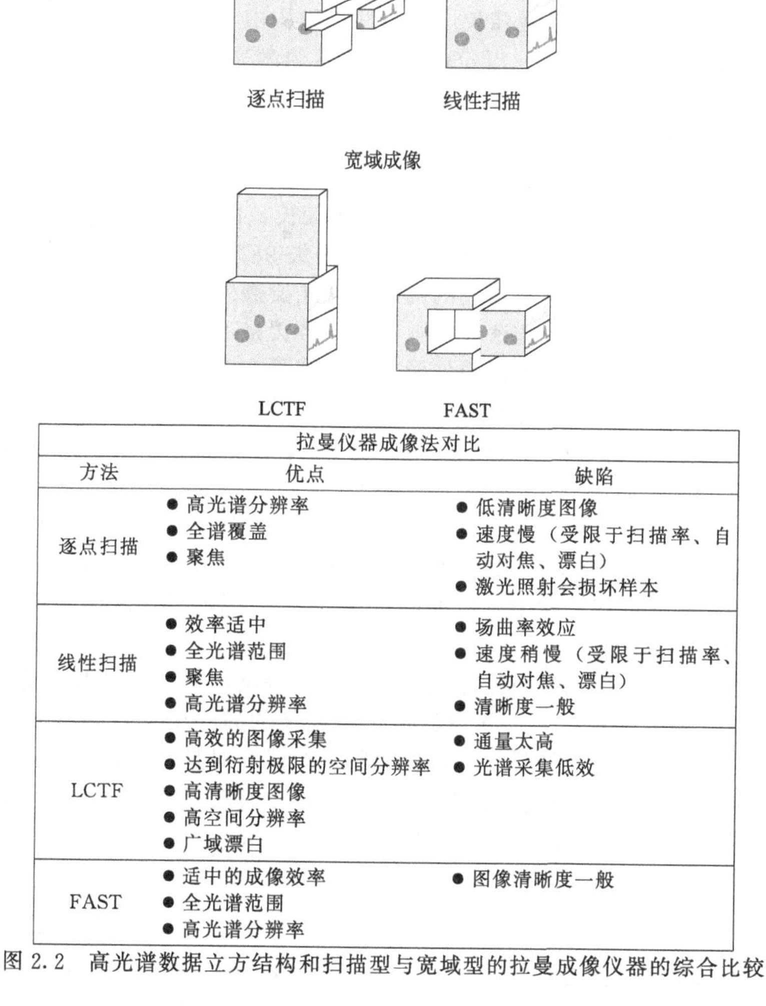

拉曼仪器成像法对比		
方法	优点	缺陷
逐点扫描	● 高光谱分辨率 ● 全谱覆盖 ● 聚焦	● 低清晰度图像 ● 速度慢（受限于扫描率、自动对焦、漂白） ● 激光照射会损坏样本
线性扫描	● 效率适中 ● 全光谱范围 ● 聚焦 ● 高光谱分辨率	● 场曲率效应 ● 速度稍慢（受限于扫描率、自动对焦、漂白） ● 清晰度一般
LCTF	● 高效的图像采集 ● 达到衍射极限的空间分辨率 ● 高清晰度图像 ● 高空间分辨率 ● 广域漂白	● 通量太高 ● 光谱采集低效
FAST	● 适中的成像效率 ● 全光谱范围 ● 高光谱分辨率	● 图像清晰度一般

图2.2 高光谱数据立方结构和扫描型与宽域型的拉曼成像仪器的综合比较

2.2.1 扫描型

自20世纪70年代拉曼微粒子探针发展，大多数拉曼成像仪的工作原理是基于扫描法的[2]，拉曼“绘图”是由激光束光源聚焦在样品表面产生的，并通过色散摄谱仪或干涉仪在每个空间节点采集一个或多个光谱[3]。扫描法可以进一步划分为逐点扫描和线性扫描系统。

2.2.1.1 逐点扫描

逐点扫描拉曼仪器，是将一束激光聚焦在样品的一个小点上，随后使用色散摄谱仪配合一个阵列探测器，或直接用干涉仪从每一个空间节点获取拉曼光谱。拉曼图像是由栅格扫描生成的，激光束在 X 轴、Y 轴（横向扫描）和 Z 轴（轴向扫描）扫描，采集每个位置的光谱，并将采集到的数据重组为图像形式（图2.2)。通常逐点扫描式拉曼成像仪应用于共焦结构中，在这种结构中光源或聚集的散光通过小孔来实现聚焦，以定位来自样品的激光和响应信号，和收集样本集。通常使用激光聚焦法可以降低背景荧光并有助于减少二次散射的影响，该方法的缺点是会抵消高达98%的已捕获拉曼光粒子，并使不太清晰的轴向采样更加复杂。

逐点扫描法的主要限制是实验时间 T_p 比较长，由于最终拉曼图像中的像素数是与实验时间成正比的，在聚焦点处还要损失98%的拉曼信号，因此需要更长的实验时间。如果样品还有荧光的问题，那还要额外分配时间去漂白每一个新空间位置。在过去，逐点扫描法花费数小时到数天是不少见的。在冗长的采集时间内，可收集到用于生成拉曼图像的像素数量却是有限的，这限制了其作为一种常规图像生成工具对材料性能探查的应用。但如今，诸如 WiTec 连续式逐点扫描[4]的扫描探针技术的进步，使得采集时间显著减少，单一光谱可能在数毫秒内采集完成，这使得在1min内获得包含数千光谱的拉曼图像成为可能。逐点扫描系统的空间分辨率受限于激光光斑的大小（1μm）和光栅扫描过程的精度、再现性和稳定性。光吸收材料具有的低损伤阈值、局部热膨胀和光损害特性会对生成图像产生影响。但在实际中，很难找到一种激发功率密度来适合具有不同损伤阈值的复杂样品基体。

尽管逐点扫描法在拉曼成像方面有很多固有限制，但这项技术是成熟的，并已成功应用于很多领域[5-8]。逐点扫描拉曼成像的另一个优点是有效地采集整个光谱，这在对潜在光谱缺乏了解的新材料进行研究时是十分有利的，一个完整的光谱可以提供所需的信息。得到的完整全光谱也有利于增加化学计量学方法用于数据处理的机会，可提取出有用的信息。

2.2.1.2 线性扫描

线性扫描是逐点扫描的扩展[9,10]。在线性扫描中，使用圆柱形光学镜或扫描机构，如一个移动的镜子，让一个激光束被拉长在一个维度中，以形成一条线。照射样品的激光与装有二维 CCD 阵列检测的色散光谱仪的夹缝平行。在这种结构下，每行 CCD 阵列都能捕获一段沿激光线长度方向上相应位置的光谱。与逐点扫描类似，采用线性扫描方法生成图像也需要用机械扫描（图 2.2），但扫描仪限于垂直激光线方向。其结果是，空间信道数以$\sqrt{n}$数量级减少，同时实验时间也减少了 T_1：

$$T_1=\frac{1}{\sqrt{n}}T_p \tag{2.1}$$

式(2.1) 假定有足够的激光功率来维持一个相当的激光功率密度用于逐点扫描，以进行给定实验。线性扫描法图像的空间 X 轴和 Y 轴分辨率不同。平行于激光线方向的分辨率是由收集到光的放大率和检测器像素尺寸确定的。沿这个方向，可实现有限衍射的空间分辨率，但在垂直于激光线的方向上，空间分辨率由激光线的宽度和光栅的机械精度确定。

虽然没有逐点扫描应用广泛，线性扫描拉曼成像系统已经成功商业化，被应用于诸多领域[9-12]。线性扫描技术中一个相对较新的发展方向是雷尼绍公司的 Stream Line^{TM} plus 成像系统其利用时间交错采样的方法减少数据采集时间。显微镜光源被用来照射样品上的一行，调整显微镜的可活动载物台相对于样品进行移动，以确保样品在物镜可视范围内。随着光栅与样品上光线的同步移动，光谱数据被传感器连续读出[13]。

2.2.2 宽域拉曼成像

使用拉曼成像技术的原因是它可以快速、准确地从二维到三维空间维度表征样品的形状和组成，甚至可以获得时间、温度等其他方面的信息。更高的图像保真度（即图像清晰度）、更高的图像质量可以更准确地对材料成分进行测定。过去 20 多年中，拉曼成像技术进步迅速，通过被称为宽域（全局）成像法，可以确保收集到高分辨率（光谱和空间）数据。

在宽域拉曼成像技术中，激光照亮整个样品（全局照亮）同时进行分析。许多宽域拉曼成像的方法已经被开发，并将在下面进行更详细的描述。其中大多数方法涉及在离散频率下采集图像（图 2.2）。

在两个空间维度同时采集时，实验时间 T_w 和光谱通道数 m 成正比，类似于逐点和线性扫描中正比于图像像素数目 n。点、行、宽域法和实验时间之间的关系如式(2.2) 和式(2.3) 所示。在宽域成像时，如果 m 小于 n 或者小于$\sqrt{n}$时，相比于逐点和线性扫描可以节省实验时间。在这些方程的辅助下，我们假设每种方法的光学元件的发送和收集效率相同，则两种方法间的时间延迟（工作台移动或过滤器调谐）可以忽略。激光的功率是可调节的，这样使得照射在样品上的光束功率密度维持恒定，并保持在损害样品的各项阈值之下，且获得的图像是方形的。

$$T_{\mathrm{w}}=\frac{m}{n}T_{\mathrm{p}} \tag{2.2}$$

$$T_{\mathrm{w}}=\frac{m}{\sqrt{n}}T_{\mathrm{p}} \tag{2.3}$$

对于大多数材料特性的应用需求，小数目的光谱波段（通常小于 30）就可以提供足够的化学和空间信息来分析感兴趣的物质。减少光谱通道的数目，可以缩短总的实验时间，降低数据存储负担和计算机处理能力要求。在不少材料的特性应用中，只需要非常小的波段（小于 5），这种状态下可以快速进行波长调谐，实现动态或实时拉曼图像生成，这是用扫描法无法实现的。在扫描拉曼法下，减少光谱通道数目对实验时间无影响，因为整条光谱是被同时捕获的。在扫描法下想节约时间只有通过降低 n 值，以求降低空间分辨率和最终生成拉曼图的视野。宽域成像的空间分辨率通常取决于衍射原理卷积、CCD 像素大小和 CCD 系统成像放大倍数。基于瑞利判据的衍射极限分辨率 r 由下式给出：

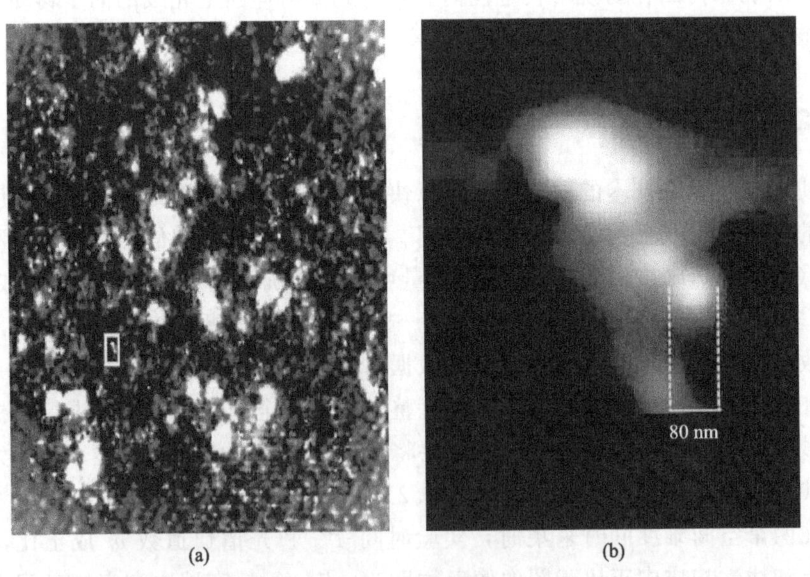

图 2.3 （a）使用宽域拉曼成像系统获得的 SERS 活性金表面的拉曼图像采集；（b）表面上小到 80nm“热点”的拉曼成像

$$r=\frac{1.22\lambda}{2\mathrm{NA}} \tag{2.4}$$

式中，λ 是光的波长；NA 是聚光器的数值孔径。配备 514nm 激光器，基于可调谐滤光器的拉曼成像显微镜系统可以实现 250nm 级别的空间分辨率[14]。但 250nm 级别的空间分辨率并不限制对更小的明亮散射材料的成像。图 2.3 所示为采用拉曼宽域技术从 SERS 金属表面获得的图像。

拉曼成像可获得分析物表面的“热点”分布，分辨率小至 80nm 级别。

宽域拉曼成像已广泛应用于材料的表征，重点是聚合物[15-17]、半导体[18]、生物医学[19-22]、制药[23,24] 和国土安全应用[25-27]。

2.3 宽域拉曼成像仪设计

过去 20 多年间各类设备飞速发展，降低了宽域拉曼成像仪的设计门槛。这些发展包括光纤阵列组件[28-32]、可调谐激光器[33] 和旋转介质滤光器[34]、声光可调谐滤光器（AOTF）[35-38]、液晶可调谐滤光器（LCTFs）[39-42]。此外，宽域拉曼成像技术诸如相干反斯托克斯拉曼散射（CARS）和受激拉曼光谱将在 2.5 节中讨论。

2.3.1 光纤阵列拉曼成像

基于光纤阵列的拉曼成像技术是一种较新的方法，在过去 10 年间受到欢迎。该技术被称为光纤阵列光谱转换器（FAST）[27]、降维阵列[29-31] 和光纤图像压缩[32]。全局范围内捕获的拉曼光矩阵的近端，聚集到二维光纤，通过光纤阵列可以同时收集二维空间维度和一个光谱维的数据。将光纤阵列的尾端排列成一个线性阵列，并列插入一个带图像格式 CCD 探测器的色散光谱仪的入口狭缝处。光纤阵列使二维空间数据减少到单一维度，并从一根根光纤，沿着光谱仪入口的垂直方向，相继照射到 CCD 相机上。在单帧采集中，所有空间和光谱信息是同时采集到的。随后使用相关软件将数据重构成高光谱数据立方，立方中的每一个重构像素图都包含一段完整的拉曼图，以此把采集到的空间和光谱信息分开（图 2.4）。

相比于其他拉曼成像技术，光纤阵列的一个固有优势是获取大量光谱信息的速度较快，但空间信息却很有限。为了保证拉曼散射在合理范围内，一个单视场图像的数据采集时间和采集一条色散光谱的时间大致相同。式(2.5)～式(2.7) 给出了使用光纤阵列拉曼成像系统所需的实验时间与逐点扫描、线性扫描、(波长扫描) 宽域成像所需时间的对比关系，其中 ROI 表示实验中感兴趣的区域数量。适用于式(2.2) 和式(2.3) 的假设也适用于式(2.5)、式(2.6)。式(2.5)～式(2.7) 进一步假设激光功率可以调整，在每个空间位置都可以提

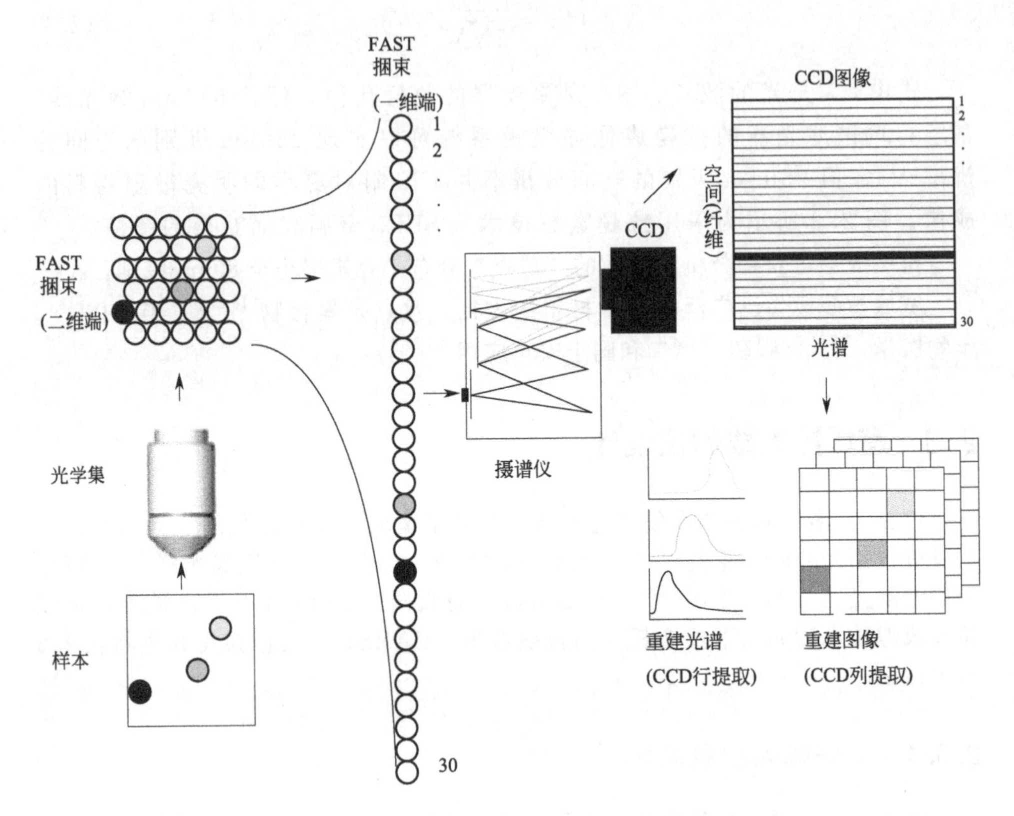

图 2.4 带有光纤阵列光谱转换器设计的宽域拉曼成像仪（拉曼光聚焦到一个二维阵列的光纤束，并降低到一维阵列的顶端。远端的图像通过带有成像格式 CCD 的光谱仪生成，单帧 CCD 图像可以重构后生成特定波长的图像和特定空间光谱）

供可比功率密度，这样每种技术条件下每个位置产生的拉曼信号数量都是相等的。

$$T_{\mathrm{FAST}}=\frac{T_{\mathrm{p}}}{n}\cdot\mathrm{ROI} \tag{2.5}$$

$$T_{\mathrm{FAST}}=\frac{T_{1}}{n}\cdot\mathrm{ROI} \tag{2.6}$$

$$T_{\mathrm{FAST}}=\frac{T_{\mathrm{w}}}{n}\cdot\mathrm{ROI} \tag{2.7}$$

就拉曼成像的光谱分辨率和光谱覆盖范围而言，采用光纤阵列的其他优点是由色散光谱仪的色散特性决定的。光纤阵列的图像保真度（像素数）受限于 CCD 探测器的行数，高清晰度的图像可以从多个相邻领域的图中收集和重构光纤阵列拉曼图来获得。另外配备 CCD 的多光谱仪可以提高图像清晰度。另一种实现光纤阵列拉曼成像的方法是用其数据生成彩色图，并将其叠加在由标准视屏照相机拍摄的高分辨率灰度样本图像上。但这样做的缺点是，由于现在光谱仪性能的不完善会导致图像中像素与像素之间串扰。通过调整光纤间隔和光成像布置，使得物场相邻光纤在像场也是并置的，将串扰降低到最小。在现在制造工艺下光纤阵列的制作也是个不小的挑战。

光纤阵列拉曼成像已在几个应用领域包括复合材料、生物材料[32] 和爆炸物检测[27] 等证明是可用的。

2.3.2 介质干涉滤光器

20 世纪 90 年代初，Batchelder 等人第一次在拉曼成像中应用介质干涉滤光器。他们将机械可旋转介质干扰滤光器置于拉曼显微镜远场光路上[34]。可以用 CCD 格式传感器配合介质滤光器从被完全照亮的样本表面捕获图像以生成拉曼图。介质滤光器的中心通频带是 $20\mathrm{cm}^{-1}$ 左右的窄带，可以通过机械旋转滤光器进行调谐。整个拉曼光谱需要大量的滤光器来调谐（图 2.5）。

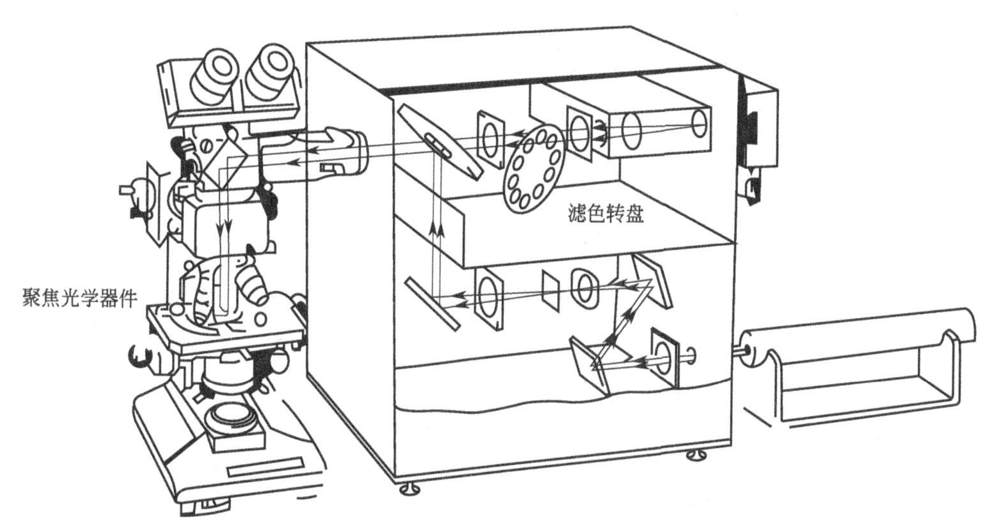

图 2.5　机械旋转式介质干涉滤光器与拉曼显微镜相配合设计的宽域拉曼成像仪

在拉曼成像中应用介质滤光器有如下几个优点：使用方便，较低的零件成本，空间分辨率可达衍射极限。缺点是滤光器的机械振动会引起图像偏移以及整个视场范围内带通的不均匀性。

固定介质滤光器可以和可调激光器一起工作，也可用来生成拉曼图像[33]。这种方法解决了角度可调式介质滤光器生成拉曼图像时的限制，但由于瑞利散射的干扰成为主要问题，这种方法存在激光光源的背景缺点。

2.3.3 声光可调节滤光器

20 世纪 90 年代初声光可调节滤光器（AOTF）被首次证明可用于生成拉曼图像[35, 36, 38,43]。声光可调节滤光器是固定的仪器，没有任何运动部件，其工作原理是基于光与传播在晶体介质中的声波之间的相互作用。窄光谱带入射光的衍射是通过施加一个射频信号给 AOTF 后产生的，带通调谐和衍射光强度的调节是由计算机控制，通过分别改变外加射频频率和功率实现的（图 2.6）。

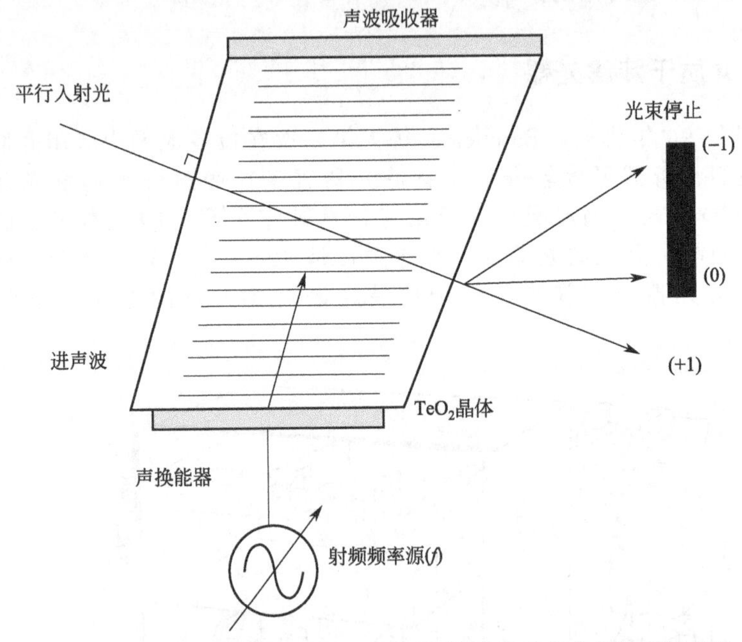

图 2.6 声光可调节滤光器原理（当声光可调节滤光器收到射频信号后，平行光通过器件后散射形成一个窄的光谱带通）

声光可调节滤光器的优点包括高光通量（40%自然光）、可变光谱带通、宽光谱范围（紫外到中红外）和快速调谐速度（约 100μs）。但它的这些特点也限制了其作为拉曼光谱仪的适用性，其中包括过宽的光谱带通（$50cm^{-1}$ 劣于传统拉曼光谱 10 倍），空间分辨率差是极限衍射条件下 5 倍。

尽管声光可调节滤光器用于拉曼成像有不少局限性，但这类设备已成功应用于包括聚合物共混体研究[36] 和病理分析等诸多领域[37]。

2.3.4 液晶成像光谱仪

几十年来拉曼成像仪的开发人员立志打造一款能让用户获取高光谱分辨率和高空间分辨率的图像，且速度更快，效率更高，更具成本优势的系统。目前，本书作者认为宽域拉曼成像仪配合液晶成像光谱仪的系统最接近上述要求。

大多数液晶成像光谱仪可以提供达到衍射极限的空间分辨率和光谱分辨率，其性能足以媲美单级色散单色仪，这些器件还有高通带抑制效率和较宽的光谱范围，在可见光和近红外光谱（400～2500nm）范围内都可工作，并有较高的整体扩展性。由于这些设备都是光电器件，没有机械运动器件，它们可以在自动化计算机的控制下迅速调整。液晶成像光谱仪的局限性包括低效的全光谱数据采集能力和低到中等的通量（在某些设计中）。

下面我们将介绍五种已用于实现拉曼成像的液晶光谱成像仪。

2.3.4.1 Lyot LCTF

法国天文学家 B. Lyot 于 1944 年发明了第一片双折射滤光片[44]。目前的 Lyot 滤光器是由一系列单级滤光片串联在一起，每个单级滤光片由固定的阻滞双折射元件结合向列型液晶（LC）波板（W），并夹在两个平行的线性偏光片之间择优取向组成的。多个 Lyot 元件串联在一起，因相长和相消干涉形成一个很窄的通光带。计算机可以通过给液晶波板施加电压（V），来控制滤光器的中央波长。滤光器的阻滞是由每个固定双折射元件和两个邻近单级滤光片的厚度确定的，这使得透射谱具有一半的自由光谱宽度和一半的前级带通。Lyot 滤光器带通的自由光谱范围是由双折射元件最厚和最薄的部分决定的，制造时便固定不变。Lyot 滤光器的光谱带通范围是 0.05～30nm。

Lyot 滤光器整体透射率可以用 sinc 函数来表示，是单个滤波部件透射率的乘积。一个 7.6cm^{-1} 可调节带通、自由光谱范围超过 4600cm^{-1}（500～600nm）并适用于拉曼成像的 Lyot 滤光器，现已证实其峰值透射率只有 16%。相对大量的高吸收偏光片和不完善的波板造成了这一低下的整体透射率。与干涉仪技术如法布里 - 佩罗特或迈克尔逊干涉仪相比，双折射滤光器如 Lyot 滤光器大幅降低了对光学元件的精度要求，降低了对震动和温度的敏感度，降低了对光孔一致性的要求，可以制造大口径器件来实现宽域拉曼成像系统的设计。这种设计的最大缺陷在于，为了满足设计要求使用了大量偏光片，使得通光量很低。在拉曼成像应用中，要用大概 20 个偏光片，每个会产生大约 10%的传输损耗[40]。

2.3.4.2 Solc 滤光器

为了解决 Lyot 滤光器总体透射率较低的问题，Solc 提出展开和折叠滤光器[45]。此设计只使用两个偏光片以提高光通量，但不幸的是此种设计的透射谱有旁波瓣，使通带抑制效率降低，Solc 滤光器并非是拉曼成像应用的最好选择[46]。

2.3.4.3 Evans 分立元件滤光器

Evans 后来提出了一个分立元件滤光器设计[47]，平衡了可制造性、通光量和旁波特性。与原型 Lyot 滤光器相比分立元件滤光器减少大约一半的偏光片用量，可增加一倍的通光量，同时维持一个窄的光谱通带（9cm^{-1}），拓宽拉曼成像应用的自由光谱范围[24,47,48]。

从20世纪90年代到21世纪初，Evans分立元件液晶成像光谱仪都是拉曼成像应用领域顶级技术的代表，尽管Evans滤光器的性能已足以用于许多材料表征应用中，但实际应用需求又催生了成像光谱仪的发展，希望光谱仪在极低光条件成像时有更高的光通量，比如检测生物威胁性材料时，以及在要求极高光通带精度时有更好的热稳定性，比如在晶体识别时。

2.3.4.4 多共轭滤光器

为了满足在实际应用中对光通量和热稳定性越来越高的要求，多共轭滤光器（MCF）作为一种新型液晶成像光谱仪被研发出来[49]。多共轭滤光器将高透射率Solc滤光器与高带外抑制效率的Lyot滤光器结合在一起。与前代器件相比，多共轭滤光器的不同之处在于滤光器每一级的精度更高，是Evans滤光器精度的1.5倍，是传统Lyot型的2倍。每级精细度的增加，使得滤光器在制造中使用更少的级数，与前几代滤光器相比，有更高的整体精度、光通量和更宽的光谱范围［图2.7(a)］。

多共轭滤光器在维持热稳定性方面也与前几代器件有所不同。比如，Evans滤光器使用一种基于测量LC可变延迟器的电容量的主动温度校正技术。相反，多共轭滤光器使用一种被动温度校正技术，来补偿器件的热效应。这种技术是通过在一个较大的温度范围内精确维持每个液晶光电器件的室腔厚度来实现的。其结果是，每个光电器件的温度特性都是高度重复和可预测的［图2.7(b)］。

表2.1将多共轭滤光器和之前最先进的Evans滤光器性能进行逐项对照。

表2.1 多共轭滤光器与先前最先进的Evans滤光器对比

项目	Evans滤光器	多共轭滤光器
设计	绿光拉曼	蓝绿光拉曼
光谱范围	500～720nm	445～740nm
极化峰值	14%(550nm)	26%(550nm)
透射率	24%(650nm)	32%(650nm)
标准FWHM(550nm)	0.30nm(9.9cm^{-1})	0.42nm(13.8cm^{-1})
视角范围	±3°	±3°
调频精度(550nm)	±0.1nm(3.3cm^{-1})	±0.05nm(1.7cm^{-1})

2.3.4.5 法布里-佩罗特液晶可调节滤光器

为了完整介绍滤光器的类型，有必要提及法布里-佩罗特液晶成像光谱仪在拉曼成像上的应用。一个20cm^{-1}光谱带通的法布里-佩罗特装置已在拉曼成像显微镜中应用[42]。尽管有不错的成像质量，但法布里-佩罗特器件也有不少缺点：中度的光谱分辨率，带外抑制低，自由光谱范围有限，适用角度小，需要额外的措施才能避免过热引起的带通漂移以维持热稳定。

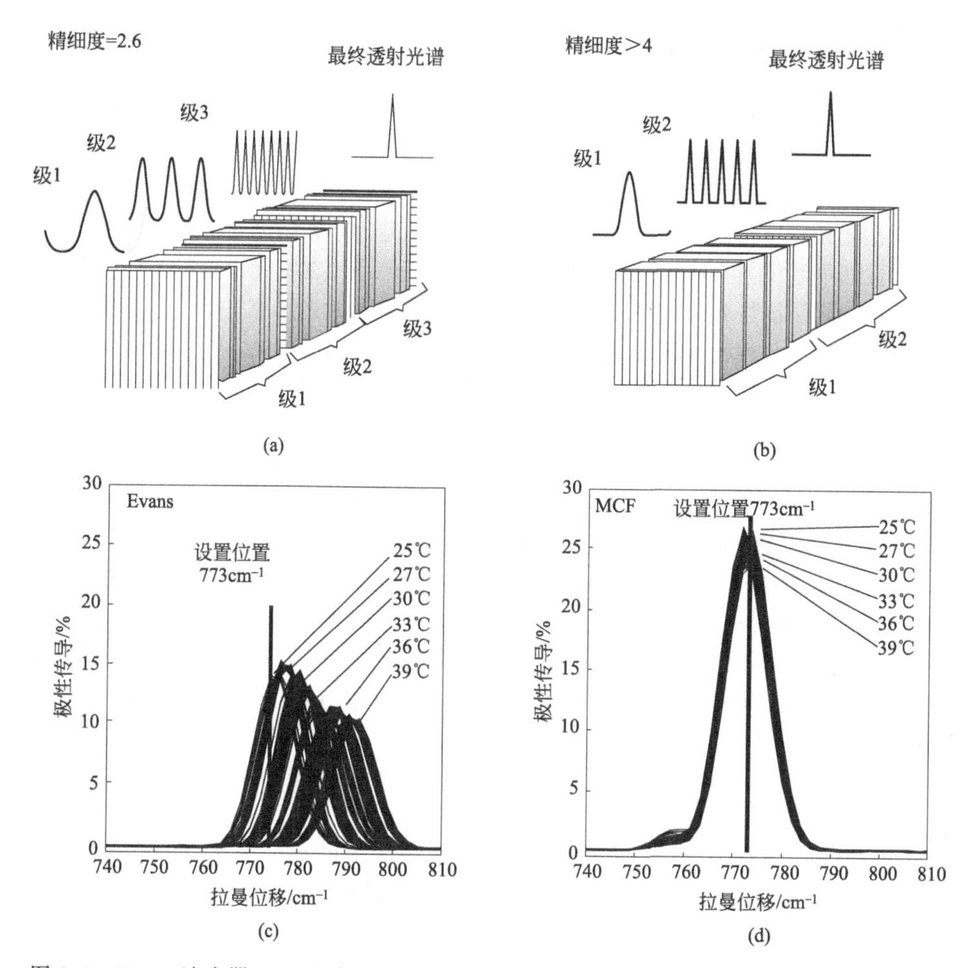

图 2.7 Evans 滤光器（a）和多共轭滤光器（b）的双折射滤光片结构对比；Evans 滤光器（c）和多共轭滤光器（d）对温度冲击的响应对比

2.4 拉曼成像仪平台

像拉曼光谱一样，拉曼成像光谱仪要在技术手段发展成熟并商业化后才能成为实用工具。现用的大部分拉曼成像设备平台得益于以下技术的使用：提供高强度、高单色光的连续脉冲激光光源，可改动光导器件如光纤、透镜和显微镜物镜，可抵消瑞利散射光的多层介质或全息光学滤光器，波长选择装置包括色散光谱仪的光栅、干涉仪、电子可调式窄带通成像光谱仪，高灵敏度检测器如 CCD，和拥有高速处理、数据存储能力的计算机来收集、处理、显示数目极大的数据集。

拉曼成像平台多年来已有了多种形状、尺寸和功能，并在微观、宏观、内窥镜和可伸缩性研究上被证明是确实有效的。本节将逐一重点介绍透射的范例。

2.4.1 拉曼成像显微镜

目前最常见的用于拉曼成像的平台是光学显微镜，这种方式下的拉曼成像有较高的空间分辨率，图像质量可以在局部进行毫米到亚微米级别的组成和结构分析。

激光通常由光纤传导，或直接照射到显微镜平台上。激光共聚焦拉曼设计中，通常要在激光传导路径上设置光阑，通过调整其光圈大小来限制照射到样品表面的光量。线性扫描系统通常使用圆柱形光学件。宽域成像系统在将光束透射到样本前要用光束扩展透射系统将光束重塑。滤光器一般被要求限制激光光束，从中分离出特定激光波长。大多数此类设计是通过显微镜物镜将激光照射到样本上，再用同样的光学器件收集从样品发出的180°背散射拉曼光。通常需要额外的滤光器如介质干涉滤光片和全系滤光片来消除探测通道中的瑞利激光散射。经滤光后的光束送递给一个或多个色散或频率分离装置，包括干涉仪、色散摄谱仪、可调节滤光器。

最后检测光束时，使用一种还是多种类型的传感器，取决于所使用的拉曼成像系统发生拉曼散射时，其波长的范围。图2.8给出了XploRA（HORIBA Scientific）共焦拉曼显微镜下呈现的由Simon Fitz Gerald博士研发的非处方药止痛片的逐点扫描式拉曼图像。激发激光波长为638nm，光栅为1200沟/mm。在快速模式下整个图像由50901个光谱组成，扫描速度为200ms/m，覆盖面积1.8cm×0.7cm。使用LabSpec 5建模功能分析数据（HORIB scientific），直接采用经典最小二乘（DCL）算法。图2.8给出了表示阿司匹林［图2.8(a)］、对乙酰氨基酚［图2.8(b)］、咖啡因［图2.8(c)］的三个模型。每个模型对应光谱的得分代表着该模型对应化学成分的空间分布。

图2.8(a) 给出了相对应阿司匹林模型每条光谱的得分图像，其代表阿司匹林在片剂中的空间分布，图2.8(b) 和 (c) 分别给出了对乙酰氨基酚和咖啡因在药片中的空间分布。

如图2.9所示，针对一种鼻喷剂，用商用宽域拉曼成像系统测定了其活性药物成分（API）的粒度分布（PSD）。宽域拉曼成像现正被验证，是否可以作为新型药品或简略新药申请生物等效性（BE）的一部分来检测鼻喷雾剂的活性药物成分（API）粒子分布（PSD）[23]。图2.9(a) 给出了雷诺考特喷鼻水剂API（布地奈德）的最大弦长粒度分布，图2.1(c) 中拉曼图也给出了用于数据收集的宽域拉曼成像系统的照片。

2.4.2 拉曼成像巨视显微镜

直到最近，拉曼成像技术还被限制在微观领域（即0.25～500μm），但随着高功率固态激光器技术的迅猛发展，将拉曼图像放大到厘米，甚至米级也已实现。

如图2.10所示，使用高光谱对比度成像系统（HCIS，ChemImage公司）的拉曼图像已经可以为反恐技术支持工作组（TSWG）在法庭上的宏观证据验证提供技术支持。这种系统可以在350～1700nm范围内工作，能提供吸收/反射、

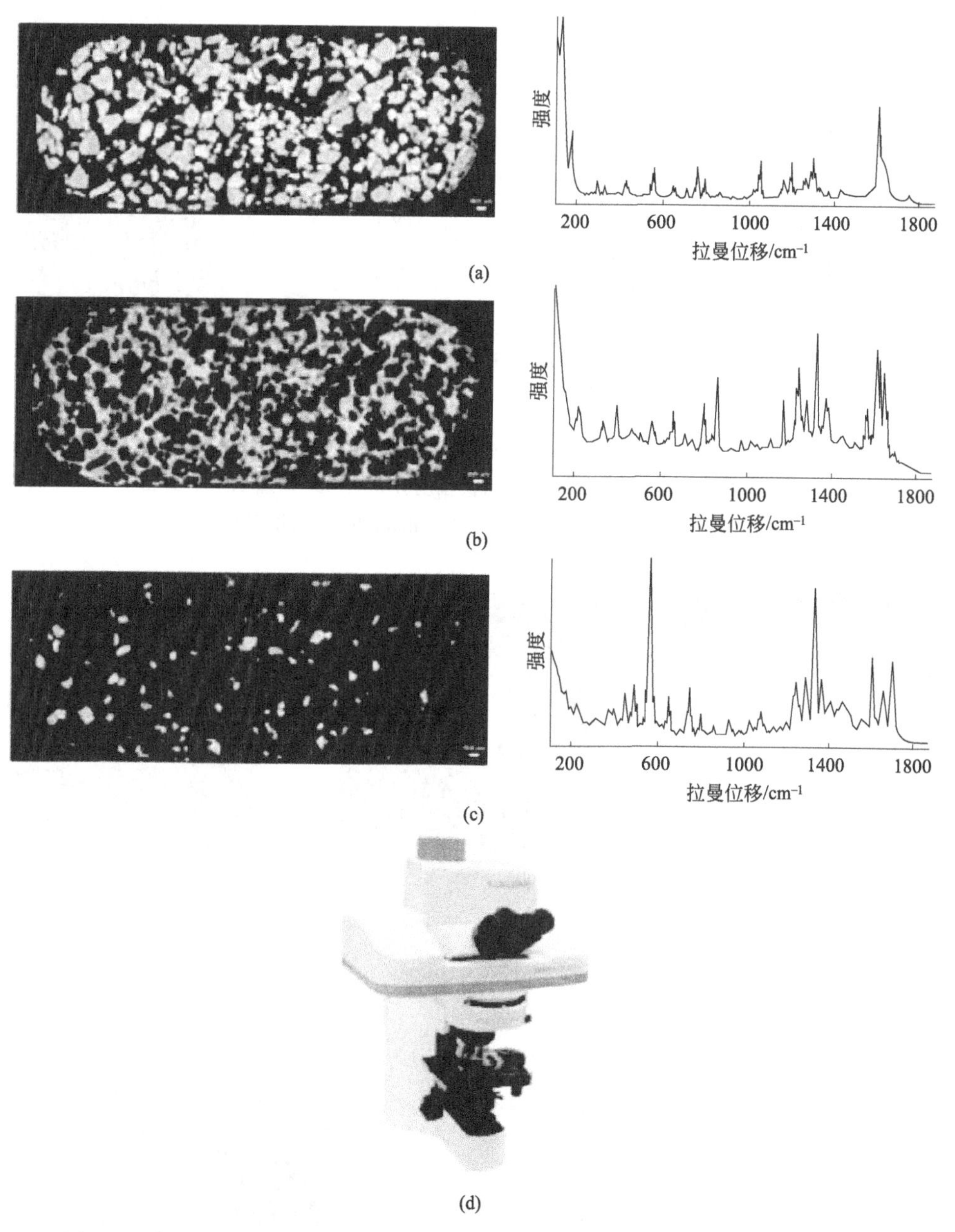

图 2.8 商用逐点扫描成像系统（XploRA，HORIBA Scientific）：(a) 阿司匹林、(b) 对乙酰氨基酚、(c) 咖啡因分数图像和各自的拉曼光谱；(d) XploRA 系统照片

荧光/发光和拉曼光谱图像数据。用在拉曼成像系统中 HCIS 采用 2W、532nm 激光和液晶成像光谱仪。如图 2.10 所示，可使用 HCIS 对“碎片”和粉状可卡因进行宏观拉曼成像。这表明可在宏观角度上识别和区分药物是否滥用。

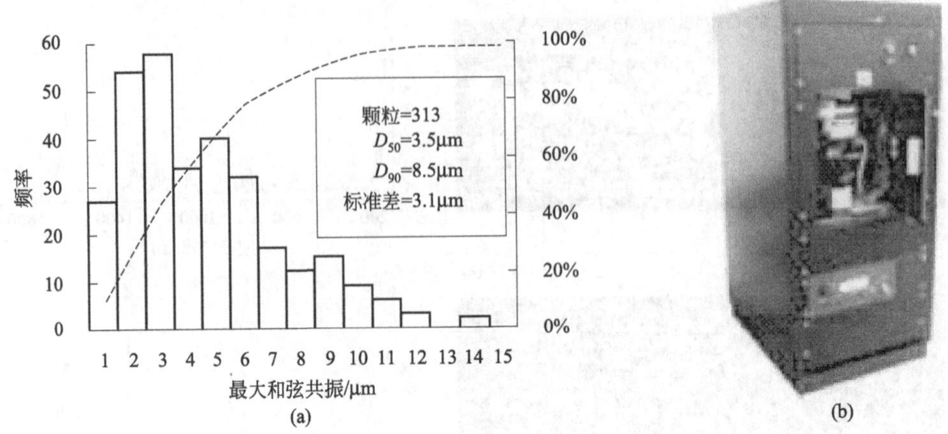

图 2.9 (a) 商用宽域拉曼成像系统 (Falcon Ⅱ^{TM}, Chemimage 公司) 雷诺考特喷鼻水剂 API 的最大弦长粒度分布 (对应于图 2.1 中的布地奈德颗粒的拉曼图); (b) Falcon Ⅱ^{TM} 系统照片

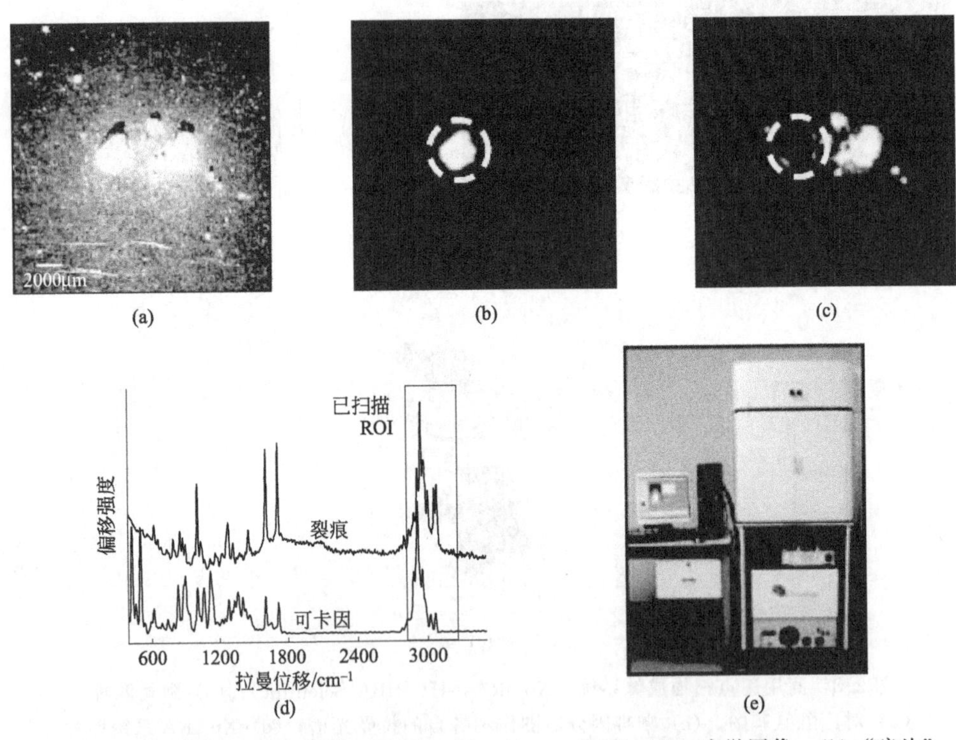

图 2.10 拉曼成像巨视显微镜 (HCIS, ChemImage 公司): (a) 光学图像; (b) "碎片"宏观拉曼图像 (即 2949cm^{-1} 拉曼图像); (c) 粉状可卡因 (2800cm^{-1}) 拉曼图像; (d) 使用 HCIS 获得的可卡因拉曼光谱库; (e) HCIS 系统照片

2.4.3 拉曼成像纤维内窥镜

虽然现今大多数拉曼成像设备都使用研究级别的光学显微镜技术作为成像平台，但在现场工业监控和临床分析等拉曼成像应用领域中经常使用纤维内窥镜。纤维内窥镜是工业和临床医用的理想平台，因为这些领域通常要求设备重量轻、结构紧凑、坚固耐用，并可以在恶劣环境下工作。

最早的拉曼成像纤维内窥镜使用了 AOTF，但也因此使性能受限，比如光谱分辨率低[50]。使用 LCTF 的纤维内窥镜是后来才出现的[51]。在本设计中，纤维内窥镜内的光学相干光纤束耦合到视屏 CCD 上，用于实时图像分析，液晶成像光谱仪与成像格式 CCD 耦合用于拉曼图像采集。纤维内窥镜只有工程化设计，才能把激光传输和拉曼图像采集整合到一个单元内。纤维内窥镜顶端必须要有光学器件来过滤激光照射过程中相互作用而产生的散射辐射，和激光抑制光学

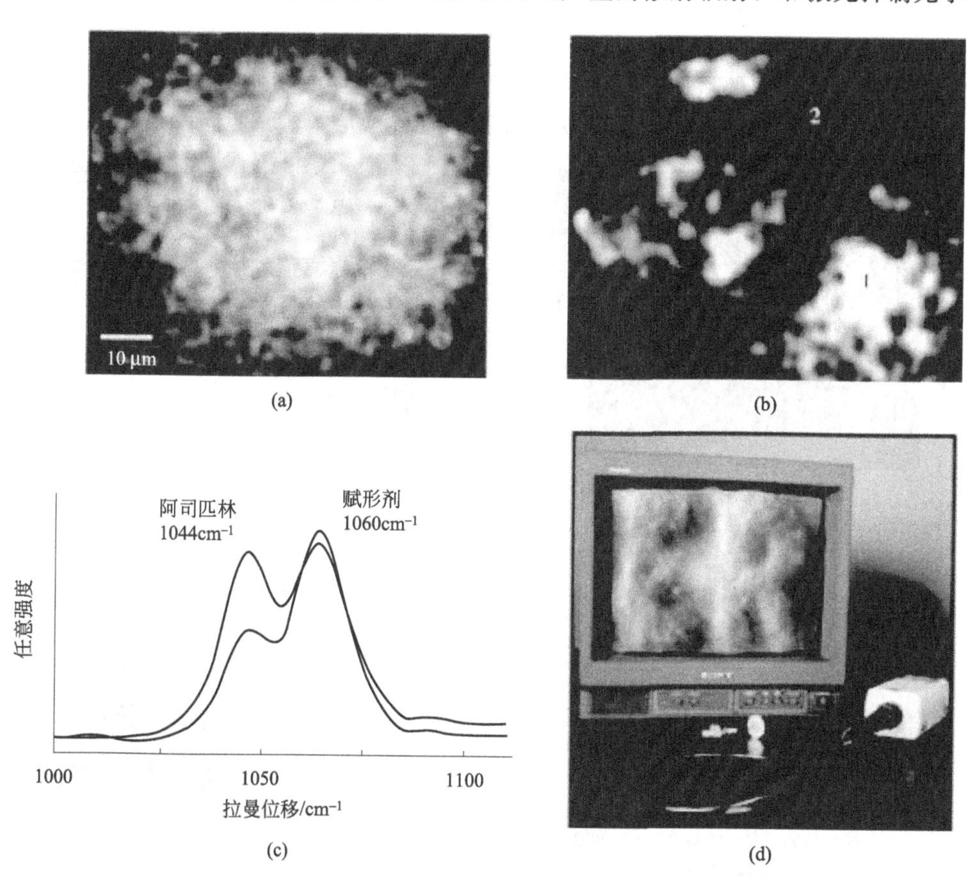

图 2.11 商用拉曼成像纤维内窥镜（Raven^{TM}，ChemImage 公司）：(a) 明场图像；(b) 灰度拉曼化学图像［阿司匹林区 (1) 和赋形剂区 (2)］；(c) 阿司匹林（光）和赋形剂（黑）非处方药物片剂用拉曼纤维内窥镜获得的 LCTF 光谱；(d) Raven^{TM} 纤维内窥镜照片

器件来抵消瑞利散射光。这种设计方法可以让器件在高达315℃的高温环境下正常运转，并维持高信号本底比（S/B）拉曼成像性能。

图2.11是纤维内窥镜的拉曼成像技术在药片成像方面的应用范例。图2.11(a)显示了一个明场像，图2.11(b)灰度拉曼图像显示了阿司匹林域（亮区），图2.11(c)显示了1区（局部阿司匹林）和2区（赋形剂）的成像光谱仪拉曼光谱。

2.4.4 拉曼成像望远镜

过去20多年里，研究人员已经在此领域取得长足进展，可以实现对固体、液体、气体的拉曼测量，距离可达500m[52]。应用范围从行星表面矿物空间位移的拉曼检测到远程检测大气气体的爆炸残留[53]。最近研究人员开始利用成像获得更多有价值的信息。

在大环境背景和强荧光性材料的条件下，大多数使用带门控监测的脉冲式激光激发的空间位移，能够检测微弱的拉曼信号。一般情况下，一束比较直的激光束会直接指向远方的目标。拉曼散射辐射的一部分会由望远镜的光学管组件重新捕获和聚焦。重新聚合的光束一般要用激光抑制滤光器、光圈匹配透镜和/或光

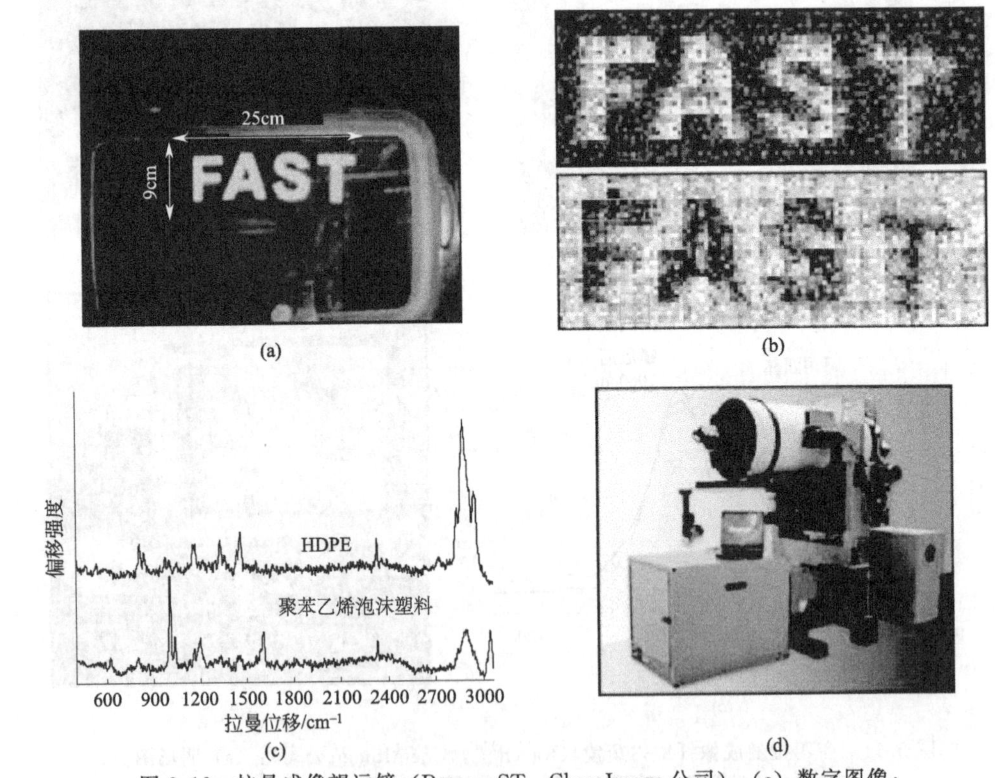

图2.12 拉曼成像望远镜（Raman-ST，ChemImage公司）：(a) 数字图像；(b) 1002cm^{-1}FAST聚乙烯拉曼图像（顶部），2882cm^{-1}FAST HDPE拉曼图像（底部）；(c) 每种材料的FAST拉曼光谱；(d) Raman-ST传感器照片

纤耦合器调整后再送入配有增强型 CCD 探测器的色散光谱仪的入口缝隙处。研究人员还发明了可调节滤光器和 FAST 束用于拉曼成像[27]。

图 2.12 是使用 ChemImage 公司开发的空间位移拉曼化学成像传感器对聚苯乙烯泡沫塑料/高密度聚乙烯（HDPE）样品进行空间位移 FAST 拉曼化学成像的例子。目标物是一系列字母，并组成单词 FAST，他们从聚乙烯泡沫塑料版上切下来，附着在透明塑料存储盒上。通过 FAST 光束，在距离 17×6 的分块区 30m 的地方采集数据，每块区域采集 36 个数据大小的合成图。图中给出了与聚乙烯泡沫塑料和 HDPE 对应的 FAST 重构拉曼图像。数据采集约需要 20min，覆盖 225cm^2。

2.5 信号增强型拉曼成像仪器技术

由于分析点截面较小，拉曼成像本身是一种低灵敏度的技术。随着技术条件的日益进步，拉曼成像设备也获得了不小的改进，这有助于改善拉曼成像的关键缺陷。本节主要介绍信号增强技术以及相关的设备。

2.5.1 表面增强型拉曼成像

表面增强拉曼散射（SERS）[54,55] 可在粗金属表面上吸收分子，与平常用的拉曼设备相比，能获得更强的拉曼信号。为了实现 SERS，激光的激发波长要等同或接近于金属表面的等离子体波长，而且金属表面必须有高反射性和原子级别的粗糙度。表面增强型拉曼成像可用大多数商用逐点、行、宽域型拉曼成像系统实现。

最近 Guicheteau 等人[56] 的研究工作表明了表面增强型拉曼成像技术是怎样极大提升生物材料的拉曼成像的。这项研究中，他们以宽域拉曼成像作为平台，对复杂生物混合物中单一生物孢子同时使用普通和表面增强型拉曼成像进行分析。尽管检测结果是通过这两种方法获得的，但相比于传统方法，可以观察出增强型成像有 3000～5000 倍的加强。由于 SERS 有信号增强效果，数据信噪比明显改善，激光的功率密度减小，同时使样品的光致受损率减小，还能有效缩短采集时间。

2.5.2 表面增强共振拉曼成像

另一种能比 SERS 提供更强信号增幅的是表面增强共振拉曼散射（SERRS）[57,58]，SERRS 是将 SERS 与共振拉曼散射结合在了一起。当激光的能量与分子中电子跃迁能量相匹配或接近匹配时，共振拉曼散射就会发生。这使得从分子发出的拉曼信号强度是 SERS 的 4 倍。类似 SERS，SERRS 拉曼成像也可用商用拉曼成像系统实现。

在一项研究中，使用液晶成像光谱仪的 SERS/pre-SERRS（780nm/633nm

激光激发）逐点扫描、pre- SERRS 线性扫描和 SERRS 广域成像技术来表征沉积在银岛膜上的 Langmuir-Blodgett（LB）甲基丙烯酸均聚物（HPDR13）薄膜[59]。除了预期的 SERRS 信号增幅，在宽域 SERRS 图像中，局部区域会出现高 SERRS 活性。

2.5.3 CARS 拉曼成像

还有一种拉曼信号增强技术是 CARS[60,61]，CARS 使用双同步近红外脉冲激光激发样本。这两个脉冲激光处于不同波长，一个产生泵浦场，另一个产生斯托克场。这两个场从不同角度汇聚到样本上，样本和激光产生的反斯托克信号间相互作用，其信号比传统拉曼光谱更强。目前大多数 CARS 成像设备都是典型的光学实验板台式机。

CARS 现在已经应用于很多领域，包括生物细胞和组织成像，也可用于研究活体的实时脂类和脂肪量[62]。随着该项技术的发展，可以预见它未来将用于蛋白质和 DNA 的实时拉曼成像。

尽管 CARS 比传统拉曼显微镜的灵敏度更高，但在非共振背景下工作时，其灵敏度会受限，光谱特性也会受影响。

2.5.4 SRS 拉曼成像

研究人员近期发明了一种叫作受激型拉曼散射（SRS）的技术，它有助于解决 CARS 的非相干背景和灵敏度受限的问题[63]。与 CARS 类似，SRS 也采用两束激光激发样本，其中一个产生泵浦场，另一个产生斯托克场。在 SRS 中，当分子的振动频率和两个激发激光束的差值相匹配时，拉曼信号将会从分子上释放出来。两者频率不匹配时，非共振背景下的 SRS 就不会发生。像 CRAS 一样，SRS 拉曼成像设备多出现在学术性光学装置中，或是出现在自行开发的内部显微镜中。

SRS 在生物医学成像方面有很多应用，比如组织、皮肤成像和药物输送追踪[63,64]。在一项研究中，SRS 被用于将多个不同大小的细胞结构可视化，并能精确追踪到药物传递到的细胞位置[63]。

2.5.5 SORS 拉曼成像

空间偏移拉曼光谱（SORS）[65-67] 是另一种近期开发出的有能力收集微弱表层下拉曼信号的信号增强型技术。SORS 使用激光照射区和拉曼光谱采集区间可相对运动的光学实验组件，从远离样品激光照射点的横向偏移区采集拉曼信号。只要得到空间偏移光谱，就可以用多元数据分析法来处理深度光谱信息。SORS 能抑制住样品表面产生的荧光，否则荧光会掩盖需要收集的微弱拉曼信号。

SORS拉曼成像可用于很多领域，包括药物和制药领域。如果药物是伪造的，采用SORS通过药片的包装就可分析药片[66]。现在正在评估SORS拉曼成像可否作为一种潜在高特异性、非侵入性工具来诊断乳腺癌。目前可以检查乳房表皮10mm下乳房组织的技术正在研发中。SORS可以通过软组织和钙化沉积部分发出的拉曼信号来诊断癌症，这样可以极大减少活体组织切片检查[67]。

2.6 串联式拉曼仪器

2.6.1 拉曼-扫描电镜/能谱成像

要对材料的空间化学特性有全面的了解通常需要元素和分子信息。其中一种获得上述信息的方法是将用电子扫描显微镜进行的拉曼成像和能量色散（X射线）光谱结合起来（SEM-EDS）[68]。从拉曼成像中可以提供成分的分子分布，SEM-EDS[69-72] 提供元素信息。

SEM是一种电子显微镜，使用高能电子束聚焦在样品表面生成高分辨图像（1～5nm级别分辨率），从中可以了解样品表面形貌、组成和其他特性。在邻近或物体表面上的原子与电子束相互作用，生成二价电子（SE）、背散射电子（BSE）、X射线、光（阴极光）、样本电流、发射电子，这些次产生物都需要专门的传感器检测。SEM生成的图像有很大的景深，可生成大范围放大倍率的三维图。BSE图像与样品的原子数有关，因此可以提供元素组成的信息。当高能电子束将原子内壳电子撞出时，能量会以X射线的形式释放，空位由更高能量的电子补位，此时样品会发出X射线。这种通过分析X射线，获取样品定性、定量元素组成信息的技术被称为能量色散X射线谱分析技术（EDS、EDX或EDXRF）。通过在每个空间位置产生的X射线谱，可用EDS获得整个样品表面的元素分布图。

尽管相比于传统的光学显微镜，SEM-EDS生成的图像具有更好的特征分辨率、高放大倍数、更大的景深，可它无法提供分子信息。拉曼成像作为一种互补方法可以表征材料分子空间结构。

如图2.13(e) 所示，是由能源部出资的第二阶段STTR计划中的集成宽域拉曼成像系统（ChemImage公司）和SEM-EDS（Aspex）平台样机。图中给出一个集成拉曼/ SEM - EDS系统示意图 [图2.13(e)]，一个集聚在MOUDI样本上的SEM二价电子图 [图2.13(a)]，显示钙、硫、铝（背景）和氧的EDS谱 [图2.13(b)]，源自EDS谱的元素化学图像 [图2.13(a)]和 $1010cm^{-1}$ 处集聚体的拉曼图。图2.13比较了从集聚体上收集的拉曼色散光谱与硫酸钙上的光谱库 [图2.13(d)]。拉曼光谱以及元素色散谱证实了硫酸钙颗粒的存在。

2.6.2 拉曼-MXRF成像

SEM-EDS生成元素图谱的一种替代方法是微X射线荧光（MXRF）。原子

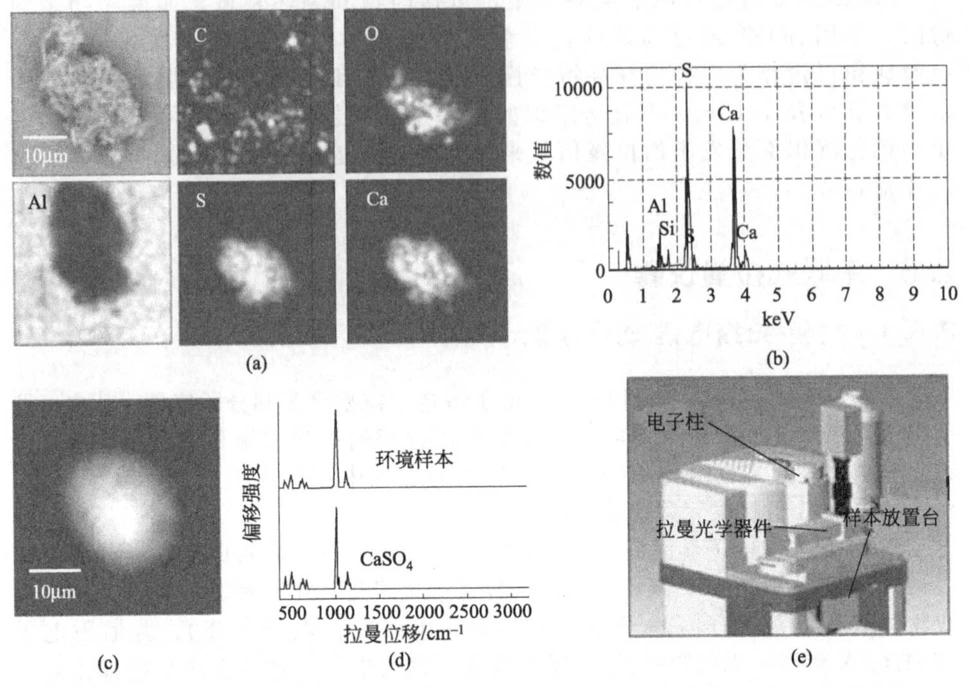

图 2.13 (a) 集成拉曼成像/SEM - EDS 的碳、氧、铝、硫和钙的 SEM 和化学成像；(b) 集聚体 EDS 光谱显示了钙、硫、铝（背景）和氧的存在；(c) 集聚体 MOUDI 表面的 $1010cm^{-1}$（硫酸盐）拉曼成像图像；(d) 从集聚体上采集到的拉曼色散光谱，表明与光谱库中 $CaSO_4$ 有高度相关性；(e) 集成拉曼成像/SEM-EDS 能谱仪三维展示

的 X 射线荧光产生基于聚焦电子束相互作用，不同于 EDS，MXRF 使用 X 射线生成样本的元素专属荧光光谱。MXRF 设备使用光阑限制 X 射线，使其照射到样本表面的一个小点上，然后通过移动载有样品的平台进行光栅扫描。空间分辨率是由光阑光束直径和平台移动的精确值的卷积确定的。可以使用液氮冷却式硅锂芯片为检测器，以光栅扫描方式随着平台的移动记录 X 射线荧光信号来生成元素图像。

与拉曼成像结合，MXRF 可以生成样品表面的低分辨率元素图，并可利用其获得我们感兴趣区域更详细、分辨率更高的分子图像。这些集成技术可以提供无损、完整的化学信息[73]。

图 2.14 给出了使用这种集成技术的例子。图中显示了花岗岩切片的明场图像［图 2.14(a)］、单元素（Ca、Fe、K、Si、Sr、Ti）MXRF 图像［就是图 2.14(a) 中框出部分］［图 2.14(b)］和图 2.14(b) 中 Ca 元素图像圈出部分的 $1080cm^{-1}$ 拉曼图像［图 2.14(c)］。MXRF 元素图显示了混合物的局部元素组成和典型花岗石类的组成，包括硅晶体（主要为石英）、长石、角闪石。图中所示的拉曼图像源自 $1080cm^{-1}$ 带，与碳酸钙（$CaCO_3$）相符合。从 MXRF 中获得

的 Ca 元素图像分布，与从拉曼图中获得的 $CaCO_3$ 分子图像分布有良好的相关性。

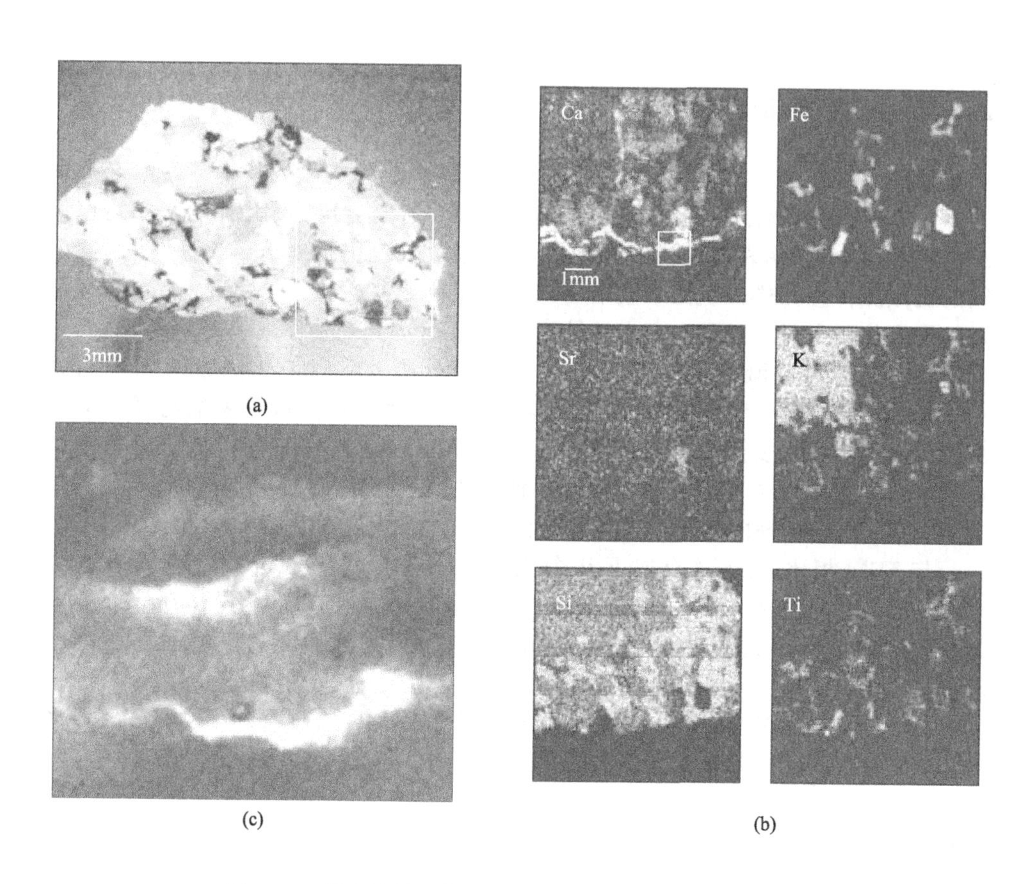

图 2.14 结合拉曼成像与微 X 射线荧光：(a) 明场图像；
(b) 单元素 MXRF 图像；(c) 1080cm^{-1} 的花岗岩切片拉曼图

2.6.3 拉曼-LIBS 成像

诱导式激光击穿光谱可以提供固态、液态甚至气化样本的元素组成信息[74-77]。LIBS 设备使用高能脉冲激光束聚焦在样品表面的一个小点上。激光功率被调整到合适强度以烧蚀样本的一小部分，这样可以生成主要由激发离子组成的高温等离子体。由于电子-离子重组引起的韧致辐射爆发，在激光脉冲照射后会有大量连续的辐射。在几百纳秒后，等离子体开始冷却，电子密度降低，随后引起以原子为主的辐射爆发。因此，使用色散光谱仪、延迟发生器、增强型 CCD 探测器在窗口期观察激光诱发等离子体发射以最小化背景发射，最大化离子或原子发射，这种对实验进行定时门控制的方法是科学家常用的手段。

结合拉曼成像，拉曼-LIBS 成像能从样本上获得完整的元素、分子和结构信息。更方便的是，拉曼和 LIBS 设备可以共用不少零件，这样集成的设备只需很少的额外费用。但这种集成设备也用缺陷，就是 LIBS 技术会破坏样本。所以要在收集 LIBS 数据前，采集拉曼数据。

2.6.4 拉曼-AFM 成像

原子力显微镜（AFM）[78-80] 是纳米尺度材料成像的领先技术。在纳米尺度下，AFM 比衍射极限条件下的效果还要好 1000 倍。与拉曼成像组合后，可以用 AFM 成像探查样品表面的原子级形貌细节和微米级化学细节。AFM 使用微米级的机械探针感知样本表面来收集信息，在探针被带到靠近样品的地方，和样品之间发生作用力时，悬臂会产生偏转。

偏转量可以用激光偏转法、光学干涉测量法、电容传感测量法和压阻式 AFM 探针来测量。大多数 AFM 设备采用反馈机制来调节探针尖端与样本的距离。可以在样品上安装压电陶瓷管，并在 Z 轴上移动样品，使得 X、Y 轴上维持一个恒定力来扫描样品，或者采取一种三角配置，用三个压电晶体管，分别负责 X、Y、Z 三个轴向的扫描来生成图像。

与 SEM 相比，AFM 有如下几个优点：不需要对样品进行特殊处理（金属/碳涂层），就能生成原子级别的表面三维图，不需要真空的操作环境。缺点是扫描区域有限（大约 $150\mu m \times 150\mu m$），对于样品表面陡峭区域的测量能力较弱。

图 2.15 是用 WiTecalpha300R 共焦拉曼显微镜配合 AMF 生成的 $20\mu m \times 20\mu m$ 大小的 SBR/PMMA 聚合物的拉曼图。

2.6.5 拉曼-SNOM 成像

近场扫描光学显微镜（NSOM/SNOM）[81-83] 是一种利用渐逝波性质超越光学衍射极限的纳米级成像技术。渐逝或不传播场仅存在于样本表面附近，其携带有样本的高频光谱信息。可以把传感器放在离样本很近的位置（$\ll\lambda$），这样得到的探测结果具有高空间、光谱、时间分辨率。SNOM 仪器一般由与光纤耦合的激光光源、反馈部件、扫描探针、压电样本平台组成。生成的图像是用检测器让样本格栅化，使用压电平台使其工作在固定高度，或利用反馈使高度可调。拉曼-SNOM 是最受欢迎的近场光谱技术之一，可以用来探测化学对比下光谱亚波长分辨率的纳米特性。其缺点在于要使用高温且锋利的探针和冗长的数据采集时间。无孔径拉曼-SNOM 法和 SERS 拉曼-SNOM 法都可用于增强拉曼信号。但拓扑伪影使其很难在粗糙表面上使用。为了让光学图像的空间分辨率超过衍射极限，WiTec 公司提供了一种商用 SNOM，附加在 alpha300R 共焦拉曼显微镜上使用。

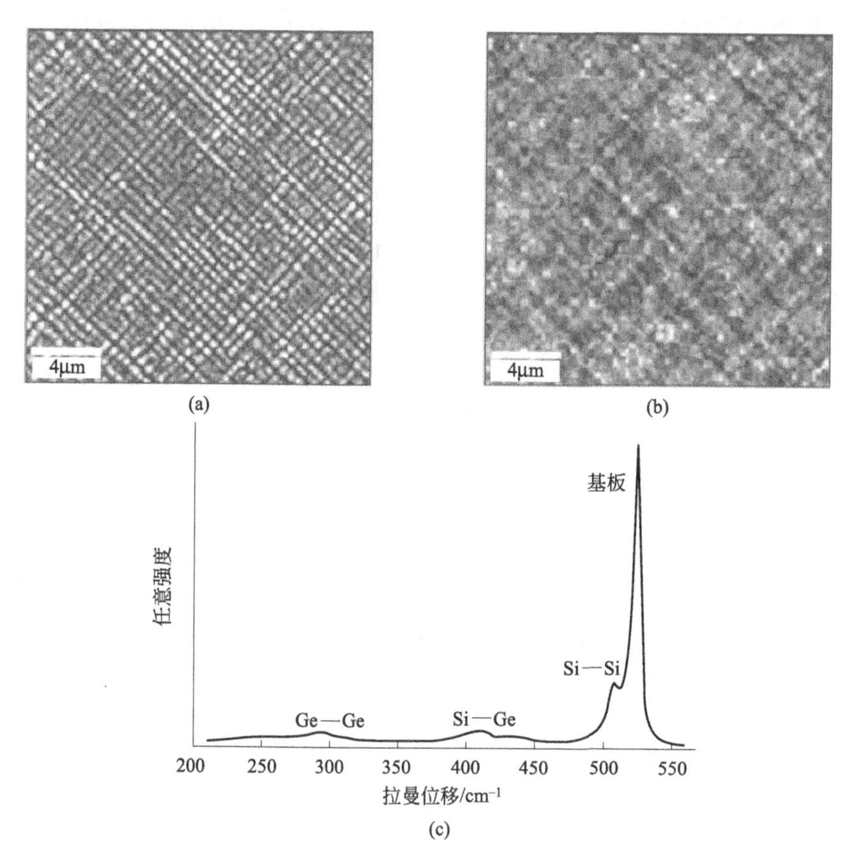

图 2.15 AFM（a）和拉曼（b）成像 20μm×20μm 区域 SBR/PMMA 聚合物样本，拉曼图像基于 502cm^{-1} SiGe 层的 Si—Si 伸缩模式；单条拉曼光谱（c）显示了与 Si—Ge 层相关的三个峰值：Ge—Ge（200～300cm^{-1}），Si—Ge（380～450cm^{-1}）和 Si—Si（502cm^{-1}）伸缩模式和基底的 Si—Si（520cm^{-1}）谱峰

2.6.6 拉曼红外成像

红外光谱[84] 和红外成像[85,86] 都可用于材料在电磁波谱红外段的吸收特性研究。电磁波谱的红外区域可以分为近红外（NIR）光谱区（0.8～1.4μm）、中红外（MIR）光谱区（1.4～30μm）、远红外（FIR）光谱区（30～1000μm），本节将重点讨论红外仪器在 MIR 光谱区中分子基本振动和旋转方面的应用。

分子在吸收红外辐射时，会处在特定的频率，从而导致分子的旋转或振动。产生能量主要由与振动和旋转相关的原子质量、振动耦合、分子潜在能量面的形状决定。如果一个特定的振动是红外活性的，它的永久偶极子必须发生改变。这与拉曼活性模式不同，拉曼活性必须有极化性的改变。分子吸收与相关分子振动时的频率是分子内键和结构的重要特性，可以推导出样本分子结构的信息。

当样本被红外辐射照射时，通过检测发生在不同波段的透射或反射光，便可得到红外光谱。上述方法，要将红外光源发出的光束分成两束，一束照射样本，另一束作为参考（控制）束。将透射光和反射光与光源光束进行比较便可以得到红外光谱。这要用到一种波长随时间变化的单色光，或者一种可同时测出所有波长的傅里叶变换干涉仪。拉曼和 MIR 技术[87] 通常被认为是两种相互竞争的技术。但是，通过将拉曼和 MIR 成像整合，可以让样本分子图像的形态、组成、结构更加细致，可以让每一种成像方法根据其选律获得互补的化学信息。这两种方法都是基于分子振动的，非破坏、非侵入性的，可用于生成有机和无机液体、气体、固体的指纹图谱。MIR 比较适合低空间分辨率成像（$>15\mu m$），而拉曼成像适合高空间分辨率成像（$>250nm$）。拉曼存在固有信号弱的缺点。不同于拉曼成像，MIR 成像是一种更快速的成像技术。

2.6.7 拉曼近红外成像

近红外光谱[88] 和近红外成像[89] 是一种检测在近红外波段（800～2500nm）范围内、分子倍频和合频振动的方法。与中红外光谱区的基本振动相比，摩尔吸光系数小，光谱更宽，化学特征更模糊。相比于中红外辐射，近红外光可以更深层地照射到样本内，所以近红外光谱和成像更适合那些需要大量化学信息的应用。化学计量学（多元）校正技术，如主成分分析和偏最小二乘法都常用于近红外定量分析。其应用范围从药物成分分析到医疗诊断，比如血糖水平分析和食品、农药质量控制。

近红外仪器的构成相当简单，包括光源（如白炽灯、石英卤素灯或发光二极管）、一个色散元件（即色散光谱仪、干涉仪或可调成像光谱仪）和一个探测器（即 CCD、InGaAs FPA 或 PbS）。NIR 并不是一种受光限制的技术，并且可以靠拉曼光谱提供额外的化学特异性，所以在和拉曼成像配合使用下，可以在短时间内生成大面积图像[90-92]。

图 2.16 是分别使用 Falcon 拉曼成像显微镜（ChemImage 公司）、Condor 近红外成像显微镜系统对阿司匹林与乳糖混合药片分别进行 LCTF 和 NIR 成像的示例。图中给出了药片中阿司匹林［图 2.16(a)］、乳糖［图 2.16(b)］的拉曼和 NIR 成像图，药片成分的 NIR 光谱［图 2.16(c)］和拉曼光谱［图 2.16(d)］。从上面两个例子，可以得知，NIR 的特性足以辨别药片成分，不用依赖化学计量学对数据进行处理。拉曼和 NIR 成像的质量是很接近的，这两种技术间的微妙差异源于探测深度不同。

随着药片添加的成分越来越多，即使有化学计量法辅助的情况下，也很难只依靠 NIR 技术来辨别药片成分。图 2.17 中所示分别使用 Falcon 拉曼成像显微镜（ChemImage 公司）、Condor 近红外成像显微镜系统对整片药片和对乙酰氨基酚糖衣片剂［主要成分是对乙酰氨基酚 250mg（止痛药）、阿司匹林 250mg（止痛药）和咖啡因 65mg（止痛药辅助）］进行 FAST 拉曼成像和 NIR 成像。图中显

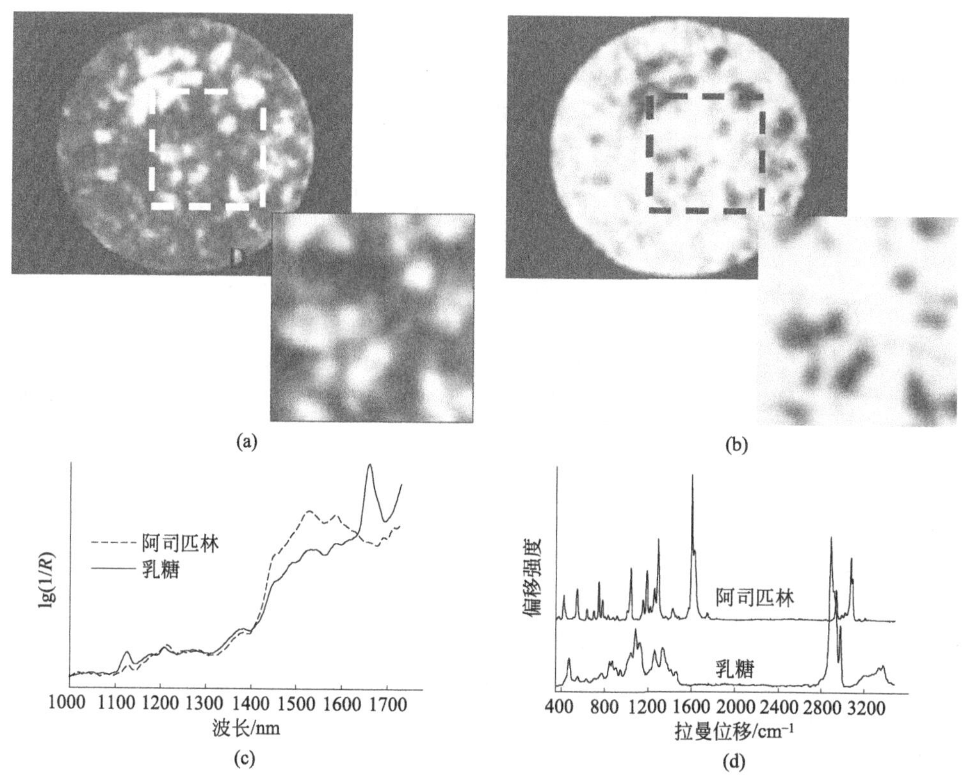

图 2.16 药片中阿司匹林（a)、乳糖（b）的拉曼和 NIR 成像图，及其 NIR 光谱（c）和拉曼光谱（d）

示：药片的数码照片［图 2.17(a)］，阿司匹林［图 2.17(b)］、对乙酰氨基酚［图 2.17(c)］和咖啡因［图 2.17(e)］的拉曼成像，对乙酰氨基酚［图 2.17(d)］、咖啡因［图 2.17(f)］分布的近红外 PCA 得分图像，典型 FAST 拉曼光谱［图 2.17(g)］和 NIR 吸收光谱［图 2.17(h)］。FAST 拉曼图像在平均大概 300ms 内生成 28×28 合成图，其面积超过 $121mm^2$，但其中一半的时间要用于漂白和平台移动。与拉曼光谱相比，由于近红外光谱缺乏固有的特异性成像使其应用于很多药物成分分析具有挑战性，比如乙酰氨基酚中的阿司匹林成分。

2.6.8 拉曼荧光成像

与荧光光谱相似，荧光成像[93,94] 是一种分析样本产生的荧光的方法。使用氙灯或汞灯等光源将样本分子中的电子从低能的基态激发到高能振动状态。随后激发态分子中的电子通过非辐射/辐射机制返回电子能级基态的振动能级，其中包括光子释放过程中产生的磷光。通过在恒定波长激发样品并筛选不同能量级的光子，可以得到发射谱（即图像），样本分子的不同振动能级结构被记录在其中。尽管这项技术并非最好的选择，但其灵敏度很高，用于单分子探测也是可行的[95]。

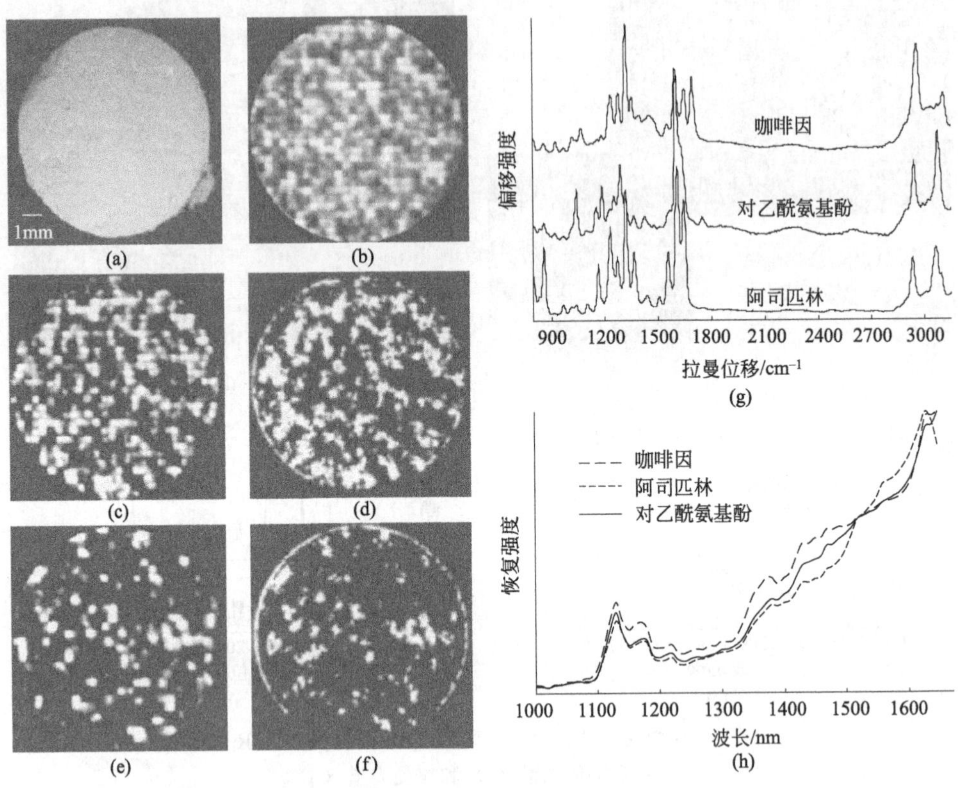

图 2.17 整片药片和对乙酰氨基酚糖衣片剂的FAST拉曼成像和NIR成像：(a) 药片的数码照片；阿司匹林 (b)、对乙酰氨基酚 (c) 和咖啡因 (d) 的拉曼成像；对乙酰氨基酚 (e)、咖啡因 (f) 分布的近红外PCA得分图像；(g) 典型FAST拉曼光谱；(h) 药片的活性成分和NIR吸收光谱

荧光光谱和成像设备由光源（即激光、光电二极管、氙气弧或汞蒸气灯）、波长筛选装置（即光学滤光器或色散组件比如光栅单色仪、可调节成像光谱仪）、单通道或多通道检测器如CCD组成。现在的大多数荧光仪中，都有激发单色仪和发射单色仪，可同时记录激发光谱和荧光光谱。通过维持激发波长恒定，用发射单色仪测定发射波长来记录荧光光谱，维持发射波长稳定，用激发式单色仪测定吸收光谱来记录激发光谱。可调节成像光谱仪的荧光成像系统通常包含过滤光源，用它来产生恒定的激发波长，同时用CCD探测器记录不同发射波长下的样本图像。荧光成像提供了一种鉴定样本中荧光物质，并快速可视化的高灵敏度方法。将拉曼成像与荧光成像结合后，可以让拉曼成像提供更加确切的材料成分信息[26]。图2.18所示的例子，就是两者结合用来定位和探测复杂背景下的生化试剂踪迹。图中的样本是加入芽孢杆菌（Bg）的室外环境背景颗粒，将其溶解到缓冲液中，涂抹沉积在铝涂层显微镜载玻片上，用联合生物点检测系统传感器

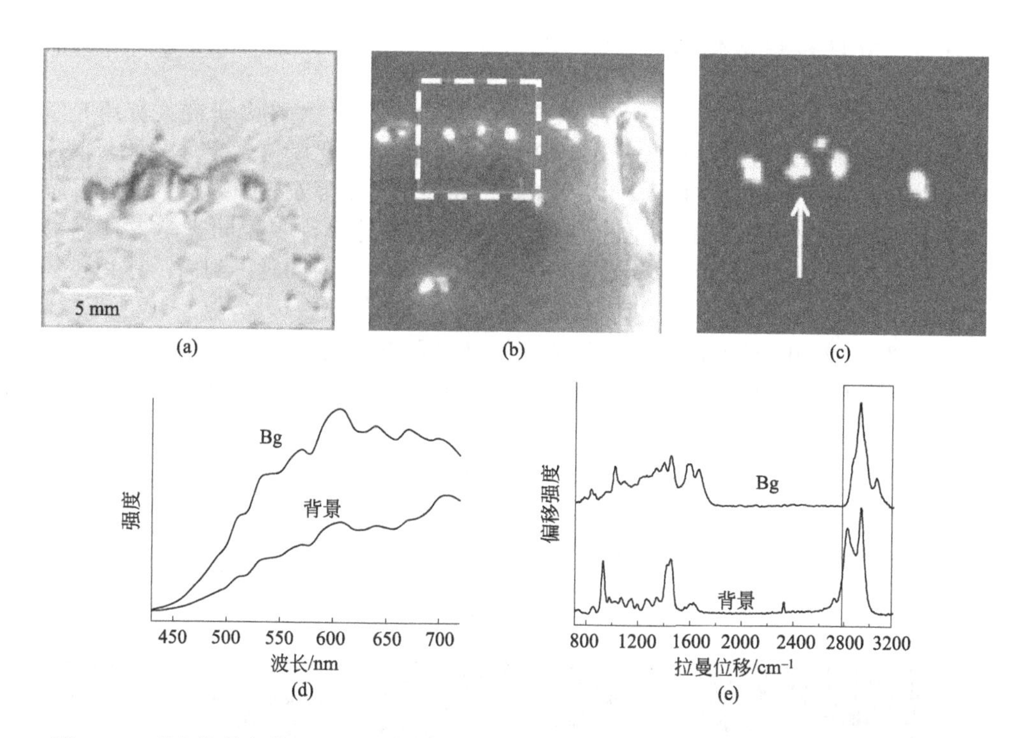

图 2.18 联合拉曼与荧光成像技术对复杂环境下的生化试剂踪迹进行定位和探测：(a) 微分干涉相差（DLC）光学图像证明椭圆形 Bg 孢子的存在；(b) 用于目标 Bg 的自动荧光高光谱图像；(c) 用于 Bg 孢子鉴定的 C-H 拉曼图像；(d) 环境基体和 Bg 孢子的荧光光谱；(e) Bg 和环境背景表面活性剂基体的拉曼光谱库

(JBPOS) 采集图像。如图 2.18 所示，在复杂背景基体下，用高光谱荧光成像技术［图 2.18(b)］对圈出区域的椭圆形 Bg 内孢子炭疽（炭疽杆菌的模拟物）成像。基于其自荧光特性和形状/大小，生物孢子被荧光成像技术证明是存在的。图 2.18(d) 分别展示了 Bg 孢子和背景的高光谱荧光光谱。只要对目标进行荧光标记，就可用拉曼成像对其进行生化威胁性鉴定。图 2.18(c) 中的拉曼图基于欧氏距离分类器搜索而不是预先设定好的光谱库。由于拉曼激光激发波长 (532nm) 的有效深度高于荧光激发波长 (365nm)，尽管荧光成像的灵敏度更高，但只用拉曼成像也能探测到 Bg 孢子［图 2.18(c)］。

2.7 额外维度拉曼成像仪

拉曼成像的工业应用趋势已经由实验室和学术发展到实际工业应用中，实现这种转换需要的技术包括给数据添加额外维度（即额外的空间、时间维度）和实时操作配置。本节将重点介绍立体和动态拉曼成像技术的进展。

2.7.1 立体拉曼成像 (X, Y, Z, λ)

深度解析显微拉曼光谱是拉曼研究的热门领域[96,97]。许多研究人员用光学共焦拉曼显微镜来进行深度解析，尽管对获得局部的微化学信息十分有效，但这种光学共焦法在生成高清图像时太过耗时，并很容易受复杂光学效应的影响，很难获得精确的空间深度信息。虽然拉曼共焦技术也易受许多相同光学效应的影响，但使用宽域照明的拉曼成像技术可以减少生成时间的同时得到高清体积拉曼图像。

图 2.19 为用 Falcon Ⅱ™ 型化学拉曼成像系统（ChemImage 公司）对样本进行立体拉曼成像的示例。通过样本的拉曼图像和拉曼色散光谱构建深度函数，样本由新泽西州纽瓦克市罗格斯大学的李察·门德尔松等人提供［图 2.19(d)］。多层聚合物系统由聚乙烯层（PET）、胶黏剂、乙烯醇（EVOH）、低密度聚乙烯混合物层（LDPE）、二氧化钛（TiO_2）组成。图中给出了 PET［图 2.19(a)］、EVOH［图 2.19(b)］、LDPE+TiO_2 层的重构拉曼图像，色散拉曼数据的光谱强度分析［图 2.19(e)］和拉曼成像数据［图 2.19(f)］。

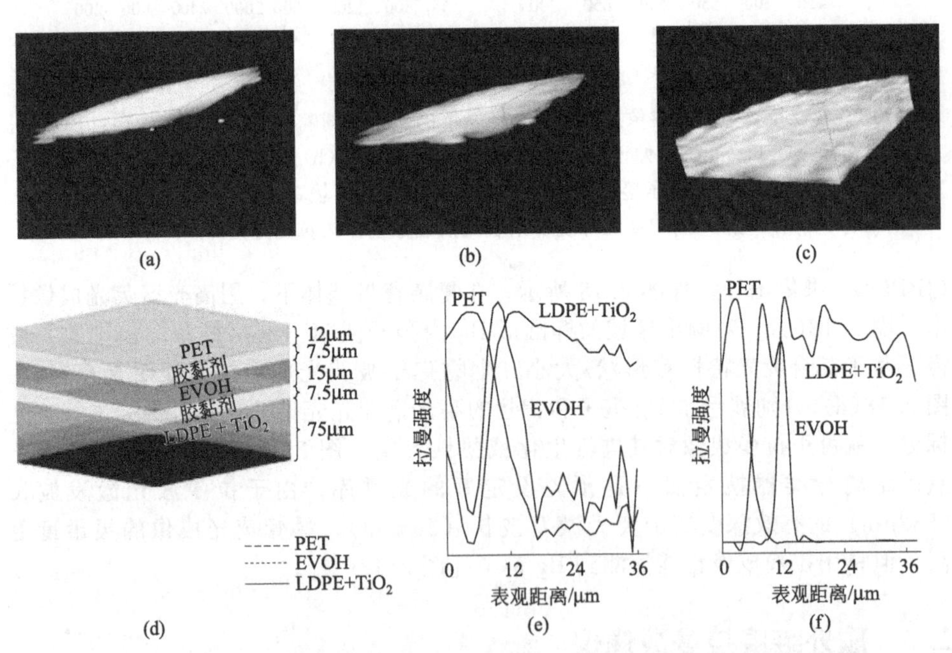

图 2.19 罗格斯大学李察·门德尔松等人提供的一种聚合物样本的立体拉曼图像：立体拉曼图像重建了 PET (a)、EVOH (b) 和 LDPE+TiO_2 (c) 层；(d) 由李察·门德尔松等人提供的 Paramount（派拉蒙）聚合物样品的立体拉曼成像；(e) 色散拉曼通道的特定化学成分随深度变化的函数分布图；(f) Falcon Ⅱ™ 型化学拉曼成像系统（ChemImage 公司）的宽域拉曼成像通道

2.7.2 动态拉曼成像（X，Y，Z，λ）

宽域拉曼成像平台可以同时收集所有空间元素图像，使其成像性能远超静态成像。宽域拉曼成像技术让科学家们能监控动态过程，分析材料的动态变化，观察材料成分的实时变化。在制药行业中，宽域拉曼成像可用于降解研究、药片中原料药和辅料的相互作用研究，同时还能监控材料成分的实时动态变化。相互结合的化学和空间信息能揭示一些传统成像技术无法呈现的微小特性。

图 2.20 给出了对乙酰氨基酚的溶解和再结晶状态下的动态拉曼图。可用 532nm 的 Falcon Ⅱ™ 型系统（ChemImage 公司）配合 MCF 调节到 1617～1625cm^{-1}，生成随时间变化的拉曼图像。获得拉曼图像的积分时间为 100ms。明场反射图像［图 2.20(a)］显示了Ⅰ型和Ⅱ型乙酰氨基酚混合物在溶解到甲醇液之前的图像。图 2.20 显示了实验前［图 2.20(b)］、在导入溶剂时［图 2.20(c)］、结晶开始前［图 2.20(d)］和结晶时间开始后 16s［图 2.20(e)］、25s［图 2.20(f)］、32s［图 2.20(g)］、54s［图 2.20(h)］、结晶结束 116s［图 2.20(i)］

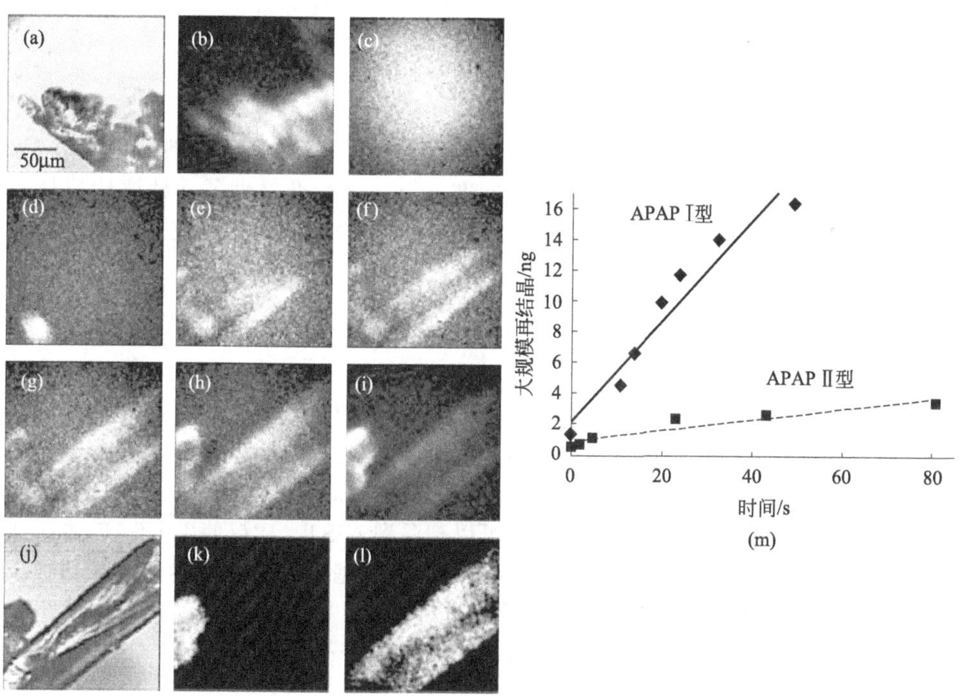

图 2.20 对乙酰氨基酚溶解和再结晶状态下的动态拉曼图，可用 532nm Falcon Ⅱ™ 型系统（ChemImage 公司），(a) 明场反射图像显示了Ⅰ型和Ⅱ型对乙酰氨基酚混合物在溶解到甲醇液之前的图像；实验前 (b)、在导入溶剂时 (c)、结晶开始前 (d)、16s (e)、25s (f)、32s (g)、54s (h)、结晶结束 116s 后 (i) 1625cm^{-1} 波段拉曼图像；(j) 再结晶明场反射图；(k) Ⅱ型多结晶的 1625cm^{-1} 拉曼图；(l) Ⅰ型多结晶的 1617cm^{-1} 拉曼图；(m) 在成像区域内一定再结晶时间范围内，Ⅰ型和Ⅱ型 APAP 再结晶的质量分数

的 $1625cm^{-1}$ 波段拉曼图像。

Ⅰ型和Ⅱ型对乙酰氨基酚的结晶速率是在成像区域内一定再结晶时间范围内由Ⅰ型和Ⅱ型再结晶的质量分数线性拟合得出的［图 2.20(m)］。Ⅰ型和Ⅱ型对乙酰氨基酚的结晶速率分别是 2.5ng/s 和 0.93ng/s。在动态拉曼成像实验中，每 4s 积分时间生成一中高拉曼图像就可以确定多晶体构成。图 2.20 显示了感兴趣区域明场像，分别是再结晶体［图 2.20(j)］、Ⅱ型多结晶的 $1625cm^{-1}$ 拉曼图［图 2.20(k)］和Ⅰ型多结晶的 $1617cm^{-1}$ 拉曼图［图 2.20(l)］。

2.8 拉曼成像仪性能评估

由于拉曼成像仪技术已经成熟，需要技术手段对其性能进行测评。2002 年，ASTM E13.10“分子光谱光学成像”委员会成立，制定化学成像设备性能评定的标准。作为 ASTM E13.10 的一部分，专门成立拉曼成像任务组，致力于拉曼成像仪性能评定方法和标准的建立。这样的标准[98] 和方法用于评估日常系统性能，提醒用户保养和校准，并确定设备是否适用于特殊分析。

2.8.1 标准建立

拉曼成像工作组已经起草了一份标准条例文件（目前还在投票阶段），名为《拉曼分子光谱光学成像设备性能评估标准》[99]。该标准提供了一种评估拉曼成像设备整体性能的方法，这种方法从适当的测试材料中收集拉曼成像数据，并从中计算出客观的品质因数。

2.8.2 测试标准

理想状态下，测试标准应该包括表面沉积有不同拉曼活性物质或浸渍到内部的基板，测试标准应该表现出最小的漫散射。如果测试标准内只有一种拉曼活性物质，测试部分和基板都要是拉曼非活性的。测试模式应该有几种不同的线间距，将预计的拉曼成像分辨率分开。测试模式可以溯源到 NIST。建议使用 USAF 1951 或 NBS（NIST）1963A 分辨率靶。测试标准应由一种基板或目标图案组成，基板或目标图案应由已知和特征良好的拉曼活性材料组成。如图 2.21(b) 所示，给出了单晶硅拉曼光谱作测试标准基板，以及沉积在硅晶体表面铬的响应。

2.8.3 FOM 计算

为了确定 FOM，拉曼图像区域（A）、自由光谱范围（$\nu_{max} \sim \nu_{min}$）空间分辨率（$R_{spatial}$）、光谱分辨率（$R_{spectral}$）、拉曼光谱信噪比（SSNR）、拉曼图像信噪比（ISNR）、数据采集时间（t_{Acq}）都要用合适的参考标准来测量：

$$FOM=\frac{A\cdot(\nu_{max}-\nu_{min})\cdot SSNR\cdot ISNR}{R_{spatial}\cdot R_{spectral}\cdot t_{Acq}}(\mu m/s) \tag{2.8}$$

2.8.3.1 数据采集

对于采用点、线成像的设备而言，目标光谱区域的拉曼光谱要用系统性的方法采集，方便生成拉曼图像立方。为了获得最高可能的空间分辨率，激光照射点面积要最小化，样品相对于激光照射之间的移动间隔也尽可能小。

对于使用宽域照明的仪器而言，为了获得测试标准所感兴趣拉曼谱带的FWHM、波数精度和SSNR，需要在一定的光谱范围内采集拉曼立方光谱成像数据集。制定合适的测试标准，有利于确定拉曼成像系统的空间分辨率和ISNR。

为了评估拉曼成像系统的失真放大，点扫描和宽域成像系统都要进行水平和垂直测试。

2.8.3.2 图像面积测量

图像面积（A）的单位为μm^2，如下定义：

$$A=(P_X\cdot DP_X)\cdot(P_Y\cdot DP_Y) \tag{2.9}$$

式中，P_X、P_Y是像素数；DP_X、DP_Y分别是X、Y方向上的像素尺寸。

如图2.21(a)所示，以USAF 1951拉曼分辨率靶测试标准为基准，配备MCF成像光谱仪的宽域拉曼显微镜（Falcon Ⅱ™，ChemImage公司），对Si上的Cr进行520cm^{-1}的平场校正拉曼成像。拉曼图像是通过功率为475mW的激光照射物体获得的，相当于1.1×1000W/cm^{2}激光功率密度的10×(NA 0.3)显微镜物镜。使用增益为200的EM CCD探测器（DU-897 iXon™，Andor，South Windsor，CT）在960s内以4cm^{-1}步长采集60cm^{-1}光谱范围内的图像。图2.21(a)中的拉曼图像是由0.585μm/像素的350×350尺寸像素阵组成的，图像面积等于41943μm^2。

2.8.3.3 自由光谱范围的测定

自由光谱范围FSR定义为：

$$FSR=(\nu_{max}-\nu_{min})=BP\cdot C \tag{2.10}$$

式中，BP是拉曼成像光谱仪光谱通带；C是独立光谱区数目对应的光谱通道数。图2.21中拉曼图的FSR=540−480=60（cm^{-1}）。

2.8.3.4 光谱信噪比测量

$$SSNR=(I_{max}-I_{基线})/\sigma_{基线} \tag{2.11}$$

式中，$I_{max}-I_{基线}$是校正后目标区域的最大拉曼谱带强度；$\sigma_{基线}$是目标背景区域中没有拉曼光谱特征的平均光谱的标准差。

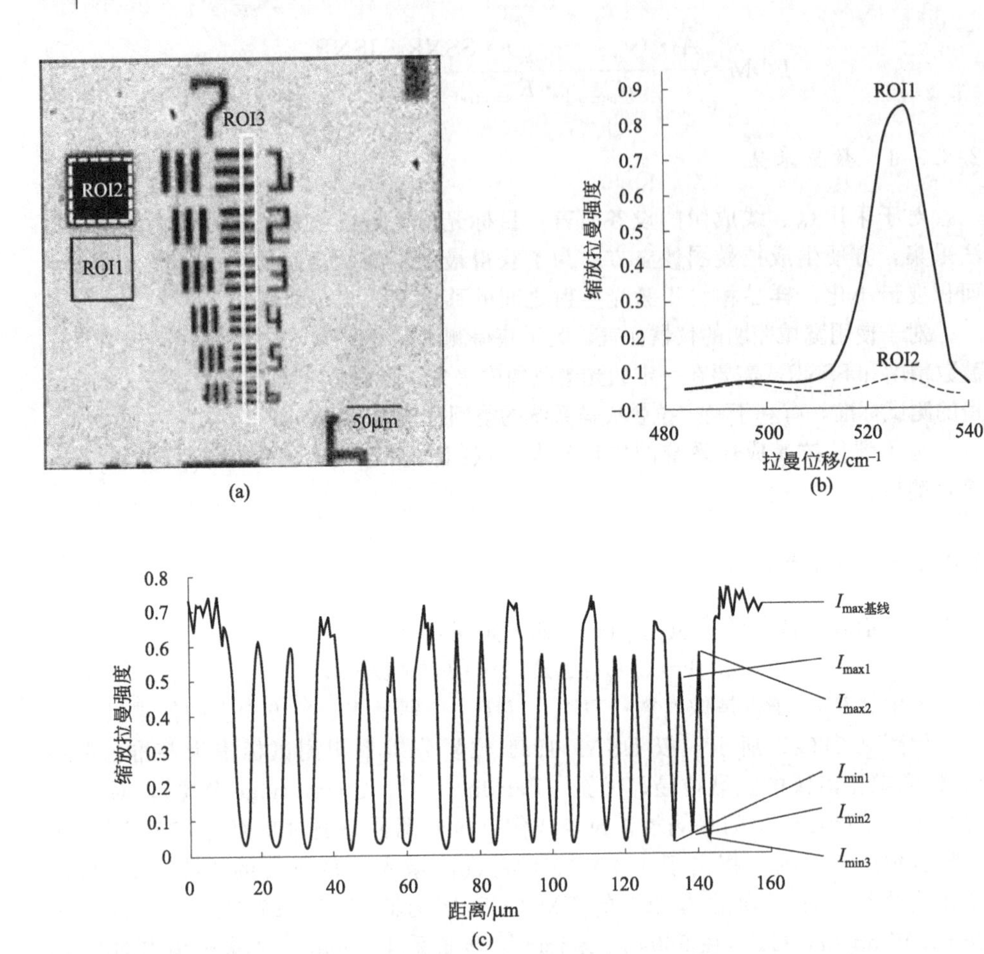

图 2.21 (a) 以 USAF 1951 拉曼分辨率靶测试标准为基准，配备 MCF 成像光谱仪的宽域拉曼显微镜（Falcon Ⅱ™，ChemImage 公司），对 Si 上的 Cr 进行 $520cm^{-1}$ 的平场校正拉曼成像［拉曼图像是通过功率为 475mW 的激光照射物体获得的，相当于 $1.1\times1000W/cm^2$ 的 10×（NA 0.3）显微镜物镜的激光功率密度。使用增益为 200 的 EM CCD 探测器（DU-897 iXon™，Andor，South Windsor，CT）在 960s 内以 $4cm^{-1}$ 步长采集 $60cm^{-1}$ 光谱范围的图像］；(b) ROI1 和 ROI2 的平均拉曼光谱；(c) 图(a) 中 ROI3 的强度分布

图 2.23(a) 中的图像及图 2.23(b) 中对应的拉曼光谱，SSNR 等于 310.9。

2.8.3.5 图像信噪比测量

ISNR 定义为：

$$ISNR=\frac{<a>_{目标}-<b>_{背景BOI}}{\sigma_{背景ROI}} \tag{2.12}$$

式中，$<a>_{目标}$ 和 $<b>_{背景BOI}$ 分别是目标区和背景区的平均拉曼图像强度值；$\sigma_{背景ROI}$ 是背景区域信号的标准差。由 Si 组成的 ROI1（—）的平均像素强度减去非活性 Cr 组成的 ROI2（- - -）平均像素强度除以标准偏差得到图 2.23(a) 中拉曼图的 ISNR 值。

2.8.3.6 空间分辨率测量

空间分辨率的测量涉及一系列已知尺寸的成像特性，还要确定最小线空间，这可以通过评估系统解决。对比度（调制）由式(2.13) 定义：

$$对比度=\frac{i_{max}-i_{min}}{i_{max}+i_{min}} \tag{2.13}$$

式中，i_{max} 和 i_{min} 分别表示图像强度的最大值和最小值。

对比度是通过每毫米空间内线条数目测量的，一直往下测直到发现相邻线对的图像对比度为 26.5%的线条数（瑞利判据），或者在测试标准下获得最小的线对。如果最小特征仍然可分辨（对比度>26.5%），就可以构建对比度传递函数图（CTF），通过该 CTF 图外推便可估算出空间分辨率。

图 2.22 给出了图 2.21(a) 中拉曼图的对比度测量情况。尽管建模判据更难，但对比度不会降低到瑞利散射极限以下。空间分辨率是由模型的理论 CTF 和瑞利判据估测的。

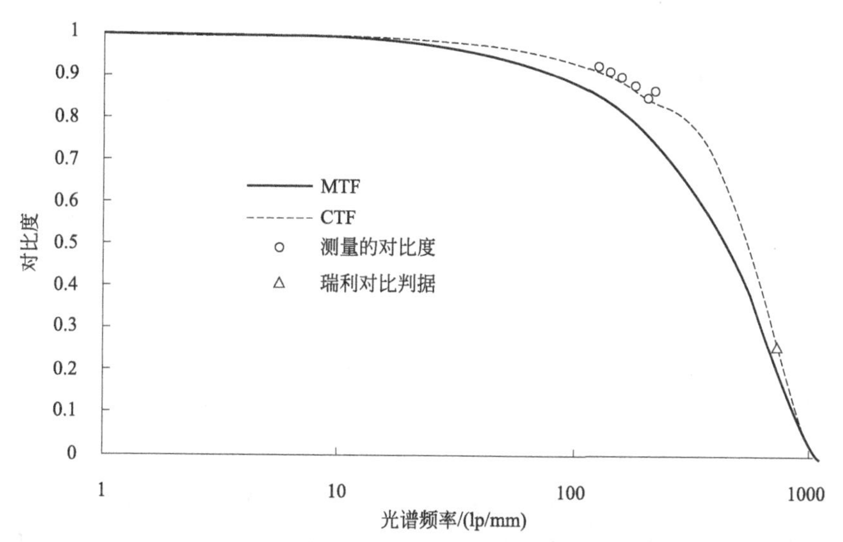

图 2.22 拉曼测试标准中的空间分辨率的测定［拉曼测试标准中得出的 CTF 与理论 MTF 和 CTF 作比较。衍射极限 CTF 显示在 746lp/mm 空间频率下的瑞利判据对比度（26.5%）对应 13.44Hm 空间分辨率］

USAF 1951 标准靶的调制传递函数（MTF）由式(2.14) 构建：

$$MTF=\frac{2}{\pi}\left[\arccos(\mu)-\mu\sqrt{1-\mu^{2}}\right] \tag{2.14}$$

式中，μ 是归一化的空间频率，定义为：

$$\mu=\frac{x}{x_0}=x\lambda f/\#=\frac{x\lambda f_1}{D}=\frac{x\lambda}{2\mathrm{NA}} \tag{2.15}$$

式中，x 是绝对空间频率；x_0 是固有截止频率；λ 是波长；$f/\#$ 是镜头焦比；f_1 是焦距；D 是镜头（入瞳）直径。MTF 函数可以用科尔特曼级数展开 50 项，转换成 CTF：

$$\mathrm{CTF}=\frac{4}{\pi}\left[M(x)-\frac{M(3x)}{3}+\frac{M(5x)}{5}-\frac{M(7x)}{7}+\frac{M(9x)}{9}-\frac{M(11x)}{11}+\frac{M(13x)}{13}-\cdots\right] \tag{2.16}$$

图 2.23 中拉曼图像的瑞利判据是在 746 lp/mm 空间频率下得到的，此频率对应于 1.34μm 空间分辨率。

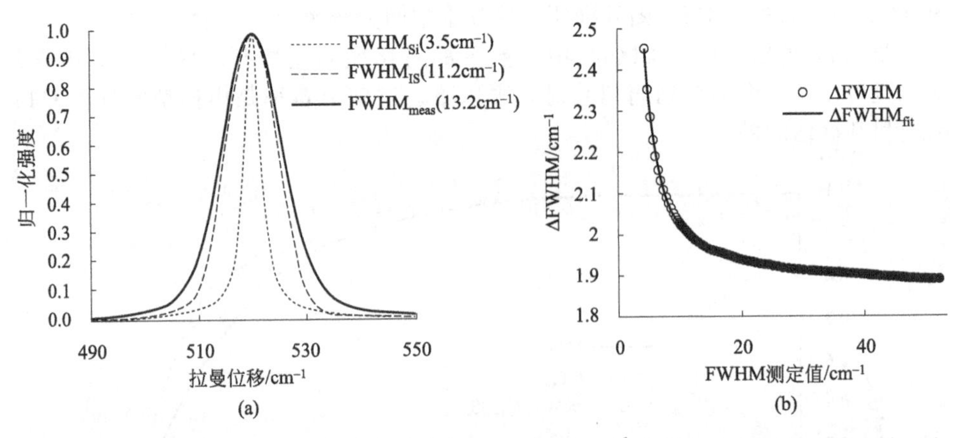

图 2.23 测试标准中拉曼成像仪的带通测定；(a) 13.2cm^{-1}FWHM 的线性模型卷积峰（实线），自然拉曼线宽（点线）为 3.5cm^{-1}，成像光谱仪的带通（虚线）(11.2cm^{-1})；(b) 卷积展宽 FWHM 和成像光谱仪 FWHM 的差值与测量的 FWHM 服从双指数衰减函数关系

2.8.3.7 光谱分辨率测量

通过比较拉曼活性材料的理论和测量峰值，可以确定光谱分辨率。已知特性光谱带的平均 FWHM 要从不同空间位置测量获得。USAF 1951 分辨率靶［图 2.21(a)］的 ROI1 由一个通带产生，该通带对应于硅的 520cm^{-1} 第一频光声子［图 2.21(b)］。图 2.23(b) 中测出的 FWHM 是 13.2cm^{-1}，比硅的拉曼线宽 3.5cm^{-1} 宽，也比单用准直光源的光谱成像仪的带通要宽。因此测出的 FWHM 是光谱仪带通和拉曼目标线宽的卷积。

光谱仪带通和拉曼光谱线宽的卷积会加宽测得的通带，这可通过与测试标准自然线宽相等的 FWHM 的洛伦兹分布来数值模型化。随后生成多高斯分布表示仪器带通（FWHM成像光谱仪），再与洛伦兹分布进行卷积得到测量的拉曼光谱分辨率。图2.23(a)是模型的结果。图2.23(b)中是仪器和图2.21中硅样本上Cr的测量FWHM与卷积展宽FWHM和仪器带通之间差值的函数曲线。该图遵循双指数衰减函数。

$$\begin{aligned}\Delta \mathrm{FWHM} &= \mathrm{FWHM}_{\text{measured}} - \mathrm{FWHM}_{\text{imaging spectrometer}} \\ &= A\mathrm{e}^{(-B \cdot \mathrm{FWHM}_{\text{measured}})} + C\mathrm{e}^{(-D \cdot \mathrm{FWHM}_{\text{measured}})} + E \end{aligned} \tag{2.17}$$

如图2.23中的例子，在520cm^{-1}下测量的FWHM值为13.2cm^{-1}，相当于11.2cm^{-1}仪器带通，与单独测量带通的结果一致。

2.8.3.8 采集时间测定

拉曼采集时间是在X、Y、Z空间维度上移动、成像光谱仪扫描、样本对焦、稳定时间、样本光漂白的时间和检测器读数所需时间的总和。如图2.23所示，在960s采集时间内，每60s采集超过16帧拉曼图。

表2.2总结了图2.23(a)中用于计算FOM的参数，得到FOM为841722μm/s。

表2.2 图2.23(a)中的优势参数

参数	数值	备注
成像面积/μm^2	41943.0	204.8μm×204.8μm
波长范围/cm^{-1}	60.0	480～540cm^{-1}(4cm^{-1}步长)
SSNR	310.9	
ISNR	15.5	
R_{spectral}/cm^{-1}	11.2	
R_{spatial}/μm	1.34	
采集时间/s	960	16个图像帧，每帧60s
FOM/(μm/s)	841722	

2.8.4 实际应用案例

图2.24是采用FOM对宽域拉曼成像系统（Falcon Ⅱ^{TM}，ChemImage公司）生成拉曼图进行质量评估的例子，比较Evans分立元件和MCF液晶可调节滤光器[49]。在图2.24(a)所示的明场像中，含有Bg孢子的溶液有一部分沉积到铝制载片上。在采集拉曼图像前，要对样本进行10min的漂白处理，以求将背景荧光最小化，之后才能用LCTF型扫描800～3150cm^{-1}波段并采集图像。图中还展示了使用Evans LCTF（b）和MCF（c）采集的1450cm^{-1}波段未处理拉曼图像。由于Evans滤光器的光通量要低于MCF，所以其图像的噪声要高一些。通过分析由50个孢子建立的高光谱数据立方，不难看出两种型号的滤光器对单个孢子的成像效果不同，很明显，MCF的拉曼成像效果要优于Evans滤光器［图2.24(d)］。计算图2.24(b)和（c）中图像的SSNR、

ISNR和整体FOM值后，可以看出使用MCF的FOM测量值是使用Evans滤光器的6.7倍［图2.24(d)］。

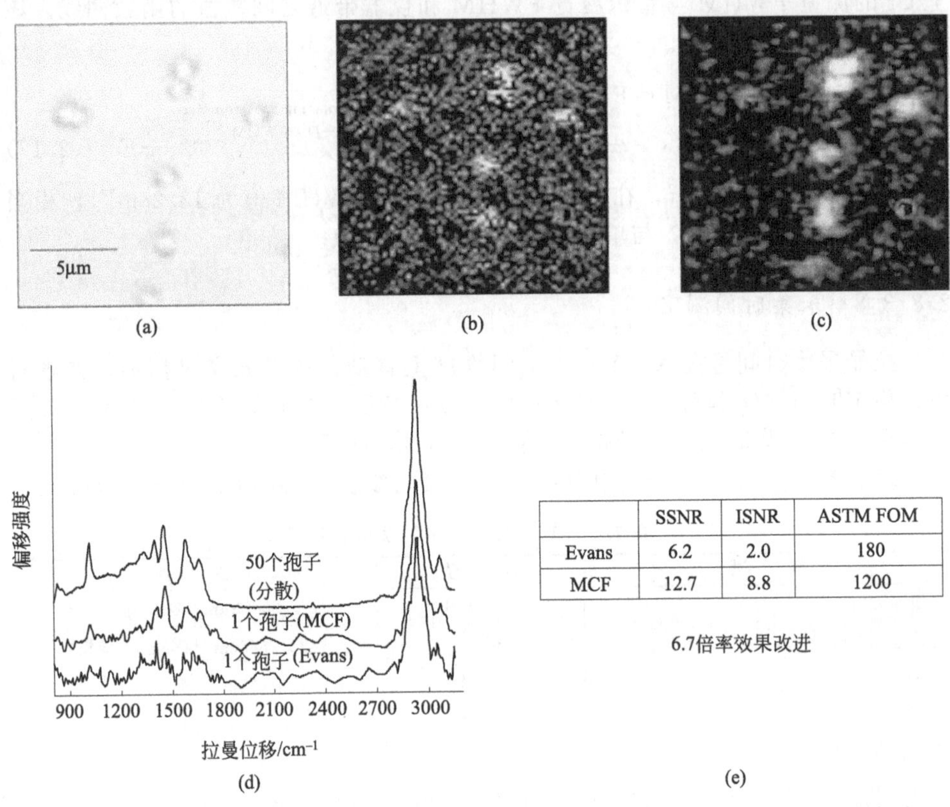

	SSNR	ISNR	ASTM FOM
Evans	6.2	2.0	180
MCF	12.7	8.8	1200

图2.24　使用FOM对液晶可调节滤光拉曼成像仪性能进行比较：(a) 沉积到铝制载片上的Bg孢子明场反射图；采用Evan LCTF (b) 和MCF (c) 采集的拉曼图；(d) 从用两种滤光器的高光谱数据中获得的单孢子拉曼光谱与从50个孢子中获得色散拉曼光谱作比较；(e) 图像SSNR、图像ISNR和整体FOM的计算结果与MCF、Evans分立滤光器设计作比较，结果表明MCF比Evans分体滤光器性能提升6.7倍

2.9　总结与未来发展方向

自获得第一张拉曼图像后30多年来，拉曼成像仪器已经有了长足的进步。点扫描、线性扫描、宽域拉曼成像平台设计也有了充分提升。拉曼成像仪器的分支领域蓬勃发展，从光学实验板组件到显微镜、放大镜、纤维内窥镜，甚至望远镜系统，已经远远超出了实验研究的技术范畴。这些进步，也使技术和应用领域得到延伸，范围从亚微米级生物拉曼成像到对自制爆炸装置的宏观拉曼成像。将拉曼成像技术与其他化学成像技术集成使用，可以大大提升我们对材料结构、元素、组成、分子组成特性的了解。ASTM E13.10“分子光谱光学成像”小组的

成立，关注点已经转移到通过标准参考物和标准方法的建立、发展来对拉曼成像仪器进行验证和性能评估。

未来的发展趋势必然是提高空间和光谱分辨率等仪器局限性。应用和市场需求将推动拉曼成像仪器的发展，使其拥有更大的面积覆盖范围，更高的数据采集效率，更好的信噪比，更加稳定和易用，以及更低的仪器成本。动态拉曼成像技术需要进一步发展与串联法相结合的宽域拉曼成像技术。随着拉曼成像技术的改进措施不断实现，这项技术的新应用终将证明它对全人类是有益的。

参 考 文 献

1. Treado, P. J., Levin, I. W., and Lewis, E. N. (1992) Near-infrared acousto-optic filtered spectroscopic microscopy: a solid state approach to chemical imaging. *Appl. Spectrosc.* **46**, 553.
2. Delhaye, M. and Dhamelincourt, P. (1975) Raman microprobe and microscope with laser excitation. *J. Raman Spectrosc.* **3**, 33–34.
3. Boogh, L., Meier, R., and Kausch, H. (1992) A Raman microscopy study of stress transfer in high-performance epoxy composites reinforced with polyethylene fibers. *J. Polym. Sci. B* **30**, 325–333.
4. Continuous point-by-point scanning. Retrieved from http://www.witec.de/en/products/raman/alpha300r/.
5. Nadula, S., Brown, T., Pitz, R., and DeBarber, P. (1994) Single-pulse, simultaneous multipoint multispecies Raman measurements in turbulent nonpremixed jet flames. *Opt. Lett.* **19**, 414–416.
6. Yang, X., Ajito, K., Tryk, D., Hashimoto, K., and Fujishima, A. (1996) Two-dimensional surface-enhanced Raman imaging of a roughened silver electrode surface with adsorbed pyridine and comparison with AFM images. *J. Phys. Chem.* **100**, 7293–7297.
7. Stellman, C., Booksh, K., and Myrick, M. (1996) Multivariate Raman imaging of simulated and "real world" class-reinforced composites. *Appl. Spectrosc.* **50**, 552–557.
8. Brenan, C. and Hunter, I. (1994) Chemical imaging with a confocal scanning Fourier-transform-Raman microscope. *Appl. Opt.* **33**, 7520–7528.
9. Bowden, M., Gardiner, D., Rice, G., and Gerrand, D. (1990) Line-scanned micro Raman spectroscopy using a cooled CCD imaging detector. *J. Raman Spectrosc.* **21**, 37–41.
10. Jestel, N., Shaver, J., and Morris, M. (1998) Hyperspectral Raman line imaging of an aluminosilicate glass. *Appl. Spectrosc.* **52**, 64–69.
11. Markwort, L. and Kip, B. (1996) Micro-Raman imaging of heterogeneous polymer systems: general applications and limitations. *J. Appl. Polym. Sci.* **61**, 231–254.
12. Bowden, M. and Gardiner, D. (1997) Stress and structural images of microindented silicon by Raman microscopy. *Appl. Spectrosc.* **51**, 1405–1409.
13. StreamLine™ Plus Raman imaging. Retrieved from http://www.renishaw.com/en/9449.aspx.
14. Treado, P. and Nelson, M. (2001) Raman chemical imaging. *In: Handbook of Raman Spectroscopy from the Research Laboratory to the Process Line*. Marcel Dekker, New York, Chapter 5, pp. 191–249.
15. Schaeberle, M., Karakatsanis, C., Lau, C., and Treado, P. (1995) Raman chemical imaging: noninvasive visualization of polymer blend architecture. *Anal. Chem.* **67**, 4316–4321.
16. Garton, A., Batchelder, D., and Cheng, C. (1993) Raman microscopy of polymer blends. *Appl. Spectrosc.* **47**, 922–927.
17. Morris, H., Munroe, B., Ryntz, R., and Treado, P. (1998) Fluorescence and Raman chemical imaging of thermoplastic olefin (TPO) adhesion promotion. *Langmuir* **14**, 2426–2434.
18. Schaeberle, M., Tuschel, D., and Treado, P. (2001) Raman chemical imaging of microcrystallinity in silicon semiconductor devices. *Appl. Spectrosc.* **55**, 257–266.
19. McClelland, L., Stewart, S., Maier, J., Nelson, M., and Treado, P. (2005) Automated spectral acquisition: a smart biomedical sensor technology. In: *Proceedings of SPIE International Symposium on Smart Medical and Biomedical Sensor Technology III*, Vol. 6007.
20. Schaeberle, M., Kalasinsky, V., Luke, J., Lewis, E., Levin, I., and Treado P. (1996) Raman chemical imaging: histopathology of inclusions in human breast tissue. *Anal. Chem.* **68**, 1829–1833.
21. Sijtsema, N., Duindam, J., Puppels, G., Otto, C., and Greve, J. (1996) Imaging with extrinsic Raman labels. *Appl. Spectrosc.* **50**, 545–551.
22. Kline, N. and Treado, P. (1997) Raman chemical imaging of breast tissue. *J. Raman Spectrosc.* **28**, 119–124.
23. Doub, W., Adams, W., Spencer, J., Buhse, L., Nelson, M., and Treado, P. (2007) Raman chemical imaging for ingredient-specific particle size characterization of aqueous suspension nasal spray formulations: a progress report. *Pharm. Res.* **24**, 934–945.
24. Zugates, C. and Treado, P. (1999) Raman chemical imaging of pharmaceutical content uniformity. *Int. J. Vib. Spectrosc.* **2**, 4.
25. Tripathi, A., Jabbour, R., Treado, P., Neiss, J., Nelson, M., Jensen, J., and Snyder, A. (2008) Waterborne pathogen detection using Raman spectroscopy. *Appl. Spectrosc.* **62**, 1–9.
26. Kalasinsky, K., Hadfield, T., Shea, A., Kalasinsky, V., Nelson, M., Neiss, J., Drauch, A., Vanni, G., and Treado, P. (2007) Raman chemical imaging spectroscopy reagentless detection and identification of pathogens: signature development and evaluation. *Anal. Chem.* **79**, 2658–2673.
27. Wentworth, R., Neiss, J., Nelson, M., and Treado, P. (2007) Standoff Raman hyperspectral imaging detection of explosives. In: Antennas and Propagation Society International Symposium, IEEE, pp. 4925–4928.
28. Nelson, M., McLestar, M., Aust, J., and Myrick, M. (1996) Distributed sensing of fiber-optic arrays. In: *The Pittsburgh Conference and Exposition on Analytical Chemistry and*

Applied Spectroscopy.

29. Nelson, M. and Myrick, M. (1999) Single-frame chemical imaging: dimension reduction fiber-optic array improvements and application to laser-induced breakdown spectroscopy. *Appl. Spectrosc.* **53**, 751–759.
30. Nelson, M., Bell, W., McLester, M., and Myrick, M. (1998) Single-shot multiwavelength imaging of laser plumes. *Appl. Spectrosc.* **52**, 179–186.
31. Nelson, M. and Myrick, M. (1999) Fabrication and evaluation of a dimension-reduction fiber-optic system for chemical imaging applications. *Rev. Sci. Instrum.* **70**, 2836–2844.
32. Ma, J. and Ben-Amotz, D. (1997) Rapid micro-Raman imaging using fiber-bundle image compression. *Appl. Spectrosc.* **51**, 1845–1848.
33. Puppels, G., Grond, M., and Greve, J. (1993) Direct imaging Raman microscope based on tunable wavelength excitation and narrow-band emission detection. *Appl. Spectrosc.* **47**, 1256–1267.
34. Batchelder, D., Cheng, C., Muller, W., and Smith, B. (1991) *Makromol. Chem. Macromol. Symp.* **46**, 171.
35. Treado, P., Levin, I., and Lewis, E. (1992) High-fidelity Raman imaging spectrometry: a rapid method using an acousto-optic tunable filter. *Appl. Spectrosc.* **46**, 1211–1216.
36. Schaeberle, M., Karakatsanis, C., Lau, C., and Treado, P. (1995) Raman chemical imaging: noninvasive visualization of polymer blend architecture. *Anal. Chem.* **67**, 4316–4321.
37. Schaeberle, M., Kalasinsky, V., Luke, J., Lewis, E., Levin, I., and Treado, P. (1996) Raman chemical imaging: histopathology of inclusions in human breast tissue. *Anal. Chem.* **68**, 1829–1833.
38. Goldstein, S., Kidder, L., Herne, T., Levin, I., and Lewis, E. (1996) The design and implementation of a high-fidelity Raman imaging microscope. *J. Microsc.* **184**, 35–45.
39. Morris, H., Hoyt, C., and Treado, P. (1994) Imaging spectrometers for fluorescence and Raman microscopy: acousto-optic and liquid crystal tunable filters. *Appl. Spectrosc.* **48**, 857–866.
40. Morris, H., Hoyt, C., Miller, P., and Treado, P. (1996) Liquid crystal tunable filter Raman chemical imaging. *Appl. Spectrosc.* **50**, 805–811.
41. Turner II, J. and Treado, P. (1997) LCTF Raman chemical imaging in the near infrared. In: *Proceedings of SPIE—Infrared Technology and Applications XXIII*, Vol. 3061, pp. 280–283.
42. Christensen, K., Bradley, N., Morris, M., and Morrison, R. (1995) Raman imaging using a tunable dual-stage liquid crystal Fabry–Perot interferometer. *Appl. Spectrosc.* **49**, 1120–1125.
43. Hoke, S., Wood, J., Cooks, R., Li, X., and Chang, C. (1992) Rapid screening for taxanes by tandem mass spectrometry. *Anal. Chem.* **64**, 971A– 981A.
44. Lyot, B. (1944) The birefringent filter and its application in solar physics. *Ann. Astrophys.* **7**, 3136.
45. Solc, I. (1965) Birefringent chain filters. *J. Opt. Soc. Am.* **55**, 621–625.
46. Saeed, S. and Bos, P. (2002). Multispectrum, spatially addressable polarization interference filter. *J. Opt. Soc. Am A* **19**, 2301–2312.
47. Evans, J. (1949) The birefringent filter. *J. Opt. Soc. Am.* **39**, 229–237.
48. Evans, J. (1958) Solc birefringent filter. *J. Opt. Soc. Am.* **48**, 142–143.
49. Wang, X., Voigt, T., Bos, P., Nelson, M., and Treado, P. (2006) Evaluation of a high-throughput liquid crystal tunable filter for Raman chemical imaging of threat materials. *Proc. SPIE* **6378**, 637808.
50. Skinner, H., Cooney, T., Sharma, S., and Angel, S. (1996) Remote Raman microimaging using an AOTF and a spatially coherent microfiber optical probe. *Appl. Spectrosc.* **50**, 1007–1014.
51. Smith, R., Nelson, M., and Treado, P. (2000) Raman chemical imaging using flexible fiberscope technology. In: *Spectral Imaging: Instrumentation, Applications, and Analysis. Proceedings of SPIE BIOS 2000 International Symposium on Biomedical Optics*, Vo. 3920, pp. 14–20.
52. Wu, M., Ray, M., Fung, K., Ruckman, M., Harder, D., and Sedlacek, A. (2000) Stand-off detection of chemicals by UV Raman spectroscopy. *Appl. Spectrosc.* **54**, 800–806.
53. Sharma, S., Lucey, P., Ghosh, M., Hubble, H., and Horton, K. (2003) Stand-off Raman spectroscopic detection of minerals on planetary surfaces. *Spectrochim. Acta A* **59**, 2391–2407.
54. Kneipp, K., Kneipp, H., Itzkan, I., Dasari, R., and Feld, M. (2002) Surface-enhanced Raman scattering and biophysics. *J. Phys.: Condens. Matter* **14**, R597–R624.
55. Campion, A. and Kambhampati, P. (1998) Surface-enhanced Raman scattering. *Chem. Soc. Rev.* **27**, 241–250.
56. Guicheteau, J., Christesen, S., Emge, D., Tripathi, A., and Jabbour, R. (2010) Bacterial mixture identification using Raman and surface-enhanced Raman chemical imaging. *J. Raman Spectrosc.*, DOI 10.1002/jrs.2601.
57. Cooper, S., Smith, W., Rodger, C., and White, P. (1997) SERRS—a sensitive spectroscopic technique. *Int. J. Vib. Spectrosc.* **1**(4), 68–84.
58. Surface-enhanced resonance Raman scattering (SERRS) from metal complexes. Retrieved from http://www.personal.dundee.ac.uk/~tjdines/Raman/research4.htm.
59. Constantino, C., Aroca, R., Mendonça, C., Mello, S., Balogh, D., and OliveiraJr., O. (2001) Surface enhanced fluorescence and Raman imaging of Langmuir–Blodgett azopolymer films. *Spectrochim. Acta A* **57**, 281–289.
60. Coherent anti-Stokes Raman scattering (CARS). Retrieved December 8, 2008, from the University of Exeter, School of Physics web site: http://newton.ex.ac.uk/research/biomedical/multiphoton/advantages/cars.html.
61. Evans, C. and Xie, X. (2008) Coherent anti-Stokes Raman scattering microscopy: chemical imaging for biology and medicine. *Annu. Rev. Anal. Chem.* **1**, 883–909.
62. Evans, C., Potma, E., Puoris'haag, M., Côté, D., Lin, C., and Xie, X. (2005) Chemical imaging of tissue *in vivo* with video-rate coherent anti-Stokes Raman scattering microscopy. *Proc. Natl. Acad. Sci. USA* **102**, 16807–16812.
63. Freudiger, C., Min, W., Saar, B., Lu, S., Holtom, G., He, C., Tsai, J., Kang, J., and Xie, X. (2008). Label-free biomedical imaging with high sensitivity by stimulated Raman scattering microscopy. *Science* **322**, 1857–1861.
64. Ozeki, Y., Dake, F., Kajiyama, S., Fukui, K., and Itoh, K. (2009) Analysis and experimental assessment of the sensitivity of stimulated Raman scattering microscopy. *Opt. Express* **17**, 3651–3658.
65. Eliasson, C. and Matousek, P. (2007) Raman Spectroscopy: spatial offset broadens applications for Raman spectroscopy. *Laser Focus World* 43.
66. Science and Technology Facilities Council, (2008) New laser technique promises better process control in pharmaceutical industry. *Science Daily*.
67. Stone, N., Baker, R., Rogers, K., Parker, A., and Matousek, P. (2007) Subsurface probing of calcifications with spatially offset Raman spectroscopy (SORS): future possibilities for the diagnosis of breast cancer. *Analyst* **132**, 899–905.
68. Nelson, M., Zugates, C., Treado, P., Casuccio, G., Exline, D., and Schlaegle, S. (2001). Combining Raman chemical imaging and

scanning electron microscopy to characterize ambient fine particulate matter. *Aerosol Sci. Technol.* **34**, 108–117.

69. Johnson, D., McIntyre, B., Stevens, R., Fortmann, R., and Hanna, R. (1981) A chemical element comparison of individual particle analysis and bulk chemical methods. *Scanning Electron Microsc.* **1**, 469–476.
70. Casuccio, G., Janocko, P., Lee, R., Kelly, J., Dattner, S., and Mgebroff, J. (1983) The use of computer controlled scanning electron microscopy in environmental studies. *J. Air Pollut. Control Assoc.* **33**, 937–943.
71. Goldstein, G. I., Newbury, D. E., Echlin, P., Joy, D. C., Fiori, C., and Lifshin, E. (1981) *Scanning Electron Microscopy and X-Ray Microanalysis*, Plenum Press, New York.
72. Wittry, D. (1958). Resolution of electron probe microanalyzers. *J. Appl. Phys.* **29**, 1543–1548.
73. Schoonover, J., Weesner, F., Havrilla, G., Sparrow, M., and Treado, P. (1998) Integration of elemental and molecular imaging to characterize heterogeneous inorganic materials. *Appl. Spectrosc.* **52**, 1505–1514.
74. Lee, W., Wu, J., Lee, Y., and Sneddon, J. (2004) Recent applications of laser-induced breakdown spectrometry: a review of material approaches. *Appl. Spectrosc. Rev.* **39**, 27–97.
75. Cremers, D. A. and Radziemski, L. J. (2006) *Handbook of Laser-Induced Breakdown Spectroscopy*, Wiley, London.
76. Miziolek, A. W., Palleschi, V., and Schechter, I. (2006) *Laser Induced Breakdown Spectroscopy*, Cambridge University Press, New York.
77. Vadillo, J. and Laserna, J. (2004) Laser-induced plasma spectrometry: truly a surface analytical tool. *Spectrochim. Acta B* **59**, 147–161.
78. Humphris, A., Miles, M., and Hobbs, J. (2005) A mechanical microscope: high-speed atomic force microscopy. *Appl. Phys. Lett.* 86.
79. Sarid, D. (1991) Scanning Force Microscopy, *Oxford Series in Optical and Imaging Sciences*, Oxford University Press, New York.
80. Giessibl, F. (2003) Advances in atomic force microscopy. *Rev. Mod. Phys.* **75**, 949–983.
81. Synge, E. (1928) A suggested method for extending the microscopic resolution into the ultramicroscopic region. *Philos. Mag.* **6**, 356.
82. Hecht, B., Sick, B., Wild, U., Deckert, V., Zenobi, R., Martin, O., and Pohl, D. (2000) Scanning near-field optical microscopy with aperture probes: fundamentals and applications. *J. Chem. Phys.* **112**, 7761–7774.
83. Ash, E. and Nicholls, G. (1972) Super-resolution aperture scanning microscope. *Nature* **237**, 510.
84. McClain, B., Clark, S., Gabriel, R. L., and Ben-Amotz, D. (2000) Educational applications of IR and Raman spectroscopy: a comparison of experiment and theory. *J. Chem. Educ.* **77**, 654–660.
85. Katon, J., Pacey, G., and O'Keefe, J. (1986) Vibrational molecular microspectroscopy. *Anal. Chem.* **58**, 465A–481A.
86. Lewis, E., Treado, P., and Levin, I. (1994) Near-infrared and Raman spectroscopic imaging. *Am. Lab.* **26**, 16.
87. Sostek, R., et al. (1998) U.S. Patent 5,841,139.
88. Romanach, R. and Santos, M. (2003) Content uniformity testing with near infrared spectroscopy. *Am. Pharm. Rev.* **6**, 64–67.
89. Lewis, E., Lee, E., and Kidder, L. (2004) Combining imaging and spectroscopy: solving problems with near infrared chemical imaging. *Microsc. Today*, 8–12.
90. Rios, M. (2008) New dimensions in tablet imaging. *Pharm. Technol.* **32**, 52–62.
91. Clarke, F., Jamieson, M., Clark, D., Hammond, S., Jee, R., and Moffat, A. (2001) Chemical image fusion. The synergy of FT-NIR and Raman mapping microscopy to enable a more complete visualization of pharmaceutical formulations. *Anal. Chem.* **73**, 2213–2220.
92. Sasic, S. (2008) *Pharmaceutical Applications of Raman Spectroscopy*, Wiley, London.
93. Sharma, A. and Schulman, S. (1999) *Introduction to Fluorescence Spectroscopy*, Wiley–Interscience, New York, pp. 1–100.
94. Lakowicz, J. (1999) *Principles of Fluorescence Spectroscopy*, 2nd ed. Kluwer Academic/Plenum Publishers, New York.
95. Weston, K, Carson, P., Dearo, J., and Buratto, S. (1999) Single-molecule fluorescence detection of surface-bound species in vacuum. *Chem. Phys. Lett.* **308**, 58.
96. Everall, N. (2004) Depth profiling with confocal Raman microscopy. *Part I. Spectroscopy* **19**, 22–28.
97. Everall, N. (2004) Depth profiling with confocal Raman microscopy. Part II. *Spectroscopy* **19**, 16–27.
98. Kauffman, J., Gilliam, S., and Martin, R. (2008) Chemical imaging of pharmaceutical materials: fabrication of micropatterned resolution targets. *Anal. Chem.* **80**, 5706–5712.
99. ASTM, Standard WK12868, (2006) *New Standard Guide for Evaluating the Performance of Raman Molecular Spectroscopic Optical Imaging Instruments*, ASTM International.

3 FTIR 成像硬件

J. Sellors 和 R. A. Hoult　英国，白金汉郡，珀金埃尔默仪器有限公司

R. A. Crocombe　美国，马萨诸塞，比尔利卡市，赛默飞世尔公司

N. A. Wright　美国，加利福尼亚，波莫纳，汉胜公司 AIT 分公司

3.1 引言

过去 20 多年结合了可见光显微技术的红外光谱学在分析中得到了广泛应用。然而最近得益于红外检测器阵列技术的发展，红外显微光谱技术在红外成像的技术与应用中取得了显著的进步。现在几秒内从约 20μm 的样品区域中获得高品质的红外光谱是一件相当简单的任务，并且目前世界各地的数百个实验室都能够收集到含有成千上万个像素的完整的红外图像，其中每一个图像像素包含一个完整的红外光谱。红外成像硬件技术尚未成熟，但尽管如此，对于如今最先进的红外成像系统而言，许多应用程序分析的时间不是受限于得到高质量图像的速度，而是受限于在运行处理过程中的数据分析和样品制备技术。

商业红外成像硬件的发展进步来自于各种驱动因素，突出的两点原因是：①高度普及的单点红外显微系统，利用更快速的数据获取和应用方法，激发了人们对该技术和应用的兴趣；②在中红外区域非光谱应用的多通道阵列检测器的发展。这些是对当前 FTIR 成像技术的理解以及不久将来可能发展的基础。

3.1.1 红外显微和成像系统的发展

人们对从小样本获得红外光谱的兴趣可追溯到 60 多年前，例如，在 20 世纪 40 年代末，一种对青霉素结构的研究报告[1] 使用一种基于棱镜的色散谱仪外加一个聚光镜或显微镜系统。Coates 等人在 1953 年描述的一个商业红外显微镜系统[2] 应用在从直径小于 20μm 的单根光纤内获得相当不错的红外光谱并且其中的一些设计仍然存在于今天的系统中。然而，直到 20 世纪 80 年代初期，商业 FTIR 系统的快速更新和半导体微观分析技术的应用所带来的人们对应用和技术的兴趣才推动了红外显微光谱学的发展。如今，实验室 FTIR 光谱仪的所有主要制造商都生产红外显微镜，其中一些为自动化的点绘图系统，有些是成像系统。

早期（1980 年）的红外显微镜系统多数是用改造成支持感兴趣区域（ROI）红外光谱采集的光学显微镜架配件组合而成的。后来，系统从一开始设计就旨在提高红外光谱的性能，但仍然受到与其所耦合的 FTIR 光谱仪设计特性的限制。随着该技术在 20 世纪 90 年代期间越来越流行，制造商们采取了更加系统的红外显微方法，从而性能上要易于使用且成本更低。在此时间段内基本系统硬件组件的各种进步已经实现，例如，在可见光成像系统中使用 CCD（电荷耦合器件）照相机以协助目视检查以及样品 ROI 的选择，并通过使用发光二极管（LED）来改善照明。光谱仪的设计改进大大地提高了 FTIR 性能，但其中关键的发展（就成像而言）在于红外阵列检测器的发展。如今的仪器可作为高性能红外光谱仪的附件或者独立的单元，后者的一个例子是目前 iN^{TM}10 和 iN^{TM}10MX 红外显微镜成像系统，从 2008 年 Thermo 公司将光谱仪和显微镜组件集成为一体后不再需要单独的红外光谱平台。

本章概述实验室红外成像中常用的硬件系统。因为目前主要从单点显微镜系统发展而来，一些涉及的材料是显微镜和成像共用的（事实上目前许多系统在一台仪器内都有点绘图和成像功能)。首先，我们考虑系统的基本光机组件。接下来，将讨论阵列检测器的实现技术和方法。因为空间和可能的多余重复，该系统的 FTIR 组件设计内容没有被详细介绍。对于这一点，在文献中有大量评论文章，例如，Griffiths 和 de Haseth[3] 发表的关于 FTIR 系统和原理的文章，或者 Jackson[4] 的关于当代商业光干涉仪设计讨论的文章。然而，值得注意的是基本的光谱仪性能对于总体系统性能而言是非常重要的，并且最成功的 FTIR 系统的制造商们的光谱仪和成像系统却都由单一供应商提供，也许这不足为奇。由于不同设备制造商之间表现的差异，本章不是对所有不同设计方法的综合回顾，而是对可用更受欢迎系统的一些关键设计依据进行概述。

关于商品化的 FTIR 成像硬件，商业因素的影响也是值得一提的。如果系统的设计师只为追求最高性能（不管如何定义的）从头开始开发 FTIR 成像系统，很可能得到的系统与大多数目前商品化的系统不同。例如，目前实验室的 FTIR 有基本设计约束，如光谱分辨率、兼容商品化的宏观采样附件、成本的要求等，这些可能与设计要求或成像条件不一致。设计师们需要找到成像性能、易用性/制造/维修/使用寿命和许多其他因素之间的良好平衡，不仅会使仪器通过至关重要的早期市场阶段，也能使仪器成功地进入到后续阶段的生命周期以获取所需的投资回报。换言之，就商业成功的仪器而言，成像硬件的设计受到性能要求的强烈影响，但不完全由性能要求决定。

还有一点要注意的是，尽管各种系统组件被单独介绍，但这些组件之间强大的相互依存关系对系统性能的影响不容忽视。整个系统工程方法对于良好的 FTIR 成像设计至关重要，单独地考虑组件的性能属性只是整体设计的一部分。

3.2 系统概述

为了理解基本结构，下面将一个 FTIR 成像光学机械系统与常见的光学显微镜进行比较，以指出它们之间的主要区别。一个典型的显微镜/成像原理如图 3.1 所示，不同的制造商在这方面会有些不同，该图表达所考虑的主要元件。成像仪通常在可见光和红外波段都能够观测样品。使用合适的翻转镜或分色镜（见后）使红外和可见辐射都可照射样品，穿过样品，然后到达相应的检测器上。系统中所示的可见操作中，照射光束由 LED 产生并结合红外光和可见光通过二向色镜。如果需要，被第二个 LED 光束从上面照射样品。光束无论穿过样品或者被样本反射最后都被物镜镜片收集，然后传送到可见相机或双目观测系统。在红外图像采集模型中，经过分光计调制的红外光束从上方或下方照射样品（例如反射或透射的操作模式）。在传输模式下能量通过可调整的聚光镜聚焦到样品上。

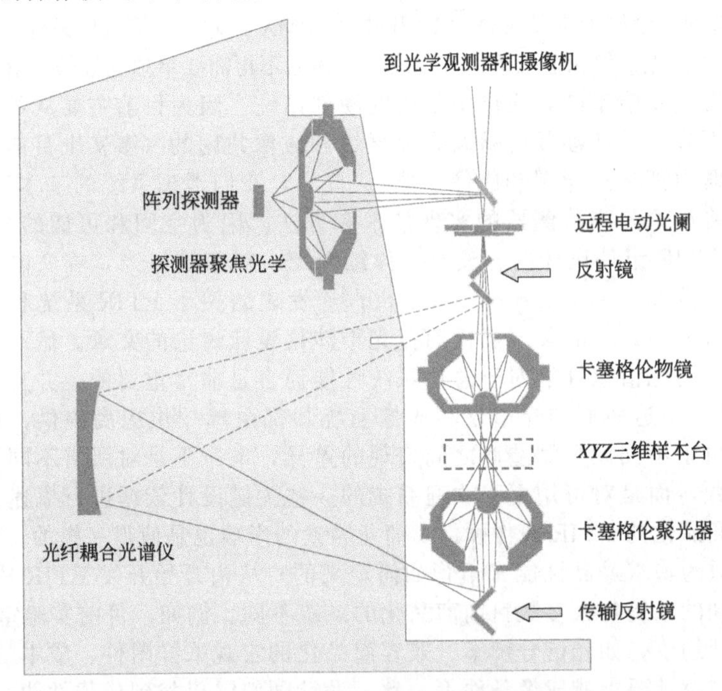

图 3.1 典型红外显微镜和成像系统的布局
（实线：透射模式的输入光束；虚线：反射模式的输入光束。
光谱仪耦合镜片接收从 FTIR 光谱仪输出的光束）

当在反射模式下采用卡塞格伦（Cassegrain）系统（参见后面）时，光束穿过一半卡塞格伦物镜聚焦到样品上，并使用该系统的另一半收集。在这两种模式下，被样本反射或穿过样本的红外能量，被卡塞格伦物镜收集，并且如果有需要图像也被有选择地放大（通过穿过第二个高放大光学装置或者使用另一个卡塞格伦镜改变放大倍数)。系统通常被设置将光束重新聚焦在样品后(在中间聚焦平面上),其中一组可调光圈叶片可以被移动来约束最终被投射到红外检测器的样品区域的点。接下来,光束被定向到一个固定的二向色镜,红外光部分将被反射到红外检测器上,而可见光部分穿过最后到达可见光相机镜头上。

3.3 FTIR 光谱仪的部件

当讨论红外成像技术时通常集中在检测器上,而光源和干涉仪对整个系统性能的贡献不可忽视。此处适用“无用输入无用输出”理论,最佳的检测器也不可能弥补低劣的红外光源或干涉仪。幸运的是,这些组件虽然不是最优的,但都在实验室的 FTIR 系统中得到很好的开发,当前的设计不会限制成像系统的性能。如何产生 FTIR 光谱的详细描述在文献中广泛可见(参见,例如参考文献 [3])。然而,与成像系统具有特定相关性的两个 FTIR 要素是红外光源和数据采集的干涉仪模式。

3.3.1 光源

连续红外辐射光源(注意不需要特殊的组件来调节光源强度,因为干涉仪可作为调制器)主要是由一个运行在 1100～1400K 电阻加热的碳化硅或陶瓷元件构成的。实验室的 FTIR 通过选择光源尺寸和光学干涉仪的组合来在正常样品位置提供 6～10mm 直径的均匀图像。正如信噪比是红外成像系统的一个关键性能属性,在其他条件相同的情况下增大光源强度(如通过提高其温度)可能会增大仪器的信噪比水平。然而必须考虑到干涉图(见后)的形状,它的动态范围和相关的模数转换器(ADC)的采样。在红外高光通量的实验 FTIR 中使用了 DTGS 检测器,其干涉图的动态范围就是这种情况,因为 ADC 的动态范围不足以适当地采集系统中的噪声,所以进一步增大光源强度几乎没有改善信噪比。事实上,其他因素开始起作用,如稳定性和寿命,通常不鼓励这种做法。对于微量采样,样品本身的光损失可能十分显著,因此 ADC 采样不足的问题不再适用,对于成像更亮的光源元件被认为是有利的。然而,随着焦平面阵列探测器(FPA)成像技术的使用,所使用阵列探测器相对有限的动态范围的贡献就会起到抵消这种影响的作用;也就是说,探测器和相关的电子设备在任何情况下都无法处理实验室 FTIR 遇到的大信号。当前的系统一般使用标准的 FTIR 光源。在撰写本书的时候虽然有一些有更高操作温度(以相当高的成本实现)的特殊光源的报道,但光源设计技术的当前状态可能不是成像系统的严重限制。

由于增加了光源强度和相干性,有例子表明使用同步加速器辐射具有优势[5-7]。这样一个光源对单点显微镜系统性能的影响是毋庸置疑的,使得能够从较小的样本区域获得更高信噪比的光谱。然而,其在大面积成像系统中潜在的优势尚不明朗。考虑到实用性问题和信噪比(SNR)受限于光源以外部件的可能性,从应用前景角度看这些研究更有价值。

3.3.2 干涉仪

这项技术已经相对成熟，商业化已近30年了。许多制造商目前利用第四或者第五代干涉仪的设计，并且其主要的设计问题也是众所周知的。现在的系统明显比20世纪80年代的系统更稳定、可靠并以更高的信噪比运行。要了解红外成像系统的操作，特别是各种检测器信号采集的要求，有必要先了解所使用的干涉仪的操作模式。

所有常用的系统都基于迈克尔逊干涉仪，其中的基本设计要追溯到19世纪90年代[8,9]。如图3.2所示，红外源S射出的光是平行的（通常通过一个相对短焦距的抛物面镜子），然后平行光束通过分束器B被分成沿着干涉仪“臂”的几乎相同的两个光路。在经典的设计中，一束光沿着它的原光路被固定的镜子M_F反射回来，另一束光沿着与其平行的光路被与光束平行移动的第二个镜子M_m反射回来。两个光束重组于分束器且有用的一半光束射向检测器D（另一半返回到光源）。从检测器的角度观测光源（图3.3），看到两个镜子，一个图像相对于另一个移动。当光束沿着不同的路径长度传输时，它们产生不同的相位。假设两个镜子完全相互平行地移动，返回的波阵面干涉增强或减弱取决于波阵面是同向还是异向。检测器把信号看作是两个光路距离差的函数，任何一点的信号包含整个光源光谱的部分信息。这个信号需要使用傅里叶变换进行解码。干涉仪的两臂强度与光程差（OPD）关系的图被称为干涉图，且干涉图中光程差为零的点是所有频率增强干涉的点。这是干涉图最强的部分：中心爆发点。镜子移动的距离，即光程差通常用相同的干涉原理进行跟踪，激光频率定义的距离标尺作为光谱中所有波长的参考值。好的干涉仪设计的关键是保持两束光完全准直（就像检测器看到的那样），因为光程差是变化的。作为一个线性跟踪反射镜，此处轴承所需工程公差的要求非常高：要求接近纳米级而且距离越大问题也越大。如今生产的干涉仪的变体通过各种巧妙的方法尽可能在一定的成本和可靠性目标内满足这些要求。虽然这些讨论本身是有意义的，但它超出了本章的范围。要注意的要点是光程差可以通过两种方法之一来产生。在所谓的连续的操作模式中，干涉

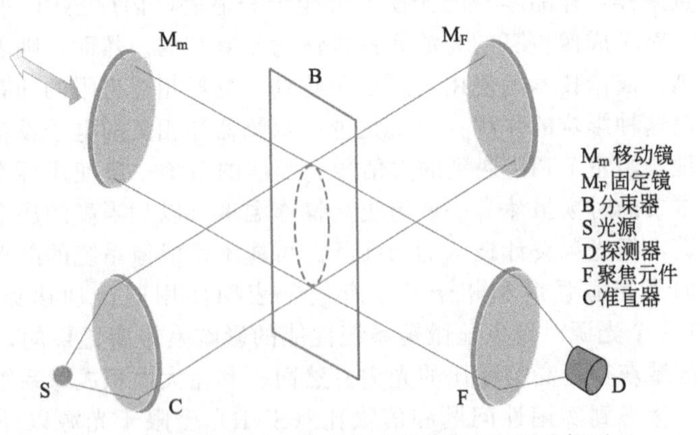

图3.2 常见的用于红外成像系统的FTIR干涉仪原理

图的点在光学元件连续运动期间采样，产生光程差[1]。在数据收集时，光程差将改变。在另一种操作模式中，即步进扫描模式中，光程差再次作为距离的函数而产生，但此处信号被收集时光程差不会改变。一些干涉仪在步进扫描和连续扫描模式下皆可运行，而另一些干涉仪只能进行连续扫描操作。

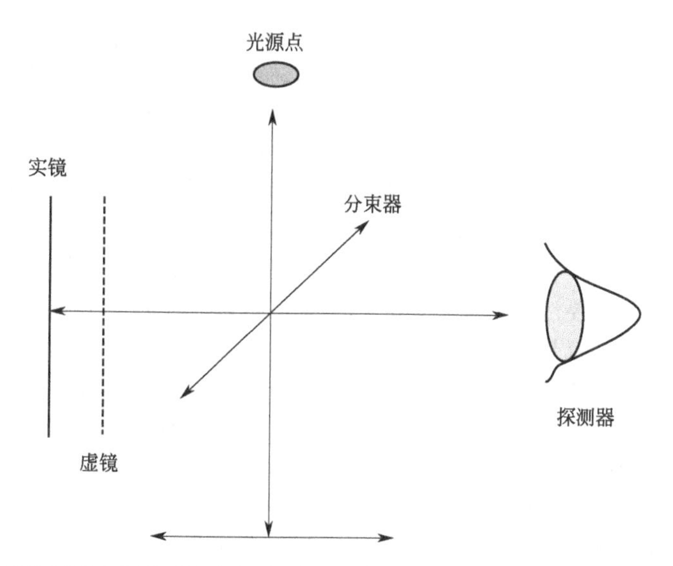

图 3.3 以检测器为视角观测的扫描干涉仪动镜和定镜光束路径结合产生的干涉图

3.3.3 连续扫描模式

给定波数的信号特征频率是产生光程差的速度 v 和波长（或波数 σ）的函数：

$$F_v = v\sigma(\text{Hz}) \tag{3.1}$$

其被称为对应于该波数的傅里叶频率。光谱可被认为是在各种傅里叶频率上的干涉仪编码。干涉仪扫描的光程差速度通常在 0.1～5cm/s，因此傅里叶频率降到大约在声频的范围内且易于数字化。虽然设计之间略有不同，常见的动镜速度是 0.16cm/s，假设光程差的速度为 0.32cm/s，基于参考氦氖激光的测量频率，通常被称为“5kHz”扫描速度。在连续扫描 FTIR 中，对于常温下的检测器，常见的单检测器信号采样率为 5kHz 左右，MCT 检测器为 20kHz，如今用于动力学研究的为 250kHz。检测器通常只在特定的频率范围工作最佳，并且最优检测器操作频率与干涉仪速度的匹配程度是一个需要考虑的重要性能，见下面所讨论的阵列检测器。

[1] 实际上，根据设计的不同，可以移动不同的组件来产生 OPD，包括单平面或立体角镜的线性运动，或镜对的旋转运动。

3.3.4 步进扫描模式

许多研究级 FTIR 光谱仪也能在步进扫描模式下运行。步进扫描模式在 20 世纪 90 年代初越来越流行，原本为方便重复事件和调制实验的时间分辨研究[10]，并且被证明是早期成像系统的有利能力。在步进扫描模式中，光程差增大，然后保持一段时间。1Hz 步进率意味着光程差以每秒进行步进，即 1s 内光程差是固定的，允许一个短时间的稳定。在这一步，时间或频率无关的测量，包括阵列检测器单帧采集和多帧累加采集，被获取。人们已经发现扫描干涉仪双臂的益处。整个光程差把一个臂镜以与连续扫描干涉仪中完全相同的方式连续地移动，而第二臂以相同的速度扫描短得多的距离（以保持光程差恒定），然后迅速返回再一次进行短扫描，依次反复，检测器看到的是产生光程差（OPD）的有效步进运动。这里要注意的要点是，每点处的红外调制频率可有效地从光程差速度中解耦出来，也就是不再依赖时间或者速度。这在检测器的选择和操作条件上具有更大的潜在灵活性，并且在适宜的条件下能使动力学研究更快。然而，步进扫描系统也有自己的问题，由于动镜具有其自身的固有惯性并且反射镜稳定时间在整个测量时间内可能是显著的，与现代连续扫描系统相比这种系统的相对成本或者复杂性使它处于劣势。事实上，由于设备的数据捕获率，对于早期的商业的基于焦平面阵列（FPA）的系统使用步进扫描系统是必要的。随后，小阵列连续扫描系统的使用[11] 被证明至少比早期基于焦平面阵列（FPA）的系统有效和更高效。直到随后的几代具有更高数据采集率的焦平面阵列（FPA）检测器问世，更受欢迎的连续扫描干涉仪才被更有效地使用。

3.4 光学机械注意事项

如上所述，相对于一个只有可见光的系统，在两个不同的波长范围内操作的基本要求体现在系统的某些设计约束。光学显微镜与红外系统（$>12\mu m$）相比运行在一个相对短波长范围（约 $0.5\mu m$）并且更容易纠正出现的各种像差[12]。例如，在红外系统中球面像差的相对重要性通常更高，所以非球面或环形的反射镜往往是首选。红外组件通常是全反射的，使用史瓦西卡塞格伦（在本章称为“卡塞格伦”）光学系统是常见的。

3.4.1 卡塞格伦（Cassegrains）望远镜光学系统

这种双球面反射镜系统被广泛地应用，其与望远镜系统中的使用大致类似（图 3.4）。卡塞格伦三个特别相关的属性是数值孔径（NA）、放大倍数和工作距离，这些属性的正确平衡是优秀系统设计的关键。物镜的数值孔径对于红外成像是很重要的。它的值是轴和通过该图像点与该系统最极端光线之间夹角的正弦

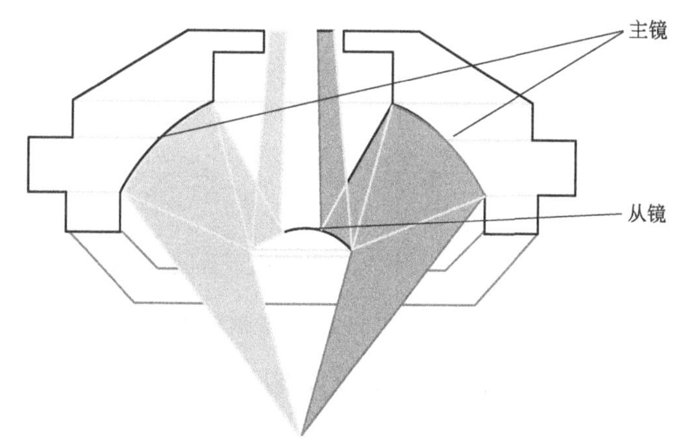

图 3.4 红外成像系统中常用的所有反射的卡塞格伦聚焦系统

值，即 NA 越大锥角越大或物镜光线的收集能力越强。对于好的图像，样品每个点需要集中在一个点以避免图像模糊（图 3.5）。模糊与系统点的扩散函数（PSF）直接相关，并被用于确定点光源（或样本点）的投影光斑大小。即使在理想的光学中，点光源通过光的波动性特点扩散，光的衍射限制了周围波长的光斑大小。事实上，投射光斑大小与圆锥角成反比，也就是数值孔径。圆形光镜的点扩散函数被称为艾里斑（Airy disc）函数（图 3.6），其中在半峰宽的全宽度（FWHM）由下式给出：

$$\mathrm{FWHM}=0.61\lambda n\sin\theta=0.61\lambda/\mathrm{NA} \tag{3.2}$$

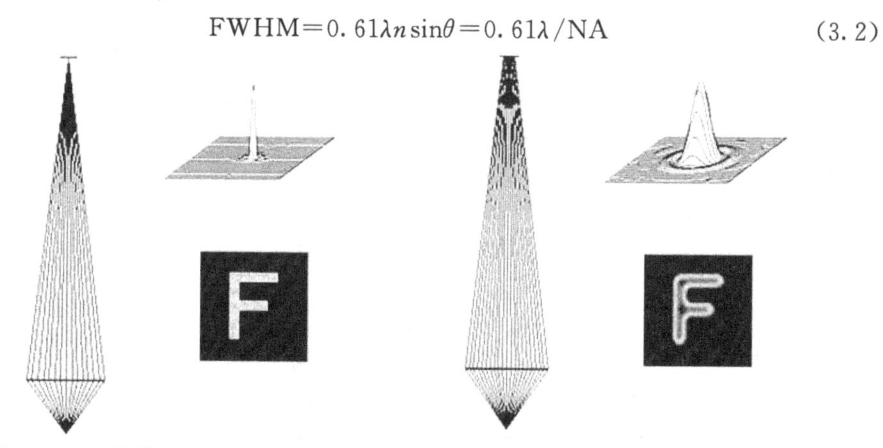

图 3.5 图像模糊与点扩散函数直接相关，它决定了从单采样点聚焦的光斑大小（PSE 越宽图像越模糊）

即 NA 为 0.6 时，其值等于光的波长。在卡塞格伦中主要和次要光学器件的正确定位也很重要，以减少像差，在放大倍数越高的情况下实现起来也是越困难。物镜（参数）的常用选择是使用约 0.6 的 NA 与 6× 和 32× 的放大倍数。高放大倍数和高 NA（数值孔径）系统通常会有较小的工作距离和像场较小的缺点。另一个需要考虑的参数是物镜的后焦平面的距离。一些光学显微镜没有这样

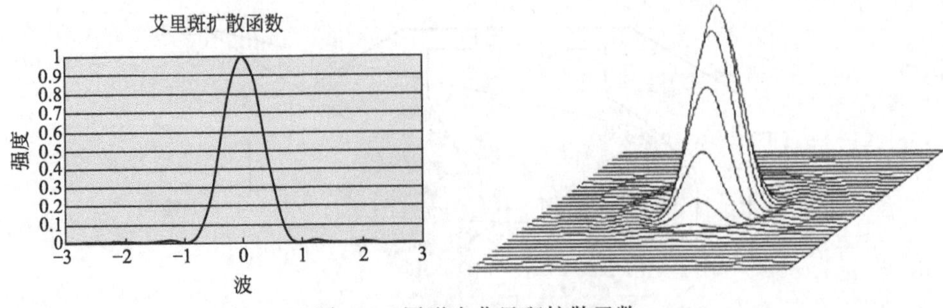

图 3.6　圆形光艾里斑扩散函数

的后焦面，即输出光束是有效平行的，允许将过滤器或偏振器等各种图像提升辅助的部件放置在光路上而不必担心主成像平面的位置。本设计在 20 世纪 90 年代末的光谱技术[13] 中有介绍，其在 Thermo 公司的 Continuμm™ 系统和 Bio-Rad 公司的 MMA 500/600 显微镜中应用。

作为目镜，在传输模式下使用完整的光圈。在反射模式下，光照射通过镜片的一半并用另一半聚集（阴影光束）。

同样值得注意的是，这些同轴卡塞格伦望远镜设计有一个中心模糊区域，与一个不模糊的系统相比，次要（更小的）镜子减少了光传输并使光进一步扩散出点扩散函数的外环[14]。

什么是卡塞格伦的最优放大倍数的问题有时会出现。更高放大倍数不一定更好，因为许多因素需要考虑，例如，它取决于物镜使用的观察系统（目镜或摄像机），或者卡塞格伦检测器的像素大小。例如，如果使用双目观测器，它有利于更高放大倍数的物镜，但要牺牲视野和工作距离；然而，一个相对较低的放大倍数为所使用的远程光阑提供了一个更适当的图像大小。假设目镜是系统中相对昂贵和关键的部件，避免需要多个物镜来提供多个放大倍数的方法是采用一个固定物镜并沿着光路进一步放大。这个方法已经实现，例如，通过使用 Z 形折叠光学器件[15]，可快速切换放大倍数且不移动卡塞格伦物镜（图 3.7）。

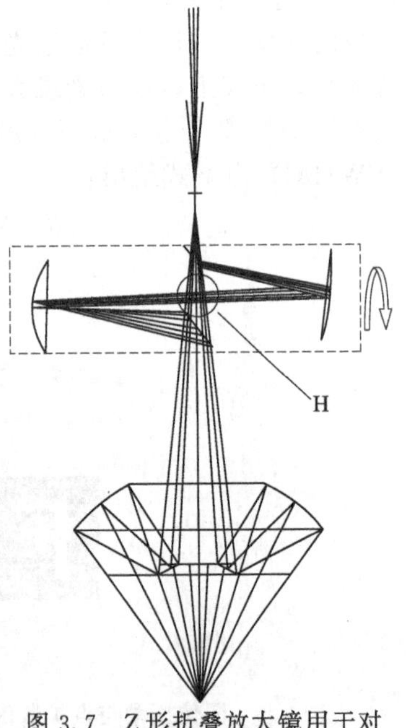

图 3.7　Z 形折叠放大镜用于对一个给定物镜的卡塞格伦构造提供额外的放大倍数

样品和检测器之间的放大倍数随着所用检测器的不同而变化。单点和小型阵列检测器的聚焦系统，高的放大倍数通常是不必要的。考虑到检测器总噪声与检测器面积的平方根成正比，即与正方形像素的线性尺寸成正比，需要用尽可能多的信号完全填满检测器面积来最大化信噪比。也有限制检测器元素物理尺寸的实际问题——目前大约为 20μm，尽管这将继续减小。事实上，在一些单点系统，图像缩小到检测器上。样本成像到更大的检测器阵列，用一个典型例子举例——检测器将6.25μm×6.25μm的样品放大到实际像素大小为40μm×40μm，整体放大倍数只有6.4。

3.4.2 光阑的使用

作为红外显微镜系统的一个基本组成部分，光阑在成像系统中起到略微不同的作用。由于大多数商业系统将点显微镜和成像系统结合，这里将扼要介绍它们的作用。在单点系统中，光阑被放置在样品的前面或后面来限制光不会从样品不需要出现的区域到达，同时在一些系统中，光阑以双共焦放置在样品的前面和后面以进一步减少从指定区域外来的光的干扰[16]，Spectral Tech公司称其为冗余光阑Redundant Aperturing™光谱技术。该方法的进一步增强使用了一个反射光阑，以一个双通设计来限制样本输入和输出光束。限制光阑引起的衍射模糊在概念上是一个有吸引力的方法，其优势被一个更复杂的光学系统中维持完美准直的实际情况所部分抵消，而且一些应用（如漫反射率）往往受益于使用红外照明过度充盈样品，这样一个系统是不可能实现的。需要注意的一点是在红外显微镜中，在决定系统的空间分辨率中光阑发挥重要作用。光阑自身边缘和卡塞格伦中央模糊区的影响都会导致能量分布远离点扩散函数（PSF）的中心，降低可实现的空间分辨率。各种方案的影响已被Sommer和Katon介绍。不考虑样品的影响（但这是非常重要的!），光阑置于样品的前面和后面比使用单一光阑能更有效地减少这一问题，但这种双光阑设计需要更加注意准直问题。此外，单光阑系统，在有利的情况下，通过样品过度限制作用可以部分地解决这些衍射效应，即将光阑尺寸设置得比减小衍射影响要求的更小。

在使用阵列检测器的成像系统时，空间辨别是通过每个像素本身实现的，虽然光阑可以用于其他的原因。这些系统的空间分辨率有时被错误地与样品图像像素大小相混淆。

假设像素尺寸小到足以确保样品图像平面被正确采样，一般按照奈奎斯特准则，阵列系统的空间分辨率主要由光的波长和系统的数值孔径（NA）确定。例如，目前许多系统提供的一个样品图像像素的大小为6.25μm×6.25μm，即使没有样本的影响，但空间分辨率可实现的比这略差——通常大于12.5μm。确定单点系统和阵列系统中各种光阑模式的空间分辨率的因素可参见Nishikida的一份技术报告[17]。

3.4.3 可见光图像系统

为了在红外图像采集之前促进样品的正确定位，通常使用内置光学显微镜观察和正确定位样品。近年来，数字成像摄像机的使用已经比双目观察系统更受欢迎，有些系统还提供样品的两个成像方法。关于数字可见光成像系统的设计和构造的基本情况在许多可获得的网络资源中有很好的描述，特别是光学显微镜和相机系统的主要供应商。摄像机在红外成像系统中的应用，具有大大提高易用性和效率的潜能，以提供足够质量的实时图像。图像捕捉软件允许图形叠加和实时图像的用户交互，通过使用PC鼠标操作实时样品图像中的“grow boxes”可方便地定义红外图像的区域。此外，图形图像可以被数字增强并且各种软件算法如特征选择和粒度分析等可以被随时调用。由于不需要电脑视频采集卡接口，因此现代USB摄像头可以进一步简化可见光图像系统。对于一个红外成像的典型样本区域，若图像区域需要实时可见光成像，通常使用0.5～1.5兆像素的相机即可。如果可见图像比投射到的检测器面积还大时（为满足空间分辨率的要求），则可使用计算机控制的绘图功能逐步扫描样品，通过将每帧图像拼接以全镶嵌方式生成合成图像。这种类型的操作通常被称为“拼接”，最初用于构建样本较大的可见光调查图像，现在用于需要较大面积采样的可见红外图像。为了降低镶嵌图像个体“瓦片”之间的边界伪影，有必要适当考虑检测器照射区域的均匀性。这适用于红外和可见光成像，尽管各种响应校正方案可以在软件中实现以校正这种照射的非均匀性。这种数据收集的模式明显对样品台机械结构的精度和间隙有特殊的要求，以确保个体“瓦片”拼接在一起没有重叠或缝隙。

在大多数系统中，一些光学组件（如物镜）在红外和可见光路径中都是常见的。在可见光和红外系统的相交点上，通常有一个合适的光束切换镜或者在现代系统中应用越来越多的二向色性光学器件。通过选择适当的涂层和基体，二向色性光学器件通常可以传播可见光波长且反射红外光波长。

二向色性光学器件的使用，提高了准直的稳定性——总是一件好事，这以减少可见光传输为代价（通常可以弥补其他不足）。此外，选择二向色性涂层需要小心，如果系统是用于近红外区域的光谱，在这个区域一些涂层反射率很低。

除了数字增强，各种光学方案可以用来改善可见光成像，最常见的是使用简单的偏振器。可见光显微镜文献中充分介绍了这些技术，如前面所提到的，某些设计包含从物镜背面瞳孔的平行光束可省去动镜以有助于图像对比光学器件的加入，如微分干涉对比（DIC）棱镜。这种“无限远”的技术已经广泛用于先进的光学显微镜。

3.4.4 样品台

随着更多的系统使用“拼接”技术产生更大的图像，并且随着技术越来越广泛的采用，自动化的需求也越来越多，使用计算机控制精度的工作台成为红外成像系统的常态。样品台是优秀成像系统一个重要的属性，但经常被忽视，考虑到对它非常高的要求和它相对高的成本（一般仅次于检测器阵列），对其常常忽视的作为令人有点奇怪。

3.5 红外成像检测器

在过去的10年中，人们对红外微量分析的兴趣不断增加，在很大程度上是由于系统所采用阵列检测器的发展使得应用变得更容易。这有两个主要的原因：第一，利用检测器阵列采集数据的并行特性意味着图像可以更快产生，很大程度上被检测器阵列和相关电子产品限制；第二，随着蔽光狭缝以及它们对衍射效应影响的除去，与单个检测器系统相比其有更高空间保真度的可能。尽管证明使用阵列的好处在于更快地采集数据，但由于空间分辨率的提高，这一优势并不是很明显。为了更好地理解红外成像检测器阵列的当前应用状态，下面将概述它们使用的简史。

3.5.1 早期发展

傅里叶变换光谱仪与红外阵列检测器的耦合在35年前得到实现[18]，但这个领域最初由天文学和遥感的研究团队开发[19]，而且在很大程度上被光谱分析的研究团队所忽视，实现第一个实用系统花了很多年[20]。该领域从线性阵列检测器开始发展，经小型离散阵列[21-23]，红外阵列在空间天文学的首次应用是在1983年的红外天文卫星（IRAS）任务[24]。到1985年，天文学家已经得到带直接读出多路复用的32×32的碲镉汞（MCT）和锑化铟（InSb）混合阵列[25-28]，而在地面上，一个经典的法国“cats-eye/step-and-integrate”设计的傅里叶变换光谱仪在1984年被应用于加拿大-法国-夏威夷望远镜，并于1993年配备一对256×256碲镉汞（MCT）阵列[29,30]。1993年实验室步进扫描干涉仪被改造为机载操作[31]，在1995年出版的文献[32,33]和专利[34]中有更多的详细描述。1997年国际光学工程学会（SPIE）学报总结了当时不同成像光谱仪的方法，并介绍了一些技术细节[35]，同时Beer进一步讨论了星载成像红外光谱仪[36]。

随着红外阵列检测器商业化并可用于民用，用于分析研究变得可行，第一篇将红外阵列检测器和傅里叶变换光谱仪用于实验室化学研究的论文发表在1995年[37]。Lewis等人的这篇文章使分析化学家开始关注这种技术。通过构建商用组件之间的硬件和软件接口（步进扫描红外光谱仪、红外显微镜配件、焦平面阵列以及数据采集系统），他们开发了一种适用于化学和生物/生物医学应用的实验室红外光谱成像系统。商业系统随后迅速发展起来，使用的步进扫描干涉仪首先用锑化铟（InSb）近红外（NIR）相机，然后用碲镉汞（MCT）中红外相机。随着更快读出阵列的发展，以及更强大的个人电脑（PC）的出现，第一个商用红外成像系统使用传统的快速扫描干涉仪和焦平面阵列（FPA）在2002年被开发。自那时以来，尽管技术创新的步伐已经放缓，但该技术应用的发展非常迅速[38]。

检测器信号通常在偶数光程差位移增量处采样，由氦氖激光过零点检测实现，为保持恒定的镜速度付出了相当大的努力[39]。采样率与光谱范围（自由扫描光谱范围）是相关的。氦氖参考信号循环一次，每经过一个过零点开始进行采样，可以得到0～7900cm^{-1}的自由扫描频谱。通常不必进行光学滤波，因为分光镜会产生效率损失，再加上光源强度的降低，使得信号在较高的红外频率下衰减。然而如果采样率下降了一半，也就是说在每第四个过零点处进行数据采集，对应于2.5kHz的激光，自由扫描光谱范围减小到0～3950cm^{-1}。这对中红外光谱区是足够的；然而，光学滤波需要防止信息折叠从 3950～7900cm^{-1} 回到 3950～0cm^{-1} 范围区域。减少自由光谱范围的能力对红外成像有两个直接的好处：更慢的数据收集速度和较小的数据文件。

3.5.2 红外阵列检测器

该阵列检测器是由航空航天和国防公司制造的，因为历史上红外辐射探测，温度和发射测量都是针对最终的用户，如天文学家、气象学家和军队，所有项目都由政府资助。军事系统包括识别和监视、坦克瞄准系统和导弹控制。最近，由于越来越多地应用于其他领域，红外线阵列检测器已被视为“双重技术”。被动式操作和高灵敏度的结合导致许多商业应用，包括环境和化学过程监控以及医疗诊断。民用和商业应用可能性的稳步增长，部分原因在于随着技术基础初步发展后，这些高成本技术成本明显降低。

红外阵列检测器在红外光谱专业有自己的术语，以波长（μm）规定，更多的是基于检测器的材料响应和大气透射窗，而不是分子的振动（指纹、组合和倍频）。在这个定义中，近红外范围为 0.7～1.0μm，从可见光的边缘到硅检测器的截止。短波红外成像（SWIR）是 1.0～3μm（10000～3300cm^{-1}），InGaAs 检测器覆盖约至 1.7μm（5900cm^{-1}），且铅盐探测器（硫化铅和硒化铅）为 3μm。大气中有一个 3～5μm（3300～2000cm^{-1}）的透射窗口，被称为中波红外（MWIR）；此处广泛应用的检测器是锑化铟（InSb），也可用硒化铅（PbSe）和碲镉汞（MCT）。长波红外（LWIR）以几种不同的方式使用：标准碲镉汞（MCT）阵列截止波长或透射窗口为 5～11μm（2000～950cm^{-1}），或为 7～14μm（约 1400～700cm^{-1}），或者 8～12μm（约 1250～850cm^{-1}）；这里，使用了碲镉汞（MCT）和微型测辐射热仪。超长波红外（VLWIR）通常是指波长大于约 11μm 至约 25μm（400cm^{-1}），该区域由长波长截止碲镉汞（MCT）[40,41] 和像砷掺杂硅杂质带传导这样的材料[42]。

大于 5μm 的 MCT 阵列操作时需要使用液氮冷却的温度，而 Si：As 阵列需要液氦制冷。用于军事和遥感的成像检测器通常使用斯特林（Stirling）循环制冷机，在实验室的应用，它们安装在倒-填（pour-fill）式杜瓦（Dewars）瓶中。微型测辐射热仪是热检测器，通常不需要液氮制冷且在整个光谱范围内有一个平稳的响应[43]。

红外阵列探测器有时被分为第一、第二和第三代[44]，第一代通常是指线性扫描阵列，常指 MCT 通用模块，于 20 世纪 70 年代开发完成。第二代是指二维凝视探测器，通过凸点技术集成到硅基读出集成电路（ROIC）。ROIC 包含一个或多个数模转换器（A/D）。第三代阵列不太好定义[45,46]，但这一代产品包括智能阵列，其每一个像素阵列都配有集成数模转换器，每一个像素中有多个检测器的两色或多色阵列，高质量的像素（2048×2048），在硅基板上生长检测器材料，而不用凸点技术。

红外探测器一般是单一设备或混合器件，可在冷却或非冷却条件下工作。每一种阵列由于其设计使用目的不同，要配备不同种类的信号处理器。本章节中，将重点介绍冷却式传感器（MCT和Insb）在各自光谱范围内的最高灵敏度和最高工作帧频。

碲镉汞（MCT或HgCdTe）被广泛应用于红外探测中，最近有文献对这种材料的历史和技术应用进行了综述[47-51]。在如今的MCT阵列[52]技术工艺下，单个FPA的像素是4096×4096，镶嵌有35块2048×2048 FPA后，其总像素数是14700万[53]。Hoffman和Rogalski提出了半导体领域类似于摩尔定律的发展法则：在过去的25年中，每19个月器件的总像素数就翻一倍。对半导体来说，更大的晶片、更小的功能尺寸、更大的芯片尺寸成为可能。同时芯片厂可以通过减少颗粒数和其他缺陷来增加产量。

3.5.3 红外相机

一个焦平面阵列（方形或长方形的传感器）必须集成在杜瓦瓶内，并装入相机内部（图3.8），这样才能构成一个实用设备。对于InSb和MCT相机[54]，FPA被置于一个装满液氮的杜瓦瓶冷指器上。FPA本身由传感器阵列和硅基多路复用或读出集成电路组成。

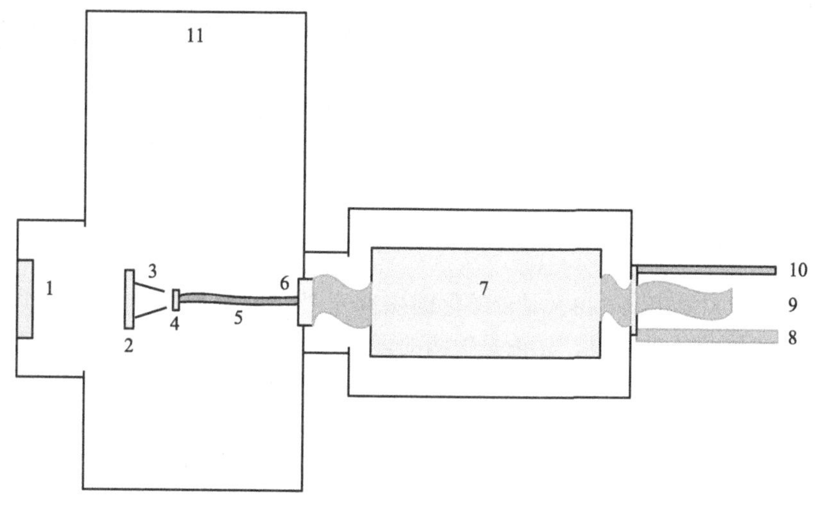

图3.8 包含两个焦平面阵列的红外相机框图

（焦平面阵列与杜瓦瓶配合使用，因此可保持在77K）

1—杜瓦瓶窗口；2—冷滤；3—冷屏；4—焦平面阵列；5—电缆；6—隔板连接器；7—热电子器件；8—触发线；9—计算机；10—直流电源线；11—杜瓦瓶

不同于可见区域焦平面阵列使用硅制作传感器和读出电路（例如电荷耦合设备），红外焦平面阵列中，不能把检测和读出电路集成制造在一起，因为检测器材料与集成电路生产的温度不相符。因此将二者分开制造，通过铟凸点技术达到集成工作的效果。

为了阻止光谱仪以外的辐射落到检测器上，要在FPA前放一个圆锥形冷却罩。滤光片可以用来限制落在检测器上的波长。在某些情况下，杜瓦瓶的窗口可充当滤光片，这意味着滤光片在室温下工作，其自身发出的黑体辐射会落在焦平面上。这对长波长响应型探测器是一个问题（MCT 和一定程度的 InSb），这种情况下，最好将带通滤波器置于杜瓦瓶内，维持较低的工作温度，以限制其长波长发射。

相机镜头内有一系列电子器件和 FPA，它们之间通过穿板式连接器相互连接，形成电馈通。这些电子器件在室温下可正常工作，通常将其称为接近电子器件或热电子器件。这些器件可提供偏置、时钟和控制信号来运行 FPA，将 FPA 的模拟输出数据转换为数字数据，送入图像采集卡并提供与计算机的接口。如今热电器件内集成一个或多个数模转换器，计算机和数字图像采集卡之间的连接方式可以是视频缆线或火线（高速串行总线）。

每一个数据帧代表干涉仪在特定光相位差下像素的红外信号。对于 FTIR 光谱仪，经典的办法是在氦氖参考信号过零点处读出检测器信号，这样可以确保在偶数位移增量处采集数据点的数据[55]。数据帧的读出时间点也十分重要，最好用独立的同轴电缆连接光谱仪和照相机，来触发合适的读出点。理想情况下，触发信号要将阵列清空，采集时间置零后再读出整条阵列上的信息。这种方法适用于可触发快照式阵列，但不能用于滚动式阵列（见下文）。这种触发方法常称为阻塞同步信号。

相机还可在滚动模式下运行，此种模式下阵列只有两列同时处于工作状态，并随着时间的推移将工作状态向后两列传递。实际上这是一种自由、连续的工作方式，不需要触发信号重置，因此新数据帧的采集开启时间很短且不确定。现在大多数相机还是以快照模式工作的，这样可以在同一时间段对阵列中的数据整采、整读。

3.5.4 锑铟基系统

Lewis 等人使用的 128×128 锑化铟探测器[56] 包含 16384 个像素点，但是那个年代的技术条件有限，无论是检测的读出速度还是数据处理系统的运算速度均无法支持快速扫描操作。因此，在 20 世纪 90 年代大多数成像光谱仪不得不采用步进式[57] 扫描方式，相机与光谱仪间也仅有简单的电子接口。为了解决这些技术限制，在此基础上，Bio-Rad[58] 公司于 1995 年推出了一种基于 InSb 的商用成像系统，由于大多数特定信息产生在中红外区，从科学角度上看这种系统接近完美，它也存在技术缺陷，其 12 位数模转换器的精度远远低于传统 FTIR 数模转换器，并且转换点远离检测器杜瓦瓶，噪声水平也更高。

3.5.5 “标枪”MCT 相机

在 1995 年，二维中红外相机很稀有。优秀的独立系统包括 16×64 液氮冷却、砷掺杂硅（Si-As）FPA[59]，56×256 MCT FPA[60]，但是真正的问题是怎么把这些独立单元置于一个 MCT 阵列中，再装入相机，进而整合成一个体积合适、可批量生产的商业产品。Bio-Rad 公司委托 Santa Barbara Focalplane

(SBFP) 来制造这样的相机。作为标枪反坦克导弹[61] 项目的研发结果，Santa Barbara研发中心[62] 已经研制出了 64×64 MCT 焦平面阵列。SBFP 公司将检测器与 14 位数模转换器等新一代电子器件集成后，装入标准杜瓦瓶中。随后第一款运用中红外成像系统的相机于 1997 年被研发出来[63,64]。

但标枪相机本身也有缺陷。焦平面大概是 1992 年设计的，也安装进了导弹主弹体，而非发射装置。因此尽管标枪的设计方案中说能有最多 80 个冷却循环，但事实根本达不到这样的期望值。在正常的实验室环境下，一个工作日冷却一次，相当于仅 4 个月的操作。因为 MCT 和硅的热特性不同，多冷却循环会诱发脱层，这种情况下，铟凸点链接会破碎，MCT 从 ROIC 上剥离。

标枪的 FPA 像元间距是 61μm×61μm，其焦平面的大小为 4mm×4mm。这样的像元大小意味着它足以满足红外光谱成像应用的高通量要求。光谱响应始于 5000cm^{-1} 波数，覆盖大概 1010cm^{-1} 波数，终止于 950cm^{-1} 波数。由于 ROIC (集成电路) 中各条线路的串扰，标枪相机生成的图像中会有固定模式噪声。这个问题在后来焦平面技术发展后才得以解决。

在滚动工作模式下，标枪阵列读出的帧速一般维持在 180Hz。在任何时间段内，整个阵列中只有两行在同时工作，一个读 (采集光子)，一个写 (将电荷移动到工作的读出电容行)。两工作行的积分时间不单独设置，统一设为帧时的 1/32 (帧速的倒数)。但是 FPA 的非工作时间段占了总时间的 31/32，这使得相机的最大有效占空比只有 3%。虽然内置在导弹弹体内的标枪相机帧速有 180Hz，但使用自身热电子器件的 SBFP 公司设计的帧速为 419Hz，常规工作帧速为 316Hz。从上面的分析中，可以看出虽然快速扫描在实验中有着更快的数据采集效率[65,66]，但商用成像设备最好还是采取标枪探测器配合步进扫描式干涉仪的设计方案。此类采用标枪相机的系统也在很大程度上推动了包括 Koenig 首次进行成像动力学研究在内的成像应用技术[67-70] 的第二轮大发展[71-73]。

3.5.6 快速扫描 FTIR 成像

光谱仪的整体工作效率与仪器信号链中的所有元件的处理速度有关，包括光通量、井容量、阵列积分时间。在设计整体系统时一定要考虑各元件间的配合，才能解决标枪成像 FTIR 光谱仪的低效问题。基于阵列检测的快速扫描设计需要控制和信号方面的新器件。1998 年 Bio-Rad 公司签约 SBFP 公司，委托他们开发新一代 MCT 相机，这种相机的核心部件是一种高速 ROIC，该集成电路 (RO-IC) 与一套含有四个 A/D 转换器的全新热电子设备相连接。ROIC 的设计性能可以支持 128×128 像素阵列，像素间距为 40μm，可触发，并可快照读出和窗口化 (可选择阵列中像素点的读出尺寸和位置)。窗口化与 ROIC、FPA 的读出速度和阵列的活跃工作列数成反比，例如若 128×128 读出速率为 xkHz，那么 16×16 的读出速率是 8xkHz。该项目第一个产品 (128×128 相机，其 FPA 尺寸为 5mm×5mm) 于 2001 年被开发出来[74]。这台相机以快速步进方式工作，步进速率为 100Hz，128×128 大小图像帧的帧速为 1700Hz。2002 年 64×64 以及更小格式的相机问世，其读出速率兼容快速扫描模式。

3.5.7 线性 MCT 阵列的应用

由于早期 FPA 系统在成本、可靠性和性能上的缺陷，促进了小型阵列搭配快速扫描干涉仪设计方案的发展，此方案最早由珀金埃尔默仪器公司提出，其他公司随后也跟进了。此种设计方案下单个像素上达到光谱性能是可能的，其结果与配备 MCT 检测器的传统 FTIR 系统相似。为了更好地进行 FTIR 成像，珀金埃尔默公司专门用最高质量的 MCT 制作了一种 16 元线性阵列。每一个探测元件都和一个独立的金导线连接器相接，而非之前的凸点结合。随后通过密闭缆线将信号从杜瓦瓶中取出送入 PCB 电路板中处理。所有 16 个通道通过带模数转换器的集成电路在 32kHz 的频率下同时处理信号，也就是说所有通道的光子读取效率同时达到了 100%（相比之下，标枪阵列的最大占空比只有 3%），这也使得信号质量更高。从光学角度上来说成像可以简化为平面域照明，并且在现在的成像要求下照明区域更小，更容易维持样本域的均匀照明和空间分辨率。强大的信号处理能力和极快的帧速使得系统可在短时间内获得高灵敏度的红外图像。这种设计方法随后被 Thermo 和 Jasco 公司采纳，并做了一些小的改动。最初的 Spotlight 检测器可以相对快速地测量出 100μm×6.25μm（或 400μm×25μm）的区域。后来做了改动用于更大区域的成像。所有的元件完成一次扫描只要 0.2s 的采集时间，得到高质量的光谱意味着很高的信号处理质量。样品工作台每秒走十步前进 6.25μm 或 25μm，进入一种“推扫”工作模式快速产生用户定义的每秒 170 光谱规模的图像。在此设计方案中采用快速扫描红外（FTIR）光谱仪的优点在于操作简易、可靠性高、采购价格低。图像采集速度受限是因为干涉仪的光程差速度而不是探测器和电子的系统光子噪声。为了进一步提升数据采集效率，工作台的运动要和干涉仪同步，当干涉仪到达运动终点时，工作台速度也要暂时归零。小型阵列的效率提升主要得益于背景采集。鉴于每个检测器像素光谱通常要处理为样本光谱与背景光谱的比较，再用大 FPA 时，采集给定检测器背景光谱所需的时间要远小于小型阵列所需的时间。

从光谱角度来看，这些系统中除了出色的信号噪声性能，使用光导 MCT 还可获得宽的波长范围。从分析中可以看出，传统 FPA 响应范围不超过 $1000cm^{-1}$，Spotlight 系统中的 MCT 能达到 $720cm^{-1}$。另外，该设计中定制检测器阵列包含单点中波段 MCT 检测器，能使成像操作范围达到 $720cm^{-1}$，使用单杜瓦瓶能让单点式显微镜达到 $600cm^{-1}$。

3.6 红外成像的采样模式

大多数实验室中的中红外成像系统被设计成默认输出传输图像，并且存在不同种类的反射测量选项。早期的应用大多是一些透射研究，在生物学领域的应用很普遍，这归功于20世纪90年代，美国国立卫生研究院的Levin和同事对硬件的开创性发展。随后，虽然透射依然是最流行的技术，但大家的关注点转移到了如衰减全反射（ATR）、low-*E*透反射等采样技术上。在现在的硬件条件下，虽然有些系统可以针对某种模式进行优化测量，但最高的光通量和最好的信号-噪声性能一般都在透射方式中获得。

3.6.1 透射采样

样本的制备方法在文献中有很详细的描述[75]。透射采样有两点与硬件有关。第一，当样本被放在红外发射窗口或者高压池时，由于折射效应，有可能使焦点偏移检测器。偏移程度依赖于样品/基体/窗片，可能是几百微米。在制冷器和检测器系统中使用相对快速光学器件会对探测器的信号幅度产生很大的影响。为了弥补这个缺陷，要调整焦点的位置，可以调整制冷器的位置或改变焦距。第二，在透射成像过程中，样本本身也是决定最终空间分辨率的重要因素。原因如下：①在实际系统中，光会从一定的角度范围中照向样本表面；②这些光线在非均匀样本不同成分的边界处有明显的区别（比如，层压材料中不同折射率的两个聚合物），可以按不同方式改变方向，比如它们可以全部透射（随后折射），或在边界处全部内反射。基于这些原因，系统的空间分辨率通常不用实物样本估测，而是通过研究物理边界的响应，比如刀口。

3.6.2 反射采样

在许多系统中，用一些用于透射的标准硬件就可以完成镜面反射和漫反射成像。使用一个翻转镜或分束器拦截5%的入射光。从上部卡塞格伦镜对样本进行照明。另一半卡塞格伦镜再收集反射光束，通过系统送给检测器。与透射模式相比最多有50%的传输效率。更糟糕的是，只有一半的收集几何光学体被用到了，点扩散函数还扩展了[76]。使用low-*E*截片来研究样本的组织切片是反射模式应用的流行方法[77]。将截片作为红外反射镜，光束会穿过样本两次，反射信号也会在界面处发生相移。这会使所测光谱的定量解释更加困难。

在对大多数样本进行镜面反射和透反射测量时，入射角要控制在大概20°～30°（最小角度受限于初级卡塞格伦镜的位置和尺寸），但只有用适当的物镜才能在掠射角对样品的反射-吸收进行测量。标准卡塞格伦镜的结构已经有了很多改进并在文献中有详细介绍[78]。在某些情况下[79]，使用合适的光阑，光照会受制于掠射（从法线到表面一般是65°～85°）。另一个例子是布鲁克系统[80]，此系统是在卡塞格伦镜上附加一个镜面，来获得更大的入射角。这种技术主要应用于单点绘图系统，可以测量几纳米的厚度层[81]，性能十分优异。但它与FPA的联合应用却很少有人提及。

3.6.3 漫反射

中红外成像系统中的卡塞格伦物镜提供照明和反射锥角，可以从反射光线中同时收集镜面反射和漫反射（从几何角度上）光线。不同于一些漫反射的宏观附件设计，一般不会考虑设计专门的硬件设备来去除表面成分（即菲涅尔成分），但这会增加中红外反射光谱的解释难度。考虑到上述作用以及中红外的高吸收性，漫反射在某种程度上有局限性，但在近红外区域就不一样了，在该区域（8000～4000cm^{-1}），用 MCT 阵列系统很容易实现。使用小线性阵列[82]和FPA[83]，能在波长较长的近红外区域生成高质量的近红外漫反射图像。但使用的成像硬件基本相同，只是用钨卤素光源代替中红外光源。近红外漫反射硬件还有其他改进，包括将红外分光镜换成在近红外波段更高效、可调节的滤光片。比如 FPA 杜瓦瓶中长通滤光片可用近红外区短通滤光片替代。

对漫反射成像的空间分辨率还不太了解。由于漫反射本身的特性，入射光可能会透入到样本深处，还可能从入射点发生位移。在近红外区域，这种效应更为严重。为此进行了不少定性分析[84,85]，样本的穿透深度大概在 50～100μm，但穿透深度也会随样本自身参数改变，比如粒度，其本身尺寸就限制了穿透深度。上述情况与典型近红外吸收率表明样本上像素放大小于 10μm 的成像系统不适用于当前这些应用。

3.6.4 ATR 成像

ATR 技术已经成为了最受欢迎的宏观红外采样技术[86]之一。目前有很多器件可以生成 ATR 图像。只用简单的单点 ATR 显微镜附件也是能获得 ATR 成像的，在图像构成中要反复对样本移动、定位、扫描。但这么做的缺点是显而易见的：要花费很长的时间，样本之间会发生交叉污染和变形。

使用阵列探测系统来设计和组成 ATR 成像系统[87]，无论从光学还是机械的角度来看都极具挑战。目前的 ATR 成像附件设计都是现有的透射/反射系统扩展，这会对系统的设计带来一些约束。现有的常见方法是用一些不同大小的半球，原料一般是锗，把它们作为内部反射元件（IRE）再配合上 FPA 和线性探测阵列以光栅扫描模式操作。或者根本不用显微镜系统，用商用宏观 ATR 附件，让 ATR 元件直接在 FPA 上成像[88]。除了文献上提到的采样法优点（不像透射方式要准备薄截面），ATR 技术的一个特殊的优点是比透射采样拥有更好的空间分辨率提升空间。原因有以下两点：①样本被内部反射元件包在中间，因此空间分辨率会随着反射元件折射率的提高而提高；②样本的穿深很小，一般小于 2μm。这意味着上面提到的在透射和漫反射方式下存在的样本诱导分辨率退化机制可以忽略不计。

与大多数的单点 ATR 设计相比，样本接触问题变得更重要。因为要保持和样本的全部区域接触才能成像，这对于一些质地坚硬、表面凹凸不平的材料来说很困难。对于一些质地柔软的材料，可以改变内部反射元件的形状来相匹配，江崎等人[89] 采用 KRS-5 人字形设计就是其中一种，但这种设计并没有发挥出锗半球增大的数值孔径的优势。

在用 FPA 系统时，通常要将样本紧压到 IRE 上并使 IRE 和样本固定不动。成像区域是由相机的视角范围（FOV）决定的（假定其他条件相等）。一般的光学成像器件，其 FOV 范围是 45～180μm 线性尺寸，使用 32×32 和 128×128 像素之间的标准阵列，样本图像的大小为 2.5μm。但是为了获得更大的 ATR 图像，并不能简单地增大晶体尺寸（和所需的 FPA 像素数），因为一味增大半球的晶体尺寸会使高效均匀的照明十分困难。即便如此，可以调整晶体的其他参数如曲率半径，来调节照明区域。使用商品化宏观 ATR 附件[90] 可将成像面积扩展到 $4mm^2$。在使用 64×64 阵列的情况下，空间分辨率的理论极限将 FOV 的线性尺寸限制在 50μm。

另一种可选方法是相对于光束移动内部反射元件和样本摆成图 3.9 那样的离轴结构。现在 FOV 的范围不再由探测阵列的尺寸决定，而是取决于直径（在内部反射元件是半球形时），或反射元件的晶体大小。珀金埃尔默 Spotlight 系统[91] 的内部反射元件尖端直径约 500μm，Paterson 和 Havrilla[92] 已经证明了这种锗半球直径为 25mm，带 16×1 个阵列的系统可以获得有效面积为 2500μm×2500μm、1.56μm 像素大小的样本图像。光学晶体的参数选择是非常重要的，照明的平坦性、能量通量、反射元件的输入和输出曲率半径是相互关联的。属性比如样本穿深、空间分辨率随离球心距离而变化，有从中心向外扩散的光学畸变。内部反射元件晶体的几何形状与其他系统组件匹配，对系统性能的优化非常重要。需要进一步说明的是由于每个探测器的像素响应不同，在没有适当的软件校

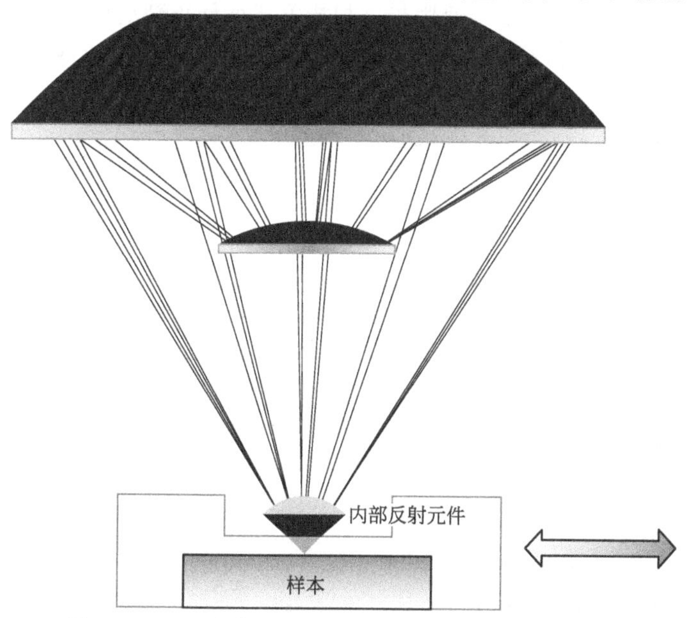

图 3.9　ATR 成像配置（在这种图像数据采集过程中，样品放在 IRE 中间，并让它们在光束间相对运动生成图像）

正时这种光栅系统会产生伪信号。以一个极端案例来说，设想用一个 16×1 阵列反射元件，在垂直方向上光栅化成一线，由探测器像素确定。如果 1～16 列探测响应不同，相邻像素点处将出现条纹（接缝点）。这种恶性效果不限于线性阵列，阵列规模越大效果越糟糕，对于 FPA 水平和垂直条纹都会出现。这种伪信号不可能通过对相同像素图像光谱与背景光谱进行简单比值来消除，只有通过软件校正和改善数据采集方案降低至最小。

3.7 红外成像速度与性能反思

随着检测技术和数据采集技术的进步，对影响阵列系统信号噪声和其他光谱特性的因素有了更深入的了解。在之前步进系统的基础上，Koenig 和 Levin 的研发小组研究了各种噪声源和可能改善 S/N 的数据采集法[93,94]。Bhargava 与 Levin[95]，Srinivasen 和 Bhargava[96] 讨论并比较了线性阵列探测器和 FPA 系统，以及围绕不同成像系统之间性能缺陷比较的问题，例如，对于给定的一组 FTIR 数据采集参数（如分辨率、切趾函数等）和 S/N，提出一种基于时间采集固定数量红外图像像素的性能评价方法。虽然红外光谱仪日益简化，但要对不同生产商的设备作精确、直接的比较还是相当困难。

如今数据采集的快速扫描模式已经成为首选，大多数厂商都采用 16×1～128×128 规格的探测阵列。这使得热力学研究可以探究发生在数秒内的非重复性事件，比如聚合物溶解。但如果一个事件是可重复、可触发的，在反射镜延迟的每一步都可进行同步测量，使用步进扫描方式就能得到更快的时间分辨率。毫秒级别的时间分辨率已经由 Bhargava 与 Levin[97] 证实，他们认为只要设置适当，微秒级别的时间分辨率也是可行的。

参 考 文 献

1. Barer, R., Cole, A. R. H., and Thomson, H. W. (1949) *Nature* **163**, 198.
2. Coates, V. J., Offner, A., and Seigler, E. H. (1953) *J. Opt. Soc. Am.* **43**, 984.
3. Griffiths, P. R. and de Haseth, J. A. (2007) *Fourier Transform Infrared Spectrometry*, 2nd ed., Wiley, Hoboken, NJ.
4. Jackson, R. S. (2006) *Handbook of Vibrational Spectroscopy*, Vol. 1, Wiley, pp. 264–282.
5. See ALS Infrared Beamlines Homepage, http://infrared.als.lbl.gov/content/home and references therein.
6. Carr, G. L., Hanfland, M., and Williams, G. P. (1995) *Rev. Sci. Instrum.* **66**, 1643.
7. Reffner, J. A., Martoglio, P. A., and Williams, G. P. (1995) *Rev. Sci. Instrum.* **66**, 1298.
8. Michelson, A. A. (1891) *Philos. Mag.* **31**, 256.
9. Michelson, A. A. (1927) *Light Waves and their Uses*, University of Chicago Press, Chicago (Phoenix edition, 1962).
10. Griffiths, P. R. and de Haseth, J. A. (2007) *Fourier Transform Infrared Spectrometry*, 2nd ed., Wiley, Hoboken, NJ, Chapters 19 and 21, pp. 53–54.
11. Spragg, R. A., Carter, R., Clark, D., and Hoult, R. (2001) *Performance and Applications of a Novel FT-IR Imaging System, FACSS Conference.*
12. Microscopy Resource Center, Olympus http://www.olympus-micro.com/primer/webresources.html and various references therein.
13. Schiering, D. W., Tague, T. J., Reffner, J. A., and Vogel, S. H. (2000) *Analusis* **28** (1), 46–52.
14. Messerschmidt, R. G. (1987) *The Design, Sample Handling, and Applications of Infrared Microscopes*, ASTM STP 949, Philadelphia, PA.
15. Hoult, R. A. and Carter, R. L. (2002) Dual magnification for imaging infrared microscope. U.S. Patent US2002034000.
16. Sommer, A. J. and Katon, J. E. (1991) *Appl. Spectrosc.* **45**, 1633.
17. Nishikida, K.Spatial resolution in infrared microscopy and

imaging, Thermo Scientific Application Note No. 50717.
18. Potter, A. E., Jr. (1972) Multispectral imaging system. U.S. Patent 3,702,735.
19. SPIE, Bellingham, WA, www.spie.org.
20. Wells, W., Potter, A. E., and Morgan, T. H. (1980) Near-infrared spectral imaging Michelson interferometer for astronomical applications. In: *Infrared Imaging Systems Technology, Proc. SPIE* 226, 61–64.
21. Huppi, R. J., Shipley, R. B., and Huppi, E. R. (1979) Balloon-borne Fourier spectrometer using a focal-plane detector array. In: *Multiplex and/or High Throughput Spectroscopy, Proc. SPIE* 191, 26–32.
22. Smithson, T. (1994) Imaging emission spectroscopy. In: *9th International Conference on Fourier Transform Infrared Spectroscopy, Proc. SPIE* 2089, 530–531.
23. Villemarie, A., Fortin, S., Giroux, J., Smithson, T., and Oermann, R. (1995) An imaging Fourier transform spectrometer. In: Imaging Spectrometry, Proc. SPIE 2480, 387–397.
24. See http://irsa.ipac.caltech.edu/IRASdocs/iras.html and http://irsa.ipac.caltech.edu/IRASdocs/exp.sup/ch2/C4.html.
25. Gillett, F. C. (1995) Infrared arrays for astronomy. In: *Infrared Detectors for Instrumentation and Astronomy, Proc. SPIE* 2475, 2–7.
26. Norton, M., Kindsfather, R., and Dixon, R. (1995) Infrared (3-12 μm) narrowband and hyperspectral imaging review. In: *Imaging Spectrometry, Proc. SPIE* 2480, 295–313.
27. Rapp, R. J. and Register, H. I. (1995) Infrared imaging spectroradiometer program overview. In: *Imaging Spectrometry, Proc. SPIE* 2480, 314–321.
28. Goetz, A. F. H. (1995) Imaging spectroscopy for remote sensing: vision to reality in 15 years. In: *Imaging Spectrometry, Proc. SPIE* 2480, 2–13.
29. Simons, D. A., Clark, C. C., Smith, S., Kerr, J., Massey, S., and Maillard, J.-P. (1994) CFHT's imaging Fourier transform spectrometer. In: *Instrumentation in Astronomy VIII, Proc. SPIE* 2198, 185–193.
30. Maillard, J.-P. (1997) Astronomical Fourier-transform spectroscopy of the 1990s. *Microchim. Acta Suppl.* **14**, 133–141.
31. Bennett, C. L., Carter, M., Fields, D. J., and Hernandez, J. (1993) Imaging Fourier transform spectrometer. In: *Imaging Spectrometry of the Terrestrial Environment, Proc. SPIE* 1937, 191–200.
32. Carter, M. R., Bennett, C. L., Fields, D. J., and Hernandez, J. (1995) Imaging Fourier transform spectrometer (LIFTIRS). In: *Imaging Spectrometry, Proc. SPIE* 2480, 380–386.
33. Bennett, C. L., Carter, M. R., and Fields, D. (1995) Hyperspectral imaging in the infrared using LIFTIRS. In: *Infrared Technology XXI, Proc. SPIE* 2552, 274–283.
34. Bennett, C. L. (1996) Method for determining and displaying the spatial distribution of a spectral pattern of received light. U. S. Patent 5,539,518.
35. Wolfe, W. L. (1997) Introduction to imaging spectrometers. In: *SPIE Tutorial Texts in Optical Engineering*, Vol. TT25, SPIE Optical Engineering Press, Bellingham, WA.
36. Beer, R. (1992) *Remote Sensing by Fourier Transform Spectrometry*, Wiley, New York, Sections 2.6 and 5.
37. Lewis, E. N., Treado, P. J., Reeder, R. C., Story, G. M., Dowrey, A. E., Marcott, C., and Levin, I. W. (1995) FTIR spectroscopic imaging using an infrared focal-plane array detector. *Anal. Chem.* **67**, 3377.
38. Bhargava, R. and Levin, I. (Eds.) (2005) *Spectrochemical Analysis Using Infrared Multichannel Detectors*, Blackwell Publishing.
39. Recently introduced commercial FT-IR spectrometers mostly use a variant of the scheme described by Brault: Brault, J. W. (1996) *Appl. Opt.* **35**, 2981.
40. Ashcroft, A., Jones, C., Hipwood, L., Baker, I., Shorrocks, N., Knowles, P., and Weller, H. (2008) Recent developments in very long wave and shortwave infrared detectors for space applications. *Proc. SPIE*, **7106**, 71061L-1–71061L-11.
41. Chu, M., Gurgenian, R. H., Mesropian, S., Becker, L., Walsh, D., Kokoroski, S. A., Goodnough, M., and Rosner, B. (2004) Advanced planar LWIR and VLWIR HgCdTe focal-plane arrays. *Proc. SPIE*, **5167**, 159–165.
42. Love, P. J., Hoffman, A. W., Lum, N. A., Ando, K. J., Ritchie, W. D., Therrien, N. J., Toth, A. G., and Holcombe, R. S. (2004) 1K × 1K Si:As IBC detector arrays for JWST MIRI and other applications. *Proc. SPIE*, **5499**, 86–96.
43. Kruse, P. W. (2001) *Uncooled Thermal Imaging: Arrays, Systems and Applications*, SPIE Press, Bellingham, WA.
44. Kinch, M. A. (2007) *Fundamentals of Infrared Detector Materials*, SPIE Press, Bellingham, WA.
45. Rogalski, A. (2006) Competitive technologies for third generation infrared photon detectors. *Proc. SPIE* **6206**, 62060S-1–62060S-15.
46. Rogalski, A. (2006) Competitive technologies of third generation infrared photon detectors. *Opto-Electron. Rev.* **14**, 87–101.
47. Bajaj, J. (2000) State-of-the-art HgCdTe infrared devices. *Proc. SPIE*, **3948**, 42–54.
48. Norton, P. (2002) HgCdTe infrared detectors. *Opto-Electron. Rev.* **10**, 159–174.
49. Rogalski, A. (2003) HgCdTe infrared detectors—historical prospect. *Proc. SPIE* **4999**, 431–442.
50. Rogalski, A. (2002) Infrared detectors: an overview. *Infrared Phys. Technol.* **43**, 187–210.
51. Norton, P. R. (1999) Infrared detectors in the next millennium. *Proc. SPIE*, **3698**, 652–665.
52. Hoffman, A. W., Love, P. J., and Rosbeck, J. P. (2004) Megapixel detector arrays: visible to 28 μm. *Proc. SPIE*, **5167**, 194–203.
53. Sprafke, T. and Beletic, J. W. (2008) High performance infrared focal-plane arrays for space applications. *Opt. Photon. News* **19** (6), 22–27.
54. For a background on infrared detector materials, see Kinch, M. A. (2007) *Fundamentals of Infrared Detector Materials*, SPIE Press, Bellingham, WA.
55. Griffiths P. R. and de Haseth, J. A. (2007) *Fourier Transform Infrared Spectrometry*, 2nd ed., Wiley, Hoboken, NJ, Chapter 3.
56. Lockheed Martin Santa Barbara Focalplane (SBFP), Goleta, CA, http://www.sbfp.com/.
57. Griffiths P. R. and de Haseth, J. A. (2007) *Fourier Transform Infrared Spectrometry*, 2nd ed., Wiley, Hoboken, NJ, pp. 312–320.
58. Bio-Rad Spectroscopy Division (Cambridge, MA). In 2002, Bio-Rad sold this business to Digilab, LLC (Randolph, MA), and in 2006 the spectroscopy assets of Digilab were in turn acquired by Varian (Walnut Creek, CA).
59. Lewis, E. N., Kidder, L. H., Arens, J. F., Peck, M. C., and Levin, I. W. (1997) Si:As focal-plane array detection for Fourier transform spectroscopic imaging in the infrared fingerprint region. *Appl. Spectrosc.* **51**, 563–567.
60. Kidder, L. H., Levin, I. W, Lewis, E. N., Kleiman, V. D., and Heilweil, E. J. (1997) MCT focal-plane array detection for mid-infrared FT spectroscopic imaging. *Opt. Lett.* **22**, 742.
61. At that time, Santa Barbara Research Center. Now Raytheon Vision Systems, Goleta, CA, http://www.raytheon.com/capabilities/products/ScanningIR/.

62. The Javelin close combat/anti-armor weapon system program is a venture between Raytheon and Lockheed Martin. See http://www.raytheon.com/capabilities/products/javelin/. By 2006, Raytheon had produced 30,000 Javelin missiles.
63. Crocombe, R. A., Wright, N., Drapcho, D. L., McCarthy, W. J., Bhandare, P., and Jiang, E. Y. (1997) FT-IR spectroscopic imaging in the infrared 'fingerprint' region using an MCT array detector. In: *Microscopy and Microanalysis*, Vol. 3, Supplement 2, *Proceedings*, Springer-Verlag, New York, pp. 863–864.
64. Wright, N. A., Crocombe, R. A., Drapcho, D. L., and McCarthy, W. J. (1998) The design and performance of a mid-infrared FT-IR spectroscopic imaging system. *Am. Inst. Phys. Proc.* **430**, 371–372.
65. Snively, C. M., Katzenberger, S., Oskarsdottir, G., and Lauterbach, J. (1999) Fourier-transform infrared imaging using a rapid-scan spectrometer. *Opt. Lett.* **24**, 1841–1843.
66. Huffman, S. W., Bhargava, R., and Levin, I. W. (2002) Generalized implementation of rapid-scan Fourier transform infrared spectroscopic imaging. *Appl. Spectrosc.* **56**, 965–969.
67. Chalmers, J. M., Everall, N. J., Hewitson, K., Chesters, M. A., Pearson, M., Grady, A., and Ruzicka, B. (1998) Fourier transform infrared microscopy: some advances in techniques for characterization and structure-property elucidations of industrial material. *Analyst* **123**, 579–586.
68. Marcott, C. and Reeder, R. C. (1998) Industrial applications of FT-IR microspectroscopic imaging using a mercury-cadmium-telluride focal-plane array detector. In: *Infrared Technology and Applications XXIV, Proc. SPIE* 3436, 285–289.
69. Marcott, C., Reeder, R. C., Paschalis, E. P., Tatakis, D. N., Boskey, A. L., and Mendelsohn, R., (1998) Infrared microspectroscopic imaging of biomineralized tissues using a mercury-cadmium-telluride focal-plane array detector. *Cell. Mol. Biol.* **44**, 109–115.
70. Colarusso, P., Kidder, L. H., Levin, I. W., Fraser, J. C., Arens, J. F., and Lewis, E. N. (1998) Infrared spectroscopic imaging: from planetary to cellular systems. *Appl. Spectrosc.* **52**, 106A–120A.
71. Koenig, J. L. and Snively, C. M. (1998) Fast FT-IR imaging: theory and applications. *Spectroscopy*, **13** (11), 22–28.
72. Snively, C. M. and Koenig, J. L. (1998) Application of real time mid-infrared FTIR imaging to polymeric systems. 1. Diffusion of liquid crystals into polymers. *Macromolecules* **31**, 3753–3755.
73. Oh, S. J. and Koenig, J. L. (1998) Phase and curing behavior of polybutadiene/diallyl phthalate blends monitored by FT-IR imaging using focal-plane array detection. *Anal. Chem.* **70**, 1768–1772.
74. The camera was named "Lancer" by Bio-Rad.
75. Sommer, A. J. (2006) Mid-infrared transmission microspectroscopy. In: *Handbook of Vibrational Spectroscopy*, Vol. 2, Wiley, pp. 1370–1385.
76. Lewis, L. and Sommer, A. J. (1999) *Appl. Spectrosc.* **54**, 324.
77. Story, G. M., Marcott, C., and Dukor, R. K. (1999) A method for analysis of clinical tissue samples using FT-IR microspectroscopic imaging. In: *Microscopy and Microanalysis*, Vol. 5, Springer-Verlag, New York, p. 69.
78. See, for example, Sting, D. W. (1989) Grazing angle microscope. U.S. Patent 4,810,077;Simon, A. (1999) Grazing angle microscope. U.S. Patent 6,008,936.
79. Reffner, J. A., Alexay, C. C., and Hornlein, R. W. (1991) *8th International Conference on FT-IR Spectroscopy* SPIE Vol. 1575.
80. '*Grazing Angle Objective*' Bruker Product Note, Bruker Optics.
81. Katon, J. E. and Sommer, A. J. (1992) *Anal. Chem.* **64**, 931A.
82. Spragg, R. A., Hoult, R., and Sellors, J. (2002) Comparing near-IR and mid-IR microscopic reflectance FT-IR imaging. *FACCS Conference*.
83. Miseo, E., Weston, F., and Leonardi, J. (2008) Extending the range of MCT focal-plane arrays–based imaging systems to near IR imaging applications. In: *Molecular Spectroscopy Application Notebook*, Varian Inc, Randolph, USA.
84. Hudak, S., Haber, K., Sando, G., Kidder, L. H., and Lewis, E. N. (2007) *NIR News* **18**, 6.
85. Spragg, R., Locke, T., Hoult, R., and Sellors, J. (2003) In: Davies, A. and Garido-Varo, A. (Eds.), *Proceedings of the 11th International Conference on NIR Spectroscopy* NIR Publications, Chichester, UK.
86. Harrick, N. J. (1967) *Internal Reflection Spectroscopy*, Harrick Scientific Corporation, Pleasantville, New York.
87. Burka, E. M. and Curbelo, R. (2000) Imaging ATR spectrometer. U.S. Patent 6,141,100.
88. Chan, K. L. A. and Kazarian, S.G. (2003) *Appl. Spectrosc.* **57** (4), 381.
89. Esaki, Y., Nakai, K., and Araga, T. (1995) *R&D Rev. Toyota CRDL* **30**, 57.
90. Crocombe, R. A., Wright, N. A., and Bhandare, P. (1999) Applications and sampling techniques for mid-IR spectroscopic imaging. In: *12th International Conference on FT Spectroscopy*, Tokyo, Japan.
91. Canas, A., Carter, R., Hoult, R., Sellors, J., and Williams, S. (2006) Mid-IR ATR imaging using a linear detector array system. *FACSS Conference*.
92. Patterson, B. M. and Havrilla, G. J. (2006) *Appl. Spectrosc.* **60**, 11.
93. Bhargava, R., Scharberle, M. D., Feranndez, D. C., and Levin, I. W. (2001) *Appl. Spectrosc.* **55**, 1079.
94. Snively, C. M. and Koenig, J. L. (1999) *Appl. Spectrosc.* **53**, 170.
95. Bhargava, R. and Levin, I. W. (Eds.) (2005) *Spectrochemical Analysis Using Infrared Multichannel Detectors*, Blackwell Publishing, Sheffield, UK, Chapter 1.
96. Srinivasen, G. and Bhargava, R. (2007) *Spectroscopy* **22** (7), 30–31.
97. Bhargava, R. and Levin, I. W. (2003) *Appl. Spectrosc.* **57** (4), *357;* see also Bhargava, R. and Levin, I. W. (2004) *Appl. Spectrosc.* **58** (8) 995; Bhargava, R. and Levin, I. W. (2004) *J. Phys. Chem. A* **108** (18), 3896.

4 实现 NIR 化学成像的技术与实际考虑

E. Neil Lewis 和 Linda H. Kidder　美国，马里兰，哥伦比亚，马尔文仪器有限公司

4.1 引言

近红外化学成像（NIRCI）已经从一种新的分析技术演变为能普遍应用于多种环境的技术。若要了解 NIRCI 在生物医学、制药、食品和聚合物等这些研究领域中的应用，请参阅其他章节。忽略所得到数据的空间分辨性，NIRCI 可以看作是高度并行的近红外光谱（NIRS），能够同时获得几十至几万的 NIR 光谱。因此，NIRCI 有望提供定性和定量分析的信息，至少相当于 NIRS。然而在实践中，用 NIRCI 可能比用 NIRS 更显著地探索出异质材料的功能性。这有两个原因。第一，当收集到空间分辨方式的 NIRCI 数据时，也就是研究者知道样本哪块区域可以得到 NIR 光谱，并可以研究一些新信息，这些信息是关于样本成分的空间分布以及该空间分布与其性能之间的相关性的。第二，获得的大量光谱能够表征在样本上所产生的分布值，并可以统计分析其化学异质性，即也被称为影响样本特性的一种特征。

由于硬件、计算能力、电子学和数据处理策略的不断发展，化学成像仪器已经变得更加经济、方便和耐用。它不断提高的易用性和解决实际问题的能力使其应用场合更加广泛。随着化学成像解决了更多的问题，该技术将很有可能更广泛地应用在实验室、质量保证、质量控制和过程监控等领域。

虽然 NIR 成像光谱仪在空间和遥感应用领域有相似的发展过程，但本章的重点是地面实验室和过程系统。在文献［1］和［2］中可以找到这两个领域的一般背景资料，包括它们的早期发展过程。

4.2 近红外光谱学

用于分析的近红外（NIR）区的范围为700～2500nm，其中主要由O—H、N—H以及C—H拉伸和弯曲基频形成的倍频和合频组成的吸收带。与中红外光谱基频区相比（MIR：2500～25000nm，4000～400cm^{-1}），近红外的样本吸收率可降低一至几个数量级。这可最大限度地减少复杂的样本制备过程，其主要目的是避免辐射吸收的饱和。可通过包装材料检测样本，并且在一定范围之内，该技术也可用于分析含水的样本。漫反射光谱通常用来表征完整的样品，并且该技术特别有利于对已知材料进行快速、重复和无损分析[3]。相比于MIR，虽然近红外光谱技术所需的样品制备工作较少，但却需要较大的数据分析计算量。倍频和合频的吸收带往往比基频吸收谱带更宽、重叠更严重，所以通常需要多变量方法用于辨析样本成分的光谱特征。

4.3 近红外化学成像

与中红外和拉曼成像不同，近红外显微镜相对很少应用于实验室。在1988年出版的《红外显微光谱：理论与应用》[4] 的索引中，近红外仅出现两次。而在1995年卷《红外光谱实用指南》的索引中，该术语一次也没有出现，并且任何相关章节都没有明确涉及[5]。1992年出版的《近红外分析手册》[3] 索引中没有提及显微镜、绘图或成像。相比于红外和拉曼光谱，NIRCI发展和应用相对较晚的原因也许与传统近红外光谱的典型应用领域有关。NIRS的应用对象是以测定批量近红外以及其平均性质为主的农业和工业应用[3]。行业人员认为，传统的近红外光谱应用不会得益于样本成分空间分布的探索。早期的零散文献介绍了空间分辨NIR光谱的数据采集工作[6-19]，但是，随着全局成像和线性成像仪器实现商业化（Spectral Dimensions-now Malvern Instruments，哥伦比亚，马里兰，美国；PerkinElmer，谢尔顿，康涅狄格州，美国；Specim公司，奥卢，芬兰），NIRCI大约在2001年才开始真正地发展起来。这些最开始的商品化系统主要面对制药、农业和垃圾分类等应用领域[20-23]。到了2000年中期，随着成像平台应用普及，NIRCI在医药和农业领域的实用性变得明朗，从此NIRCI得到了越来越广泛的应用[24-27]。

简单地说，NIRCI可以看作是标准NIRS的“扩展”版本，其近红外多光谱是并行或串联获得的。与单点近红外光谱相似，NIRCI数据集的近红外光谱信息是由相同的光谱吸收带、分子散射、衍射效应、仪器线形状等组成的。因此像单点近红外光谱一样，光谱预处理（用背景数据集相除、基线扣减、乘法散射校正、导数等）和多元数据分析方法是重要的NIRCI数据处理方法，以对NIRCI数据进行正确解释。

当然，还有其他的方法。传统的近红外光谱仪将整个样品区域的光谱特征平均成了一条光谱，然而NIRCI光谱仪保留空间的区别，采集同一区域多个独特的近红外光谱。根据所采用的技术，成千上万的近红外光谱可以形成一个数据集，并由此产生空间分辨的数据，该数据可以被应用到了解一个非单一样品的均匀性或多个样品的高通量分析。如此多数据提供的统计信息使应用独特定量方法成为可能。空间和统计信息使 NIRCI 也成为一种一次的分析方法，例如，计算化学成分的分布和涂层截面的厚度。图 4.1 给出了这种应用的一个例子。图 4.1(a) 为可以区分药品颗粒内多层物质的单波长（2080nm）图像，其中三层的厚度通过单独的阈值来计算并二值化表示，然后确定整个层厚度值的分布。这一计算结果显示在图 4.1(b) 中，作为一个像素的粗线位于相应层的外边缘。

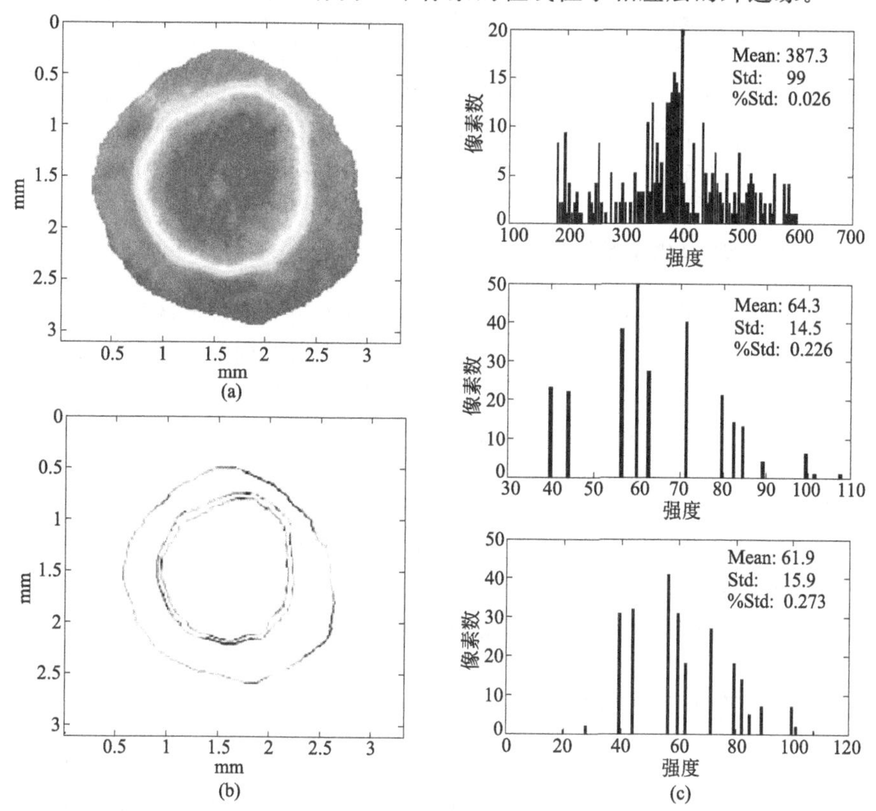

图 4.1 (a) 药物颗粒横截面内多个化学性质不同的层的单波长（2080nm）图像；(b) 涂层厚度分布轨迹（总结了三个可见颗粒层厚度，轨迹轮廓为每层的外边缘，阴影或颜色分级表示厚度值——对于颜色表示，红色代表相对较厚的层，而蓝色表示较薄的涂层；对于黑色和白色，其阴影的变化表示涂层厚度的差异）；(c) 表示三层涂层厚度分布的直方图（数据单位是 μm，前三个层的平均涂层厚度分别为 387.3μm、64.3μm 和 61.9μm）

Mean—平均涂层厚度；Std—标准值；%Std—标准百分比

涂层的厚度是通过该像素轮廓线的阴影或颜色来表示的，在彩色表示中，红色表示涂层较厚的区域，而蓝色表示较薄的涂层。实际涂层的统计可以通过涂层值作成的直方图来表示。如图 4.1(c) 所示的三层分布统计图，这三个层的平均涂层厚度分别为 387.3μm、64.3μm 和 61.9μm。这些值是由化学图像经推理获得的。这与标准近红外光谱不同，作为二次分析方法的近红外光谱，必须首先建立校正模型以确定近红外光谱与相关权威标准之间的对应关系。下面将会更详细地讨论这些观点。

4.3.1 化学成像数据立方体：超立方体

化学图像数据集可以表示为一个三维立方阵，包括一个波长和两个空间维度。这个数据结构通常被称为超立方体，多维数据集内的每个元素包含在特定的空间位置和波长上测量的光谱强度响应[1]。超立方体是已知空间位置上的一系列光谱，或者是特定波长的一系列图像。超立方体提供的许多信息结合了光谱和空间的信息，例如将样品功能与组成的空间相互关系或尺寸大小进行关联。多种单变量和多变量（化学计量学）数据处理技术可以用来获取这种类型的信息。参考文献［26］以及它包括的参考文献，给出了这一领域全面的调研。

4.3.2 多光谱和高光谱

多光谱和高光谱的术语起源于遥感领域，也被用于分析成像领域。该术语表明了特定数据集中波长的数目，高光谱数据比多光谱数据含有更多的波长数。虽然没有普遍接受的绝对界限，“高光谱”通常意味着几十到几千个相邻而窄的波长通道，而“多光谱”意味着波长通道有几个到几十个，选定的波长通道不要求相邻或狭窄。NIRCI 通过干涉仪或成像单色仪（光栅、棱镜或组合色散元件）采集高光谱数据，而多光谱数据则通过一系列带通滤波器成像来提供。可调谐滤波器［液晶可调谐滤光片（LCTF）或声光可调谐滤波器（AOTF）］或可调谐光源［光学参量振荡器（OPO）］可以在任一多光谱或高光谱模式下采集数据，测量通道的多少可以针对所解决的特定问题来确定。

4.3.3 统计分析和空间非均匀性

在同一样本区，NIRCI 数据与传统的近红外光谱仪包含相同的光谱信息，但 NIRCI 数据会将信息分解为空间位置的函数。因此，NIRCI 数据集的近红外光谱参数不是由一个单一维度定义的，而是跨越了基于空间位置的范围。举一个简单有代表性的例子，图 4.2 给出了包含 22400 张近红外光谱的 NIRCI 数据集的药物片剂的一个图像和相应的直方图。图中采用多变量法（偏最小二乘法），用 NIRCI 数据集中代表性的“活性药物成分（API）”和“辅料”建立谱库。对每个 22400 张的近红外光谱采用来自由谱库所建 PLS 模型计算出其“得分”，得分越高，在该像素位置上成分含量越多。图 4.2(a) 显示的是（x，y）坐标系中得分的空间排布，从中可以看到整个药片 API 的相对浓度变化。图 4.2(b) 显示的是图像的直方图，给出了一个 PLS 得分结果的统计分析。此分布的平均值为 0.4495，表明该方法测定的 API 平均丰度大约为 44.95%。需要注意的是，模型和结果都只使用一个单一的 NIRCI 数据集生成。相同样品的标准近红外分析将给出一个单一的数字——基于整个样本的 API 浓度的平均值。除了提供一个平均值，表 4.1 给出了在一个药片约 22400 个不同空间位置的 API 的相对量。对于 NIRCI，我们要问的不是简单的“有多少”，而是“在特定的位置有多少”。NIRCI 提供的是浓度值的分布，而不是单一的浓度值。

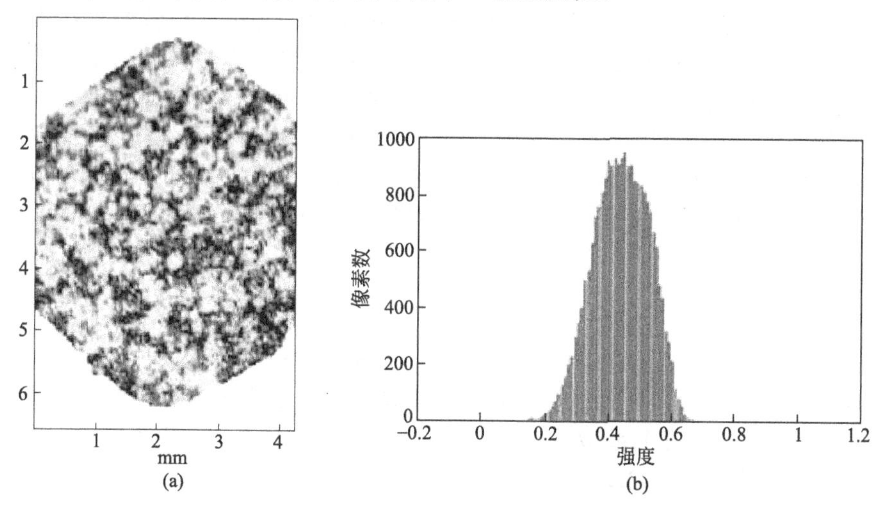

图 4.2 包含 22400 张近红外光谱的 NIRCI 数据集的药物片剂的成像图和相应的直方图 [采用多元方法（偏最小二乘法）产生的图像突出了 API，图（a）按空间（x，y）坐标排列得分值，可以看到整个药片中 API 的相对浓度（丰度）的变化；图（b）的直方图给出了 PLS 得分的统计分析结果（彩图位于封三前）]

表 4.1 一个药片上约 22400 个位置上的 API 相对分布

标准化的 PLS 得分	像素数值	标准化的 PLS 得分	像素数值
0.6～1.0	514	0.3～0.4	5860
0.5～0.6	5941	0.0～0.3	1077
0.4～0.5	9010		

有各种各样的分析和统计工具，可以用来有效地分析这些数据，在许多情况下，主观和定性的解释可被自动、稳定、定量和重现性好的统计分析所替代[28]。除了获得“无须校正”的组成丰度信息，在一个单一的数据集获得成千上万的空间分辨近红外光谱的另一个好处是可以表征样本的空间非均匀性。无论是天然材料还是人造材料，这种特性可以对复合材料的功能提供有意义的解释。表 4.2 给出了图 4.2(b) 中图像直方图的均值、标准偏差、偏度和峰度。偏度和峰度值可以用来描述样本组分的非均匀性，提供了一种从 NIRCI 数据获取这类样本特征重复性好的方法。参考文献 [28] 详细介绍了如何使用这些统计参数评价非均匀性。

表 4.2 从单个药片获得的 22400 个 PLS 得分的分析统计结果 [见图 4.2(b)]

像素	22402	像素	22402
平均像素	0.4495	偏度	−0.1745
STD 的分布	0.0871	峰度	−0.2248

除了提供一个定量评估工具来评价样品的混合，NIRCI 分析的统计成分也可以减轻单点近红外光谱的校正和相关问题。通常，一个 NIRCI 数据集内包含的或从纯组分得到的光谱变化，可以用来创建一个多变量模型。正如前面所提到的，在图 4.2 中给出的样本 PLS 分析是完全自主性的。数据库是由数据集内的像素（最能代表纯组分 API 和辅料的光谱）建立的，并用“分类”方法来生成 PLS 模型。“分类”模型使用数据库中包含的形成纯组分光谱，而不是一系列跨越已知浓度范围的光谱。由于大量的单个像素代表样品，这些数据具有“统计鲁棒性”的特点。正如图 4.2(a) 所示，每个像素的强度反映了该组分在此空间存在多少位置，在该位置预测的含量越多，像素越清晰。因此，与典型的单点测量不同，NIRCI 无须创建一系列校正样本就可以在空间上解决很多问题[29]。

4.3.4 高通量

NIRCI 的一个优势是在忽略信息的空间依赖性[30-32] 的情况下，具有对样品进行高通量测量的能力，与集中分析单一样品的非均匀性特征不同，在高通量模式下，可以比较多个（数百到数千）独立样本的平均近红外光谱，而不是一个药片中各组分的分布信息。在 QA/QC 环境中这可能是非常有用的，因为有大量的样品需要进行筛选或评估。图 4.3 给出了在“高通量模式”下检测样品的例子。不同于图 4.1 和图 4.2 给出的例子，图 4.3 中的图像突出了单个药物颗粒的化学成分，而不是一个药片中各组分的分布信息，药片空间分布之间没有相关性。药片可以按行或列进行排列，或是随机分布的，也会得到同样的结果。图 4.3(a) 的图像是四个不同波长的图像叠加产生的，每个组分对应一个波长：柠檬酸 2220nm、蔗糖 2080nm、香料 1940nm 和对乙酰氨基酚 1670nm。每个标记的谱带创建一个二进制图像，其化学物种根据阈值设定为“1”或“0”。这些单独的二进制图像重叠，产生一个四色复合，每个颜色代表一个单独的化学实体。基于其大小和数量，可以计算出一个近似的“丰度”值，其结果见表 4.3。

表 4.3 药片组分的丰度

组分	组分百分比/%	组分	组分百分比/%
蔗糖	88	对乙酰氨基酚	3
柠檬酸	7	香料	2

因为这四种成分的近红外光谱能很好地分离，因此可以通过收集六个波长的光来产生这种图像，每种成分使用 1 个波长和另外 2 个波长用于基线扣减。使用随机存取波长滤波器的 NIRCI 系统，可在近似实时的时间内采集这些图像。可以根据所需的样本大小对视场进行优化，并且可将多个视场拼接在一起，以获取足够多的颗粒信息得到稳健的采样统计。

4.3.5 化学成像系统校准

公认的标准策略认为，仪器的合格性验证和性能校验对于实施 NIRCI 作为

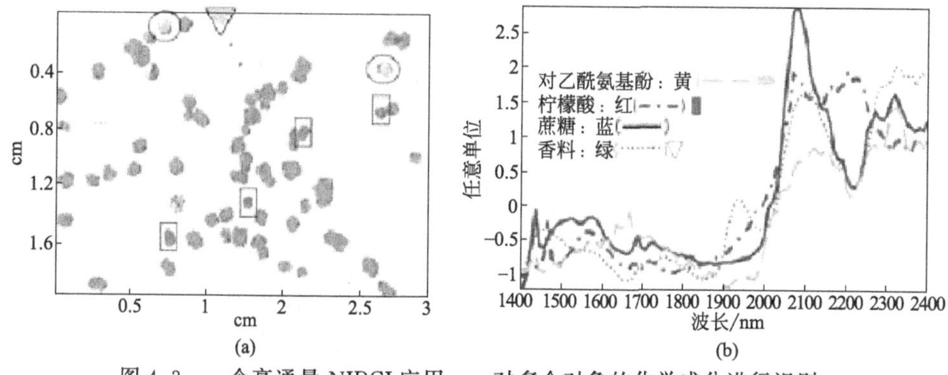

图 4.3　一个高通量 NIRCI 应用——对多个对象的化学成分进行识别：
(a) 从单通道图像的波长特性确定的四个样品组分的复合二进制图像，
柠檬酸 2220nm、蔗糖 2080nm、香料 1940nm 和对乙酰氨基酚 1670nm；
(b) 四个组分有代表性的单像素光谱，基于颗粒的大小和数量，从这个图像
可以估计出成分的近似丰度，组成成分的近似丰度为蔗糖 88%、柠檬酸 7%、
对乙酰氨基酚 3%和香料成分 2%

一种常规分析方法是重要的。由于近红外绘图/成像系统采用多个检测器元件（像素）采集数据，一个真正的定量校准包括每个像素作为一个单独的检测器进行独立校准。已经提出了表征每个像素噪声的参数[33]。虽然许多用于校准的传统近红外光谱仪的办法可以用于 NIRCI，但是对均一的标准参考物质（SRMs）（相对于成像系统可分辨的尺寸）的要求，会使该方法在实施时存在困难。如果一个标准参考物质在 NIRCI 系统空间分辨率的空间分布不均匀，则每一个探测器的测量结果会稍有差异。在对大量像素进行表征时，必须能够假定每个像素“看到”相同的场景，因此，开发真正均匀的标准参考物质对每个检测器的单独校准是至关重要的。将现有的近红外光谱标准进行评估以用于使用的 NIRCI 是很重要的，主要是表征空间非均匀性的程度。

作为一个例子，图 4.4～图 4.6 给出了来自常用于 NIRS 的三个参考物质的 NIRCI 数据：浸渍复合炭黑 Spectralon™（美国，新罕布什尔州，北萨顿，蓝菲光学），用于建立检测器线性范围和用于波长校准的两个标准的物质（NIST 1920a 和 NIST 2036）。图 4.4 给出了 80%反射率的 Spectralon™ 标准物质反射的近红外化学图像，清楚地显示了单个颗粒的炭黑，用于降低整体的反射率（99%）。这种类型的标准物质不能用来表征多元探测器中每个像元的线性度，因为每个像元不能探测到相同的场景。

图 4.5 给出了用于波长校准的 NIST 1920a SRM 的 NIRCI 数据[34]。图 4.5(a) 中来自空间不同位置的光谱表明所谓（或者可以假定为）均匀标准物质的真实化学差异。该 SRM 也不具备充分的均匀性，不能对多元检测器上的每个像元进行评价。40μm/像素的图像（1530nm）清晰表明了空间/化学非均匀性的程度。图 4.6 给出了对相同的系统 NIST 2036 SRM 成像的结果[35]。该标准物质是一个稀土氧化物玻璃，在 40μm/像素条件下，该物质是高度均匀的。

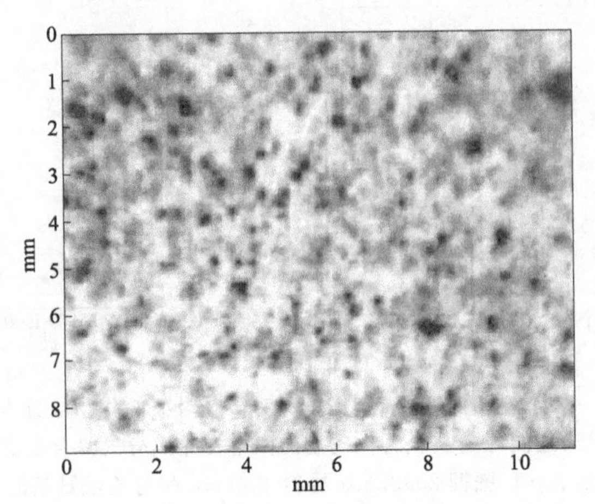

图 4.4 Spectralon^{TM} 标准物质的近红外化学图像（80%反射率）（取 40μm/像素的放大倍率，暗斑是炭黑色粒子，这些暗斑在此放大倍率下能够清楚地分辨）

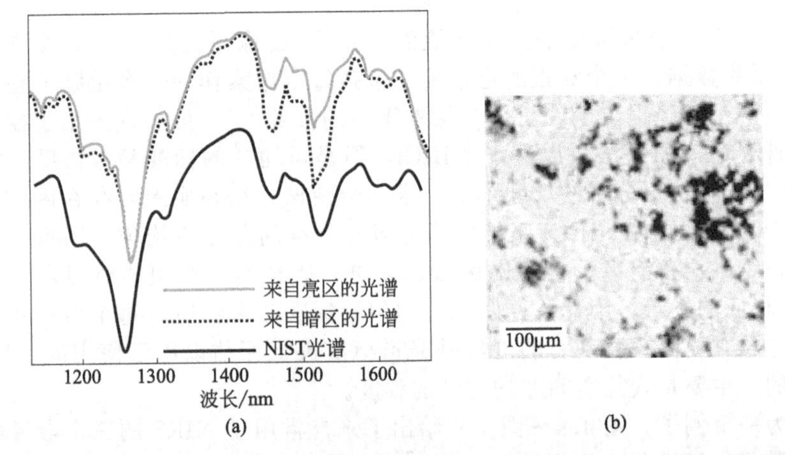

图 4.5 (a) 数据集中亮区和暗区的光谱与 NIST 公布的 1920a SRM 光谱的比较（光谱的差异与真正的化学成分差异有关，也就是说，在 SRM 的不同位置存在不同浓度稀土氧化物粉体)；(b) NIST 1920a 标准参考物质在 1530nm 下的归一化的图像［不同的图像强度反映了样品在不同的空间位置下稀土氧化物粉体成分的差异，可以看到的是，在此放大倍率（大约 40μm/像素）下，这个 SRM 是不均匀的］

这种差异不仅对 NIRCI 是独特的，而且也影响拉曼、中红外化学成像和绘图系统。一旦一个“均匀”的场景被测量（成像)，数万探测器的响应需要进行分析。这可以通过使用一个统计方法，评估平均响应和标准偏差的平均值，然后采用一种方法处理落在可接受范围之外的像元（如果有的话)。这类方法包括完全去除像元或用它们最近的像元的平均值来代替。依据特定应用的分析需求，“可接受限制”的定义可能会改变，并应该通过科学的原理进行确定。

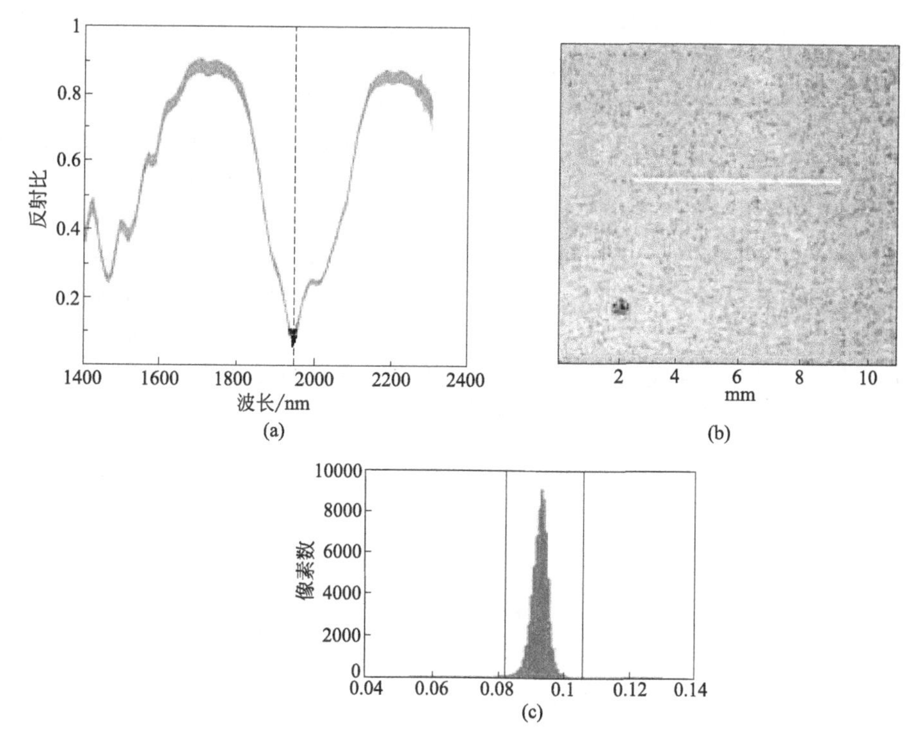

图 4.6　(a) 在图 (b) 图像大约 200 单像素叠加光谱整行提取的，样品是 NIST 2036 SRM；(b) 在 35μm/像素的放大倍率下，该样品的近红外化学成像 (1945nm) 显示出化学和空间均匀性水平很高；(c) 1945nm 反射率值的直方分布图，平均反射率为 0.0942，标准偏差为 0.0026，这些值提供了一个化学均匀性的定量度量

因为无法获得空间均匀的标准参考物质，或者不需要对每个像元的校准获得定性结果，所以经常将得到的所有像素/检测器的校准值进行平均得到一个单一值。然而，对于多检测的光谱仪，认识到响应的分布（如信噪比）而不仅仅是一个单一值是重要的。这些平均值丢弃了重要的信息。适用于材料成像的标准方法和策略还在努力制定之中。除了个体的努力，分子光谱光学成像 ASTM 委员会 (E13.10) 一直致力于开发用于近红外光谱、拉曼光谱和红外成像系统的共识标准。

传统近红外光谱仪的基本仪器校准包括 X 轴和 Y 轴（分别为波长和强度）校准。其他参数（如光谱仪噪声、检测限、线性度等）有助于确定一台仪器是否满足性能指标[36]。成像方法验证的考虑因素包括空间分辨率、视野和放大率、光照均匀性和光学畸变程度。为了确保系统在合理的性能指标下工作，应该建立仪器确认程序，也就是说，它需要量身定做。这种类型的检查应在安装时进行，也许在修理或升级后进行。有一些文献对 NIRCI 系统校准有关的独特问题进行了讨论[37,38]。

与校准类似但不同的考虑是性能验证，即对仪器的综合性能进行校验。这个级别的系统验证可能每天进行，或在数据收集前进行快速检查。其次，应该强调的是，从 NIRCI 系统获得的数据代表所使用全部像素/探测器响应值的分布，这些值的平均值和对应的标准偏差是评价系统性能有价值的信息。

先前讨论过的 NIRCI 高通量性能（见 4.3.4）能使校准样品或纯组分在同一视场成像。多个研究小组利用这种能力的优势对 NIRCI 系统进行校准[30-32,38,39]。将样本和参考物质同时进行成像得到单一数据集，可以在许多方面简化实验。由于参考物质和样本数据同时由相同仪器进行测量，仪器响应的瞬时变化被自动解释，所以获得的数据是“内在”一致的。这最大限度地减少了在应用程序校准转移至另一仪器时对样品的需要[30-32]。举一个例子，图 4.7 给出了一个 NIRCI 数据集，三种组分放在同一视场。纯成分是白色粉末的矩形坯，图像对比度是基于多元响应的多变量分析得出的。样品和纯组分的数据是同时采集得到的。

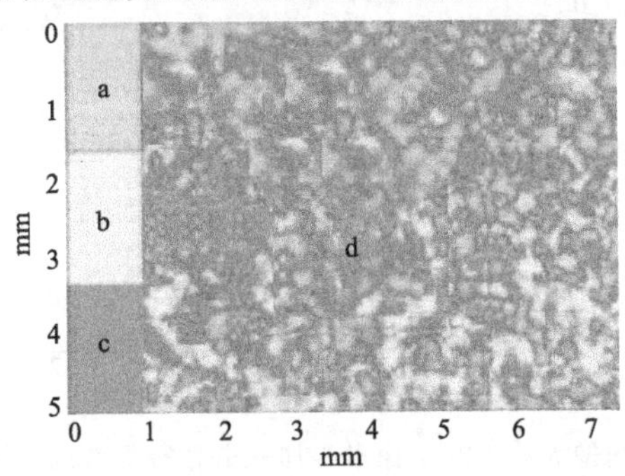

图 4.7 三组分混合物的化学图像：a、b 和 c 是纯组分的区域，d 是混合物的区域
[在这种情况下，纯（白色粉末）样品压成矩形坯放在同一个视场作为混合样品。基于纯物质的 PLS 模型得到三通道复合图像。这突出显示了混合物的内在化学异质性和每个纯物质坯之间的化学差异（彩图位于封三前）]

4.4 仪器

4.4.1 采集模式

NIRCI 可以一次采集一条光谱（点成像）、一次采集一行（线成像）或一次采集整个图像（整体成像）。在遥感领域，这些模式分别被称为摆扫式、推扫式和凝视。表 4.4 列举了这三种数据采集方式的一般实现方式，并给出了相应的开创性工作的参考文献。

与大多数分析技术类似，这三种数据采集方式有一些实际问题需要考虑，这些问题影响着特定化学成像仪器和方法对特定应用的适用性。为了合理地开发方法，必须定义所要分析的问题；为了得出一个解决方案，必须很好地表达数据需求。有些因素将会影响最佳技术和样本表达，比如所需空间分辨率、个体测量数、放大倍率、样本大小、用于数据采集的时间、样本类型、样本是否固定或移动等因素。虽然二维成像方法对于高通量、低放大率的质量保证/质量控制筛

选应用与显微镜一样有效（例如，单一样本内杂质的检测和鉴定），但实际上，这两种应用可能采用不同的实验方案（不同的模式）。以下各部分将介绍 NIRCI 的一般实现和这些仪器的特定组件。

表 4.4 不同的近红外化学成像实现方式及相应的早期文献

	波长分离装置	探测器	光源	扫描样本或者波长	过滤光源或图像	早期文献
点成像	光栅光谱仪	阵列	宽带	两者	光源	[6](1990)：微动台，光栅光谱仪，硫化铅探测器，1100～2500nm
	光栅光谱仪	点	阵列	样本	光源	[13](1997)：光纤探针，光栅光谱仪，电荷耦合装置探测器，508～1026nm
	傅里叶变换红外光谱迈克尔逊干涉仪	点	干涉仪	两者	光源	[15](1998)：红外显微镜，迈克尔逊干涉仪，7500～4200cm^{-1}
	可调光学参量振荡器	点	可调光学 OPO	波长	光源	[16](1998)：光学参量振荡器，可调谐光源，光纤探针，1400～4100nm
线成像	傅里叶变换红外光谱迈克尔逊干涉线仪	线性阵列	干涉仪	两者	光源	[23](2003)：红外显微镜，迈克尔逊干涉仪，锑化铟焦平面，1000～5500nm
	棱镜/光栅/棱镜光谱仪	阵列探测器	宽带	波长	图像	[10](1992)：棱镜/光栅/棱镜光谱仪，电荷耦合装置，650～1100nm
	光栅光谱仪	阵列探测器	宽带	波长	图像	[9](1992)：光栅光谱仪，近红外照相机，900～1900nm
整体成像	傅里叶变换红外光谱迈克尔逊干涉仪	阵列探测器	干涉仪	波长	光源	[12](1996)：迈克尔逊干涉仪，锑化铟焦平面，1000～5500nm
	可调滤波器(AOTF)	阵列探测器	宽带	波长	图像	[8](1992)：声光调谐滤波器/电荷耦合装置，400～1200nm [40](1994)：声光可调谐滤波器/锑化铟，1000～2400nm
	可调滤波器(AOTF)	阵列探测器	宽带	波长	光源	[17](1998)：声光调谐滤波器/铟镓砷焦平面/图像滤波，1000～1700nm
	可调滤波器(LCTF)	阵列探测器	宽带	波长	图像	[20](2001)：液晶可调滤波器，铟镓砷焦平面，1100～1700nm
	哈达玛图形掩模	点探测器	宽带	两者	图像	[11](1995)：阿达玛变换/红外光谱迈克尔逊干涉仪，7500～4200cm^{-1}

续表

	波长分离装置	探测器	光源	扫描样本或者波长	过滤光源或图像	早期文献
整体成像	数字显微阵列	点探测器	宽带	两者	光源	[41](2000):数字微镜阵列/光栅光谱仪/点探测器
	可调激光器(OPO)	阵列探测器	可调参量光学振荡器	波长	光源	[14](1997):光学参量振荡器,锑化铟焦平面
	线性可变滤波器	阵列探测器	宽带	样本	光源	[42](2004):线性可变滤波器,近红外焦平面,1500～2300nm
	干涉滤波器	阵列探测器	宽带	波长	光源	[7](1990):滤波器/电荷耦合装置探测,400～1100nm

4.4.1.1 点成像

如前所述,相比于中红外和拉曼,近红外显微光谱学没有绘像组件,这是相当特殊的[43-46]。同样,只有少数早期的文献提到近红外点成像,这包括利用可调谐光参量振荡器照明样本[16] 以及将 FT-NIR 干涉仪与 NIR 显微镜耦合[15,47]、使用光栅光谱仪耦合光纤探针[6,13] 来实现等方式。图 4.8 给出了一个使用光栅光谱仪 [图 4.8(a)]和干涉仪 [图 4.8(b)]实现点成像的示例。

Lodder 等人实现了 NIR 点成像[6],他们用复合抛物面聚光器将光栅光谱仪的输出耦合到光纤。由此产生的准直光斑 (0.74mm^2) 被引导至样本表面,并且该光谱仪的扫描范围是 1100～2500nm。安装在光纤末端 (输出端) 离轴的单个硫化铅探测器用来采集漫散射光,这些散射光是与样本交互作用产生的。通过使用微定位,光纤探针可以沿样本以步长 10μm 移动。Lodder 等人实现了另一种点成像方法,使用 Nd:YAG 泵浦 OPO 窄带光输出,通过光纤束照射样本。该系统产生 1.4～4.1μm 的可调谐近红外光,有效功率为 3.3MW。在这个实现过程中,光纤束分为照射光纤和采集光纤,将样品散射的光传回到硫化铅探测器。在上述两种实现方式中,照射光纤输出决定了样本点的尺寸。近红外点成像也可通过把近红外干涉仪的输出应用到光学显微镜中实现,它利用反射光学消除色差。最重要的是,它利用光学和光阑将入射光压缩成一个小光点。与样本交互作用之后,光通过显微镜收集并汇集到一个标准的单点探测器中。收集的样本数据的空间分辨程度由照射光斑的大小和采集光纤投射到探测器的样本信息决定。在与样品相互作用后,在某些情况下,照射光斑的大小通过调整光阑来确定[4]。

在上面讨论的点成像方法中,通过将样品沿 x 和 y 空间轴移动小的增量,可在一定区域对样本进行成像。图像保真度由光斑大小、在 x 和 y 方向上的移动增量和采集点的总数决定。

线成像和全局成像已经取代了近红外点成像,其原因是这些技术数据采集时间短、图像保真度更高、相对经济。

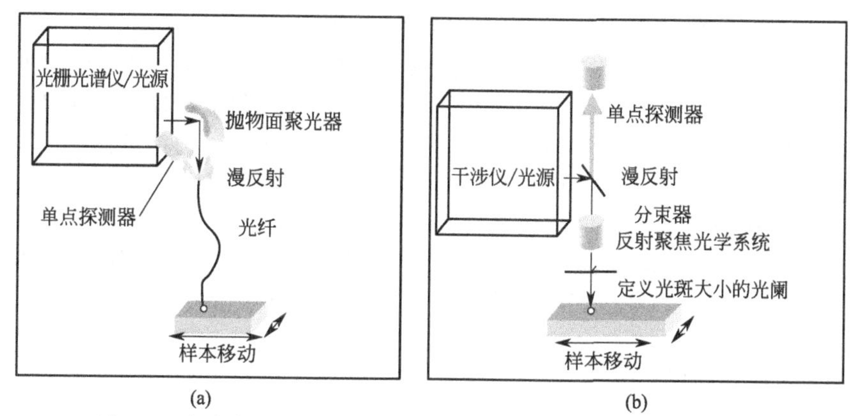

图 4.8 点成像近红外化学成像系统示意（光栅光谱仪的输出通过光纤定位到样本上，干涉仪的输出凝聚到样本的一个小点上）

4.4.1.2 线成像

依据采集到的空间位置的数量，线成像的方法介于点成像和整体成像之间。这些技术以线扫描的方式通过样本，因此有“推扫式”的别称。最常见的实现方法是利用傅里叶迈克尔逊红外干涉仪或基于色散光学元件的成像光谱仪。图 4.9 给出了一个线成像光谱仪的原理示意。

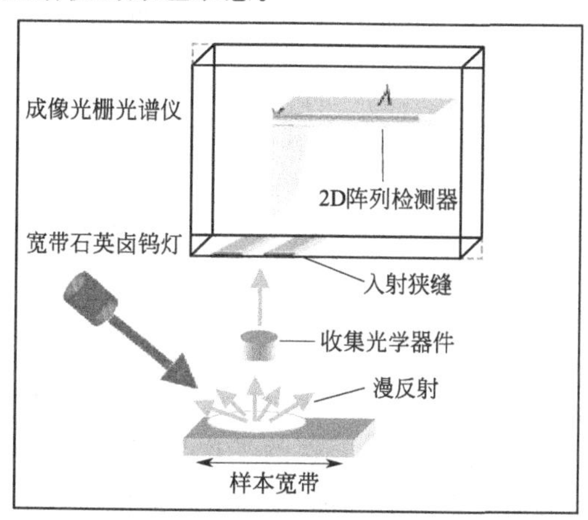

图 4.9 波长色散元件在成像光栅光谱仪中近红外化学线成像的原理

基于 FT-NIR 的线成像的实施与上述用于点成像的方式相同，但是与点成像不同的是，样本一个区域被照射，产生的光经过线光阑后聚焦到线阵列检测器上。采集数据的样本区域由探测器元件的数量（通常为 16 或 32 像元）、大小和间距，以及整体系统的放大率决定。通过沿着空间坐标 x 轴和 y 轴移动，可对样本的较大区域进行成像。可以以不相等的 x 和 y 间距来收集数据，或者可以将平台的移动距离与在样品上成像的探测器元素间距相匹配，以创建两个轴间距相等的数据集。数据收集的速度比点成像法更快。它仍然是一种绘像技术，也必

须沿 x 轴和 y 轴移动来采集整个样本的所有区域。

一个典型的线成像光谱仪实现近红外化学成像的方法如下：用宽波段的光照射样品，在与样品相互作用后，利用光学器件收集漫反射近红外信号并聚焦到光谱仪输入狭缝中。输入狭缝的尺寸和输入光学器件的放大率确定了样本视场的空间范围。光谱仪接受线光并将之分散在一个二维近红外焦平面阵列上。最终，FPA 的一个轴对样本进行空间信息编码。同时，另一正交轴从线成像中记录光谱信息。额外的空间信息通过光学器件扫描样本，或者通过不常用的在样本上扫描输入光学器件[48]，或者通过在静止样本上移动光谱仪和相机来获取[42]。

4.4.1.3 整体成像

最常见的近红外化学整体成像的方法是采用 LCTF。一个宽带光源照射样品，与样本相互作用的光通过一系列的成像光学元件，经可调节滤光片过滤后投射到 NIR-FPA。取样面积可高度配置，典型的商品化的标准配置范围为 3mm×3mm（约 10μm×10μm/光谱）～10cm×10cm（约 330μm×330μm/光谱）。图 4.10 给出了这种类型仪器的示意。

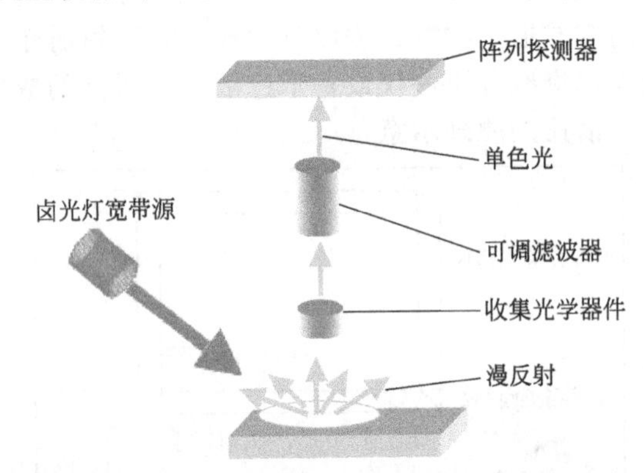

图 4.10 整体近红外化学成像系统的原理（其中波长色散元件是可调滤波器）

虽然声光可调谐滤波器更常用于遥感领域，也被作为成像可调谐滤波器用于实验室[8,17,40]。作为成像滤光片[8]，它的工作原理跟上面提到的 LCTF 类似，整体近红外成像中，宽带光源照射样品产生的漫反射光通过 AOTF 进行波长过滤。产生的窄波段图像聚焦到近红外焦平面上。声光可调滤波器也被用作光源滤波器[17]，宽带光源在照射样本成像之前通过声光可调滤波器对波长进行过滤。

基于 FT 的整体成像应用不是很广泛，特别是与 FT-MIR 整体成像相比较之下。除了干涉仪的输出被用来照亮整个样本区域以外，这种方法与近红外点和线成像相同。对于商品化系统来说，标准图像区域通常是 400μm×400μm 或 4mm×4mm。虽然最初采用步进扫描干涉仪[49]，但是现在大多数商业仪器采用快速扫描方法[50]。

另一种光源过滤的方法是近红外化学成像与 OPO 激光[16,51] 配合，OPO 的窄波长输出直接照射到样本上。光学器件将其与样本交互作后的漫散射光收集起来，聚焦在 NIRFPA 上。在所需的波长范围内，OPO 的输出被扫描，一次扫描一个波长建立数据立方体。通过折射或光纤光学器件，OPO 发出的光照射到样本上，成像样本的照射范围由光学器件决定。采集/聚集光学器件将发出的光传送到 FPA。

对于化学成像，一种方法是使用阿达玛编程模板，其成本相对较低[11]。用数字微镜阵列构建 Hardmard 模式是对已有概念的新进展[41]，这些需求尚未商品化。

4.4.2 光照器件

在遥感应用中，宽带照明光经常由太阳提供。在实验室，必须采用近红外光源作为光照器件。这使得如何将近红外光照射到样本，宽带（如太阳）或窄波长谱带的预滤波变得更具灵活性。这些实现方式分别称为“图像”和“光源”滤波。对于传统的近红外光谱仪[3]，则多称为前分光和后分光。对于“图像过滤系统”，近红外光与样本交互作用，并且在被聚焦到探测仪之前，对产生的光进行波长过滤。大多数光栅/棱镜系统以及可调滤波器的方法都属于图像过滤。相反，基于 FT-NIR 的 NIRCI 系统属于光源过滤，宽带光在与样本相互作用之前通过干涉过滤。通过用光学参量振荡器的窄带输出照射样本来采集近红外光也属于光源滤波。

不管选择哪一种，对于绘像或成像，为了优化照明条件，必须满足几个基本准则。样品光照系统应足够强，以提供足够的信号穿过采样区，但是不能强烈到损坏样本。整个视场应该相对一致，因为光照不均会导致在样品上的不同点处采集的光谱数据质量有明显的不同。在图像中数据信噪比特性的变化可能尤其成为问题，因为许多应用于这些数据处理的方法，都假定所有数据是对等的。当“看”化学绘图或图像时，潜在光谱数据的质量可能不是很明显。这些考虑因素大多与整体成像或线绘图系统相关，因为适当的功率和均匀性这两个标准，通常会满足点绘图系统的要求。点绘图中光照功率随时间漂移对点成像的影响，与空间光照不均匀对线绘图和整体成像的影响相同。对于 OPO 照射整体成像，在波长扫描过程中，脉冲功率的变化也具有相似的影响。

基于干涉仪的成像和绘图系统，使用宽带石英卤钨灯源（QTH）是很普遍的，覆盖范围为 14000～2800cm^{-1}。光源与近红外光谱耦合，产生的调制光用来照射样品。

在最初单点光谱的设计中，传统的傅里叶变换近红外源用于成像是不理想的，特别是对于较大的样品在总功率和均匀分布方面可能会成为制约性能的主要因素之一。由于需要多分光仪，将多个过滤的光源用于傅里叶变换的光谱成像仪受到实用性和经济性的限制。

对于可调滤波器整体成像（LCTF 或者 AOTF），和基于谱带的线成像，最常用的是 QTH 光源，但是它首先不是通过干涉仪过滤，而是直接照射（无调制）到整个样品上。如果需要的话，可通过使用更多的光源，使优化照明更容易。因为它的灵活性，整体近红外成像特别适合于研究大样本区域。

通过可调光学参量振荡器，采用窄波长照明的整体成像最近实现了商品化

(卡尔斯巴德市奥普迪公司，加利福尼亚州，美国)。OPO 在整个近红外光谱范围 1400～2500nm 可调谐，可调谐带宽约为 3nm，单次脉冲的能量很大（2.5MJ 的峰能量)，因此用适当的光学器件扩大光束照明大采样区是可能的。被照明的采样区是灵活的，当探测小样本区域时，为防止样本受到损坏，需要降低输出功率。由于脉冲功率的非均匀性，为了适当地调整产生的漫反射率，需要在视场内使用校准过的强度标准物质。但是也会因脉冲之间的变化产生空间变化（散斑)，而且很难获得平场成像。可采用优化照明均匀性的策略，包括使用高频率的摆动来模糊斑点，以及在光学参量振荡器和样品之间插入积分球[52]。

4.4.3 光学器件

对于成像仪的性能，采集和图像形成非常关键。色差、工作距离、放大率、数值孔径、穿透深度、空间分辨率和视场，都是需要考虑的重要特性。

近红外化学成像系统光学实施一个主要的差异是使用反射还是折射光学器件。反射光学能够消除色差，但是相对庞大，只在相对较窄的波长范围内是消除色差的，折射光学较为灵活和紧凑。反射光学主要用于基于 FT 的 NIRCI 系统，而折射光学则可用于其他大部分成像系统。傅里叶近红外化学成像系统基于 FT-NIR 成像系统，其覆盖的波长范围约比近红外光谱高一个数量级。在近红外光谱和中红外光谱区中，只有反射光学具有消色差的性能。因此，对于基于傅里叶的近红外化学成像，最实际的解决方案是采用反射光学透镜。

相反的，近红外整体成像使用可调滤波器，线绘图使用 PGP 光谱仪，都是针对具体的窄波长范围，因此可以采用适当设计的折射光学。由于更易选择“现成的”方法，折射光学视场的灵活性更高。然而，与成像性能良好的可见光区域显微镜相比（只有约 300nm 范围）（表 4.5)，近红外光覆盖约 1800nm 范围，对光学设计提出了更严峻的挑战。

表 4.5 典型的图像形成的光学类型和基本的仪器的波长范围

光谱区	波长范围/nm	波长距离/nm	光学类型
可见光	400～700	300	折射
近红外	700～2500	1800	反射(傅里叶)/折射(PGP,可调滤波器)
中红外	2500～25000	22500	反射

4.4.4 波长滤波器

“光谱仪”（波长滤波器）的选择是影响近红外化学成像系统整体性能和表现的最重要因素，它因为决定光学通量光谱分辨率以及在许多情况下可用的光谱范围。因此，如何对其进行选择将是本章讨论的焦点。

4.4.4.1 液晶可调滤波器

LCTF 是一种 Lyot 滤光器，它的波长是电子可调的[53]。它是一个没有移动部件的固态器件，用于整体近红外成像。这些滤波器的典型波长范围为 950～2450nm，但是需要两个滤波器串联覆盖这个范围。其中一个滤波器用于 950～1900nm 范围，另外一个用于 1000～2450nm 范围。这些滤波器的光谱分辨率对波数是固定的，但对波长是变化的，通常在 1650nm 处的分辨率为是 7nm，1900nm 处为 9nm。

离散波长之间的调谐时间约为 10ms，波长步距是独立的。这些滤波器的优点是坚固（无动件、固态），随机波长扫描、快速调谐，同轴线光学采用（直视式设计），可得到优秀的图像质量。可调谐滤波器可用于高光谱和多光谱中，调谐快速。这使实时成像成为可能，在几秒钟内，实时成像可采集多个与分析相关的波长。

LCTF 需要准直的输入，起到限制检测系统数值孔径的作用。同时，该过滤器是偏振敏感的，而且作为闭塞滤波器，其透过率在整个波长范围在 5%～30% 变动。因为 LCTF 的偏振敏感性，用偏振光照射样品可消除镜面反射（即从光滑表面发出的耀眼光）。

4.4.4.2 干涉仪

迈克尔逊傅里叶变换干涉仪可用于点成像、线成像和整体成像。随着动镜移动，一系列数据点被采集，光学延迟由波长分辨率决定：分辨率越高，动镜位移越远。在每个空间位置获得干涉图，通过快速傅里叶变换重构光谱。所用光的波长越短，采集点的间隔必须越紧密，以避免混叠，也就是说，将这些较短波长与长波长数据[54] 混合在一起。相比于可能出现欠采样的 MIR，对于相同的分辨率（cm^{-1}），近红外数据集的数据点数是它的 2～3 倍。如果获得数千个空间位置的光谱，近红外成像数据集是相当大的。

如果需要高光谱分辨率的数据，干涉仪技术是一种可以选择的方法，因为它能提供最高可用的光谱分辨率。然而，正如先前所讨论的，对于近红外光谱区，这些高光谱分辨率往往是不必要的。此外，如果期望的信息仅包含在几个波长内，干涉仪可能处于劣势，因为在多光谱模式中没有实施空间。同时，商用红外化学成像干涉仪的操作是基于动镜的方式，其最适合的环境是实验室，不像这里讨论的其他滤光方法，因为这些滤光方法在机械上非常耐用。

4.4.4.3 光栅或棱镜/操作

用这些方法时，产生了一些变化：已成功使用了单衍射器件，如平面光栅和棱镜，为了克服空间和光谱扭曲（分别是正方形和梯形）与降低整体光学复杂程度和路径长度[55]，已设计出复合色散元件，比如棱镜-光栅（棱栅）或棱镜-光栅-棱镜（PGP），以及棱栅。棱栅和 PGP 的应用都可以采用“直观”光学设计，光谱仪的光路是线性的，可以搭建成紧凑直线型的成像光谱仪[2,56]。

一个商品化 PGP 近红外成像光谱仪的波长范围为 1000～2500nm，用一个 30μm 的狭缝可获得 80nm 的光谱分辨率。这个结构非常稳固，没有移动部件，可在过程分析环境中使用。作为一个干涉仪，PGP 光谱仪不能用于多光谱模式，但由于数据采集时间很短，这并不是一个重要的考虑因素。

4.4.4.4 声光可调谐滤波器

声光可调谐滤波器（AOTF）是一种稳定的电子调谐滤波器。滤波器由一种透明的二氧化碲及其晶体组成，在近红外段（400～1900nm）操作。键合压电声音换能器，将射频频率应用到换能器中，晶体中产生声波，其功能与透射光栅等效。通过改变所施加的射频频率，可以调谐波长。从理论上来说波长的调谐时间为5ms，但实践中一般是20ms[57]。滤波器的带宽一般随波长变化，在900～1700nm 范围内其变化在5～20nm，与 LCTF 类似。该器件是偏振敏感的，需要准直输出，因为中心波长可以随机扫描，声光可调谐滤波器能在多光谱或高光谱模式下操作。其输入狭缝通常较小，这进一步降低光通量。然而，该滤波器是稳健的固态器件，适合过程分析工作环境。虽然声光可调谐滤波器的光路不是“直观”的，但能设计出了相对紧凑的系统[58,59]。

4.4.4.5 带通滤波器

装有选择好的系列带通滤光片的滤波轮也可用于光谱成像。虽然可以倾斜调谐介质滤波器的通带，这种解决方案相对灵活，但可能导致图像移位。然而，如果不这么做，只会获得一系列的离散波长。调谐速度受滤光片进入和离开光路的机械操作所限。如果需要几个波长解决分析问题，这种方法是有效的，但是对于方法建立来说，其灵活性受到限制。

4.4.5 检测器

关于近红外探测器的发展和特点的更多信息可以在文献［1］和［59］找到。用于单点绘图的检测器与那些用于单点光谱仪的相同。有各式各样的探测器，常用的系统包括碲镉汞（MCT）、锑化铟（InSb）或铟镓砷化物（InGaAs）。常用于 FT-NIR 成像系统的线探测器或色散光谱仪的线阵列检测器为碲镉汞、锑化铟或铟镓砷。近红外整体成像系统和 PGP 绘图系统需要使用焦平面阵列二维探测器[60]。近红外整体成像仪通常采用锑化铟阵列，格式为320×256（或240）（1100～5000nm），或采用铟镓砷阵列，格式为256（或240）（900～1700nm）。碲镉汞阵列（320×256格式）常用于MIR，但也已用于近红外（约1～2.5μm，1000～4000cm^{-1}）。根据波长范围和预期的应用，这些探测器可在室温、恒温、TE 制冷或液氮制冷的条件下工作。

4.5 最优化实验条件：实用性考虑

4.5.1 空间分辨率和放大率

尽管传统光谱仪与成像光谱仪有许多相似之处，但是成像有独特考虑之处。

例如，当我们提到成像光谱仪的“分辨率”时，就会感到困惑。不同于标准的光谱仪，分辨率专指光谱分辨率，成像光谱仪包括光谱分辨率和空间分辨率两种特征。

空间分辨率和放大率的概念通常是混淆的，术语常交换使用。空间分辨率是指可以分辨的最小目标，它受不可控约束比如光衍射极限，设计考虑比如光学导致的失真，甚至是实验条件比如渗透深度[61]、样本类型、探针辐射波长的影响。另外，放大率定义的是相对于原始目标的图像大小。简单地切换到更高的放大率将不会允许小于空间分辨率的粒子被光学器件分辨。超过系统空间分辨率的放大率仅仅是过采样或无意义的放大，仅用于减少在光谱系统分辨能力达到极限时的样本成像区域。总而言之，可以清楚分辨的最小微粒根本上取决于系统空间分辨率而不是使用的放大率。

4.5.2 检出限

成像光谱学的探测极限与总体光谱有很大不同，它的高样本依赖性源自成像，因为在成像中，稀释发生在像素-像素级上，而不是在整体上。换句话说，如果微量微粒的光谱在单像素下可检测到，那么该化合物在近红外化学成像系统的检出限之上。这不适用于标准近红外光谱测量，因为它对污染物和其他样本成分的光谱响应是平均的。然而，如果相同数量的微量成分在样本中平均分散而不是位于单个像素内，近红外化学成像探测污染物将不再具有优势。因此，化学成像仪器的探测极限很大程度上受微粒大小和样本的化学与空间不均匀性的影响。

4.5.3 采样和样本

成像的实用性在于对固体样本中的空间不均匀性具有分辨能力，对液体甚至是悬浮体进行成像会受到限制，因为恒定样本移动或在分子水平的混合获得的是平均空间信息。一个可能的例外是使用高通量成像对多个液体或悬浮样本进行筛选，一个依靠同时获得许多光谱来对比样本间差异而不是探究单个样本空间不匀质性的应用。同样的，对均匀固态样本进行成像分析也没有优势，因为标准光谱仪将会产生相同的信息。当然，对于均匀的定义从根本上由样本类型、成像系统的空间分辨率和使用的放大率所决定。

4.5.4 数据分析和化学计量学

因为图像对比度是基于样本固有的特征（成分的近红外光谱信号），图像是从没有标记或着色的样本中得到的。对比度可以多很多不同的光谱参数：峰高、峰面积、波长位移、基线变动（散射差异）和来自多元分析的其他参数。

对于化学图像数据集的数据图像分析方法，通常最初步骤与单点光谱学相同；预处理用于分离化学和物理影响，除非分析基于物理的影响（例如散射差异被看作基线变动）。接下来的步骤涉及图像内部成分的分离，即充分分离感兴趣部分的组分。如果样本包含了光谱特征很好分离的成分，这使单变量（单个波长/标记谱带）处理成为可能。然而，考虑到漫反射近红外光谱的本质，光谱重叠通常是显著的。同时，单变量方式仅仅利用了可用数据的小部分，在大部分情况下多元方法可以通过使用较大部分的数据来改善结果。对于传统近红外光谱和近红外化学成像，如何使用这些方法是不同的。建立传统近红外光谱的多元校正模型开始于收集一系列参考样本的光谱，这些样本中的水分浓度变化范围应覆盖待测未知样本预期的范围。这些光谱用于创建数据库，随后直接将光谱与成分浓度进行关联建立合适的多元定量校正模型。可替代的方法是使用近红外化学成像，“定性”的分类模型来源于纯物质光谱库。大量独立探测器获得的纯组分光谱的内在变动，使统计分析结果具有固有的稳健性。使用定性分类方法，使估算合理的成分相对丰度成为可能，这仅仅使用纯成分的光谱作为条件。

一旦建立了单变量或多元分离方法，对于明显均匀的样本，可以直接使用标准成像处理工具如形态学过滤器和颗粒统计学等。甚至有可能从直接来自未知样本数据集的纯成分参考光谱进行“定性”分类，而不需要额外的“校正”数据。一旦模型建立，可随后应用于相同的数据集。

对于越来越多的单像素混合物光谱，分析策略倾向于汇集更多的传统方法，也明显更依赖于多元而不是单变量方法。然而，对于化学图像建立可靠的混合校正数据集（而不是建立一个纯成分光谱库和应用定性方法）具有挑战性，正如先前所讨论的，对于这类方法，每个像素必须精确地看到相同的成分才有效。在近红外光谱成像尺度（一般为30～40μm）获得匀质性是有挑战的。由此，定性分类方法的应用仍是最有利的，尽管用于生成数据库的纯组分光谱来自于标准光谱仪，独立的数据集或者视场中的孤立区域。

4.6 结论

与MIR和拉曼成像相比，近红外化学成像没有从点绘图方式中得到发展，由于单点近红外光谱关注整体和平均性质，人们还没有充分认识到近红外光谱成像数据集的潜在能力。随着20世纪90年代出现的技术革新，许多研究群体开始探索近红外化学线绘图和整体成像的应用潜力。随着商品化整体成像（LCTF）和线绘图近红外化学成像工具的出现，2000年左右它开始被大众广泛接受。

从此，近红外化学成像开始应用于各式各样的实验室和过程分析领域，近红外化学成像系统独特的能力得到认可。近红外化学成像有能力去定性或者定量表征样本中化学分布的特征，对于那些简单地通过平均物理和化学信息难以表征的整体样本性质，提供了一种独特的方法。仪器不断提高样本高通量。结合系统复杂的数据分析和校正策略，确保基于图像数据获得的结果更加稳健。

可用的实验仪器为实验提供了多种选择，并且实验者可以根据实验目标通过校准系统的属性来选择。针对高光谱分辨率的实验室工作，或生产线上移动样本的重复过程检测，或介于两者之间的任何场景，可对近红外化学成像系统进行优化。

参 考 文 献

1. Colarusso, P., Kidder, L. H., Levin, I. W., Fraser, J. C., Arens, J. F.,and Lewis, E. N. (1998). Infrared spectroscopic imaging: from planetary to cellular systems. *Appl. Spectrosc.* **52**, 106A–120A.
2. Aikio, M. (2001) Hyperspectral prism-grating-prism imaging spectrograph, PhD Thesis, University of Oulu, Publ. 435, VTT Publications, Espoo.
3. Burns, D. A. and Ciurczak, E. W. (Eds.) (2007) *Handbook of Near-Infrared Analysis*, CRC Press, Boca Raton, FL.
4. Messerschmidt, R. G. and Harthcock, M. A. (Eds.) (1988) *Infrared Microspectroscopy: Theory and Applications*, Marcel Dekker, New York.
5. Humeck, H. J. (Ed.) (1995) *Practical Guide to Infrared Microspectroscopy*, Marcel Dekker, New York.
6. Lodder, R. A., Cassis, L. A., and Ciurczak, E. W. (1990). Arterial analysis with a novel near-IR fiber-optic probe. *Spectroscopy* **5**, 12–16.
7. Taylor, S. K. and McClure, W. F. (1990) NIR imaging spectroscopy: measuring the distribution of chemical components. In: Iwamoto, M. and Kawano S. (Eds.) *Proceedings of the 2nd International NIRS Conference*, Korun, Tokyo, 1989, pp. 393–404.
8. Treado, P. J., Levin, I. W., and Lewis, E. N. (1992). Near-infrared acousto-optic filtered spectroscopic microscopy: a solid state approach. *Appl. Spectrosc.* **46**, 553–559.
9. Robert, P., Bertrand, D., Devaux, M. F., and Sire, A. (1992) Identification of chemical constituents by multivariate near-infrared spectral imaging. *Anal. Chem.* **64**, 664–667.
10. Aikio, M. (1992) An optical component. Finnish Patent 90,289.
11. Bellamy, M. K., Mortensen, A. N., Hammaker, R. M., and Fateley, W. G. (1995). NIR imaging by FT-NIR-HT spectroscopy. *NIR News* **6**, 10–12.
12. Lewis, E. N., Gorbach, A. M., Marcott, C., and Levin, I. W. (1996). High-fidelity Fourier transform infrared spectroscopic imaging of primate brain tissue. *Appl. Spectrosc.* **50**, 263–269.
13. Munro, H., Novins, K., Benwell, G., and Mowat, A. (1997). Interactive exploration of spatially distributed near infrared reflectance data. In: Proceedings of GeoComputation '97 and SIRC '97, Otago, New Zealand, August 1997, pp. 345–353.
14. Dempsey, R. J., Cassis, L. A., Davis, D. G., and Lodder, R. A. (1997) Near-infrared imaging and spectroscopy in stroke research: lipoprotein distribution and disease. In *Imaging Brain Structure and Function: Emerging Technologies in the Neurosciences*, *Ann. N. Y. Acad. Sci.* **820**, 149–169.
15. Hammond, S. V. (1998) NIR microspectroscopy and the control of quality in pharmaceutical production. *Eur. Pharm. Review* **3**, 4–51.
16. Cassis, L. A., Yates, J., Symons, W. C., and Lodder, R. A. (1998). Cardiovascular near-infrared imaging. *J. Near Infrared Spectrosc.* **6**, 21A–25A.
17. Tran, C., Cui. Y., and Smirnov, S. (1998). Simultaneous multispectral imaging in the visible and near-infrared: applications in document authentication and determination of chemical inhomogeneity of copolymers. *Anal. Chem.* **70**, 4701–4708.
18. Martinsen, P. and Schaare, P. (1998). Measuring soluble solids distribution in kiwifruit using near-infrared imaging spectroscopy. *Postharvest Biol. Technol.* **14**, 271–281.
19. Lu, R. and Chen, Y. R. (1998). Hyperspectral imaging for safety inspection of food and agricultural products. *Proc.* SPIE **3544**, 121–133.
20. Lewis, E. N., Carroll, J. E., and Clarke, F. M. (2001). NIR imaging: a near-infrared view of pharmaceutical formulation analysis. *NIR News* **12**, 16–18.
21. Lawrence, K. C., Windham, W. R., Park, B., and Buhr, R. J. (2001). Hyperspectral imaging for poultry contaminant detection. *NIR News* **12**, 3–6.
22. Kulcke, A., Gurschler, C., Spöck, G., Leitner, R., and Kraft, A. (2003) On-line classification of synthetic polymers using near-infrared spectral imaging. *J. Near Infrared Spectrosc.* **11**, 71–81.
23. Clarke, F. and Hammond, S. V. (2003) NIR microscopy of pharmaceutical dosage forms. *Eur. Pharm. Rev.* **1**, 41–50.
24. Reich, G. (2005) Near-infrared spectroscopy and imaging: basic principles and pharmaceutical applications. *Adv. Drug Deliv. Rev.* **57**, 1109–1143.
25. Taghizadeh, M., Gowen, A., O'Donnell, C. P., and Cullen, P. J. (2008) NIR chemical imaging for the food industry. In: Heldman, D. R. (Ed.), *Encyclopedia of Agricultural, Food, and Biological Engineering*, Taylor and Francis, New York.
26. Gendrin, C., Roggo, Y., and Collet, C. (2008) Pharmaceutical applications of vibrational chemical imaging and chemometrics: a review. *J. Pharm. Biomed. Anal.* **48**, 533–553.
27. Gowen, A. A., O'Donnell, C. P., Cullen, P. J., and Bell, S. E. J. (2008). Recent applications of chemical imaging to pharmaceutical process monitoring and quality control. *Eur. J. Pharm. Biopharm.* **69**, 10–22.
28. Lyon, R. C., Lester, D. S., Lewis, E. N., Lee, E., Yu, L. X., Jefferson, E. H., and Hussain, A. S. (2002). Near-infrared spectral imaging for quality assurance of pharmaceutical products: analysis of tablets to assess powder blend homogeneity. *AAPS PharmSciTech* **3**, article 17, 1–15.
29. Lewis, E. N., Schoppelrei, J. W., Lee, E., and Kidder, L. H. (2005) Near-infrared chemical imaging as a process analytical tool. In: Bakeev, K. A. (Ed.), *Process Analytical Technology*, Blackwell Publishing, New York, p. 201.
30. Lewis, E. N. (2002) High-throughput infrared spectroscopy. US Patent 6,483,112.
31. Lee, E., Huang, W. X., Chen, P. Lewis, E. N. and Vivilecchia, R. V. (2006). High-throughput analysis of pharmaceutical tablet content uniformity by near-infrared chemical Imaging. *Spectroscopy* **21**(11), 24–33.
32. Dubois, J. D., Lewis, E. N., Fry, F. S., and Calvey, E. M. (2005) Bacterial identification by near-infrared chemical imaging of food-specific cards. *Food Microbiol.* **22**, 577–583.
33. Kidder, L., Lewis, E. N., Lee, E., and Haber, K. S. (2003) Approaches to standards for qualifying vibrational spectroscopic imaging instrumentation. Presented at ICAVS-2, University of Nottingham, UK.
34. Standard Reference Material 1920a, Certificate of Analysis, National Institutes of Standards and Technology, 2004. http://ts.nist.gov/MeasurementServices/ReferenceMaterials/archived_certificates/1920a.Feb%2020,%202004.pdf.
35. Choquette, S. J., Duewer, D. L., Hanssen, L. M., and Early, E. A. (2005), Standard reference material 2036 near-infrared reflection wavelength standard. *Appl. Spectrosc.* **59**, 496–504.
36. Near infrared spectrophotometry, in *United States Pharmacopeia Official Compendia of Standards*, General Chapter <1119>, 2003, 2388–2391.
37. Polder, G., van der Heijden, G. W. A. M., Keizer, L. C. P., and Young, I. T. (2003). Calibration and characterization of imaging spectrographs. *J. Near Infrared Spectrosc.* **11**, 193–210.
38. Geladi, P. L. M. (2007) Calibration standards and image calibration. In: Grahn, H. F. and Geladi, P. (Eds.), *Techniques and Applications of Hyperspectral Image Analysis*, Wiley, New York, pp. 203–220.

39. Dempsey, R. J., Cassis, L. A., Davis, D. G., and Lodder, R. A. (1997) Near-infrared imaging and spectroscopy in stroke research: lipoprotein distribution and disease. In *Imaging Brain Structure and Function: Emerging Technologies in the Neurosciences, Ann. N. Y. Acad. Sci.* **820**, 149–169.
40. Treado, P. J., Levin, I. W., and Lewis, E. N. (1994) Near-infrared spectroscopic imaging microscopy of biological materials using an infrared focal-plane array and an acousto-optic tunable filter (AOTF). *Appl. Spectrosc.* **48**, 607–615.
41. DeVerse, R. A., Hammaker, R. M., and Fateley, W. G. (2000) Realization of the Hadamard multiplex advantage using a programmable optical mask in a dispersive flat-field near-infrared spectrometer. *Appl. Spectrosc.* **54**, 1751–1758.
42. Lewis, E. N., Strachan, D. J., and Kidder, L. H. (2004) High-volume on-line spectroscopic composition testing of manufactured pharmaceutical dosage units. US Patent, 6,690,464.
43. Blob, A., Rullkötter, J., and Welte, D. H. (1987) Direct determination of the aliphatic carbon content of individual macerals in petroleum source rocks by near-infrared microspectroscopy. In: Mattavelli, L. and Novelli, L. (Eds.), *Advances in Organic Geochemistry, Proceedings of the International Meeting on Organic Chemistry*, Pergamon Press, Oxford.*Org. Geochem.* **13**, 1073–1077.
44. Laughlin, R. G., Lynch, M. L., Marcott, C., Munyon, R. L., Marrer, A. M., Kochvar, K. A. (2000) Phase studies by diffusive interfacial transport using near-infrared analysis for water (DIT-NIR). *J. Phys. Chem. B* **104**, 7354–7362.
45. Benedetti, E., Galleschi, F., D'Alessio, A., Ruggeri, G., Aglietto, M., Pracell, M., and Ciardelli, F. (1989). Microscopic FT-IR analysis of blends from functionalized polyolefins and polyvinyl chloride or polystyrene. *Chem. Macromol. Symp.* **23**, 265–267.
46. Hill, S. L. and Krishnan, K. (1988) Some applications of the polarized FT-IR microsampling technique. In: Messerschmidt, R. G. and Harthcock, M. A. (Eds.), *Practical Spectroscopy Series*, Dekker, New York, p. 116.
47. Clarke, F. C., Jamieson, M. J., Clark, D. A., Hammond, S. V., Jee, R. D., and Moffat, A. C. (2001). Chemical image fusion: the synergy of FT-NIR and Raman mapping microscopy to enable a more complete visualization of pharmaceutical formulations. *Anal. Chem.* **73**, 2213–2220.
48. Mao, C. (2000) Focal plane scanner with reciprocating spatial window. US Patent 6,166,373.
49. Lewis, E. N., Treado, P. J., Reeder, R. C., Story, G. M., Dowrey, A. E., Marcott, C., and Levin, I. W. (1995) Fourier transform spectroscopic imaging using an infrared focal-plane array detector. *Anal. Chem.* **67**, 3377–3381.
50. Snively, C. M., Katzenberger, S., Oskarsdottir, G., and Lauterbach, J. (1999) Fourier-transform infrared imaging using a rapid-scan spectrometer. *Opt. Lett.* **24**, 1841–1843.
51. Marcott, C., Story, G. M., Dowrey, A. E., Grothaus, J. T., Oertel, D. C., Noda, I., Margalith, E., and Nguyen, L. (2009). Mining the information content buried in infrared and nearinfrared band shapes by temporal, spatial, and other perturbations. *Appl. Spectrosc.* **63**, 346A-354A.
52. Rice, J. (2004) Testing spectral responsivity of IR cameras. Presented at Workshop on Thermal Imaging Research Needs for First Responders.
53. Morris, H. R., Hoyt, C. C., and Treado, P. J. (1994) Imaging spectrometers for fluorescence and Raman microscopy: acousto-optic and liquid crystal tunable filters. *Appl. Spectrosc.* **48**, 857–866.
54. Griffiths, P. R. and de Haseth, J. A. (1986) *Fourier Transform Infrared Spectrometry*, Academic Press, New York.
55. Mouroulis, P. (1998) Low-distortion imaging spectrometer designs utilizing convex gratings. *Proc. SPIE* **3482**, 594–601.
56. Newport Richardson Technical Note 5, Grisms (grating prisms). http://gratings.newport.com/information/technotes/technote5.asp.
57. Goldstein, S. R., Kidder, L. H., Herne, T. M., Levin, I. W, and Lewis, E. N. (1996) The design and implementation of a high-fidelity Raman imaging microscope. *J. Microsc.* **184**, 35–45.
58. Gupta, N. (2006) Fiber-coupled AOTF spectrometers. *Proc. SPIE* **6083**, 174–185.
59. Gat, N. (2000) Imaging spectroscopy using tunable filters: a review. *Proc. SPIE* **4056**, 50–64.
60. Lewis, E. N., Kidder, L. H., Lee, E., and Haber, K. (2006). Near-infrared spectral imaging with focal plane array detectors. In: Levin, I. W. and Bhargava, R. (Eds.), *Spectrochemical Analysis Using Infrared Multichannel Detectors*, Blackwell, New York, p. 28.
61. Hudak, S. J., Haber, K. H., Sando, G., Kidder, L. H., and Lewis, E. N. (2007) Practical limits of spatial resolution in diffuse reflectance NIR chemical imaging. *NIR News* **18**, 6–8.

5 高光谱成像中的数据分析和化学计量学方法

Paul Geladi　瑞典，于默奥，瑞典农业科学大学生物技术与化学系

Hans Grahn　瑞典，斯德哥尔摩，卡罗林斯卡学院行为神经科学系

Marena Manley　南非，斯特兰德，斯特兰德大学食品科学系

5.1 引言

数据分析和化学计量学对于高光谱成像来说是一个比较宽泛的话题，并且很容易让人感到迷惑。这是由于有许多化学计量学方法可供使用，并且有大量的振动光谱学技术同样可以应用于化学计量学。尽管如此，我们在本章中会通过充分的实例让读者有一个整体的把握以及对细节的理解。整章采用教学的方式用一个简单的近红外（NIR）成像实例来阐述这个概念。

本章以一些高光谱图像的定义和马赛克开始，包括数据文件格式。同时将会介绍一些不同类型的图像分辨率。校正标准物质和标准化是本章的重要组成部分。高光谱成像有不同的方式，每种方式都需要不同的数据处理方式。5.2 节介绍一些经典的有助于图像处理和变换的单变量方法，但没有过多地关注细节内容。化学计量学的核心内容在 5.3 节进行介绍，包括局部模型、图像清理、光谱变换、主成分分析（PCA）、多元曲线分辨（MCR）、多元图像回归、判别回归、人工神经网络（ANNs）以及聚类和分类。

5.1.1 数字化图像、多元图像和高光谱图像

数据分析是对测量结果的分析。这些是由几个测量值来定义的（单个数字无法再进一步分析），并且可以排列成数据阵列，例如向量、矩阵以及三维阵列。

数字化图像是数字阵列。灰度图或者强度图，又称为 B/W 图，是一种由行和列组成的矩阵（图 5.1）。矩阵上的每一个元素是该位置（像素位置）上的灰

度值，同时如果在电脑显示屏、一张纸或者电影幕布上看，这些元素在一起形成了整张图像。早些时候这些图像的尺寸限制在二次幂，因此，诸如64×64、128×128、256×256以及512×512是曾使用的图像尺寸，现在情况已不再是这样了。对于模拟电视，PAL标准尺寸是625行，其中只用到575行。对于数字电视来说，标准尺寸[1-3] 有576×720、720×1280以及1280×1920。彩色数码相机有各种尺寸，并且可以进行大尺寸彩图成像。这里提到的数据矩阵是虚拟的，并且图像是以数据文件形式存储起来的。对于屏幕上显示的彩色图像，矩阵中的每个像素都有三个强度值，分别为蓝色、绿色、红色的值。这些通常被称为颜色通道，因为它们是光谱波段，而不是单一的波长。在印刷行业里，所有的颜色都由青色、黄色和品红色的点合成。作为一个阵列，彩色图像是由三层构成的一个三维数组。

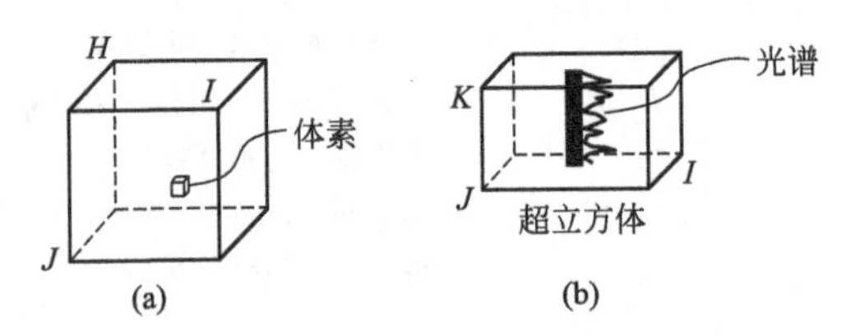

图5.1 (a) 有索引的一个三维图像：$h=1, \cdots, H$ 表示深度；$i=1, \cdots, j=1, \cdots, I$ 和 J 表示平面维度。每个位置 (h, i, j) 都有一个相关的数字或者强度值叫体素。对于二维图像来说，深度维收缩形成一个平面，并且体素变成了坐标为 (i, j) 的像素。(b) 最常见的高光谱图像有两个位置尺寸 $i=1, \cdots, j=1, \cdots, I$ 和 J。每个像素位置都有一个 K 维向量或者光谱与之对应。(i, j, k) 这个位置包含了一个数字或者强度值。它同时有空间和光谱上的邻域。这种数据结构也被称为超立方体

任何有三个以上通道的图像都可以被称为多元图像，在早期经常用到4～20通道的多光谱图像。随着AVIRIS机载成像系统的引入，高光谱词汇出现了，并且AVIRIS有224个通道。现在高光谱图像往往超过100个通道（图5.1）。高光谱图像是由行、列、通道组成的三维数组。高光谱和多元图像同样是以数据文件形式存储起来。

高光谱图像在可变维度上具有光谱属性。这意味着这里存在一个最小波长（或者波数）和一个最大波长，并且在这个范围内波长均匀合理地分布，如图5.1所示，换句话说变量是连续的。然而，波长或者波数是一个理想化的概念。在实际情况中，是一个单色仪或者滤波器的带通。因此，波段或者通道这个词经常被使用，1000nm的通道意味着经过单色器或者滤波器得到的以1000nm为中心的一个具有典型带宽的波带。

在早期的图像分析中像素是整数，像素值在0～255（有2^8个可能值来表示强度）。在放射学中，像素值的标准值通常是0～4095的整数（2^{12}个可能值）。较新的系统有甚至更高的强度分辨率。也可以通过图像均值化来减小噪声。这样会产生小数，通常用实数或者双精度来表示。

一个即将推出但并不是十分普及的技术就是三维成像。三维图像有三个像素坐标，并且像素称为体素（图 5.1）。由于需要先进的计算机和观测设备，这限制了 3D 技术[4,5] 更广泛的普及（见第 6 章）。

高光谱图像的一般定义如下：一个有两个（或者三个）像素（体素）坐标的阵列，其中每个像素（体素）都由至少 100 个测量值的向量表示，并且向量中的每个元素是单精度或者双精度值（图 5.1）。进一步的要求是向量中的元素可以进行排序并且相当均匀的分布。在许多情况下，超立方体可以重塑成一个图像数据矩阵（图 5.2）。如果这个像素的坐标可以保持可用，那么这将是一个非常好的处理图像的方式。因此一个典型的高光谱图像可能有上万个点。

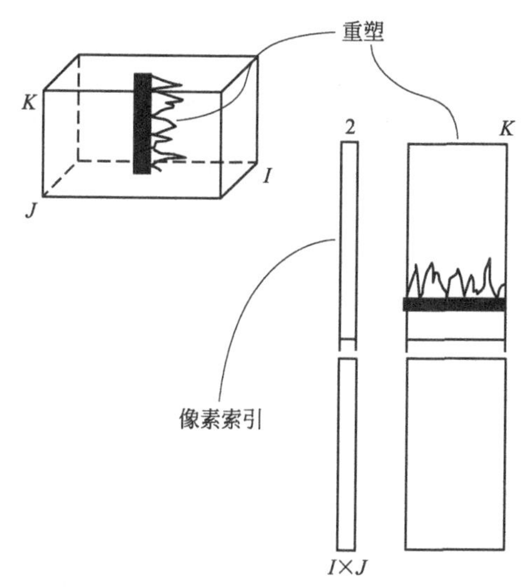

图 5.2　对于大多数计算来说，超立方体可以重塑成图像数据矩阵（只要保留下像素索引，重塑就可以做到）

有时候不止一个超立方体需要进行同样的数据分析过程。在这种情况下，将许多超立方体拼接成一个马赛克比较容易。这也可以是一个超立方体的时间序列。当没有足够的对象（例如谷粒）放入图像（相机的视野）中去的时候，拼接也是解决一些采样问题的方法。图 5.3 给出了马赛克技术的示意。拼接几十万个像素点也是可以的。

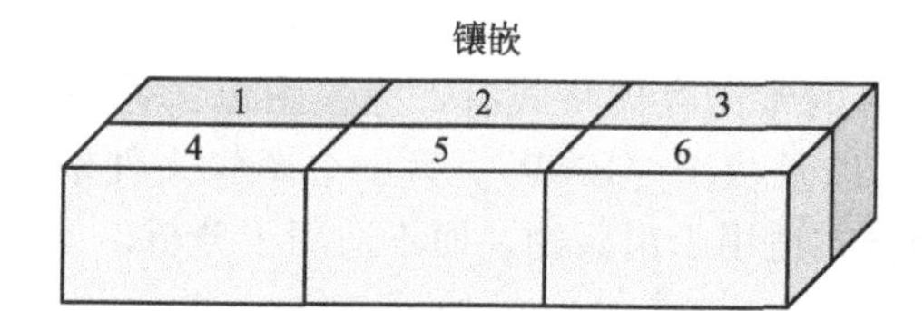

图 5.3　用同一个模型来分析多个超立方体，可以进行拼接（例如图中的数字可能属于一个时间序列）

如图 5.4 所示，一个大小为 256×320 的近红外高光谱图像有 118 个波段，

960～1662nm 间隔 6nm 进行成像。这是一块由肌肉和脂肪组成的干肉（产品名为干肉片）在 1302nm 处进行成像的灰度图，其中一块纯脂肪用作参考。干肉和脂肪被放置在黑暗背景（碳化硅砂纸）下。图 5.4 中给出了一些典型的光谱（探测器电流）。该图将会贯穿整个章节来阐述一些化学计量学技术和原理。

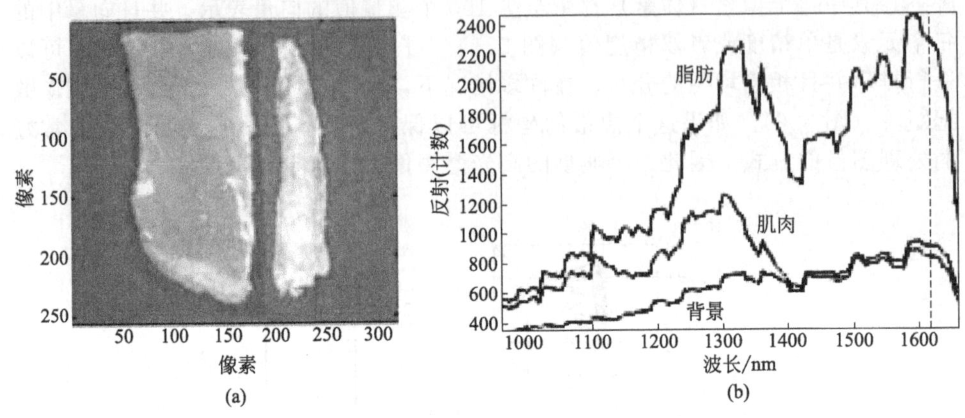

图 5.4 干肉和脂肪样本在 1032nm 波段的灰度图（a）
以及由 A/D 转换计数的三个典型的光谱（脂肪、肌肉和背景）（b）

5.1.2 图像数据文件

图像数据存储时对于格式的选择应该基于以下几个原则来决定：压缩的选择(如果需要的话)，源代码的获取，也就是说开源的原则有效，以及对于多元分析来说各种应用如何获取数据。

许多高光谱文件格式源于遥感，在此之前遥感图像可视化环境（ENVI）的标准早已盛行。振动光谱仪器制造商通常根据类似的格式来定制他们的硬件和软件。在高光谱成像中，文件比较大，因此文件存储和文件格式需要根据情况进行设计。ENVI 软件使用了三种不同的格式，这三种格式分别是：按波段顺序逐行存储(BSQ)、按行顺序逐波段存储（BIL)、按像素点顺序逐光谱向量存储（BIP)[6]。BSQ 和 BIL 是专为磁带存储而设计的。与许多其他的格式一样，表头与数据拆分，用来描述图像的通道、波段和其他信息。BIP 按照图像顺序来存储每一行。每条光谱 $\lambda_1 \sim \lambda_k$ 的光谱值被存储下来作为一个向量，而对应光谱向量的像素点则首尾相连。如图 5.5 所示，像素点根据它们的索引顺序进行排列。对于更简单的图像，例如化学计量学分析结果的常用存储格式有，标签图像文件格式(TIFF)[7]、便携式网络图形格式(PNG) 以及位图（BMP)。另一个图像文件格式是联合图像专家组(JPEG) 格式，这种格式适用于出版物，而不适用于分析。

5.1.3 图像和数据分辨率类型

分辨率意味着图像有不同的内容。首先是空间分辨率，图像越大（百万像

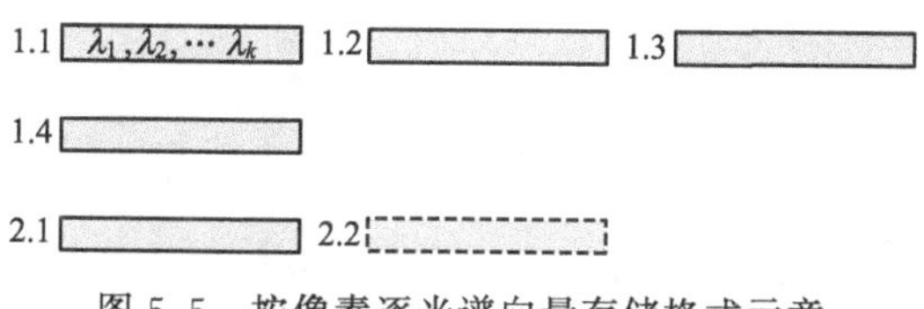

图 5.5 按像素逐光谱向量存储格式示意

素!）空间分辨率越高。然后是光谱分辨率（波长范围的分辨率）和数值分辨率（在波段上每个像素点的波长可以是短整型、长整型、单精度或双精度）。一个根据时间测量的图像序列也可能具有时间分辨率。高质量的光谱仪会在每个像素上得到高分辨率的光谱，但是在许多情况下为了获得更好的空间分辨率需要进行折中。

人眼具有非常高的空间分辨率，但是在强度分辨率（最大 32 级灰度）上很有限，并且几乎没有光谱分辨率，而大多数计算需要非常高的光谱和灰度分辨率。在图像分析中应该考虑到这两方面分辨率的问题。所有的计算都应该根据最精确的数据来进行，而对于视觉检查来说可以进行误差舍入处理。

5.1.4 标准化和标准物

人眼是非常灵活的，以至于图像中存在一些小的干扰，人眼依然能够识别出很多东西，例如强度、对比度、伽马以及白平衡。这种近似的视觉识别不具有很好的重现性。正确的计算需要精确的、准确的和可重现的值。这需要可再现测量装置，虽然并不是所有的成像装置都足够稳定。因此必须对已知属性的校准物质进行成像并使用校正算法。一个例子是在近红外和可见光反射式成像相机中使用黑白参照物，这可用来计算伪吸光度值[8,9]。使用例如规尺或者已知平铺大小的平铺模式的几何参考物来确保正确的像素几何也是非常重要的[10]。一些仪器制造商在图像扫描的过程中做到了标准化，而其他的则依靠科研人员来做到合适的标准化处理。

标准化的吸光度如图 5.6 所示，图中用干肉片的近红外高光谱图像作为示例。当把图 5.6 中的光谱图和图 5.4 中的进行比较时，可以注意到现在获得的光谱与常见的近红外吸收光谱有更熟悉的形状，然而与数字图像相比现在的图像看起来就不熟悉。

5.1.5 高光谱成像技术

在遥感领域，经典的 AVIRIS 仪器在可见光和长波近红外波段范围进行高光谱成像：400～2500nm 共有 224 个波段。然而，也可以在实验室里进行可见光和近红外图像成像。同样的，也可以进行拉曼光谱和傅里叶变换红外光谱成像[11]。质谱分析技术，例如二次离子质谱（SIMS）和飞行时间二次离子质谱（TOF-SIMS）同样可以进行高光谱成像。Hubbard[12] 对使用电子、离子、X 射线、伽马射线、红外以及基于特征表面的原子力等方法进行了综述。这些方法中很多都可以获得多元数据和图像。

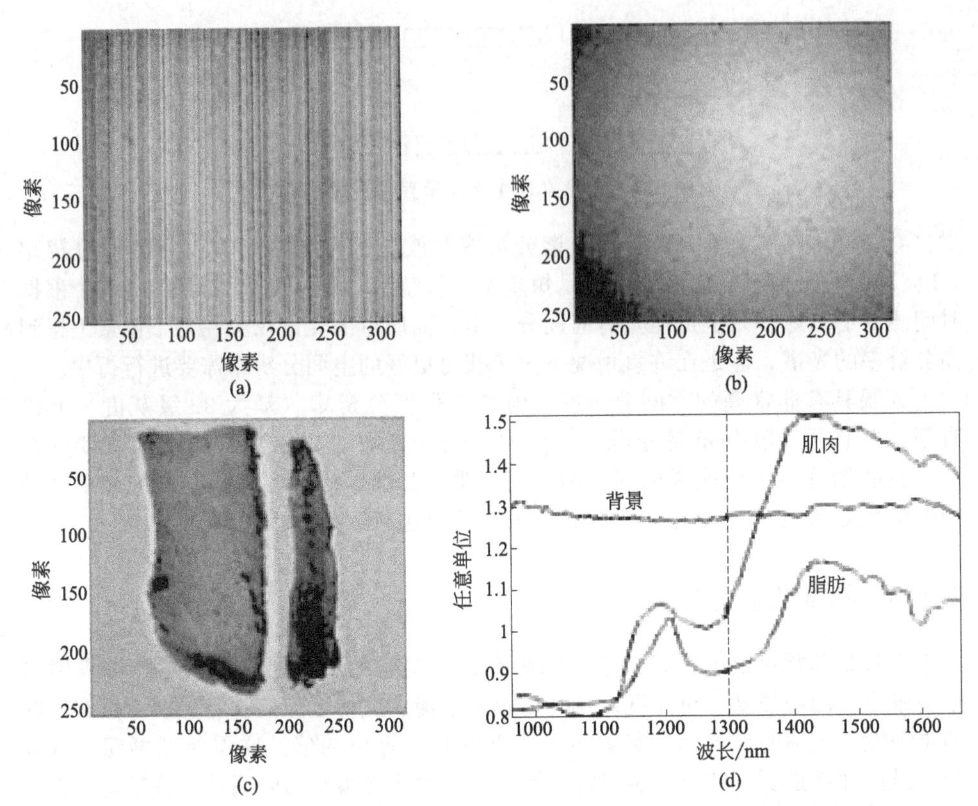

图 5.6 图 5.4 中干肉片图像的标准化结果：(a) 暗电流图像；(b) 25%反射率标准物的图像；(c) 转化为在 1302nm 波段处的吸收图像；(d) 经过转换后的脂肪、肌肉和背景的典型光谱

我们必须认识到图像清理和预处理的类型要依赖于所使用的成像技术。对多元化学计量学模型的需求有时候同样要依赖于所使用的成像方法。分析结果的展示也需要依赖于成像方法。结合不同的成像方法是一个特殊的挑战。Lau 等人[13] 给出了一个相同的图像示例，图像通过显微拉曼光谱和基于扫描电子显微镜的 X 射线荧光进行分析。

5.2 基于灰度图像的操作

灰度图像是数字矩阵，这为各种计算提供了可能。传统的图像分析文献涵盖了这些计算和操作[14-20]。这些图像操作的重要性在于，它们可以在尝试分析高光谱图像之前进行图像清理，或者分析高光谱图像之后对其结果进行清理或者分析。有几类操作分别是辐射操作、局部邻域操作、全局操作、计算操作以及几何弯曲。可以按顺序或者按自适应模式使用这些方法。

① 辐射操作是逐像素操作，可以是灰度值、对比度和伽马值设置，以及反转。该方法经常在高光谱图像中对单独的变量点进行预处理。

② 局部邻域操作考虑到了每个像素点都有相邻像素。一个典型的例子就是中值滤波，该方法是将每个像素点的灰度值替换为该像素点与其邻域像素点的中值。中值滤波操作可以用来估计丢失、废弃或者不完整的像素值。

③ 全局操作可以进行整体转换，例如采用傅里叶、余弦、斜变换、哈尔变换或者哈达玛变换。这使图像能够在傅里叶域进行滤波。

④ 算术操作是两个或者更多的图像之间进行逐像素运算，即加法、减法、乘法和除法。减法通常用来消除阴影。除法通常用来求得比例。这些操作在地质学中很常见。

⑤ 几何弯曲是将许多图像校正到一个共同的基本几何，包括旋转、镜像、线性，并且有时候包括非线性压缩或者扩张。这也称为配准。

免费软件 ImageJ[21] 很有趣。它包含了示例图像，并且能够将①到⑤的方法都运用进去。该软件对测试这些方法非常有用。大多数处理摄影图像的软件都包含以上提到的技术。

5.3 高光谱图像中的化学计量学

分析多元和高光谱图像的基本方法可以在参考文献［11］和文献［22-24］中找到。遥感和卫星成像使用的高光谱和相关信息可以在参考文献［25-31］中找到。化学计量学是一个广泛的领域，因此只会挑选其中一部分方法进行详细的讲解。没有详细讨论的技术方法，将会给出最新的参考文献。许多关于化学计量学结合多元图像成像和高光谱成像的比较老的文献可以在参考文献［22］和文献［23］中找到。Gendrin 等人[32] 以及 Nicolaï 等人[33] 就化学计量学写了一份很好的文献综述。对于光谱数据的化学计量学指南可以在参考文献［34］中找到。

图 5.7 给出了一个将超立方体或马赛克作为输入并产生多个输出的处理流程。对于这个输入阵列，可使用许多数据分析技术，通常按照如下的逻辑性顺序：首先进行数据清理、背景清除以及阴影校正，随后进行探索性的分析，最终进行分类或者回归。这个流程可以操作一次或者循环若干次。处理结果会以图像、点图和表格形式呈现。由于数据量巨大，因此可视化极其重要。表格仅仅用来展示模型的一般参数。

因子分析是包含了双线性分解的模型的总称。最重要的因子分析模型是主成分分析（5.3.4 节）和多元曲线分辨（5.3.5 节）。当然它们在目标和算法上也有很大的不同。已有大量的改进的因子模型。但这些模型仅是提及，不作过多解释。回归模型用来建立光谱和浓度之间的线性关系。这些将会在 5.3.6 节中进行介绍，并且在 5.3.7 节中详细介绍判别回归。在 5.3.8 节中介绍的人工神经网络是非线性回归模型。在 5.3.9 节中会介绍一些专门的聚类方法。

5.3.1 局部模型

由于数据量巨大，并不是所有的数据都必须用到。应用中很少需要或者用到

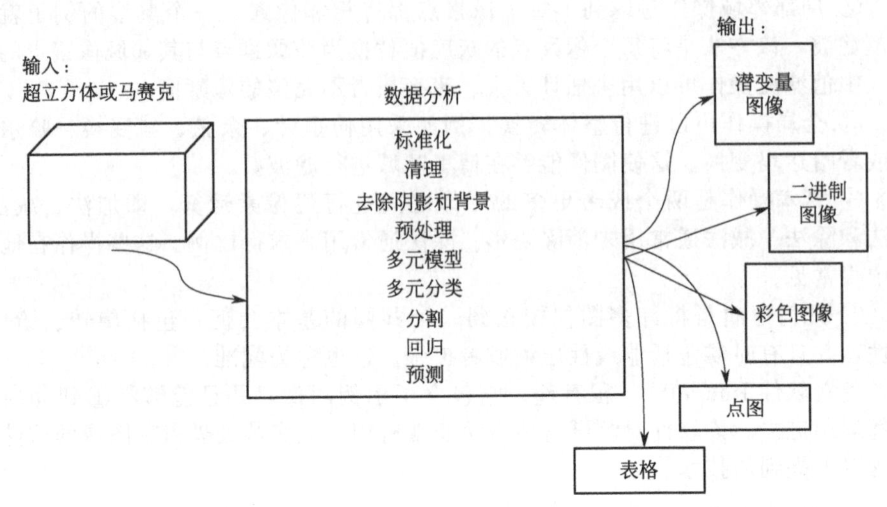

图 5.7 将超立方体或者马赛克作为输入使得数据分析的大量操作成为可能，这些操作要根据具体要解决的问题而定，输出可以是彩色图或者是伪彩色图、潜变量图像、二进制/分割图像、点图或者表格

所有像素点。去除不好的、错误的和背景像素之后，在清理后的数据子集上建立数据分析模型是比较好的。这也意味着数据阵列不再是超立方体了（图 5.8）。标准（非图像）化学计量学和图像化学计量学的主要区别在于大量使用了局部模型。在图像化学计量学中，即使是图像或者马赛克的一小部分子集也可能包含成千上万个能够让化学计量学模型行之有效的对象。

5.3.2 超立方体数据清理化学计量学方法

关注高光谱图像所有的通道是没有意义的。几十个通道间都具有相关性使得这种做法太过耗时并且低效，即使是用三通道伪彩色图进行分析也并不容易。鉴于此，即使是探索性研究也需要多元分析。通过 PCA 构建一个 5～15 个主成分(PC) 的得分图像，而这个得分图像即可表达超立方体的本质（图 5.9）。主成分得分图像是不相关的，这也正是它的优点。一个更加有效的方法就是画出得分图像的 PC 散点图。在这些得分点图中，点簇、梯度和单像素点（通常是离群点）可以看得很清楚。Behrend 等人[35] 介绍了一个简单的清理拉曼高光谱图像的方法。

通过得分图和得分点图之间的交互式操作，可以将扰动性和不利的像素点剔除，从而得到清理后的图像。可用相同的操作得到数据子集。在第 13 章中可以看到这样的例子。在这一阶段，没有必要关注 PCA 载荷对光谱的解释。这些操作应该在图像子集的最终模型建立之后进行。图 5.10 给出了基于均值中心化后的干肉图所计算出来的前两个主成分得分点图。在这个得分点图中，感兴趣区域(ROI)（背景）由椭圆圈出表示。另一个点簇明显包含了肌肉和脂肪，但是有交叠。将背景点簇从计算过程中剔除可以简化化学计量学模型。图 5.10 给出了将

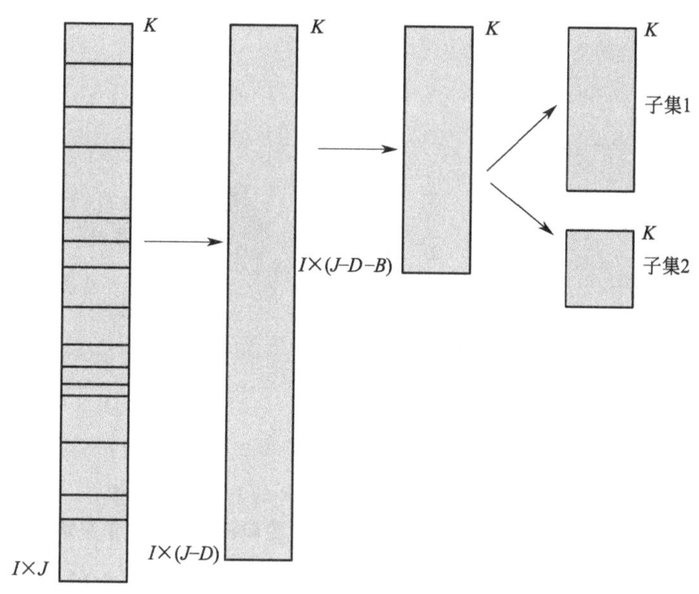

图 5.8 许多图像包含了一些噪声像素或者不需要的像素点，在进行数据分析之前需要将其剔除。这样就使图像数据矩阵降低 D 行。有时候背景像素需要剔除。这就进一步将图像数据矩阵的行数降低 B 行。最终将大小为 $I\times(J-D-B)$ 行的图像数据矩阵输入模型进行处理。有时候，一个初步的分析表明图像数据矩阵需要进一步地拆分为若干子集

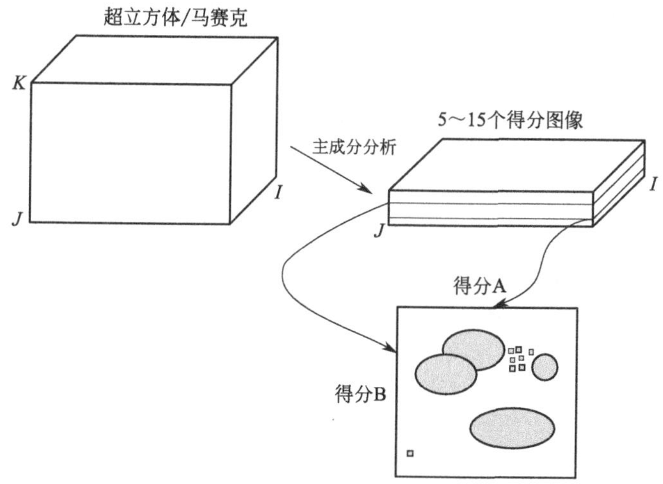

图 5.9 超立方体或者马赛克包含了许多相关图像，这样使其研究起来很有意义。一个简单的 PCA 操作可以得到更小数据阵列且不相关的得分图像，这样更加方便表达整个数据。更好的方法是画出得分点图，因为它们可以清楚地表示点簇、交叠点簇、梯度以及离群点

暗背景和一些边缘区域剔除后的干肉图第三主成分图像。该图像子集将会被进一步分析。

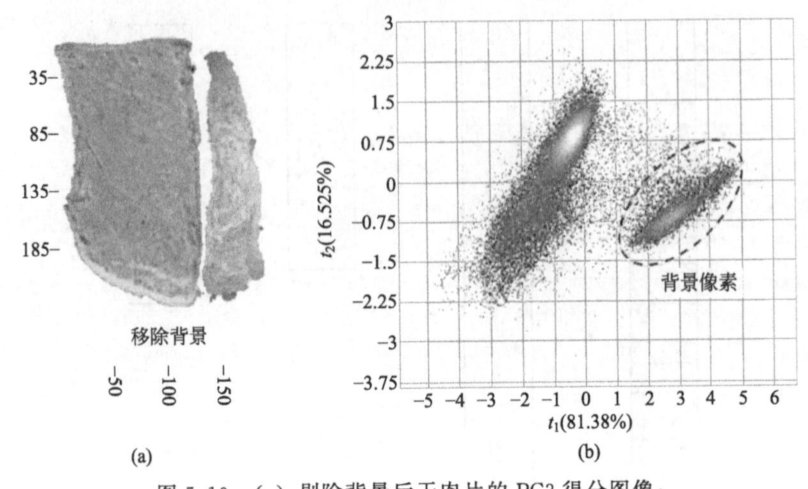

图 5.10 (a) 剔除背景后干肉片的 PC3 得分图像；
(b) PCA 得分点图以及用椭圆标示出的即将剔除的背景像素点

5.3.3 滤波和预处理

因为高光谱图像的像素是光谱，所以许多诸如光谱预处理、误差校正或者图像增强等技术会被用到。这种转换与用在整体振动光谱上的方法是不同的。Siesler 等人[36] 对近红外光谱转换技术作了很好的综述。参考文献［37］提供了更多的关于近红外高光谱图像预处理方法的信息。拉曼光谱预处理技术稍后将会在第 9 章进行介绍。转换、校正或者增强技术会根据不同原因以及不同方法来使用。可以使用经典的多元图像分析方法对图像平面进行校正。可以使用光谱校正方法对光谱进行处理或者基于统计学方面的考虑对图像数据矩阵进行处理（图 5.11)。

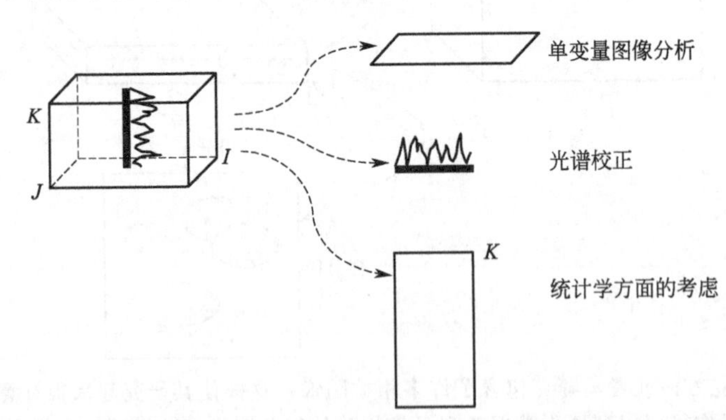

图 5.11 可以在图像平面（经典多元图像分析）、光谱向量（光谱校正）
或者在整个矩阵（基于统计学方面考虑）上进行高光谱图像校正和变换

正如前面所提到的，所有有关误差校正和图像增强的经典的单变量图像分析技术（见 5.2 节）都可以用于高光谱图像的每一层图像平面。通过中值滤波或者傅里叶变换或者小波变换来进行降噪就是例子。一些变换基于统计学方面的考虑。逐列减去均值（图 5.3）是标准的操作方法，有时候也会使用误差或者其他的标准差作除数。如果要进行非线性变换，那么可以尝试使用例如对数运算的非线性变换。这些操作对于图像矩阵来说都是逐列进行的。

在近红外或者可见光到近红外波段的光谱学中，测量通常是在漫透射或者漫反射的模式下进行的。颗粒大小、颗粒粗糙度以及其他因素会产生影响。通常的影响就是给光谱增添基线。这个基线的主要形式是与斜率结合的偏移量。许多光谱变换技术就是为了消除这些偏移量来更好地描述化学信息。这些变换在图像数据矩阵（图 5.3）中是逐行进行的。光谱平滑可以用来改善光谱噪声。为了消除背景，可以通过一阶导数来消除偏移量。二阶导数可以用来同时消除偏移量和斜率。使用卷积平滑[38] 变换通过一个窗口可以同时进行求导和平滑。其他用来消除偏移量和斜坡以及增加化学信息的变换方法有多元散射校正（MSC）[39] 和标准正态变量（SNV）[40]。一个非常简单但是偶尔有用的变换方法是去除有噪声的波长点。

这里有必要提及的是变换必须在适当清理之后的图像子集上进行。如果数据集里残留有不好的、错误的或者不相关的像素，那么所推荐的一些变换方法会增加错误和造成混乱。

一项关于将高光谱成像应用于蘑菇表面损伤检测的研究中强调了由样本弯曲形态和非均匀光散射造成的光谱畸变[41]。当分析食品样本时，会处理并校正有可能造成非同类光或者非均匀光散射的因素，这些因素有弯曲、尖顶和边缘效应。Gowen 等人[41] 研究了四种不同的光谱预处理技术来尝试有效地消除因为外部因素造成的光谱变化，从而保留能够描述样本的光谱特征。多元散射校正和标准化（将每个光谱除以最大强度值）是降低由样本弯曲形态引起的光谱变动最有效的预处理方法。

5.3.4 主成分分析

若按照 5.3.2 中所阐述的方法对图像子集相关的问题进行探索性研究，并且按照 5.3.3 的方法进行变换，则可应用 PCA 模型。模型如下：

$$\boldsymbol{X}=\boldsymbol{TP}'+\boldsymbol{E} \tag{5.1}$$

式中，$\boldsymbol{X}(L\times K)$ 是经过清理和预处理后的图像子集；$\boldsymbol{T}(L\times R)$ 是有 R 个得分向量的矩阵；$\boldsymbol{P}(K\times R)$ 是有 R 个载荷向量的矩阵；$\boldsymbol{E}(L\times K)$ 是残差；上标表示矩阵的转置。

在 $\boldsymbol{T}=\boldsymbol{C}$ 以及 $\boldsymbol{P}=\boldsymbol{S}$ 的条件下，式(5.1) 同样在图 5.9 中有所体现。该模型的性质是 $\boldsymbol{E}$ 的平方和（SS）最小化，$\boldsymbol{T}$ 和 $\boldsymbol{P}$ 里的向量是正交的。因为像素的索引值已被保存下来，因此可以将得分向量 $\boldsymbol{T}$ 重构成得分图像。也可以用 $\boldsymbol{E}$ 矩阵里的信息重构出残差图像。载荷向量 $\boldsymbol{P}$ 可以用来解释光谱。主成分个数 R 的选择并不是很容易，但是通常可以找到一些比较实用的临界值。由于得分图像和得分点图（图 5.7）可以进行可视化研究，因此与其他数据相似的图像会更容易确定 R 值。若 R 值选择得太高，会容易发现该临界值会导致得分图或者得分点图噪声太大，此时就需要重新选择 R 值。有时候可以通过 $\boldsymbol{E}$ 残差图像来选择 R。

由于 $\boldsymbol{P}$ 中载荷向量的正交性，一定会有负数载荷向量出现，这使得光谱解释变得很困难。实际的光谱不会有负数部分。可以在两本书[22,23]里找到更多关于图像 PCA 的介绍。也可以参见第 9 章和第 13 章。

平方和是一个重要的判断标准。式(5.1) 可以改写成如下式子：

$$\boldsymbol{X}=\boldsymbol{t}_1\boldsymbol{p}_1'+\boldsymbol{t}_2\boldsymbol{p}_2'+\boldsymbol{t}_3\boldsymbol{p}_3'+\cdots+\boldsymbol{t}_R\boldsymbol{p}_R'+\boldsymbol{E} \tag{5.2}$$

式中，$\boldsymbol{t}_r$ 和 $\boldsymbol{p}_r$ ($r=1$, …, R) 分别是矩阵 $\boldsymbol{T}$ 的得分数和 $\boldsymbol{P}$ 的载荷向量。将 $\boldsymbol{X}$ 的平方和设置到 100%，可以计算求和项中的每一项，并且加起来等于 100%：

$$SS_X=SS_1+SS_2+SS_3+\cdots+SS_R+SS_E \tag{5.3}$$

式中，$SS_1=\boldsymbol{t}_1'\boldsymbol{t}_1$，…。式(5.3) 中满足 $SS_1 \geqslant SS_2 \geqslant SS_3 \geqslant \cdots \geqslant SS_R$ 的关系。第一主成分的平方和最大，余下主成分的平方和依次递减。未计算在内的主成分平方和由 SS_E 残差平方和表示。虽然认为 SS_E 很小，但应该指出的是 SS_E 依赖于 R 值的选择。有时候会通过针对主成分数作平方和值的点图来确定 R，但是由于像素数量庞大和局部现象，在图像数据中由于 SS 值很小，所以这样做意义不大。一般情况下，可以认为通常统计学的判别方法是收效甚微的，而对能够可视化分析的得分图像、残差图像和得分点图进行解释则会得到好的效果。

图 5.12 为干肉片图像在经过剔除背景（图 5.10）后经过 PCA（经过均值中心化）变换处理的结果。PC1 和 PC3 的得分点图给出了两个清晰的类别。这两类分别对应着肌肉组织和脂肪组织。图 5.12 尝试将脂肪和肌肉分割为两幅图像。通过在得分点图上交互式绘制多边形以及将选中的像素点映射到图像空间的方法可以实现分割。这种分割方法可能无法在图像空间中实现。图 5.13 中给出了从图 5.12 中两个点簇（脂肪和肌肉组织）中心选取的光谱。同时也给出了第三主成分的载荷。载荷由 1212nm 附近的典型的（正的）脂肪峰值所主导。其他的峰值与脂肪或者脂肪和肌肉组织里不同类型的水结合形状有关。对光谱和载荷的研究仅仅在剔除背景和其他扰动区域以及分割和鉴定类别之后才有意义。

5.3.5 多元曲线分辨

曲线分辨或者多元曲线分辨，解混或者端元（也许存在其他的叫法）分析都是因子分析模型[32,42-44]。多元曲线分辨模型是在经过清理后的图像子集上进行计算的，但是没有进行任何统计学预处理或者可以产生负数的求导。一个重要的假设条件是浓度和光谱是非负的。模型如下：

$$\boldsymbol{X}=\boldsymbol{C}\boldsymbol{S}'+\boldsymbol{E} \tag{5.4}$$

式中，$\boldsymbol{X}(L\times K)$ 是经过清理和预处理后的图像子集；$\boldsymbol{C}(L\times R)$ 是具有 R 个浓度向量的矩阵；$\boldsymbol{S}(K\times R)$ 是具有 R 个纯光谱向量的矩阵；$\boldsymbol{E}(L\times K)$ 是残差矩阵。在图 5.14 中同样对这个公式有所解释。一旦 R 值确定，可交替对 $\boldsymbol{C}$ 和

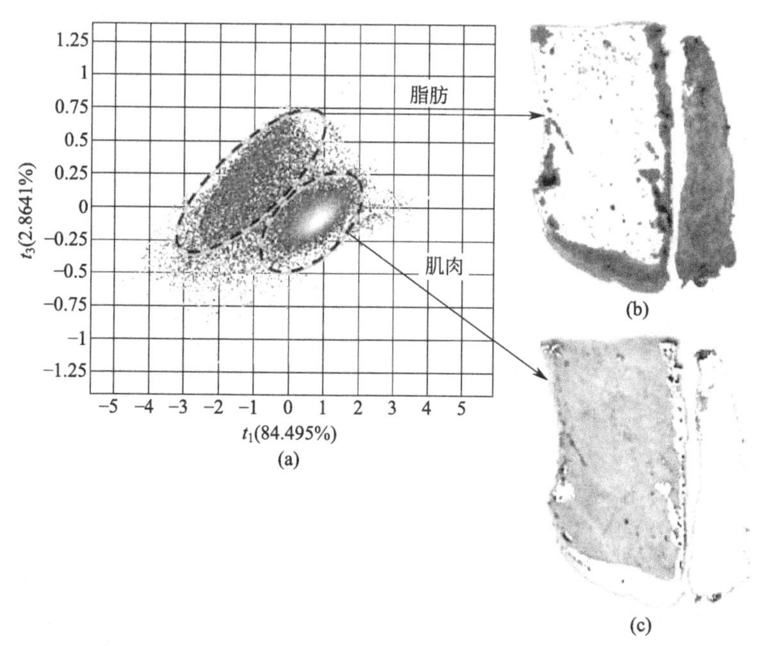

图 5.12　(a) PC3 和 PC1 得分点图，以及绘出肌肉和脂肪像素类别；(b)、(c) 分割后的脂肪图和肌肉图，可以看到由于阴影造成的边缘错分现象，脂肪类比肌肉组织类更加分散，这意味着脂肪组织在统计学上有更大的差异

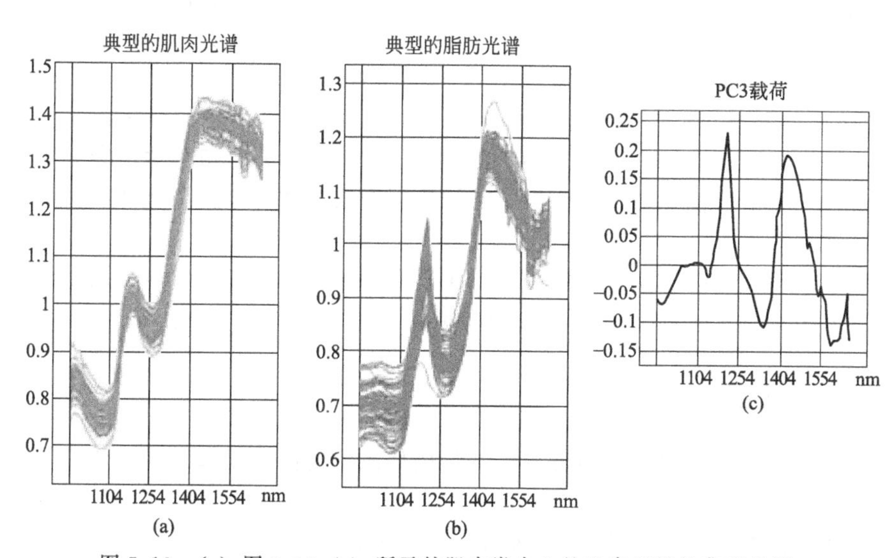

图 5.13　(a) 图 5.12 (a) 所示的肌肉类中心的肌肉组织的典型光谱；(b) 图 5.12 (a) 所示的脂肪类中心的典型脂肪光谱；(c) 添加 PC3 载荷作为对比

$\boldsymbol{S}$ 进行计算来最小化 $\boldsymbol{E}$，然而 $\boldsymbol{C}$ 和 $\boldsymbol{S}$ 所有的值要保持非负。对于正确的 R 值，这样的计算通常是收敛的。我们也可以研究 $\boldsymbol{S}$ 的最终取值，因为它是可以被识别

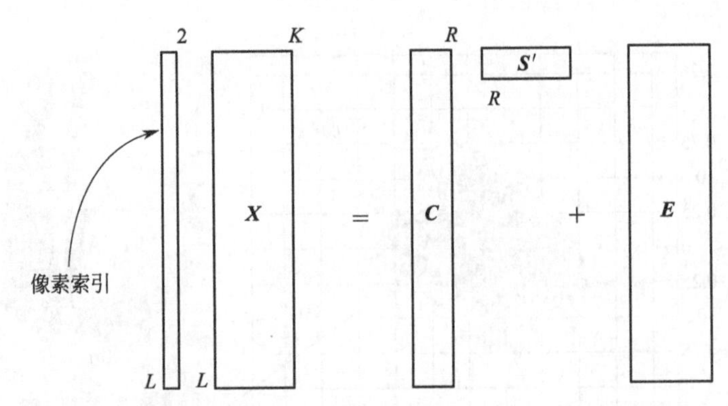

图 5.14 L 行（$L \gg K$）高光谱图像或马赛克子集的分解［**X**，**C**（得分矩阵）和 **E**（残差矩阵）都使用了像素索引。矩阵 **S** 包含了载荷。我们可以通过像素索引将矩阵 **C** 和 **E** 的各列数据重构成图像。R 是计算得出的主成分数］

出的纯光谱。由于纯光谱是非负的，所以曲线分辨模型适合于光谱研究和识别。当线性混合模型成立时才能使用曲线分辨模型。对于一些红外光谱和拉曼光谱，尤其是对于 TOF-SIMS 数据来说这才是成立的，但是对于近红外光谱数据往往却是不成立的。PCA 和 MCR 有一个在数值上的差异是 PCA 可以通过可再现的方式计算出高精度的结果。MCR 的结果依赖于 MCR 迭代何时停止并且是可变的。一些作者试图让这种影响最小化[42,43]。在 PCA 模型中，可以增加 R 值而并不改变之前计算的成分。在 MCR 模型中，当 R 值改变后，所有的成分必须重新计算。在 MCR 模型中成分间没有特定的顺序。一旦 **C** 和 **S** 被确定好，那么纯光谱就可以被用来研究光谱解释，并且浓度可以被用来绘制浓度成像图。在某些情况下，残差图像可以用于判别。

MCR 模型看起来在 TOF-SIMS 数据上有比较理想的效果，并且在红外光谱和拉曼光谱以及药品样本的近红外光谱数据上效果非常好。但是它在食品和农产品的近红外光谱数据上效果不理想，可能是因为依赖波长穿透深度和散射产生的有关问题。

除了 PCA 和 MCR，也有其他的因子模型可以使用。有时候也会用到[45] 独立成分分析（ICA），当然也可以选择因子旋转。

5.3.6 多元图像回归

回归模型可以在光谱向量和外部变量例如浓度之间建立起来：

$$\boldsymbol{y}=\boldsymbol{X}\boldsymbol{b}+\boldsymbol{e} \tag{5.5}$$

式中，$\boldsymbol{y}(L\times1)$ 是均值中心化的浓度向量；$\boldsymbol{X}(L\times K)$ 是均值中心化的图像矩阵或者图像子集；$\boldsymbol{b}(K\times1)$ 是回归系数向量；$\boldsymbol{e}(L\times1)$ 是回归残差向量（图 5.15）。这就是我们所知的多元图像回归（MIR）。更多的信息可以见参考文献［23］和文献［46-48］。模型建立通常选择偏最小二乘（PLS）模型，但也存在其他选择。简单来说，PLS 用 R 个主成分（像因子模型）来计算 $\boldsymbol{b}$，并且避免了大量其他方法在计算 $\boldsymbol{b}$ 时所存在的不足。

式(5.5) 同样也可以通过平方和 SS 来表达：

$$SS_y = SS_{Xb} + SS_e \tag{5.6}$$

或者表示为决定系数：

$$R^2 = 1 - SS_e / SS_y \tag{5.7}$$

其中，SS_y 设置为 100%；SS_e 是以百分比表示的平方和残差，并且 SS_{Xb} 就是平方和模型。任何可接受的模型中，R^2 或者 SS_{Xb} 至少为 65%，并且通常 $SS_{Xb} > 90\%$（R^2 用另外一个字体来区别于主成分数 R）。

式(5.5) 存在的一个问题是必须获取到准确并且精度很高的 y 值。在遥感领域，这被称为参考标准值。找到图像中每个像素点的参考标准值的成本是非常高的，所以需要使用精选过的子集。在实验室中，参考标准值由湿法化学分析获得（图 5.16）。所以，$\boldsymbol{b}$ 通常是用精选过的较少数量的点计算得出的。

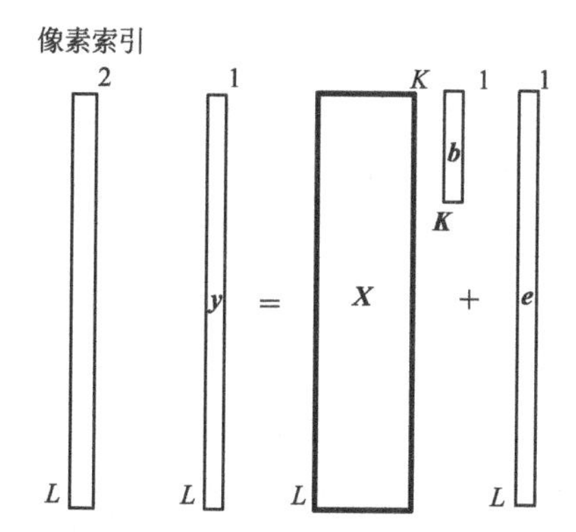

图 5.15 具有 L 个像素的图像数据矩阵的回归方程（像素索引向量对于 $\boldsymbol{X}$、$\boldsymbol{y}$ 和 $\boldsymbol{e}$ 有效）

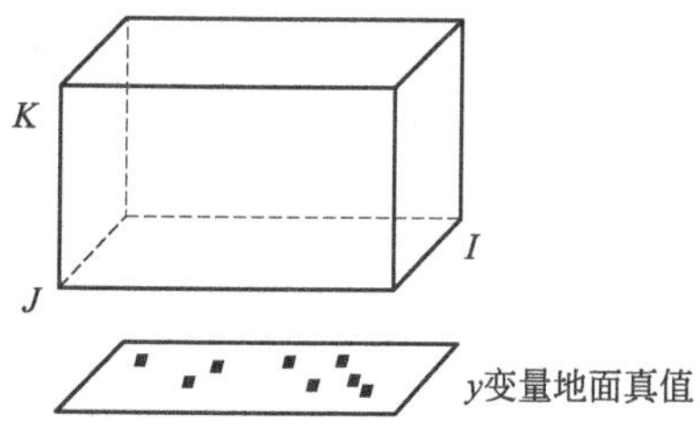

图 5.16 对于超立方体里的一些像素或者区域来说，可能存在地面真值（一个遥感术语）或者湿化学信息与之对应，这就为回归模型的建立提供了可能

一旦获得 $\boldsymbol{b}$ 值，那么与式(5.5) 中 $\boldsymbol{X}$ 相似的高光谱图像 $\boldsymbol{Z}$ 中的所有光谱都将有效。

$$\boldsymbol{y}_{\text{hat}} = \boldsymbol{Zb} \tag{5.8}$$

式中，$\boldsymbol{y}_{\text{hat}}$ 是浓度预测值；$\boldsymbol{Z}$ 是均值中心化的图像数据矩阵；$\boldsymbol{b}$ 与式(5.5) 中相同。由于像素坐标可用，利用 $\boldsymbol{y}_{\text{hat}}$ 值可绘制出浓度图。

浓度图像是基于强度图像的，低浓度的地方颜色黑暗，高浓度的地方明亮。

也可以用一定范围内的颜色进行颜色编码，例如蓝色（冷）表示低浓度以及红色（热）表示高浓度。组成成分高达三个的时候，可以使用红色、绿色和蓝色通道[37,46] 来绘制复杂彩色图。在此之中，每种颜色细微的差别都可以解释为三种组成成分颜色的特定混合。

模型回归的一个重要的方面就是性能测试，这需要使用带有在建模过程中不会用到的已知 y 值的测试集来完成。有时候会用到交叉验证，但是对于图像来说，有很多像素可以使用以至于很容易获取到合适的测试集。一些作者使用比较小的测试集来建模，用比较大的验证集来确定预测的统计特性。

$\boldsymbol{X}_t$ 是图像数据矩阵的测试集，而 $\boldsymbol{y}_t$ 是包含地面真值或者湿化学值的向量：

$$\boldsymbol{y}_{\text{hat}}=\boldsymbol{X}_t\boldsymbol{b} \tag{5.9}$$

此式和式(5.8) 一样，但是针对测试集而言。残差可以按照下式计算：

$$\boldsymbol{f}=\boldsymbol{y}_t-\boldsymbol{y}_{\text{hat}} \tag{5.10}$$

此处 f 是测试集残差。该值可以用来计算根均方误差的预测（RMSEP）值：

$$\text{RMSEP}=[\boldsymbol{f}'\boldsymbol{f}/J]^{0.5} \tag{5.11}$$

J 是测试集像素点的数量。RMSEP 有标准差的形式。该值是可以获取到的平均预测误差，并且必须保持较低的水平。

5.3.7 判别回归

有时候必须找到一个模型可以使两类像素点之间最大化。我们可以通过式(5.5) 来实现，但是必须用虚拟变量来填充向量 $\boldsymbol{y}$：-1 和 $+1$（有时候是 0 和 1，但是由于会进行均值中心化，所以不重要）。当使用偏最小二乘回归时，这种方法就称为偏最小二乘判别分析（PLS-DA）。当使用式(5.9) 进行预测时，$\boldsymbol{y}_{\text{hat}}$ 的理想值应该是 -1 或者 1。但是通常不会这样，它们转换为直方图的值是在 -1 和 $+1$ 左右。我们可以选择 0 作为分类的判别值。$\boldsymbol{y}_{\text{hat}}$ 也可以用来图像分类，因为像素坐标是可用的。

5.3.8 人工神经网络

前面所提的所有回归模型都有一个缺点就是它们是线性回归模型，并不适合处理非线性问题。人工神经网络更适合于此。原因在于它们使用了非线性变换和隐含层。ANNs 的一个弱点就是当输入变量太多时计算会变得很慢。一些作者通过对输入的潜在变量的数量进行限制来解决这个问题[49-51]。ANNs 非常灵活而且存在很多变化。

图 5.17 展示了一个具有一层隐含层的典型神经网络。每层由节点组成。输入层的节点表示波段或者潜在变量以及一个偏置值。在每个节点内部会进行非线性变换（例如 sigmoidal）。箭头表示连接节点的权重，因此去掉一个箭头就相当

于将它的权重置零。输出层可以是一个浓度或者归属关系。通过反向传播，权重会持续地调整直到输入和输出之间的关系达到想要的效果，例如对于一个输入光谱向量的浓度预测。ANNs 训练起来很慢，但是一旦训练完毕对浓度或者归属关系进行预测时会非常快。

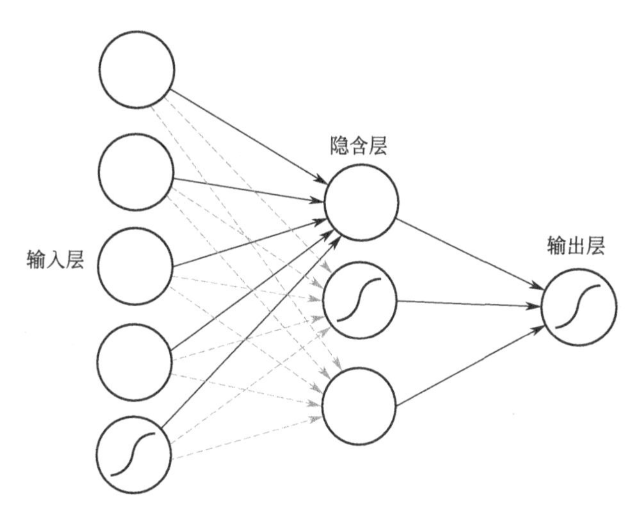

图 5.17　一个带有一层隐含层的典型（简化）人工神经网络结构
[圆圈就是节点，并且可能包含非线性变换（仅仅展示几个节点），
输入层和隐含层之间以及隐含层和输出层之间所有的节点都连接起来]

5.3.9 聚类和分类

聚类是将超立方体中的像素点分为群或者类的行为。可以通过两种方式来进行：有监督和无监督。无监督聚类方法事先不会作假设。这是一种找到一个特定聚类数的算法，它会根据一些准则来最大化分类间隔。有监督聚类中会有一些关于像素的先验知识可用，并且这些知识可以用于聚类算法。5.3.6 节的判别回归就是有监督聚类，因为预先知道哪些像素是－1 以及哪些像素是＋1。5.3.3 节和 5.3.4 节中基于 PCA 和基于 MCR 的分析是无监督的，因为聚类是根据数据自身而进行的。

聚类根据多元欧几里得和非欧几里得空间里的距离、相似性和非相似性进行分类。这里有许多聚类的技术和算法，术语让人有些困惑。Gan 等人[52] 介绍了分层、模糊、基于中心的、基于搜索的、基于图的、基于网格的、基于密度的、基于模型的和子空间聚类方法。Xu 和 Wunsch[53] 介绍了分层、基于划分、基于神经网络的、基于核的、连续的、基于密度的和基于网格的聚类。另一本有趣的书由 Mirkin 所著[54]。Omran 等人对聚类方法进行了综述[55]。聚类方法可以处理很多像素而不是很多变量。在大多数情况下，数据需要提前通过 PCA、MCR 或者其他相似的方法将潜在变量数降到更小。一旦找到了想要的模型，它就可以用来进行分类了。训练集的准确分类精度通常几乎可以达到 100%。因此，绝对有必要用一个测试集对模型的真实分类精度进行评价。Tran 等人写了一个很有趣的教程[56]。一个很有意思的新进展是使用支持向量机（SVM）和径向基核函数（RBF）[57]。

5.4 结论

由于大量的像素可供使用，高光谱图像或者马赛克对于化学计量学的各种形式的应用来说都是非常理想的。更重要的是，化学计量学对于处理成像设备所产生的庞大数据量来说是非常重要的。然而，我们可以给出一些重要的建议。首先，需要在进行适当清理过后的图像上进行分析。相机和光学误差应该被剔除，不能用于建模。这同样适用于与所研究问题无关的背景。其次，考虑光谱预处理，因为它可以产生巨大的改进效果。最后，使用图像子集。有时候在一个适当挑选的子集上建立一个简单的模型相对于在一个大数据集上建立一个复杂的模型会获得出更有趣的细节。

缩写

ANNs	人工神经网络	NIR	近红外
BIL	逐行操作波段	PLS-DA	偏最小二乘判别分析
BIP	逐像素操作波段	PC	主成分
BMP	位图	PCA	主成分分析
BSQ	波段顺序	PLS	偏最小二乘
ENVI	环境可视化图像	PNG	便携式网络图像
FTIR	傅里叶变换红外	RBF	径向基函数
ICA	独立成分分析	ROI	感兴趣区域
IR	红外	RMSEP	预测的均方根误差
JPEG	联合图像专家组	SECV	交叉验证标准误差
MAF	最大自相关因子	SNV	标准正态变量
MCR	多元曲线分辨	SS	平方和
MIR	多元图像回归	SVM	支持向量机
MLR	多元线性回归	TIFF	标签图像文件格式
MRI	磁共振成像	TOF-SIMS	飞行时间二次离子质谱分析
MSC	多元散射校正		
NN	神经网络	TSS	总可溶物

定义

人工神经网络：一个网络的节点和节点之间权重的通用名称，该网络可以用来训练特定的任务。

反向传播：一个训练 ANN 很受欢迎的方法。

坏像素：无响应（死亡）或者给出了一个高度非线性响应的像素。这些都是基于相机的坏像素。

波段：和通道一样。

通道：波谱上 K 个波长或波数的间隔，通常认定为波长或者波数的中心位置。

分类：使用（聚类）模型的结果将像素/像素群分门别类。

清理：在进一步的数据分析之前剔除坏的/错误的/背景像素。

聚类：用相似度或者非相似度在多元空间内将像素分类。

决定系数：对回归模型的评价，接近于 1 的是理想模型，低于 0.65 的是不好的模型。

浓度图：来自于曲线分辨的得分向量被重组成图像。

交叉验证：一个朴素的验证方法，经常给出误导性的结果。

因变量：回归模型中的 y 变量或者应变量。

虚拟变量：在判别回归模型中设置为－1 或 1（或者 0 或者 1）的变量。

端元分析：和多元曲线分辨一样，主要应用于地质。

错误的像素：具有光谱学错误的像素，校正起来并不容易，例如镜面反射，极强的底纹和边缘效应。这些错误不是基于相机的。

因子模型：将一个图像数据矩阵分解为因子数为 R 和一个残差矩阵的统计模型。每个 R 因子都由一个得分向量（列）和一个载荷向量（行）组成。通过约束残差和得分/载荷两者，就可以得到不同类型的模型。

全局操作：将整幅图像变换为新的图像或者数据矩阵/向量的操作。

灰度图：一个 $I \times J$ 的强度/数字矩阵。

隐含层：人工神经网络中介于输入和输出层之间的层。

超立方体：采集的高光谱图像数据的另外一个名字。

高光谱图像：一个有 $I \times J$ 个像素的矩阵（有时候是 $H \times I \times J$ 个体素），每一个像素（体素）是一个 K 维的向量，这个向量代表着一个光谱（$K>100$）。

图像运算：在整个图像平面上的数学运算，通常涉及一或两幅图像。

图像数据矩阵：将超立方体重组成像素×通道的矩阵，并保留像素位置。如果不会产生混淆，那么可以使用“数据矩阵”。

图像平面：一幅从超立方体或者一个通道里提取的灰度图像。

图像子集：从一个图像数据矩阵里精选的子集。如果不产生混淆，那么可以使用“子集”。

独立变量：回归模型里的 X 变量。

输入层：一个节点的集合，每个节点是在 ANN 中的输入变量。

强度图：灰度图。

潜在变量：来自于 PCA 和 FA 的得分的另一个名字。

载荷：因子模型中描述光谱信息的向量。

局部领域操作：对于每个正在操作的像素考虑其周围像素值的操作。

模式：一个采集多/高光谱图像的物理技术。例如，近红外光谱、拉曼、傅里叶变换红外光谱、核磁共振成像、计算机断层扫描以及飞行时间二次离子质谱都是成像模式。

马赛克：在不同的场合和样本中由许多超立方体结合而成的超立方体。

多层感知机：ANN 一个更老的名字。

多元曲线分辨：一个通过求得 R 个非负得分和载荷来最小化残差平方和的因子模型。

多元图像：和高光谱图像一样，只是有时候 K 值更小（$K<20$）。

节点：在 ANN 中进行数据收集和非线性映射的点。

非负性：光谱和浓度不能是负数的原则，被用来当作 MCR 建模的基础。

输出层：ANN 中节点的集合，每个节点都是输出变量。

主成分分析：在对每个成分求得 R 个正交得分和载荷之后最小化残差平方和的因子模型。

辐射操作：忽略领域像素值的针对像素点的图像操作。

配准：也称作弯曲。

回归系数向量：一个回归系数的向量，一个系数对应于一个通道（波长或者波数段）。

残差图像：逐像素的标准差图像，该图像可以对由因子模型建模的图像局部是好是坏进行可视化。

残差（矩阵）：图像数据矩阵中不适合模型的一部分。

应变量：y 变量或者在回归模型中的因变量。

预测值均方根误差：基于测试集残差的预测值平均标准差。

得分：因子模型中描述像素/浓度的向量。

得分图像：在像素索引的帮助下，由得分向量重组的图像。

标准化：表达了光谱单元中的超立方体元素，而不是由目前照相机硬件所测量的。这个操作需要标准物质，但是需要保证所有的图像都是可复现的，并且不受相机和光源不稳定的影响。

监督：聚类时想要的结果为已知的外部信息。

测试集：用于测试回归公式的数据集，而不是用于回归模型的建立。

训练集：用于训练回归/ANN 模型的数据集。

验证集：用于测试预测结果的测试集。

解混：和 MCR 一样。

无监督：聚类数据不需要使用外部信息。

弯曲：也叫配准，两幅图像在几何上彼此相称。

y 量：回归模型中的因变量或者应变量。

参 考 文 献

1. Robin, M. and Poulin, M. (2000) *Digital Television Fundamentals*, 2nd ed., McGraw Hill, New York.
2. Poynton, R. (2003) *Digital Video and HDTV Algorithms and Interfaces*, Morgan Kaufmann, San Francisco, CA.
3. Arnold, J., Frater, M., and Pickering, M. (2007) *Digital Television: Technology and Standards*, Wiley, Hoboken, NJ.
4. Toriwaki, J. and Joshida, H. (2009) *Fundamentals of Three-Dimensional Image Processing*, Springer, Dordrecht.
5. Nikolaidis, N. and Pitas, I. (2001) *3-D Image Processing Algorithms*, Wiley, New York.
6. Schowengerdt, R. A. (2007) *Remote Sensing: Models and Methods for Image Processing*, 3rd ed., Academic Press, Burlington, MA.
7. TIFF, http://partnersrrdrr.adoberrdrr.com/public/developer/en/tiff/TIFF6.pdf.
8. Geladi, P., Burger, J., and Lestander, T. (2004) Hyperspectral image calibration: calibration problems and solutions. *Chemometr. Intell. Lab. Syst.* **72**, 209–217.
9. Burger, J. and Geladi, P. (2005) Hyperspectral NIR image regression. Part 1: calibration and correction. *J. Chemometr.* **19**, 355–363.
10. Geladi, P. (2007) Calibration standards and image calibration. In: Grahn, H. and Geladi, P. (Eds.), *Techniques and Applications of Hyperspectral Image Analysis*, Wiley, Chichester, pp. 203–220.
11. Salzer, R. and Siesler, H. (Eds.) (2009) *Infrared and Raman Spectroscopic Imaging*, Wiley-VCH, Weinheim.
12. Hubbard, A. (Ed.) (1995) *The Handbook of Surface Imaging and Visualization*, CRC Press, Boca Raton, FL.
13. Lau, D., Villis, C., Furman. S., and Livett, M. (2008) Multispectral and hyperspectral image analysis of elemental and micro-Raman maps of cross-sections from a 16th century painting. *Anal. Chim. Acta* **610**, 15–24.
14. Gonzalez, R. and Wintz, P. (1977) *Digital Image Processing*, Addison-Wesley, Reading, MA.
15. Rosenfeld, A. and Kak, A. (1982) *Digital Picture Processing*, 2nd ed., Vol. 2, Academic Press, New York.
16. Serra, J. (1982) *Image Analysis and Mathematical Morphology*, Academic Press, London.
17. Pratt. W. (1978) *Digital Image Processing*, Wiley, New York.
18. Kriete, A. (Ed.) (1992) *Visualization in Biomedical Microscopies: 3-D Imaging and Computer Applications*, Wiley-VCH, Weinheim.
19. Gonzalez, R. and Woods, R. (1992) *Digital Image Processing*, Addison-Wesley, Reading, MA.
20. Pitas, I. (2000) *Digital Image Processing Algorithms and Applications*, Wiley, New York.
21. Freeware ImageJ, http://rsbwebrrdrr.nihrrdrr.gov/ij/.
22. Geladi, P. and Grahn, H. (1996) *Multivariate Image Analysis*, Wiley, Chichester.
23. Grahn, H. and Geladi, P. (Eds.) (2007) *Techniques and Applications of Hyperspectral Image Analysis*, Wiley, Chichester.
24. Chang, C. (Ed.) (2007) *Hyperspectral Data Exploitation: Theory and Applications*, Wiley, Hoboken, NJ.
25. Lillesand, T., Kiefer, R., and Chipman, J. (2008) *Remote Sensing and Image Interpretation*, 6th ed., Wiley, Hoboken, NJ.
26. Sabins, F. (1978) *Remote Sensing Principles and Interpretation*, Freeman, San Francisco, CA.
27. Campbell, J. (2007) *Introduction to Remote Sensing*, Guilford Press, New York.
28. Rencz, A. (Ed.) (1999) *Remote Sensing for the Earth Sciences*, Wiley, New York.
29. Asrar, G. (Ed.) (1989) *Theory and Applications of Optical Remote Sensing*, Wiley, New York.
30. Howard, J. (1991) *Remote Sensing of Forest Resources: Theory and Application*, Chapman & Hall, London.
31. Kalacska, M. and Sanchez Azofeifa, G. (Eds.) (2008) *Hyperspectral Remote Sensing of Tropical and Subtropical Forests*, CRC Press, Boca Raton, FL.
32. Gendrin, C., Roggo, Y., and Collet, C. (2008) Pharmaceutical applications of vibrational chemical imaging and chemometrics: a review. *J. Pharm. Biomed. Anal.* **48**, 533–553.
33. Nicolaï, B., Beullens, K., Bobeleyn, E., Peirs, A., Saeys, W., Theron, K., and Lammertyn, J. (2007) Nondestructive measurement of fruit and vegetable quality by means of NIR spectroscopy: a review. *Postharvest Biol. Technol.* **46**, 99–118.
34. Geladi, P. (2003) Chemometrics in spectroscopy. Part 1. Classical chemometrics. *Spectrochim. Acta B* **58**, 767–782.
35. Behrend, C., Tarnowski, C., and Morris, M. (2002) Identification of outliers in hyperspectral Raman image data by nearest neighbor comparison. *Appl. Spectrosc.* **56**, 1458–1461.
36. Siesler, H., Ozaki, Y., Kawata, S., and Heise, H. (2002) *Near Infrared Spectroscopy: Principles, Instruments, Applications*, Wiley-VCH, Weinheim.
37. Burger, J. and Geladi, P. (2006) Hyperspectral NIR image regression. Part II. Dataset preprocessing diagnostics. *J. Chemometr.* **20**, 106–119.
38. Savitzky, A. and Golay, M. (1964) Smoothing and differentiation of data by simplified least squares procedures. *Anal. Chem.* **36**, 1627–1639.
39. Geladi, P., Macdougall, D., and Martens, H. (1985) Linearization and scatter-correction for near-infrared reflectance spectra of meat. *Appl. Spectrosc.* **39**, 491–500.
40. Barnes, R., Dhanoa, M., and Lister, S. (1989) Standard normal variate transformation and de-trending of near-infrared diffuse reflectance spectra. *Appl. Spectrosc.* **43**, 772–777.
41. Gowen, A., O'Donnell, C., Taghizadeh, M., Cullen, P., Frias, J., and Downey, G. (2008) Hyperspectral imaging combined with principal component analysis for bruise damage detection on white mushrooms (*Agaricus bisporus*). *J. Chemometr.* **22**, 259–267.
42. Gallagher, N., Shaver, J., Martin, E., Morris, J., Wise, B., and Windig, W. (2004) Curve resolution for multivariate images with applications to ToF-SIMS and Raman. *Chemometr. Intell. Lab. Syst.* **73**, 105–117.
43. Berman, M., Phatak, A., Lagerstrom, R., and Wood, B. R. (2009) ICE: a new method for the multivariate curve resolution of hyperspectral images. *J. Chemometr.* **23**, 100–116.
44. Jones, H., Haaland, D., Sinclair, M., Melgaard, D., Van Benthem, M., and Pedroso, C. (2008) Weighting hyperspectral image data for improved multivariate curve resolution results. *J. Chemometr.* **22**, 482–490.
45. Miyakoshi, M., Tomiyasu, M., Bagarinao, E., Murakami, S., and Nakai, T. (2009) A phantom study on component segregation for MR image using ICA. *Acad. Radiol.* **16**, 1025–1028.
46. Burger, J. and Geladi, P. (2006) Hyperspectral NIR imaging for calibration and prediction: a comparison between image and spectrometer data for studying organic and biological samples. *Analyst* **10**, 1152–1160.
47. ElMasry, G. and Wold, J. (2008) High-speed assessment of fat and water content distribution in fish fillets using online im-

aging spectroscopy. *J. Agric. Food Chem.* **56**, 7672–7677.

48. Nicolaï, B., Lotze, E., Peirs, A., Scheerlinck, N., and Theron, K. (2006) Non-destructive measurement of bitter pit in apple fruit using NIR hyperspectral imaging. *Postharvest Biol. Technol.* **40**, 1–6.
49. Lasch, P., Clem, M., Hänsch, W., and Naumann, D. (2006) Artificial neural networks as supervised techniques for FT-IR microspectroscopic imaging. *J. Chemometr.* **20**, 209–220.
50. Fartifeh, J., Van der Meer, F., Atzberger, C., and Caranza, E. (2007) Quantitative analysis of salt-affected soil reflectance spectra: a comparison of two adaptive methods (PLSR and ANN). *Remote Sens. Environ.* **110**, 59–78.
51. Pu, R., Gong, P., Tian, Y., Miao, X., Carruthers, R., and Anderson, G. (2008) Invasive species change detection using artificial neural networks and CASI hyperspectral imagery. *Environ. Monit. Assess.* **140**, 15–32.
52. Gan, G., Ma, C., and Wu, J. (2007) *Data Clustering: Theory, Algorithms, and Applications*, SIAM, Philadelphia, PA.
53. Xu, R. and Wunsch, D. (2009) *Clustering*, Wiley, Hoboken, NJ.
54. Mirkin, B. (2005) *Clustering for Data Mining: A Data Recovery Approach*, Chapman & Hall/CRC Press, Boca Raton, FL.
55. Omran, M., Engelbrecht, A., and Salman, A. (2007) An overview of clustering methods. *Intell. Data Anal.* **11**, 583–605.
56. Tran, T., Wehrens, R., and Buydens, L. (2005) Clustering multispectral images: a tutorial. *Chemometr. Intell. Lab. Syst.* **77**, 3–17.
57. Fernandez-Pierna, J., Baeten, V., and Dardenne, P. (2006) Screening of compound feeds using NIR hyperspectral data. *Chemometr. Intell. Lab. Syst.* **84**, 114–118.

第二篇

生物医学中的应用

6

拉曼成像的生物医学应用

Michael D. Morris 和 Gurjit S. Mandair
美国，密歇根，安德堡．密歇根大学化学系

6.1 引言

拉曼成像为人类和动物组织分析提供了令人兴奋的新应用前景。光学显微镜级别的分辨率可以成像出细小的结构特点和组成差异，还为各种疾病提供拉曼光谱标记，如脑癌、胃肠功能紊乱、黄斑变性和龋齿。多元分析广泛应用于组织的拉曼成像以增强成像对比度，并在没有明显形态变化前显示潜在病理。拉曼图像也已经用于开发诊断某种癌症的形态模型，如在体乳腺癌。

在高速的计算机处理和高效的 CCD 相机与过滤器的帮助下，如今可以获得新鲜组织和单细胞的高保真拉曼成像，以及通过固定、着色、标记或者嵌入操作，用于传统光学显微镜样本的图像。在为外科治疗确定大脑或皮肤肿瘤边缘的纤维光学拉曼体内技术的发展中，也取得了巨大进步。把拉曼成像和其他生物医学成像方式结合起来的前景非常令人兴奋，如红外线、荧光、超声波、声阻抗和相干光断层扫描。除了获得空间局部成分、结构和功能的数据，多模式方法还为评估拉曼作为生物医学诊断法的专一性，提供了首次真正的机会。最近我们的研究小组证明，可无创获得上覆软组织层的骨拉曼散射，使用改编自荧光扩散层析成像的方法，可重建生成拉曼层析成像。

本章中，将讨论拉曼成像在组织、细胞和生物液体这个广阔领域的应用。本章将回顾早期拉曼成像研究和光谱研究所获得的生物医学认识，从而给读者提供历史视角，并强调拉曼成像在这个领域的当前地位。更重要的是，希望这个领域内的广泛综述，可以为那些希望进入生物医学领域或向新领域扩展研究的人提供指导。

6.2 大脑

6.2.1 恶性神经胶质瘤和组织坏死

在成长和老化阶段，大脑组织在结构和功能上产生巨大变化，然而，原发性脑瘤的生长、发展和入侵可以显著改变这些模式[1,2]。恶性神经胶质瘤是原发性脑瘤的最有侵略性类型之一，占所有脑部肿瘤病人的 45%～50%。恶性神经胶质瘤患者的预后较差，仅有 9～12 个月的中位生存期[3,4]。外科手术切除是神经胶质瘤治疗的最有效办法，其次是辅助放射疗法和化学疗法[5]。在外科手术切除中，清晰确定肿瘤边缘的光学成像技术，对基础和临床神经科学有巨大价值。作为体内诊断、分级和确定肿瘤边缘的技术，拉曼微光谱学极具应用前景[6-8]。早期拉曼成像研究，鉴定出糖原是一种活性胶质母细胞瘤组织的重要多糖成分，这些组织来自 20 名胶质瘤患者[6]。通过进行聚类分析，可以可视化糖原的空间分布。微观类晶胆固醇夹杂物和钙化沉积物也被识别和定位到胶质瘤组织的坏死区域。更重要的是，拉曼光谱含有的生物化学信息，能够从活性胶质母细胞瘤组织中分辨出坏死的组织。这一发现将对体内肿瘤分级非常有用。为了避免不恰当地取样坏死组织中低估肿瘤等级，开发了人体恶性胶质瘤组织的高波数（HWVN）拉曼成像[9]。与活性恶性胶质瘤相比，周围的坏死组织给出了更低的 DNA 和更强的胆固醇酯的信号贡献。

最近的多变量拉曼成像研究表明，可以从鼠胶质瘤细胞增殖和侵袭活性以及不同大脑解剖结构（如胼胝体和大脑皮层）中，分离出坏死组织[7]。在未癌变组织中，胼胝体中脂质含量最高，但会逐渐降低到大脑皮层水平。在肿瘤组织中观察到相似趋势，但脱髓鞘使总脂质含量减少。髓磷脂含量的降低可能是由于神经胶质瘤细胞的生长需要比周围组织更多的能量。已鉴别出与神经胶质瘤细胞的增殖和侵袭活性有关系的聚类，它们分别与 Ki-67 和 MT1-MMP 蛋白质的促癌活性相关。正如与较差的临床结果有关的坏死和周围坏死区域聚类的鉴别，通过免疫组织化学方法得到的增殖和侵袭拉曼光谱标记的验证极其宝贵。与因水肿引起的血浆蛋白积累有关系的聚类，也可鉴别和定位肿瘤组织和肿瘤周边组织。

6.2.2 脑转移瘤和脑膜瘤

联合 FTIR 成像和纤维光学拉曼成像技术，也已用于检测注射过肺或皮肤癌症细胞株的老鼠体内的恶性黑色素瘤的疑似大脑转移瘤[10,11]。纤维拉曼成像可以在 2mm 厚、240μm×240μm（4 像素）～1.1mm×1.2mm（90 像素）的组织截面发现可疑肿瘤的存在。连续的组织学染色可以定位肿瘤。此外，组织截面背面的拉曼成像中没有肿瘤，这提供了关于肿瘤深度渗透的信息。可疑肿瘤位置的拉曼光谱中主要是黑色素的谱带，因为它们在 400～1800cm^{-1} 区间是增强的。相对比起来，在 2750～3050cm^{-1} 区间，相同组织截面的 FTIR 图像只在大脑组织形态上有差异。尽管纤维光学拉曼成像在体外展现，但探针的灵活性使得在外科切除术期间可以使用在体成像。相比而言，FTIR 成像更适合于小样本或已知肿瘤位置的样本。FTIR 和/或拉曼技术已经用于研究其他大脑肿瘤类型以及对组织出血、钙化沉积、胡萝卜素夹杂物和增加核酸的贡献[8,12,13]进行可视化。例如，图 6.1 显示了通过宽视场拉曼成像系统得到的人类脑膜瘤肿瘤组织的化学图像[8]。在这个图中 $43\mu m \times 37\mu m$ 的肿瘤区域内，使用 $0.54\mu m$ 的横向分辨率在 50min 内使胡萝卜素夹杂物成像［图 6.1(a)］。通过使用 $1581cm^{-1}$ 的单波段拉曼成像，也可将组织出血可视化［图 6.1(d)］。

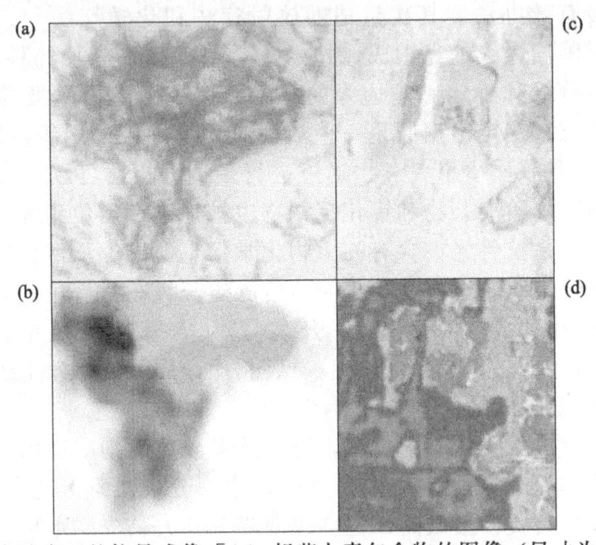

图 6.1 脑膜瘤肿瘤区的拉曼成像［(a) 胡萝卜素包含物的图像（尺寸为 $43\mu m \times 37\mu m$）和拉曼化学成像；(b) 组织出血的显微照片；(c) 尺寸为 $1.8mm \times 2.4mm$ 和 (d) $1581cm^{-1}$ 单波段拉曼成像对组织出血的可视化。经 Wiley 许可转载自参考文献［8］（彩图位于封三前）］

6.3 乳房

6.3.1 乳腺癌

几个研究小组已经研究了使用拉曼光谱诊断乳腺癌的潜在好处[14-20]。乳房组织显微特征的可视化，是朝着在临床环境下鉴别和分类乳腺癌的非侵入式拉曼成像技术发展的关键性第一步。在早期的研究中，带有液晶可调谐滤波器（LCTF）的拉曼显微镜获得了瘦鸡胸部组织的高清化学成像[17]。基于单变量（比率计）技术的成分辨别已用于脂质和蛋白质成分分布的可视化。然而，通过使用多变量技术可以提高图像对比度，如经典最小二乘分析。其他基于主成分分析（PCA）的多变量技术，也被用来识别患有乳腺癌患者的淋巴结活检中的脂类和类胡萝卜素成分[21]。

在另一项研究中，60 人的乳房组织活检的拉曼微观成像用来创建形态模型，最终这个模型可用来开发原位诊断女性乳腺癌的算法[22]。尽管形态建模需要比 PCA 和其他多变量方法更高深的样本知识，但它提供了更好的洞察力，并且能够准确地反映与疾病诊断相关的生化变化[23]。图 6.2 给出了正常乳腺导管的胶原蛋白、细胞质和细胞核形态上的拉曼成像[22]。与一系列着色部分的比较表明，拉曼成像与组织结构联系紧密。模型使用这些拉曼基础光谱和那些源于脂肪（主要是油酸甘油酯）、类胆固醇沉积、β-胡萝卜素、羟磷灰石钙、二水草酸钙以及水的光谱的线性组合。尽管模型的价值取决于适合的光谱信噪比，但模型克服了过度拟合问题，因为大部分基础光谱是形态衍生的，特别是被认为以许多不同形式存在于人体组织的胶原蛋白。然而，必要时可以使用来自合成的或可商购的化学物质（包括那些来自分离组织部分的）的基础光谱。用于形态模型的九个形态和/或化学的基础光谱，足以解释与正常、病变和恶性乳腺组织活检有关的主要光谱特性。相比之下，建立正常和改变的人类乳腺上皮细胞模型只需要三个基础光谱[24]。在这种方法中，从细胞核中提取的 DNA、RNA 和蛋白质，用于构建光谱合适的模型，以显示亚细胞水平上与肿瘤发生有关的成分变化。

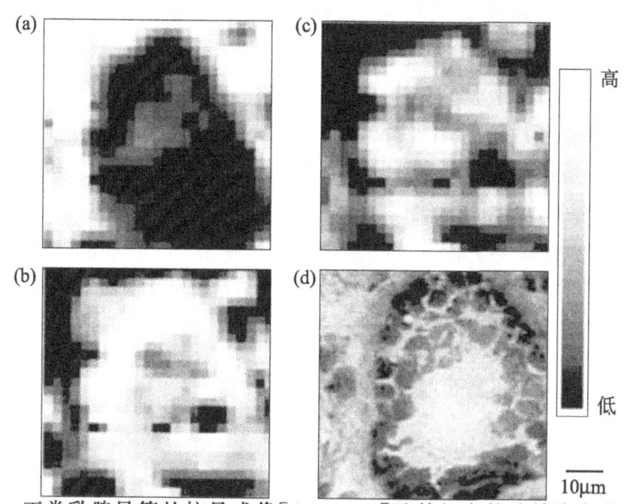

图 6.2 正常乳腺导管的拉曼成像[(a)～(c)]及其相应的连续染色部分(d)，每个图像代表了特殊形态元素对被研究区域的贡献：(a)胶原蛋白；(b)细胞质；(c)细胞核(经 Wiley 许可转载自参考文献[22])

6.3.2 乳腺肿瘤发展模型

乳房病理学家经常使用肿瘤过程模型，来描述一系列随着时间推移发生在乳腺导管组织的异常变化。模型通常包括增生常见类型（HUT）、非典型增生（ADH）、原位管癌（DCIS）、浸润性导管癌（IDS）和最后的新陈代谢[25,26]。尽管在病理组织上有着明显的形态差异，但模型可能并不总是线性的。50 个结果分级的乳房导管活组织检查的拉曼成像，用于寻找在四组增殖模型（HUT、ADH、DCIS、和 IDC）和四个 DCIS 病理学模型（低级、中级和高级无粉刺，还有高级有粉刺）之间可能的先进生化联系[27]。取组间最大方差和取组内最小方差[21] 的线性辨别分析（LDA），应用于增殖和 DCIS 模型。增殖模型上执行的光谱分析表明，携带 HUT 的乳腺组织中相对血脂水平类似于正常乳腺组织[27]。因为脂肪被较高的胶原蛋白贡献所替代，所以脂肪水平随着病理进展发生变化。DCIS 与其他病理组织在增殖模型上有很小的区别。DCIS 组与 HUT 和 IDC 的联系，看起来比其前身 ADH 更多。虽然观察到其他生化变化，但增殖模型没有像病理学发展那样遵循通常模式。相比之下，观察到 DCIS 病理模型中的 DCIS 前三个等级的平均谱之间的光谱区别，然而由于一些管道坏死，高级粉刺状 DCIS 组的平均光谱截然不同。在其自己的组中，DCIS 病理模型遵循一个模式。这项研究表明，乳腺病理学家和光谱学家在分类或建立生化病理进展模型时，仍面临重要挑战，这些模型可能不是线性或表现出极端非线性。

6.3.3 乳房植入物材料和病理

拉曼光谱逐渐用于解决乳房植入物材料的成分和病理的重要医学问题[28-30]。乳房植入组织拉曼成像的最早应用之一是声光可调谐滤波器（AOTF）[31]。AOTF 拉曼成像用来检测病理学分级乳房植入物荚膜组织活检中的涤纶聚酯夹杂物。在修复和整容手术中，涤纶聚酯补片通常用来把硅胶植入物附着在胸壁上。虽然高组织荧光掩盖了乳房组织脂质和蛋白质的光谱特征，但通过采取在 1615cm^{-1} 的涤纶聚酯拉曼成像和 1670cm^{-1} 的背景成像之间的比率，可以成像直径约 15μm 的聚合物夹杂物。如图 6.3 所示，230×230 像素区域内，经过 10min 的积分时间获得高保真度涤纶化学图像。共焦拉曼成像技术也用于区分手术缝合部位的蛋白质和涤纶纤维，以及空间分辨与硅胶外植体相关的硅树脂和聚氨酯粒子[32]。

6.4 胃肠道

6.4.1 巴雷特食管和食管腺癌

巴雷特食管，长期胃食管逆流病的病症，其特点是食管下端正常鳞状黏膜被肠源性柱状内衬不完全替代[33,34]。在某些情况下，肠上皮化生患者出现消化不良和食道腺癌的风险增加[35,36]。食道癌患者的预后差，这是因为肿瘤具有高度侵袭性，它可以通过新陈代谢扩散到身体的其他部位[37]。低度言语障碍症（LGD）患者建议接受常规内镜活检检测，而高度言语障碍症（HGD）患者可能需要通过手术切除或内窥镜消融进行更集中的检测[38]。然而，由于观察者间的变化和言语障碍症及早期致癌作用的标记物未充分定义的问题，使用这种检测方法的好处仍未经证实[39-42]。目前正在研究几个新兴光学诊断技术，并且在某些情况下，与公认的

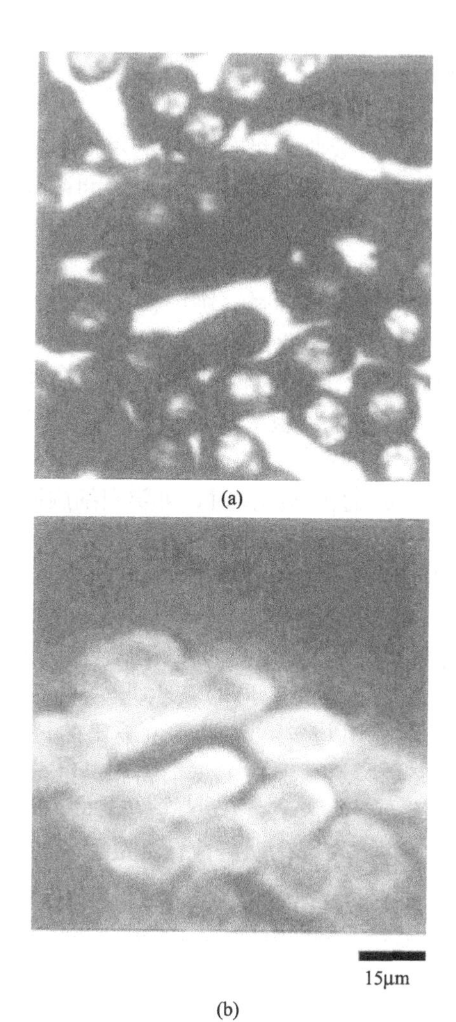

图 6.3 人类乳房植入胶囊状组织中涤纶聚酯的高清晰度成像：(a) 亮场反射成像；(b) 背景比例拉曼成像 ($1615cm^{-1}/1670cm^{-1}$) [10min 的积分，20×(NA=0.46) 物镜]（经美国化学学会许可转载自参考文献 [31]）

组织病理学方法进行了验证，以解决其中的一些问题[43-46]。例如，在对 44 个巴雷斯特食道症的患者的食管活检的共识病理学和拉曼光谱研究中，分别获得了73%～100%和 90%～100%的敏感性和特异性[47]。多变量分析技术用于建立光谱分类模型，以对病理学进行客观预测。在以下研究中，生成了伪彩色拉曼（得分）图，并用于可视化组织病理学分级 HGD 和腺癌切片的生化变化[48]。所选图像区域的平均谱表明，HGD 和腺癌位置与 DNA、油酸和肌动蛋白水平有关系，而相比于正常鳞状上皮，相对糖原水平大大降低。最近，使用具有零读出时间功能的 CCD 相机，使得冷冻食管组织截面的拉曼成像的生成速度比点成像方法快 3～7 倍，从而使未来临床环境的组织学检查拉曼成像的实现成为可能[49,50]。

6.4.2 结肠壁结构和组成

结肠是消化道从食品中再吸收电解质和水的最后区域[51]。在结构上，结肠壁由四个基本层构成，即黏膜、黏膜下层、外肌层和浆膜[52,53]。结肠最里面的一层是黏膜，它排列着吸附和分泌上皮细胞。这些细胞由底层黏膜下层的结缔组织和神经细胞支持。黏膜下层下面是包含平滑肌的环形和纵向组织的肌层。这些肌肉组织通过称为蠕动的波浪收缩方式，协助食品在消化道中运动。覆盖肌层的是最外层的浆膜层，它提供了最小化蠕动摩擦所必需的润滑液。

黏膜已成为涉及结肠癌的大量体外和体内拉曼光谱研究的重点[18,54-56]。结肠癌的拉曼成像最早应用于人类结肠癌细胞系 HT29[23]。在这项研究中，当 HT29 细胞光谱具有磷脂酰胆碱、DNA、胆固醇亚油酸酯、油酸甘油酯和肌动蛋白（形态上源于乳房泌乳组织的“细胞质”）的化学光谱时，可辨别细胞膜、细胞核和细胞质。然而，拉曼光谱和成像研究很少用于描绘黏膜下面的组织和神经细胞特征，如发现于环形和纵向肌组织之间的神经节神经细胞。神经节细胞的缺乏与巨结肠病有关，它是一种相对普遍的儿科疾病，其症状包括喂养不耐受、腹胀和慢性便秘[57,58]。

拉曼和 FTIR 联合成像技术最近用于可视化肠壁组织切片的生化成分，切片通过结肠造口术取自患有肛门直肠畸形的新生儿[53]。无监督的多变量（聚类）分析应用于分段光谱数据集，以产生 14 个颜色编码的拉曼和 FTIR 的成像以及用于归属和比较的光谱。黏膜层顶部的上皮细胞和黏液分泌是用 10μm 步幅获得的拉曼成像所识别出的第一个类成员。相应位置相匹配的 FTIR 数据令人信服地表明，黏液由上皮腺产生并由聚糖化肽组成。此外，虽然信号贡献略有不同，但上皮导致了两个相同的 DNA 类。这些差异是因为上皮细胞转换活动的空间变

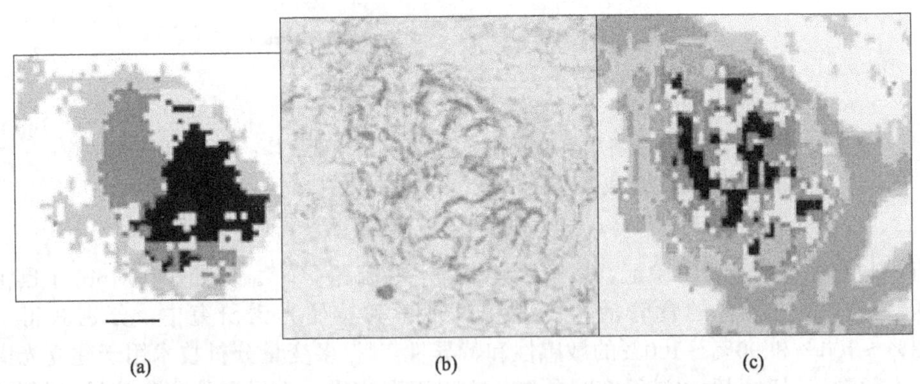

图 6.4 FTIR 微观成像（a）、显微照片（b）和神经节的显微拉曼成像（c）[拉曼成像由记录着 2.5μm 步长的 59×59 光谱（c）组成。颜色代表了类成员：纤维隔膜（红色、橙色），环形肌肉层（黄色），亚细胞特性（黑色、品红色、蓝色和蓝绿色）和神经节与纤维状隔膜（绿色）之间的转换。图中的标尺为 20μm。经 Wiley-VCH Verlag GmbH & Co 许可转载自参考文献 [53]。（彩图位于封三前）

化。除了升高的DNA和黏液水平，上皮光谱给出了比结缔组织和肌肉组织低的胶原蛋白贡献。在黏膜和黏膜下层组织之间辨别出了称作消化道黏膜的额外肌肉组织成分。通过组织成分的低胶原蛋白贡献，可以从环形肌肉组织中识别纵肌组织的拉曼和FTIR成像。使用2.5μm步幅，能够在空间上分辨神经节亚细胞特征的拉曼成像。图6.4清晰地说明了这点，相比于那些来源于相应的衍射极限FTIR成像，图中拉曼成像可以获得更多的类成员。拉曼成像和单点谱分析表明，神经节的子结构由脂质、DNA和RNA成分组成，而这些成分可以很容易地从神经节周围的环形肌肉组织和富含胶原蛋白的纤维隔膜之间分辨出来。

6.5 泌尿组织

6.5.1 膀胱出口梗阻

拉曼成像主要集中在识别与正常或病变的泌尿组织和细胞有关的结构组成或生物化学变化。历史上，泌尿组织的第一例拉曼成像，涉及在400～2000cm^{-1}光谱范围的健康豚鼠膀胱组织的层析成分描述[59]。通过使用聚类分析，将光谱数据集分成多个类，可以得到尿道上皮、固有层和肌肉层的拉曼伪彩色成像。通过免疫组织化学分析证实，固有层提供了更高的胶原蛋白信号贡献。相比之下，肌肉层由高肌动蛋白和肌凝蛋白的信号贡献控制，而尿道上皮含有强脂肪酸信号的贡献。同样，以HWVN光谱范围（约2400～3800cm^{-1}）从病人收集来的拉曼成像辨别了膀胱类群[9]。这是个重要的发现，因为HWVN区域远离石英玻璃纤维的信号干扰，这样可以简化体内纤维光学拉曼测量的收集和数据分析[60]。黏膜下层的HWVN拉曼图，显示了平滑肌和纤维胶原性组织之间共区域化的证据[9]。在由于部分出口梗阻而受损的豚鼠膀胱组织的指纹识别拉曼成像中，发现了类似的平滑肌和胶原纤维的共区域化[61]。这意味着，膀胱壁组织中胶原纤维的渗透是出口梗阻的结果，并且在组织学上得到了证实。同时也确定了正常肌肉和受损肌肉的集群。这些类群之间的光谱差给出了几乎纯净的糖原光谱，这说明受损肌肉组织区域的糖原积累。

6.5.2 膀胱癌

收集自15名患者的非肿瘤和肿瘤膀胱组织的拉曼成像，每个图可获得3～7个类群用于聚类分析[62]。对于每个类群，计算每类的平均光谱（CAS），用LDA方法计算并分类为非肿瘤或肿瘤。非肿瘤CAS含有较高的胶原蛋白含量，而肿瘤区域的CAS以高脂质、核酸、蛋白质和糖原含量为特点。然而，两个非肿瘤CAS被LDA模型归类为肿瘤。拉曼成像显示，高度炎症组织也包含高核酸，因此不可能在所有情况下，区分炎症组织区域的CAS和肿瘤区域的CAS。然而，90个CAS中有84个（93%）被正确分类，并且敏感性94%，特异性92%。

6.5.3 睾丸微石症

睾丸微石症是一种罕见的临床情况，其特征是在整个睾丸实质中随机分散着多重钙化（微晶）[63]。尽管这种情况作为睾丸癌的标志来讲意义值得怀疑，但通过放射性和组织学方法很容易检测到[63,64]。微晶由形成中央钙化核心的细胞碎片的积累引起，它被连接或分层的胶原纤维同心层环绕。最近的拉曼成像研究，给研究恶性和良性标本中的性腺结石及其周围组织的分子组成提供了宝贵的观点[65]。拉曼成像得到毗邻生殖细胞肿瘤（精原细胞瘤）的带有微晶体的睾丸实质结构（类群）与染色组织切片的形态非常相近。微晶的拉曼光谱显示了羟磷灰石和类蛋白质成分的证据。这表明，在微晶中存有类蛋白质物质。相比之下，环绕微晶的组织富含番茄红素和糖原，而精小管的基底膜含有较高的胶原蛋白成分。在所有恶性肿瘤标本中糖原的存在和唯一良性病变中糖原的明显缺乏，指出了性腺中生殖细胞肿瘤的前体细胞的致病作用。

6.5.4 肾脏肾小球

在肾脏中，肾小球负责清除废物，因此它是很多肾功能障碍的关键位置[66]。临床医生对应用拉曼成像技术检测肾脏结构和功能上的畸变会有很大兴趣。例如，拉曼分子成像（RMI）可以生成人类肾小球组织空间准确的无试剂图像[67]。使用集成了多共轭过滤器（MCF）的广角成像显微镜可获得拉曼成像。MCF 可调滤波器可以在特定波长创建成像，从而提高效率以及拒绝多余的波长和杂散光。如图 6.5 所示，以 1450cm^{-1}、1650cm^{-1} 和 2930cm^{-1} 获得的肾脏肾小球亮场成像和拉曼成像之间的光学对比非常明显。此外，通过使用荧光 MCF 可调滤波器，染色组织截面的自发荧光成像（或光谱）可以与拉曼光谱成像（或光谱）中特定区域进行关联。

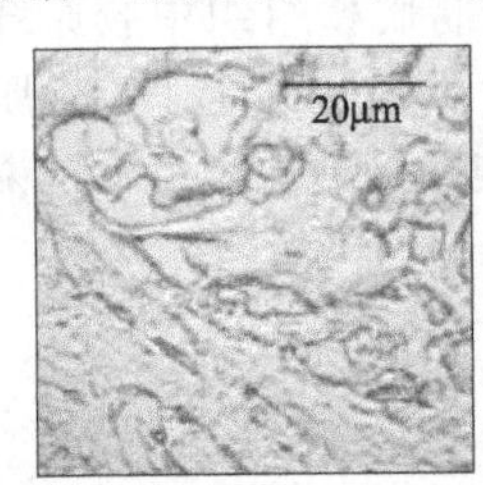

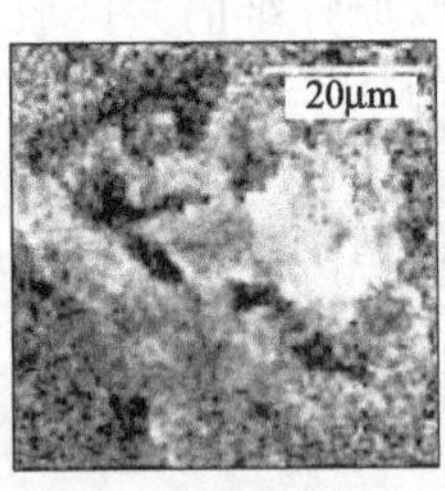

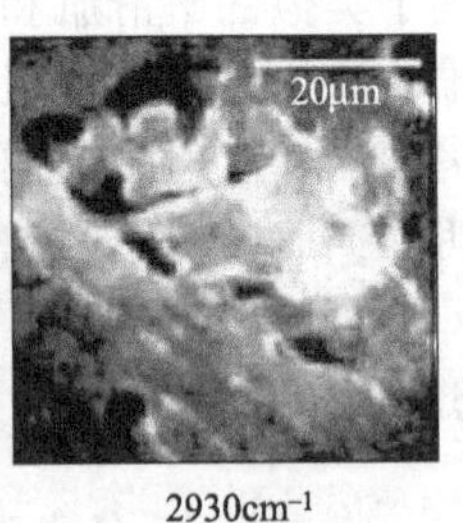

图 6.5 在 1450cm^{-1}、1650cm^{-1} 和 2930cm^{-1} 波数下采集的肾脏肾小球明视野拉曼成像（经许可转载自参考文献 [67]）

6.5.5 前列腺癌细胞

RMI 和荧光成像技术的结合方法，已用于可视化标记荧光染料的单个前列腺癌细胞或纳米晶体[67,68]。共焦拉曼技术也用于分析和可视化两种不同人类前列腺细胞系总体的内在生化成分，即 PNT1A（正常前列腺）和 LNCaP（前列腺癌)[69]。PCA 生成的拉曼得分成像可以通过总体平均细胞谱系来确定，并且可视化 DNA/蛋白质、胞质、核酸以及与细胞种类之间细微差异相关的各种不同生化物质的分布。例如，恶性肿瘤细胞含有更高的 β 折叠构造，而良性细胞表现出更高、更稳定的 α 螺旋构造。此外，恶性肿瘤细胞显示出比良性细胞更高的 DNA 含量。

6.6 皮肤

6.6.1 基底细胞癌

基底细胞癌（BCC）是研究最多的皮肤恶性肿瘤之一，这是由于它在有着过度日晒历史的白种人之中很普遍[70]。流行病学数据估计美国每年有 800000 例 BCC 发病，世界范围的总体发病率以每年 3%～10%的速度增长[70,71]。虽然生长缓慢且很少转移，但 BCC 会对暴露在阳光下的身体部位造成严重的局部破坏，如头部或颈部。至于发生在解剖学上敏感位置（如鼻子和眼睛）附近的 BCC，在莫斯手术时建议使用冷冻病理检查。莫斯手术对 BCC 是有效的组织备用过程，其治愈率为 98%～99%[72]。然而，对于大型和复杂的情况，对外科医生和病理学家来说，莫斯手术都很耗时。使用实时术中的光学方法对 BCC 肿瘤边缘的快速检测，可能会满足最小化冷冻组织学的需求并且加快莫斯手术[71,72]。最近，共焦拉曼系统用于成像 15 位病人的 15 个冷冻 BCC 切片[73]。拉曼成像上进行的多变量统计分析，用于在冷冻不固定的组织切片中确定肿瘤边界。BCC 形态上类似毛囊结构[70]，其位置与在拉曼成像和组织学上观察到的结节性特征一致。在拉曼成像中，从周围的非肿瘤皮肤组织可以描绘 BCC 肿瘤边缘。BCC 光谱的脂质和核酸含量更高。高 BCC 核酸含量反映了与周围非肿瘤组织相比肿瘤的高细胞密度。在 4 个拉曼成像中，邻近肿瘤的皮肤组织的胶原蛋白含量低，这与在 BCC 中基质金属蛋白酶发挥了致病作用，并且降解了富含胶原蛋白的皮肤组织这一理论一致。此外，15 个冻结切片中的 3 个包含密集慢性炎性浸润。光谱差异的研究表明，渗透物包含更高的脂肪酸和芳香氨基酸成分，而胶原蛋白水平相比于正常皮肤组织光谱降低。尽管观测到 BCC 和表皮组织光谱之间的微妙差异，但三个表皮光谱被错误分类并预测为 BCC。基于逻辑回归模型，BCC 的灵敏度达到 100%，特异性为 93%。微拉曼光谱学用于可视化正常人体皮肤黑素细胞的蛋白质分布[74]，而使用 $2845cm^{-1}$ 的 CH_2 波段的受激拉曼散射（SRS）显微镜检查能够可视化小鼠皮肤组织切片中的富含脂质区域[75]。

6.6.2 伤口愈合

表皮是伤口的第一道物理屏障。破损时，表皮便开启伤口愈合过程，以阻止细菌感染并恢复体内平衡[76]。伤口愈合是一个高度动态的过程，它包含炎症、增殖、表皮再生和重塑同步且平衡的活动[77,78]。光谱学技术可以实时跟随这些过程。例如，IR 和共焦拉曼联合技术跟随观测在维持细胞培养的人类切除伤口的表皮再生中发生的变化，并持续 6d[77]。皮肤未受损和受损区域的拉曼成像采集于 $800\sim1140cm^{-1}$ 区

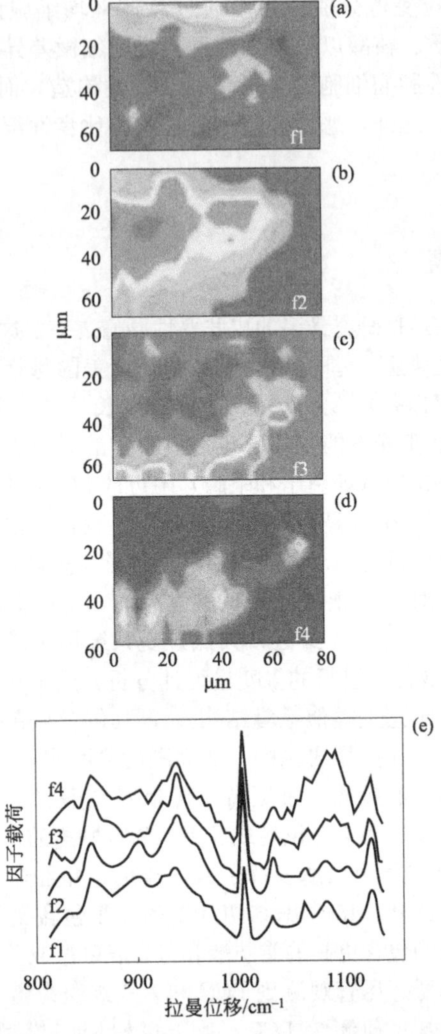

图 6.6　共焦拉曼数据集的因子分析描述了受伤 12h 后创伤边界的皮肤区域
[因子分析在 800～1140cm^{-1} 区域进行，得到 4 个载荷，可识别到皮肤结构上不同的区域：(a) f1 得分的空间分布突出了皮肤角质层区域，其富含角蛋白填充的角质细胞和脂质；(b) 因子载荷显示出在底层表皮区域的高得分；(c) f3 的高得分出现在真皮表皮边界区域附近；(d) 有 f4 高得分的几个较小区域的大小、位置和空间分布鉴定为细胞核；(e) 因子载荷揭示了人体皮肤表皮的显微解剖的几种光谱特征细节。经 Wiley 许可转载自参考文献 [77]（彩图位于封三前）]

间。图 6.6 的拉曼（得分）成像显示了受损后 12h 的伤口角质层、表皮底层和皮肤表皮边界区域的空间分布，以及鉴定为细胞核的几个较小区域的分布。角蛋白被确认为角质层和表皮层的主要蛋白质成分，而真皮层主要是胶原蛋白。脂质和 DNA 成分分别局限于角质层和细胞核。在实时的拉曼成像中，在受伤皮肤区域附近观察到弹性蛋白空间分布的变化。基于基因芯片的研究，在伤口愈合过程的第二天，观察到弹性蛋白水平的突然下降，这归因于组织蛋白酶S和基质金属蛋白酶-7表达的提高以及赖氨酰化氧活动的抑制。

6.7 眼部

6.7.1 与年龄相关的黄斑变性

人类视网膜中的黄斑色素（MP）由三种类胡萝卜素、叶黄素、玉米黄质和内消旋玉米黄质组成[79]。这些类胡萝卜素都集中在视网膜黄斑区，以及称为小凹的视网膜洼地。小凹包含最高密度的视锥细胞，视锥细胞是高灵敏度色觉所必需的[79,80]。MP是强有力的抗氧化剂，也被认为可以保护视网膜免受由与年龄相关的黄斑变性（AMD）引起的氧化应激，其中AMD是65岁及以上的老年人不可逆转失明的主要原因。有各种方法用于评估人类视网膜中的MP，视网膜的共振拉曼成像（RRI）最近发展了在体方法。MP类胡萝卜素是立体异构体，每个都包含长共轭多烯链，从而在1524cm^{-1}附近产生C═C伸缩斯托克斯拉曼波段。这一波段在蓝绿光谱范围内共振增强，其峰值中心在527nm左右[81]。1524cm^{-1}波带可用来测量人类视网膜中的MP浓度，已经使用模型系统与色谱方法进行了验证，如切除的捐赠者洗眼杯[79]。17个健康志愿者的RRI表明，在MP浓度对称性和空间分布上个体之间存在明显差异。RRI成像中的MP空间分布，类似于在相关荧光技术成像所观察到的，MP水平在中心达到顶峰并朝黄斑外区域迅速下降。健康志愿者的RRI成像分成四个可互相区分的主要组别，它们也区别于在视网膜和/或玻璃体视网膜界面存在病变的三个老年病人的RRI成像。例如，图6.7给出了一个57岁健康男性和一个被诊断为轻度干性AMD的70岁女性的RRI成像。在健康男性病人中，MP分布包含一个窄中央峰，但是外MP环形结构有明显断裂。相比之下，在AMD情况下MP环结构被一个相对较高的中央峰和十字辐条打破。此外，图6.7显示了右眼玻璃体分离后的62岁女性的左眼和右眼的MP分布。玻璃体分离显然在MP环结构中引起了双峰MP结构形式。

6.7.2 胆固醇和白内障

胆固醇是眼部组织的主要脂质成分，晶状体脂质成分和含量的改变造成了白内障的形成[82]。拉曼成像方法已用来间接成像用菲律宾菌素（一种胆固醇结合的荧光抗生素）培养的健康鼠眼切片中的胆固醇分布[83]。1586cm^{-1}的强烈信号是菲律宾菌素的拉曼光谱特征，并且由晶状体蛋白质和脂质所引起的干扰信号可以忽略不计，这使得它成为成像的最佳选择。从1586cm^{-1}（菲律宾菌素）的拉曼散射中减去1510cm^{-1}（背景）的拉曼散射光得到菲律宾菌素拉曼图像，从中可以看到亮场成像中的一个相同的蜂窝结构。菲律宾菌素拉曼成像的蜂窝结构外观，是由于与眼睛晶状体纤维相比，晶状体纤维膜中的高胆固醇浓度（约7mmol/L）所致。在缺乏菲律宾

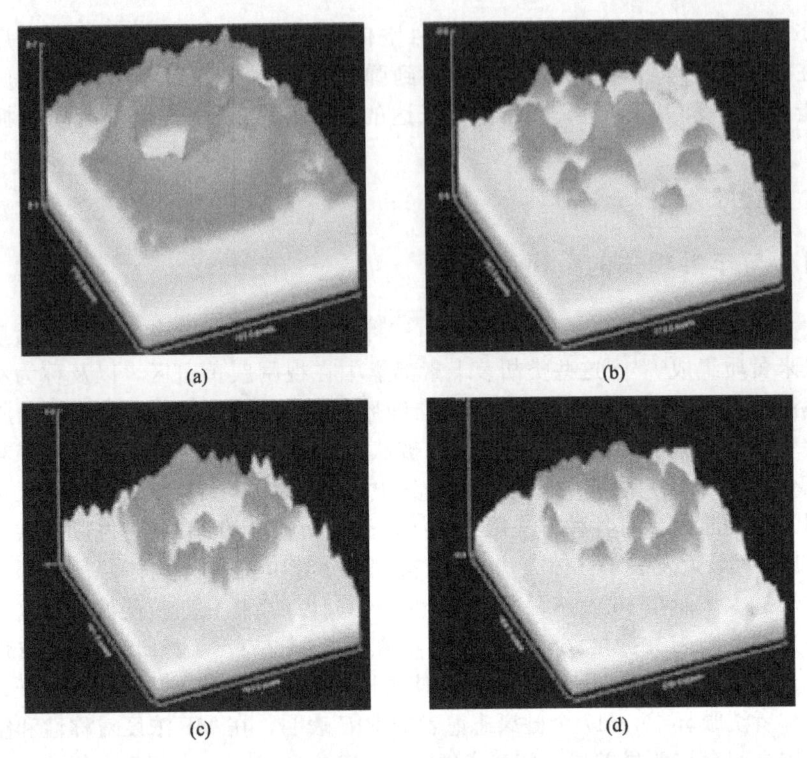

图 6.7　环形 MP 分布的三个个体的 RRI 成像：(a) 57 岁健康男性包含窄中心峰和周围强势的近似旋转对称的 MP 分布，环的 MP 水平比中心稍高，并以在“2 点钟”位置明显的破坏/抵消为特点；(b) 诊断为轻度干性 AMD 的 70 岁的女性，具有中央高 MP 密度和十字辐条虚弱破损的环形结构；在右眼玻璃体脱离后测量的 62 岁女性的左眼 (c) 和右眼 (d) 的 MP 分布，分离 6 个月前，RRI 成像在双眼均显示了相同的中间尖峰的环形 MP 样式，在这一个体中，玻璃体脱离显然引起了 MP 环中双峰 MP 结构的形成（经美国光学学会许可转载自参考文献 [79]）

菌素培养的鼠晶状体的拉曼成像中，没有观察到蜂窝结构。此外，使用 1450cm^{-1} 的 CH_2 和 CH_3 信号（1450cm^{-1} 减去 1510cm^{-1}）获得的拉曼成像表明，晶状体蛋白质均匀分布。在另一项研究中，在人类眼睛晶状体的内障性区域，相对的菲律宾菌素强度最高，与眼睛晶状体的健康部分相比，这等同于高胆固醇浓度（带有未酯化的 3β-OH 基团）[84]。相反，通过 1004cm^{-1} 苯丙氨酸固有波带的相对强度测量的蛋白质分布，在白内障区域减少，但蛋白质的总量并没有变化。在单个人类细胞中，非共振拉曼成像实验表明，眼睛晶状体上皮细胞内的核酸蛋白质也均匀分布[85]。后来的拉曼成像使用约 3000cm^{-1} 的强蛋白质 CH_2 和 CH 谱带获得。

6.7.3　人类泪液

许多蛋白质检验指出，人类泪液蛋白质成分的变化可以用来诊断眼表面的疾病状态，以及更好地理解泪液不足背后复杂的化学过程[86,87]。最近，一种新的液滴涂层沉积拉曼光谱学（DCDRS）技术，用来检查三个健康人类志愿者的泪液样品成分[88]。在 DCDRS 中，泪液沉积到疏水表面，干燥后在中心产生了羊齿植物状样式的厚非晶环。干燥眼泪沉积的拉曼成像显示了蛋白质、尿素、碳酸氢盐和脂质的不均匀分布。蛋白质、尿素和碳酸氢盐成分的位置与它们的相对溶解度和浓度有关，而脂质成分不是在溶液中发现的，而是在干燥小滴的不溶性残留找到的。DCDRS 方法可能会提供蛋白质（和脂质）成分的指纹，而蕨类植物模式可以对眼泪“质量”进行经验评估。

6.7.4 眼睛的结构和形态

拉曼成像已被用来阐明通过体内深低温实验技术快速冷冻后的老鼠眼睛切片的显微结构组织[89]。冷冻干燥标本也嵌入在树脂中切片并通过甲苯胺蓝染色，以允许组织形态可以与那些从拉曼显微镜获得的进行比较。连同光显微成像和深入的光谱研究，拉曼成像包含了四种典型的光谱模式，通过颜色编码来反映眼骨骼肌、巩膜的结缔组织、脉络/色素上皮和杆/锥感光层。据发现，脉络膜和色素层含有黑色素，而巩膜和感光层分别主要由血红蛋白和视紫红质蛋白组成。这种方法也用于可视化活体动物血管的氧饱和度[89]。

6.8 心血管

6.8.1 动脉粥样硬化斑块

在心血管疾病研究中，大量侵入和非侵入成像策略，使得中断或破裂之前及时识别动脉粥样硬化斑块[90-92]。尽管绝大多数动脉粥样硬化斑块并无症状，但这些所谓的“易损斑块”的破裂可以导致心血管事件。易损斑块表现为覆盖着大神经质脂质核心（整个斑块的 40%）的薄纤维帽。拉曼成像常用于可视化体外组织标本的动脉粥样硬化斑块。在一项研究中，拉曼聚类和自发荧光成像技术用于空间上分离的非荧光动脉粥样化周围的动脉粥样硬化斑块的荧光蜡样质沉积[93]。蜡样质是脂质氧化的最终产品，从光谱上给出了强血红蛋白和胆固醇酯信号。这支持了铁和血红素形成血管内脂蛋白复合物的假设，从而刺激这些蜡样质沉积的氧化和初始形成。

其他拉曼研究从空间上确定了动脉粥样硬化的小鼠模型富含蛋白质和脂肪的区域[94]。通过采用 1000cm^{-1} 和 1015cm^{-1} 的胶原蛋白和弹性蛋白谱带之间的比例，可以区分血管中层（中间层）的平滑肌和动脉外膜（最外层）的胶原蛋白[95]。大动脉血管还包含形态不同的胶原——蛋白多糖富集层、内膜、外周侧具有内弹性膜（IEL）的弹性纤维片。根据轻度动脉粥样硬化人体组织的形态建模，胆固醇、泡沫细胞和坏死细胞的拉曼成像可定位至内膜（图 6.8），而主要在血管中层发现平滑肌细胞[23]。通过比较相关相衬成像的内弹性膜的拉曼成像，可以观察到开窗模式。弹性膜的开窗因与动脉粥样硬化有关而被知晓。动脉粥样硬化疾病发展的另一个

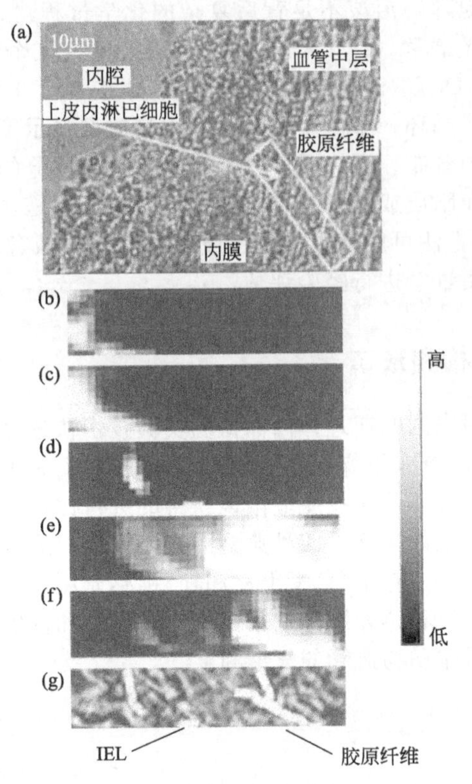

图 6.8 轻度动脉粥样硬化斑块的相位对比成像［(a) 和 (g)］，并且在 (g) 中突出显示了 IEL 和胶原纤维，也给出了胆固醇 (b)、泡沫细胞和坏死细胞 (c)、IEL (d)、平滑肌细胞 (e) 和胶原蛋白 (f) 的拉曼成像，可以观察到主要形态特征，如 IEL 的开窗（经 Wiley 许可转载自参考文献［23］）

特点是平滑肌渗透进内膜，这被拉曼成像支持。

虽然拉曼成像可以在体外标本识别动脉粥样硬化斑块，但收集体内单个拉曼光谱，因较差的组织穿透、长采集时间和血液制品的背景荧光而复杂化[90-92]。随着更有效的探针设计、紧凑的二极管激光器和 CCD 探测器的发展，体内检测可能会将基于导管的拉曼探针结合血管内超声（IVUS）成像一起使用[96,97]。

6.9 肺

6.9.1 支气管壁结构和组成

肺是一种复杂的分支器官，它进化成大规模地开始从支气管到小叶细支气管和终末细支气管引导空气穿过多种空间尺度。这些终末细支气管最终分叉到更小的肺泡单位，最后在那里发生气体与血液交换[98]。第一个报告出来的支气管壁部的伪彩色拉曼成像，概述了其化学成分和微观结构[99]。从结构上讲，支气管壁带有潜在的固有层和黏膜下层的纤毛柱状上皮组成。这些结构（或类群）连同与支气管上皮细胞相关的细胞核上皮和胞质上皮类群由伪彩色拉曼成像获得。与细胞质上皮类群相比，细胞核上皮类群似乎包含更低含量的脂质和蛋白质以及更高含量的DNA。同时也确定了与支气管上皮的液态涂层（术语为支气管黏液）有关的类群。支气管黏液在避免呼吸道吸入大气尘埃中扮演着重要角色，它包含一个主要的脂质成分——三油酸甘油酯。三油酸甘油酯只能在冰冻组织切片中见到，因为它在染色过程中被冲走了。在黏膜下层区域发现了类似的脂质信号分布，这表明支气管黏液主要由黏膜下腺体产生并通过腺管运输上皮面。黏膜下层区域包含可变数量的平滑肌、软骨和带有可变数量腺体及腺导管的纤维胶原性基质。随后的拉曼光谱研究表明，纤维胶原性基质和平滑肌分别含有较高的胶原蛋白和肌动蛋白/肌凝蛋白信号贡献，而软骨组织由可变数量的硫酸化黏多糖和胶原蛋白信号贡献来控制。

6.9.2 先天性肺疾病

肺发育始于胚胎期并在产后持续数年[100]。肺在这一发展时期以及青春期暴露于环境毒素，可能导致改变肺功能和/或增加晚年患呼吸道疾病的风险。研究了使用拉曼和 FTIR 成像方法检测与先天性囊性腺瘤样畸形（CCAM）（一种罕见但可治愈的产前肺部疾病）有关的生物化学变化的可行性。CCAM 是因终末细支气管的增生和肺泡增长的下降引起的良性非充气和无功能肺组织包块[101]。虽然超声波是分类产前 CCAM 病因学最好的方法，但通常需要组织学得到更明确的诊断[102]。从组织学来讲，CCAM 包含更少的孔洞，而正常肺组织包含像海绵一样的充气形态。在拉曼的研究中，从正常组织中区分 CCAM 并确保持续获得拉曼类群必须要约 10μm 的高空间分辨率[101]。与红细胞含量有关的四个类群中的一个比正常组织的 CCAM 低，尽管与脂类和平滑肌有关的类群不变或不重要。然而，通过红外光谱成像获得的脂质类群是重要的诊断标准，其 CCAM 含量更高。虽然拉曼光谱学明确地证明了磷脂酰胆碱是 CCAM 的主要脂质成分之一，但 FTIR 显示肺黏液含有糖原。当与正常人类支气管组织[99] 所呈现的相比时，这项研究表明的拉曼发现似乎十分不同，从而突出了通过多种空间尺度分析肺组织结构和成分的复杂性。

6.10 骨

6.10.1 骨微观结构和组成

骨是高度特化的结缔组织，它负责基本代谢和负重功能，以及适应在日常生活中器官所暴露的机械应力变化[103]。骨可能被视为包含散布着各种大小、形状、方向和成分的羟基磷灰石类矿物微晶的交联胶原原纤维的多相复合材料[104,105]。显微拉曼光谱学研究这些指标参数很到位，并提供了与衰老、疾病和创伤有关的骨微结构和成分变化的宝贵见解[106-110]。

在现代量子高效 CCD 探测器和先进信号恢复技术的帮助下，不同骨微体系结构的拉曼成像可以通过骨组织荧光和聚合物嵌入试剂以最小干扰获得[111-113]。例如，结合因子分析的拉曼成像用于以 3μm 空间分辨率可视化松质（松软的）骨和密质（紧凑的）骨的磷酸（$\nu_1 PO_4$）和单原子氢磷酸（$\nu_1 HPO_4$）梯度[106]。犬的松质骨组织嵌入在聚甲基丙烯酸甲酯（PMMA）内，而人类密质骨的横截面成像时用没有嵌入的新鲜骨。在松质骨中，在 958cm^{-1} 和 1000cm^{-1} 的相应波带位置产生了独立的 PO_4 和 HPO_4 因子。在成熟的骨中，PO_4 种类位于高矿化骨小梁标记层。然而，标记层边缘的矿化不完整，在相同位置较高的 HPO_4 信号的贡献显而易见。这表明，即使在成熟骨里，也有骨重塑的位置，新骨在其中形成。从不成熟骨小梁标记层的拉曼成像中，明显观察到骨重塑，标记层中 HPO_4 区域似乎向矿化 PO_4 区域扩展了 20μm。发现了少量的 PMMA 树脂渗透进新重建的骨头，这进一步证明骨有机质的不完全钙化。相比之下，密质骨中血管（骨单位）周围形成的骨拉曼分数成像，仅产出了一个包含 PO_4 和 HPO_4 种类的矿物因子。两个磷酸种类的比例成像的一致性表明，它们相互交错，相对于松质骨，密质骨的模型化程度常常更低。

由于骨的异质性，偏振光往往需要提供不同骨组织成分之间的对比，如骨单位周围形成的交替片晶结构。同样，人类骨单位薄片组织的拉曼对比成像显示，酰胺Ⅰ和 $\nu_1 PO_4$ 谱带强度对入射光的方向和偏振方向敏感[114]。这一发现给密质骨的结构组织提供了宝贵见解，也强调了一些如果用 $\nu_1 PO_4$、酰胺Ⅰ或它们的比例计算骨构成性能就可能获得的错误结论。相比之下，酰胺Ⅲ、$\nu_2 PO_4$、$\nu_4 PO_4$ 或它们的比例较少依赖于方向，因此会更准确地描述骨构成性能。图 6.9 所展示的 3D 拉曼对比成像，完美地说明了在不同偏振方向的骨单位薄片组织[115]。偏振方向垂直时，板层骨结构不可见［图 6.9（a）］；而偏振方向平行时，片状变为可见［图 6.9（b）］。此外，基于纳米压痕标志的声阻抗图像，通过空间融合骨单位薄片拉曼成像可以获得组成、结构和弹性信息[116]。在阐明交替层状结构是否是为保护骨单位免受严重故障而设计中，这些研究类型非常重要[117]。

6.10.2 颅缝骨接合

拉曼光谱成像也广泛用于研究颅缝骨接合暗含的病理，通过颅缝骨接合可使颅缝之间的纤维组织提前融合[118-120]。颅缝骨接合是一种严重的颅面引起的先天缺陷，并认为它是由在发育中颅盖骨的成骨前面的纤维母细胞生长因子受体（FGFR）转录的表达引起的。可以通过以高 FGF2 浓度处理的 18.5d 正常胎鼠颅盖缝合，在组织细胞培养条件下模拟该疾病病理。获得了 FGF2 处理的缝合线和对照缝线的矿物和基体拉曼得分图像[119]。通过用基体分数成像除以矿物分数成像，计算出相对矿物基体比率（MTMR）。在 FGF2 治疗缝合的 MTMR 和控

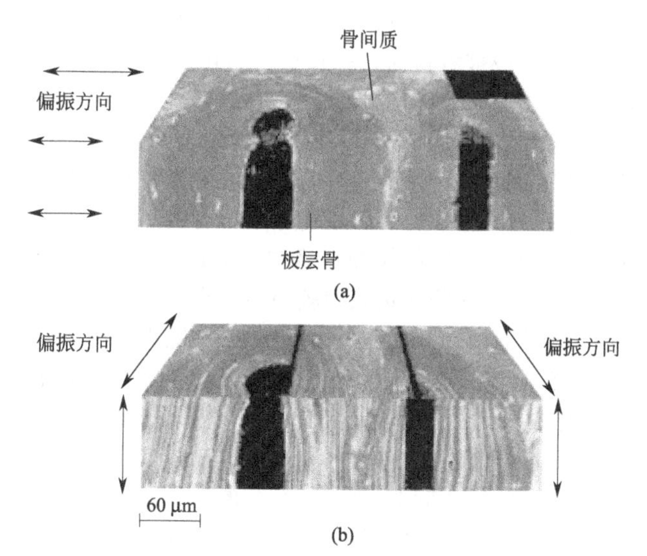

图 6.9 (a) 在图中由双箭头指示的入射激光束形成的不同偏振的 $\nu_1 PO_4$/酰胺Ⅰ比率的3D图；(b) 依据 (a) 中光束的不同偏振方向，相同薄片显示不同成像结果（经 Elsevier 许可转载自参考文献 [115]）

制缝合的 MTMR 之间没有发现显著差异，这是由于实验时间短（约 48h）。然而，FGF2 治疗缝骨区域的 MTMR 比控制骨缝合区域高 1.5～2.0 倍。这证明了，FGF2 引导颅缝骨接合的主要地方是成骨前面或者骨头尖端。在更详细的研究中，发现 18.5d 正常胎鼠的缝合区域含有光谱上像磷酸八钙的矿物因子[120]。与 957～962cm^{-1} 附近的典型磷灰石 $\nu_1 PO_4$ 波段相比，磷酸八钙波带更宽，有更少的碳酸，它被认为是成熟骨形成的矿物先驱。

6.10.3 骨骼脆弱性

骨骼脆弱性可以大致定义为，因为失效的材料和结构特性而容易骨折，而不是简单的骨在数量上减少[121]。例如，成骨不全症（OI）导致的骨头脆弱性是因为骨有机基体部分的异常胶原蛋白Ⅰ型合成，这部分又反过来破坏矿物沉积和矿物晶体的大小。高骨重塑疾病（如骨质疏松症）对骨材料组成和微体系结构产生干扰，这导致骨强度降低、骨脆弱性增加和骨折敏感性[121,122]。另外，由于骨负重部分的重复机械载荷，健康年轻人骨微损伤的积累也可能导致骨骼脆弱[104]。通过多变量拉曼成像技术，一些骨脆弱性光谱测量已经得以确定并且在空间上得到分辨。例如，人密质骨样本的拉曼成像在 952cm^{-1}（$\nu_1 PO_4$）周围确定了矿物因子，它被定位在间质组织，远离骨单位组织[123]。952cm^{-1} 波段通常与差结晶以及无序（无定形）磷酸钙有关，它的存在可能是由于在一些点上骨有受伤害史。在 952cm^{-1} 也发现了成骨不全症的小鼠模型类似波段，在 956cm^{-1} 的高频段位置[110,124]也发现了微创牛骨的扩散区域。在成骨不全症小鼠模型和部分受损/微创的牛骨中，已经鉴定了 963cm^{-1} 和 964cm^{-1} 之间波段的矿物因子[110,113,124]。OI 和受损骨的老鼠模型的 963～964cm^{-1} 波段被解释为，存在更多的化学计量和更少的碳化。而在微受损牛骨中，其归因于相转化和/或无定形化。

拉曼成像也用于辨别骨有机成分的异常变化。为了模拟失效骨材料和结构性能，用圆柱形硬度计压头以 1.2GPa 负荷机械变形牛密质骨样本[108]。在高载荷目的中，从控制（无缩进的）和缩进的区域得到单一有机基质因子，而缩进区的边缘产生了两个基质因子。缩进边缘的拉曼成像显示，酰胺Ⅲ波段的低频分量和酰胺Ⅰ波段的高频分量有所增加。这些变化表明胶原蛋白交叉连接的断裂，是因为硬度计压头穿过密质骨所施加的剪切力。值得注意的是，在缩进的中心，没有观察到破裂胶原蛋白的交叉连接的证据，这表明在这个位置只发生了有机基体的压缩。

骨小梁主要在脊椎、臀部和手腕处发现，它受骨质疏松症影响非常大，因为与密质骨相比，它被重构的速度更快[125]。松质骨的拉曼研究表明，患有骨质疏松性髋部骨折的女性比没有骨折的女性有更高的碳酸盐/酰胺Ⅰ比例[109]。这些研究还表明，在骨质疏松性的女性当中，密质骨的活检中碳酸盐/磷酸盐比例升高了。后来的发现可能为近期骨重建活动和/或自愈组织所做的尝试提供间接证

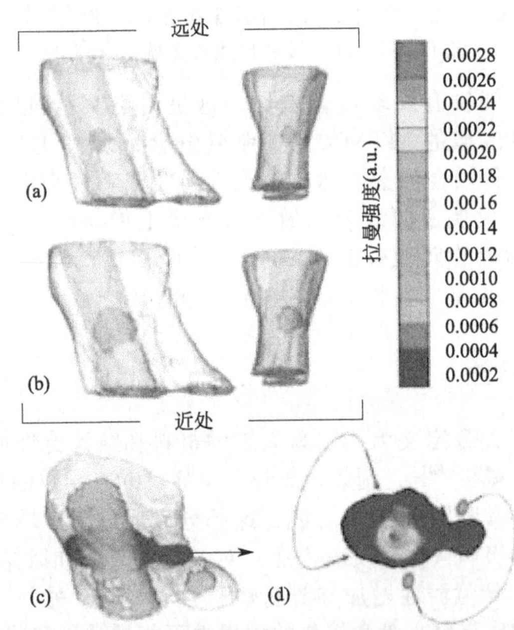

图 6.10 犬骨组织的拉曼层析成像［（a）骨（绿色）重建三维（3D）拉曼成像的覆盖有 50%对比度等值面的胫骨与跟骨（绿松石）的软组织网眼（白色）和骨表面网格的内侧和前视图；（b）骨（蓝色）重建拉曼成像的覆盖有 10%对比度等值面的相同图；（c）肢体部分（白色）的 3D 网格，包含骨（蓝绿色），说明含有最高拉曼散射强度的横截面（蓝色）位置；（d）覆盖在骨显微 CT 成像上伪彩色的（c）中横截面的拉曼强度，它显示照明（红色箭头）和收集（绿点）的位置范围。经许可转载自参考文献［127］（彩图位于封三前）］

据。无创测量密质骨碳酸盐/磷酸盐比例的能力，将是检测和监测活体人类患者的骨质疏松和骨折愈合的重要第一步。尽管通过皮肤、肌肉、脂肪和其他结缔组织层采集骨的拉曼散射是有挑战的技术，但用骨拉曼光谱环形/盘形纤维光学探针可以采集到5mm深度的拉曼光谱[126]。通过使用更复杂的纤维光学照射/收集几何光学和源自荧光分散断层和重建，可以在皮肤下面24～45mm深度获得拉曼光谱层析成像[127]。图6.10给出了三维重构的体外犬骨组织拉曼层析成像。

6.11 牙齿

6.11.1 龋齿

随着发展过程较慢的较小龋齿病变逐渐成为趋势，龋齿的发展方式正在改变[128,129]。这种转变使得许多传统视觉和视觉触觉检测方法更无用，如牙齿射线照片和牙科探测器，因为识别它们需要更高特异性的更敏感方法[129,130]。只在邻近接触部位（如相邻牙齿之间）下面发展的损伤使这种情况更加复杂化，而临床医生很难检查到这一区域。目前开发出了几种光学检测方法，用于识别这些腐烂病变并量化矿物损失的程度，以确保实现正确的牙科干预。

在这样一个研究中，用拉曼微光谱学和光学相干断层扫描（OCT）的多模式方法，检测畸齿矫正患者的龋齿[130]。拉曼微光谱学提供牙釉质的生化和结构信息，而OCT成像提供了龋齿牙釉质的形态和深度信息。例如，包含两个临床确诊的初期病变的牙齿表面复合OTC深度成像，显示出比健康釉质增加的反向散射光。在腐烂位置约290μm深度发现了反向散射光，它是由于底层釉质表面增加的孔隙度产生的。通过拉曼微波光谱学，检查确定了羟磷灰石（牙釉质的主要矿物成分）的改变。结果发现，960cm^{-1}峰值强度对腐烂和健康釉质不同，其强度与羟磷灰石中$\nu_1 PO_4$伸缩模式一致。在350～700cm^{-1}（ν_2，ν_4）和800～1200cm^{-1}（ν_3）光谱范围内也发现了相似的PO_4振动变化。在拉曼成像研究中，1043cm^{-1}（ν_2）和959cm^{-1}（ν_1）波段的强度比例似乎在牙齿的龋齿区域达到最大值。增加的比率强度是由于龋齿发展过程中去矿化作用引起的釉柱釉质微晶体形态和/或方向的改变。随后的偏振拉曼分析支持这个假设，分析中龋齿的釉质表现出更高程度的去极化，并比健康釉质减少了各向异性[131]。从880μm×715μm样本区域获得的拉曼极化和各向异性成像显示，可以发现病变位置、大小和可能的严重程度。此外，可以获得极化和各向异性的数值拉曼测量，包括那些来自OCT的值[131,132]。使用光纤拉曼探针也获得了声光龋齿的数值拉曼各向异性测量，检测体外载体的灵敏度为100%和特异性为98%[133]。这些措施可以让牙科医生评估龋齿的严重程度，并确保实施正确的保守治疗。

随着纤维光学拉曼和CCD相机技术的日益进步，现在可以成像牙釉质表面和截面的大部分区域，例如，通过使用带有玻璃球透镜的空心光纤探针，来提供4.5mm×4.5mm样本区域内损伤高对比度拉曼成像[134]。使用443cm^{-1}和446cm^{-1} $\nu_4 PO_4$波段的强度比例来成像病变。期望通过使用空芯光纤束，可以更快成像更大面积的釉质齿面。另外，带有零读数倍数的CCD相机的出现，使得整个人类牙齿龋齿截面在不到1h内成像[50]。牙齿成像截面有9mm×16mm，包含超过84000条光谱。由于其高荧光信号贡献，龋釉质可以容易地从周围健康釉质和牙质中区别。也确认了与牙齿的牙骨质釉质界（CEJ）同时发生的水平荧光特性。图6.11给出了更小的1.5mm×3.4mm横截面的拉曼成像，它在27min内获得，包含42000条光谱。在这个图中，龋釉质相比于健康釉质表现出较弱的偏振依赖。也可创建基于$\nu_1 PO_4$带宽和波段位置的拉曼成像。值得注意的是，在釉质和牙质区域之间，观察到了4～8cm^{-1}的带宽不同，然而，这一发现的重要性尚未充分解释清楚。

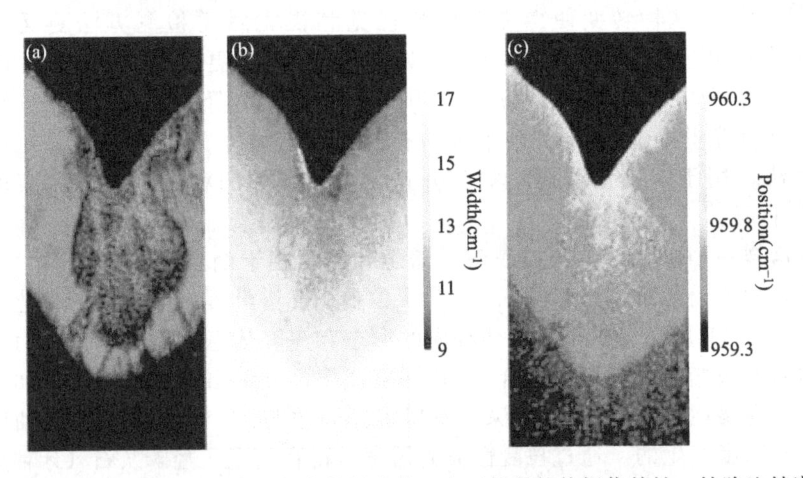

图6.11 (a) 龋缺陷牙齿的复合偏振成像。由于较弱的偏振依赖性，缺陷比健康牙釉质更黑。龋齿区域中960cm^{-1}峰值的带宽和位置分别显示在(b)和(c)中（经Laurin Publishing Co等许可转载自参考文献[50]）

6.11.2 牙科修复

在牙科修复用树脂基复合材料填充物黏合中，牙质层的酸腐蚀对暴露深层管间牙质纤维常常很重要。这个过程涉及树脂单体扩散到“湿”软化牙质区，其次，胶原蛋白原纤维的缠绕，产生高强度黏结强度的黏合剂/牙本质（a/d）界面[135,136]。然而，界面的黏结强度并不随时间保持，减小的背后原因尚不清楚[136,137]。最近，用拉曼微成像检查树脂单体和矿物在黏合剂/牙本质接口的管间区域分布[136]。这项研究中所使用的黏合剂系统，由亲水HEMA和疏水Bis-GMA树脂组成。胶黏剂/牙本质界面的拉曼成像显示部分软化牙质层，它可以区别于黏结性树脂。这通过使用961cm^{-1}和分别在1453cm^{-1}和1113cm^{-1}的黏

合剂树脂 CH_2 和 C—O—C 波段的典型牙质矿物 $\nu_1 PO_4$ 波段实现（图 6.12）。黏合树脂很容易通过开放的管状通道渗透到脱钙牙本质小管并扩散到管间区域。与 HEMA 相比，由于 BisGMA 的疏水功能，它能防止扩散到“湿”脱钙牙本质。GMA 向脱钙牙本质基质的不完全渗透，可能是水溶液环境中长期观察到的黏合剂/牙本质界面黏结强度降低的原因。随后的基于多变量的拉曼成像，以及用于检测未被基于单变量的统计方法明显识别的黏合剂/牙本质接口的化学和结构变化，呈现出相似结果[137]。也可用拉曼微光谱可视化由 Silorane 黏合系统形成的黏合剂/牙本质界面[138]。

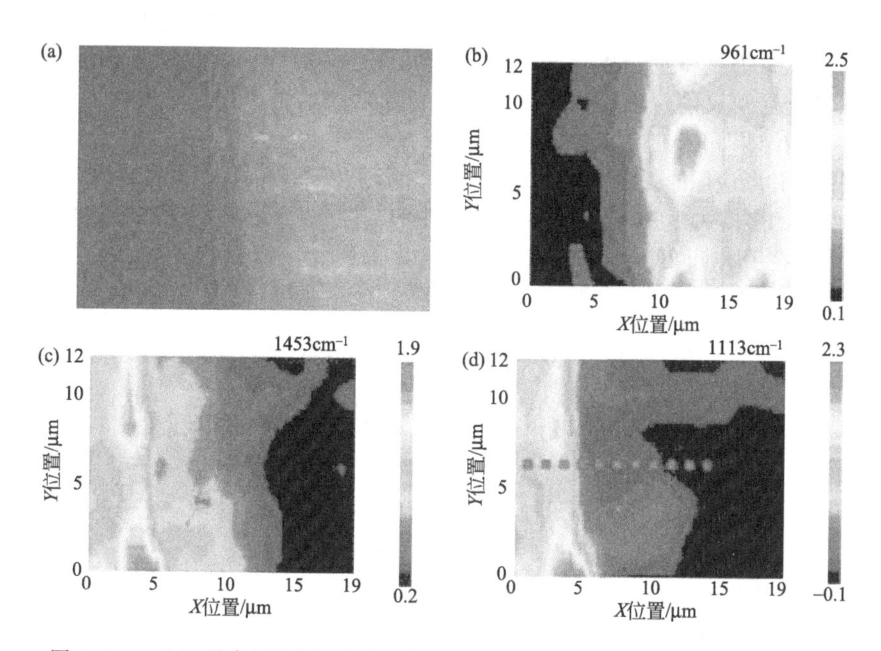

图 6.12　(a) 黏合剂/牙本质界面的可见成像以及相应的拉曼微光谱学成像：(b) $961cm^{-1}$（磷酸盐），(c) $1453cm^{-1}$（CH_2）和 (d) $1113cm^{-1}$（C—O—C）。与可见成像中分界线对应位置上获得的光谱成像［经许可转载自参考文献［136］（彩图位于封三前）］

6.11.3 牙本质与牙釉质界面

在可视化矿物/蛋白质分布和穿过牙本质与牙釉质界面的应力场上，也证明拉曼微光谱学是有用的[139-142]。例如，用共焦拉曼系统对穿过逐渐增加的载荷下牛牙截面的牙本质釉质界（DEJ）的微观应力场[141]进行成像。通过利用高载荷下的羟磷灰石的压电光谱学性质，可测量出 $\nu_1 PO_4$ 振动谱带的位移。加载在单轴应力下的合成羟基磷灰石反映出约（2.45±0.12）cm^{-1}/GPA 的谱带移位[141]。鉴于釉质层高度矿化并且对齿正常轴线发生倾斜，主要在这个位置观察到复杂的应力场模式。此外，在应用更高的压缩载荷时，DEJ 似乎无压力且不分离或不分层。这个观察阐明了 DEJ 的微机械作用，其作用是当载荷压缩时释放穿过界面区域的微观应力。也可用拉曼微光谱学可视化骨组织和人造关节处的应力场[141]，以及人类牙齿牙釉质中的纳米压痕诱发的残余应力场[143]。

6.12 结论

本章总结了在正常健康和疾病状态下将拉曼成像应用于各种专门组织类型中取得的进展。然而，对临床环境中疾病的早期诊断来说，从跨越几厘米组织区域收集拉曼成像仍是严重挑战。这一挑战不可低估，因为为满足疾病诊断的要求，需要在多重空间尺度辨别疾病组织。虽然目前的仪器可以满足这个挑战，但随机临床试验的结果尚未在文献中发表。

在体内诊断应用的纤维光学拉曼探针发展重大进步的同时，把拉曼与其他光学成像形式相结合的多模式方法，已经对生物医学研究产生了重大影响。多模式方法将来可能使外科医生在手术期间使用空间局部成像引导以及评估治疗干预措施的功效。

致谢

作者非常感激 Mekhala Raghavan 女士对本章有用的意见和建议。

参考文献

1. Del Sole, A., Falini, A., Ravasi, L., Ottobrini, L., De Marchis, D., Bombardieri, E., and Lucignani, G. (2001) Anatomical and biochemical investigation of primary brain tumours. *Eur. J. Nucl. Med.* **28**, 1851.
2. Toga, A. W. and Thompson, P. M. (2003) Temporal dynamics of brain anatomy. *Annu. Rev. Biomed. Eng.* **5**, 119.
3. Chen, W. and Silverman, D. H. S. (2008) 'Advances in evaluation of primary brain tumors. *Semin. Nucl. Med.* **38**, 240.
4. Maher, E. A., Furnari, F. B., Bachoo, R. M., Rowitch, D. H., Louis, D. M., Cavenee, W. K., and DePinho, R. A. (2001) Malignant glioma: genetics and biology of a grave matter. *Genes Dev.* **15**, 1311.
5. Chen, W. (2007) Clinical applications of PET in brain tumors. *J. Nucl. Med.* **48**, 1468.
6. Koljenovic, S., Choo-Smith, L. P., Schut, T. C. B., Kros, J. M., van den Berge, H. J., and Puppels, G. J. (2002) Discriminating vital tumor from necrotic tissue in human glioblastoma tissue samples by Raman spectroscopy. *Lab. Invest.* **82**, 1265.
7. Amharref, N., Bejebbar, A., Dukie, S., Venteo, L., Schneider, L., Pluot, M., and Manfait, M. (2007) 'Discriminating healthy from tumor and necrosis tissue in rat brain tissue samples by Raman spectral imaging. *Biochim. Biophys. Acta* **1768**, 2605.
8. Krafft, C., Sobottka, S. B., Schackert, G., and Salzer, R. (2006) Raman and infrared spectroscopic mapping of human primary intracranial tumors: a comparative study. *J. Raman Spectrosc.* **37**, 367.
9. Koljenovic, S., Schut, T. C. B., Wolthuis, R., de Jong, B., Santos, L., Caspers, P. J., Kros, J. M., and Puppels, G. J. (2005) Tissue characterization using high wave number Raman spectroscopy. *J. Biomed. Opt.* **10**, 031116.
10. Krafft, C., Kirsch, M., Beleites, C., Schackert, G., and Salzer, R. (2007) 'Methodology for fiber-optic Raman mapping and FTIR imaging of metastases in mouse brains. *Anal. Bioanal. Chem.* **389**, 1133.
11. Krafft, C., Steiner, G., Beleites, C., and Salzer, R. (2009) 'Disease recognition by infrared and Raman spectroscopy. *J. Biophotonics* **2**, 13.
12. Koljenovic, S., Schut, T. C. B., Vincent, A., Kros, J. M., and Puppels, G. J. (2005) Detection of meningioma in dura mater by Raman spectroscopy. *Anal. Chem.* **77**, 7958.
13. Krafft, C., Sobottka, S. B., Schackert, G., and Salzer, R. (2005) Near infrared Raman spectroscopic mapping of native brain tissue and intracranial tumors. *Analyst* **130**, 1070.
14. Frank, C. J., McCreery, R. L., and Redd, D. C. B. (1995) Raman Spectroscopy of Normal and Diseased Human Breast

Tissues. *Anal. Chem.* **67**, 777.

15. Haka, A. S., Shafer-Peltier, K. E., Fitzmaurice, M., Crowe, J., Dasari, R. R., and Feld, M. S. (2005) Diagnosing breast cancer by using Raman spectroscopy. *Proc. Natl. Acad. Sci. USA* **102**, 12371.
16. Chowdary, M. V. P., Kumar, K. K., Kurien, J., Mathew, S., and Krishna, C. M. (2006) Discrimination of normal, benign, and malignant breast tissues by Raman spectroscopy. *Biopolymers* **83**, 556.
17. Kline, N. J. and Treado, P. J. (1997) Raman chemical imaging of breast tissue. *J. Raman Spectrosc.* **28**, 119.
18. Stone, N., Kendall, C., Smith, J., Crow, P., and Barr, H. (2004) Raman spectroscopy for identification of epithelial cancers. *Faraday Discuss.* **126**, 141.
19. Stone, N. and Matousek, P. (2008) Advanced transmission Raman spectroscopy: a promising tool for breast disease diagnosis. *Cancer Res.* **68**, 4424.
20. Brozek-Pluska, B., Placek, I., Kurczewski, K., Morawiec, Z., Tazbir, M., and Abramczyk, H. (2007) 'Breast cancer diagnostics by Raman spectroscopy. *J. Mol. Liq.* **141**, 145.
21. Smith, J., Kendall, C., Sammon, A., Christie-Brown, J., and Stone, N. (2003) 'Raman spectral mapping in the assessment of axillary lymph nodes in breast cancer. *Technol. Cancer Res. Treat.* **2**, 327.
22. Shafer-Peltier, K. E., Haka, A. S., Fitzmaurice, M., Crowe, J., Myles, J., Dasari, R. R., and Feld, M. S. (2002) Raman microspectroscopic model of human breast tissue: implications for breast cancer diagnosis *in vivo*. *J. Raman Spectrosc.* **33**, 552.
23. Shafer-Peltier, K. E., Haka, A. S., Motz, J. T., Fitzmaurice, M., Dasari, R. R., and Feld, M. S. (2002) Model-based biological Raman spectral imaging. *J. Cell. Biochem.* **S39**, 125.
24. Yu, C. X., Gestl, E., Eckert, K., Allara, D., and Irudayaraj, J. (2006) Characterization of human breast epithelial cells by confocal Raman microspectroscopy. *Cancer Detect. Prev.* **30**, 515.
25. Subramanian, B. and Axelrod, D. E. (2001) Progression of heterogeneous breast tumors. *J. Theor. Biol.* **210**, 107.
26. Gullick, W. J. (2002) A new model for ductal carcinoma *in situ* suggests strategies for treatment. *Breast Cancer Res.* **4**, 176.
27. Subramanian, K., Kendall, C., Stone, N., Brown, J. C., McCarthy, K., Bristol, J., and Chan, Y. H. (2006) Raman spectroscopic analysis of atypical proliferative lesions of the breast. *Proc. SPIE* **6088**, 60880B.
28. Pasteris, J. D., Wopenka, B. Freeman, J. J., Young, V. L., and Brandon, H. J. (1999) Medical mineralogy as a new challenge to the geologist: silicates in human mammary tissue? *Am. Mineral* **84**, 997.
29. Katzin, W. E., Centeno, D. A., Feng, L. J., Kiley, M., and Mullick, F. G. (2005) Pathology of lymph nodes from patients with breast implants: a histologic and spectroscopic evaluation. *Am. J. Surg. Pathol.* **29**, 506.
30. Luke, J. L., Kalasinsky, V. F., Turnicky, R. P., Centeno, J. A., Johnson, F. B., and Mullick, F. G. (1997) Pathological and biophysical findings associated with silicone breast implants: a study of capsular tissues from 86 cases. *Plast. Reconstr. Surg.* **100**, 1558.
31. Schaeberle, M. D., Kalasinsky, V. F., Luke, J. L., Lewis, E. N., Levin, I. W., and Treado, P. J. (1996) Raman chemical imaging: histopathology of inclusions in human breast tissue. *Anal. Chem.* **68**, 1829.
32. Whitley, A. and Adar, F. (2006) 'Confocal spectral imaging in tissue with contrast provided by Raman vibrational signatures. *Cytometry A* **69A**, 880.
33. Wild, C. P. and Hardie, L. J. (2003) Reflux, Barrett's oesophagus and adenocarcinoma: burning questions. *Nat. Rev. Cancer* **3**, 676.
34. Haggitt, R. C. (1994) Barrett's esophagus, dysplasia, and adenocarcinoma. *Hum. Pathol.* **25**, 982.
35. Spechler, S. J. and Goyal, R. K. (1986) Barrett's esophagus. *N. Engl. J. Med.* **315**, 362.
36. Reid, B. J. and Weinstein, W. M. (1987) Barrett's esophagus and adenocarcinoma. *Annu. Rev. Med.* **38**, 477.
37. Quint, L. E., Hepburn, L. M., Francis, I. R., Whyte, R. I., and Orringer, M. B. (1995) Incidence and distribution of distant metastases from newly diagnosed esophageal carcinoma. *Cancer* **76**, 1120.
38. Stein, H. J. and Feith, M. (2005) Surgical strategies for early esophageal adenocarcinoma. *Best Pract. Res. Clin. Gastroenterol.* **19**, 927.
39. Spechler, S. J. (2005) Dysplasia in Barrett's esophagus: limitations of current management strategies. *Am. J. Gastroenterol.* **100**, 927.
40. Bani-Hani, K. E. and Bani-Hani, B. K. (2008) Columnar lined (Barrett's) esophagus: future perspectives. *J. Gastroenterol. Hepatol.* **23**, 178.
41. Reid, B. J., Haggitt, R. C., Rubin, C. E., Roth, G., Surawicz, C. M., Vanbelle, G., Lewin, K., Weinstein, W. M., Antonioli, D. A., Goldman, H., Macdonald, W., and Owen, D. (1988) Observer variation in the diagnosis of dysplasia in Barrett's esophagus. *Hum. Pathol.* **19**, 166.
42. Skacel, M., Petras, R. E., Gramlich, T. L., Sigel, J. E., Richter, J. E., and Goldblum, J. R. (2000) The diagnosis of low-grade dysplasia in Barrett's esophagus and its implications for disease progression. *Am. J. Gastroenterol.* **95**, 3383.
43. Conio, M., Cameron, A. J., Chak, A., Blanchi, S., and Filiberti, R. (2005) Endoscopic treatment of high-grade dysplasia and early cancer in Barrett's oesophagus. *Lancet Oncol.* **6**, 311.
44. Song, L. W. K. and Wang, K. K. (2003) Optical detection and eradication of dysplastic Barrett's esophagus. *Technol. Cancer Res. Treat.* **2**, 289.
45. Wallace, M. B., Sullivan, D., and Rustgi, A. K. (2006) Advanced imaging and technology in gastrointestinal neoplasia: summary of the AGA-NCI Symposium October 4-5. 2004. *Gastroenterology* **130**, 1333.
46. Wilson, B. C. (2007) Detection and treatment of dysplasia in Barrett's esophagus: a pivotal challenge in translating biophotonics from bench to bedside. *J. Biomed. Opt.* **12**, 051401.
47. Kendall, C., Stone, N., Shepherd, N., Geboes, K., Warren, B., Bennett, R., and Barr, H. (2003) Raman spectroscopy, a potential tool for the objective identification and classification of neoplasia in Barrett's oesophagus. *J. Pathol.* **200**, 602.
48. Shetty, G., Kendall, C., Shepherd, N., Stone, N., and Barr, H. (2006) Raman spectroscopy: elucidation of biochemical changes in carcinogenesis of oesophagus. *Br. J. Cancer* **94**, 1460.
49. Hutchings, J., Kendall, C., Shepherd, N., Barr, H., Smith, B., and Stone, N. (2008) Rapid Raman microscopic imaging for potential histological screening. *Proc. SPIE* **6853**, 85305.
50. Evans, G. (2008) Raman analysis speeds into biomedicine. *Biophoton. Int.* **15**, 28.
51. Geibel, J. P. (2005) Secretion and absorption by colonic crypts. *Annu. Rev. Physiol.* **67**, 471.
52. Hidovic-Rowe, D. and Claridge, E. (2005) Modelling and validation of spectral reflectance for the colon. *Phys. Med. Biol.* **50**, 1071.
53. Krafft, C., Codrich, D., Pelizzo, G., and Sergo, V. (2008) Raman and FTIR microscopic imaging of colon tissue: a comparative study. *J. Biophotonics* **1**, 154.
54. Molckovsky, A., Song, L., Shim, M. G., Marcon, N. E., and Wilson, B. C. (2003) Diagnostic potential of near-infrared Raman spectroscopy in the colon: differentiating adenoma-

tous from hyperplastic polyps. *Gastrointest. Endosc.* **57**, 396.

55. Chowdary, M. V. P., Kumar, K. K., Thakur, K., Anand, A., Kurien, J., Krishna, C. M., and Mathew, S. (2007) Discrimination of normal and malignant mucosal tissues of the colon by Raman spectroscopy. *Photomed. Laser Surg.* **25**, 269.
56. Andrade, P. O., Bitar, R. A., Yassoyama, K., Martinho, H., Santo, A. M. E., Bruno, P. M., and Martin, A. A. (2006) Study of normal colorectal tissue by FT-Raman spectroscopy. *Anal. Bioanal. Chem.* **387**, 1643.
57. Haricharan, R. N. and Georgeson, K. E. (2008) Hirschsprung disease. *Semin. Pediatr. Surg.* **17**, 266.
58. Hackam, D. J., Reblock, K. K., Redlinger, R. E., and Barksdale, E. M. (2004) Diagnosis and outcome of Hirschsprung's disease: does age really matter?' *Pediatr. Surg. Int.* **20**, 319.
59. de Jong, B. W. D., Schut, T. C. B., Wolffenbuttel, K. P., Nijman, J. M., Kok, D. J., and Puppels, G. J. (2001) Identification of bladder wall layers by Raman spectroscopy. *J. Urol.* **168**, 1771.
60. Santos, L. F., Wolthuis, R., Koljenovic, S., Almeida, R. M., and Puppels, G. J. (2005) Fiber-optic probes for *in vivo* Raman spectroscopy in the high-wavenumber region. *Anal. Chem.* **77**, 6747.
61. de Jong, B. W. D., Schut, T. C. B., Coppens, J., Wolffenbuttel, K. P., Kok, D. J., and Puppels, G. J. (2002) Raman spectroscopic detection of changes in molecular composition of bladder muscle tissue caused by outlet obstruction. *Vib. Spectrosc.* **32**, 57.
62. de Jong, B. W. D., Schut, T. C. B., Maquelin, K., van der Kwast, T., Bangma, C. H., Kok, D. J., and Puppels, G. J. (2006) Discrimination between nontumor bladder tissue and tumor by Raman spectroscopy' *Anal. Chem.* **78**, 7761.
63. Otite, U., Webb, J. A. W., Oliver, R. T. D., Badenoch, D. F., and Nargund, V. H. (2001) Testicular microlithiasis: is it a benign condition with malignant potential? *Eur. Urol.* **40**, 538.
64. DeCastro, B. J., Peterson, A. C., and Costabile, R. A. (2008) A 5-year followup study of asymptomatic men with testicular microlithiasis. *J. Urol.* **179**, 1420.
65. de Jong, B. W. D., Brazao, C. A. D., Stoop, H., Wolffenbuttel, K. P., Oosterhuis, J. W., Puppels, G. J., Weber, R. F. A., Looijenga, L. H. J., and Kok, D. J. (2004) Raman spectroscopic analysis identifies testicular microlithiasis as intratubular hydroxyapatite. *J. Urol.* **171**, 92.
66. Phillips, C. L., Gattone, V. H., and Bonsib, S. M. (2006) Imaging glomeruli in renal biopsy specimens. *Nephron Physiol.* **103**, 75.
67. Maier, J., Panza, J., Drauch, A., and Stewart, S. (2006) Raman molecular imaging of tissue and cell samples using tunable multiconjugate filter. *Proc. SPIE* **6380**, 638009.
68. Panza, J. L. and Maier, J. S. (2007) Raman spectroscopy and Raman chemical imaging of apoptotic cells. *Proc. SPIE* **6441**, 44108.
69. Taleb, A., Diamond, J., McGarvey, J. J., Beattie, J. R., Toland, C., and Hamilton, P. W. (2006) 'Raman Microscopy for the Chemometric Analysis of Tumor Cells. *J. Phys. Chem.* B **110**, 19625.
70. Roewert-Huber, J., Lange-Asschenfeldt, B., Stockfleth, E., and Kerl, H. (2007) Epidemiology and aetiology of basal cell carcinoma. *Br. J. Dermatol.* **157**, 47.
71. Patel, Y. G., Nehal, K. S., Aranda, I., Li, Y. B., Halpern, A. C., and Rajadhyaksha, M. (2007) Confocal reflectance mosaicing of basal cell carcinomas in Mohs surgical skin excisions. *J. Biomed. Opt.* **12**, 034027.
72. Nijssen, A., Maquelin, K., Santos, L. F., Caspers, P. J., Schut, T. C. B., Hollander, J. C. D., Neumann, M. H. A., and Puppels, G. J. (2007) Discriminating basal cell carcinoma from perilesional skin using high wave-number Raman spectroscopy' *J. Biomed. Opt.* **12**, 034004.
73. Nijssen, A., Schut, T. C. B., Heule, F., Caspers, P. J., Hayes, D. P., Neumann, M. H. A., and Puppels, G. J. (2002) Discriminating basal cell carcinoma from its surrounding tissue by Raman spectroscopy. *J. Invest. Dermatol.* **119**, 64.
74. Short, M. A., Lui, H., McLean, D. I., Zeng, H. S., and Chen, M. X. (2006) Preliminary micro-Raman images of normal and malignant human skin cells. *Proc. SPIE* **6093**, 60930E.
75. Freudiger, C. W., Min, W., Saar, B. G., Lu, S., Holtom, G. R., He, C. W., Tsai, J. C., Kang, J. X., and Xie, X. S. (2008) Label-free biomedical imaging with high sensitivity by stimulated Raman scattering microscopy. *Science* **322**, 1857.
76. Proksch, E., Brandner, J. M., and Jensen, J. -M. (2008) The skin: an indispensable barrier. *Exp. Dermatol.* **17**, 1063.
77. Chan, K. L. A., Zhang, G. J., Tomic-Canic, M., Stojadinovic, O., Lee, B., Flach, C. R., and Mendelsohn, R. (2008) A coordinated approach to cutaneous wound healing: vibrational microscopy and molecular biology. *J. Cell. Mol. Med.* **12**, 2145.
78. Braiman-Wiksman, L., Solomonik, I., Spira, R., and Tennenbaum, T. (2007) Novel insights into wound healing sequence of events. *Toxicol. Pathol.* **35**, 767.
79. Sharifzadeh, M., Zhao, D. Y., Bernstein, P. S., and Gellermann, W. (2008) 'Resonance Raman imaging of macular pigment distributions in the human retina. *J. Opt. Soc. Am. A* **25**, 947.
80. Leung, I. Y. F. (2008) Macular pigment: new clinical methods of detection and the role of carotenoids in age-related macular degeneration. *Optometry* **79**, 266.
81. Gellermann, W., Ermakov, I. V., McClane, R. W., and Bernstein, P. S. (2002) Raman imaging of human macular pigments. *Opt. Lett.* **27**, 833.
82. Jacob, R. F., Cenedella, R. J., and Mason, R. P. (2001) Evidence for distinct cholesterol domains in fiber cell membranes from cataractous human lenses. *J. Biol. Chem.* **276**, 13573.
83. Sijtsema, N. M., Duindam, J. J., Puppels, G. J., Otto, C., and Greve, J. (1996) Imaging with extrinsic Raman labels. *Appl. Spectrosc.* **50**, 545.
84. Duindam, H. J., Vrensen, G., Otto, C., Puppels, G. J., and Greve, J. (1995) New approach to assess the cholesterol distribution in the eye lens: confocal Raman microspectroscopy and filipin cytochemistry. *J. Lipid Res.* **36**, 1139.
85. Uzunbajakava, N., Lenferink, A., Kraan, Y., Willekens, B., Vrensen, G., Greve, J., and Otto, C. (2003) Nonresonant Raman imaging of protein distribution in single human cells. *Biopolymers* **72**, 1.
86. Jacob, J. T. and Ham, B. (2008) Compositional profiling and biomarker identification of the tear film. *Ocul. Surf.* **6**, 175.
87. Grus, F. H., Joachim, S. C., and Pfeiffer, N. (2007) Proteomics in ocular fluids. *Proteomics Clin. Appl.* **1**, 876.
88. Filik, J. and Stone, N. (2008) Analysis of human tear fluid by Raman spectroscopy. *Anal. Chim. Acta* **616**, 177.
89. Terada, N., Ohno, N., Saitoh, S., and Ohno, S. (2008) Application of "*in vivo* cryotechnique" to detect erythrocyte oxygen saturation in frozen mouse tissues with confocal Raman cryomicroscopy. *J. Struct. Biol.* **163**, 147.
90. MacNeill, B. D., Lowe, H. C., Takano, M., Fuster, V., and Jang, I. K. (2003) Intravascular modalities for detection of vulnerable plaque: current status. *Arterioscler. Thromb. Vasc. Biol.* **23**, 1333.
91. Fayad, Z. A. and Fuster, V. (2001) Clinical Imaging of the High-risk or Vulnerable Atherosclerotic Plaque. *Circ. Res.* **89**,

305.

92. Rudd, J. H. F., Davies, J. R., and Weissberg, P. L. (2005) Imaging of atherosclerosis—can we predict plaque rupture? *Trends Cardiovasc. Med.* **15**, 17.

93. van de Poll, S. W. E., Schut, T. C. B., van den Laarse, A., and Puppels, G. J. (2002) *In situ* investigation of the chemical composition of ceroid in human atherosclerosis by Raman spectroscopy. *J. Raman Spectrosc.* **33**, 544.

94. Adar, F., Jelicks, L., Naudin, C., Rousseau, D., and Yeh, S. R. (2004) Elucidation of the atherosclerotic disease process in apo E and wild type mice by vibrational spectroscopy. *Proc. SPIE* **5321**, 102.

95. Hewko, M. D., Choo-Smith, L. P., Ko, A. C. T., Smith, M. S. D., Kohlenberg, E. M., Bock, E. R., Leonardi, L., and Sowa, M. G. (2006) Atherosclerosis diagnostic imaging by optical spectroscopy and optical coherence tomography. *Proc. SPIE* **6078**, E782.

96. Romer, T. J., Brennan, J. F., Puppels, G. J., Zwinderman, A. H., van Duinen, S. G., van der Laarse, A., van der Steen, A. F. W., Bom, N. A., and Bruschke, A. V. G. (2000) Intravascular ultrasound combined with Raman spectroscopy to localize and quantify cholesterol and calcium salts in atherosclerotic coronary arteries. *Arterioscler. Thromb. Vasc. Biol.* **20**, 478.

97. van de Poll, S. W. E., Romer, T. J., Puppels, G. J., and van der Laarse, A. (2002) Raman spectroscopy of atherosclerosis. *J. Cardiovasc. Risk* **9**, 255.

98. Burrowes, K. S., Swan, A. J., Warren, N. J., and Tawhai, M. H. (2008) Towards a virtual lung: multi-scale, multi-physics modelling of the pulmonary system. *Philos. Trans. R. Soc. A* **366**, 3247.

99. Koljenovic, S., Schut, T. C. B., van Meerbeeck, J. P., Maat, A. P. W. M., Burgers, S. A., Zondervan, P. E., Kros, J. M., and Puppels, G. J. (2004) Raman microspectroscopic mapping studies of human bronchial tissue. *J. Biomed. Opt.* **9**, 1187.

100. Kajekar, R. (2007) Environmental factors and developmental outcomes in the lung. *Pharmacol. Ther.* **114**, 129.

101. Krafft, C., Codrich, D., Pelizzo, G., and Sergo, V. (2008) Raman mapping and FTIR imaging of lung tissue: congenital cystic adenomatoid malformation. *Analyst* **133**, 361.

102. Adzick, N. S. and Harrison, M. R. (1993) Management of the fetus with a cystic adenomatoid malformation. *World J. Surg.* **17**, 342.

103. Robling, A. G., Castillo, A. B., and Turner, C. H. (2006) Biomechanical and molecular regulation of bone remodeling. *Annu. Rev. Biomed. Eng.* **8**, 455.

104. Sahar, N. D., Hong, S. -I., and Kohn, D. H. (2005) Micro- and nano-structural analyses of damage in bone. *Micron* **36**, 617.

105. Olszta, M. J., Cheng, X. G., Jee, S. S., Kumar, R., Kim, Y. Y., Kaufman, M. J., Douglas, E. P., and Gower, L. B. (2007) Bone structure and formation: a new perspective. *Mater. Sci. Eng. R Rep.* **58**, 77.

106. Timlin, J. A., Carden, A., Morris, M. D., Bonadio, J. F., Hoffler, C. E., Kozloff, K. M., and Goldstein, S. A. (1999) Spatial distribution of phosphate species in mature and newly generated mammalian bone by hyperspectral Raman imaging. *J. Biomed. Opt.* **4**, 28.

107. Yerramshetty, J. S., Lind, C., and Akkus, O. (2006) The compositional and physicochemical homogeneity of male femoral cortex increases after the sixth decade. *Bone* **39**, 1236.

108. Carden, A., Rajachar, R. M., Morris, M. D., and Kohn, D. H. (2003) Ultrastructural changes accompanying the mechanical deformation of bone tissue: a Raman imaging study. *Calcif. Tissue Int.* **72**, 166.

109. McCreadie, B. R., Morris, M. D., Chen, T. -C., Sudhaker Rao, D., Finney, W. F., Widjaja, E., and Goldstein, S. A. (2006) Bone tissue compositional differences in women with and without osteoporotic fracture. *Bone* **39**, 1190.

110. Chen, T. C., Kozloff, K. M., Goldstein, S. A., and Morris, M. D. (2004) Bone tissue ultrastructural defects in a mouse model for osteogenesis imperfecta: a Raman spectroscopy study. *Proc. SPIE* **5321**, 85.

111. Crane, N. J., Gomez, L. E., Ignelzi, M. A. Jr., and Morris, M. D. (2004) Compatibility of histological staining protocols for bone tissue with Raman microspectroscopy and imaging. *Calcif. Tissue Int.* **74**, 86.

112. Widjaja, E., Crane, N., Chen, T., Morris, M. D., Ignelzi, M. A. Jr., and McCreadie, B. (2003) Band-target entropy minimization (BTEM) applied to hyperspectral Raman image data. *Appl. Spectrosc.* **57**, 1353.

113. Golcuk, K., Mandair, G. S., Callender, A. F., Sahar, N., Kohn, D. H., and Morris, M. D. (2006) Is photobleaching necessary for Raman imaging of bone tissue using a green laser? *Biochim. Biophys. Acta* **1758**, 868.

114. Kazanci, M., Roschger, P., Paschalis, E. P., Klaushofer, K., and Fratzl, P. (2006) Bone osteonal tissues by Raman spectral mapping: orientation–composition. *J. Struct. Biol.* **156**, 489.

115. Kazanci, M., Wagner, H. D., Manjubala, N. I., Gupta, H. S., Paschalis, E., Roschger, P., and Fratzl, P. (2007) Raman imaging of two orthogonal planes within cortical bone. *Bone* **41**, 456.

116. Hofmann, T., Heyroth, F., Meinhard, H., Franzel, W., and Raum, K. (2006) Assessment of composition and anisotropic elastic properties of secondary osteon lamellae. *J. Biomech.* **39**, 2282.

117. Gupta, H. S., Stachewicz, U., Wagermaier, W., Roschger, P., Wagner, H. D., and Fratzl, P. (2006) Mechanical modulation at the lamellar level in osteonal bone. *J. Mater. Res.* **21**, 1913.

118. Tarnowski, C. P., Ignelzi, M. A. Jr., Wang, W., Taboas, J. M., Goldstein, S. A., and Morris, M. D. (2004) Earliest mineral and matrix changes in force-induced musculoskeletal disease as revealed by Raman microspectroscopic imaging. *J. Bone Miner. Res.* **19**, 64.

119. Crane, N. J., Morris, M. D., Ignelzi, M. A., and Yu, G. (2005) Raman imaging demonstrates FGF2-induced craniosynostosis in mouse calvaria' *J. Biomed. Opt.* **10**, 031119.

120. Crane, N. J., Popescu, V., Morris, M. D., Steenhuis, P., and Ignelzi, M. A. (2006) Raman spectroscopic evidence for octacalcium phosphate and other transient mineral species deposited during intramembranous mineralization. *Bone* **39**, 434.

121. Chavassieux, P., Seeman, E., and Delmas, P. D. (2007) Insights into material and structural basis of bone fragility from diseases associated with fractures: how determinants of the biomechanical properties of bone are compromised by disease. *Endocr. Rev.* **28**, 151.

122. Ralston, S. H. (2005) Genetic determinants of osteoporosis. *Curr. Opin. Rheumatol.* **17**, 475.

123. Carden, A., Timlin, J. A., Edwards, C. M., Morris, M. D., Hoffler, C. E., Kozloff, K., and Goldstein, S. A. (1999) Raman Imaging of bone mineral and matrix: composition and function. *Proc. SPIE* **3608**, 132.

124. Timlin, J., Carden, A., Morris, M. D., Rajachar, R. M., and Kohn, D. H. (2000) Raman spectroscopic imaging markers for fatigue-related microdamage in bovine bone. *Anal. Chem.* **72**, 2229.

125. Wehrli, F. W., Song, H. K., Saha, P. K., and Wright, A. C. (2006) Quantitative MRI for the assessment of bone structure and function. *NMR Biomed.* **19**, 731.

126. Schulmerich, M. V., Dooley, K. A., Vanasse, T. M., Goldstein, S. A., and Morris, M. D. (2007) Subsurface and transcutaneous Raman spectroscopy and mapping using concentric illumi-

nation rings and collection with a circular fiber-optic array. *Appl. Spectrosc.* **61**, 671.

127. Schulmerich, M. V., Cole, J. H., Dooley, K. A., Morris, M. D., Kreider, J. M., Goldstein, S. A., Srinivasan, S., and Pogue, B. W. (2008) Non-invasive Raman tomographic imaging of canine cortical bone tissue. *J. Biomed. Opt.* **13**, 020506.
128. Alfano, M. C., Coulter, I. D., Gerety, M. B., Hart, T. C., Imrey, P. B., LeResche, L., Levy, J., Luepker, R. V., Lurie, A. G., Page, R. C., Rye, L. A., Smith, L., and Walker, C. B. (2001) National Institutes of Health Consensus Development Conference statement: diagnosis and management of dental caries throughout life, March 26-28, 2001. *J. Am. Dent. Assoc.* **132**, 1153.
129. Pretty, I. A. (2006) Caries detection and diagnosis: novel technologies. *J. Dent.* **34**, 727.
130. Ko, A. C. T., Choo-Smith, L. P., Hewko, M., Leonardi, L., Sowa, M. G., Dong, C. C. S., Williams, P., and Cleghorn, B. (2005) *Ex vivo* detection and characterization of early dental caries by optical coherence tomography and Raman spectroscopy. *J. Biomed. Opt.* **10**, 031118.
131. Ko, A. C. T., Choo-Smith, L. P., Hewko, M., Sowa, M. G., Dong, C. C. S., and Cleghorn, B. (2006) Detection of early dental caries using polarized Raman spectroscopy. *Opt. Express* **14**, 203.
132. Sowa, M. G., Popescu, D. P., Werner, J., Hewko, M., Ko, A. C. T., Payette, J., Dong, C. C. S., Cleghorn, B., and Choo-Smith, L. P. (2006) Precision of Raman depolarization and optical attenuation measurements of sound tooth enamel. *Anal. Bioanal. Chem.* **387**, 1613.
133. Ko, A. C. T., Hewko, M., Sowa, M. G., Dong, C. C. S., Cleghorn, B., and Choo-Smith, L. P. (2008) Early dental caries detection using a fibre-optic coupled polarization-resolved Raman spectroscopic system. *Opt. Express* **16**, 6274.
134. Yokoyama, E., Kakino, S., and Matsuura, Y. (2008) Raman imaging of carious lesions using a hollow optical fiber probe. *Appl. Opt.* **47**, 4227.
135. Eick, J. D., Gwinnett, A. J., Pashley, D. H., and Robinson, S. J. (1997) Current concepts on adhesion to dentin. *Crit. Rev. Oral Biol. Med.* **8**, 306.
136. Wang, Y., Spencer, P., and Yao, X. M. (2006) Micro-Raman imaging analysis of monomer/mineral distribution in intertubular region of adhesive/dentin interfaces. *J. Biomed. Opt.* **11**, 024005.
137. Parthasarathy, R., Thiagarajan, G., Yao, X., Wang, Y. P., Spencer, P., and Wang, Y. (2008) Application of multivariate spectral analyses in micro-Raman imaging to unveil structural/chemical features of the adhesive/dentin interface. *J. Biomed. Opt.* **13**, 014020.
138. Santini, A. and Miletic, V. (2008) Comparison of the hybrid layer formed by Silorane adhesive, one-step self-etch and etch and rinse systems using confocal micro-Raman spectroscopy and SEM. *J. Dent.* **36**, 683.
139. Kinoshita, H., Miyoshi, N., Fukunaga, Y., Ogawa, T., Ogasawara, T., and Sano, K. (2008) Functional mapping of carious enamel in human teeth with Raman microspectroscopy. *J. Raman Spectrosc.* **39**, 655.
140. Bulatov, V., Feller, L., Yasman, Y., and Schechter, I. (2008) Dental enamel caries (early) diagnosis and mapping by laser Raman spectral imaging. *Instrum. Sci. Technol.* **36**, 235.
141. Pezzotti, G. (2005) Raman piezo-spectroscopic analysis of natural and synthetic biomaterials. *Anal. Bioanal. Chem.* **381**, 577.
142. Xu, C., Yao, X., Walker, M. P., and Wang, Y. (2009) Chemical/molecular structure of the dentin–enamel junction is dependent on the intratooth location. *Calcif. Tissue Int.* **84**, 221.
143. He, L. H., Carter, E. A., and Swain, M. V. (2007) Characterization of nanoindentation-induced residual stresses in human enamel by Raman microspectroscopy. *Anal. Bioanal. Chem.* **389**, 1185.

7

红外光谱、显微技术和成像在皮肤药理学和化妆品科学中的应用

Richard Mendelsohn 和 Carol R. Flach 美国，新泽西，纽瓦克，罗格斯大学纽瓦克学院化学系

David J. Moore 和 Laurence Senak 美国，新泽西，韦恩，美国国际特品公司

7.1 引言

生物医学在振动显微镜和成像方面应用的快速增长，很大程度上是由于在测量过程中从每个像素获得了完整红外或拉曼光谱固有的大量信息。对组织和细胞的表征，这个光谱信息直接监测了样品成分中分子和超分子的结构。与这种情况形成鲜明对比的是基于电子光谱的成像技术，即吸收或荧光，其中该发色团的光谱特性与它位于所述组织的分子结构之间的关系通常是不可知的。作为光谱和分子结构信息之间关系的一个例子（将在本章后面描述），在受伤皮肤的愈合过程中获取的红外成像允许我们从角蛋白中区分胶原的空间分布，更重要的是，它使我们能区分受伤表皮细胞再生期间被激活的细胞的各种形式的角蛋白[1]。

在过去的几年里，我们的实验室已经利用红外光谱学、显微光谱和成像，来监测皮肤屏障的生物物理学与药理学以及头发中主要成分的空间分布[2-7]。本章概述了如何有效地使用这些技术，以便从组织和细胞中生成有用的分子和超分子结构的信息。我们一般的做法是在合理的假设下还原和预测，即从纯化的组织成分收集的红外光谱中提取分子结构信息，该信息为解释组织光谱提供了适当的基础前提。为了说明这种针对皮肤的方法，我们给出了纯化的神经酰胺（一个主要的皮肤脂质类）对脂质链构象及包装的红外光谱的敏感性。接下来，我们利用这些信息来解释完整的全层角质层（SC）的结构转变。此结构信息用于跟踪受热扰动破坏后皮肤屏障恢复的动力学。最后，我们转移到成像模式，并验证了外源性脂质囊泡应用于皮肤后成像构

象顺序的可行性。

继对皮肤的通透性屏障研究之后，通过评估天然保湿因子（NMF），我们给出了使用红外显微镜来跟踪单个细胞的生化改变，其中 NMF 是角质细胞生物学中的重要水化控制机制。最后，我们给出了红外成像的两种应用情况。第一个是化妆品科学实验，它详述了头发中脂类和蛋白质成分的空间分布。第二个是应用于皮肤伤口愈合，我们跟踪皮肤蛋白的时空分布的变化，这些皮肤蛋白在伤口愈合过程中的前几天里被激活于器官培养（皮肤外植体）模型中。

7.2 皮肤和神经酰胺模型的红外光谱

7.2.1 皮肤的超分子组织

皮肤空间区域的最外层（即 SC）对化妆品科学和药理学研究有重大意义。该层构成了对渗透性的主要障碍，并且还保持了水平衡。图 7.1 中给出的 SC 超分子组织原理图描绘了两个主要的组织成分，即细胞和脂肪。细胞成分由角质细胞组成，它是一种充满了角蛋白和嵌在包括神经酰胺、脂肪酸和胆固醇等摩尔比的疏水性层并富含脂质基质的无核的、不对称的、扁平化的细胞。一个典型的角质细胞的尺寸如图 7.1(a) 的 AFM 图像所示。它们的形状是不规则的六边形，在垂直于皮肤表面的 Z 方向上的平均厚度是几百纳米，在平行于皮肤表面的 X，Y 方向为 40～50μm。图 7.1 (b) 中，展示的是角质细胞嵌入脂类基质，该基质通常被称为“砖泥”模型，因为脂质基质作为“砂浆”可保持角质细胞“砖头”的必要几何结构。

图 7.1 (c) 给出了一种脂质层状结构可能的模式示意。这三种常见双层图案的链堆积和构象在垂直于皮肤表面的侧视图和俯视图中描绘。在正交晶系中，这些链呈构象排序（全反式构型），而每个中心链被其他四个紧凑包围。一个中心分子被其他六个分子包围的六角组织同样具有高度有序的全反式链。然而，较宽松的链堆积导致了脂质分子长轴的实质转动。最后，在通常高温诱导的液晶状态下，链构象紊乱，也就是具有不对称的旋转，并且呈现动态的、不规则的堆积图案。在皮肤脂质组织的一些描述中，大多数 SC 脂质被认为分离成斜方晶或晶界分隔的六方填充域[8]。后者被认为包含可能是构象紊乱的分子的区域，因此可能为疏水物质的扩散提供可能的途径。

7.2.2 神经酰胺中链顺序和堆积的红外光谱-结构关系

红外光谱为研究脂相行为提供了理想的方法。通过对 Snyder（伯克利）[9-13]、Zerbi（米兰）[14-16] 和 Shimanouchi（东京）[17,18] 实验室对烷烃和聚乙烯的光谱/结构相关性的开创性研究，已经超过 50 多年了。这两种物质的光谱/结构相关性已经扩展到脂质类物质脂质-蛋白质结合物，以及最近扩展到皮肤结构的组织。

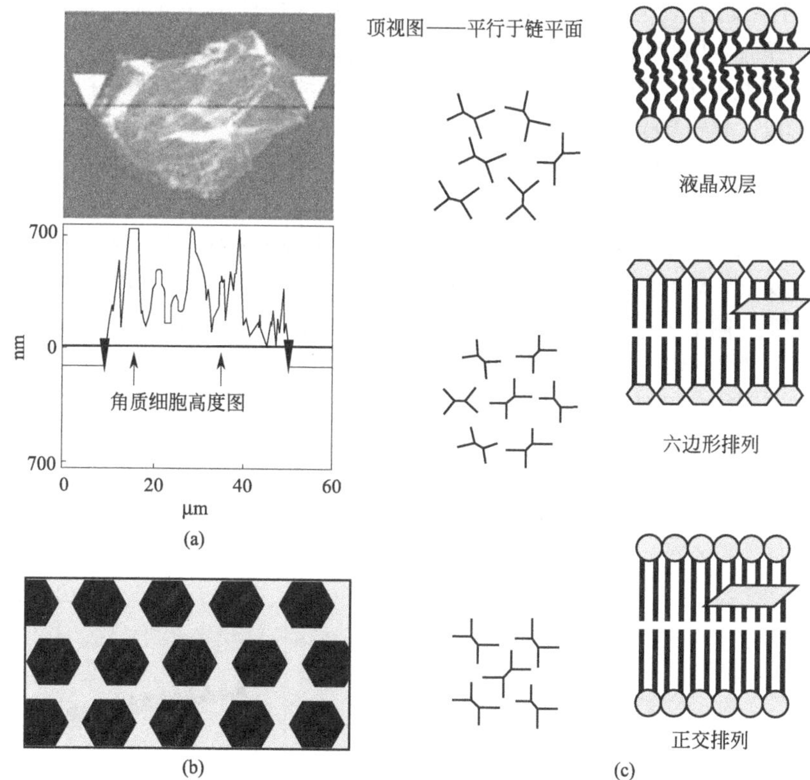

图 7.1 组成角质层和“砖泥”模式的主要结构：(a) 分离的人角质细胞的 AFM 图像，它的高度轮廓沿着图像下方的线绘制；(b) 该角质层超分子组织的“砖泥”模型（顶视图，垂直于皮肤表面），角化细胞在黑色六边形与灰色脂质“灰浆”之间；(c) 认为脂相段同时存在于角质层中的示意图（左：顶视图，垂直于皮肤表面；右：侧面图），脂相的有序程度是从上到下增大的

目前在关于脂质谱图解释的介绍中，有两个 IR 光谱区域很有意思。众所周知 CH_2 结构伸缩频率（$2840\sim2940cm^{-1}$）对脂链中的链构象顺序（反偏转异构）很敏感。这些频率对温度的灵敏度如图 7.2 (a) 所示，其中给出了一种典型的皮肤神经酰胺，即 α-羟基酸鞘氨醇（也称为神经酰胺，AS）的有序-无序转变，其化学结构如图所示。在约 65～80℃之间的乙状结肠形转变，伴随着在 $2850cm^{-1}$ 附近的对称 CH_2 伸缩频率 $4\sim5cm^{-1}$ 的增加。这种频率的增加反映了旁式旋转在链中的形成。对于该频率精度测量的要求，红外光谱是能够满足的。通常情况下，红外测量可以轻易地使精确度达到 $0.05cm^{-1}$，因此可轻易检测到几个波数的位移。

链堆积的补充信息可从摇摆（$720\sim730cm^{-1}$）和剪式（$1460\sim1474cm^{-1}$）模式中获得。CH_2 摆动区域链堆积的灵敏度如图 7.2 (b) 所示。当正交垂直亚细胞存在于该超分子结构中时，摆动模式分裂成频率约 $720cm^{-1}$ 和 $730cm^{-1}$ 的双峰。对于神经酰胺 AS 显然是这种情况，从图 7.2 (b) 可以看出，其绘制了组分频率对温度的依赖性。当温度接近该发生构象无序的临界点时，正交双峰合拢到单一条带。可观察到剪式轮廓的当量变化（这里未示出）。

神经酰胺分子化学结构的微小变化将会产生分子相态的显著变化。除去一个羟基基团，便形成了非羟基脂肪酸的鞘氨醇（神经酰胺 NS），这将产生显著改变 IR 响应光谱的参数。对于范围 2847～2855cm^{-1} 的对称 CH_2 伸缩频率［ν_{sym}（CH_2）］，实际波段位置可用于从中构象无序改变中区分链排列的变化。可通过一个低于 2850cm^{-1} 的 CH_2 拉伸频率揭示固相转变，在这个转变中全反式构象顺序保持不变。图 7.3（a）是酰胺 NS 观察的结果。本质上构象有序的持久性是通过与神经酰胺 AS 相比有相对较低频率的过渡来表明的［图 7.2（a）］。通过观察图 7.3（b）所示的特有摇摆模式双峰，验证了系统中存在一个低温正交相。双峰的消失［图 7.3（b）］以及链有序的持久性［图 7.3（a）］揭示了存在固-固相变，其中链排列从正交改变为六边形排列。

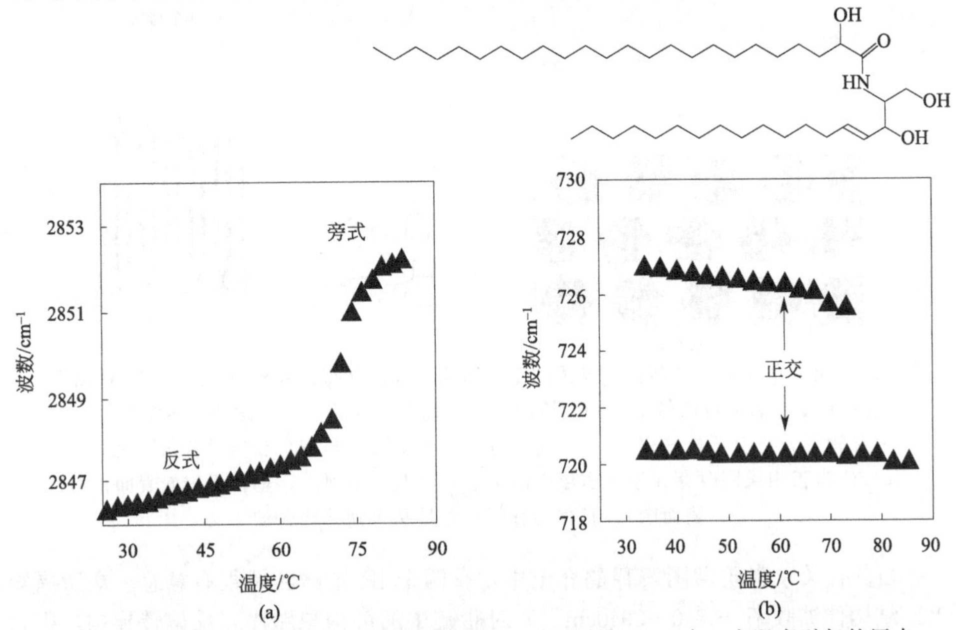

图 7.2 在角质层神经酰胺，α-羟基酸鞘氨醇（神经酰胺 AS）内，由温度引起的用来评估酰基链构象顺序和堆积的红外光谱参数的变化；上图为 α-羟基酸鞘氨醇的分子结构；（a）随着温度升高，对称 CH_2 伸缩频率升高，这表明反旁式异构；（b）作为温度函数的 CH_2 摆动模式频率显示了正交六方排列过渡

7.2.3 单独角质层中的相转移

也许有些令人惊讶的是，上述用于跟踪构象顺序和链分子中排列改变的简单工作足以了解在人类 SC 中观察到的结构转变。图 7.4（a）绘制了 3～108℃温度范围内人 SC 中 ν_{sym}（CH_2）的温度依赖性。频率变化的两个特征转变是显而易见的。以大约 90℃为中心的转变产生 ν_{sym}（CH_2）（2850.2～2853.5cm^{-1}）相对

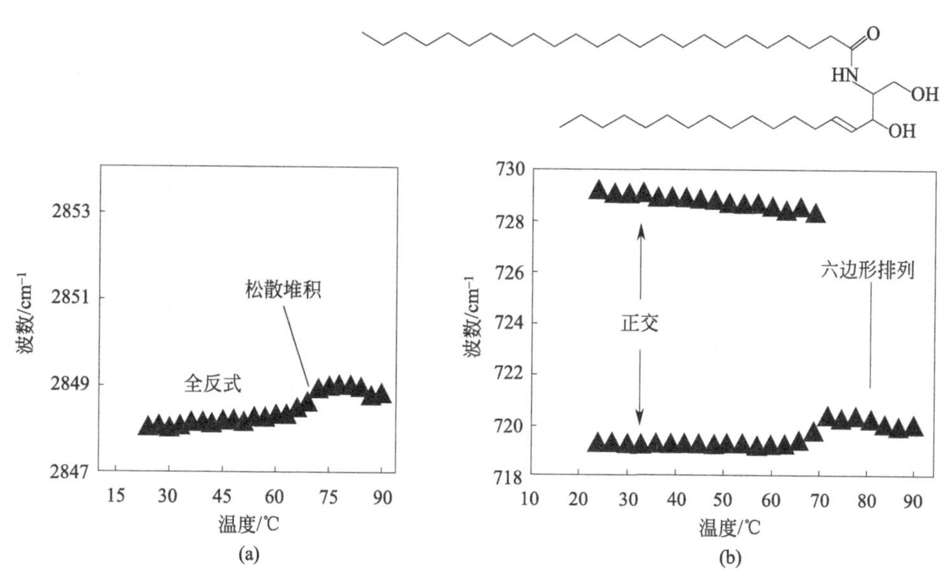

图 7.3 在角质层神经酰胺，非羟基脂肪酸鞘氨醇（神经酰胺 NS）中，由温度引起的用来评估酰基链构象顺序和堆积的红外光谱参数的变化，上图为非羟基脂肪酸鞘氨醇的分子结构；(a) 在这个温度范围内，随着温度升高，对称 CH_2 拉伸频率升高，这表示了酰基链排列中松动变化不大，即构象顺序从正交到六边形排列的过渡基本上没有变化；(b) CH_2 摆动模式频率的温度依赖性表现出了正交到六边形排列过渡

较大的变化。如上所述，其由链中的旁-反式异构化产生。此外，20～40℃宽的转变伴随着 ν_{sym}（CH_2）2849.2～2850cm^{-1} 的增加。

一个 SC 样品的亚甲基摇摆（711～735cm^{-1}）区域的光谱如图 7.4（b）所示，温度 6.3～79.0℃，以 4℃为间隔。在温度小于 40℃时，这种模式分裂成频率为 719cm^{-1} 和 729cm^{-1} 附近的双峰。如前所述，第二个波段的观察结果可用于组织中脂质链的垂直正交子单元排列的可靠诊断。在温度高于 40℃时，双峰坍塌到一个频率约为 720cm^{-1} 的单峰。这种光谱变化反映了正交链填料的坍塌。这种情况类似于观察到的神经酰胺 NS [图 7.3（b）] 的过渡，同时考虑到链构象秩序的持续性，这种情况表明了在生理相关的温度下正交到六边形排列的过渡。在 SC 中，ν_{sym}（CH_2）从约 2850cm^{-1} 增加到 2853cm^{-1}，这表明固-固转变之后是紧随着脂质酰基链从有序到无序的过渡，温度范围为 80～100℃。

7.3 伴随热扰动的屏障改造

SC 是透皮药物传送的明显目标，其所基于的方法涉及了其阻隔性能的短暂修正。传统功能的方法没有提供关于结构修改的见解，例如用于监视屏障完整性的经表皮水分损失，该结构修改发生于将外源性分子应用到皮肤表面之后。上面所讨论的固-固相转变提供了一种有用的诊断工具，来监测屏障改造的动力学[6]。

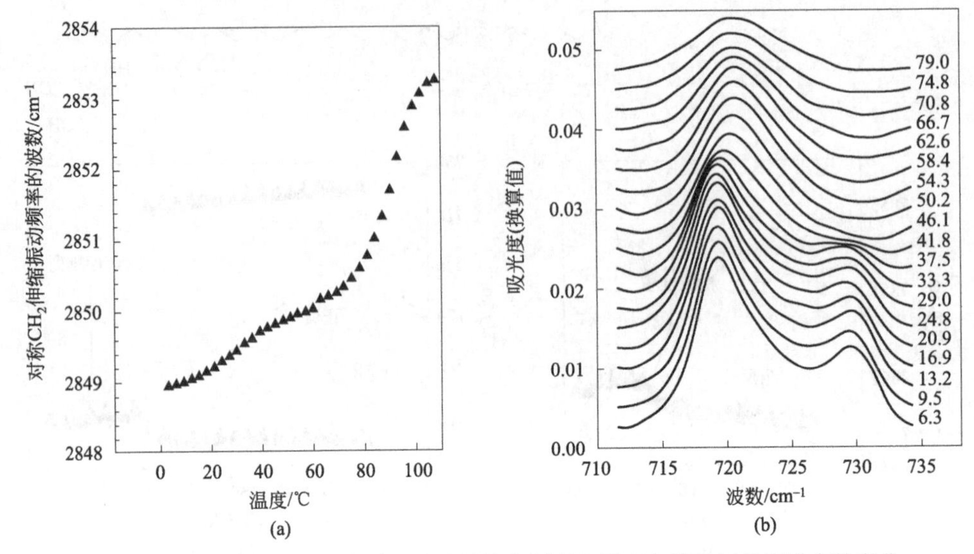

图 7.4 评估温度引起的人角质层酰基链构象顺序和隔离包装的红外光谱参数变化：(a) 对称 CH_2 伸缩振动频率对温度的依赖性表现在 20～40℃温度范围内固-固相转变过程，其次是 80～100℃时构象有序到无序的转变过程；(b) 如所标注的作为温度（℃）函数的结构摆动模式的（710～735cm^{-1} 区域）红外光谱，在 29.0～41.8℃的温度范围内，二重性峰的消失标志着正交到六方密排的过渡

对于最初的研究，我们选择了热扰动屏障。

7.3.1 实验方案

人类尸体皮肤切片样品（500μm 厚），把 SC 侧向上，放置在室温下的 0.1%（质量/体积）胰蛋白酶浸泡的基板上约 24h。将 SC 物理分离，用磷酸盐缓冲盐水和蒸馏水清洗，并在硒化锌红外窗口干燥。第二窗口放置在 SC 顶上，样品“三明治”放置于温度控制的红外测量池中。加热至 55℃以打破皮肤屏障，当将样品温度降低到 25℃或 30℃时，屏障开始恢复，并在所需时间里收集到红外光谱。

7.3.2 结果：屏障重建的动力学

从 55℃降到 30℃，不同时间点 SC 摇摆方式轮廓的图谱如图 7.5（a）所示。峰值为 729cm^{-1} 的局部再现清楚地监视着正交脂质相位的重建。729cm^{-1} 积分谱带强度对时间的依赖性如图 7.5（b）所示。图中包括样品骤降至 25℃的等效数据。在初始阶段较长时间的线性增加后，摆动数据动力学显示呈指数增长。这些数据为局部恢复提供了强有力的证据，该局部来自有着相对较小热扰动的 SC 屏障的正交相位成分。图 7.5 中数据的动力学方程为：①对于骤冷至 30℃的样品，$I_{calc}=-0.0286\exp(-0.0503T)+3.12\times10^{-5}T+0.0304$；② 对于骤冷至 25℃的样品，$I_{calc}=$

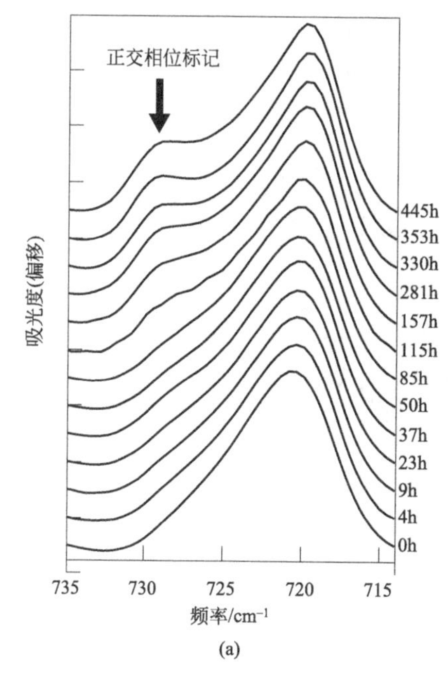

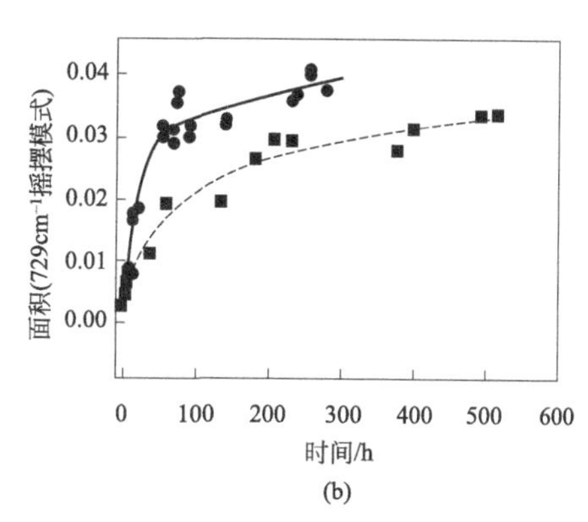

图 7.5 从 55℃降至 25℃或 30℃之后，分离的人角质层正交相重建的动力学：(a) 淬火至 30℃后，CH_2 摇动区域（710～735cm^{-1}）随时间的变化，正交标志特征带（729cm^{-1}）的演化被记录下来；(b) 降至 30℃（实线）和 25℃（虚线），样品中 729cm^{-1} 谱峰面积随时间演化（假设时间依赖性由指数期之后的项开始，随后为线性函数开始，则最佳拟合线如图所示）

$-0.0297\exp(-0.0132T)+1.69\times10^{-5}T+0.0248$。在这些方程式中，$I_{calc}$ 为 729cm^{-1} 的峰强度；T 是淬火时间（h）。每种情况下增长指数的半衰期分别是 13.8h（30℃淬火）和 52.4h（25℃淬火）。对数据的进一步分析表明，在特定的淬火温度下，实验过程可恢复 1/2～3/4 的正交相位。

这种方法的重要性在于，在阐明机制和对皮肤的经皮药物递送的影响方面，皮肤屏障的损害（或瓦解）和改造有潜在应用。虽然温度本身在人体内很少用于提高输送，但选择它作为当前一种方便的实验变量，来开发用于分析屏障恢复更加定量的 IR 方法。如上所述，该方法的核心在于，用红外光谱参数的灵敏度来监测脂质的重组。很容易想象按这些原则的未来实验中可以追踪外源剂的效果。

7.4 酰基链构象顺序的红外成像

已验证甲基伸缩频率对链构象顺序的灵敏度提供了构象顺序的成像机会，该构象顺序来自于对皮肤应用的外源性脂制剂。我们已经成功地利用脂质体证明了这一做法，其中脂质体广泛作为药物递送载体。如果使外源性脂质分子的部分或全部链被全氘化，这个方法是最方便的。对称 CD_2 伸缩频率出现在约 2084～

$2092cm^{-1}$。这个光谱区是不受内源性皮肤成分影响的，而频率位置仍然对链构象顺序很敏感，即较高的频率反映了在链中存在旁键。

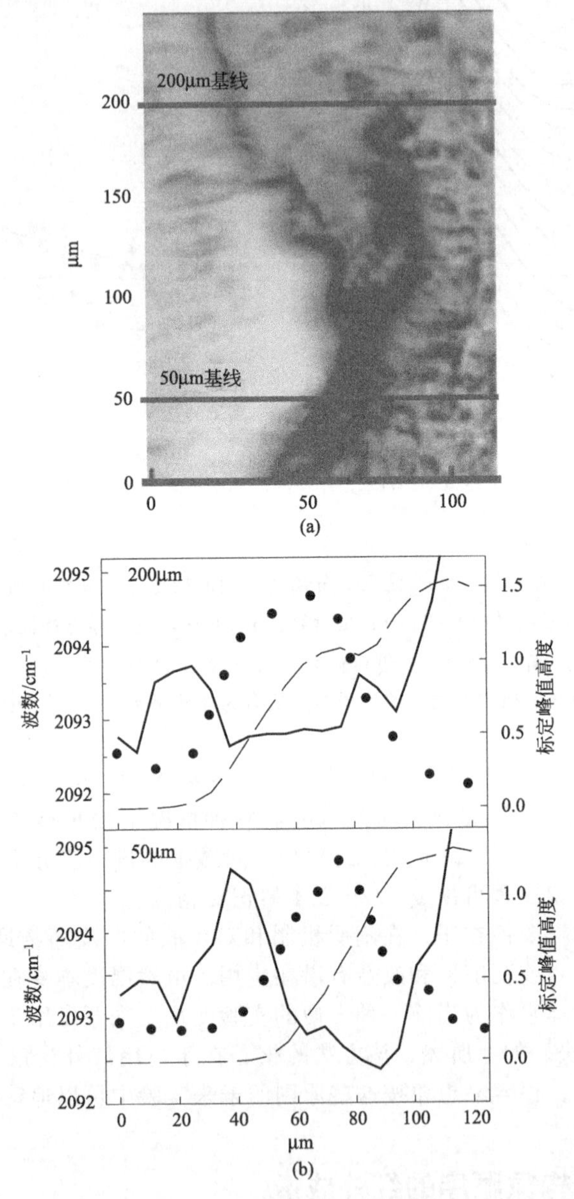

图 7.6 对猪皮肤使用 1-棕榈酰-d_{31}，2-油酰磷脂酰胆碱后，脂质渗透和酰基链构象顺序的红外成像分析。(a) 对猪皮肤表面使用了脂质囊泡后，小于 5μm 厚的猪皮部的可见显微照片。(b) 在可见成像沿 200μm（顶部）和 50μm（底）位置的红外光谱参数：(ⅰ) 脂质体产生的对称拉伸模式的波数值（—，左手坐标）；(ⅱ) 同一模式的强度（●，右手坐标）；(ⅲ) 作为皮肤存在的标记，酰胺Ⅱ模式的强度（- -，右手坐标）

SN1-全氘化、1-棕榈酰、2-油酰磷脂酰胆碱（P-d_{31}OPC）的脂质体制剂可用来证明这些想法。已知 POPC 在室温下以液晶相（链构象上无序）存在。对皮肤应用的 P-d_{31}OPC 脂质体可通过 SC 渗透[2]。SC 脂质环境对 P-d_{31}OPC 链构象顺序的影响如图 7.6 所示。图 7.6（a）给出了 SC 的可视显微照片。CD_2 对称拉伸频率和强度的空间变化与光谱的酰胺Ⅱ强度（来自皮肤）关系如图 7.6（b）所示，该光谱从 0μm（任意的）为原点，沿着两条线（200μm 和 50μm）获得。CD_2 频率的降低和酰胺Ⅱ强度的增加表明了 SC 的起始位置，这与光学显微照片一致。利用 CD_2 强度来度量外源性脂质的浓度，囊泡储存似乎保留在皮肤表面上方。大多数脂质已经渗透进入表皮区域。虽然 CD_2 波段强度随着皮肤的深入而减弱，但其仍保持在零以上 120μm 的水平位置，对应于在 200μm 和 50μm 处的深度分别是约 90μm 和 70μm。在这些深度位置，CD_2 拉伸频率升高，可能反映在表皮/真皮边界线的水合变化。在一般情况下，SC 表皮区域的渗透物质显示脂质体表面层下降了 1～2cm^{-1}，这表明了当它们进入 SC 时，渗透脂质体变得更加构象有序。为了使个体链变得有序，外源性脂质体链必须被破坏且与 SC 神经酰胺脂质链混合。后者如前所示，是高度有序的。这种脂质体瓦解的实验结果可能对研究治疗剂的从内释放有帮助。

7.5 角质细胞的红外显微镜和成像

本节将介绍红外成像光谱仪在研究分离的人体角质细胞中的应用。该方法适合于监测分子结构、化学组成和存在于这些表皮细胞的生物成熟过程。后者通过一个被称为天然保湿因子物质的相对浓度变化来进行跟踪。我们已经发表了描述这种方法的最初实验[19]。当前的综述建立在以下工作的基础上，即通过描述一个新的应用以跟随角质 NMF 水平的变化作为外部应力函数，当前情况下变化的来源选择的是皮肤的水洗。

详述表皮生物学和皮肤屏障生物学及水分中的纤聚蛋白和 NMF 的重要作用不在目前的工作范围内。为了达到我们当前的目的，需要注意的是，SC 角质细胞终期分化特性的产生涉及纤聚蛋白。角蛋白的压实对一个健壮物理皮肤渗透性屏障的产生至关重要，该屏障可防止人体水分流失，并控制外部药剂的渗透。此外，纤聚蛋白的蛋白水解是生成 NMF 的必要步骤[20]。它被水解成吸湿成分包括游离氨基酸和烷酮羧酸，它们共同占 NMF 混合物的 50%以上。NMF 最多可贡献 SC 干重的 30%，这对维持 SC 水化至关重要，反过来，这对酶活性和 SC 的力学性能来说也是必不可少的[21-24]。这种复杂的生化过程是高度调控的，并且至今尚未被完全理解。然而，最近的开创性研究表明，皮肤屏障类疾病主要由纤聚蛋白基因编码中的突变导致，如鱼鳞病和特应性皮炎等[25-28]。

红外光谱成像可采集个体角质细胞内空间分辨率约 10μm 的光谱阵列，其中与细胞尺寸相比 10μm 更便于成像（图 7.1）。我们已经使用这种方法来跟踪皮肤切片中各个成分的空间分布，并对选中的内源性成分的分子结构进行成像[2,29]。

在当前的例子中，我们通过采集从前列腺连续带条中分离的细胞得到红外光谱，以此来研究角质细胞的成熟。通过用已烷冲洗带条，在必要时通过超声处理和过滤来实现从带条中分离角质细胞。将悬浮于已烷中的角质细胞的等分试样放置于红外窗口，并蒸发溶剂。对于 SC 成熟过程的研究，我们从每带条所含的 20～40 个独立角质细胞获得光谱，并产生一个平均值光谱。如图 7.7(a) 所示，平均光谱描述了对应于皮肤表面之下不同深度带条细胞 NMF 水平的差异。在 $1404cm^{-1}$ 处的主要特征源自于角质细胞中的羧酸成分，聚丝蛋白中氨基酸分解产物的存在对该物质有重要意义。此前我们一直将这些光谱特征与 NMF 的模型

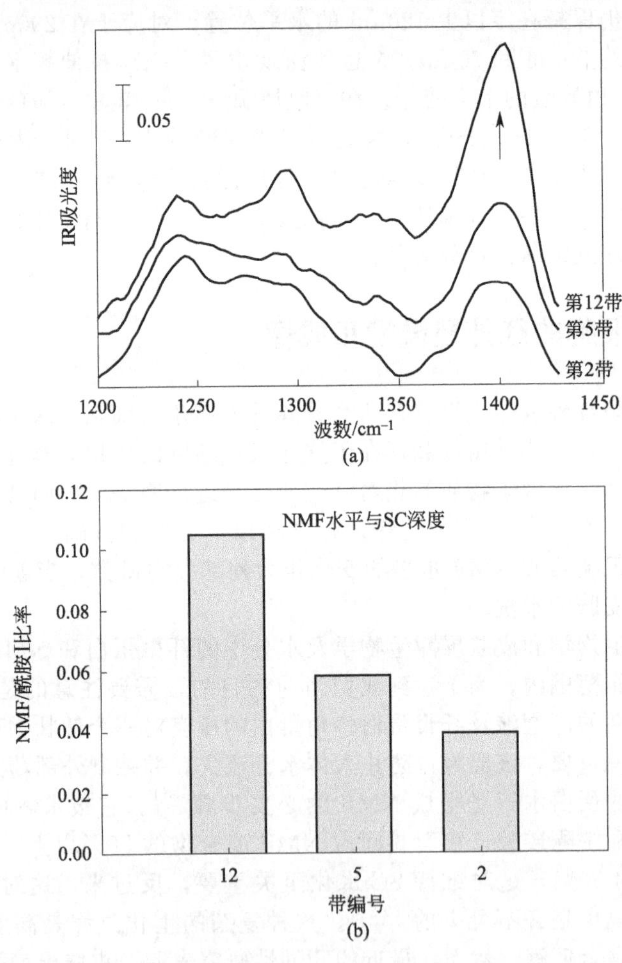

图 7.7 (a) 通过带条剥离不同深度角质层所采集的角质细胞成像数据谱的平均 IR 光谱，通过测定羧酸对称伸缩模式（约 $1404cm^{-1}$）与酰胺 I 波段（约 $1650cm^{-1}$）的波段区域面积比率来表示；(b) 红外成像光谱获得的随着深度变化的相对 NMF 浓度，随着细胞成熟，我们观察到相对 NMF 逐渐减小

样品相关联，以确认化学成分的分配比例[19]。1650cm^{-1} 处的蛋白质酰胺Ⅰ出现在所有这些光谱中（未示出），它被用作内部标准来生成 NMF 水平的相对浓度分布。将这种方法用于第 2、5 和 12 带的细胞，随着从皮肤表面（第 2 带）移动至大约 6μm 深度（第 12 带）的外部 SC 层，NMF 水平明显逐步增加。相关 NMF 曲线如图 7.7（b）所示。这些数据与我们的初步结果完全吻合，着重于比较从第 3 和 11 带分离的角质细胞间 NMF 水平的差异[19]。

上述结果是很有前景的，并表明了可利用振动光谱的方法来提供研究皮肤病中的分子和成分信息。最近，体内共焦拉曼研究表明，NMF 水平的差异可以在含纤维蛋白基因突变的特应性皮炎患者中测得[30]。使用红外成像可以直接检测在 SC 成熟的不同阶段中角质细胞化学成分的变化，这表明在检测疾病状态、环境压力、解剖学部位变化相关联的单个细胞的变化时，该技术可能是通用的。对带条工作的便利性可让我们对任何解剖部位在同一位置反复采样，同时还能提供高水平的深度分辨率（约 0.5mm）。这与红外数据的高光谱质量相一致，同时表明了该方案可能对临床应用非常有用。

我们对于红外显微的初始应用一直致力于追踪角质细胞生物化学的变化，包括一种简单的应力，该应力由洗涤和摩擦皮肤而引起。作为清洁的结果，已表明 NMF 的浸出和去除是皮肤干燥的来源[22]。为了直接监测由清洗引起的角质细胞 NMF 水平的变化，准备角质细胞如下：对于上臂内侧的两个相邻部位，一个部位用水（伴有物理摩擦）洗涤 1min，另一部位不处理，之后两个部位被带条剥离 6 次。随后，这两个部分被带条剥离，用如前所述的方法来分离并收集角质细胞。

图 7.8（a）给出了应用红外成像的典型角质可见图像。16 条红外光谱（像素尺寸为 6.25μm^2）的阵列从各角质细胞获得。我们从洗涤和未处理的两个部位分别得到了 40 个角质细胞的红外成像并得到两个平均光谱，如图 7.8（b）所示，即每个平均光谱产生于 640 个红外光谱。很显然，从洗涤后获得的带条平均角质细胞光谱在与 NFM 关联的 1404cm^{-1} 峰处显著减少。在图 7.9（a）和（b）中，角质细胞的光谱已经被联结，4×4（每个细胞 16 条光谱）阵列相关系数的图像如图所示，此阵列来自实验组［在图 7.9（a）和（b）的上方］及对照组［在图 7.9（a）和（b）的底部］分离出的 40 个角质细胞。在图 7.9（a）中，1200～1430cm^{-1} 区域的光谱与未处理部位的平均谱图相关联，这和图 7.9（b）中所示的实验组的平均光谱类似。大部分成像的相关图明确地区分了对照组和实验组，这证明通过用水清洁皮肤可将角质细胞的 NMF 除去。红外成像可以直接探测到这种相对温和的应力引起的成分变化。正如我们先前对 SC 成熟过程的研究表明，通过产生 NMF 在 1404cm^{-1} 峰处的特性被归一化到酰胺Ⅰ峰的成像，我们可以定量地对角质细胞中 NMF 水平的变化成像[19]。如图 7.10 所示，实验组和对照组中，角质细胞 NMF 相对浓度的图像有着明显的差异。在分离细胞之前洗涤皮肤，导致 NMF 浓度下降，这可在当前红外成像的研究中直接测量到。

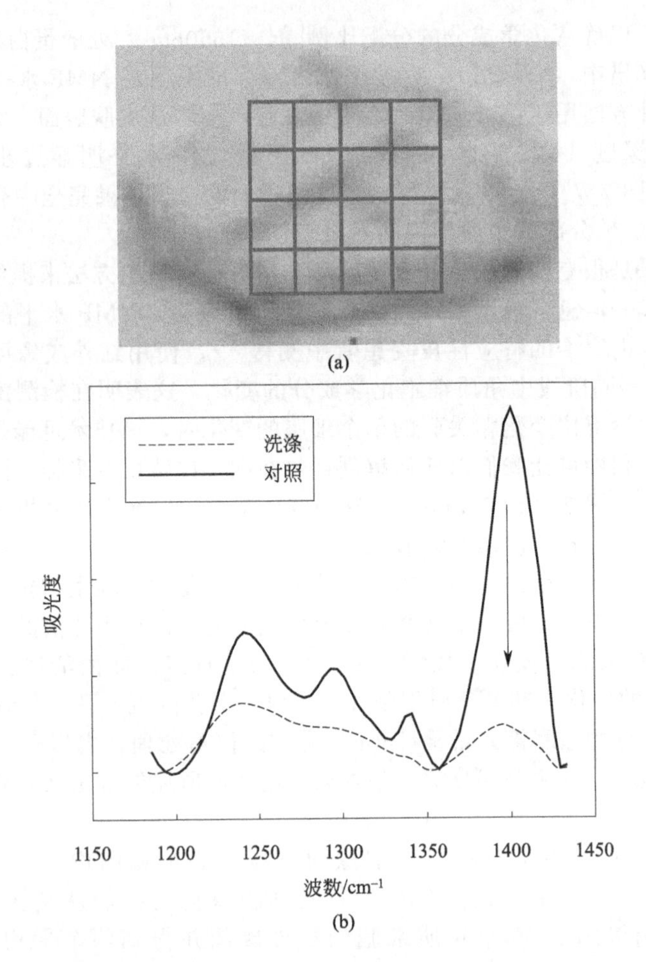

图 7.8 (a) 分离的角质细胞的可见光图像，网格表示从角质细胞采样到的所有 16 个红外光谱阵列，网格样品中的每个像素（光谱）覆盖了一个 6.25mm^2 的区域；(b) 对照组和实验组中 20 个角质细胞中对每个细胞采集到的 4×4 阵列成像数据的平均 IR 谱（1180～1460cm^{-1} 区域），每个平均值产生于 320 条红外光谱，观察到实验组在 1404cm^{-1} 有一个显著的下降

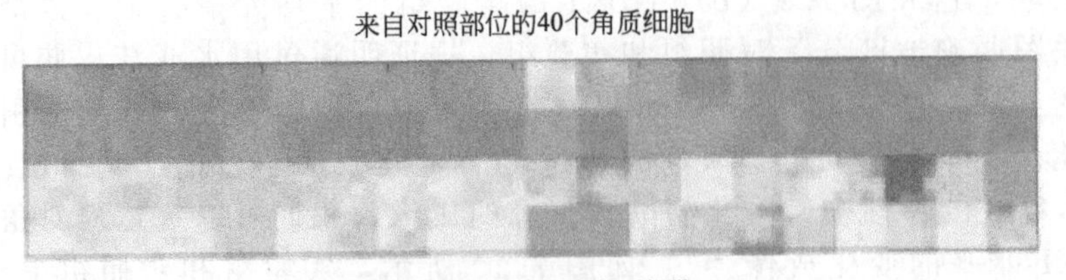

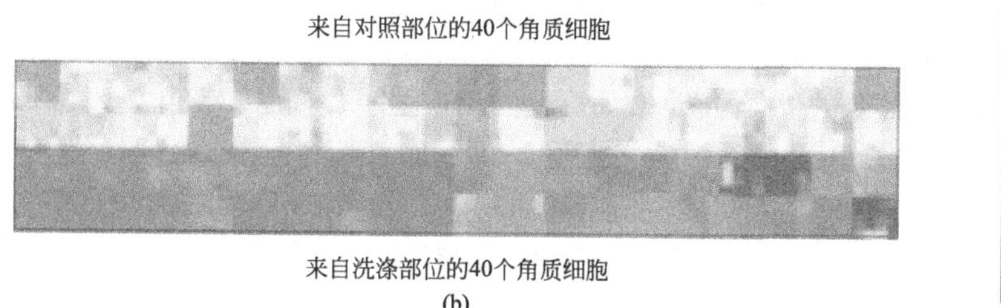

图 7.9 实验组和对照组多个分离角质细胞的相关系数成像：(a) 对照组细胞的平均关联，顶上两排是对照组的 40 个分离角质细胞的串联成像，同样的，底下两排是实验组的细胞串联成像；(b) 实验组细胞的相关性成像，和 (a) 中一样级联［相关系数比例：白色>灰色>黑色（封三前彩图的相关系数比例：红色>黄色>黑）］

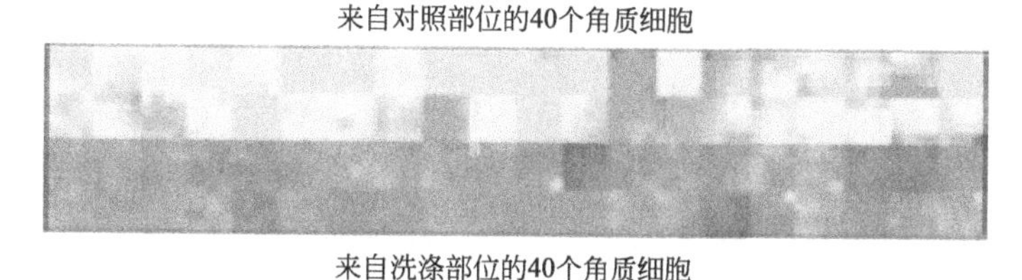

图 7.10 80 个角质细胞（$1404cm^{-1}$/酰胺Ⅰ）带区域比率测得的相对 NMF 浓度的红外图像，对照组（上面两行）和实验组（底部两行）各取 40 个角质细胞。采集于对照组的 40 个角质细胞成像数据的 640 个体光谱显然有较高的波段区域比（白>灰>黑色），这表示了这些细胞中的 NMF 浓度较高

目前得到的结果与最初的研究共同表明，通过对细胞中 NMF 水平的成像，红外成像可以追踪 SC 角质细胞的成熟，并建议重点关注环境压力和疾病有关的变化对 SC 角质细胞生物学的影响。最后我们注意到，带条工作的便捷性、在同一位置重复采样的能力（提供了很高的 z 维度分辨率，大约为 $0.5\mu m$）和对任何解剖部位采样的方便性以及非常高的红外图像光谱质量，所有这些都表明了红外成像的应用将大大帮助与角质细胞生化学相关的临床研究。

7.6 头发的红外显微成像

人们利用振动光谱方法研究毛发及其组成物质角蛋白纤维已经几十年了[31-33]。这种研究通常侧重在氧化损伤。最近，空间分辨分子结构信息已经可以通过显微拉曼光谱获取。举个例子，Kuzuhara[34-36] 的大量测量阐明了包括多种化学治疗引起的皮层和表皮的结构变化。这些研究已经扩展到包括白种人和富含黑色素的黑种人的毛发。

FTIR 显微也已用于人类毛发的空间成像，使用普通的成像仪器和具有基于同步辐射光源的谱仪[37,38]。这些实验保证了角质层、皮质和髓质横截面的空间分辨率。ISP 实验室的成像实验结果表明了红外光谱方法的实用性，其结果如下所示。

人的毛发（直径为 60～80μm）很容易地从外到内分成三个独立的区域，即角质层、皮质和髓质。最外层区域的角质层由 6～10 层扁平重叠的细胞组成，其厚度为 3～5μm，在很大程度上由无定形的蛋白构成。皮质层包含大量毛发（角蛋白）纤维，该纤维由微纤维和基体这两部分组成。微纤维是由螺旋蛋白质组成的高度结晶区域。这些具有少量半胱氨酸二硫化物的蛋白质嵌在富含半胱氨酸的无定形基质中。微纤维沿着毛发纤维轴线排列。最后，中央髓质（直径约为 5～10μm）主要由脂类和蛋白质组成。

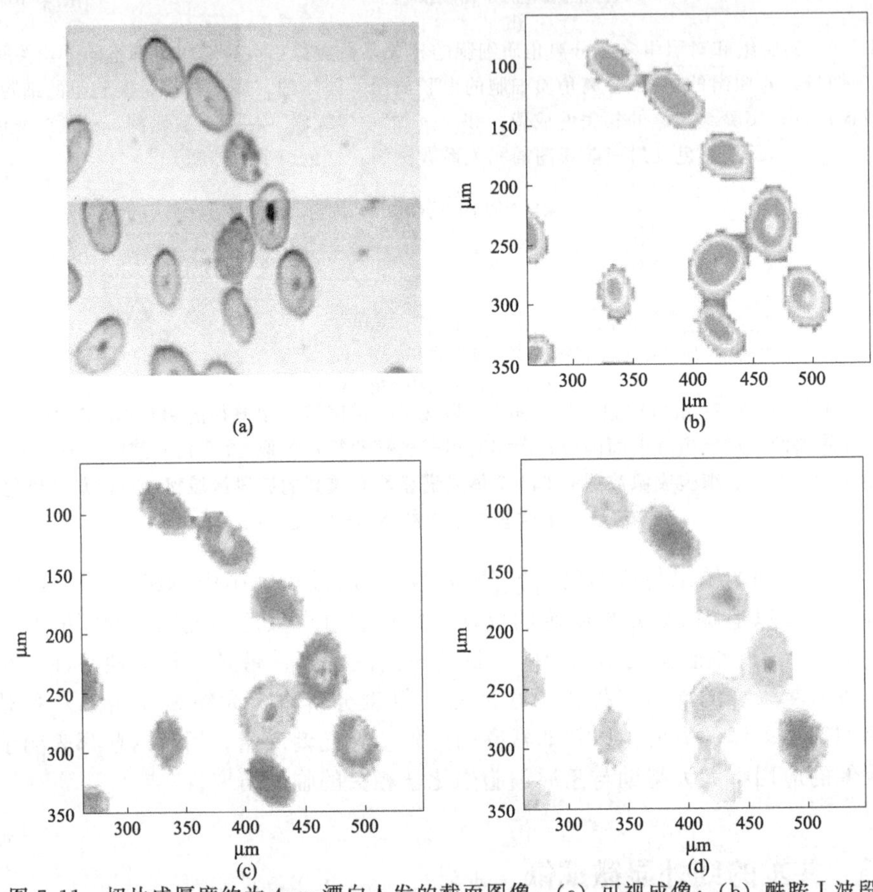

图 7.11　切片成厚度约为 4μm 漂白人发的截面图像：(a) 可视成像；(b) 酰胺Ⅰ波段（约 1650cm^{-1}）强度的 IR 成像，表示了蛋白含量；(c) 非对称拉伸波段（2925cm^{-1}）强度 IR 图像，主要表示了脂肪含量；(d) 磺酸盐频带强度的 IR 成像（约 1040cm^{-1}）可能有助于评估在皮质中氧化对二硫键的损伤［灰度比例：白色＞灰色＞黑色（封三前彩图：红色＞黄色＞蓝色）］

图 7.11 (a) ～ (d) 给出了当前 IR 实验可用信息的特征。该图捕获被漂白的人发的横截面，该毛发嵌入在组织冷冻介质中，低温切片，厚度为 4μm，装在 CaF_2 窗并成像。图 7.11 (a) 给出了切片头发的可视显微照片，它有着清晰可见的角质层、皮质和髓质。图 7.11 (b)、(c) 和 (d) 分别给出了蛋白质、脂类和磺酸酯相对浓度

的红外空间图像。虽然不能明确地划分角质层，但相比于髓质，毛发纤维皮质中酰胺Ⅰ强度衍生出的蛋白水平有所增加，如图 7.11（b）所示。与此相反，图 7.11（c）中脂质链的浓度分布（由 2925cm^{-1} 处的 C—H 伸缩振动强度所测量）表明了皮质的脂质水平比髓质高。最后，图 7.11（d）成像的是同一组毛发截面的磺酸浓度（由 1040cm^{-1} 处—SO_3^- 的 S═O 伸缩振动所测量），表明了漂白毛发的皮质水平有所提高。在这个实验中，我们实现了在标准光源下可得空间分辨率的极限。我们注意到，使用同步辐射光源效果有可能更显著。如图 7.11 所示，当前测量中约 10μm 的空间分辨率可以非常有效地查看纤维的髓质区域。这些图像清楚地表明，简单的官能团成像提供了有用的对比信息来跟踪毛发截面中重要化学物质的浓度。这种方法对评估头发的生理状态有着潜在的应用，也包括对化妆品治疗损伤的评估。

作为红外成像实验实用性的例子，我们已经对一个已漂白并用碱处理过的原始毛发进行成像。众所周知，对头发的显著损害是来自漂白引起的氧化。适于成像此效果的光谱标记特征是 1040cm^{-1}，这与氧化二硫键物质中的磺酸酯（S═O）振动有关。图 7.12（a）、（b）和（c）分别给出原始、漂白和碱处理后的头发截面 1040cm^{-1} 与酰胺 A 3290cm^{-1} 的比率。此强度比率使我们可通过毛发截面中氧化磺酸盐成像的相对浓度来评估蛋白结构的损坏程度。与此三种情况相同的是，角质层区域检测到了磺酸盐强度的升高，这很可能是由于毛发纤维的外部区域暴露在了

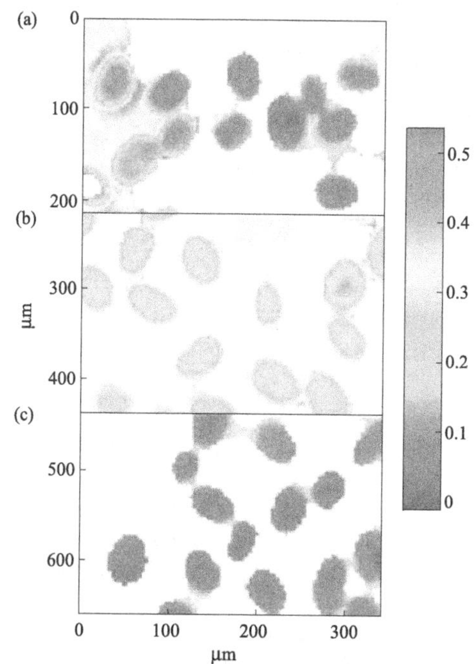

图 7.12 在各种处理后，人体头发显微切片相对磺酸含量的红外成像［1040cm^{-1} 磺酸盐峰对酰胺 A（约 3200cm^{-1}）的比率分别表示为：(a) 未处理的毛发；(b) 漂白毛发；(c) 碱处理的毛发（彩图位于封三前）］

外部氧化环境中。高的得分表明，相比于原始或未处理的毛发，漂白毛发中朝向纤维内部的皮层区域中的—SO_3^- 水平有所升高。这种效果对于纤维的中心（髓质）不是那么明显，表明该区域在某种程度上被漂白的氧化作用有所屏蔽。通过可视化，可知漂白毛发中皮质基质部分的结构完整性（S—S 键）减少了。

这些图像表明，红外成像可以扩展应用到微观可视化和因疾病或美容处理后头发的结构损害。尽管本节中的工作并不详述分子（构象等）的状态，但它清楚地表明了空间分辨方法的可行性。

7.7 伤口愈合的振动显微成像

7.7.1 介绍

由于损伤，皮肤呈现出细胞过程复杂的时间和空间连续性，这一过程可以使伤口愈合。它可分为三个（重叠）阶段：炎症、增殖和成熟/重塑。皮肤创伤之后，皮肤通过启动两个主要的闭合伤口的细胞机制来迅速响应，这两个机制即表皮细胞再生和结缔组织收缩。在受伤后接下来的几小时，细胞伤口边缘的角质开始形成。通过形成被称为迁移上皮舌（MET）的表皮细胞层，角化细胞的迁移和增殖在前 2d 开始[39,40]。这个过程是在损伤后 7～9d 基本结束，该时间里伤口被一层细胞覆盖。经过这些阶段，一个分层的表皮层被重新建立。增生期之后，肉芽组织形成且伤口开始收缩。该过程的最后一个阶段包括其自身与其他分子的交联形成，该过程提高了组织抗拉强度。所发生的事件顺序如图 7.13 所示[41]。在过去的 20 年中，基因组学和蛋白质组学方法已大大提高了我们对事件时空序列的理解。

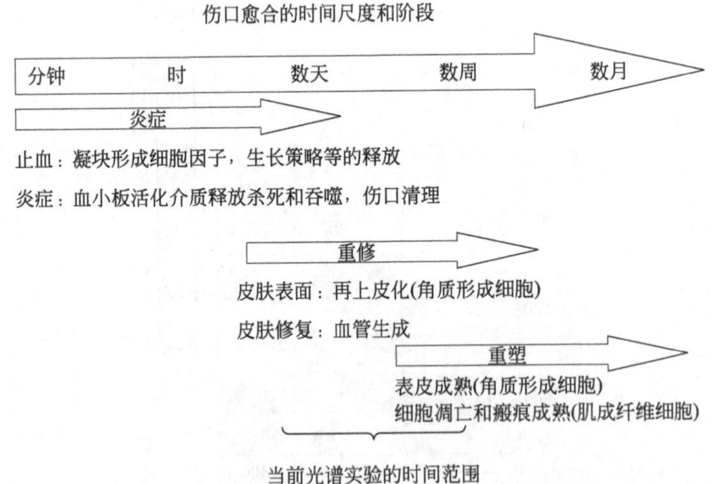

图 7.13 发生在人体皮肤的急性创伤之后事件的复杂重叠时间序列流程（改编自参考文献 [41]）

迄今为止，我们还不能使用光学成像方法来直接表征新合成组织中成分的分子结构和空间分布。我们已知的在分子结构水平方面的知识对于诸如治疗剂的评估、研究天然和人造皮肤之间接口的过程是非常有意义的。相对复杂的评价伤口愈合的光谱方法至少有两个主要障碍。第一是创建可重现的离体伤口模型，这在愈合过程中对生化过程进行系统的跟踪是必不可少的。第二，我们无法在受伤组织的单个部分内或在整个厚度的（受伤）皮肤，使用光学方法来区分密切相关的蛋白质种类（例如，各种形式的角蛋白）的空间/时间演变，这比振动显微镜技术的发展更重要。本节介绍了罗格斯实验室和他们的合作者在特种外科医院（纽约市）的努力成果，即证明了在角质的形成和迁移过程中，红外成像可用于监测各种角蛋白的空间位置[1]。

7.7.2 方法

7.7.2.1 人体器官培养伤口愈合模型

按照批准的机构协议，我们所使用的模型是在腹部整形术（“腹部除皱术”）中由人类皮肤上创建急性伤口获得的。采用 3mm 活检穿孔产生伤口。在 37℃，CO_2 浓度为 5%及相对湿度为 95%的培养环境室中，皮肤标本的愈合过程可以维持长达 6d 或 7d。

7.7.2.2 红外成像实验

我们选定未受伤和受伤皮肤样本愈合的特定时间段进行红外成像。将垂直于角质层的冷冻样品显微切成 5μm 的切片，并置于氟化钡窗口。一个 *XY* 样品台使我们可采集 0.5mm×0.5mm（像素面积为 6.25mm^2）样本区域的红外图像。该采样安排如图 7.14（a）所示。光谱分辨率为 8cm^{-1}。

7.7.3 结果与讨论

在伤口愈合过程中，通过对含伤口边缘的空间区域和受伤后 MET 6d 里在 1185～1475cm^{-1} 红外光谱成像数据进行因子分析［图 7.15（a）～（f）］，我们发现使用 FTIR 成像来追踪分子结构/组成变化是很有效的。图 7.15（a）所示是一幅用于红外成像的相同皮肤部分的可见图像。MET 从未受伤区域朝已标的图像右侧发展。角蛋白因子分析［图 7.15（f），踪迹标注为 f1～f4］揭示了四种不同的因子，它们的得分图像如图 7.15（b）～（e）所示。在此波数区域中的主要光谱特征来自 CH_2 和 CH_3 弯曲模式（约 1450cm^{-1}）、羧酸对称拉伸（约 1400cm^{-1}）以及角蛋白酰胺Ⅲ模式（约 1235cm^{-1}）。因子载荷是明显相似的，但仍然可对组织中富含角蛋白的四个不同领域成像。f1［图 7.15（b）］的得分成像突出了 SC，并为原始伤口边缘［图 7.15（a）］提供了明显的标记。如此图的左侧所示，高得分延续到生长的表皮区域。角蛋白因子 f2［图 7.15（b）］和 f3［图 7.15（c）］的得分图像分别集中在基底层和基底表皮区域。图 7.15（c）成像的角质涵盖了 MET 的一个大区域。基底层角质［图 7.15（d）］的得分图像还显示了含角蛋白的细胞（得分值升高）扩散到 MET 下部区域。含有角蛋白的光谱特征的最终得分图像［图 7.15（e）］在空间上受限于 MET［图

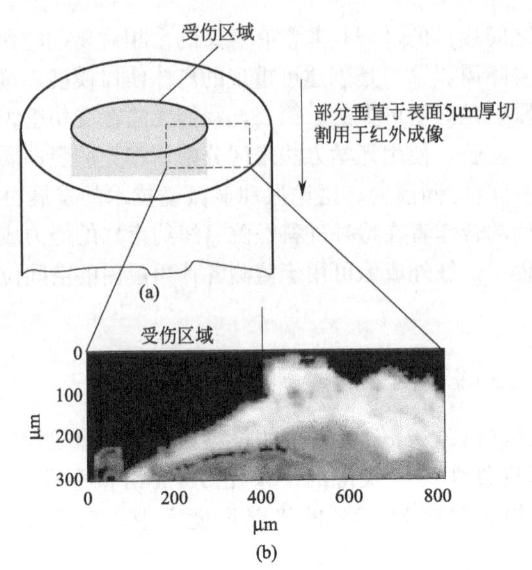

图 7.14 (a) 当前实验千分尺中使用的皮肤伤口愈合模型的示意，采用 3mm 打孔活组织来产生一个人体皮肤样本的急性伤口，在受伤后的不同时间点，将样品快速冷冻并显微切片至 5μm 厚以用于 IR 成像（使用嵌入介质）；(b) 受伤 6d 后，对样品酰胺Ⅰ和Ⅱ的光谱区域（1480～1720cm^{-1}）中进行因子分析以获得 IR 成像，极其类似于角蛋白的一个因子载荷的得分图像揭示了 MET 和无伤口区域的表皮（富含角蛋白的区域）。得分灰度编码：白色＞灰色＞黑色（封三前彩图的得分彩色编码为：红色＞黄色＞蓝色）

7.15 (e)］的外表面和前缘。受伤 4d 后 MET 位于外边缘的光谱（数据未示出）与 f4 有相似特征，并且揭示了羧酸对称拉伸向低频发生移动。

在实验的此阶段中，我们试图让四个角蛋白因子与对应于因子的特定角蛋白类型相关联。我们将图像和信息联系起来，信息来自于愈合过程中检验各角蛋白时空表达的角蛋白免疫染色图像[1,42,43]。在健康的皮肤中，基底层角质细胞出现了角蛋白 5 和 14，而角蛋白 1 和 10 在基底层角化细胞中出现。当伤口再生时，伤口边缘角质细胞的形成开始被激活；随着迁移和增生，出现了角蛋白 6，16 和 17（K6、K16 和 K17）[44]。通过使用 K17 特异性抗体来染色急性伤口，我们证实了模型中伤口边缘活性角化细胞的存在[1]。受伤 24h 后，我们观察到染色于伤口边缘的较强浓度的基底层 K17，这表明角质形成细胞被活化。此外，构成 MET 的角化细胞对 K17 呈阳性，从而证实了活化基底层角化细胞在伤口床上的迁移。正如预期的那样，我们没有在健康未受伤的皮肤中观察到 K17 染色。

因为红外光谱带的变化直接源自分子组成或样品特定空间区域的结构差异，所以我们的最初假设可认为是正确的，即各种因子（f1～f4）之间的光谱变化源自表皮不同区域和受伤区域中已知特定类型的角蛋白。基于染色模式和红外成像之间的相似性，我们对特定角蛋白因子分配如下：

① f1 及其对应的得分图像［图 7.15 (b)］富含 K1/10 角化细胞分化的特性。

② f2 如图 7.15 (c) 所示，驻留在基底层区域中靠近以及 MET 内的图像，

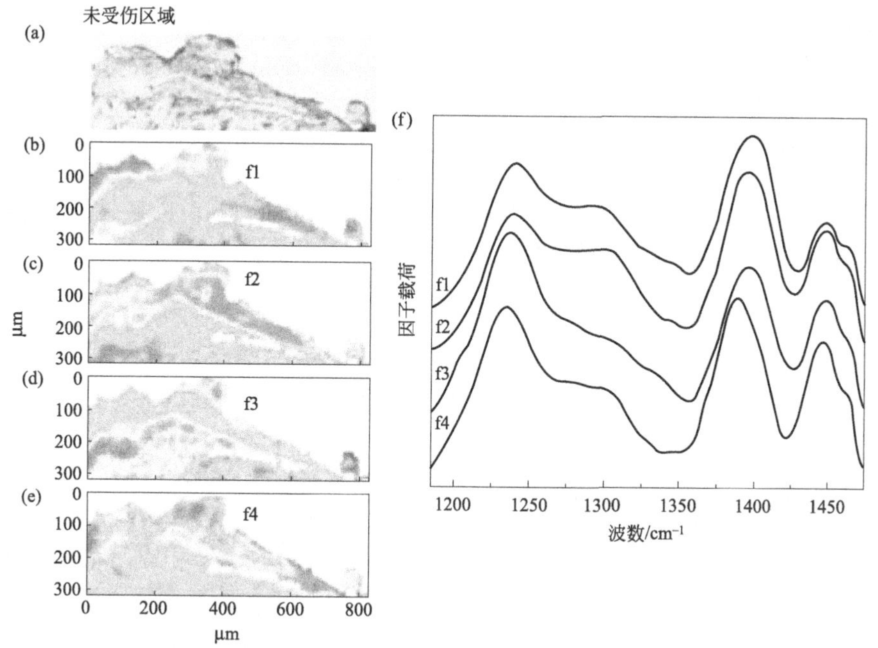

图 7.15 在受伤和非受伤富含角蛋白区域的 IR 表征，创伤后第 6 天，对 1185～1480cm^{-1} 光谱区域采用因子分析法：(a) 用于红外成像 5μm 厚皮肤的可见成像；(b) ～ (e) 相应因子载荷 (f1～f4) [如 (f) 所示] 的因子得分 [在得分图中：白色>灰色>黑色 (彩图位于封三前，得分彩色比例：红色>黄色>蓝色)]

代表了富含 K17 的区域。

③ f3 [图 7.15 (d)] 的高得分描绘了富含 K14 的区域，从基底区域延伸到 MET 的较低区域。

④ 虽然我们不能确定地将 f4 分配到一个或多个特定的角蛋白，但这个因子的高得分区域可能代表了富含 K14 和 K17 的区域。

就我们所知，目前基于生物学的方法和振动光谱图像之间的相互作用（对于分类非常相似的蛋白质）有许多潜在的有趣应用的新方法。因此，伤口愈合样品光谱分析的进一步发展和可控环境条件下的纯化材料，使我们可以利用数据中固有的分子结构信息。这反过来可能会帮助我们更好地理解在伤口愈合的治疗性干预期间特定蛋白质的空间分布变化。

7.8 结论

在开发 IR 和拉曼成像的生物医学应用过程中，我们接受了这样一种观点，即光谱中固有的分子结构信息提供了解释生成图像的独特方法。这在上述例子中是显而易见的。因此，该方法给更多的传统方法（例如吸收、荧光、散射）增加了一个新维度来评估生物组织的不均匀结构。

但是，目前已经应用的这项技术在两个方面受到了限制。第一，图像的空间分辨率（红外约 10μm，拉曼约 2μm）比传统方法差。第二，所涉及的物理现象的缺点（特别是拉曼散射）和在一定程度上大量的光谱信息（每个像素约有100～1000点）限制了产生图像的速度。

尽管如此，对于上述问题或者至少对于特定的问题，正在出现部分解决方案。根据具体的ATR基底，IR空间分辨率可以通过使用ATR成像来提高2～4倍。更为显著的是，对于不要求图像的问题，例如TERS（尖端增强拉曼光谱）的新方法涉及一个原子力光谱与拉曼光谱的耦合，并结合了由拉曼信号的近场增强所提供的灵敏度和AFM的纳米空间分辨率。

参考文献

1. Chan, K. L. A., Zhang, G., Tomic-Canic, M., Stojadinovic, O., Lee, B., Flach, C. R., and Mendelsohn, R. (2008) A coordinated approach to cutaneous wound healing: vibrational microscopy and molecular biology. *J. Cell. Mol. Med.* **12**, 2145–2154.
2. Xiao, C., Moore, D. J., Rerek, M. E., Flach, C. R., and Mendelsohn, R. (2005) Feasibility of tracking phospholipid permeation into skin using infrared and Raman microscopic imaging. *J. Invest. Dermatol.* **124**, 622–632.
3. Zhang, G., Moore, D. J., Sloan, K. B., Flach, C. R., and Mendelsohn, R. (2007) Imaging the prodrug-to-drug transformation of a 5-fluorouracil derivative in skin by confocal Raman microscopy. *J. Invest. Dermatol.* **127**, 1205–1209.
4. Zhang, G., Flach, C. R., and Mendelsohn, R. (2007) Tracking the dephosphorylation of resveratrol triphosphate in skin by confocal Raman microscopy. *J. Control. Release* **123**, 141–147.
5. Zhang, G., Moore, D. J., Flach, C. R., and Mendelsohn, R. (2007) Vibrational microscopy and imaging of skin: from single cells to intact tissue. *Anal. Bioanal. Chem.* **387**, 1591–1599.
6. Pensack, R. D., Michniak, B. B., Moore, D. J., and Mendelsohn, R. (2006) Infrared kinetic/structural studies of barrier reformation in intact stratum corneum following thermal perturbation. *Appl. Spectrosc.* **60**, 1399–1404.
7. Moore, D. J. and Bi, X. (2007) The application of infrared spectroscopic imaging to skin delivery: visualizing molecular localization in formulations and in skin. In: *Science, Applications of Skin Delivery Systems*, Allured, New York, pp. 49–59.
8. Forslind, B. (1994) A domain mosaic model of the skin barrier. *Acta Derm. Venereol.* **74**, 1–6.
9. Snyder, R. G. (1960) Vibrational spectra of crystalline *n*-paraffins. Part I. Methylene rocking and wagging modes. *J. Mol. Spectrosc.* **4**, 411–434.
10. Snyder, R. G. (1961) Vibrational spectra of crystalline *n*-paraffins. Part II. Intermolecular effects. *J. Mol. Spectrosc.* **7**, 116–144.
11. Snyder, R. G., Hsu, S. L., and Krimm, S. (1978) Vibrational spectra in the C–H stretching region and the structure of the polymethylene chain. *Spectrochim. Acta* **34A**, 395–406.
12. Snyder, R. G., Strauss, H. L., and Elliger, C. A. (1982) C–H stretching modes and the structure of *n*-alkyl chains. 1. Long, disordered chains. *J. Phys. Chem.* **86**, 5145–5150.
13. Snyder, R. G., Liang, G. L., Strauss, H. L., and Mendelsohn, R. (1996) IR spectroscopic study of the structure and phase behavior of long-chain diacylphosphatidylcholines in the gel state. *Biophys. J.* **71**, 3186–3198.
14. Zerbi, G., Magni, R., and Gussoni, M. (1981) Spectroscopic markers of the conformational mobility of chain ends in molecules containing *n*-alkane residues. *J. Mol. Struct.* **73**, 235–237.
15. Zerbi, G., Magni, R., Gussoni, M., Holland Moritz, K., Bigotto, A. B., and Dirlikov, S. (1981) Molecular mechanics for phase transition and melting of *n*-alkanes: a spectroscopic study of molecular mobility of solid *n*-nonadecane. *J. Chem. Phys.* **75**, 3175–3194.
16. Minoni, G. and Zerbi, G. (1982) End effects on longitudinal accordion modes (LAM): fatty acids and layered systems. *J. Phys. Chem.* **86**, 4791–4798.
17. Simanouti, T. and Mizushima, S. -I. (1949) The constant frequency Raman lines of *n*-paraffins. *J. Chem. Phys.* **17**, 1102–1106.
18. Shimanouchi, T. and Tasumi, M. (1971) *Ind. J. Pure Appl. Phys.* **9**, 958–961.
19. Zhang, G., Moore, D. J., Mendelsohn, R., and Flach, C. R. (2006) Vibrational microspectroscopy and imaging of molecular composition and structure during human corneocyte maturation. *J. Invest. Dermatol.* **126**, 1088–1094.
20. Scott, I. R. and Harding, C. R. (1986) Filaggrin breakdown to water binding compounds during development of the rat stratum corneum is controlled by the water activity of the environment. *Dev. Biol.* **115**, 84–92.
21. Rawlings, A. V. (2003) Trends in stratum corneum research and the management of dry skin conditions. *Int. J. Cosmet. Sci.* **25**, 63–95.
22. Rawlings, A. V. and Harding, C. R. (2004) Moisturization and skin barrier function. *Dermatol. Ther.* **17**, 43–48.
23. Rawlings, A. V., Scott, I. R., Harding, C. R., and Bowser, P. A. (1994) Stratum corneum moisturization at the molecular level. *J. Invest. Dermatol.* **103**, 731–740.
24. Harding, C. R., Watkinson, A., Rawlings, A. V., and Scott, I. R. (2000) Dry skin, moisturization and corneodesmolysis. *Int. J. Cosmet. Sci.* **22**, 21–52.
25. Sandilands, A., Smith, F. J., Irvine, A. D., and McLean, W. H. (2007) Filaggrin's fuller figure: a glimpse into the genetic architecture of atopic dermatitis. *J. Invest. Dermatol.* **127**, 1282–1284.
26. Smith, F. J. D., Irvine, A. D., Terron-Kwiatkowski, A., Sandilands, A., Campbell, L. E., Zhao, Y., Liao, H., Evans, A. T., Goudie, D. R., Lewis-Jones, S., Arseculeratne, G., Munro, C. S., Sergeant, A., O'Regan, G., Bale, S. J., Compton, J. G., DiGiovanna, J. J., Presland, R. B., Fleckman, P., and McLean, W. H. I. (2006) Loss of function mutations in the gene encoding filaggrin cause ichthyosis vulgaris. *Nat. Genet.* **38**, 337–342.

27. Brown, S. J., Relton, C. L., Liao, H., Zhao, Y., Sandilands, A., Wilson, I. J., Burn, J., Reynolds, N. J., and McLean, W. H. I. (2008) Filaggrin null mutations and childhood atopic eczema: a population-based case-control study. *J. Allergy Clin. Immunol.* **121**, 940–946.
28. Irvine, A. D. and McLean, W. H. I. (2006) Breaking the (un) sound barrier: filaggrin is a major gene for atopic dermatitis. *J. Invest. Dermatol.* **126**, 1200–1202.
29. Mendelsohn, R., Chen, H. -C., Rerek, M. E., and Moore, D. J. (2003) Infrared microspectroscopic imaging maps the spatial distribution of exogenous molecules in skin. *J. Biomed. Optics* **8**, 185–190.
30. Kezic, S., Kemperman, P. M. J. J., Koster, E. S., de Jongh, C. M., Thio, H. B., Campbell, L. E., Irvine, A. D., McLean, W. H. I., Puppels, G. J., and Caspers, P. J. (2008) Loss-of-function mutations in the filaggrin gene lead to reduced level of nature moisturizing factor in the stratum corneum. *J. Invest. Dermatol.* **128**, 2117–2119.
31. Frushour, B. G. and Koenig, J. L. (1975) Raman spectroscopy of proteins. In: Clark, R. J. and Hester, R. E. (Eds.), *Advances in Infrared and Raman Spectroscopy*, Vol. 1, Heyden and Son, London, pp. 35–97.
32. Church, J. S., Corino, G. L., Woodhead, A. L. (1997) Analysis of merino wool cuticle and cortical cells. *Biopolymers* **42**, 7–17.
33. Stassburger, J., Breuer, M. M. (1985) Quantitative Fourier transform infrared spectroscopy of oxidized hair. *J. Soc. Cosmet. Chem.* **36**, 61–74.
34. Kuzuhara, A. (2005) Analysis of structural change in keratin fibers resulting from chemical treatments using Raman spectroscopy. *Biopolymers* **77**, 335–344.
35. Kuzuhara, A. (2006) Analysis of structural changes in permanent waved human hair using Raman spectroscopy. *Biopolymers* **85**, 274–283.
36. Kuzuhara, A. (2006) Analysis of structural changes in bleached keratin fibers (black and white human hair) using Raman spectroscopy. *Biopolymers* **81**, 506–514.
37. Bantignies, J. -L., Fochs, G., Carr, G. L., Williams, G. P., Lutz, D., and Marull, S. (1998) Organic reagent interaction with hair spatially characterized by synchrotron IMS. *Int. J. Cosmet. Sci.* **20**, 381–394.
38. Chan, K. L. A., Kazarian, S. G., Mavraki, A., and Williams, D. R. (2005) Fourier transform infrared imaging of human hair with a high spatial resolution without the use of a synchrotron. *Appl. Spectrosc.* **59**, 149–155.
39. Singer, A. J., and Clark, R. A. F. (1999) Cutaneous wound healing. *N. Engl. J. Med.* **341**, 738–746.
40. Coulombe, P. A. (2003) Wound epithelialization: accelerating the pace of discovery. *J. Invest. Dermatol.* **121**, 219–230.
41. Li, J., Chen, J., and Kirsner, R. (2007) Pathology of acute wound healing. *Clin. Dermatol.* **25**, 9–18.
42. Patel, G. K., Wilson, C. H., Harding, K. G., Finlay, A. Y., and Bowden, P. E. (2006) Numerous keratinocyte subtypes involved in wound re-epithelialization. *J. Invest. Dermatol.* **126**, 497–502.
43. Usui, M. L., Underwood, R. A., Mansbridge, J. N., Muffley, L. A., Carter, W. G., and Olerud, J. E. (2005) Morphological evidence for the role of suprabasal keratinocytes in wound reepithelialization. *Wound Rep. Reg.* **13**, 468–479.
44. Freedberg, I. M., Tomic-Canic, M., Komine, M., and Blumenberg, M. (2001) Keratins and the keratinocyte activation cycle. *J. Invest. Dermatol.* **116**, 633–640.

8 体内近红外光谱成像：生物医学研究和临床应用

R. Anthony Shaw，Valery V. Kupriyanov，
Olga Jilkina 和 Michael G. Sowa　加拿大，
曼尼托巴，温尼伯，加拿大国家研究委员会
生物诊断研究所

8.1 引言

凭借组织在通过750～1000nm光波时表现出来的良好透明性，近红外光谱仪提供了探测体内某些组织特性的方法。这种可能性最早在1977年由Jöbsis[1]明确地提出，他用科学论文展示了在体内监测血红蛋白是否饱和的能力（并且还预测了监测细胞色素a、a3氧合态的前景）。这一开创性手稿催生了体内近红外光谱研究团体，这个团体如今仍在蓬勃发展，使更多富有冒险精神的人设计出了更加大胆的测量方法。例如，当基础技术发展得更为灵敏和廉价时，基于光纤的时空分辨颅内测量现在已基本成为常规。有兴趣的读者可参见参考文献［2］和［3］，其中参考文献［2］包括传记草图，参考文献［3］包括Jöbsis教授职业生涯的概述以及11个技术贡献，许多技术贡献来自活跃在这一研究领域的领军人物。

在体内近红外光谱测量中，通过血红蛋白的近红外吸收，提供了有关组织血液供应和氧合的信息；氧合血红蛋白的近红外光谱与脱氧的对应部分非常不同。在740～980nm范围内近红外的吸收源自电子的跃迁，它的吸光率很高，足以表现出包括水振动泛频模式实质特性在内的组织光谱的特征。有研究结果表明了这样一种可能性，即一种非常弱的细胞色素a、a3的吸收可用来监测体内组织的氧合还原状态[4,5]。然而在成像研究中尚未探讨这种可能性，因此将不在本章进一步讨论。

大多数体内光谱测量方法已经利用光纤作为载体来提供光给受试者，并把它传达回检测器。就其本质而言，这种方法只能产生非常有限的空间分辨率。改变互视间距会带来一定的灵活性；光到达检测器的深度，受光极间距离的影响：距离越远，渗透的有效深度越大。在颅内光谱中，这一因素已被用来区分大脑中的浅区（接近光源/检测器光极间距）的信号。可通过使用多个光极来实现二维甚至三维“成像”，这种方法已被开发用于颅内成像（和功能成像）[6,7]，获得高分辨率的二维成像需要一种新的方法。

本章重点介绍浅层（或以其他方式暴露）组织的宏观体内成像技术，成像目标有典型的尺寸范围，即 1cm×1cm～10cm×10cm。该技术将非常好的空间分辨率与光谱分辨率结合起来，虽然光谱分辨率不大，但足以恢复体内近红外光谱的本质特征。利用一个摄像机和一个波长选择器（通常是液晶可调谐滤波器）与二维 CCD 阵列进行组合，该成像系统可以提供完整的分光图像数据立方体，覆盖像素为 512×512（两个空间维度），且波长为 650～1050nm 中以 10nm 为间隔的 41 个波长（第三维为光谱信息）。这种全局成像技术同时为整个视域提供了光谱信息。

本章首先简要概述了体内光谱成像与数据采集方法的基本特征。从三维数据集中提取出有用的二维图像，这需要明智地采纳或开发适当的数据处理技术，在这里也会研究。然后，专注于两类特定应用的一些细节。首先讨论皮肤方面，涵盖修复手术后的皮肤病研究（皮肤水分）、烧伤和皮肤皮瓣。后一个应用不仅拥有固有的意义，也有历史意义。因为它是二维成像技术的第一个高度临床相关的应用。然后，回顾了一项工作，该工作表明了心脏成像作为一种研究工具很有潜力，并可在术中使用。最后，该章概述了未来的计划和可能性。

8.2 方法

8.2.1 仪表与测量技术

近红外成像技术的基本元件是一个用来照射目标的近红外发光灯（或灯），一个用来捕获图像的近红外照相机以及一个用来选择波长的可调谐滤波器。图 8.1 所示是一个典型的实验装置。

通常使用一对石英卤素灯来照射目标，然后，用对红外敏感的 CCD 阵列照相机来获得反射图像。研究中大多数使用的系统是 512×512 反光 CCD 元件与连接到 14/16 位 ST-138 运行在 14 位模式的模拟-数字转换器（普林斯顿仪器，新泽西州，特伦顿）中。该镜头是 f/8 操作系统的 Nikon Micro AF60。为了提高空间分辨率的无关信噪损失，通常进行 2×2 分级来生成具有 256×256 像素的最终图像。最终图像中的每个像素通常代表约 $1mm^2$ 的组织区域（当然，取决于相机与拍摄目标的距离）。

由于其吸收范围广泛，近红外光谱成像不需要高光谱分辨率。液晶可调谐滤波器是一个适用于该任务的理想波长选择装置。这些装置安装到相机镜头，并提供了约 5nm 的带宽选择波长的方法。在实践中，光谱图像通常得来 650～

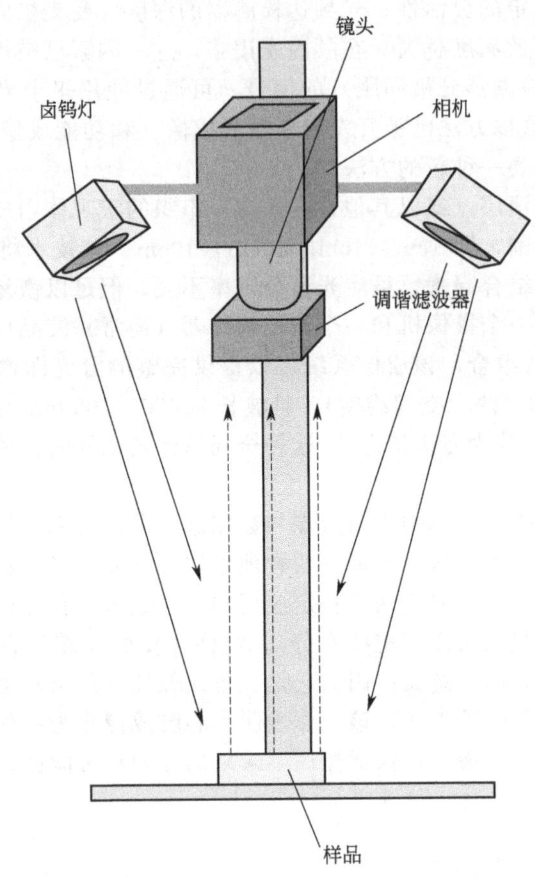

图 8.1　近红外成像宏观测量的实验装置（对于水平线视线，将灯放置在三脚架上，将摄像机/LCTF 安装在它们之间的三脚架上。通常，图像所在范围为 1cm×1cm～10cm×10cm）

1050nm 范围内每隔 10nm 取得的 41 个图像（通常添加重复图像以提高信噪比，一般是 5 个）。根据这项协议，获取完整的分光图像大约需要 5min。

为了获得伪吸收光谱，收集了暗反射器（例如灰卡）和目标样品的原始反射光谱成像数据，它们分别提供了 65526 单光束参考光谱 I_0 (l) 和等量的样品光谱 I (l)。使用反射模式测量方法得出伪吸收光谱，如下所示：

$$A(\lambda)=-\lg[I(\lambda)/I_0(\lambda)]$$

将在 8.2.2 节和 8.2.3 节讨论体内光谱测量的生理学信息以及对它们的处理。

8.2.2　体内成像

体内近红外成像的基础由图 8.2 所示，给出了脱氧血红蛋白、氧合血红蛋白和水的近红外光谱。体内测量的伪吸收光谱可被视为（和重建）这些成分光谱的

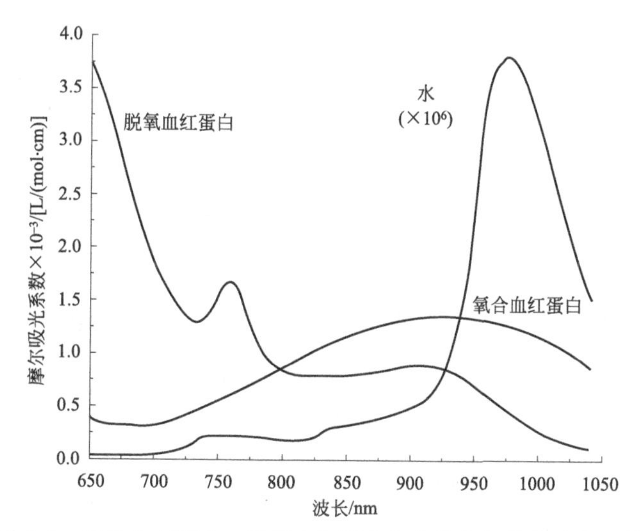

图 8.2 氧合血红蛋白、脱氧血红蛋白和水的摩尔吸光系数光谱

（改编自参考文献［59-61］的数据，水的光谱在垂直轴上已乘以 10^6）

加权叠加，附加项通常包括了表示和计算基线水平的可能变化：

$$\boldsymbol{A}=(C_{\text{deoxy}}L)\times\boldsymbol{\varepsilon}_{\text{deoxy}}+(C_{\text{oxy}}L)\times\boldsymbol{\varepsilon}_{\text{oxy}}+(C_{\text{water}}L)\times\boldsymbol{\varepsilon}_{\text{water}}+B_{\text{baseline}}\times[\mathbf{1}]$$

在这里，吸收光谱由列向量 $\boldsymbol{\varepsilon}_{\text{deoxy}}$、$\boldsymbol{\varepsilon}_{\text{oxy}}$ 和 $\boldsymbol{\varepsilon}_{\text{water}}$ 给出。B_{baseline} 表示基线偏移（与其相乘的是单位列向量［**1**］，用以提供一个伪光谱）。组织的结构组织成分仅在短波近红外（SW-NIR）区域（750～950nm）提供了非常弱的吸收，因此在重构光谱时可忽略它。

光谱成像技术的三维性质由图 8.3 所示，其强调了最重要的特征。256×256 阵列中的每个像素都与一个完整的近红外光谱相关联。不能直接计算得到 C_{deoxy}、C_{oxy} 和 C_{water} 的绝对浓度，因为光在组织内穿过的绝对路径长度 L 是未知的。然而，光谱可以提供：

① 定量测定组织氧饱和度参数，例如，氧对总血红蛋白的比率，$C_{\text{oxy}}/(C_{\text{oxy}}+C_{\text{deoxy}})$。

② 定性测定单个图像内单独像素的 C_{deoxy}、C_{oxy} 和血液体积（如用估计 $C_{\text{deoxy}}+C_{\text{oxy}}$）的差异，以及各像素相同参数随时间的变化。

于是，可通过简单的谱图重建技术获取生理学相关的信息（即通过确定每个光谱的拟合系数 $C_{\text{deoxy}}L$、$C_{\text{oxy}}L$、$C_{\text{water}}L$ 和 B_{baseline}），具体将在下面的章节中概述。

8.2.3 生物医学近红外光谱图像的处理

所有图像处理的标准工具均可运用到分光图像的处理中，读者可以参考几个优秀的教材和综述文章，其中会概述图像处理技术的发展现状[8,9]。然而，与分别处理每个图像帧的技术相比，光谱成像好在可以同时利用场景的光谱信息或是光谱和空间信息。

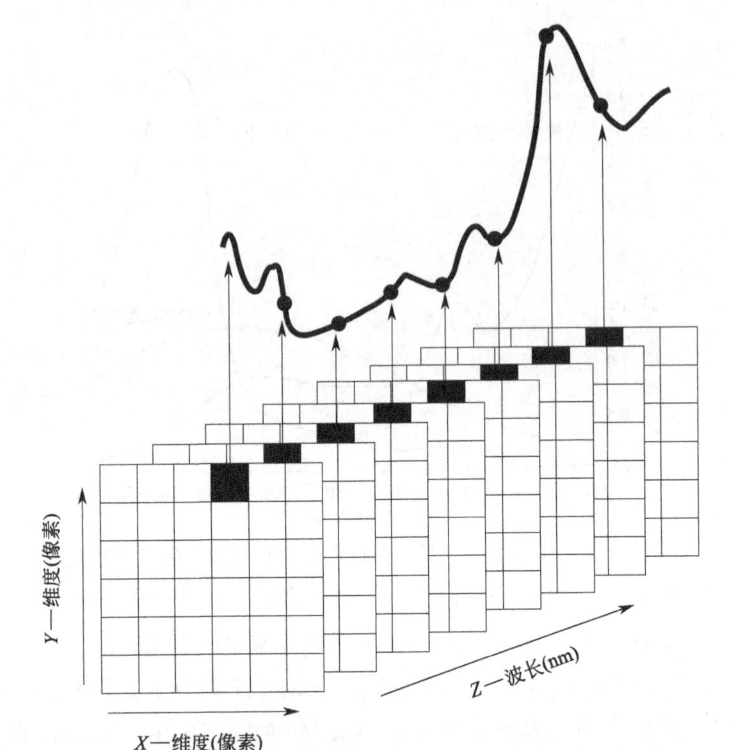

图 8.3 示意图说明了光谱成像实验的三维性质。对于体内研究，图像（512×512，分级成 256×256 像素）通常在 650～1050nm 的范围内每间隔 10nm 采集而得。可以处理所得光谱“数据立方体”来反映组合物的空间变化图像

人们已经采纳了广泛的技术，并用它们来解释光谱图像。这些方法包括降维方法（如主成分分析）[10]、独立成分分析[11,12] 和偏最小二乘法分析[13]。图 8.4 所示的主成分分析是这种一般方法的一个例子，它显示了从前臂获取的光谱成像数据集中的有用特征。也可以利用无监督和有监督分类方法[14]，前者通常可作各种聚类方法，而后者通常可作支持向量机，判别偏最小二乘和伪逆 k 近邻分类器。本书的其他部分介绍了以上及其他的数据处理技术。

由于体内测量的近红外光谱仅来自含典型近红外光谱的成分，因此迄今为止，构造生理学相关图像的最常见方法是使用一种光谱解混技术。

8.2.3.1 光谱解混

光谱解混将每个像素所记录的谱图看成是由许多成分组成的复合光谱。解混过程包括了确定图像中每个像素各个成分光谱的相对贡献。即使成分光谱是未知的，仍可利用独立成分分析[15] 和多元曲线分辨[16] 来进行这个过程。然而，在成分光谱可知的情况下，使用这些模型的效果会更好。

当样品及其光谱主要成分已知时，该成分光谱可用于解混复合光谱，从而估计各个成分的相对贡献。通常假定线性混合模型。对于 N 个已知成分，每个复合光谱被建模

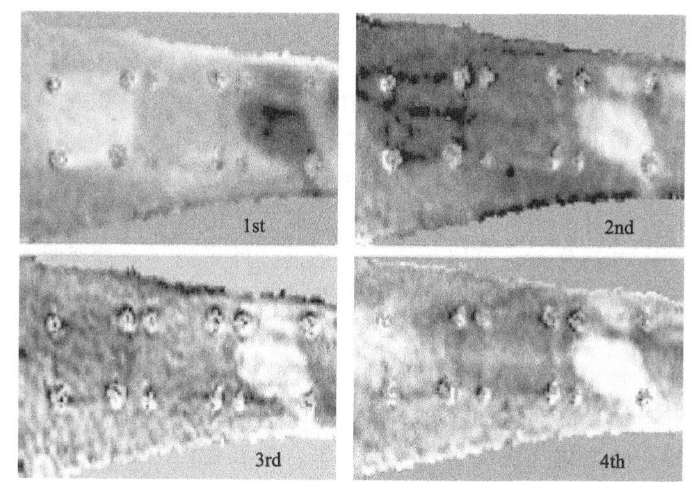

图 8.4 用保湿和丙酮处理 30min 后的前臂分光反射率图像的主成分分析。原始的光谱图像是由 960～1700nm 内每隔 10nm 采集而得的 75 个图像。前四个组分（分数图像）捕获了与保湿（同一图像中的暗区）和丙酮（光区中的第一主成分的图像中左上方）对皮肤的影响相关的变化。为了获得这些图像，分光图像（其被布置为包括 X-Y 像素和波长为三个维度的三维阵列）第一次分级为二维阵列，提供了 65536 个光谱。对二维阵列进行截断奇异值分解，根据方差确定级次的载荷和得分数。然后，得分阵列的第一矢量被重新构建为原始图像的尺寸，并作为得分图像来显示；第二、第三等得分矢量使用相似步骤处理，来生成剩余的得分图像

为 N 个成分光谱的线性组合（见 8.2.2 节）。因此，当得到数据并将之转换为伪吸收光谱后，构建了一个二维矩阵 $\boldsymbol{A}$。矩阵的每一列表示了单个像素的光谱。使用下面的等式来估算脱氧血红蛋白、氧合血红蛋白和水（以及偏移校正）的浓度，用 $\boldsymbol{C}$ 表示。

$$\boldsymbol{C}L=(\boldsymbol{\varepsilon}'\boldsymbol{\varepsilon})^{-1}\boldsymbol{\varepsilon}'\boldsymbol{A}$$

式中，$\boldsymbol{\varepsilon}$ 是一个矩阵，它的列组成了各个成分（脱氧血红蛋白、氧合血红蛋白、水和“偏移”谱，即单位列向量［1］）的摩尔吸收光谱。

对于完全确定的简单多成分体系，由于这种情况的近红外光谱是在体内测量的，所以上述方法提供了相对成分浓度的可靠估计。由于光路长度 L 一般是未知的（但假定在 $\boldsymbol{A}$ 的光谱范围中是一个常量），所有浓度都乘以这个固定路径长度。因此，通常情况下通过 $\boldsymbol{C}L$ 乘积的比率来构造图像（L 未知，从而被分解出来）。目前最常用的方法是使用氧合血红蛋白与总血红蛋白（和/或肌红蛋白）的比率构造“氧饱和度”图像。

8.3 应用

8.3.1 皮肤

血红蛋白和皮肤色素（如黑色素）吸收了大部分可见光和紫外线，与此相对应的是，紫外可见区域的光仅穿透了皮肤最表层。相反，皮肤对近红外光吸收的

相对少。因此可以利用近红外光谱来探测存在于皮肤浅层的表皮和真皮等组织。由于700～950nm的近红外光谱范围内，黑色素的吸收能力非常弱，因此血红蛋白仍是一个重要的发色团。皮肤色素沉着通常是视觉评估皮肤的一个主要因素，而其在用近红外光谱测量时解释皮肤的变化可以忽略不计。

血红蛋白对近红外的不同吸收特性取决于血红素是否携带氧（图8.2）。因此可利用近红外反射率测量方法来无创地获取皮肤的氧合血红蛋白和脱氧血红蛋白的相对浓度和空间分布。组织中的水也是近红外光的一个重要吸收源，它具有与血红蛋白不同的吸收特性（图8.2）。事实上，在组织的近红外光谱中，950～2500nm的组织吸收近红外光的最明显特征源自于水的吸收带（O—H键的伸缩与弯曲振动的联合）。为了说明，图8.5以图形的方式展示了与水相关的吸收特征与皮肤反射光谱中的对应物之间的对应关系。因此，可利用光谱成像来同时测量皮肤水分的空间变化与血红蛋白浓度和氧合血红蛋白的分布。

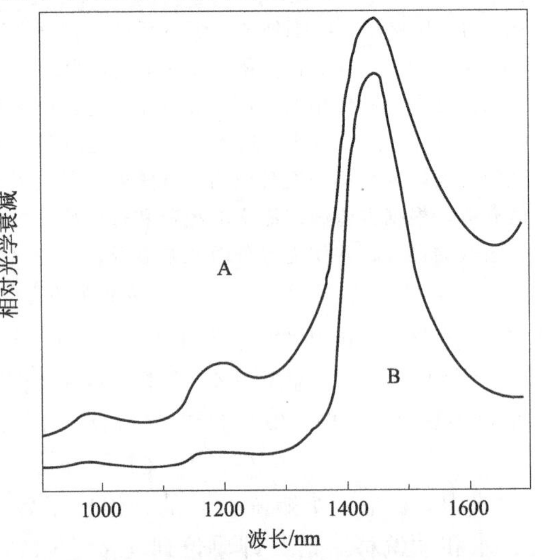

图8.5 皮肤的近红外反射光谱（A：顶部曲线）和水的透射光谱（B：底部曲线）（水OH的拉伸与弯曲振动的倍频和合频主导了纯净水和皮肤的光谱）

皮肤的可见外观长期以来被用于评估皮肤的状况和健康情况。视觉和影像检查广泛应用于皮肤病学、伤口处理和手术，并且仍然是许多皮肤临床评估中的黄金标准。然而，可靠的评估需要一个训练有素的评估者。于是，不同观察者做出的评估或相同观察者在不同时间做出的评估的一致性就成了一个问题。工具性方法的吸引力在于，它提供了一个非主观的手段来评估皮肤的特性。例如，近红外光谱成像提供的参数（组织血液供应、氧合和水合）难以通过常规照片或简单的目视检查来分辨，但它们对于了解皮肤健康至关重要。例如，当面对伤口时，外科医生需要决定如何才能最好地治疗伤口。成功的伤口护理需要充分地理解伤口愈合及伤口周围部位的解剖结构和伤口生理学。这些问题受各种因素的影响很大：个体的年龄、情感和营养状况、糖尿病史、吸烟史和伤口周围部分的机械应力。这些都会影响愈合过程，并为伤口处理的方法提供参考。

客观测量伤口及周围组织的生理特性可以帮助了解伤害的性质和程度。通过提供与皮肤健康和其修复能力相关的客观指数，使得近红外成像可以实现这个关键作用[17]。事实上，它与视觉/影像评估的标准密切相关，这意味着该技术可轻易地应用于与皮肤病、伤口护理和与手术伤口闭合相关联的目前的临床实践。

8.3.1.1 伤口处理：烧伤评估实例

烧伤专家往往面临着如何最好地治疗病人的艰难选择。虽然许多烧伤会自发地愈合，但其他的情况可能需要手术治疗。因此，有必要依靠表征技术发现烧伤预兆以便更好地指引早期决策，即是执行外科手术还是等待伤口愈合。

通常情况下，烧伤专家先基于伤口表面外观来进行视觉诊断。如果伤口很深或很浅且伤后不久，视觉诊断是比较准确的。然而，中等深度的烧伤难以得出预定义的类别，甚至经验丰富的医生也难以准确评估伤口的愈合能力。由于伤口会演变并且可能随着时间恶化，这增加了评估烧伤的复杂性和不确定性。因此，在诊断决定做出之前，可能需要观察患者几天到几周。因为对伤口愈合的准确评估且改进的伤口护理将产生更少的发病率，且缩短患者的住院时间。

近红外成像提供了一种方法，该方法在烧伤后的早期利用非侵入式手段来跟踪伤口的相关生理变化。伤口愈合需要供应充足的含氧血液。因此，近红外反射率测量得到的组织氧合和总血红蛋白图像与伤口愈合能力直接相关[18,19]。下面的例子来自森尼布鲁克医院（安大略省，多伦多市）烧伤科案例中的临床测量，它显示出了成像技术的独特优势。

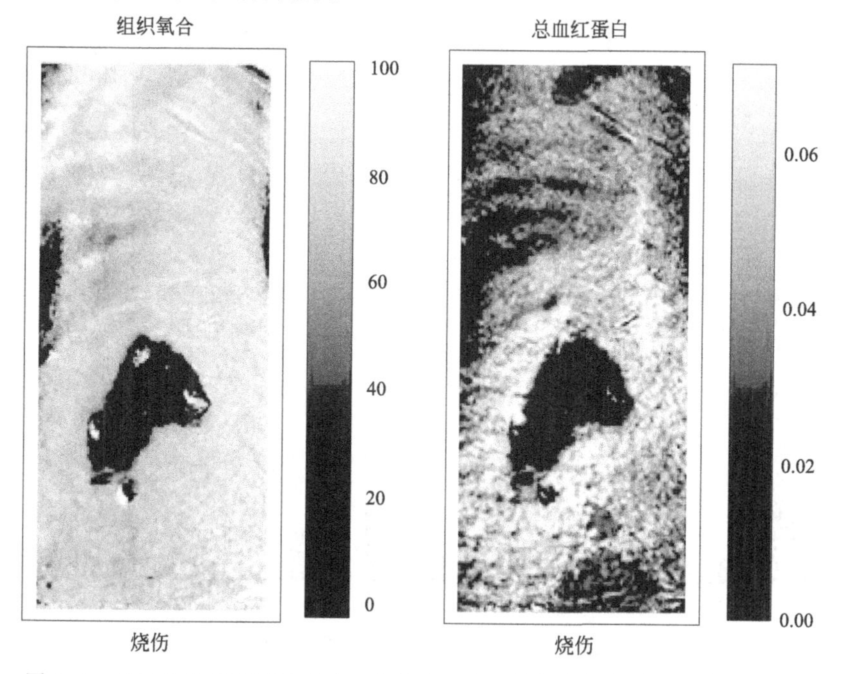

图 8.6　近红外光谱图像强调了组织氧合（左：氧合单位为%）和总血红蛋白[右：单位为 mmol/（L・cm）]的空间变化，这些是电烧伤手臂上的症状。通过血液供应差、组织氧合差来区分烧伤面积。成像区域大约 8cm×4cm。数据采集时间约为 5min。图像采集方法请参阅 8.2.1 节，恢复血红蛋白/肌红蛋白水平的光谱重建技术请参阅 8.2.2 节和 8.2.3.1 节。经许可改编自参考文献［19］

图 8.6 给出了一个病人手臂电烧伤部位的氧合图像（左）和总血红蛋白图像（右）[19]。该图像展示了对应于电流电击点厌氧区之外的相对均匀的组织氧合。总的血红蛋白图像进一步表明了伤口电击点没有血红蛋白。这证明了血液未流经该区域，如果不干预的话就会坏死，因此应对伤口进行手术治疗。在总的血红蛋白图像中可以看到伤口电击点的周围有一个亮环，这表明有组织过度灌注。氧合图像还指出，该组织过度灌注区域是高度氧合的，这表明该组织有从电击伤害中愈合的能力。同时表明诸如此类的图像可以划定需要进行手术的伤口区域。

近红外反射成像是一种快速的非侵入式和非接触式方法，因此它已成为对伤口进行监测的常规技术。出于这个目的，图 8.7 记录了患者烧伤肩膀局部组织氧合和总血红蛋白在烧伤后 3d、5d 和 8d 的变化[20]。氧合图像显示了肩膀在第 8d 均匀氧合，而总血红蛋白图像表明伤口有组织过度灌注。这种过度灌注在第 5d 最显而易见，在受伤 8d 后减弱。这些是同一个正在愈合的伤口图像，这个伤口确实在自动愈合。

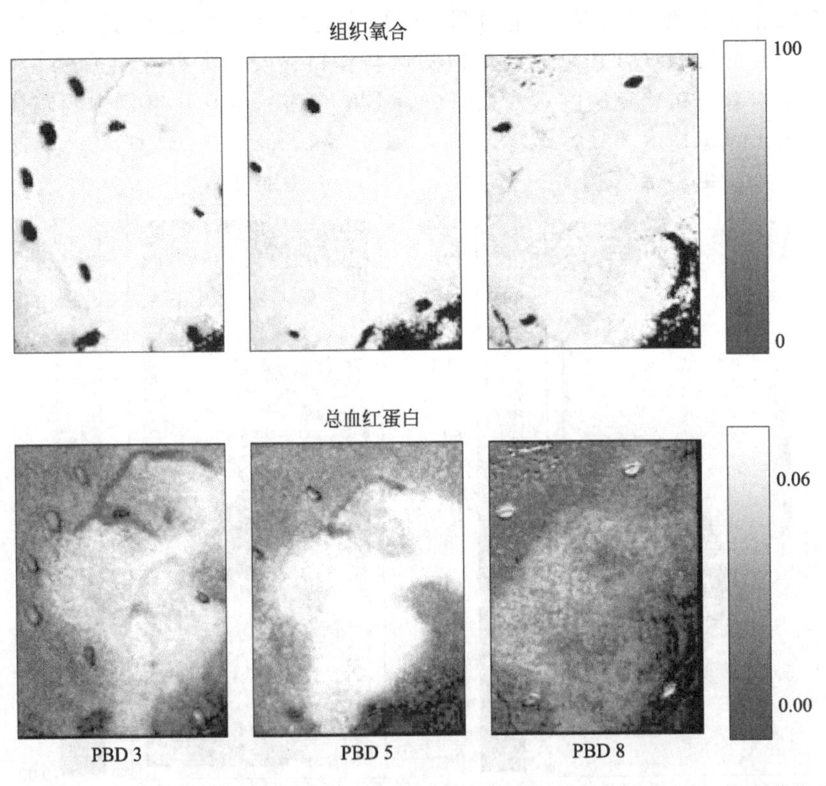

图 8.7 通过不确定厚度的患者肩部烧伤愈合过程，强调了组织氧合（上：氧合单位为%）和总血红蛋白的近红外光谱图像［下：单位为 mmol/（L・cm）］中趋势的近红外光谱图像。图像是在伤后第 3、5 和 8d 后采集的。因为烧伤部位和周围未受伤组织一样被氧合了，总血红蛋白图像显示了受伤部位的过度免疫（血红蛋白水平升高）。数据采集时间为约 5min。成像区域大约为 2cm×3cm。图像采集方法请参阅 8.2.1 节，用于恢复血红蛋白/肌红蛋白水平的光谱重建技术请参阅 8.2.2 节和 8.2.3.1 节

这两个例子说明，近红外成像在受伤早期为临床医生评估伤口及改善伤口护理提供了客观可靠的方法。

8.3.1.2 手术伤口缝合：皮瓣评估实例

外科手术常常是有效治疗急性和慢性伤口的所需疗程。为复杂伤口提供伤口闭合和愈合往往依赖于复杂的皮瓣步骤。皮瓣技术广泛使用于重建手术中。不同于植皮需要重新招募的血液供应，重建中的皮瓣组织保留了其血管组织，从而提供血液供应。为使皮瓣过程成功，必须进行合理免疫，最常见的并发症是动脉供应被损害或皮瓣静脉被引流。长时间的血液不循环会导致皮瓣组织死亡，这就需要进行反复的手术。

为了避免皮瓣技术失败，需要在早期就发现是否有免疫不足的情况，并随后尝试重建皮瓣内充足的血液循环。已经证明，可将近红外光谱法和成像技术用于术中和术后，以确保皮瓣的含氧血液供应充足且能检查免疫（流入或流出）异常[21-26]。

图 8.8 显示了一系列近红外氧合图像，其中穿插了大鼠背部上的反向 McFarlane 带蒂皮瓣的照片。这是研究皮瓣存活率的标准模型，它设计了一个可预测的故障模式。因为血液仅经由一个皮瓣末端的单个动脉供给，另一远离血液供给的皮瓣端部会在 72h 内死亡。图 8.8 所示的图像处理问题是，在外科手术时获得的近红外图像是否可以揭示导致皮瓣技术失败的组织氧合问题。如果是这样，外科医生可使用实时反馈来决定是否有必要进行校正来保证成活率。

图 8.8 (b)、(d)、(f) 和 (g) 记录了皮瓣 72h 的状态。手术前［图 8.8 (b)］拍摄的照片显示了鼠背部的健康皮肤。手术 1h 后［图 8.8 (d)］的照片看起来与之基本上相同。手术 12h 后［图 8.8 (f)］的挡板上部相比于挡板下部变色（变暗的灰度照片）。72h 后的照片表明，该皮瓣的上半部已死亡。

氧合图像显示出了非常不同的时间过程。在手术之前［图 8.8 (a)］，鼠背部皮肤是均匀氧合的。然而，在皮瓣手术后［图 8.8 (c)］立即获取的氧合图像显示，皮瓣的上半部分，即远离血液供应的一端，被氧合的情况很差。拍摄于手术后 1h［图 8.8 (e)］的氧合图像与手术后立即采集的氧合图像基本一致。通过对比发现，手术后 1h［图 8.8 (d)］的照片上没有皮瓣远端的踪迹。氧合图像清楚地显示了事件发生后 12h 或更长时间肉眼看不到的东西。因此皮瓣组织灌注不足的早期诊断表示需要在之后恢复那里的血液循环，否则那里就需要进行另一个重复的手术。

8.3.1.3 皮肤病的应用：皮肤水化的例子

近红外成像在皮肤病领域具有许多应用，包括脉管组织成像[27,28]、发现炎症[29] 以及测量组织水合[30-34]。在这里，用一个例子来说明组织水合的应用。

皮肤既能保持体液不流失，又能阻挡环境污染物的侵入。表皮的最外层即角质层是防水且不透水的通道，对于其他成分却不然。这就使得表皮或皮肤的外层

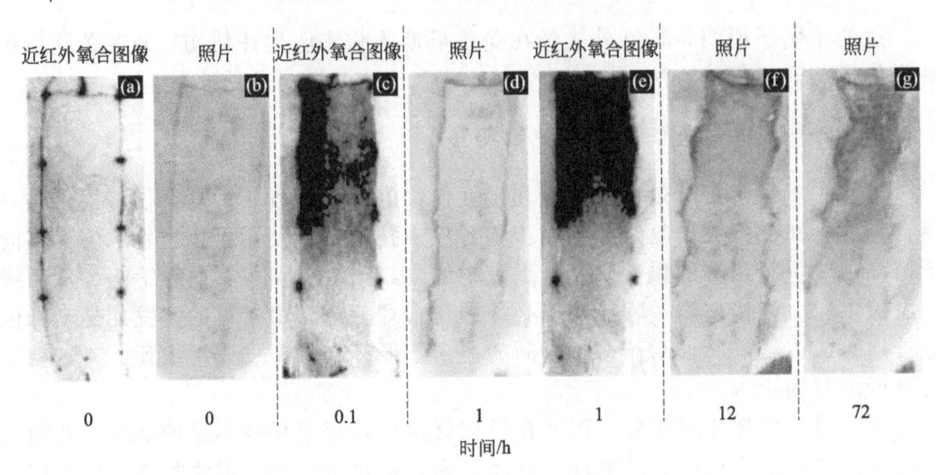

图 8.8 McFarlane反向带蒂皮瓣的近红外氧合图像和数码照片。(a) 和 (b) 比较了在提高皮瓣之前的氧合图像和照片。该组织被充分氧合，且可视化健康情况。紧随皮瓣手术 (c) 之后，距离血液供应最远的皮瓣组织氧合程度很差（暗区表示氧合差）。手术后 1h 的照片 (d) 显示出了健康皮瓣，相应的氧合图像清楚地表明皮瓣远端 (e) 情况不佳。只有在 12h 后，12h 的图像 (f) 才展示了明显的麻烦迹象，72h 后皮瓣上半部分死亡 (g)。成像区域大约 10cm×4cm。数据采集时间约为 5min。图像采集方法请参阅 8.2.1 节，用于恢复血红蛋白/肌红蛋白水平的光谱重建技术请参阅 8.2.2 节和 8.2.3.1 节。

水分含量会因皮肤的健康状况、环境因素和许多干预措施而变化。表皮和角质层水合水平可作为皮肤健康状况的指示，具体来讲就是皮肤屏障功能有效性。监测水化也可以帮助预测受损皮肤的治疗结果。

已经证明近红外光谱区水吸收波段强度可用于很好地测量皮肤水合，可通过简单地估算水吸收波段的净峰面积来定量测量皮肤水合。图 8.9 示出了两个波段积分，分别是 970nm 附近的短波近红外区域 OH 的二级倍频伸缩振动以及 1450nm 附近的长波近红外（LW-NIR）区域更强的 OH 一级倍频伸缩振动。

为了说明该技术，图 8.10 展示了前臂的水合图像，其中对一个区域使用了保湿霜，对第二区域进行了丙酮处理。计算了近红外分光图像中每个像素在长波近红外波段（1300～1650nm）的积分面积，并减去一个线性基线。使用所得的值来作图，该水合图像清楚地表现了皮肤在不同处理方法下水合水平的变化。

正如本例所示，近红外光谱成像提供了可利用它来确定水在皮肤中的空间分布，并在处理方法或环境影响下跟踪水随时间的响应而变化众多方法中的一种。还可使用该技术来检查皮肤的屏障功能，并评估在化学处理或其他处理情况下该功能的扰动。因此，该技术提供了用于皮肤病学应用的有潜在价值的工具，对其中所述角质层屏障功能的完整性有极为重要的意义。

8.3.2 心脏成像

心脏组织通过循环系统提供输送血液的功能，它本身也需要稳定和可靠的血液流

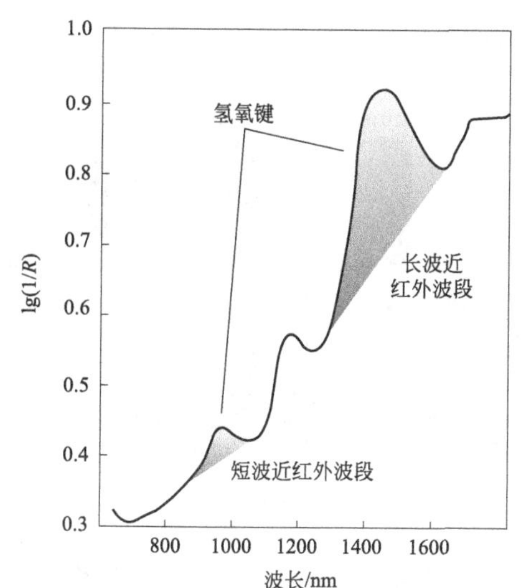

图 8.9 皮肤伪吸光度红外光谱，它突出了用于水合成像的短波（SW-NIR）和长波（LW-NIR）水波段

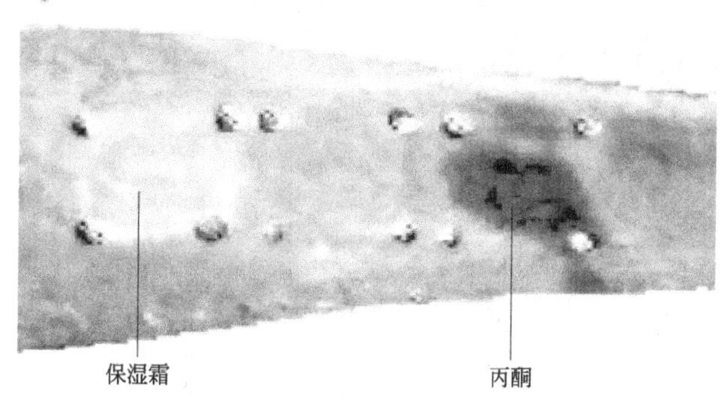

图 8.10 近红外图像突出了皮肤水分的空间变化［每个像素表示了 LW-NIR 吸水率的面积（图 8.9），它们集中在波长范围 1300～1650nm 内。越亮的像素表示组织含水量越高。丙酮对皮肤上表层的脱水效果是明显的，而处理区域中由保湿剂提供的屏障保持了皮肤的水分］

动。如果供血的心脏动脉被遮挡，最好的情况是局部心脏组织损伤，最坏的情况就是死亡。这些高风险促进了广泛的研究活动，这些研究活动从基本原理到应用，来表征在正常灌注和模仿“心脏病”条件下的心脏组织热力学。因此心脏近红外光谱成像已经成为一种手段，用来评估组织氧合和血液供应的区域差异，并跟踪它随时间的变化。

8.3.2.1 停跳心脏成像

为评估近红外光谱成像技术的潜力，首先用它来表征停跳的猪心脏的心脏组织[35]。用血液和 Kerbs-Henseleit 缓冲液（KHB，血液的替代品）的 50∶50 混合物通过灌注回路来维持离体心脏的生命特性，离体心脏要在规定的时间内停

跳。让心脏悬浮在合适的位置以得到包括左心室前壁的前侧图像。

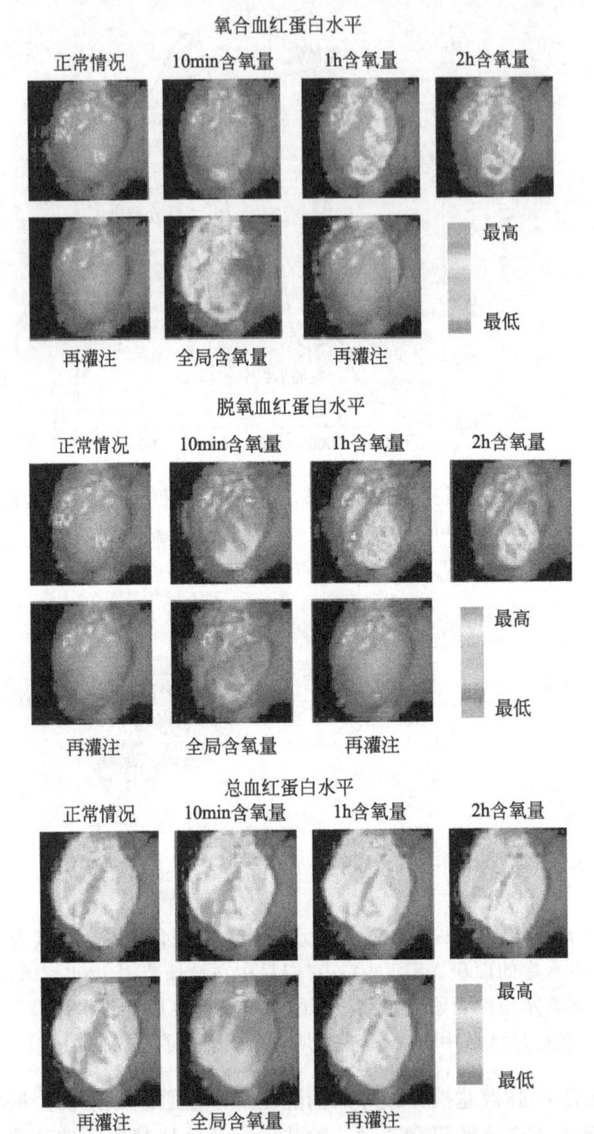

图 8.11　停跳心脏用血：KHB 溶液（50：50）进行局部和全局缺血灌注，近红外图像突出了心脏氧合血红蛋白、脱氧血红蛋白和总血红蛋白的区域差异［注意到，当区域氧化和脱氧水平受局部血流中断的影响时，它们的变化量一模一样，但是一个增加一个减少；总的血液供应不受局部缺血的影响，总血红蛋白图像的均匀分布证明了这一点。成像面积约为 12cm×12cm（心脏在约 10cm 的高度处）。数据采集时间约为 5min。图像采集方法请参阅 8.2.1 节，用于恢复血红蛋白/肌红蛋白水平的光谱重建技术请参见 8.2.2 节和 8.2.3.1 节。经许可改编自参考文献［35］（彩图位于封三前）］

当心脏悬浮平衡时，就得到了该停跳心脏的图像。为了产生血液（输送血液才能含氧）输送的区域变化，将 LAD 动脉闭塞 2h，并在 10min、1h、2h 这三个时间点获取图像（这个闭塞切断了左心室壁的正常血液供给，使其局部缺血）。然后恢复血流 20min，随后全局缺血 10min，全局缺血阶段没有血液流到任何心脏血管，最后一个阶段是再灌注阶段。

图 8.11 的三组图像展示了近红外成像技术在强调脱氧血红蛋白（deoxy-Hb）、氧合血红蛋白（oxy-Hb）和血液体积的时空变化的灵敏度（由［deoxy-Hb］＋［oxy-Hb］估算）。这些图像反映了光谱重建时获得的拟合系数，图像分别突出了在局部失血时脱氧血红蛋白和氧合血红蛋白区域的增加和下降。在局部缺血时，血容量的稳定性同样引人注目。虽然区域脱氧/氧平衡在清楚显著地移动，局部缺血没有影响患处的总血液体积，脱氧血红蛋白体积的增加完美地补偿了氧合血红蛋白的下降。在另一方面，全局缺血的确使血量明显下降，这是因为在停止供应期间，血液被排出了心脏。

8.3.2.2 跳动心脏成像

已经证实了停跳心脏成像的一般可行性，下一步是尝试对跳动的心脏做相同的实验[36]。该实验基本上与停跳心脏的实验相同：切除猪心脏并用相同的 50∶50 的血液∶KHB 溶液的混合物灌注，用于成像的设置是相同的。唯一的本质不同就是，这次是使用跳动心脏成像。因此在心脏跳动周期采集图像，采集由心电图 QRS 复合波的峰值触发，它具有固定的延迟时间来确保所有的图像都是在心脏跳动周期的同一点获得的。选择心脏舒张的这一点来采集图像，因为此刻心脏腔室充满血液（这些特定实验使用的是分离的等容心脏，在该模型中，将一个气球充满气放置在左心室内以稍微缓和心脏运动）。使用这种方法来采集图像，可以在 41 个波长的每个波长处获得三个图像（平均每 80ms 获取三个图像），且确保在每个波长处获取的图像与其前后空间配准。

如图 8.12 的成像顺序所示，这种方法的成功在于突出了脱氧血红蛋白对氧合血红蛋白比例的区域差异和时间变化。并且它突出了由 LAD 动脉闭塞触发的区域性缺氧和停止所有血液供应后组织氧合水平的全局下降。下一步骤是在开胸模型[37] 中对猪心脏进行体内成像，这个模型模拟了心脏搭桥手术过程中可能遇到的挑战。该研究强调了在解释骨骼肌或心肌的体内光谱时经常提出的一个问题，即血红蛋白和肌红蛋白对测量得到的光谱的相对贡献。这个问题将在接下来的研究中具体阐述。

8.3.2.3 血红蛋白和肌红蛋白的相对贡献

肌红蛋白是心脏和骨骼肌组织细胞内空间中的氧结合的亚铁血红素蛋白。氧与肌红蛋白的结合强于它与血红蛋白的结合，所以即使血液氧化血红蛋白水平较低，肌红蛋白也能保持完全含氧。肌红蛋白和血红蛋白（和两个脱氧物质）的近红外光谱几乎没有区别，这与光谱和光谱成像关系最为密切。因此，近红外光谱

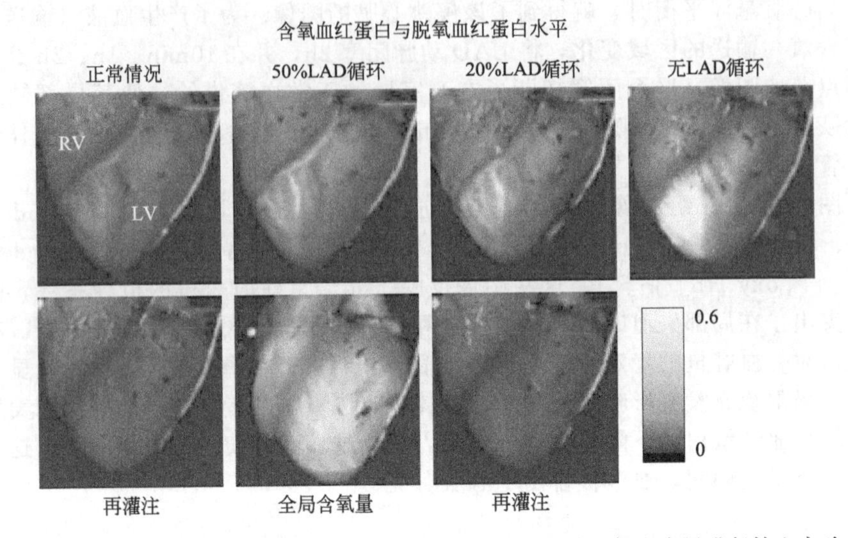

图 8.12 用 50∶50 的血液∶KHB 溶液对独立跳动心脏的局部和全局进行缺血实验，近红外图像突出了心脏氧合血红蛋白与脱氧血红蛋白比率的区域差异。图像采集被限制在心脏周期（见正文）。如刻度所示，较亮区域突出含有相对较差的组织氧合程度的区域/阶段。成像区域大约是 8cm×8cm。数据采集时间约为 5min。图像采集方法请参阅 8.2.1 节，用于恢复血红蛋白/肌红蛋白水平的光谱重建技术请参阅 8.2.2 节和 8.2.3.1 节。经许可重建自参考文献 [36]

LV—左心室；RV—右心室

测量的“组织氧合”反映了肌红蛋白和血红蛋白的氧化状态。

在心脏成像的情况下，需要确定肌红蛋白对测量血液灌注心脏的光谱贡献大小。为了解决这个问题，获取了 8 个心脏的近红外光谱图像，这些心脏最开始用无血 KHB 灌注液处理过[38]。在 KHB 灌注期间，只有肌红蛋白有助于亚铁血红蛋白质的吸收曲线。获取了光谱图像后，把灌注液换成常用的 50∶50 的血液∶KHB 混合物，并获取了第二个光谱图像。然后，无浅表血管的组织块定义了一个 ROI（有用区域），得到了所有用 KHB 灌注的心脏的 ROI 内平均光谱，与血液/KHB 灌注过程中所有心脏的平均光谱。然后将光谱（图 8.13）重新构建为三个组分光谱的最小二乘优化加权和，这三个组分分别是脱氧血红蛋白（Mb＋Hb）、氧合血红蛋白（Mb＋Hb）和水。使用每个亚铁血红素的吸收值（对于血红蛋白来说，每个亚铁血红素的吸收值是摩尔吸光系数的 1/4），KHB 灌注和血液/KHB 混合液灌注心脏的血红素基团浓度的加权路径长度分别是（0.39±0.05)mmol/（L・cm）和（0.62±0.07)mmol/（L・cm）。

由上可知，肌红蛋白对心肌谱和光谱成像的贡献非常大。使用稀释血液灌注时，由于结合了血红蛋白/肌红蛋白的近红外光谱特性，肌红蛋白贡献了超过一半（63%）的观察到的强度。使用全血灌注时，肌红蛋白对所观察到近红外特性强度的贡献仅稍少于 50%。这个肌红蛋白对近红外光谱（和分光图像）的巨大贡献可更好地表征肌红蛋白在心脏组织中的作用，而目前大家并没有很好地理解这一作用。

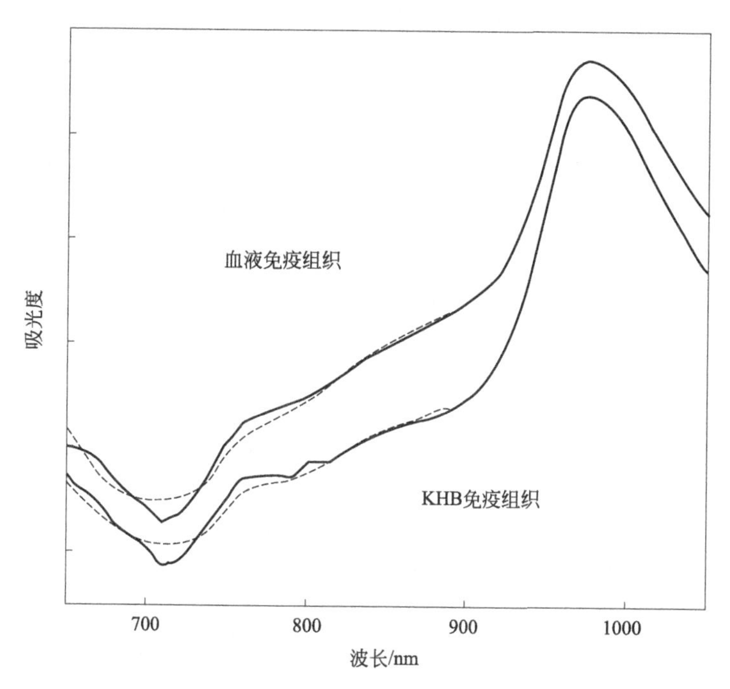

图 8.13 仅使用 KHB（KHB 免疫的组织）免疫的分离停跳心脏和随后使用 50：50 的血液：KHB 混合物（血液免疫的组织）免疫的相同 ROI/心脏，有用的约 0.5cm×0.5cm 区域的平均近红外光谱（实线）。注意到肌红蛋白特征对使用 KHB 免疫的组织频谱有持续贡献，且使用血液/KHB 混合物免疫的组织中氧合血红蛋白强度特征在增加。虚线表示使用最佳最小二乘法重构的光谱，同时调整以达到最佳重构 650～900nm 区域内观测到的光谱。该比较表明，对于使用全血免疫的心脏，肌红蛋白特征占观察到的氧合血红蛋白和脱氧血红蛋白吸收强度的约 50%（图像采集方法请参阅 8.2.1 节，用于恢复血红蛋白/肌红蛋白水平的光谱重建技术请参阅 8.2.2 节和 8.2.3.1 节。经许可可转载自参考文献［38］）

8.3.2.4 衍生氧合参数的定量解释

上一节清楚地说明了近红外成像可作为组织氧合和血液供应的时空变化的定性指标。然而，定量氧合参数得到了一个令人惊讶的观察结果：组织“氧化”程度从未达到零，因为氧合血红蛋白对光谱有显著贡献。当局部血液供应减少到零时受影响的局部区域与灌注液氧化降低到零（急性缺氧）时的整个心脏，都会出现这种情况。

在上述亮点中，设计了实验，以便更好地了解有血液供给的心脏组织的氧合程度与该组织的近红外光谱/图像得到的氧合参数之间的关系[39]。为此，用1：1 的血液：KHB 混合物灌注心脏（$N=3$），动脉灌注液样品的氧合测量值范围为

30%~100%。通过此范围内的血氧水平获得光谱图像，两个ROI是由严格审查而确定的。一个ROI被限制在LAD动脉（沿着心脏表面），这个区域内的光谱应表明Mb对动脉血红蛋白氧合程度无贡献。另一个ROI很好地环绕了远离主动脉的大部分组织，预期这个区域内的光谱应大致反映Hb及Mb的组织氧合程度。

LAD动脉中ROI光谱的氧合值与实测的动脉血液氧饱和度（$R^2=0.937$，斜率=0.72）密切相关。对于组织的ROI来说，它的光谱贡献来源包括肌红蛋白、动脉血和静脉血，来自于近红外光谱的氧合参数与平均心脏动脉/静脉血氧饱和度非常相关（$R^2=0.926$）。然而值为0.40的斜率比动脉血/近红外饱和的关系更浅（图8.14）。这归因于存在组织的肌红蛋白，它导致了“组织氧合”参数高于本该在没有肌红蛋白时所预期的值。

8.3.2.5 应用：心脏对应激剂的响应

上述技术开发出来后，最近的研究探索了由冠状血管扩张剂潘生丁[40]和β肾上腺素应激剂多巴酚丁胺[41]在体内产生的心肌冠状动脉血流的调制。这些化合物是有用的，因为它们都在超声心动图、核磁和MRI的压力测试中用作应激剂，以产生血流分布不均和心肌缺血[42-45]。

虽然潘生丁导致了正常区域的冠状血管扩张（对于O_2需求没有影响[42]），它不会进一步扩张缺血组织内已被扩张的血管。这导致了倾向于正常组织的血流再分配，即“冠状窃流”现象[46-50]。近红外成像为体内心脏局部缺血模型提供了惊人的可视化效果[40]。潘生丁进一步降低了适度缺血区域内已降低的氧合程度，这主要是由于在LAD血流中氧合程度显著下降了，而同时非缺血区的氧合增加，这最可能是因为冠脉血流的增加。这些反向变化有助于增加近红外氧合图像（图8.15）中正常与适度缺血区域之间的对比度。

多巴酚丁胺的作用是提高心脏速率和血压以及扩张冠状动脉血管[42,43]，从而增加氧供应和需求。为了探讨这些影响之间的平衡，实施了一个操作对使用多巴酚丁胺后的局部缺血心脏来成像[41]。近红外成像显示，随着血流增大，供氧超过了外膜的氧气需求，该效果在局部缺血区域最为明显。组织氧合在缺血区域内的显著加强，在正常灌注区域（图8.16）内仅小幅上涨。因此，使用多巴酚丁胺使严重和中度缺血区域的外膜血流和氧合都增加了，从而降低了正常灌注区域在近红外氧合图像中的对比度。

多巴酚丁胺和潘生丁对流量和氧分布截然相反的影响反过来分别增强了正常区域和缺血区域之间对比度的下降和增强。这些研究清楚地表明，任何改变氧气供需平衡的干预都有可能通过近红外成像来改善或恶化缺血区域的划定。

8.3.2.6 应用：心肌病鼠类的心脏成像

众所周知，糖尿病患者有机体微循环障碍的问题，但大家不了解的是，他们的心脏也有类似的问题。因糖尿病引起的代谢缺陷使得供应到心肌的氧气不足，

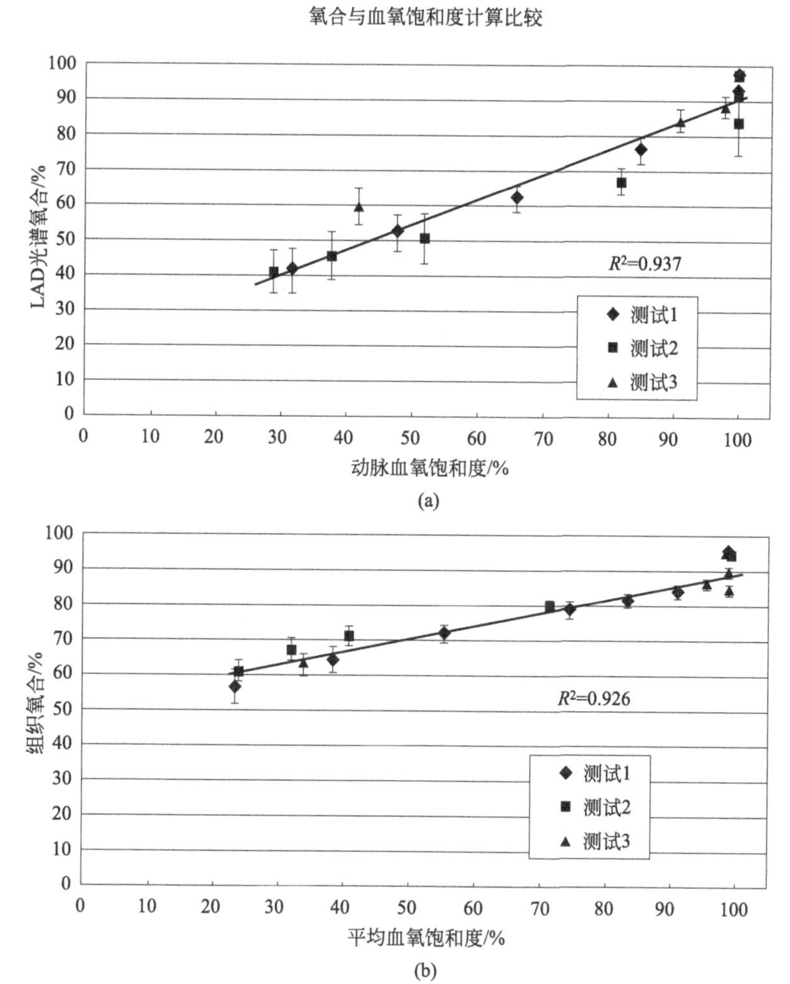

图 8.14　通过近红外光谱图像的分析来确定心肌血液氧合和血液/组织氧合之间的关系（从动脉和静脉的血液样品测定）（“LAD 光谱氧合”是心脏动脉内 ROI 氧合血红蛋白对总血红蛋白的比率。“组织氧合”是由光谱测定的远离任何浅动脉的 ROI 相同的比率。经许可转载自参考文献［39］）

这导致了心脏与机体能量供需之间的显著不匹配，并助长糖尿病性心肌病的恶化。

与大型动物相比，啮齿类实验动物有更合适的遗传背景，从而能更大和更好地标准化研究项目，最终可能有助于开发人类疾病的新疗法。动态高分辨率光学成像手段是一个用来监视啮齿动物心脏中缺氧程度的非常有吸引力的研究手段。因为小鼠的心脏非常小，所以近红外辐射不仅探测了心外膜/心外膜组织，还探测了透壁层。因此，近红外成像提供了强有力的手段来表征心肌病鼠类模型的心肌组织。

Kir6.2$^{-/-}$小鼠具有一个先天 2 型糖尿病条件和心肌症[51,52]，其中心肌症是由肌

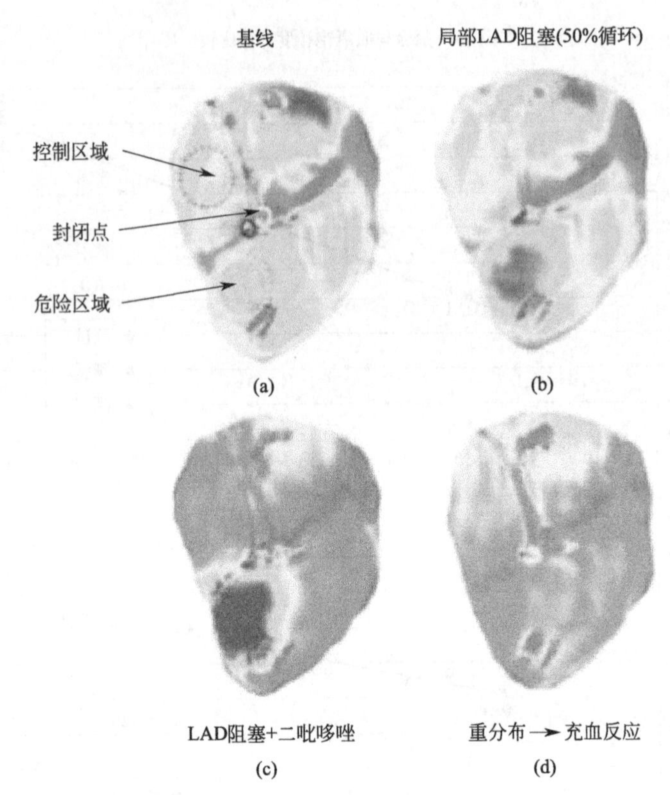

图 8.15 在局部区域缺血模型（a）中潘生丁注射对氧合作用的影响（暗区氧合差）。局部 LAD 阻塞产生缺血区域（b），具有同样阻塞的潘生丁注射增强了对比度（c），这是由于缺血区域到非缺血区域的血流重分布（d）[心脏的高度约为 10cm。数据采集时间约为 5min。图像采集方法请参阅 8.2.1 节，用于恢复血红蛋白/肌红蛋白水平的光谱重建技术请参阅 8.2.2 节和 8.2.3.1 节。经许可改编自参考文献 [40]（彩图位于封三前）]

膜 ATP 敏感性钾离子（K_{ATP}）通道的钾导电亚基 Kir6.2 中一个禁用突变造成的[53]。K_{ATP} 通道位于细胞膜的代谢传感器。在胰腺 B 细胞中，K_{ATP} 通道调节了胰岛素的分泌[54]。当 Kir6.$2^{-/-}$ 小鼠变老和肥胖时，它们缺乏刺激胰腺分泌胰岛素的葡萄糖，并发展为 2 型糖尿病[51]。在它们的心脏中，K_{ATP} 通道也失去作为代谢传感器的功能，因此，Kir6.$2^{-/-}$ 小鼠心脏将在高压条件下患慢性应激衰竭[52]。最近，心脏的 K_{ATP} 通道突变已被鉴定为病因不明的严重糖尿病性心肌病[55]。

Kir6.$2^{-/-}$ 小鼠心脏对压力的响应已经用线粒体解偶联剂输液 2,4-二硝基苯酚（DNP）进行过表征。先前用光点光谱和核磁共振方法证明了这些心脏中 ATP 含量有更大的下降，Kir6.$2^{-/-}$ 心脏局部缺氧程度比健康心脏更高[56]。然而由于其性质，研究未能计算出组织响应的空间变化。

为了检验假设，即代谢应激普遍产生于有 K_{ATP} 缺陷心脏的缺氧区域，使用

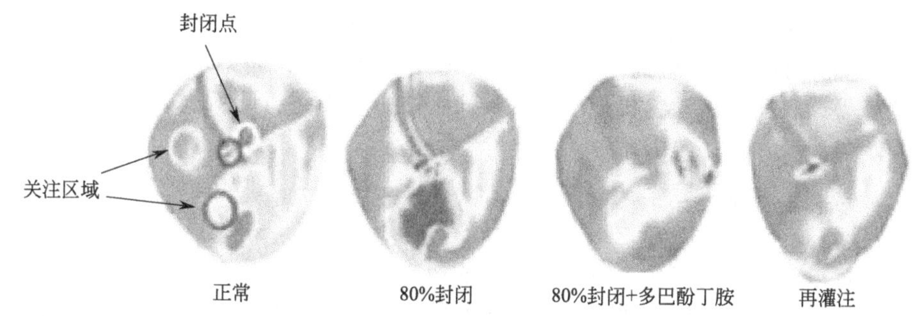

图 8.16 在局部区域缺血模型中多巴酚丁胺注射对氧合作用的影响。虽然 80%的 LAD 阻塞产生了一个清晰的缺血区域（暗区被氧合程度低），但多巴酚丁胺注射增加了该区域内外膜的血流量和氧，从而降低了正常免疫区域近红外氧合图像的对比度［心脏的高度约为 10cm。数据采集时间约为 5min。图像采集方法请参阅 8.2.1 节，用于恢复血红蛋白/肌红蛋白水平的光谱重建技术请参阅 8.2.2 节和 8.2.3.1 节。经许可改编自参考文献［40］（彩图位于封三前）］

KHB 灌注控制和 Kir6.2$^{-/-}$心脏在平衡状态及使用 DNP 期间获得近红外光谱图像（图 8.17）。DNP 输注（50mmol/L，24min）解偶了线粒体中的氧合磷酸化，并增加了耗氧量。因此，恒流条件下灌注的心脏在 DNP 输液过程中局部缺氧。用 DNP 处理 10min 和 20min 后的 Kir6.2$^{-/-}$心脏缺氧更普遍，这与之前获得的可见光范围内的光谱数据相一致[57]。

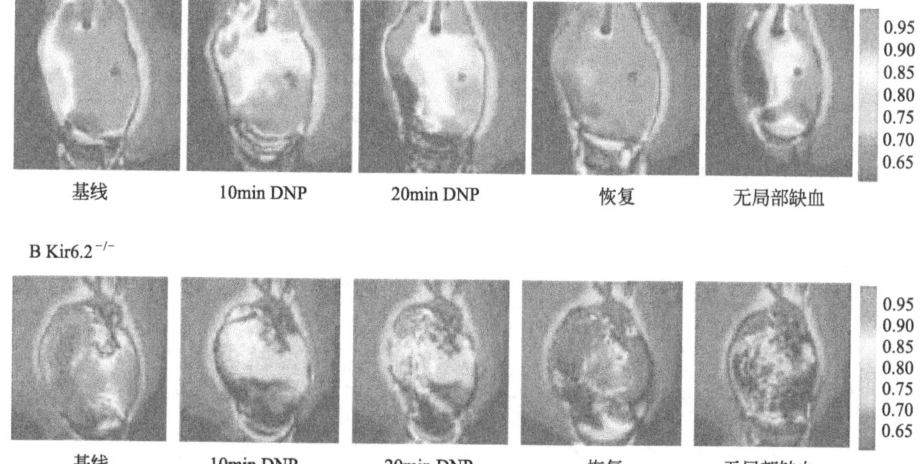

图 8.17 近红外图像突出了 KHB 免疫对照组与用 2,4-二硝基苯酚处理的 Kir6.2$^{-/-}$小鼠心脏的组织肌红蛋白氧合的变化（暗区氧合程度差）。Kir6.2$^{-/-}$小鼠表现出了前驱糖尿病 2 型条件和心肌病的模型；由于氧输送和消耗之间的不匹配，Kir6.2$^{-/-}$心脏变得比 DNP 处理期间的对照组更加缺氧［成像面积约为 1.5cm×1.5cm（心脏高度略小于 1cm）。数据采集时间约为 5min。图像采集方法请参阅 8.2.1 节，用于恢复血红蛋白/肌红蛋白水平的光谱重建技术请参阅 8.2.2 节和 8.2.3.1 节（彩图位于封三前）］

这项工作首次发表于文献［58］，它表明了可见近红外光谱成像能够提供KHB免灌注的小鼠心脏的高分辨率充氧图像。因此，该技术可用于检测灌注和代谢障碍，表征啮齿动物模型中心脏疾病的微血管损伤。

8.4 结论与展望

通过以上总结的工作，近红外光谱成像现在已确立为一种手段，可使用它来探测浅表组织以及可能在手术过程中暴露的内部器官的组织水化、血液供应和充氧程度。与可见光区域相比，相比于可见区域内的成像，限定特征包括渗透更深（高达数毫米）和测量皮肤色素沉着、瑕疵、疤痕等的不敏感，这些优点目前为开发各种各样的应用打开了大门。

研究正在从实验室转移到外科手术室。与心脏和重建外科医生的合作交互将解决关键问题，这同时得到了造福于病人的实用方法和性能标准。例如，最近生物诊断NRC研究所开发的设备已经实现了医院中探索测量的监管要求，如今这些设备正在医院病房和手术室中使用。医疗界和临床仪器供应商对该技术有越来越大的兴趣。这样看来，唯一的问题是在众多应用中，哪一个将会首先用于常规临床实践中。

参 考 文 献

1. Jöbsis, F. F. (1977).Noninvasive infrared monitoring of cerebral and myocardial oxygen sufficiency and circulatory parameters.*Science* **198**,1264–1267.
2. Delpy, D. T., Ferrari, M., Piantadosi, C. A., and Tamura, M. (2007). Pioneers in biomedical optics: special section honoring Professor Frans F. Jöbsis of Duke University.*J. Biomed. Opt.***12**,062101.
3. Piantadosi, C. A. (2007). Early development of near-infrared spectroscopy at Duke University.*J. Biomed. Opt.***12**,062102.
4. Tachtsidis, I., Tisdall, M., Leung, T. S., Cooper, C. E., Delpy, D. T., Smith, M., and Elwell, C. E. (2007). Investigation of *in? vivo* measurement of cerebral cytochrome-*c*-oxidase redox changes using near-infrared spectroscopy in patients with orthostatic hypotension.*Physiol. Meas.* **28**,199–211.
5. Tisdall, M. M., Tachtsidis, I., Leung, T. S., Elwell, C. E., and Smith, M.(2008). Changes in the attenuation of near infrared spectra by the healthy adult brain during hypoxaemia cannot be accounted for solely by changes in the concentrations of oxy- and deoxy-haemoglobin.*Adv. Exp. Med. Biol.* **614**,217–225.
6. Franceschini, M. A., Joseph, D. K., Huppert, T. J., Diamond, S. G. and Boas, D. A.(2006). Diffuse optical imaging of the whole head.*J. Biomed. Opt.***11**,054007.
7. Nakahachi, T., Ishii, R., Iwase, M., Canuet, L., Takahashi, H., Kurimoto, R., Ikezawa, K., Azechi, M., Sekiyama, R., Honaga, E., Uchiumi, C., Iwakiri, M., Motomura, N., and Takeda, M. (2008). Frontal activity during the digit symbol substitution test determined by multichannel near-infrared spectroscopy.*Neuropsychobiology* **57**,151–158.
8. Gonzalez, R. C. and Woods, R. E. (2007). *Digital Image Processing*, 3rd ed., Prentice Hall.
9. Jähne, B.(2005). *Digital Image Processing*, 6th ed., Springer.
10. Gemperline, P.(2006). *Practical Guide to Chemometrics*, 2nd ed., CRC Press.
11. Roberts, S. and Everson, R.(2001). *Independent Component Analysis: Principles and Practice*, Cambridge University Press.
12. Hyvarinen, A. and Oja, E.(2000). Independent component analysis: algorithms and applications.*Neural Networks* **13**, 411–430.
13. Wold, S., Trygg, J., Berglund, A., and Antti, H.(2001). Some recent developments in PLS modeling.*Chemom. Intell. Lab. Syst.* **58**,131–150.
14. Hastie, T., Tibshirani, R., and Friedman, J. H.(2001). *The Elements of Statistical Learning: Data Mining, Inference, and Prediction*, Springer.
15. Chang, C. -I. (2007). *Hyperspectral Data Exploitation*, Wiley.
16. Rutan, S. C., de Juan, A., and Tauler, R.(2009). Introduction to multivariate curve resolution. In: Brown, S. D., Tauler, R., and Walczak, B. (Eds.), *Comprehensive Chemometrics*, Elsevier, Oxford, pp. 249–259.
17. Khaodhiar, L., Dinh, T., Schomacker, K. T., Panasyuk, S. V., Freeman, J. E., Lew, R., Vo, T., Panasyuk, A. A., Lima, C., Giurini, J. M., Lyons, T. E., and Veves, A. (2007). The use of medical hyperspectral technology to evaluate microcirculatory changes in diabetic foot ulcers and to predict clinical outcomes. *Diabetes Care* **30**,903–910.
18. Sowa, M. G., Leonardi, L., Payette, J. R., Fish, J. S., and Mantsch, H. H.(2001). Near infrared spectroscopic assessment of hemodynamic changes in the early post-burn period.*Burns*

27,241–249.

19. Cross, K. M., Leonardi, L., Payette, J. R., Gomez, M., Levasseur,?M. A., Schattka, B. J., Sowa, M. G., and Fish, J. S. (2007). Clinical utilization of near-infrared spectroscopy ?devices for burn depth assessment.*Wound Repair Regen.* **15**,332–340.
20. Cross, K. M., Leonardi, L., Payette, J. R., Gomez, M., Levasseur, M. A., Schattka, B. J., Sowa, M. G., and Fish, J. S.(2009). Unpublished data.
21. Payette, J. R., Kohlenberg, E., Leonardi, L., Pabbies, A., Kerr, P., Liu, K. -Z., and Sowa, M. G. (2005). Assessment of skin flaps using optically based methods for measuring blood flow and oxygenation.*Plast. Reconstr. Surg.***115**, 539–546.
22. Attas, M., Hewko, M. D., Payette, J. R., Posthumus, T., Sowa, M. G., and Mantsch, H. H. (2001). Visualization of cutaneous hemoglobin oxygenation and skin hydration using near infrared spectroscopic imaging.*Skin Res. Technol.* **7**, 238–245.
23. Abdulrauf, B. M., Stranc, M. F., Sowa, M. G., Germscheid, S. L., and Mantsch, H. H.(2000). Novel approach in the evaluation of flap failure using near infrared spectroscopy and imaging.*Can. J. Plast. Surg.* **8**, 68–72.
24. Sowa, M. G., Payette, J. R., Hewko, M. D., and Mantsch, H. H. (1999). Visible-near infrared multispectral imaging of the rat dorsal skin flap.*J. Biomed. Opt.* **4**, 474–481.
25. Mansfield, J. R., Sowa, M. G., Payette, J. R., Abdulrauf, B., Stranc, M. F., and Mantsch, H. H.(1998). Tissue viability by multispectral near infrared imaging: a fuzzy C-means clustering analysis.*IEEE Trans. Med. Imaging* **17**, 1011–1018.
26. Stranc, M. F., Sowa, M. G., Abdulrauf, B., and Mantsch, H. H. (1998). Assessment of tissue viability using near-infrared spectroscopy.*Br. J. Plast. Surg.* **51**, 210–217.
27. Mansfield, J. R., Sowa, M. G., Scarth, G. B., Somorjai, R. L., and Mantsch, H. H.(1997). Fuzzy C-means clustering and principal component analysis of time series from near-infrared imaging of forearm ischemia.*Comput. Med. Imaging Graph.* **21**, 299–308.
28. Vogel, A., Chernomordik, V. V., Riley, J. D., Hassan, M., Amyot, F., Dasgeb, B., Demos, S. G., Pursley, R., Little, R. F., Yarchoan, R., Tao, Y., and Gandjbakhche, A. H. (2007). Using noninvasive multispectral imaging to quantitatively assess tissue vasculature.*J. Biomed. Opt.* **12**, 051604.
29. Stamatas, G. N. and Kollias, N. (2007). *In vivo* documentation of cutaneous inflammation using spectral imaging.*J. Biomed. Opt.* **12**, 051603.
30. Attas, E. M., Sowa, M. G., Posthumus, T. B., Schattka, B. J., Mantsch, H. H., and Zhang, S. L.(2002). Near-IR spectroscopic imaging for skin hydration: the long and the short of it.*Biopolymers* **67**, 96–106.
31. Attas, M., Posthumus, T., Schattka, B. J., Sowa, M. G., Mantsch, H. H., and Zhang, S. L.(2002). Long-wavelength near-infrared spectroscopic imaging for *in-vivo* skin hydration measurements.*Vib. Spectrosc.* **28**, 37–43.
32. Sowa, M. G., Payette, J. R., and Mantsch, H. H.(1999). Near-infrared spectroscopic assessment of tissue hydration following surgery.*J. Surg. Res.* **86**, 626–629.
33. Zhang, S. L., Meyers, C. L., Subramanyan, K., and Hancewicz, T. M.(2005). Near infrared imaging for measuring and visualizing skin hydration. A comparison with visual assessment and electrical methods.*J. Biomed. Opt.* **10**, 031107.
34. Stamatas, G. N., Southall, M., and Kollias, N.(2006). *In Vivo* monitoring of cutaneous edema using spectral imaging in the visible and near infrared.*J. Invest. Dermatol.* **126**, 1753–1760.
35. Nighswander-Rempel, S. P., Shaw, R. A., Mansfield, J. R., Hewko, M., Kupriyanov, V. V., and Mantsch, H. H.(2002). Regional variations in myocardial tissue oxygenation mapped by near-infrared spectroscopic imaging.*J. Mol. Cell. Cardiol.* **34**, 1195–1203.
36. Nighswander-Rempel, S. P., Shaw, R. A., Kupriyanov, V. V., Rendell, J., Xiang, B., and Mantsch, H. H.(2003). Mapping tissue oxygenation in the beating heart with near-infrared spectroscopic imaging.*Vib. Spectrosc.* **32**, 85–94.
37. Kupriyanov, V. V., Nighswander-Rempel, S., and Xiang, B. (2004). Mapping regional oxygenation and flow in pig hearts *in vivo* using near-infrared spectroscopic imaging.*J. Mol. Cell. Cardiol.* **37**, 947–957.
38. Nighswander-Rempel, S. P., Kupriyanov, V. V., and Shaw, R. A. (2005). Relative contributions of hemoglobin and myoglobin to near-infrared spectroscopic images of cardiac tissue.*Appl. Spectrosc.* **59**, 190–193.
39. Nighswander-Rempel, S. P., Shaw, R. A., and Kupriyanov, V. V. (2006). Cardiac tissue oxygenation as a function of blood flow? and pO_2: a near-infrared spectroscopic imaging study.*J. Biomed. Opt.* **11**, 054004.
40. Kupriyanov, V. V., Manley, D. M., and Xiang, B.(2008). Detection of moderate regional ischemia in pig hearts *in vivo* by near-infrared and thermal imaging: effects of dipyridamole. *Int. J. Cardiovasc. Imaging* **24**, 113–123.
41. Manley, D. M., Xiang, B., and Kupriyanov, V. V. (2007). Visualization and grading of regional ischemia in pigs *in vivo* using near-infrared and thermal imaging.*Can. J. Physiol. Pharmacol.* **85**, 382–395.
42. Iskandrian, A. S., Verani, M., and Heo, J.(1994). Pharmacologic stress testing: mechanism of action, hemodynamic responses, and results in detection of coronary artery disease.*J. Nucl. Cardiol.* **1**, 94–111.
43. Leppo, J.(1996). Comparison of pharmacologic stress agents.*J. Nucl. Cardiol.* **3**, S22–S26.
44. Gould, L.(1978). Noninvasive assessment of coronary stenosis by myocardial perfusion imaging during pharmacologic coronary vasodilatation. I. Physiologic basis and experimental validation.*Am. J. Cardiol.* **41**, 267–278.
45. Robles, H. B., Lawson, M. A., and Johnson, L. L.(1994). Role of imaging in assessment of ischemic heart disease.*Curr. Opin. Cardiol.* **9**, 435–447.
46. Schaper, W., Lewi, P., Flameng, W., and Gijpen, L.(1973). Myocardial steal produced by coronary vasodilation in chronic coronary artery occlusion.*Basic Res. Cardiol.* **68**, 3–20.
47. Marshall, R. J. and Parrat, J. R.(1973). The effects of dipyridamole on blood flow and oxygen handling in the acutely ischaemic and normal myocardium.*Br. J. Pharmacol.* **49**, 391–399.
48. Cohen, M. V., Sonnenblick, E. H., and Kirk, E. S.(1976). Coronary steal: its role in detrimental effect of isoproterenol after acute?coronary occlusion in dogs.*Am. J. Cardiol.* **38**, 880–888.
49. Becker, L. C.(1978). Conditions for vasodilator-induced coronary steal in experimental myocardial ischemia.*Circulation* **57**, 1103–1110.
50. Beller, G., Holzgrefe, H. H., and Watson, D. D.(1985). Intrinsic washout rates of thallium-201 in normal and ischemic myocardium after dipyridamole-induced vasodilation.*Circulation* **71**, 378–386.
51. Seino, S., Iwanaga, T., Nagashima, K., and Miki, T.(2000). Diverse roles of K_{ATP} channels learned from Kir6.2 genetically engineered mice.*Diabetes* **49**, 311–318.
52. Kane, G. C., Behfar, A., Dyer, R. B., O'Cochlain, D. F., Liu, X. K., Hodgson, D. M., Reyes, S., Miki, T., Seino, S., and Terzic, A.(2006). KCNJ11 gene knockout of the Kir6.2 K_{ATP} channel causes maladaptive remodeling and heart failure in hypertension.*Hum. Mol. Genet.* **15**, 2285–2297.
53. Miki, T., Nagashima, K., Tashiro, F., Kotake, K., Yoshitomi, H., Tamamoto, A., Gonoi, T., Iwanaga, T., Miyazaki, J., and Seino, S.(1998). Defective insulin secretion and enhanced insulin action in K_{ATP} channel-deficient mice.*Proc. Natl. Acad. Sci.*

USA **95**, 10402–10406.
54. Aguilar-Bryan, L. and Bryan, J.(1999). Molecular biology of adenosine triphosphate-sensitive potassium channels.*Endocr. Rev.* **20**, 101–135.
55. Bienengraeber, M., Olson, T. M., Selivanov, V. A., Kathmann, E. C., O'Cochlain, F., Gao, F., Karger, A. B., Ballew, J. D., Hodgson, D. M., Zingman, L. V., Pang, Y. P., Alekseev, A. E., and Terzic, A.(2004). ABCC9 mutations identified in human dilated cardiomyopathy disrupt catalytic KATP channel gating. *Nat. Genet.* **36**, 382–387.
56. Jilkina, O., Kuzio, B., Rendell, J., Xiang, B., and Kupriyanov, V. V.(2006). K^+ transport and energetics in Kir6.$2^{-/-}$ mouse hearts assessed by ^{87}Rb and ^{31}P magnetic resonance and optical spectroscopy.*J. Mol. Cell. Cardiol.* **41**, 893–901.
57. Jilkina, O., Glogowski, M., Kuzio, M. B., Zhilkin, P. A., and Kupriyanov, V. V. (2007). Optical imaging of oxygen saturation in beating K_{ATP}-deficient mouse hearts.*J. Mol. Cell. Cardiol.* **42**, S61.
58. Jilkina, O., Glogowski, M., Kuzio, B., Zhilkin, P. A., Gussakovsky, E., and Kupriyanov, V. V. (2010). Defects in myoglobin oxygenation in KATP-deficient mouse hearts under normal and stress conditions characterized by near infrared spectroscopy and imaging. *Int. J. Cardiol.* [Epub ahead of print] doi:10.1016/j.ijcard.2010.02.009.
59. Prahl, S. Optical absorption of water compendium. Retrieved January 16, 2009 from http://omlc.ogi.edu/spectra/water/abs/index.html.
60. Prahl, S. Tabulated molar extinction coefficient for hemoglobin in water. Retrieved January 16, 2009, from http://omlc.ogi.edu/spectra/hemoglobin/summary.html.
61. Matcher, S. J., Elwell, C. E., Cooper, C. E., Cope, M., and Delpy, D. T.(1995). Performance comparison of several published tissue near-infrared spectroscopy algorithms.*Anal. Biochem.* **227**, 54–68.

第三篇

药学中的应用

9

拉曼化学成像的药学应用

Slobodan Šašić 和 Lin Zhang　美国，康涅狄格州，格罗顿，辉瑞制药有限公司分析化学研究所

在药品领域，拉曼化学成像主要应用于药片成分可视化。这可以理解，因为药片成像是比较容易的，并且从技术上来讲，在大多数情况下，商业仪器获得相当好的数据的能力非常令人满意。因此，在工业应用中（根据现有文献，其引导这一领域的发展），对特殊要求的内部构造工具没有特别需求。此外，还有一些拥有最先进仪器的制造商，这反映出可购得的硬件会不断进步。拉曼成像的应用在制药行业中显著增长，特别是在开发和制造部门。因为越来越多的证据表明，化学成像技术大大有助于深入理解最终产品和制造过程之间的关系，所以其预期前景比较好。

涉及生物化学物质的情况非常不同。对于这类样品，在前面的章节中，已经描述了许多杰出的拉曼化学成像应用。为了避免重复，本章只涉及活性药物成分（API）的应用。这样定义当然有待商榷，因为很难区别生物医学和制药领域（事实上，有一个判别准则吗?），但在本书中，它确实对化学成像工作具有代表性。有了这个“前提”，就不需要阐述太多内容了。虽然事实上成像药片容易，但成像任何生物材料（例如细胞）肯定都是相当复杂的。样品制备、采谱细节、样品稳定性、光谱质量、API 浓度和数据分析都非常复杂，绝不简单，它们将与经常使用的成熟技术（如荧光）竞争。

因此本章主要列举了工业感兴趣的材料的拉曼成像应用。有趣的是，这似乎是一个罕见的领域，在这个领域中，该行业似乎处于应用的前沿，并正在推动硬件的改进。在 Gowen 等人[1] 所著的优秀评论文章或 Šašić[2] 所著的另一篇类似主题的评论中可发现更多信息。

下面大多数参考文献列出了各种药片的拉曼成像。当然，他们中的大多数主要分析 API，但成像数据的性质就是这样的，可以得到所有赋形剂的信息（它们

的光谱痕迹可从复杂光谱补偿，这说明拉曼响应高于检测限）。API 的低浓度通常是可检测的，这似乎有些令人惊讶，因为拉曼效应固有的低效率（见第 1 章）。然而，有几个因素有助于相对容易地检测到 API：①在大多数情况下，API 分子有（非常）强的拉曼散射，所以与赋形剂相比，它们的拉曼光谱明显信号更强；②药片是非常致密的材料，因此大量的散射光被辐射，这与液体形成鲜明对比，并且在液体中检测相对低浓度更是一个问题；③激光通过显微镜物镜聚焦，这明显地有助于提高背散射拉曼光的检测效率。

拉曼化学成像最直接的目的是识别和表征 API 的结构域。人们很容易说“颗粒尺寸”而不是“结构域”，但相比于检测真实粒径的方法，本书中描述的化学成像很粗糙，其结果可能不能直接与颗粒尺寸结果相比。辐射光的耗散是显著的，采样时的采样体积不能准确地确定，因此最终得到的像素有点不确定，不能被认为等效于真正的颗粒。然而，对于监控药片成分（对 API 和赋形剂同样有效）出现的变化或工艺参数变化的混合，以及深入了解配方来说，这些图像非常有用。基于振动光谱的化学成像似乎是这些目的的关键技术。

上述大量信息不是很有效。还需要考虑混合光谱，为得到结论，需频繁使用复杂的数据分析工具，但不一定是必需的[3,4]（也见于参考文献的软件章节）。对于检索小成分的信号和数据的综合评估，化学计量学经常不可缺少。本章的后面描述了一些从实践中得来的化学计量学方法和实例。

一些关于药片的典型研究现在在详细实施，而在以下不同段落中，描述了一些关于所用方法或样品的更具体的应用。

Šašić[5]、Henson 和 Zhang[6] 的研究中描述了低浓度的 API 成像。Šašić 从大量对已知颗粒大小的问题的经验中分析阿普唑仑和阿普唑仑药片。这些配方中的 API 拉曼信号（质量分数分别为 0.8%和 0.4%），不能由简单的单变量分析可靠地提取。作者指出，如果使用未通过原始数据证实的单变量分析程序，将会产生误解，并报道称多变量分析更可靠，原因是一个主成分分析（PCA）的载荷很大程度上与纯阿普唑仑（API 的名称）光谱重叠（图 9.1）。PCA 载荷和 API 的拉曼光谱之间的意外匹配，似乎在可视化不同药片中的低浓度 API 上有巨大的用途。其结果是，一些片剂中的 API 被成像，并且发现了类似的大小和均匀性。总之，API 的疑似团聚未被证明，若发生则是偶然，证实它需要对更多药片进行更大量的研究。

Henson 和 Zhang[6] 用拉曼成像以 0.5%浓度配方处理形式转换问题。三种被检测的 API 的形式是已知存在的，研究的第一步是建库，其中含有哪些形式和最丰富的赋形剂的拉曼光谱。通过一系列的独立实验证明，这三种形式每一个都是可检测的。随后是分析药片形式以 1∶1∶8 的比例呈现的混合药片，这是模仿 API 不希望有的转换。利用偏最小二乘方法（PLS）和欧几里得距离（ED）技术（这项工作更多的细节在下面给出），不仅证实所有这些形式能够从混合药片中辨别，还证实指定像素的比例接近各种形式的相对浓度。

Ward 等人[7] 和 Breitenbach 等人[8] 的共焦成像实验还描述了拉曼成像非常有

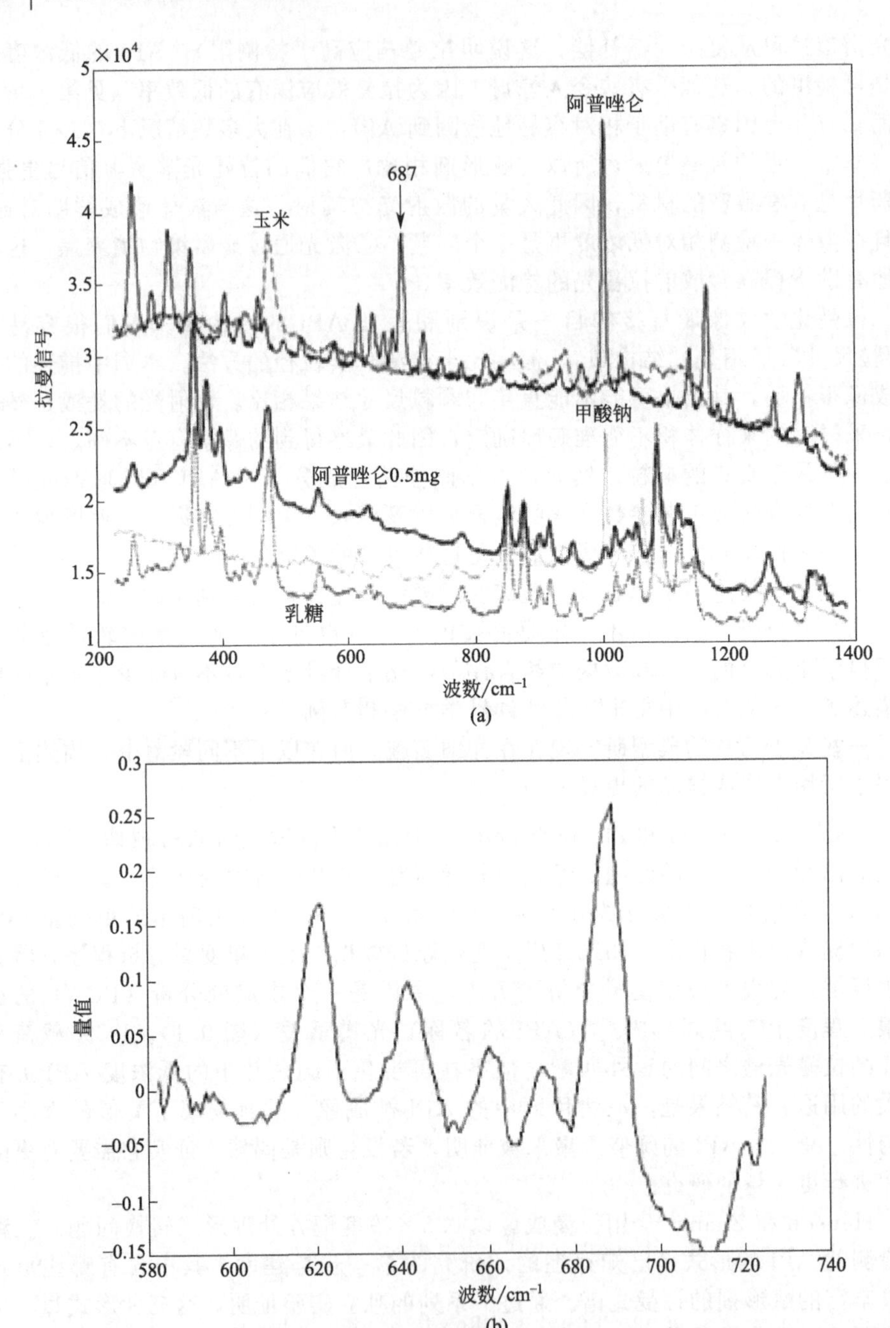

图 9.1 (a) 阿普唑仑 0.5mg 配方的纯成分色散拉曼光谱以及药片的光谱，通过一系列集中围绕 $687cm^{-1}$ 强谱峰的特征峰，可以清楚地鉴定活性成分（阿普唑仑）；(b) 成像光谱的 PCA 表明一个载荷类似阿普唑仑的光谱，从而可以通过相应 PC 得分获得 API 的可靠成像。因为它的弱信号/低浓度，没有这个重叠，将不可能成像 API[5]

趣的贡献，可以更好地理解固体剂量配方。Ward 等人[7] 用拉曼成像描述了结晶山梨糖醇（作为模型化合物）表面上的山梨醇的非晶结构域的特点。使用 100 倍的物镜，作者能够从样品内部不同深度采集光谱。从那些光谱获得的图像说明了所检测的山梨糖醇的非晶颗粒体积。Breitenbach 等人[8] 用拉曼共焦成像来表征活性物理状态、配方（在聚乙烯吡咯烷酮、PVP 中的布洛芬固溶体）的物理化学稳定性和 API 分布的均匀性，并比较了聚合物基体中的 API 与溶剂中的 API 的物理状态。

9.1 与近红外光谱成像关联

Clarke 等人[9] 提出的关联近红外（NIR）和拉曼成像是一个有趣的尝试。在当配方中的成分不能够通过一种成像方法完全鉴定的情况下，他们提出了两种化学成像的“融合”。通过使用带有参考标记的显微镜载片，他们能够通过这两个图像平台收集到一个药片上的完全相同区域的化学成像。然后将得到的化学图像重叠。分析配方（总共混合了五种成分）包含两种强拉曼响应的成分和两种强近红外响应的成分。通过分析单独的化学成像发现，五种成分中的四种被各自所用的技术检测出来，无机黏结剂在近红外成像中消失，分解质材料在拉曼成像中消失。两种化学成像的最佳组合是，含有活性无机黏结剂的拉曼成像和稀释剂、分解质和润滑剂的近红外成像。这些图像的组合提供了配方的全面视觉描述，并暗示在制造过程中（粉末黏在药片工具上）所经历的问题的原因，这是进行这项研究的基本理由。

在常见药物片剂的拉曼和近红外化学成像的深入研究中，有一些不同的看法[10]。这项研究的主要论点是，在成像低浓度成分上，拉曼成像优于近红外成像。在这一章中，赋形剂淀粉钠和硬脂酸镁被视为低浓度成分，而至少在某种程度上，拉曼成像有能力检索那些信息，但近红外成像未能提供任何信息。拉曼设备较高的灵敏度和拉曼光谱对多变量分析好得多的适用性可以解释这些问题。近红外谱峰宽且无法区分，因此这样分解开非常困难。二阶导数，它通常用于提高对近红外光谱的光谱特征的理解，在这里作用不大，因为它产生了非常多的峰（包括正峰和负峰），这些峰使 PCA 不能有效地适用于这些数据。另外，拉曼谱峰的清晰度和容易识别（特别是分析配方中的硬脂酸镁），导致相对简单的 PCA 应用和那两个成分的谱峰识别（图 9.2）。PCA 是产生次要成分的化学成像的唯一途径，但还应该非常谨慎，因为这种代数方法可能会导致模糊的结果。PCA 并没有确定的纯成分光谱，而是目前各种类光谱的线性组合，因此所获得的化学成像也可视为这些种类的线性组合。例如，淀粉钠的特征可以由微晶纤维素或 API 结合而成，因此它最终的化学图像可能包含这两种成分的分布，仍需要额外的验证来确认其分布。有趣的是，在 PCA 中，硬脂酸镁盐的光谱特征是如此清楚，以至于它的化学成像是相当可靠的，尽管它的含量只有 1%（质量分数）。

另外，近红外成像的速度快得多。在一般情况下，如果感兴趣的成分以可接受的空间分辨率被近红外仪器辨别，当然就更值得继续进行这项技术的研究，因为那些实验所需的时间少于拉曼成像的 1/4。

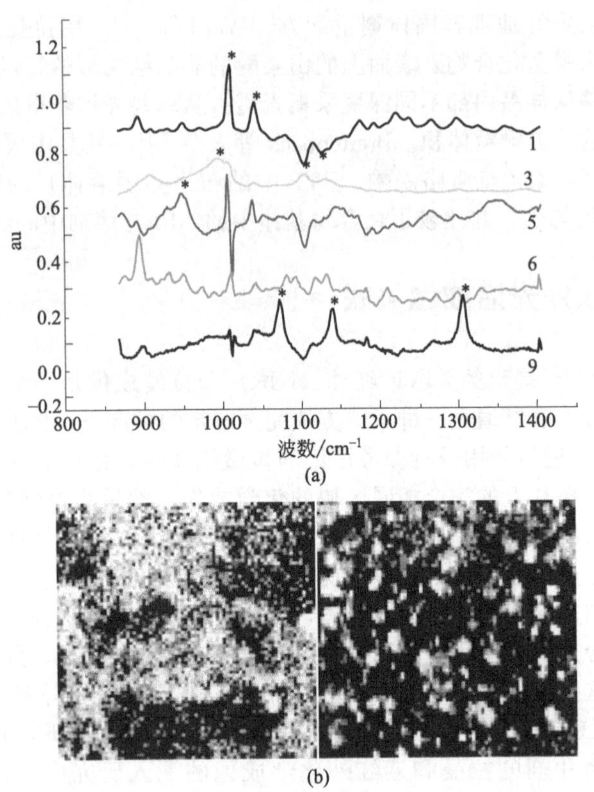

图 9.2 含有 20%API 的药片的 PC 分析的载荷[10]。星点标记了纯成分光谱有关的峰。这里特别感兴趣的是载荷＃5 和＃9，它们分别与淀粉钠和硬脂酸镁相关。这特别适用于载荷＃9，其特点是三个孤立的峰明确地归属为硬脂酸镁。这可以获得硬脂酸镁（中间，白像素即是硬脂酸镁）的可靠成像，尽管它在配方中具有低浓度和相对较弱的拉曼散射能力。此外，还可以生成一个淀粉钠的图像（底部），尽管由于在载荷＃5 中存在一些不能只归属为淀粉钠的峰值，需要对其进行额外的验证

9.2 玻璃粉

因为玻璃粉非常结构化和本质上简单的配方，所以与成像药片相比，它们的化学成像非常不同且要求更低。玻璃粉成像可以提供两种信息：关于不同层的厚度和化学结构，后者显然是化学成像更本质的目标。关于玻璃粉的拉曼成像有两个研究[11,12]，它们讨论了成像光谱使用多变量数据分析相比于单变量方法的优点。如果从玻璃粉获得高质量光谱，那么单变量分析在确定各层的化学结构和空间特征上就是相当成功的。然而，与玻璃粉结构的固有简单性相比，收集这样的光谱是耗时的。也就是说，药片拉曼化学成像的一个主要问题是，成分均匀混合引起的光谱干扰，成分是需要相对高质量光谱得到的，然后通过多变量分析发现。由于玻璃粉成分空间上的分离，对于它们产生的化学成像的质量，光谱的质

量是唯一重要的，因为不需要去卷积。因此，多变量方法可以单独用于去噪。参考文献［12］比较了通过单变量和多变量方法得到的玻璃粉拉曼成像（图 9.3）。其结论是，如果光谱通过 PCA 降噪，可以实现采集时间的显著减少。低信噪比的原始拉曼成像光谱成功去噪，它们产生的图像质量比高信噪比获得的拉曼光谱图像高。据估计，采集时间可以降低到高质量光谱的 10%，而图像的信息内容则轻微损失。因为它们光谱的复杂性和大量重叠，这一理念并不适用于药片，但它适用于其他在概念上类似于玻璃粉的材料（即空间分离的成分）。

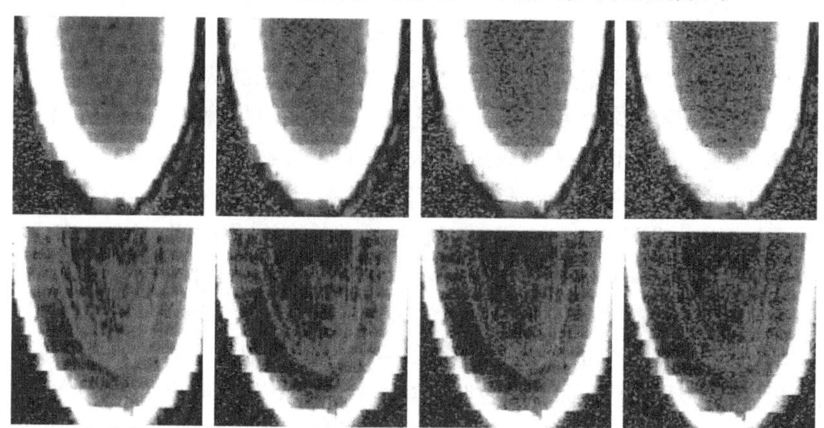

图 9.3 各自的单变量波数的三层玻璃粉的中（上面）和外层（下面）的拉曼化学成像。各成像所用的光谱，从左到右分别用 30s、10s、5s 和 3s 获得，然后通过主成分分析去噪。成像尺寸约为 1mm×0.5mm。在此表示中未提到高应变率。这些图像的二值化显示，关于两个显示层的像素在数目和位置的差异是最小的，这意味着 3s 所获得的实际上等效于 30s

9.3 全局照明化学图像

相比于更常用的点或线成像方法，全局照明（GI）拉曼化学成像是较新的明显不同的方法[13]。因此，它肯定应用更少，而且还没有在制药行业建立有利可图的市场。然而，在文献中可以看到的最初的几个应用是令人鼓舞的，并且揭示了这样的手段肯定具有广泛使用的巨大前景。

这里特别提到的三项研究，提出 GI 方法成像的一般特性。最后一个直接涉及药物样品，而前两个涉及更通用的目标。

Markwort 等人[14] 首先进行聚合物样品成像的大量分析，他们的结论是，相比于点或线的成像，GI 方法确实更快且具有优异的视觉质量/空间分辨率。然而，他们强调，其主要缺点源于光子迁移，这降低了成分的清晰光谱和空间识别的前景。

Schlücker 等人[15] 研究了这两个平台关于高度结构化的硅样品的性能，至于关心的样品和光谱的成分，该样本显然比本章所描述的所有其他样品更简单。他们这两个平台可以达到的空间分辨率的评价，显然支持 GI 平台。虽然装有光栅的设备平台有约 1μm 的分离精度，但 GI 仪器获得了亚微米/有限衍射的图像。

最后，Šašić 和 Clark[16] 讨论了这两个平台上药物样品的成像策略。他们分析了普通药片和配方混合的相同区域，普通药片包含有高 API 浓度（25%）的五种成分。成像平台成功确定了药片中的所有五种成分。成像平台产生高品质光谱（可以被多变量样式分析）的能力，被证明对成功识别低浓度成分是至关重要的，如分别大约为 1% 和 3%（质量分数）浓度的硬脂酸镁和淀粉钠。应用的数学方法（PCA 和多元曲线分辨）并不简单，它们的应用不按照理论进行。尤其值得注意的是侥幸情况，此时一些 PCA 载荷很大程度上与纯成分光谱重叠，这对于识别两种成分至关重要。在数学上并没有预料到这种情况，因为信息因子的数量超过了成分的额定数。另外，符合理论但未准确定义 GI 平台得到的光谱，光谱重叠更强烈，相比于成像平台分辨率较粗糙。部分原因在于，一方面尽管使用了多变量工具，仍不能检索次要成分的光谱迹象和成像。另一方面，可检测（更大量的）成分的像素高得多的 GI 化学成像的视觉质量明显优于成像平台，这个平台上的全部成像更快速（图 9.4）。在这项研究中，未尝试对比两个平台的采集时间，因为 GI 平台用来收集那些需要相当长采集时间的光谱。应该牢记的是，GI 平台是次优使用的，因为只有感兴趣的波段被辨别且在如此短的区域内成像被严格地要求时，这个平台才最好用。然而，引用文章的主要目标是在尽可能多的细节上比较平台，这是收集 GI 光谱的主要原因。简单的估计表明，对可以在 GI 平台上成像的成分，GI 平台可能快得多。很难提供更准确的评价，因为实验细节由许多因素控制，如图像的空间分辨率和成像保真度，所以只能给出一般性评估。

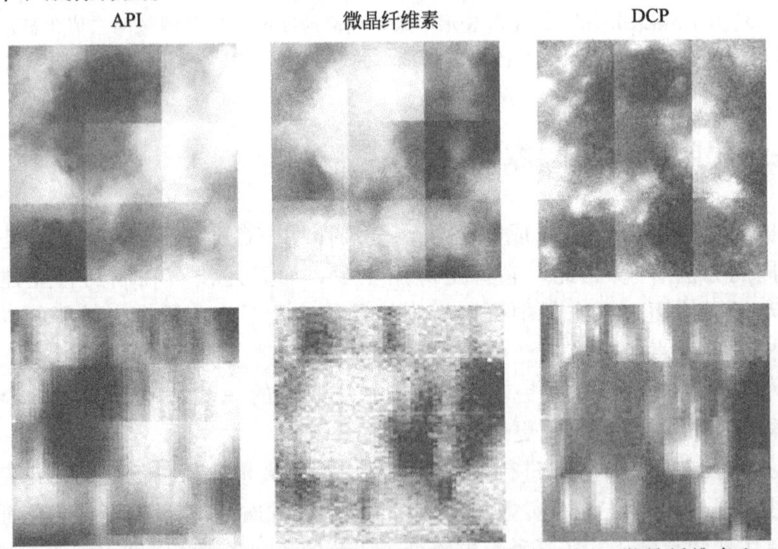

图 9.4 通过全局光照（上）和线成像系统（下）获得的 API、微晶纤维素和 DCP（从左到右）的单变量成像。所有对应的得分图像基本上都与所显示的相当。可在两个仪器的成像中观察到 X 和 Y 的空间偏移，这是由于在调整显微镜载玻片时的错误。所有成像的尺寸是 250mm×250mm。此配方包含约 25%的高 API 浓度。全局照明成像的成像保真度高很多（经应用光谱学会许可转载）

最后，混合物的图像也说明两个平台的一般特点。就拉曼化学成像而言，相比于药片，混合物的要求更高，由于样本的密度明显较小，导致电荷耦合检测器（CCD）相机检测到的拉曼信号弱得多。这个特殊的实验[16]未获得图像，但只识别到成像组中最不同的光谱。结果表明，在图像平台实现光谱分离，即检测到纯主要赋形剂和 API，而 API 谱无处不在，它存在于从 GI 平台获得的所有光谱。这是由于 GI 系统上的有效的光子迁移。较小的样品密度/拉曼信号强度降低了检测低浓度成分的机会。

几个最近的应用说明了 GI 化学成像能有效识别空间分离的颗粒。

对于识别水性鼻喷雾悬浮液制剂中的皮质类固醇的化学品特性、颗粒大小和颗粒分布，Doub 等人[17]评估了使用 GI 拉曼成像的可行性。几个鼻喷雾剂的配方中含有尺寸 1.4～8.3μm 的二丙酸倍氯米松粒子，它们由拉曼显微镜和普通显微镜成像，来获得颗粒尺寸的更精确信息。

图 9.5 显示了检查配方成分的拉曼光谱。由于其高强度和少干扰，在 1662cm^{-1}的强 API 谱峰非常适合 GI 化学成像。值得一提的是，这样的情况在医药环境中绝不罕见，API 往往表现出强烈的不重叠的波段，此波段可以很容易地用于 GI 化学成像。图 9.5 还显示了喷鼻剂样本的亮场反射率和亮场/拉曼重叠图像。基于在伴随光谱中 API 拉曼峰的清晰展现，可以将两个彩色编码的粒子分配给 API。没有在约 1650cm^{-1} 发现类似的视觉外观的安慰剂样本的拉曼信号。API 这样有说服力的鉴定，使其可以在更大的区域检测来自喷雾的颗粒（沉积在 Al 涂层的玻璃显微镜载片上），并允许通过 API 成像的二值化对 API 颗粒尺寸进行统计评估。

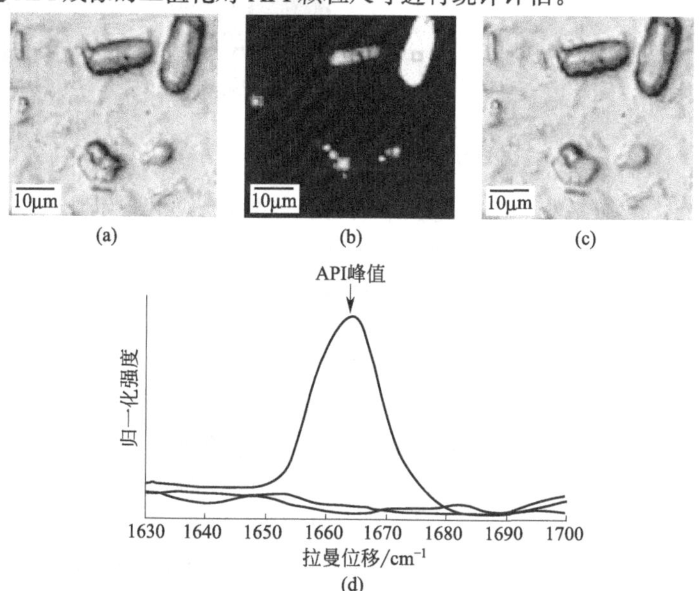

图 9.5 (a) 明亮的反射图像；(b) 偏振光图像；(c) 亮场/拉曼重叠图像，平均成像分光仪生成的拉曼光谱用于一个聚焦区域；在图像（d）中，偏振光颜色进行编码以匹配指示的区域（经斯普林格允许从参考文献［17］转载）（彩图位于封三前）

图 9.5 也显示了另一个例子，该图给出了 API 的聚集/黏附性的评价。绿色环形 API 颗粒附着在赋形剂更大的颗粒上。虽然揭示了测量准确性这一明显问题，但相关统计显示，数量相对较少的比较大的 API 颗粒与赋形剂相关。

从概念上讲，虽然是非常不同的样品，但参考文献［18］描述了类似的应用。这次，吸入制剂由 GI 仪器成像。实验的目的是，简单地确定大乳糖颗粒是否携带较小的 API 颗粒。未尝试确定 API 颗粒的分布或以任何其他方式来表征它们。图 9.6 显示了约 100μm×50μm 的乳糖颗粒 API 的正常显微镜和拉曼化学图像。可以很快地得到图 9.6 中的一个拉曼图像。再次，由于用于成像的 API 拉曼波段的高强度和少干扰这个非常有利的特点，通过仅四波数宽度的成像，便可在几分钟内得到图 9.6。API 清晰地可视化在乳糖表面上，而通过正常的显微镜成像，这是不可能的。还值得一提的是，尽管 API 浓度约为 5%，但 API 的拉曼信号明显高于乳糖，所以实际上 API 成像质量比乳糖好。

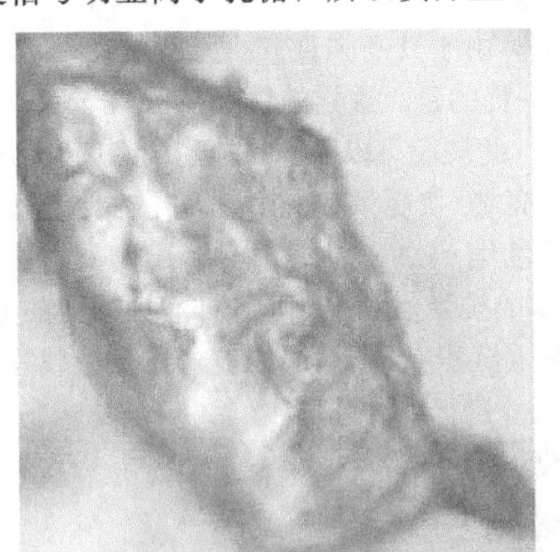
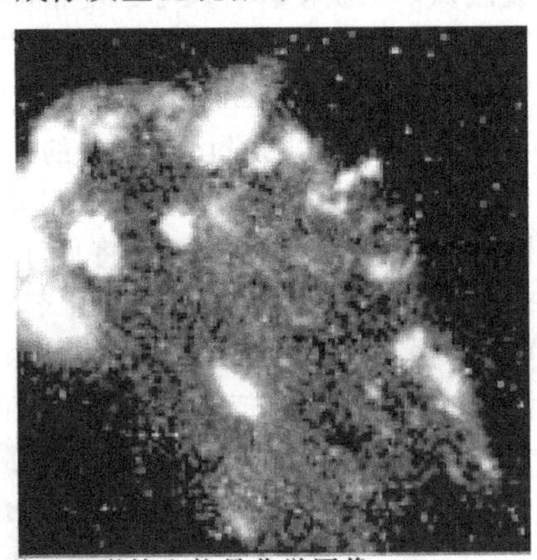

图 9.6　乳糖颗粒表面 API 的普通显微镜和拉曼化学图像
（这些图像的尺寸是 100μm×100μm）

另一个 GI 应用是指湿造粒过程中获得的颗粒化学成像[19]。事实上，由于粒化后没有压片，而是将颗粒简单地填充到胶囊里，所以这个研究分析的颗粒实际上是最终的医药产品。该项研究的目的是确定颗粒结构，从而确定湿颗粒是否按照预设进行（即颗粒是 API 和主要辅料的混合物）。除了 GI 化学图像，还用了近红外化学图像，并比较了方法的结果。

结果表明，在造粒方面，两个平台都辨别出了多数颗粒，这些颗粒是两大最丰富的成分（在这个案例中是甘露醇和 API）的混合物，纯材料的颗粒只是偶尔出现。其中，纯甘露醇大部分超过纯 API。然而，拉曼的纯 API 光谱标示比近红外的清晰得多。顺便说一句，API 不仅拉曼响应远比其近红外信号好（相对而言），而且重叠也明显更小，这导致在拉曼化学成像中，API 显示地更清晰（图 9.7）。此外，颗粒的反射被更好地记录在 GI 平台的普通显微镜的相机上。其结果是，在 GI 平台上不仅化学成像在视觉上更具说服力，而且正常显微镜图像指出纯 API 颗粒的可识别外观（如明显的白色像素）。另外，尽管在 API 平台上工作的实验参数的各种组合旨在加快获取速度，但近红外平台被证明要快得多。在这里应该注意的是，近红外测量另外还受颗粒的空间分离所困扰，这些颗粒导致在某些像素上信号完全消失。这引起了关于阈值的问题，并且导致了纯 API 颗粒的低识别率。

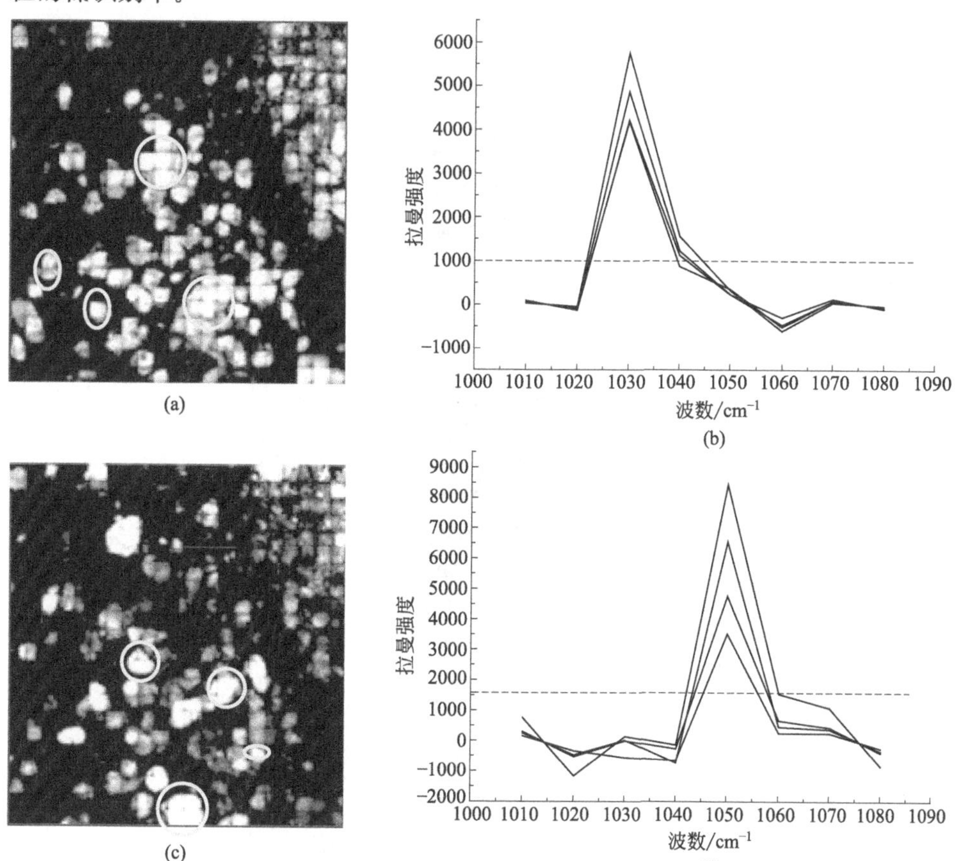

图 9.7 (a) 在 $1030cm^{-1}$ 甘露醇的拉曼化学成像，圆圈颗粒被认为是基于光谱 (b) 中仅以在 $1030cm^{-1}$ 的甘露醇谱峰为特征的纯甘露醇；(c) 在 $1050cm^{-1}$ 的 API 的拉曼化学成像；(d) 基于在 $1050cm^{-1}$ 仅存在强 API 峰，圆圈颗粒被标示为纯 API（这些成像从基准校正过的数据生成）

9.4 生物医学应用

在片剂或粉末中定位 API 与在组织或细胞等要求更高的生物样品中定位相比更加容易。Ling 等人的研究给出了后者中其中一个的最全面的例证[20,21]。在这里，给出了一个相当复杂的方法（再次与药片或粉末的工作相比）的简要总结，它是关于活肿瘤细胞中抗癌剂紫杉醇的拉曼成像分布。

雷尼绍 2000 拉曼光谱系统（雷尼绍，格洛斯特郡，英国）用于该研究，其中激光束被扩展，虽然更好地称为绘图系统，但是这里有效地使用了该仪器全局照明能力。在 1000cm^{-1} 获得紫杉醇的成像。荧光是生物成像不可避免的问题，因此在图 9.8 的成像预处理中，主要元素被认为是来自溶剂的荧光 1080cm^{-1} 成像的减少。这样获得了拉曼化学成像。在这一步骤之前，使用各种其他处理工具，如校正不均匀的照明、降噪等，以考虑样品复杂的光学特性。

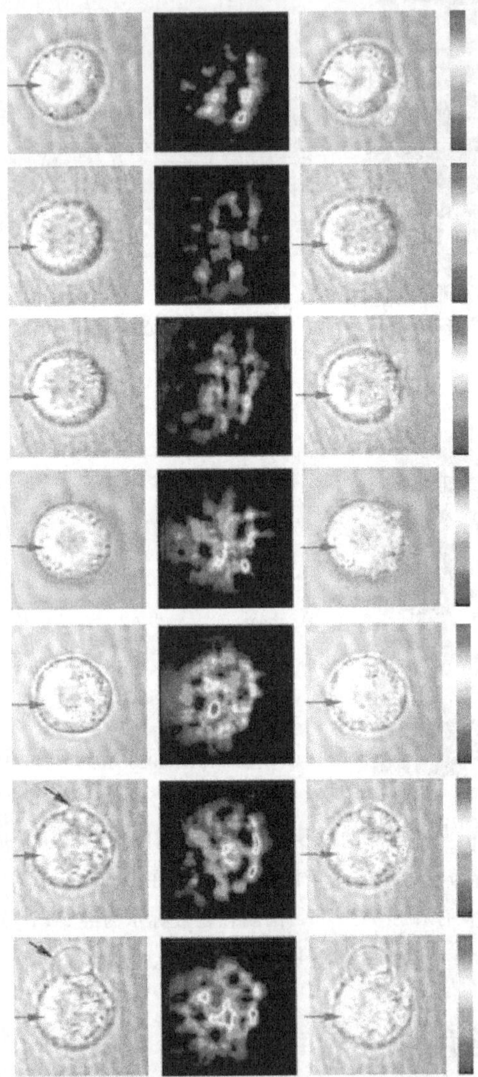

图 9.8　MDA-435 乳腺癌细胞暴露于紫杉醇之前、期间和之后的成像

［第 1 行说明药物治疗前的成像。第 2、3 行说明在药物治疗期间 10min 和 45min 的成像。第 4～7 行说明药物治疗后 10min、1.75h、4h 和 4.5h 的成像。左栏显示了表征细胞结构的细胞白光成像，中间栏显示了 1000cm^{-1} 拉曼波段的强度分布的细胞的拉曼成像，右栏显示了左栏和中间栏的重叠成像。红色箭头指向细胞核区域，蓝色箭头指向细胞泡区域。颜色条表示从底部到顶部相对拉曼信号强度的增加（经美国光学学会许可转载，彩图位于封三前）］

实验继续暴露癌细胞于紫杉醇溶液几个小时。对于所有成像，每个成像需5min的采集时间，需要60×的水浸物镜。一系列产生的图像说明紫杉醇逐渐扩散到细胞。结果表明，紫杉醇集中在细胞和细胞膜的中心，而不是在细胞核内。这种模式可以用药剂与微管的结合解释。

还有另一个令人兴奋的成像应用具有相同的API。Kang等人[22]最近报道了各种聚合物薄片中紫杉醇的相干反斯托克斯拉曼光谱（CARS）成像。这项研究的动机是，确定在药物控制释放系统中API的分布和释放的可视化需要。紫杉醇是在几种聚合物基质中三个维度成像的CARS，在从聚酯（乙烯-醋酸乙烯酯）(PEVA，40%醋酸乙烯）薄片释放的过程中，其时间和深度遵循空间分布。

在这本书的其他地方描述了CARS机制。相比于这里提出的其他成像/成像方法，这是一个明显不同并且复杂得多的潜在机制。它基于两束激光束的共线重叠，选择性增强允许成像化学实体的非重叠谱峰。在这种情况下发现，紫杉醇的几个波段呈现出令人满意的CARS成像情况，从而用这些产生CARS化学图像。

图9.9显示了在大部分PEVA膜中释放到磷酸盐缓冲盐水介质中的紫杉醇的原位CARS成像的实例。通过调整一个紫杉醇的不重叠C—H伸缩振动在3060cm^{-1}两束激光束之间的差异获得成像。相比于普通拉曼成像实验中通常需要的比较长的测量时间，这些成像的采集速度令人印象深刻。所提供的三维分辨率也被认为是技术的固有功能，它不需要任何特殊的数据分析方法，这也非常不同于普通拉曼。药物的释放似乎非常整齐地遵循相应的CARS图像——1h后，药物似乎完全释放。检测限为29mmol/L。

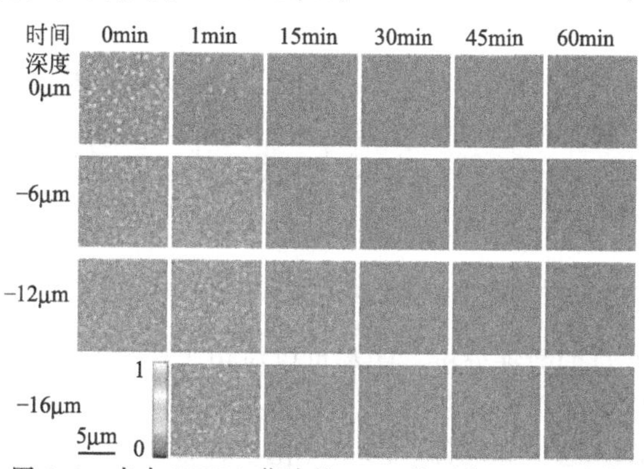

图9.9 来自PEVA薄片的PTX的原位CARS成像

[光谱颜色方案用来强调对比度的变化。列随时间的推移排列，行随薄片的深度排列（经美国化学学会许可转载，彩图位于封三前）]

总之，作者强调了CARS成像的几个重要特征，可能推动这一技术被更频繁地应用于更好地理解药物传输系统的作用机制：①无须标记，而这对荧光显微镜是必不可少的；②无创；③灵敏度（虽然还不如荧光）；④实时成像能力；⑤三维分辨率。然而，仪器整体的复杂性可能被视为相当大的障碍。

9.5 数据处理

数据处理是图像分析的重要部分。图 9.10 说明了这个过程中化学计量学和统计学的一般作用。第一步，从展开的三维“高光谱数据集”中提取该成分的化学图像。通过化学计量学和统计学工具进一步处理化学图像可以提取简化的度量标准，用于过程理解、溶解预测、多晶体检测等。然后，此信息可用于改善配方设计、确定产生问题的根本原因、反馈到生产过程控制等。设计一个合适的数据分析策略往往是复杂的任务。这不仅是由于大量的数据，而且还由于大多数制药应用中“纯”像素（包含从单一化学种类得到的光谱响应的像素）的缺乏。

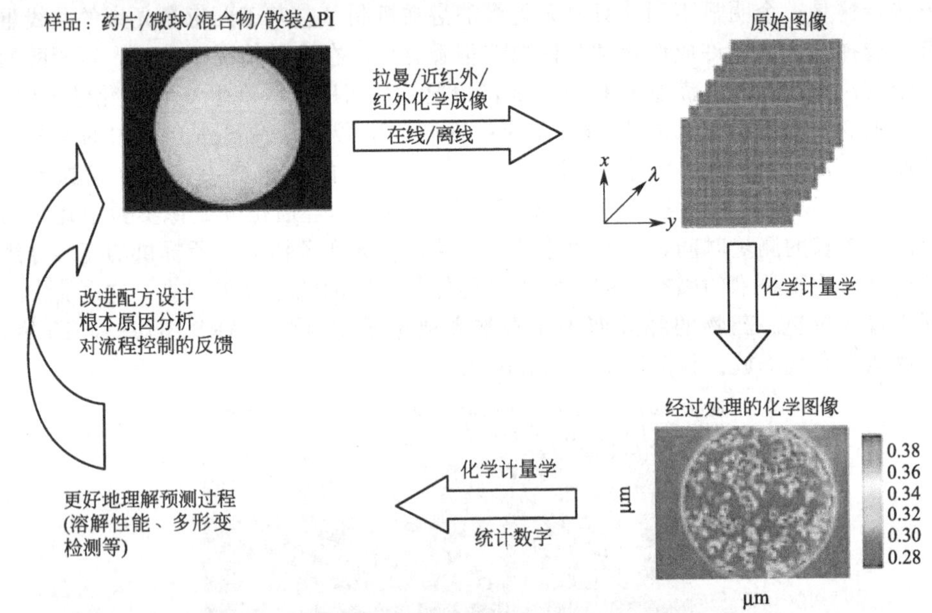

图 9.10 在化学图像分析中化学计量学和统计学的作用

单变量和多变量的数据分析方法都可以应用于产生化学图像。然而，多变量技术对成像低浓度成分更全面和有效。对于振动光谱化学成像应用［包括拉曼、近红外和红外（IR）绘图和成像］的不同化学计量学方法，Gendrin 等人最近的评论文章提供了不错的总结[23]。下面的讨论集中于拉曼成像的药物应用，但由于相同的数据结构（注意由于拉曼数据噪声的特异性，可能发生差异），它同样适用于近红外和红外图像。

如上所述，拉曼成像所产生的数据“超立方体”包括四个维度：x 和 y 的空间维度、波长维度和光谱响应维度。数据的数值格式实际上是一个三维的数据立方体，其中强度值作为空间维度和波长维度的函数来存储。典型的成像数据分析过程包括以下步骤：①数据预处理以减少不希望有的影响（例如，为减少由于表面粗糙或颗粒大小对光谱的干扰，而使用光谱归一化和导数）；②通过适当的单变量或多变量方法，产生化学成像来可视化感兴趣成分的空间分布；③提取度量，如域大小、均匀性等。请注意，根据具体的应用，并不一定需要上述所有步骤，可以合并一些步骤。两个上面未提及的隐藏步骤是，数据分析之前三维数据向双向数据展开（像素×光谱通道），数据分析之后双向结果数据向原始成像格式重构。

预处理是拉曼成像分析的第一步。一般来说，除了需要去除宇宙射线或荧光背景的情况，拉曼光谱数据光谱预处理的要求低于近红外和红外光谱。

宇宙射线是外星产生的电离辐射，可能与 CCD 相互作用，在拉曼光谱中产生随机的、尖锐的和容易辨认的峰（或者更确切地说是尖峰）。这些峰可以阻碍多变量化学计量学方法的性能。例如，这种噪声可以混淆基于距离的分类算法。通过实验手段去除宇宙射线通常会大大延长实验时间，这对已经相当费时的化学成像实验来说是个问题。Zhang 和 Henson[24] 提出了一种修正最近邻比较算法，通过数学方法来识别和纠正这一错误信号。所提出的算法基于最近邻像素的线性回归。通过线性回归，像素光谱可以从它邻近的像素光谱近似获得。除了使用邻近像素，该算法允许在回归中并入低浓度成分的纯参考光谱。这关系到在分配缺乏相似邻居的像素时消除不确定性。

多变量分类分析的改进说明了该算法的效用。图 9.11 显示在宇宙射线去除之前和之后的几个像素的光谱。因为宇宙尖峰与 API 波段重叠，错误分类了这些像素。没有校正，一些 API 形式Ⅲ和赋形剂像素被错误地归类为 API 形式Ⅰ或Ⅱ。应用所提出的算法后，实现了更好的分类。

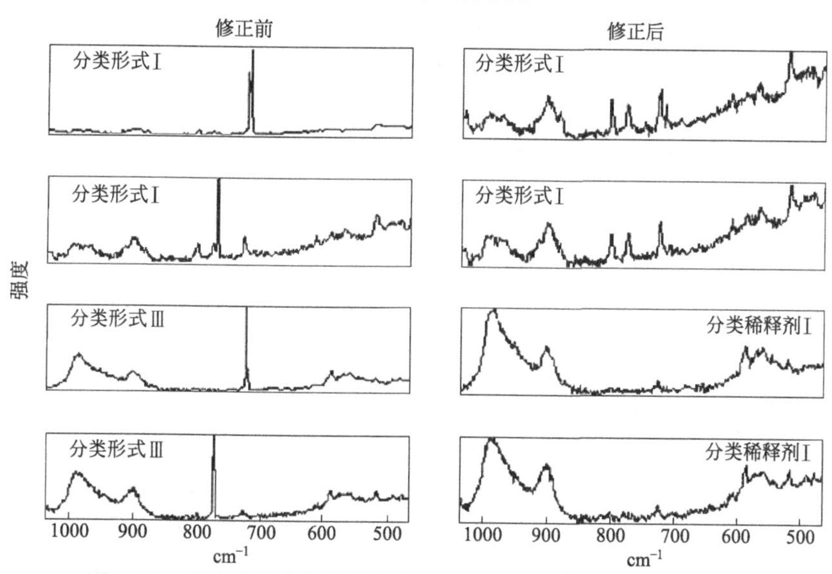

图 9.11　宇宙尖峰去除之前和之后，几个错误分类的像素的光谱

Wang 等人提出，在拉曼成像数据的模糊 C 均值聚集分析以前，使用小波变换来处理[25]。对不同噪声水平的拉曼成像的测试表明，用小波去除噪声提高了用模糊 c 均值聚集的分类精度。通过在不同小波域分解光谱数据，实现光谱数据

的预处理，然后，多尺度逐点乘积（MPP）方法用来区分真正的光谱信号和噪声。通过分类黏合剂和牙本质界面标本的拉曼图像，测试了该方法。与传统去噪技术相比，包括样条和 Savitzky-Golay 滤波，用小波滤波实现了更好的分类精度。此外，小波滤波器的局部化属性便于更好地成像视觉透视。

预处理后，通过单变量或多变量技术可以从光谱产生化学成像。相比于近红外和红外成像，拉曼成像更适合于单变量技术，因为拉曼光谱由更清晰和更强的光谱特征组成。当可以识别感兴趣成分的选择性波段时，单变量技术是生成单个化学成像的简单方法。类似于单个点的拉曼光谱，这个方法采用那些特定波段的峰高度或峰面积。

多变量技术有很多（见第 5 章）。根据先验信息是否涉及，多变量的方法分为两类：监督和无监督技术。无监督技术不需要任何样本的先验信息。这些方法的例子有主成分分析、多元曲线分辨（MCR）、聚类分析（CA）。

PCA 实质上将每个光谱从多维空间（以波长表示）映射到具有减小坐标数的空间。构造出 PC 来解释尽可能多的数据方差。PC 得分数可以用来代替原始光谱响应产生化学成像，而载荷可以用来解释每个 PC 的物理意义。

MCR 技术试图直接用数学方法获得成像数据，解决纯成分光谱和相应的分布。通常，为了确定估计的解决方案不包含不可接受的值，应用了一些约束，如光谱响应和浓度值的非负性。CA 方法是一种模式识别的方法，它把像素分类为不涉及训练数据的团（组）。通过最小化某种基于距离的目标函数，CA 方法分配像素成员。

监督技术需要纯成分的参考光谱，这些方法包括普通最小二乘法（OLS）、偏最小二乘法和模式识别方法，如最小的 ED 分类。

关于得到的化学成像的单变量和多变量方法，Šašić 报道了它们在质量上的简单并行比较[11]。在这项研究中，考虑了处于不同噪声水平的人造模型成像和来自真正玻璃粉样品的成像。PCA 和 OLS 作为多变量工具使用。结果表明，单变量方法的性能随着噪声水平的提高而急剧恶化，而尽管噪声明显，多变量方法仍然能够生成高质量的化学成像。不出所料，由于参考光谱的使用，OLS 优于 PCA。这些结果清楚地展示了在图像分析中多变量方法的优点。

Zhang 等人使用模拟药物药片案例研究，比较了几种多变量方法[26]。图 9.12 总结了这项研究，它显示了使用不同的多变量方法得到的三个主要衍生成分的 RGB 复合图像。红色、绿色和蓝色通道分别分配给苯甲酸钠、乳糖和微晶纤维素。基于参考光谱来说，从图 9.12（d）中得到的 OLS 结果被认为是最可靠的。对于每个特定成分，各自 OLS 成像包含对比信息。这张图的其他结果没有使用任何样本的先验信息。结合交替最小二乘（ALS）的 MCR 结果与 OLS 结果几乎没有什么区别。虽然图 9.12（a）中的 PCA 成像有点类似于 OLS 成像，但一些出现在 OLS 成像中的冷像素消失了。这是由于这样的事实，即由于 PC 载荷是（更多或更少的）来自不同成分的信号混合，PCA 分数不一定代表选定成分的实际分布。通过寻找最高数据方差的方向提取 PC，因此载荷（如数学概念）不一定与纯成分光谱匹配。聚类分析结果显示一些与 OLS 成像的相似之处，其中 KM 成像如图 9.12（a）所示，FCM 成像如图 9.12（b）所示。然而，在整个图像不同成分的边界上有区别。

例如，在KM和FCM成像中的红色区域（苯甲酸钠）略大于DCL成像中的。这可能是这些聚类算法的相同群体趋势造成的。FCM优于FM的一个优点是，FCM能够在相同类内保持强烈变化，产生一个更有意义的图像。

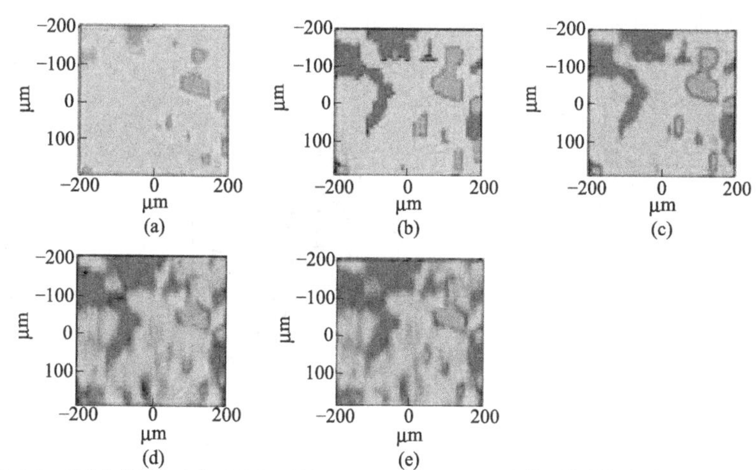

图9.12 PCA得分（a）KM、（b）FCM、（c）OLS和使用原始光谱（e）得到的MCR/ALS的复合图像（d）。在（a）、（b）和（c）中，提高成像以增加像素95%的对比度

Widjaja和Seah提出目标波段熵最小化（BTEM）的使用，它从药物药片的拉曼成像所呈现的微量成分中，恢复纯光谱和化学成像[27]。BTEM算法是MCR技术最近的变形。它假定，相比于混合光谱，衍生纯成分光谱具有更简单的形状，且转换为更低的“熵”。该算法的工作原理如下：首先，PCA应用于成像数据，以产生一组特征向量。其次，在选定的特征向量上执行BTEM，来一次性地得到纯成分光谱。涉及研究的模型药片包含对乙酰氨基酚、乳糖、微晶纤维素和硬脂酸镁。硬脂酸镁被限定为次要成分，其质量分数为2%～0.2%。BTEM能够分辨硬脂酸镁低至0.2%（质量分数）水平的纯光谱。由于其他成分的干扰，衍生硬脂酸镁光谱并不完全符合参考纯光谱。一方面，这个误差对产生的化学成像没有显著影响。另一方面，即使在2%（质量分数）的水平下，SIMPLISMA分辨的[28]硬脂酸镁纯谱也严重失真。BTEM对次要成分的成功检测似乎更多地依赖于成像中次要成分的分布变化，而不是其光谱信噪比。次要成分的BTEM检测基础如下：只要次要成分的充分变化存在于整个成像中，PCA可以发现与该成分紧密联系的趋势，这细化了随后的BTEM。因此，BTEM为检测次要成分提供新的可能性，尤其是在孤离和不均匀情况下。

Henson和Zhang[6]报道了使用拉曼成像的低剂量药物药片［API的0.5%（质量分数）］的药物特性受监视的多变量分类技术的使用。执行多变量分类，以在药片中检测两个不希望得到的API多晶的存在。构建了五个等级的光谱库，其中包含纯成分的拉曼光谱。构建目标矩阵，矩阵的每一行是一个五元向量，它包含一个等级内成分的1和等级外成分的0。然后，在库光谱和目标矩阵之间构建了PLS模型。图9.13显示了使用前三个PLS潜在变量的PLS得分图。直接使用用于分类的 PLS 预测值，这通常被称为 PLS 判别分析（PLS-DA）。然而，由于 PLS 预测值的阈值的适当设置具有挑战性，所以 PLS-DA 的失败是因为像素分类。因此，通过在 PLS 得分上最低的 ED 方法完成分类。基本上，根据像素在 PLS 潜在空间中对纯成分中心的接近程度，该方法分配其隶属度。

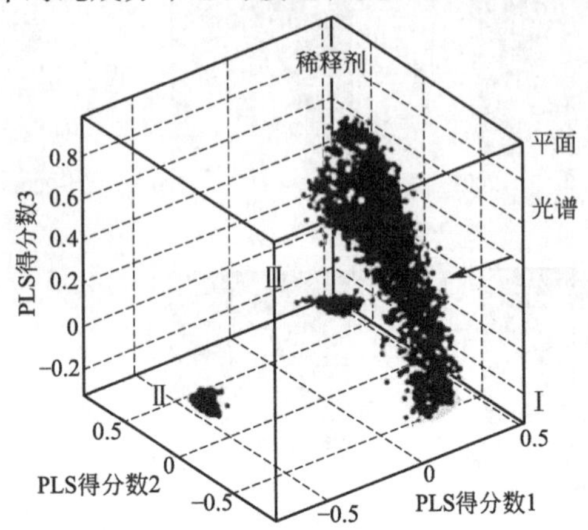

图 9.13 包含投影到纯成分定义的 PLS 得分子空间上的 API 形式Ⅰ的药片的像素

文献中，在展开成像数据立方体成双向数据矩阵之后，最多变量的成像分析方法在分析时忽视了空间信息。通过提高结果的鲁棒性和稳定性，合并的空间信息可以提高聚类分析的性能。Lin 等人提出了空间定向集聚聚类方法，并在药片中将这种方法应用于棕榈酸氯霉素多形体特征[29]。

该算法基于凝聚聚类分析方法。通过计算每对光谱之间的预测残差向量的标准，方法定义了光谱相似性。首先，该算法从含两个最近像素的单个群集开始。这两个像素从拉曼光谱前 10%最相似的像素中选择出来。其次，集群通过逐步融合临近像素来发展，临近像素是未分类像素中空间上距离集群最近的。该约束是，当与群集的平均光谱比较时，该像素的光谱应属于前 10%最相似的光谱。当所有像素被分配到各自的集群时，该算法终止。它利用了像素的光谱差异和空间接近，以在聚集过程中确定距离。因为所提出的算法更准确地估计了不同晶型的含量，故其性能比经典的 K 均值聚类分析算法好。

拉曼成像硬件不仅可以用于成像分布，也可用于检测一个感兴趣的成分（几乎完全是 API）是否可以确定。然而，因为一般成像实验通常只探测样品上相对小的区域，所以具有挑战性的问题是，如果样品中存在非常低浓度的所寻求成分（假设，不需要的 API 晶型），需要收集多少光谱来确定。Šašić 和 Whitlock[30] 提出了一种优化的静态抽样方案来解决这个问题。该方法依赖于两个简单的统计图表，它们有助于预先确定需要收集的光谱数量，如果这个问题出现在样品中，其光谱数量应该保证能鉴别所寻求的成分。使用的图表之一确定了检测特殊事件的概率，它是试样总数的函数。换句话说，它解决了发现至少一条关于感兴趣成分的信号光谱，需要收集多少图像光谱的问题。它基于关于感兴趣的成分浓度的初始假设的二项分布。第二张图用来显示确定假设所需的实验次数。例如，这里的假设可以是，在严格确定收集光谱数量的实验中，发现感兴趣的成分的概率是95%的置信上限。这项研究并不是准确的典型化学成像实验，因为关键目标在于识别而并非可视化感兴趣成分。然而，除了使用拉曼成像硬件，在相关的化学成像中，数据分析方法很大程度上依赖于识别感兴趣的像素。

参 考 文 献

1. Gowen, A. A., O'Donnell, C. P., Cullen, P. J., and Bell, S. E. (2008). Recent applications of chemical imaging to pharmaceutical process monitoring and quality control. *Eur. J. Pharm. Biopharm.* **69**, 10.
2. Šašić, S. (Ed.) (2008). *Pharmaceutical Applications of Raman Spectroscopy*, Wiley, Hoboken, NJ.
3. Andrew, J. J. and Hancewizc, T. M. (1998). Rapid analysis of Raman image data using two-way multivariate curve resolution. *Appl. Spectrosc.* **52**, 797.
4. Malinowski, E. R. (1991). *Factor Analysis in Chemistry*, Wiley, New York.
5. Šašić, S. (2007). Raman mapping of low-content API pharmaceutical formulations. I. Mapping of Alprazolam in Alprazolam/Xanax tablet. *Pharm. Res.* **24**, 58.
6. Henson, M. and Zhang, L. (2006). Drug characterization in low dosage pharmaceutical tablets using Raman microscopic mapping. *Appl. Spectrosc.* **60**, 1247.
7. Ward, S., Perkins, M., Zhang, J., Roberts, C. J., Madden, C. E., Luk, S. Y., Patel, N., and Ebbens, S. J. (2005). Identifying and mapping surface amorphous domains. *Pharm. Res.* **22**, 1195.
8. Breitenbach, J., Schroff, W., and Neumann, J. (1999). Confocal Raman spectroscopy: analytical approach to solid dispersion and mapping of drugs. *Pharm. Res.* **16**, 1109.
9. Clarke, F. C., Jamieson, M. J., Clark, D. A., Hammond, S. V., Jee, R. D., and Moffat, A. C. (2001). Chemical image fusion. The synergy of FT-NIR and Raman mapping microscopy to enable a more complete visualization of pharmaceutical formulations. *Anal. Chem.* **73**, 2369.
10. Šašić, S. (2007). An in-depth analysis of Raman and near-infrared chemical images of common pharmaceutical tablets. *Appl. Spectrosc.* **61**, 239.
11. Šašić, S., Clark, D. A., Mitchell, J. C., and Snowden, M. J. (2004). Univariate versus multivariate Raman imaging: a simulation with an example from pharmaceutical practice. *Analyst* **129**, 1001.
12. Šašić, S., Clark, D. A., Mitchell, J. C., and Snowden, M. J. (2005). Raman line mapping as a fast method for analyzing pharmaceutical bead formulations. *Analyst* **130**, 1530.
13. Treado, P. J. and Nelson, M. P. (2001). Raman imaging. In: Chalmers, J. M. and Griffiths, P.R. (Eds.), *Handbook of Vibrational Spectroscopy*, Wiley, New York.
14. Markwort, L., Kip, B., Da Silva, E., and Roussel, B. (1995). 'Raman imaging of heterogeneous polymers: a comparison of global versus point illumination. *Appl. Spectrosc.* **49**, 1411.
15. Schlücker, S., Schaeberle, M. D., Huffman, S. W., and Levin, I. W. (2003). Raman microspectroscopy: a comparison of point, line, and wide-field imaging methodologies. *Anal. Chem.* **75**, 4312.
16. Šašić, S. and Clark, D. A. (2006). Defining a strategy for chemical imaging of industrial pharmaceutical samples on Raman line-mapping and global illumination instruments. *Appl. Spectrosc.* **60**, 494.
17. Doub, W. H., Wallace, P. A., Spencer, J. A., Buhse, L. F., Nelson, M. P., and Treado, P. J. (2007). Raman chemical imaging for ingredient-specific particle size characterization of aqueous suspension nasal spray formulations: a progress report. *Pharm. Res.* **24**, 934.
18. Šašić, S. (2005). Chemical imaging of pharmaceutical samples by a global illumination Raman imaging instrument, Abstract, XXXII FACSS, Quebec City, Canada.
19. Šašić, S. (2008). Chemical imaging of pharmaceutical granules by Raman global illumination and near-infrared mapping platforms. *Anal. Chim. Acta* **611**, 73.
20. Ling, J. (2008). In: Šašić, S. (Ed.), *Pharmaceutical Applications of Raman Spectroscopy*, Wiley, Hoboken, NJ.
21. Ling, J., Weitman, S. D., Miller, M. A., Moore, R. V., and Bovik, A. C. (2002). Direct Raman imaging techniques for studying the subcellular distribution of a drug. *Appl. Opt.* **41**, 6006.
22. Kang, E., Wang, H., Kwon, I. K., Robinson, J., Park, K., and Cheng, J. (2006). *In situ* visualization of paclitaxel distribution and release by coherent anti-Stokes Raman scattering microscopy. *Anal. Chem.* **78**, 8036.
23. Gendrin, C., Roggo, Y., and Collet, C. (2008). Pharmaceutical applications of vibrational chemical imaging and chemometrics: a review. *J. Pharm. Biomed. Anal.* **48**, 533.
24. Zhang, L. and Henson, M. J. (2007). A practical algorithm to remove cosmic spikes in Raman imaging data for pharmaceutical applications. *Appl. Spectrosc.* **61**, 925.
25. Wang, Y., Wang, Y., and Spencer, P. (2006). Fuzzy clustering of Raman spectral imaging data with a wavelet-based noise-reduction approach. *Appl. Spectrosc.* **60**, 7.
26. Zhang, L., Henson, M. J., and Sekulic, S. S. (2005). Multivariate data analysis for Raman imaging of a model pharmaceutical tablet. *Anal. Chim. Acta* **545**, 262.
27. Widjaja, E. and Seah, R. K. H. (2008). Application of Raman microscopy and band-target entropy minimization to identify minor components in model pharmaceutical tablets. *J. Pharm. Biomed. Anal.* **46**, 274.
28. Windig, W. and Guilment, J. (1991). Interactive self-modeling mixture analysis. *Anal. Chem.* **63**, 1425–32.
29. Lin, W., Jiang, J., Yang, H., Ozaki, Y., Shen, G., and Yu, R. (2006). Characterization of chloramphenicol palmitate drug polymorphs by Raman mapping with multivariate image segmentation using a spatial directed agglomeration clustering method. *Anal. Chem.* **78**, 6003.
30. Šašić, S. and Whitlock, M. (2008). Raman mapping of low-content active-ingredient pharmaceutical formulations. Part II: statistically optimized sampling for detection of less than 1% of an active pharmaceutical ingredient. *Appl. Spectrosc.* **62**, 916.

10

FTIR 光谱成像在药学中的应用

Sergei G. Kazarian 和 Patrick S. Wray
英国，伦敦，伦敦帝国理工学院化学工程系

10.1 引言

与许多其他的成像方法相比，使用振动光谱的光谱成像在研究药物样品时有显著优势，这是由于振动光谱的固有化学特异性和快速采集时间。在中红外区，FTIR 光谱成像在药学科学技术中已经成为一个非常强大的工具。

用于药学系统分析的红外成像，在中红外区域特别受欢迎，因为光谱谱带在该区域（特别是在“指纹”区域），不仅能够容易区分样品中各种成分，而且也提供了丰富的有关特定成分的分子状态（例如无定形或结晶）、分子间的相互作用以及多晶型变化的信息。该方法的成像能力对获得片剂内不同成分（药物、聚合物、赋形剂）的空间分布信息很关键。这些组分的分布常常为药品性能的关键属性。因此，不同组分的空间分布对片剂的物理和机械性质具有显著影响，并且在药物释放的机制（例如溶解期间）中起非常重要的作用。高效或特定剂型的药物递送通常要求片剂含量均匀或具有层状结构。红外成像是一种评价载药量以及药物制备技术对药物释放影响效果的特别有用的工具。

当使用焦平面阵列（FPA）检测器同时测量所有光谱时，红外成像的关键优势在于该技术应用于随时间变化的样品。这种能够创建随时间变化的空间分辨的化学快照技术将为研究药物的动态系统提供可行性。例如，可以通过 FTIR 成像同时测量聚合物、药物以及水分的分布来研究片剂的溶出过程。利用 FTIR 成像检测片剂溶出可以克服目前美国药典（USP）关于药物溶出检测的主要不足。USP 溶出实验是一个相当粗糙的方法，因为它不能够提供片剂溶解中更深入的信息。本章重点不是介绍多元分析在药物制剂成像中的应用，因为许多出版物已经介绍了这方面的内容[1-4]。

本章将总结和讨论 FTIR 成像技术在药物系统中的应用，并主要着眼于 ATR-FTIR 成像，无论是在微观模式或者宏观模式下[5,6]。微观 ATR-FTIR 成像技术通过使用浸没光学元件［例如锗（Ge）晶体的 ATR 物镜］克服空气中的红外光的衍射极限，提供高空间分辨率的成像。不使用红外显微镜的宏观 ATR-FTIR 成像，有助于更大视野的成像，并为以高通量方式研究大面积或整个片剂和许多样品的分析提供了一系列可能性。ATR-FTIR 成像的主要优点是其适宜研究水体系，这对原位溶解分析至关重要[7-9]。本章将介绍宏观 ATR-FTIR 成像的许多应用，并且大部分是我们团队首创。这些应用包括分析片内成分的空间分布、在压片过程的原位成像、溶解和药物释放、高通量分析的应用程序，并把 ATR-FTIR 成像与其他技术结合。

ATR-FTIR 成像的局限性以及克服这些局限或验证 ATR-FTIR 成像结果的方法将在本章进行说明。为验证 ATR-FTIR 成像技术，通过利用模型片剂获得的宏观 ATR-FTIR 成像数据，与通过 X 射线显微断层获得的同一药片的成像结果进行比较。将带有流通池的 ATR-FTIR 成像结果与 UV/Vis 检测的水中溶解的药物的检测结果相结合，证明了 ATR-FTIR 成像可以成功应用于水溶性以及低水溶性药物的溶解过程。新的研究进展包括将可见光成像与 ATR-FTIR 成像相结合用于片剂的溶出过程研究，这种组合可以允许评估以前的仅仅是基于可见光成像所得到的溶出机制的结论。

宏观 ATR-FTIR 成像特别适合许多样品的高通量分析[10]。因此，通过利用“按需滴加”设备将制备的阵列微滴样品直接滴到 ATR 晶体的表面上，成功证明了 FTIR 成像同时研究多个样品的适用性。近期，此方法被扩展到使用基于聚（二甲基硅氧烷）（PDMS）的多通道设备上，此设备允许同时研究几种制剂的溶解。总体而言，具有宏观 ATR 能力的 ATR-FTIR 成像技术是一个用于药物制剂的高通量分析的非常强大的新工具，并能为控释药物制剂的设计提供指导。

10.2 中红外光谱法

红外光谱一直是用于研究药物制剂的有效分析工具。它具有揭示关于静态样品和溶解中样品剂型的许多化学信息的潜能，并能够提供从系统研究中得到的补充数据。例如，FDA 溶出实验仅分析一个非常受控的环境下的溶出曲线[11]，而不研究制剂本身。因此，这就提供了一个提高理解处方化学组成的机会。最近，一篇关于中红外光谱在药学中应用的优秀综述也发表了[12]。

10.2.1 ATR 和透射技术

红外光谱成像中使用的样品制备方法是需要首先进行讨论的，因为这些方法是基于传统红外光谱的方法发展而来。有几种用红外光谱研究药物制剂的方法，分别是透射、漫反射和 ATR。漫反射收集并分析红外的散射能量。

透射模式是红外光谱最常用的采谱形式。红外光束穿过样本，通过测定产生的辐射可以确定红外线的吸收频率。这就要求样品必须足够薄，以允许辐射通过，但它也必须足够厚使得产生合适的吸光度，因此必须小心样品制备。制备样品的厚度通常为 5～20μm。被测样本的形式也是一个重要因素，因为当光穿过样品时，颗粒会引起随机的光反射，从而使光束可能变得过于分散。

一种更灵活的技术是衰减全反射光谱。这种技术使用由具有高折射率的材料构成的倒转棱柱状晶体，例如折射率为 2.4 的钻石或具有相似折射率值的硒化锌。将样品放置在晶体的上表面上，而红外光进入晶体，并以大于临界角的角度接近晶体上表面。ATR 光谱基于这样的原则：虽然全内反射发生在晶体与样品之间的界面，但辐射却以衰减波形式穿透样品几微米，在衰减波中样品的吸收衰减了光束。

衰减波进入下一介质的穿透深度可用式（10.1）计算，穿透深度被定义为距离，在此距离下电场的振幅在表面将下降到其初始值的 1/e。

$$\mathrm{DP}=\frac{1}{2\pi W N_{\mathrm{C}}\left(\sin^{2}\theta-N_{\mathrm{SC}}^{2}\right)^{\frac{1}{2}}} \tag{10.1}$$

式中，DP 是渗透深度；W 是波数；N_{C} 是晶体折射率；θ 是入射角；$N_{\mathrm{SC}}=N_{样品}/N_{晶体}$。

式（10.1）中渗透深度取决于上面列出的几个因素。较长的波长有较大的渗透深度。当使用中红外时，使用具有 1.5 左右折射率的普通聚合物材料的渗透预期深度，通常在 1～5μm 的范围[13]。公式还指出，只有当入射角大于临界角时，才会发生内部全反射。

使用 ATR 模式测量样品，样品必须放置在晶体的表面上，因此，样品制备变得很简单。必须将样品压在晶体上，且有足够的力量来确保两个物体全面接触，这是因为衰减波的渗透深度很浅。该晶体对于红外辐射必须是透明的，并具有高折射率。硒化锌晶体坚硬、易碎并且容易被划伤，但是可以相对便宜地获得大体积、光学稳定的硒化锌晶体。金刚石是另一种选择，然而，它昂贵且吸收某些红外线辐射的红外频率，特别是在高温下。金刚石的主要优点是，它能够承受高压力，其耐化学性和坚硬程度使它特别难以刮伤。

关于 ATR 光谱的一般认识是：需要通过强大的外力来实现样品与 ATR 晶体之间的良好接触，但通常情况并非如此。用液体样品通过覆盖晶体的顶端可以简单地实现充分接触，然而当测量聚合物材料时，需要一些外力来实现充分接触。由于 ATR 晶体表面光滑可以帮助其更好地接触，从而可以最小化使用外力。在某些药物高分子材料的溶解实验中，当与水接触时形成凝胶可以大大改善聚合物的接触[14]。当在 ATR 晶体上原位压制大多数药物样品时，所需的压紧水平比工业压片机小一个数量级，表明在实验室中可以实现样品的制备。然而，虽然用金刚石作为 ATR 晶体来实现压实不是问题，但在一些其他晶体上难以实现令人满意的无损压实，如硒化锌晶体。

10.2.2 FTIR 光谱成像

传统的红外光谱仪是单一检测器的设备。一张光谱代表了总的被测样品的平均信息，所以在获得的数据中没有空间信息。此前，成像产品可能仅使用绘图技术，这涉及在样品的局部区域上按照网格图案方式收集光谱数据，以建立系统的空间分辨图像。随着先进的线性阵列探测器出现，它同时收集线性数据，且跨越样品。主要的进步来自于焦平面探测器。检测器（焦平面探测器）的网格阵列替换单元件检测器，焦平面探测器同时从样本的所有区域收集空间分辨光谱信息。这意味着，获取图像时，各检测器在每次扫描过程中收集数据，因此在同一时间测定每一点。其结果是，对一个 64×64 探测器每次扫描记录 4096 张光谱。该 FPA 检测器可以与标准干涉仪和光源结合使用。由于每次扫描 64×64，系统记录 4096 张光谱，所以产生大量数据。因此，在早期的系统中，为了减少这个过程中密集性的计算，实施步进扫描模式，其中，在不连续的步骤中动镜改变位置。这使计算机有时间来处理数据。目前，有了更强大的系统和更好的探测器，使用连续扫描模式，在这种模式下移动镜平滑连续地移动。这种收集数据方法迅速得多。

10.2.3 光谱成像介绍

为了便于解释，示例数据使用 64×64 检测器获得。成像的对象选择的是含有咖啡因和纤维素类聚合物-羟丙基甲基纤维素（HPMC）的模型片剂。成像分析的示意如图 10.1 所示。

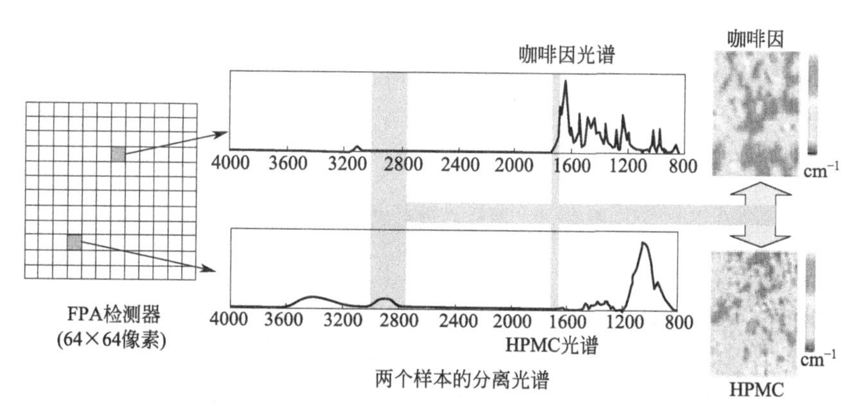

图 10.1 FPA 检测器采集光谱（彩图位于封三前）

在网格中每个像素点采集了 4000～800cm^{-1} 光谱范围内完整的红外光谱。成分的浓度正比于它的吸光度，符合朗伯-比尔定律。特定光谱带的吸光度可以通过积分光谱带下面区域来计算。通过在空间上绘制成分的吸光度值，可以产生相对浓度图像。对于每一种物质都必须找到一个可以很好地将其从其他物质中分离出来的波段。出于这个原因，在 2750～3000cm^{-1} 突出的波段被选择为水，在 1670～1730cm^{-1} 被选定为咖啡因（图 10.1）。通过绘制这些检测器阵列（考虑到用倒棱镜解释宏观 ATR 获得成像的纵横比）网格匹配的积分值，如图 10.1 所示可以构造片剂中 HPMC 和咖啡因浓度图。

图 10.1 生成的两张图代表同样的空间区域。一张是绘制咖啡因吸光度的分布，另一张是绘制 HPMC 吸光度的分布，因此它们给出了样品成像区域内两种物质对应的分布。红和粉红色域对应于高浓度的区域，而蓝色域对应于较低浓度的地区。可以看出，这些成像是互补的，也就是说，在有咖啡因的高浓度的地方，相应的 HPMC 浓度低。有一些区域，两者的浓度都低，这最有可能是片剂中的空隙结构或杂质导致的。

10.2.4 成像样品制备方法

光谱成像法可以通过透射模式或 ATR 模式进行。然而，如上所述，透射方式需要更多的样品制备。ATR 是一种表面技术：成像时测量片剂底层。透射模式应用穿过整个样品：在成像时，显示的是一个穿过样品的平均值[5]。在成像中看到的大颗粒实际上可能不是大颗粒，而是包括两个在不同深度的单独颗粒，如图 10.2 所示它们在光束路径上稍微重叠。尽管如此，透射成像已成功地应用于许多材料[15-17]。

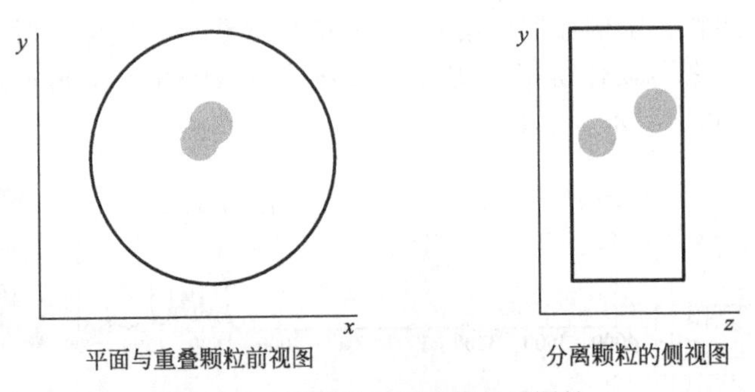

图 10.2 厚样品透射成像的局限性

ATR 成像将不会在这种“平均”问题上面受影响。然而，由于获得的光谱数据是从样品底面取样，所以必须注意一些事项。成像的探测深度是约几微米，然而，大多数基于粉末的药物制剂中的单个颗粒比这大得多，这意味着只有总体积的相对小部分进行了成像，可能只看到了“冰山一角”。这种效果的表现如图 10.3 所示，其中，虽然粉末已通过 90μm 粒径的筛网彻底过筛，但仍有很多较小区域可见。这些区域中的每一个小区域实际上都是位于 ATR 视场（FOV）范围内的较大粒子的一小部分。然而，透射模式和 ATR 模式都具有用途，必须根据分析要求做出相应的选择，它们之间在许多方面的区别，如空间分辨率、视场和出现“鬼峰”的可能性[18-20]。

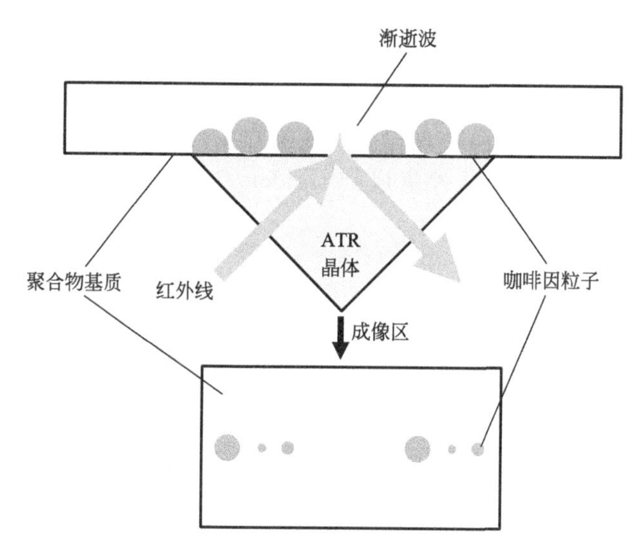

图 10.3 ATR 成像中颗粒尺寸对成像的影响

Varian 拥有 ATR 成像光谱仪的专利[18]。随着现代 FPA 探测器的发展，得到成像仅仅需要短短 10s。严格来讲不属于成像技术的绘图方法也是常用的。这些系统采用线性阵列检测器以及机械光栅扫描技术构建图像，这个图像与采用焦平面探测器得到的图像包含相同的数据[21,22]。这些测量可以比 FPA 达到更好的信噪比，并且现在可以以低于过去的速度操作 FPA 探测器。最近已证明了可以通过使用线性阵列检测器对聚合物材料[23] 和药物样品[24] 进行化学成像。

使用焦平面检测器同时收集所有光谱，可以研究动态系统，如药物制剂的溶出[7,25]。这一原理可以推广到高通量分析中实现一次研究大量样品[26-28]。这种技术对聚合物和扩散过程也有用[5,29-31]。

对 ATR-FTIR 成像最通用的配件是来自英国 Specac 公司的 Golden Gate^{TM}，在我们实验室其率先应用于成像。其内部光学系统如图 10.4 所示，这里显示 ATR 是一颗小钻石晶体，内置于 ATR 附件中的透镜将光束集中到样品上。

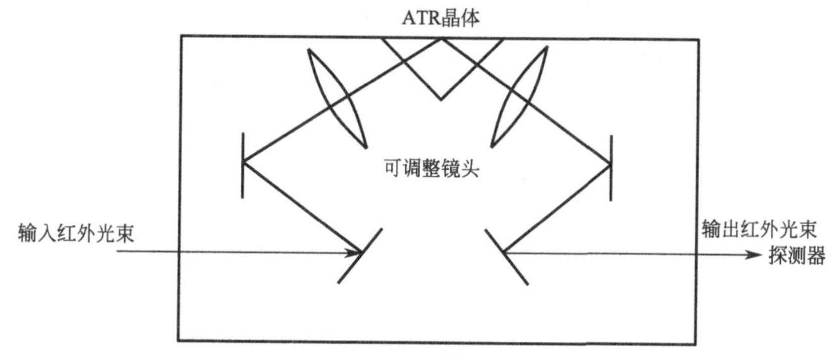

图 10.4 Golden Gate^{TM} 的内部光学系统

由图 10.4 中的图解可以看出，红外辐射光束在 ATR 晶体与样品的界面发生全内反射。光束到达界面的角度约为 45°，因此，与圆形光束成像相反，所述样品区由一个椭圆形光束成像。由于角度大约是 45°，成像高度与成像宽度的结果比例约为 1∶$\sqrt{2}$，如图 10.5 所示，记录和显示成像时，必须考虑到这方面的比例。通过将改进的光学器件集成到 Golden Gate^{TM} 产生更接近正方形的图像[32] 使这种效应最小化。

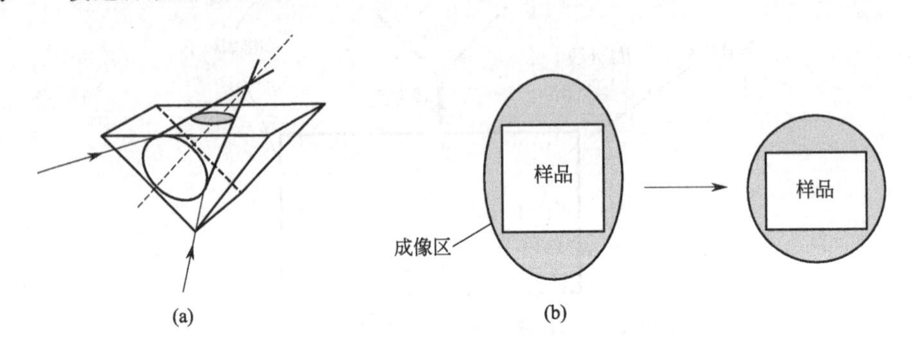

图 10.5 (a) 示意图展示了导致图像拉伸的椭圆成像区域
(参考文献 [33] 2003 年版权经应用光谱学会许可转载)；
(b) 成像宽高比的变化（经应用光谱学会许可转载自参考文献 [33] 2003 年版权）

一个系统的空间分辨率由所使用的辐射波长和数值孔径（NA）限制。这由瑞利准则描述，如式（10.2）所示，它可以用于计算待解决的两个相邻点之间所需要的理论距离：

$$r=\frac{1.22\lambda}{2\mathrm{NA}} \tag{10.2}$$

式中，r 是两个相邻点之间的距离（彻底解决两点分离距离必须为 $2r$）；λ 是辐射的波长；NA 是系统的数值孔径，计算方式见式（10.3）：

$$\mathrm{NA}=n\sin\theta \tag{10.3}$$

式中，n 是物镜和样本之间成像介质的折射率；θ 是孔径角的一半。

要使两点彼此完全分离，最小需要分离距离为 $2r$。在实践中，由于缺陷这不能达到实用，如在系统内的光学像差。在红外区，可通过显微镜来实现最高空间分辨率。在使用 Golden Gate^{TM} 附件的情况下，如图 10.4 所示，仪器的空间分辨率为 13μm[33]。

如上所述，金刚石是一种在 ATR 模式下工作的特别有用的材料，现在已经广泛应用于成像工作[5,33,34]。用金刚石进行的用于初始成像工作的成像大小是 820μm×1140μm，而 Golden Gate^{TM} 的新的成像系统具有优化的光学和现代化检测器，成像区域现在为 570μm × 530μm，从而纵横比从 1∶1.4 改变至 1∶1.1。

10.2.5 FTIR 显微光谱成像

FTIR 显微光谱采用结合光学显微镜的成像或绘图系统，从非常局部化的区域采集光谱[20]。这在分析小功能区域内不均匀的样品中有应用，而且采用透射模式或 ATR 模式均可进行。在实践中，显微光谱成像可以达到的空间分辨率限制在 10～15μm，这主要是因为较小的孔径使红外光束对光通量低，这可以使用同步加速器改进[35-38]。这使得采集头发的化学光谱成为可能，可以给出头发的髓质区光谱[37,39]。然而，尽管采用 3μm 孔径，但光谱指纹区（波长 6～11μm）会被周围材料的光谱信息所“污染”。

如式（10.2）所示，在系统中瑞利准则部分取决于数值孔径。因此，通过使用具有比空气高得多的折射率的 ATR 晶体，可以大幅度提高系统的空间分辨率。Chan 和 Kazarian 能够通过使用波长 6μm 的红外线获得 4μm 的分辨率[33]。

提高的空间分辨率在寻找材料中微量成分时能够提高检出限[40]。由于非均质往往是在微米尺度找到，所以研究药物制剂时这特别有用。

10.2.6 ATR-FTIR 视场拓展

达到最高空间分辨率通常非常重要。然而，这将以导致相当小的成像区域（例如，约 50μm×50μm）的视场为代价。对于需要较大视场的研究，可以使用定制设计扩展光学的大硒化锌成像棱镜。该实验装置类似于标准 Golden Gate™ 附件。然而，在成像光学元件前插入凹透镜从而实现光束的扩展[41]。该系统示意如图 10.6 所示。

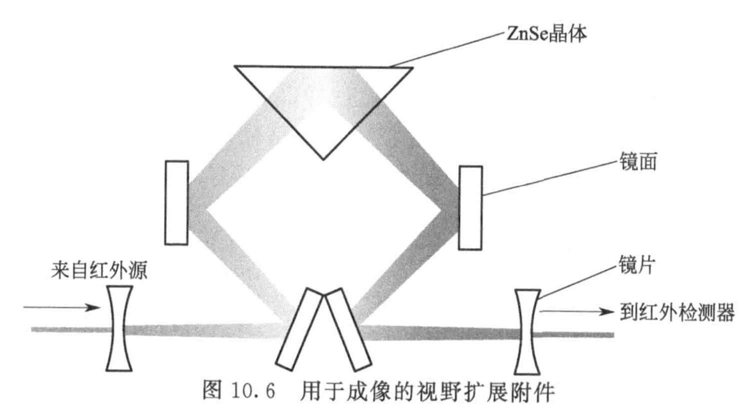

图 10.6 用于成像的视野扩展附件

该附件成像面积约为 15.4mm×21.5mm。这个扩大视场便于同时测量多个样品，由于样品可以直接附在成像区域内的晶体表面。这已经被应用于从一幅图像中的一百多个静态样本中获取数据，同时研究了五个样本的溶解[41]。扩大 FOV 成像的缺点是降低空间分辨率。由于光束被扩展，检测器中每个像素的投影面积增加了。该扩展光束也导致该系统的光圈在数值上减少。因此，视场扩展的成像不能用于获得关于研究样品的更小特征的数据，因此它仅在必须放大感兴趣的区域时应用。

10.2.7 定量分析

ATR是一种成熟的方法，长期以来一直与传统的FTIR光谱相结合，以获得定量数据。ATR-FTIR光谱已被用于确定无水羊毛脂和聚乙二醇中液体的扩散系数，以及尿素从聚乙二醇到医用胶黏剂的扩散系数[42,43]。随着FPA检测器的使用，现在在成像模式下可以进行定量分析。这已被包含羟丙基甲基纤维素（HPMC）作为聚合物基质和烟酰胺作为模型药物的药片证明[1]。

采用偏最小二乘法（PLS）建立浓度模型，对成分进行定量分析，获得浓度曲线。从这些溶解曲线，有可能获得溶解的全局视图，并将其关联到片剂溶解物理过程，从而测定其溶解的机制。Jia和Williams将ATR-FTIR成像用于帮助建立药物溶解的定量模型[44]。这是非常重要的，因为对于实际的系统和具有复杂颗粒结构的系统，重要的是将实验示例作为用于验证的案例研究和提高模型的准确性，同时还必须了解数字化的影响，这可能将错误引入系统的预测行为。成像也可应用于在制剂中定量研究杂质的影响[45]。

为了产生系统的有效定量分析，为系统内的成分浓度提取绝对值是必要的。这使用朗伯-比尔定律，如式（10.4）所示，其中A是吸光度；ε是摩尔吸光系数；[J]是物种J的摩尔浓度；l是样品厚度。

$$A=\varepsilon[\mathrm{J}]l \tag{10.4}$$

假设光程是恒定的，吸光度A与组分的摩尔浓度[J]成正比。因此，如果摩尔吸光系数ε是已知的，或者使用已知浓度的样品，以产生一个校准曲线，那么就能够从吸光度计算出成分的浓度。为了做到这一点，有必要知道样品中辐射的路径长度。在透射模式下，辐射直线通过样品，因此路径长度仅仅是样品厚度。在ATR模式，因为辐射通过瞬逝波而不是路径长度与样品进行交互这一事实，所以使用有效光程长。对于无极性光，使用式（10.5）计算[10]：

$$\frac{d_{\mathrm{e}}}{\lambda}=\frac{\frac{n_2}{n_1}\cos\theta\left[3\sin^2\theta-2\left(\frac{n_2}{n_1}\right)^2+\left(\frac{n_2}{n_1}\right)^2\sin^2\theta\right]}{2\pi\left[1-\left(\frac{n_2}{n_1}\right)^2\right]\left\{\left[1+\left(\frac{n_2}{n_1}\right)^2\right]\sin^2\theta-\left(\frac{n_2}{n_1}\right)^2\right\}\left[\sin^2\theta-\left(\frac{n_2}{n_1}\right)^2\right]^{0.5}} \tag{10.5}$$

式中，θ是入射角，n_1是晶体的折射率；n_2是样品的折射率。

在进行定量研究时，需要注意的是，即使分析一个均匀的样品时，吸光度在样品的整个成像区域中可能不总是均匀的。这是因为穿过晶体成像表面的入射角可能并不总是一致的[46]。因此，这将带来改变有效路径长度的效应从而改变吸光度。因此，成像研究中确保系统的正确光学校准非常重要。还应当注意，入射角度的平均值主要取决于每个单独系统的校准，所以可能与制造商的规范不匹配[47]。也可用更复杂的方法，如平行因子分析（PARAFAC）和多维偏最小二乘（N-PLS），来确定制剂中药物的量[48]。

10.3 药物研究

10.3.1 多晶型

红外光谱非常适合药物的多晶型研究。区分多晶型的能力对制药工业是关键，因为每一种晶型可以单独申请专利。因此，制药公司必须找到他们开发药物的所有可能的晶型，否则竞争对手可以以另一种晶体形式使用相同的药物，例如头孢地尼[49]。

药物多晶型状态可以对制剂的溶解性质有很大影响。无定形药物的形式通常比结晶形式表现出高得多的溶解度。此外，控制API的结晶状态在确保制剂的安全性和有效性上有显著影响。

红外光谱对化合物晶形变化高度敏感。多态转变将以几种光谱变化的形式体现。根据从非晶体状态向晶体结构的转变，化合物光谱的峰将变得更清晰和更明确。更量化的区别在于在峰位移的形式，例如，无定形布洛芬的羰基峰位于$1730cm^{-1}$，而羰基峰在晶体形式中将转移至$1710cm^{-1}$，因为结晶氢键将形成在药物分子之间[7]。

这种敏感性导致形成了很多用于化合物结晶度的检测[50-54]。例如，磺胺甲噁唑有两个不同的多晶型形式，在研究漫反射模式时，可以鉴定对应于不同形式的不同光谱。然而，在使用漫反射模式时，有两个参数必须保持一致：

① 为校正和检验，生产均一的样品；

② 对于所有成分颗粒大小一致。

不均一的校准和验证样品将给出不正确的红外吸收值，从而导致错误的预测，而颗粒尺寸的变化可以改变样品的漫反射性质。当量化样品的结晶度时，可以容易地实现4%的精度。

10.3.2 超临界流体研究

准备药物制剂时有无数方法，可把药物嵌入聚合物体积内。在准备需要聚合物中药物的分子分散和均匀分布的样品时，超临界浸渍被证明是实用的。这可以通过抗溶剂沉淀、烟雾化和超临界流体的迅速扩张形成的颗粒成形完成[55-57]。Kazarian和Martirosyan[75] 已经应用了ATR-FTIR光谱学研究超临界流体药物浸渍的步骤，使用PVP作为聚合物和布洛芬为模型药物。它表明，药物从分子上分散到聚合物基质中（药物以分子水平溶解在聚合物基质中）这个过程是可行的。这揭示了布洛芬的羰基峰从$1710cm^{-1}$移动到$1727cm^{-1}$处，表明其进入到PVP中，说明药物分子间的作用力被打破。这表明了ATR-FTIR光谱显示PVP

和二氧化碳的 C═O 组之间特殊相互作用的能力。ATR-FTIR 光谱使用金刚石晶体特别适合于这项工作，因为它比其他合适材料如硒化锌更强，因此它可以承受超临界二氧化碳工作所需的高压[58]。

10.4 药物 FTIR 成像

自从 1997 年红外成像首次推出以来，该技术已被用于研究许多不同的科学中的多个方面，从聚合物扩散和溶解领域[29,59]到固化橡胶和生物系统[60-62]。最近甚至在法医学中[63]和活的癌细胞成像中[64]得到应用。红外成像已被广泛应用于研究药物制剂，最常见于研究口服剂量制剂的控释释放机制[65]。

10.4.1 压片片剂成像

ATR-FTIR 成像是研究药物的有价值工具，因为很少或不需要样品制备，而且从这些制剂的成像研究中可以提取许多有价值的光谱信息。不需要样品制备是 ATR 方法一个显著特性，因为透射模式需要在显微切片机下将样品切成小于 10～20μm 厚度的样品，而 ATR-FTIR 成像可以研究片剂的许多方面。最重要的成像特性是其评估样品中不同成分的空间分布的能力[66-68]。通过取得样本的多个图像，可以研究分布变化。例如，在进行压片时，片剂中颗粒的位置重新排列，其次是颗粒的破碎，然后是材料空隙塌陷导致更致密的材料。这个过程可以在原位使用 ATR-FTIR 成像进行研究[69,70]。

已经开发了一种定制设计的单冲压片单元，与金刚石 ATR 晶体和 Golden Gate™ 附件配合使用，可以将药物粉末原位压实成模型片[68]。该单元的操作如图 10.7 所示。

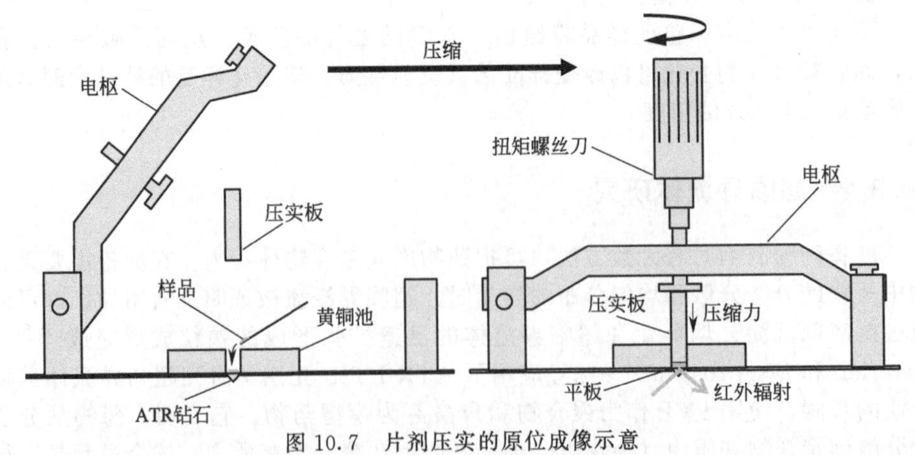

图 10.7 片剂压实的原位成像示意

黄铜单元螺栓固定在金刚石镀层上，然后将粉末混合物倒入单元的孔中，并将圆柱形冲头置于粉末顶部的孔中，然后将电枢下降。接着使用转矩螺丝刀让 Golden Gate^{TM} 附件的电枢将压实板压到粉末上。

这种方法使用钻石，因为当进行压实工作时，只能使用更硬的 ATR 晶体，而其成像用于压片的可行性已经用淀粉和咖啡因的模型片剂证明[19]。该技术也被用于研究聚合物选择对于使用乳糖羟丙基甲基纤维素和微晶纤维素作为模型辅料和咖啡因作为模型药物的制剂的压片性能和药物分布的影响[69]。据发现，咖啡因的分布被片剂中使用的聚合物基质成分强烈影响。关于 ATR 成像的这项工作也取得另一个重要成果。ATR 光谱的一般明显限制是，它是表面技术，所以采用这种技术采集的数据将仅适用于所关注的表面，也不会提供来自大部分样品的任何信息。只有当成分或成像表面和整体之间配方的结构存在显著差异时才是这样。Wray 等人[69] 利用 X 射线断层摄影术，作为与模型片剂的互补技术，来比较带有从 X 射线断层摄影术得到的横截面数据的 ATR-FTIR 表面图像。它们表明，整个散装片剂有类似的药物颗粒分布，如图 10.8 所示，因此 ATR-FTIR 成像是研究药片的有效工具。

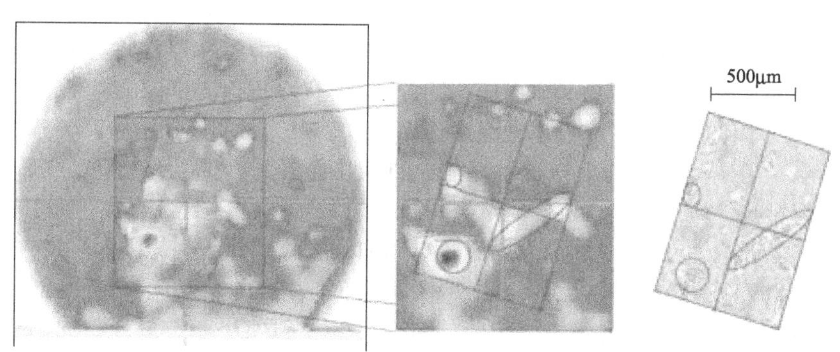

图 10.8 FTIR 光谱图像与 X 射线显微断层图像进行比较（经 John Wiley&Sons 公司许可转载自参考文献 [69]，彩图位于封三前）

10.4.2 ATR-FTIR 微成像

当需要大视场时，像 Golden Gate^{TM} 那样的宏观成像是有用的。但是，有时有必要在较小规模研究样品，以便解决小功能的详细信息。ATR 微成像可用于研究压实药物片剂。但是，不可能对这些样品进行原位压实，因此它们必须非原位制备。ATR 微成像将产生大约 50μm×50μm 尺寸的成像。这已经由 Chan 等人[19] 采用包含咖啡因、淀粉和羟丙基甲基纤维素（HPMC）的模型制剂证实，如图 10.9 所示。

图 10.9 表明，淀粉分布和羟丙基甲基纤维素分布是相辅相成的，表明了 ATR-FTIR 微成像（Micro-ATR-FTIR）在微米尺度空间上分开混合物中不同化学结构域的能力。这些成像的质量也表明，ATR 微成像晶体和样品之间产生了良好的接触。咖啡因成像中可见的大颗粒直径约 10μm。这在宏观 ATR 成像中不可见，

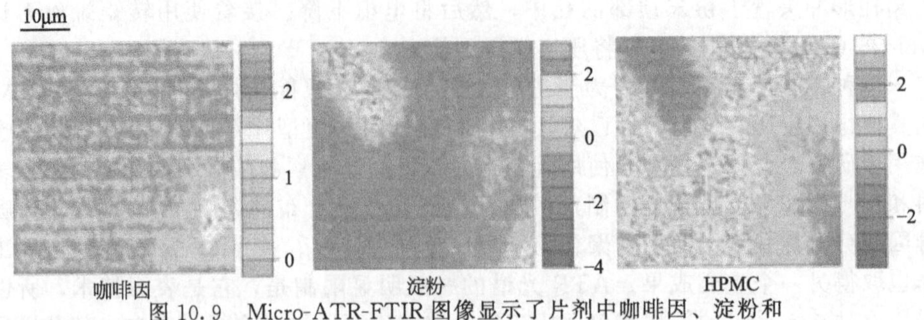

图 10.9 Micro-ATR-FTIR 图像显示了片剂中咖啡因、淀粉和 HPMC 的分布（经美国化学学会许可部分转载自参考文献 [19]）

成像证明了在小得多的规模上成像样本的有效性。较小可见咖啡因颗粒的直径只有 2～3μm，这非常接近该系统的空间分辨率极限，然而，它们依然清晰可见。

10.4.3 药物制剂与人体皮肤的吸水性成像

在药物固体剂型生产过程中，为了提高 API 的溶解特性通常将典型疏水性药物成分混合到亲水性聚合物基质当中。因此，在储存和制造期间，这些制剂可以很好地从大气中吸收水分。水的这种吸附作用可以表现为对制剂的溶解和治疗性质的不良影响，阻碍了 API 的生物利用度。水的存在会导致药品再结晶，对溶解性能产生负面影响。聚合物粉末吸附到水可以改变它的可压性，然后对成型药片中的颗粒形貌产生影响[71]。这导致了人们对药物制剂水吸收方面研究的极大兴趣[72-74]。

传统红外光谱应用只能给出样品吸收水量的平均值，然而，它不能显示药片的不同区域水吸附的不均一性。先前的研究已经单独使用基于聚合物的制剂，而 Kazarian 和 Martirosyan 已表明处方的组成能影响水吸附的能力[75]。红外成像已应用于研究药物制剂中水的不均匀分布。湿度受控单元以透射模式与红外成像结合，提供原位研究水吸附到样品不同区域的可能性[76]，如图 10.10 所示。

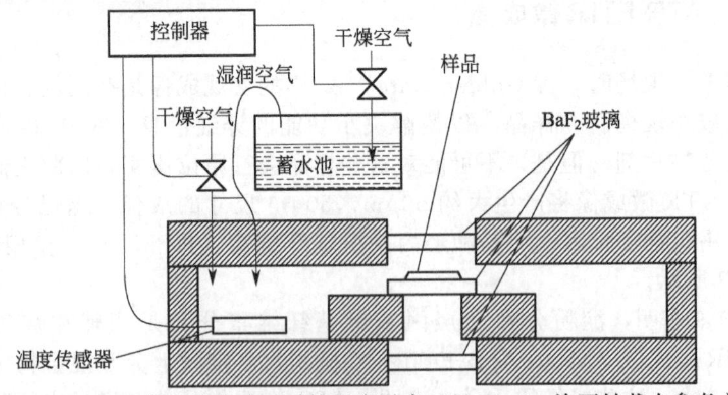

图 10.10 FTIR 透射成像模式下受控湿度示意（经 Elsvier 许可转载自参考文献 [76] 2004 年版权）

所使用的药片由聚乙二醇[49]和灰黄霉素组成。相对湿度为0.5%～90%，温度保持在25℃。所得图像分别显示灰黄霉素、PEG和水的分布，如图10.11所示。

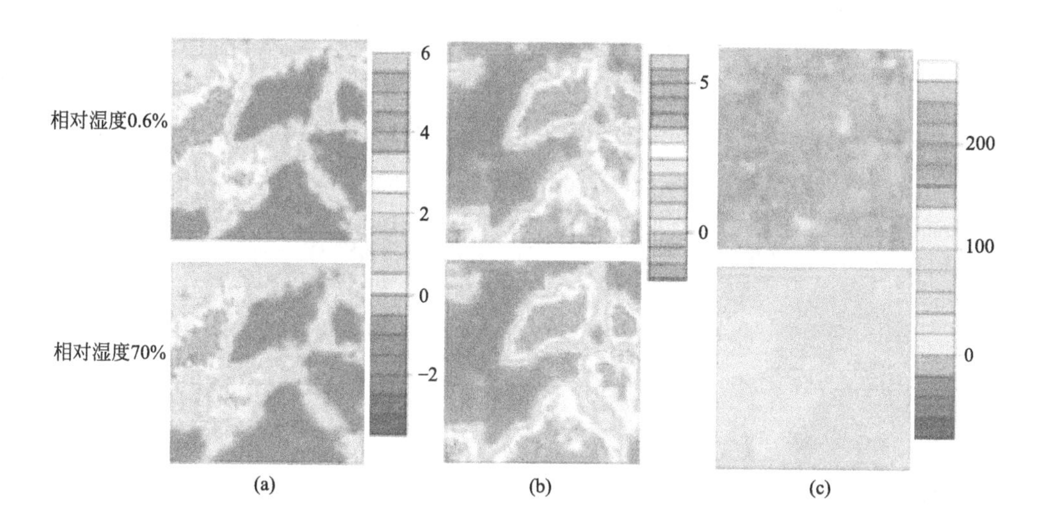

图10.11 不同相对湿度下PEG-灰黄霉素混合物的FTIR图像

[(a)、(b)和(c)分别显示灰黄霉素、PEG和水的分布(经Elsvier许可转载自参考文献[76]2004年版权，彩图位于封三前)]

这个工作表明，水优先吸收到亲水性PEG的区域，而不是药物。它也能够说明，相对湿度大于70%时，吸水率水平显著上升，但对于成分的空间分布没有影响。

如前所述，湿度可能会影响压片的性质。已用控制湿度的方法以ATR模式研究压片过程[70]。包含布洛芬和HPMC的药片，在压片前暴露于0%～80%的湿度。这项工作的结果如图10.12所示。

这些数据表明，在相同的压制压力下，暴露在较高湿度下的样本，显示出更高水平的红外吸收。这是因为密度因更好的压片而增加，表明水对制剂具有显著的润滑作用。更高的压力水平可以表现为改变制剂的溶出性质。红外成像技术证明了其具有揭示有关压片性能的能力。这些数据已经通过提取光谱带的吸光度值被定量分析，然后将其用于产生显示整个图像的吸光度范围的直方图。

宏观ATR-FTIR成像与可控的环境附件组合，可以在一定的湿度下分析角质层，角质层是皮肤的最上层[77]。在多元方法的帮助下分析角质层中水的不均匀分布。ATR-FTIR成像还提供了关于作为湿度的函数的角质层膨胀的信息。这种方法也用于液体乙醇渗入到皮肤的成像[77]，并表现出研究药物的透皮递送的良好潜力[78,79]。

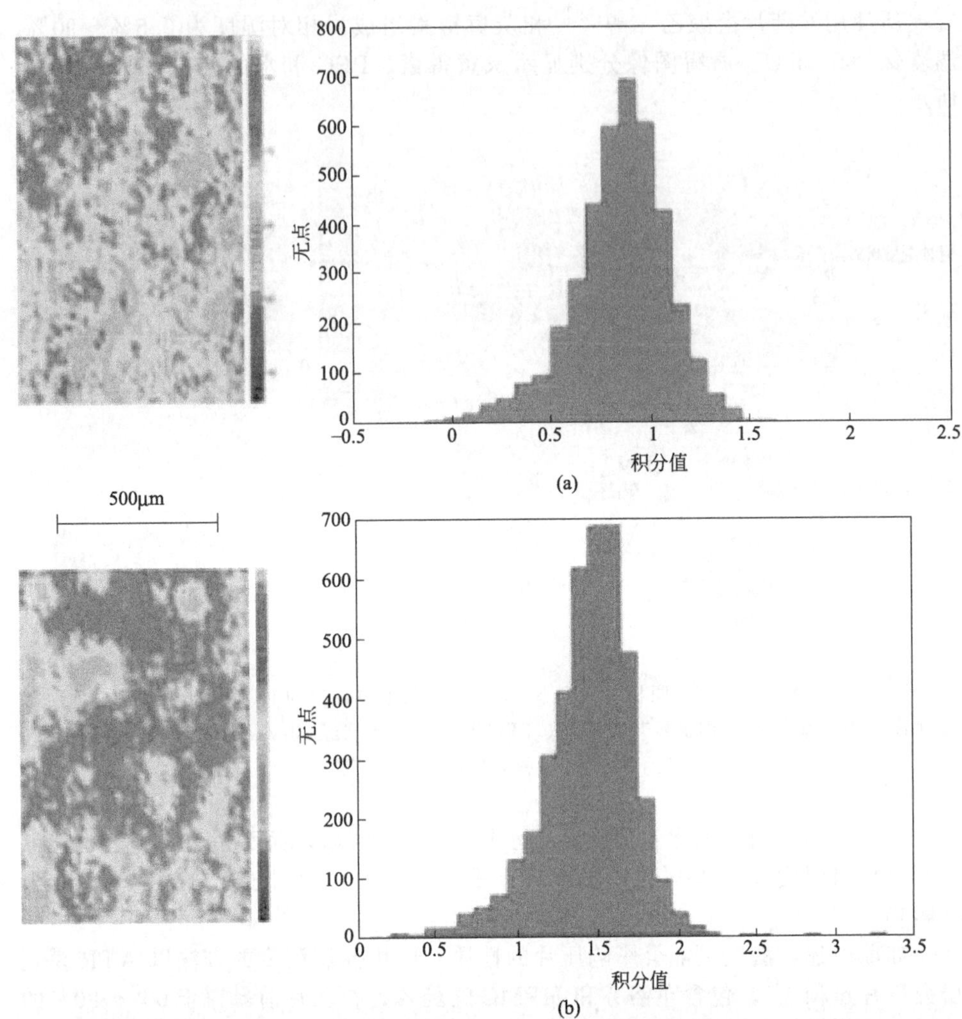

图 10.12 (a) 120MPa 和相对湿度 60%下 HPMC 药片压实 FTIR 图像，直方图显示特定吸光度水平的像素数（经 John Wiley&Sons 公司许可转载自参考文献［70］）；(b) 120MPa 和相对湿度 80%下 HPMC 药片压实 FTIR 图像，直方图显示特定吸光度水平的像素数（经 John Wiley&Sons 公司许可转载自参考文献［70］）

10.5 药物溶解的 FTIR 成像

对于被设计的药物，已经建立了一系列的测试步骤，来为鉴别、检测、纯度测定、溶解度分析等等提供基础。这些检测每年出现在美国药典（USP）[80] 中。正是有了这套指南，FDA 才对药剂制造商执行法规的情况进行监督。

不幸的是，尽管对固体制剂的溶解有大量的研究，但还是对制剂（或药片）与溶解介质接触的内部过程缺乏了解。原因是传统溶解研究（如 USP Ⅱ）并没有检测在药片内可能发生的物理过程。这种方法只能够以时间为函数分析药物在溶解介质中的浓度，没有任何关于制剂本身复杂生产过程的信息。

溶解度有一组类似 FDA 的 USP 规则。测试是简单的可重复溶解程序，它利用充满溶解介质的篮式或者桨式装置[11]。

该制剂被置于篮里，内室充满溶解介质。然后，在腔室内转动篮子，并测量释放到溶解介质中的药物浓度。标准溶解实验和应用的一致性需要进行有意义的比较，因此，有非常严格的校准设置[81]。然而，这并不提供溶解过程中发生的有关药片内的信息。为生产有效且可靠的药片，理解药片溶解机制必不可少。

红外成像已成功应用于研究许多相关过程，如 pH 值对溶解的效果[67]、溶解过程中聚合物的表现[14]、初始样品参数的效果[1,8] 和多晶型转变的发生[7,82]。

10.5.1 溶解的透射成像

Koenig 和他的同事已经用红外成像分析在透射模式下研究药物递送制剂的溶解模式[83]。处方使用睾酮作为 API，聚（环氧乙烷）（PEO）作为聚合物基质。这种技术能够证明亲水性基质中的 API 溶解，如图 10.13 所示。

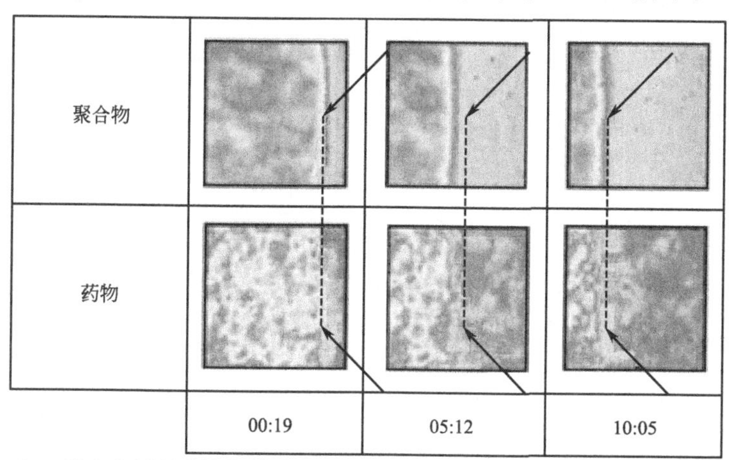

图 10.13 配方在透射中溶解模式的 FTIR 成像（经 Elsevier 许可转载自参考文献[83] 2003 年版权，彩图位于封三前）

由于处在中红外区域的水对红外的强烈吸收，使得这项工作具有挑战性。这需要使用氘代水以及非常薄的间隔空间，从而限制为对非常薄的样品（约 10μm）的研究。这些样本将不能完全代表真实片剂，由于有如此薄的垫片应用，片剂要具有非常小的厚度。

10.5.2 溶解的 ATR-FTIR 成像

ATR 成像的优点是，光程长度不依赖于样品的厚度，红外线渗透到样品中的深度相当小。因此，与人工制备的薄样品相反，可以研究在更接近真实样品的片剂的水性介质中的溶解。

采用宏观ATR-FTIR成像来检查聚合物/药物制剂与水接触的溶解过程，最早是在Kazarian和Chan的研究中证实的[7]。那项工作发展的宏观ATR-FTIR成像方法，已经允许他们同时研究与水接触后聚合物和药物的空间分布随时间变化的关系。这项研究中最重要的发现是，当药物与溶解介质接触时，最初分子分散药物会发生结晶化。这种结晶会减慢整体药物溶解。这些现象采用常规的溶解检测测试是检测不出来的，从而证实ATR-FTIR成像可以对药物释放机制提供重要的洞察。这一研究还表明，ATR-FTIR成像方法可以实现环糊精布洛芬络合物溶解的可视化，其中环糊精可以防止布洛芬结晶[7]。

ATR-FTIR溶解成像的另一个例子涉及PEG中硝苯地平的剂型[82]。将不同量的结晶硝苯地平溶解在70℃的熔融PEG（M_W = 8000）中以产生5%、10%和20%的药物样品，然后将样品冷却、固化并粉碎，之后将粉末转移到加热至60℃的硒化锌ATR晶体中以重新配制制剂。然后用玻璃载玻片覆盖样品，使用间隔物以产生可以形成均匀厚度的样品的空间。然后将样品在加入水之前进一步冷却。然后以5min的间隔获取FTIR图像。结果如图10.14所示。

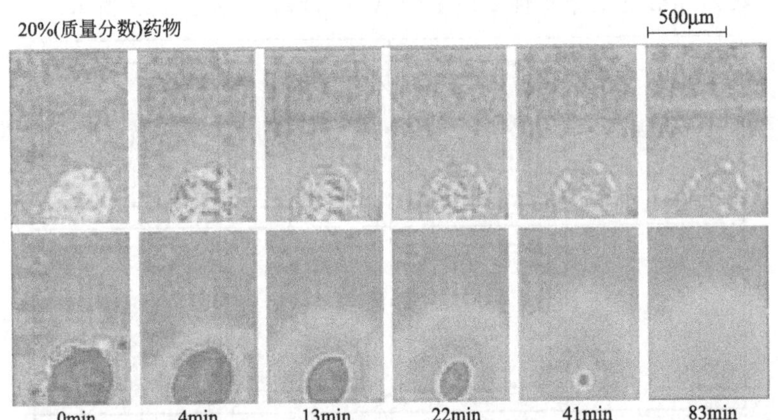

图10.14 硝苯地平和PEG的溶出，顶行显示药物溶出，底行显示聚合物溶出
（经美国化学学会许可部分转载自参考文献［82］2004年版权，彩图位于封三前）

结果表明，随着药物的再结晶，其形态发生变化。这发生在与水接触的聚合物基质内，但红外成像显示这种情况发生在水尚未存在的区域。相比布洛芬与溶解介质直接接触表现出结晶化的现象，此项研究证明了另外一种结晶触发过程[7]。该数据也表明，增加载药量会导致更多的结晶。这项工作利用了红外成像的巨大潜力，发现了更多有关药物制剂溶解的信息[82]。

10.5.3 用FTIR成像研究流动溶解

为了研究使用ATR成像的流动溶解，设计了改进的简单的压片装置。这种装置的开发可让药片保持原位不动，如图10.15所示。然而，溶解介质随后可以流过单元而不需要移动样品。该装置的结构类似于标准的压片装置；然而，在冲头周围是可伸缩的金属螺栓，在压实后产生一个腔室，通过该腔室，溶解介质流入，如图 10.15 所示[66]。

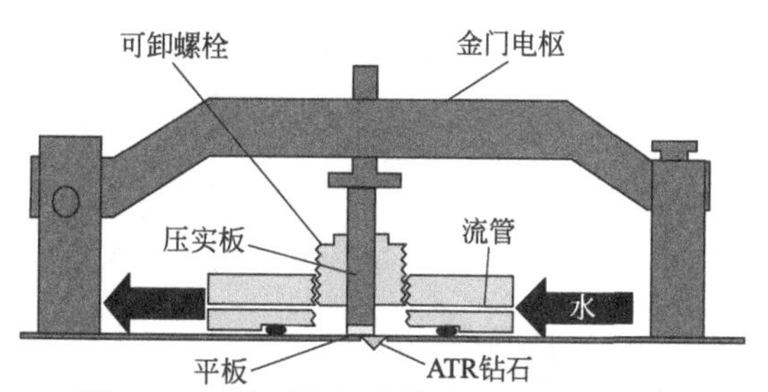

图 10.15 流动溶解池结合 ATR 附件示意

溶解单元与压片单元的实验装置相似，如图 10.15 所示。它被固定在金刚石片上，唯一的区别是偏心孔和可缩回的螺栓。也有流动管连接到腔壁侧面，通过它将溶解介质泵入。

该设备对研究模型药片溶解特别有用，因为它带来了流动过程的红外光谱成像的空间分辨化学特性。它可以用来研究水进入片剂、聚合物凝胶的形成层和药物本身的最终溶解过程。通过一定的时间间隔进行成像，可以获得时间分辨的溶解的化学信息。该溶解装置还设计有稍微偏离中心的对准压实板，使药片对钻石仅覆盖半面。这把药片和溶解介质之间的交界面设置为成像的中心线，同时，也为任何潜在的凝胶和要观察的聚合物的膨胀或溶解提供了空间。

图 10.16 给出了使用这种方法可以得到的信息范围。样品是由羟丙基甲基纤维素和咖啡因组成的模型药片[66]。只得到了预期的咖啡因和羟丙基甲基纤维素半边成像。也可以看出成像是互补的。在羟丙基甲基纤维素成像中有两个低浓度的圆形区域，正好对应咖啡因成像中两个高浓度结构域。观察到水在填充交界面未占用的空白区间。因为这是水与药片接触后不久拍摄的图像，所以它还没有开始渗入。

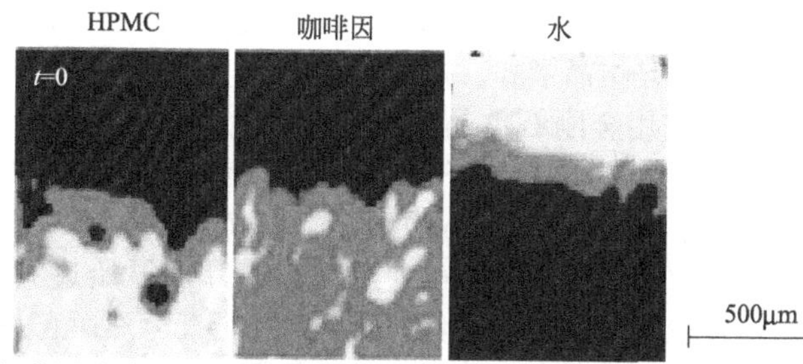

图 10.16 咖啡因片溶出的图像（经 Elsevier 许可转载自参考文献［66］2004 年版权）

布洛芬倾向于在酸性介质存在下结晶。红外成像不仅可以判断有无布洛芬的分布，同时也将显示药物的结晶状态。这可以通过检查羰基带的位置来确定。如图 10.17（a）所示，位于 1732cm^{-1} 的峰来自溶解于聚乙二醇的布洛芬，而在 1706cm^{-1} 处的峰是结晶布洛芬。

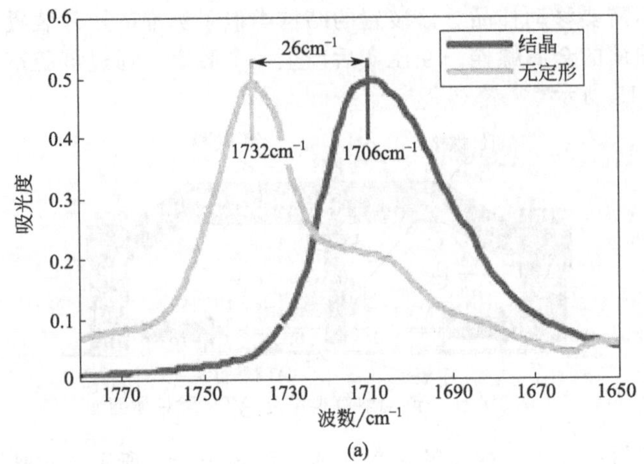

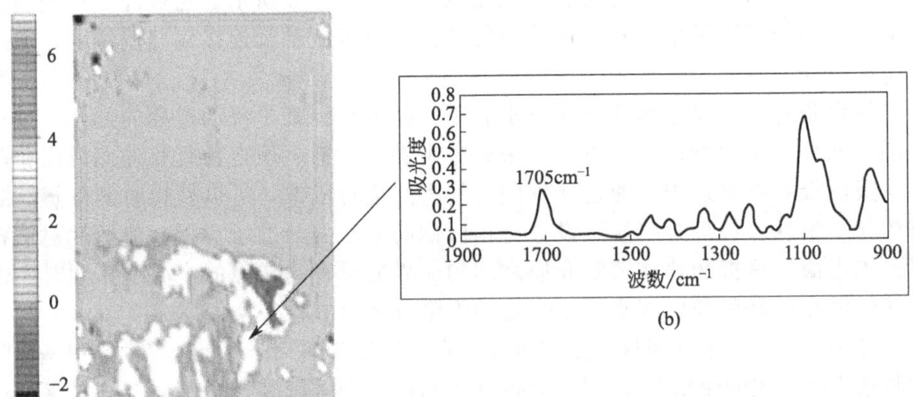

图 10.17　(a) 布洛芬的结晶和无定形峰；(b) 具有提取光谱的 PEG 和布洛芬的图像

图 10.17 (b) 显示出了在酸性介质中布洛芬和 PEG 片剂溶解的成像。成像给出了在聚合物基质中药物的位置。光谱由箭头所指示位置提取，箭头中 PEG 的存在产生 1150～970cm^{-1} 之间的强波段。羰基峰出现在 1705cm^{-1}，由此可以确定，这个系统中的布洛芬确实是结晶形式。这证明了由光谱数据表构建成像的能力。

原位压片和溶解池使用金刚石单晶意味着，产生的成像为 1mm^2 或更小。这些成像具有高空间分辨率（约 15μm），这对研究结晶和片剂结构上的小变化有用。这个视场仅有助于研究小片剂比较小的面积，然而，它通常需要有更大的视场[7,19] 来研究药片更大的区域，以及发生在距离药片的原始边界更远的溶解过程。由于必须使用这样较大的晶体，硒化锌符合这种情况。然而它并不像钻石那样硬，所以不能进行原位压片。因此，片剂必须被非原位压片，再原位研究溶解。如果不注意的话，会有泄漏的可能性。在金刚石溶解池中，由于制剂被压紧到金刚石上，所以泄漏的可能性极小[66]。聚合物（HPMC）的膨胀进一步有助于防止这种侵入[14]。对于硒化锌晶体，如果聚合物具有低熔点，则可以原位形成样品，这已被用于研究基于 PEG 的制剂的溶解[68]，硒化锌溶解单元可以在图 10.18 中看到。

ATR-FTIR 成像应用于溶出和药物释放的最新实例之一是对 HPMC 的片剂同

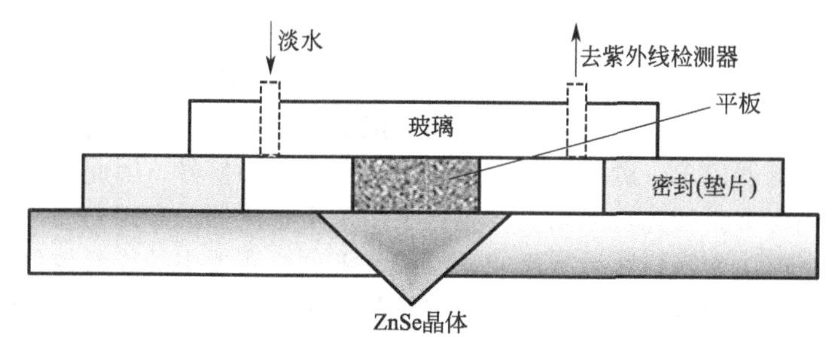

图 10.18 释出 ZnSe 片剂溶解细胞示意（经 Elsevier 许可转载自参考文献 [8] 2005 年版权）

时进行 FTIR 成像和可见光成像[9]。基于以前研究的数据，建立了一个定制设计的腔室单元[9]，这表明，由于 HPMC 片剂在水中的溶胀，HPMC 片剂不可能将水分渗入片剂和 ATR 晶体之间的界面区域入口[14]。附在钻石 ATR 配件上的新腔室在上表面具有明显的透明窗口。药片非原位压实，再放置在金刚石晶体和窗口之间。腔室具有内置的侧面的管道，其允许溶解介质流过腔室内室。因此用 CCD 照相机从药片上表面获取可见成像，同时在药片溶解过程中从底面测量 ATR-FTIR 成像。这种结合方法可以研究溶解过程中观察到的移动前锋。各条锋面的分配一直是有争议的问题，由于提供了锋面的不同解释。因此，这种新的成像方法被施加到先前研究的系统，该系统包括彩色的药物（丁咯地尔磷酸吡哆醛）和 HPMC[9]。对于基于可见成像的此片剂先前的溶解分配是没有说服力的，因为它并没有为药物、聚合物和水的浓度提供定量值。例如材料折射率的变化，由于水的摄取引起的介质散射特性的变化和凝胶的形成，这些影响都会影响可见成像数据的解释。ATR-FTIR 成像方法提供了锋面的可靠解释，并把它们与可见光照相中的锋面外观相比。在所研究片剂的溶解中观察到的三条锋面，被分配给真正的水渗透、总凝 HPMC 胶化和侵蚀锋面[9]。锋面这种分配对理解基于 HPMC 片剂中药物释放机制至关重要。这种理解在设计新的更好的药物释放产品上可能有帮助。

10.6 假药的 ATR-FTIR 成像

使用红外成像以微观和宏观 ATR 模式均可从假药中分辨出真药。假药片的传播带来重大的健康威胁，不管在发达国家还是在发展中国家，造假药都是严重犯罪。从而，通常迫切需要确定可疑药片的组成，并且使用该信息以寻找这些假药的来源。ATR-FTIR 成像的非破坏性和无创性特别利于假药片的分析。可以不需要染色、破坏或溶解药片，以完全无损的方式对假冒抗疟疾药剂研究不同成分的分布。在 ATR 成像过程之后，可以通过其他补充技术分析片剂。

Micro-ATR-FTIR 成像与解吸附电喷雾离子化线性离子阱质谱分析（DESI MS）的组合已被应用到分析假冒青蒿琥酯抗疟药片[84]。疟疾是一种潜在的致命疾病，但高活性的青蒿素衍生物（例如青蒿琥酯）是有效的治疗手段。微 ATR-FTIR 成像确定了片剂中药物结构域的类型。

在这些研究中，已经证明了检测具有高空间分辨率的高度集中的药品区域的成像方法的优点。Micro-ATR-FTIR成像方法以单次测量可以同时获得样品的不同区域的信息，由于它们的非均匀分布，使其能够检测局部浓度偏高的痕量材料。另外，传统的检测器以单一测量从整个采样区域获取平均信号，因此，来自微量材料的吸收将要弱得多。因此，原则上，相比于用单个检测器的常规光谱，成像方法可以通过多次（取决于采样区域的尺寸、粒径、阵列检测器中的像素数目以及成像的空间分辨率）单一测量增强检测不均匀分布的微量物质的灵敏度。当人们需要在片剂或任何其他标本的表面定位和识别小颗粒（药物、有毒粉末等）时，这在法医学尤为重要。对特定系统比较了传统的红外光谱和红外光谱成像的灵敏度水平。模型片剂由聚合物和药物组成，发现对于这组特殊样品，片剂中可以用传统MCT检测器检测到的药物最低浓度为0.35%（质量分数）。而在使用ATR成像方法时，在包含小于0.075%（质量分数）药物的样品中检测到药物的存在[40]。这种成像的优势在例如筛选假药的应用中至关重要，如在微ATR-FTIR成像的应用中所证明的，其样品由于制造条件不足而可能非常不均匀。

在后续的研究中，用宏观ATR-FTIR成像调查假冒抗疟疾药结合了使用空间偏移拉曼光谱的研究（SORS）[85]。SORS也是一个无损技术，允许不除去药片的包装材料（例如泡罩包）获得它们的拉曼光谱。在组合研究中，SORS用于穿透包装鉴定片剂的总成分，而用金刚石ATR附件的宏观ATR-FTIR光谱成像可以研究药物的空间分布和在片剂的表面上面的赋形剂。宏观ATR-FTIR方法的成像能力允许检测、接近或低于检测SORS技术阈值的低浓度成分[85]。总体而言，这些研究已经证明，ATR-FTIR光谱成像技术有很大的潜力帮助法医鉴定伪造片剂。

10.7 在高通量分析中的ATR-FTIR成像

红外成像是一种固有的高通量技术，非常适合同时研究多个样本。我们实验室最近的研究已经证明，有宏观ATR能力的红外成像方法对于药物制剂的高通量技术来说是一种非常强大的新工具，并能为设计控释药物制剂提供指导。

成熟方法的核心理念[28]，一是用于红外成像的宏观ATR与FPA红外探测器的组合，二是使用微滴系统直接在ATR晶体表面上沉积微滴，三是宏观ATR成像附件与受控湿度单元的组合。这种方法可以实现在相同的条件下超过100个样本的成像。实验步骤的示意如图10.19（a）所示。分配头1中装入含有药物的样品，而分配头2装入纯PEG（聚乙二醇）。通过从每个分配器头的相同位置分配不同数目的液滴，制备含有不同药物成分（布洛芬和硝苯地平作为模型药物）的微滴和聚合物[28]。超过100种聚乙二醇配方的衰减全反射傅里叶红外光谱图像如图10.19（b）所示。

这种方法用于在受控湿度下研究聚乙二醇制剂，并测量每种制剂中的吸水量。还研究了高温对所有制剂稳定性的影响[86]。这种高通量方法确定了稳定制剂的浓度范围，并提供证据表明，连接布洛芬和聚合物之间的氢键的主要功能是在较高温

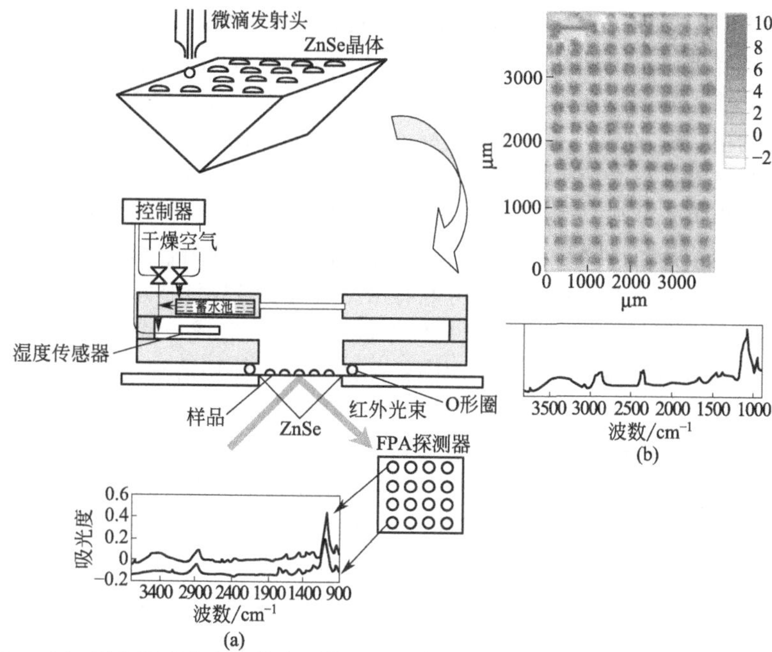

图 10.19 (a) 受控湿度室和红外阵列检测器组合微滴样品沉积的组合 ATR-FTIR 池示意，用于在受控环境下使用高通量分析许多配方；(b) 基于 PEG 的吸收带的超过 100 种 PEG 制剂的 ATR-FTIR 图像分布（经美国化学学会许可部分转载自参考文献 [28] 2005 年版权）

度增强稳定性[86]。还使用这种高通量成像方法分析硝苯地平的多晶型转变[28]。ATR-FTIR 成像也已成功以高通量方式研究模型药物渗透过人体皮肤[87]。

这种方法使测量样品高达 1024 个。增强视场的新配件的引进，提供了一个将 ATR-FTIR 光谱成像与多通道栅格结合的机会，多通道栅格允许同时成像几种不同剂型溶解[41]。这种已经被证明的方法也是第一个微流控应用光谱成像的例子，并可能扩大其未来在小型化高通量设备上的作用[88]。

10.8 结论

本章涵盖有关红外光谱和红外成像在药物制剂应用中的重要问题。在引入光谱成像前，首先介绍了传统光谱在药物中的应用，对这项工作和应用的不同技术所必需的硬件进行了总结，讨论了透射和 ATR 光谱的优缺点。然后，讨论了这些方法的相关案例的进一步应用。

本章中显示的应用已经证明了红外成像的巨大分析潜力。红外成像的最重要组成部分是焦平面阵列（FPA）检测器，因为在相干光学系统内，它提供了能够通过系统同时收集空间和光谱信息这个非常重要的能力。另外，用现代 FPA 探测器使数据采集时间很短。这为成像光谱技术开辟了许多可能性，特别是动态系统的研究，例如固体剂型的溶解。

在 ATR 模式下的多功能性增强了红外成像的适用性。这导致开发了许多定制配件，本章详细讨论了这些新技术对研究药物剂型的应用。这些配件主要用于压片、溶解、受控湿度、高通量分析和法医研究。使用宏观和微观 ATR 成像允许在一定范围的空间分辨率和视场下研究样本。ATR 成像确实只能产生一个片剂表层图像，虽然已有工作表明这些数据是相关的。已有可变入射角的 ATR-FTIR 成像领域的最新发展，开辟了 3D 成像面在药物经皮肤递送[10] 中研究皮肤层或聚合或药物样品的薄层的机会[89]。宏观 ATR 成像与映射[90] 的结合提供了获得大视场成像的可能性，大视场在药物分析中可能有用。不必要破坏性技术这一事实，进一步增强 ATR-FTIR 的成像能力，所以一旦原位分析样品完成，就可以在其他地方重新分析和采用其他互补技术进一步加强样品的研究。使用溶解这个破坏性方法时，可用其他分析技术与之相结合，如紫外/可见光或可见光学分析。

本章中的工作表明，FTIR 成像对研究药物制剂来说是宝贵的分析工具。红外成像在标准药物分析工具如美国药典溶出实验中具有明显的优势，实验产生溶解曲线，其中揭示了药片内产生了什么信息。

ATR-FTIR 成像在研究药物对活细胞的相互作用上具有巨大潜力，这可能对癌症治疗中优化化疗方法有用[64]。对于研究一系列不同条件下高通量方式的蛋白质结晶，ATR-FTIR 成像也可以是有价值的工具[91]。

参 考 文 献

1. van der Weerd, J. and Kazarian, S. G. (2004) Combined approach of FTIR imaging and conventional dissolution tests applied to drug release. *J. Control. Release* **98**(2), 295–305.
2. van der Weerd, J. and Kazarian, S. G. (2007) Multivariate movies and their applications in pharmaceutical and polymer dissolution studies. In: Grahn, H. F. and Geladi, P. (Eds.), *Techniques and Applications of Hyperspectral Image Analysis*, Wiley, Chichester, pp. 221–260.
3. Šašić, S. (2007) An in depth analysis of Raman and near-infrared chemical images of common pharmaceutical tablets. *Appl. Spectrosc.* **61**(3), 239–250.
4. Gendrina, C., Roggo, Y., and Collet, C. (2008) Pharmaceutical applications of vibrational chemical imaging and chemometrics: a review. *J. Pharm. Biomed. Anal.* **48**(1), 533–553.
5. Kazarian, S. G. and Chan, K. L. A. (2006) Sampling approaches in Fourier transform infrared imaging applied to polymers. *Prog. Colloid Polym. Sci.* **132**(1), 1–6.
6. Kazarian, S. G. and Chan, K. L. A. (2006) Applications of ATR-FTIR spectroscopic imaging to biomedical samples. *Biochim. Biophys. Acta: Biomembr.* **1758**(7), 858–867.
7. Kazarian, S. G. and Chan, K. L. A. (2003) "Chemical photography" of drug release. *Macromolecules* **36**(26), 9866–9872.
8. Kazarian, S. G., Kong, K. W. T., Bajomo, M., Weerd, J. V., and Chan, K. L. A. (2005) Spectroscopic imaging applied to drug release. *Food Bioprod. Process.* **83**(C2), 127–135.
9. Kazarian, S. G. and van der Weerd, J. (2008) Simultaneous FTIR spectroscopic imaging and visible photography to monitor tablet dissolution and drug release. *Pharm. Res.* **25**(4), 853–860.
10. Chan, K. L. A. and Kazarian, S. G. (2007) Attenuated total reflection Fourier transform infrared imaging with variable angles of incidence: a three-dimensional profiling of heterogeneous materials. *Appl. Spectrosc.* **61**(1), 48–54.
11. Cox, D., Douglas, C., Furman, W., Kirchoefer, R., Myrick, J., and Wells, C. (1978) Guidelines for dissolution testing. *Pharm. Technol.* **2**(4), 16–53.
12. Wartewig, S. and Neubert, R. H. H. (2005) Pharmaceutical applications of mid-IR and Raman spectroscopy. *Adv. Drug Deliv. Rev.* **57**(8), 1144–1170.
13. Gupper, A., Wilhelm, P., Schmied, M., Kazarian, S. G., Chan, K. L. A., and Reußner, J. (2002) Combined application of imaging methods for the characterization of a polymer blend. *Appl. Spectrosc.* **56**(12), 1515–1523.
14. van der Weerd, J. and Kazarian, S. G. (2004) Validation of macroscopic ATR-FTIR imaging to study dissolution of swelling pharmaceutical tablets. *Appl. Spectrosc.* **58**(12), 1413–1419.
15. Artyushkova, K., Wall, B., Koenig, J., and Fulghum, J. E. (2001) Direct correlation of X-ray photoelectron spectroscopy and Fourier transform infrared spectra and images from poly (vinyl chloride)/poly (methyl methacrylate) polymer blends. *J. Vac. Sci. Technol. A: Vac. Surf. Films* **19**(6), 2791.
16. Koenig, J. L. and Bobiak, J. P. (2007) Raman and infrared imaging of dynamic polymer systems. *Macromol. Mater. Eng.* **292**(7), 801.
17. Miller-Chou, B. A. and Koenig, J. L. (2003) A review of polymer dissolution. *Prog. Polym. Sci.* **28**(8), 1223–1270.
18. Burka, M. E. and Curbelo, R. (2000) Imaging ATR spectrom-

eter. U.S. Patent 6,141,100.

19. Chan, K. L. A., Hammond, S. V., and Kazarian, S. G. (2003) Applications of attenuated total reflection infrared spectroscopic imaging to pharmaceutical formulations. *Anal. Chem.* **75**(9), 2140–2146.
20. Sommer, A. J., Tisinger, L. G., Marcott, C., and Story, G. M. (2001) Attenuated total internal reflection infrared mapping microspectroscopy using an imaging microscope. *Appl. Spectrosc.* **55**(3), 252–256.
21. Patterson, B. M. and Havrilla, G. J. (2006) Attenuated total internal reflection infrared microspectroscopic imaging using a large-radius germanium internal reflection element and a linear array detector. *Appl. Spectrosc.* **60**(11), 1256–1266.
22. Patterson, B. M., Havrilla, G. J., Marcott, C., and Story, G. M. (2007) Infrared microspectroscopic imaging using a large radius germanium internal reflection element and a focal plane array detector. *Appl. Spectrosc.* **61**(11), 1147–1152.
23. Zhou, X., Zhang, P., Jiang, X., and Rao, G. (2009) Influence of maleic anhydride grafted polypropylene on the miscibility of polypropylene/polyamide-6 blends using ATR-FTIR mapping. *Vib. Spectrosc.* **49**(1), 17–21.
24. Pajander, J., Soikkeli, A. -M., Korhonen, O., Forbes, R. T., and Ketolainen, J. (2008) Drug release phenomena within a hydrophobic starch acetate matrix: FTIR mapping of tablets after *in vitro* dissolution testing. *J. Pharm. Sci.* **97**(8), 3367–3378.
25. Koenig, J. (2002) FTIR imaging of polymer dissolution. *Adv. Mater.* **14**(6), 457–460.
26. Snively, C. M., Oskarsdottir, G., and Lauterbach, J. (2001) Parallel analysis of the reaction products from combinatorial catalyst libraries. *Angew. Chem. Int. Ed. Engl.* **40**(16), 3028–3030.
27. Kubanek, P., Busch, O., Thomson, S., Schmidt, H. W., and Schuth, F. (2004) Imaging reflection IR spectroscopy as a tool to achieve higher integration for high-throughput experimentation in catalysis research. *J. Comb. Chem.* **6**(3), 420–425.
28. Chan, K. L. A., and Kazarian, S. G. (2005) Fourier transform infrared imaging for high-throughput analysis of pharmaceutical formulations. *J. Comb. Chem.* **7**(2), 185–189.
29. Snively, C. M. and Koenig, J. L. (1999) Fast FTIR imaging: a new tool for the study of semicrystalline polymer morphology. *J. Polym. Sci. A, Polym. Chem.* **37**(17), 2353–2359.
30. Ribar, T., Bhargava, R., and Koenig, J. L. (2000) FT-IR imaging of polymer dissolution by solvent mixtures. 1. Solvents. *Macromolecules* **33**(23), 8842–8849.
31. Gupper, A., Chan, K. L. A., and Kazarian, S. G. (2004) FT-IR imaging of solvent-induced crystallization in polymers. *Macromolecules* **37**(17), 6498–6503.
32. Poulter, G. and Thomson, G. (2004) *Spectrometer apparatus*. U.K. Patent GB2420877.
33. Chan, K. L. A. and Kazarian, S. G. (2003) New opportunities in micro- and macro-attenuated total reflection infrared spectroscopic imaging: spatial resolution and sampling versatility. *Appl. Spectrosc.* **57**(4), 381–389.
34. Kazarian, S. G. and Chan, K. L. A. (2004) FTIR imaging of polymeric materials under high-pressure carbon dioxide. *Macromolecules* **37**(2), 579–584.
35. Dumas, P., Jamin, N., Teillaud, J. L., Miller, L. M., and Beccard, B. (2004) Imaging capabilities of synchrotron infrared microspectroscopy. *Faraday Discuss.* **126**(1), 289–302.
36. Carr, G. L. (2001) Resolution limits for infrared microspectroscopy explored with synchrotron radiation. *Rev. Sci. Instrum.* **72**(3), 1613–1619.
37. Briki, F., Busson, B., Kreplak, L., Dumas, P., and Doucet, J. (2000) Exploring a biological tissue from atomic to macroscopic scale using synchrotron radiation: example of hair. *Cell. Mol. Biol.* **46**(5), 1005–1016.
38. Bantignies, J. L., Carr, G. L., Lutz, D., Marull, S., Williams, G. P., and Fuchs, G. (2000) Chemical imaging of hair by infrared microspectroscopy using synchrotron radiation. *J. Cosmet. Sci.* **51**(2), 73–90.
39. Dumas, P. and Miller, L. (2003) The use of synchrotron infrared microspectroscopy in biological and biomedical investigations. *Vib. Spectrosc.* **32**(1), 3–21.
40. Chan, K. L. A. and Kazarian, S. G. (2006) Detection of trace materials with Fourier transform infrared spectroscopy using a multi-channel detector. *Analyst* **131**(1), 126–131.
41. Chan, K. L. A. and Kazarian, S. G. (2006) ATR-FTIR spectroscopic imaging with expanded field of view to study formulations and dissolution. *Lab Chip* **6**(7), 864–870.
42. Wurster, D. E., Buraphacheep, V., and Patel, J. M. (1993) The determination of diffusion coefficients in semisolids by Fourier transform infrared (FT-IR) spectroscopy. *Pharm. Res.* **10**(4), 616–620.
43. Farinas, K. C., Doh, L., Venkatraman, S., and Potts, R. O. (1994) Characterization of solute diffusion in a polymer using ATR-FTIR spectroscopy and bulk transport techniques. *Macromolecules* **27**(18), 5220–5222.
44. Jia, X. and Williams, R. A. (2007) A hybrid mesoscale modelling approach to dissolution of granules and tablets. *Chem. Eng. Res. Design* **85**(7), 1027–1038.
45. Roggo, Y., Edmond, A., Chalus, P., and Ulmschneider, M. (2005) Infrared hyperspectral imaging for qualitative analysis of pharmaceutical solid forms. *Anal. Chim. Acta* **535**(1–2), 79–87.
46. Wessel, E., Heinsohn, G., Kuehne, H. S., Wittern, K., Rapp, C., and Siesler, H. W. (2006) Observation of a penetration depth gradient in attenuated total reflection Fourier transform infrared spectroscopic imaging applications. *Appl. Spectrosc.* **60**(12), 1488–1492.
47. Flichy, N. M. B., Kazarian, S. G., Lawrence, C. J., and Briscoe, B. J. (2002) An ATR-IR study of poly (dimethylsiloxane) under high-pressure carbon dioxide: simultaneous measurement of sorption and swelling. *J. Phys. Chem. B* **106**(4), 754–759.
48. Matero, S., Pajander, J., Soikkeli, A. -M., Reinikainen, S.-P., Lahtela-Kakkonen, M., Korhonen, O., Ketolainen, J., and Poso, A. (2007) Predicting the drug concentration in starch acetate matrix tablets from ATR-FTIR spectra using multi-way methods. *Anal. Chim. Acta* **595**(1–2), 190–197.
49. Cabri, W., Ghetti, P., Pozzi, G., and Alpegiani, M. (2007) Polymorphisms and patent, market and legal battles: cefdinir case study. *Org. Process Res. Dev.* **11**(1), 64–72.
50. Bugay, D. E., Newman, A. W., and Findlay, W. P. (1996) Quantitation of cefepime· 2HCl dihydrate in cefepime· 2HCl monohydrate by diffuse reflectance IR and powder X-ray diffraction techniques. *J. Pharm. Biomed. Anal.* **15**(1), 49–61.
51. Kamat, M. S., Osawa, T., Deangelis, R. J., Koyama, Y., and Deluca, P. P. (1988) Estimation of the degree of crystallinity of cefazolin sodium by X-ray and infrared methods. *Pharm. Res.* **5** (7), 426–429.
52. Sarver, R. W., Meulman, P. A., Bowerman, D. K., and Havens, J. L. (1998) Factor analysis of infrared spectra for solid-state forms of delavirdine mesylate. *Int. J. Pharm.* **167**(1–2), 105–120.
53. Agatonovic-Kustrin, S., Tucker, I. G., and Schmierer, D. (1999) Solid state assay of ranitidine HCl as a bulk drug and as active ingredient in tablets using drift spectroscopy with artificial neural networks. *Pharm. Res.* **16**(9), 1477–1482.
54. Hartauer, K. J., Miller, E. S., and Keith Guillory, J. (1992) Diffuse reflectance infrared Fourier transform spectroscopy for the quantitative analysis of mixtures of polymorphs. *Int. J. Pharm.* **85**(1–3), 163–174.
55. Alessi, P., Cortesi, A., Kikic, I., Foster, N. R., Macnaughton, S. J., and Colombo, I. (1996) Particle production of steroid

drugs using supercritical fluid processing. *Ind. Eng. Chem. Res.* **35** (12), 4718–4726.

56. Benedetti, L., Bertucco, A., and Pallado, P. (1997) Production of micronic particles of biocompatible polymer using supercritical carbon dioxide. *Biotechnol. Bioeng.* **53**(2), 232–237.
57. Yeo, S. D. O., Lim, G., Debenedetti, P. G., and Bernstein, H. (1993) Formation of microparticulate protein powders using a supercritical fluid antisolvent. *Biotechnol. Bioeng.* **41**(3), 341–346.
58. Kazarian, S. G., Brantley, N. H., and Eckert, C. A. (1999) Applications of vibrational spectroscopy to characterize poly (ethylene terephthalate) processed with supercritical CO_2. *Vib. Spectrosc.* **19**(2), 277–283.
59. Ribar, T., Koenig, J. L., and Bhargava, R. (2001) FTIR imaging of polymer dissolution. 2. Solvent/nonsolvent mixtures. *Macromolecules* **34**(23), 8340–8346.
60. Oh, S. J. and Koenig, J. L. (1998) Phase and curing behavior of polybutadiene/diallyl phthalate blends monitored by FT-IR imaging using focal-plane array detection. *Anal. Chem.* **70** (9), 1768–1772.
61. Camacho, N. P., West, P., Griffith, M. H., Warren, R. F., and Hidaka, C. (2001) FT-IR imaging spectroscopy of genetically modified bovine chondrocytes. *Mater. Sci. Eng. C* **17**(1–2), 3–9.
62. Colley, C. S., Kazarian, S. G., Weinberg, P. D., and Lever, M. J. (2004) Spectroscopic imaging of arteries and atherosclerotic plaques. *Biopolymers* **74**(4), 328–335.
63. Ricci, C., Phiriyavityopas, P., Curum, N., Chan, K. L. A., Jickells, S., and Kazarian, S. G. (2007) Chemical imaging of latent fingerprint residues. *Appl. Spectrosc.* **61**(5), 514–522.
64. Kuimova, M. K., Chan, K. L. A., and Kazarian, S. G. (2009) Chemical imaging of live cancer cells in the natural aqueous environment. *Appl. Spectrosc.* **63**(2), 164–171.
65. Rafferty, D. W. and Koenig, J. L. (2002) FTIR imaging for the characterization of controlled-release drug delivery applications. *J. Control. Release* **83**(1), 29–39.
66. van der Weerd, J., Chan, K. L. A., and Kazarian, S. G. (2004) An innovative design of compaction cell for *in situ* FT-IR imaging of tablet dissolution. *Vib. Spectrosc.* **35**(1–2), 9–13.
67. van der Weerd, J. and Kazarian, S. G. (2005) Release of poorly soluble drugs from HPMC tablets studied by FTIR imaging and flow-through dissolution tests. *J. Pharm. Sci.* **94**(9), 2096–2109.
68. Chan, K. L. A., Elkhider, N., and Kazarian, S. G. (2005) Spectroscopic imaging of compacted pharmaceutical tablets. *Chem. Eng. Res. Design* **83**(11), 1303–1310.
69. Wray, P. S., Chan, K. L. A., Kimber, J., and Kazarian, S. G. (2008) Compaction of pharmaceutical tablets with different polymer matrices studied by FTIR imaging and X-ray microtomography. *J. Pharm. Sci.* **97**(10), 4269–4277.
70. Elkhider, N., Chan, K. L., and Kazarian, S. G. (2007) Effect of moisture and pressure on tablet compaction studied with FTIR spectroscopic imaging. *J. Pharm. Sci.* **96**(2), 351–360.
71. Yoshinari, T., Forbes, R. T., York, P., and Kawashima, Y. (2003) Crystallisation of Amorphous mannitol is retarded using boric acid. *Int. J. Pharm.* **258**(1–2), 109–120.
72. Aso, Y., Yoshioka, S., Zhang, J., and Zografi, G. (2002) Effect of water on the molecular mobility of sucrose and poly(vinylpyrrolidone) in a colyophilized formulation as measured by 13C-NMR relaxation time. *Chem. Pharm. Bull.* **50**(6), 822–826.
73. Crowley, K. J. and Zografi, G. (2002) Water vapor absorption into amorphous hydrophobic drug/poly (vinylpyrrolidone) dispersions. *J. Pharm. Sci.* **91**(10), 2150–2165.
74. De Brabander, C., Vervaet, C., and Remon, J. P. (2003) Development and evaluation of sustained release mini-matrices prepared via hot melt extrusion. *J. Control. Release* **89**(2), 235–247.
75. Kazarian, S. G. and Martirosyan, G. G. (2002) Spectroscopy of polymer/drug formulations processed with supercritical fluids: *in situ* ATR-IR and Raman study of impregnation of ibuprofen into PVP. *Int. J. Pharm.* **232**(1–2), 81–90.
76. Chan, K. L. A. and Kazarian, S. G. (2004) Visualisation of the heterogeneous water sorption in a pharmaceutical formulation under controlled humidity via FT-IR imaging. *Vib. Spectrosc.* **35**(1–2), 45–49.
77. Chan, K. L. A. and Kazarian, S. G. (2007) Chemical imaging of the stratum corneum under controlled humidity with the attenuated total reflection Fourier transform infrared spectroscopy method. *J. Biomed. Opt.* **12**(4), 044010.
78. Andanson, J. M., Hadgraft, J., and Kazarian, S. G. (2009) *In situ* permeation study of drug through the stratum corneum using ATR-FTIR spectroscopic imaging. *J. Biomed. Opt.* **14**, 034011.
79. Boncheva, M., Tay, F. H., and Kazarian, S. G. (2008) Application of attenuated total reflection Fourier transform infrared imaging and tape-stripping to investigate the three-dimensional distribution of exogenous chemicals and the molecular organization in stratum corneum. *J. Biomed. Opt.* **13**(6), 064009.
80. USP (2008) Reference Standards: An Overview, http//www.usp.org/aboutUSP, viewed July 1, 2008.
81. USP (2007) Dissolution Procedure: Mechanical Calibration and Performance Verification Test.
82. Chan, K. L. A. and Kazarian, S. G. (2004) FTIR spectroscopic imaging of dissolution of a solid dispersion of nifedipine in poly (ethylene glycol). *Mol. Pharm.* **1**(4), 331–335.
83. Coutts-Lendon, C. A., Wright, N. A., Mieso, E. V., and Koenig, J. L. (2003) The use of FT-IR imaging as an analytical tool for the characterization of drug delivery systems. *J. Control. Release* **93**(3), 223–248.
84. Ricci, C., Nyadong, L., Fernandez, F. M., Newton, P. N., and Kazarian, S. G. (2007) Combined Fourier transform infrared imaging and desorption electrospray ionization linear ion trap mass spectrometry for the analysis of counterfeit antimalarial tablets. *Anal. Bioanal. Chem.* **387**(2), 551–559.
85. Ricci, C., Eliasson, C., Macleod, N. A., Newton, P. N., Matousek, P., and Kazarian, S. G. (2007) Characterization of genuine and fake artesunate anti-malarial tablets using Fourier transform infrared imaging and spatially offset Raman spectroscopy through blister packs. *Anal. Bioanal. Chem.* **389**(5), 1525–1532.
86. Chan, K. L. A. and Kazarian, S. G. (2006) High-throughput study of poly(ethylene glycol)/ibuprofen formulations under controlled environment using FTIR imaging. *J. Comb. Chem.* **8** (1), 26–31.
87. Andanson, J. M., Chan, K. L. A., and Kazarian, S. G. (2009) High-throughput spectroscopic imaging applied to permeation through the skin. *Appl. Spectrosc.* **63**, 512–517.
88. Kazarian, S. G. (2007) Enhancing high-throughput technology and microfluidics with FTIR spectroscopic imaging. *Anal. Bioanal. Chem.* **388**(3), 529–532.
89. Chan, K. L. A., Tay, F. H., Poulter, G., and Kazarian, S. G. (2008) Chemical imaging with variable angles of incidence using a diamond attenuated total reflection accessory. *Appl. Spectrosc.* **62**(10), 1102–1107.
90. Chan, K. L. A. and Kazarian, S. G. (2008) Attenuated total reflection–Fourier transform infrared imaging of large areas using inverted prism crystals and combining imaging and mapping. *Appl. Spectrosc.* **62**(10), 1095–1101.
91. Chan, K. L. A., Govada, L., Bill, R. M., Chayen, N. E., and Kazarian, S. G. (2009) ATR-FTIR spectroscopic imaging of protein crystallization. *Anal. Chem.* **81**, 3769–3775.

11

近红外成像在制药工业中的应用

Ad Gerich 荷兰，北布拉班特省，先灵葆雅公司

Janie Dubois和Linda H. Kidder 美国，马里兰，哥伦比亚，马尔文仪器有限公司

11.1 引言

虽然利用其他方式的光谱显微镜早在20世纪40年代末就有记载[1]，但近红外光谱成像，也称为NIR化学成像（NIRCI)，最初设计就比较晚，是在20世纪90年代初有几个课题组进行了实施。该近红外光谱成像仪器发展史示于第4章，并且在参考文献［2］里面也有。其在医药行业的应用在引进的商用仪器几乎10年后取得进展，并成为了制药工业内剂型开发和固体制剂的制造故障排除的一个最令人兴奋的新分析技术。它对行业的价值来自于提供固体样品空间分辨化学信息的能力，而用之前现有仪器仪表则不容易实现。如今，近红外成像被大多数（较大的）制药公司使用，并被许多中型制药公司承包使用，这一相对新技术的优势得到广泛利用和发展。医药行业内应用领域的数量增加很大程度上是由于其可以获得独特信息。但是，样品制备的简易［通常限制放置片剂在视场（FOV）］和获取数据的容易无疑促进了其发展。尽管有大量被获得的新信息和经常在制剂开发和故障排除中至关重要的应用，这一技术的应用至今还没有完全实现其潜力，一部分原因是该技术的多学科交叉特性。近红外成像结合了数学处理光谱（化学计量学）和在化学上分割图像（图像处理）两者的先进性。寻找既具有所需技能又具有成熟方法保密（对保存它们推断的竞争优势非常必要）的全能人员非常困难，这已经成为行业内大公司早期应用的最大障碍。如今最具创新性的用户往往是联合不同领域（例如光谱仪、化学计量学、图像分析、制剂和工艺开发）专业知识的多学科团队，而且现在文献充满了NIRCI应用的方法可以借鉴。方法可以应用到宏命令中，然后宏命令可以把数据处理以交钥匙的形式开

发出来，使得不熟练的用户可以成功地实施 NIRCI，使日常分析应用成为可能。

在本章中，近红外成像研究已被归入到三个最成功实施的应用领域：①制剂、过程以及质量源于设计（QbD）；②质量保证（QA）和故障排除；③假冒产品的研究。本章虽然还有 NRICI 的其他应用类型，但它们往往依赖于相同方法开发的基本原则。虽然 NIRCI 广泛使用于整个药物开发过程中，从制剂研究延伸到商业化生产，但一般共识是该技术仍然未得到充分利用。

自从美国 FDA 推出 PAT 和 QbD 以来，产品和工艺的理解一直是制药工业特别感兴趣的[3]。活性成分和赋形剂的空间分布认为是固体剂型的关键质量因素之一[4]。NIRCI 最常用于分析片剂或粉末混合物中活性成分的分布均匀性，并把这个与产品性能相关联。在药物制剂或过程的开发阶段，NIR 成像可以在评估成分分布（无论是 API 或赋形剂）关键属性方面十分有帮助，是 QbD 的核心概念。在生产过程结束后，终产品固体制剂的质量保证通常基于以下分析：API 的纯度、溶解特性和一些物理实验。这些测试往往是破坏性的，所以虽然它们提示存在问题，但是样品在检测过程中销毁，不可能对产生问题的原因作进一步分析，这难以亡羊补牢。由于这些性质密切关系到固体剂型的成分空间分布，近红外成像对质量保证分析和故障排除有巨大潜力（即不合格产品的研究）。最后，由于假冒产品质量差或缺乏活性成分会严重危害安全，所以假冒分析、识别和采购对制药行业和卫生主管部门极为重要。假药通常难以目视检测，因为它们模仿真药品程度很高。已经证明 NIRCI 是市场上视觉（几乎是）鉴别这些相同产品的宝贵工具。

本章的目的是通过几个说明性的例子描述 NIRCI 在各个领域的应用和方法。因此，它并不意味着提供详尽文献，而是提供可用于解决制药行业中常见问题的几个相关的关键分析模板。许多参考资料被用来提供不同话题的相关背景知识，并且我们鼓励这个领域的新人能够查阅这些综述并且提供对于这些概念更加明确的描述。

11.2 方法：优势和不足

考虑到 NIRCI 潜在应用的广度，毫无疑问的是没有一种分析方法可以充分地用到所有可能的应用当中去。关于样本制备、数据采集、光谱预处理和图像分析方面已经有很多的方法进行了阐述。事实上，方法有时可能出现矛盾，这取决于应用类型和它们的目标。由研究者做出的选择应该是相关应用程序的目标，甚至远到选择 NIRCI 到底是不是正确的做法！来自美国 FDA 的 Lyon 等人[5] 报道了一些近红外技术的制药应用，描述了从近红外光谱到成像的进展，作为当前问题的一个功能。一旦 NIRCI 被选定为工具，必须建立实现相关分析目标的数据采集和处理方案，这是该方法的发展阶段，需要一种全面的分析技术。Lewis 等人[6] 讨论了各种实用的数据采集和处理方法，LaPlant[7] 侧重讨论了数据采集和处理的特定方面，这些对寻找适当的方法具有重要意义。一般共识是先尝试简单方法，但是人们必须准备开发专用（往往更复杂）方法来回答复杂系统中非常具体的问题。例如，快速筛选粉末样品来确认组分附聚物的存在，可以通过获取几个光谱数据点并计算峰高度很迅速地完成。附聚物的更精确表征可能需要在更宽光谱范围获取数据，同时要结合化学计量学与成像分析。图 11.1 给出了应该在近红外成像应用的建立过程中考虑的参数框图。

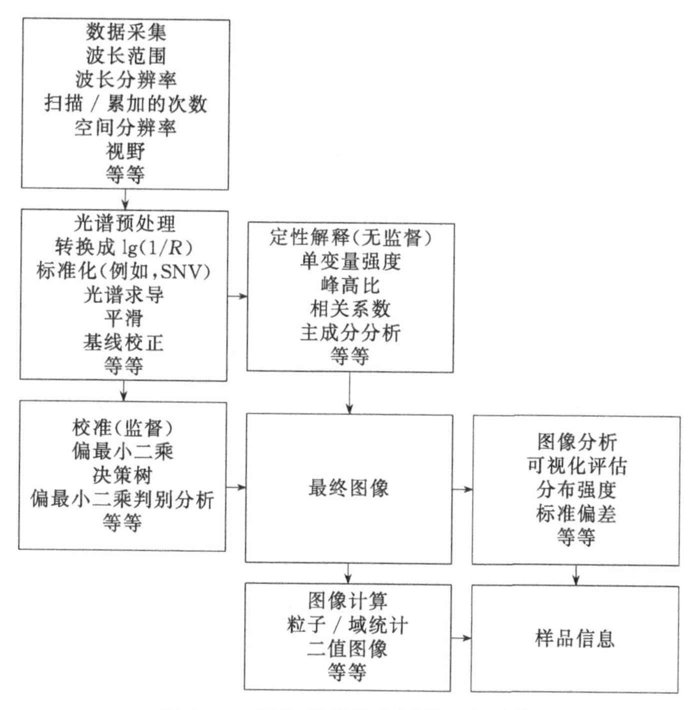

图 11.1　近红外成像应用的一般途径

近红外成像样品制备涉及简单的样品范围定位，分析片剂核心的横切片，或者为得到特定 NIR 绘图需要一个完全平坦的表面（第 4 章有详细介绍）。样品制备可以对结果产生巨大的影响，因此非常重要。这一主题的各个方面，以及它如何涉及其他数据采集参数在下面解释。

可能听起来令人惊讶，极少数关于 NIRCI 应用的出版物描述数据采集参数的优化。例如，在文献中报道的绝大多数应用使用了可以调节波长分辨率和范围的 LCTF 和基于焦平面阵列的仪器，并且很好理解这些可以影响感兴趣的化合物之间的区别。然而，除了使用全光谱或特定于成分的波长外，很少努力优化这些参数。在其他定量应用中，信噪比能够发挥重要作用，该重要作用可以通过获得更多的扫描或累加来容易地实现。数据采集优化报告的缺乏可能是来源于两个相当简单的事实：大多数 NIR 成像的实现非常快，从而不值得在较小光谱范围内增加实际的增益；从单次扫描中获得的信号的信噪比很好，大多数应用程序可以在不增加扫描时间的情况下解决。

选择样品制备方法和光谱范围的一个重要考虑因素是 NIRCI 漫反射测量中

波长与穿透深度之间的关系。图 11.2 中图像 a 显示了穿透深度是如何影响漫反射测量成像的。在图像 a 中，化学图像中球体的直径小于其物理直径，因为辐射穿透仅至深度 a。图像 b 示出的球体，其直径相当于实际球体，但同心色带代表逐步向边缘测量的混合光谱，这是由于光束在它到达球体本身之前测量了一些连续的基质。在图像 c 中，球的直径也可以得到充分估计，但圆圈中所有光谱将是混合物光谱，这是由于球体下面的连续基体也被测量。

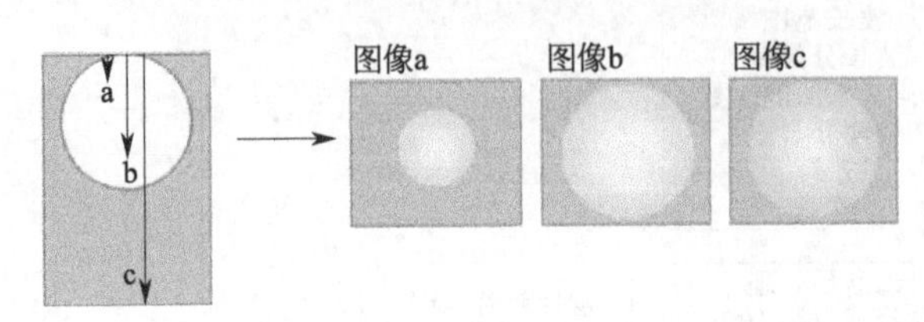

图 11.2　渗透深度对测量球体尺寸（代表单一成分的聚结物）影响的示意

穿透深度的效果可通过选择波长范围控制。由于穿透深度随着波长的减小而增大，所以选择较长波长范围可有效地降低穿透深度，并可能有助于检测存在于接近表面的微量成分。相反的情况也是可能的，如选择较短波长有助于探测样品更大的比例，从而“看到”在表面几十微米内不存在的结块现象。检测药片更深部分的另一种方法是切割药片形成横截面。这种方式通常用于对研究包衣没有意义的包衣片。药片可以使用斜角边刀研磨，横截面用锋利的直叶片，甚至用切片机切片。

Clark 和 Šašić[8] 讨论了药片截面拉曼成像实验中的一个有趣问题。尽管所用的技术在测量深度方面十分不同（拉曼约 2μm 和 NIR 约 50～200μm），提出的问题却是相关的：切片机在同一深度实际上不是在对它们全体进行切分，采用横截面成像如何能够测量相同尺寸球（代表药物成分的团聚体）的直径？图 11.3 给出了穿透深度与两个横切面对相同尺寸的球体在不同深度获取图像的组合影响原理。

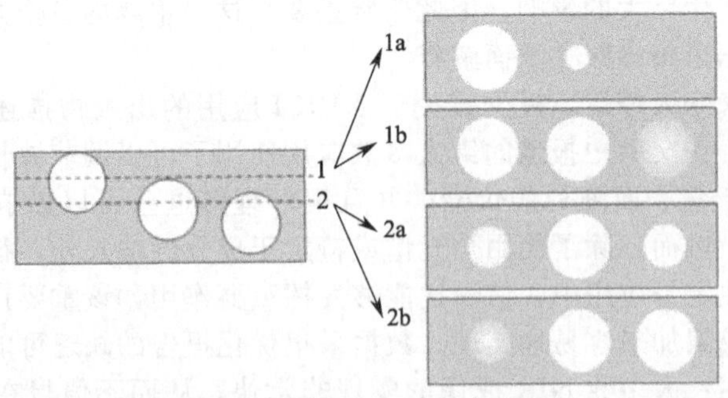

图 11.3　穿透深度（a 表示短穿透深度，b 表示长穿透深度）和横截面平面连续矩阵中不同深度相同直径球体测量影响的示意

从这个原理图可以做出两个一般性的解释：①如果光的穿透深度比较小，而

且还不是球体中间的横截面，那么球体直径的尺寸将被低估；②大的穿透深度将会低估球体成分的浓度，因为它测量的是混合光谱特别是接近边缘的地方（然而，好处是可以估计球体的尺寸）。由于这些相同球体出现在样品中不同深度，所以使用较长的渗透深度可以最好地估计球体尺寸（方案 1b），但是，球体的“纯度”或者说是球体内成分的浓度用很短的穿透深度可以进行最佳估计（方案 1a）。总体而言，简化的原理图说明了，对所有方案来说不存在“最好的”数据采集方案。成功地解决手中问题的方法总是直接与所做的选择有关。

选择 FOV 或扫描区域大小也非常重要，因为如果选择的样本大小不代表制剂的分布，光谱处理量将不会给出准确分布的“图像”。对于药片和其他可以整体测量的样本，有时样品的定位和固定可能是唯一的样品制备步骤。当必须对粉末混合物部分进行采样时，就会出现困难。怎样才能保证取样代表性？这对任何来自大规模生产的分析来说都是一个普遍性问题，必须用通常的统计因素考虑采样。采样样品的量很重要，处理粉末样品时必须不能在粉末样品中引起分离，最后，每个样品的代表性区域应通过成像进行分析。关于混合过程将在分析粉末混合过程的章节中进行描述。尽管高压和额外的粉末处理可能损害样品的完整性，但是在制备粉末样品时压制颗粒可以使材料稳定。

在样本层面上，不应该低估选择适当视场的重要性。视场必须足够大，以确保从样品获取的成像充分代表整个样品，甚至包括样品不符合成分分布的预期标准（即包含非常大的团聚体）的情况。例如，如果预期 API 的团聚体在直径 10～80μm 的尺寸范围内出现，然后成像 500μm 视场可能潜在地产生至少描述一些这些聚集体的足够信息。然而，如果样本超出规格，那么它可以包含大到 300～500μm 的团聚体，这意味着简单地测量 500μm 的视场无法描述问题。在现实中，在这个小视场中可能完全看不见这个问题。如果视场可以通过可行并且相对较小的仪器加强，则必须花费时间来采集一些图像，将其合并成一个较大的图像。虽然对视场大小没有上限，但制药业通常使用的最大视场是几厘米，用于研究泡罩包装中的片剂鉴定，这需要一个宏观视场一次将整个泡罩包含。基于折射光学的整体成像仪器的视场往往更为灵活，可以通过选择低放大率光学器件来实现大面积。通常使用镜像光学的绘像仪器只能有一个或两个放大选项，而大的视场只能通过使用标准的放大光学装置来移动较大区域的 x、y 移动台来获得。

像素放大倍数和空间分辨率的概念与 FOV 有关。它们虽然有联系，但不应混淆。像素放大率完全由所采用的光学元件的结构决定，而空间分辨率受到所执行的测量类型的物理影响以及光学元件选择的影响。文献中报道的大多数 NIR-CI 制药应用采用漫反射方式。在这种模式下，样品由近红外辐射和检测器测量样品的漫反射来进行阐释。在漫反射条件下，测量波长处的衍射极限和辐射的穿透深度都会影响可实现的实际最大空间分辨率。Hudak 等人[9] 对这些现象进行了详细探讨，他们的结论是，近红外漫反射测量中的有效空间分辨率大约为 60～90μm。当颗粒大小被添加到方程中时，Clarke 等人[10] 报道，大多数漫反射的辐射可能来自前样本（小颗粒）的 50μm。这导致他们得出结论，通过仔细选择波长范围，确实可以获得类似于从拉曼显微镜获得的成分空间分布的信息，该技术的特征在于更小的像素尺寸并且随之而来的更长的数据采集时间。

活性成分的典型群（也称为颗粒、聚集体或域）和绝大多数赋形剂在 5～500μm 变化。在选择特定实验的像素放大时，要记住实际的空间分辨率，以避免浪费时间在“空”放大上。由于空间分辨率的下限已被模式化为约 50μm，以每个像素 25μm 的倍率采集数据将提供最佳采样间隔，并且没有空的放大倍率。在相比之下，用每个像素 1μm 或 10μm 的光学放大将无法提供关于成分分布的任何其他信息。或者，在 100μm 像素放大倍率获取数据可能无法提供足够的空间分辨率来定位较小区域。同样重要的是，要了解波长依赖性的渗透深度（如图 11.3 中综述）。有可能重复利用在近红外光谱中跨越不同波长范围的光谱特征：选择更长的波长范围，具有较短的穿透深度，以研究较小的区域，和较短的波长来表征更大的区域。

由于真正的药物产品不是由相同尺寸的球体制成，因此用户可以通过控制像素倍率（通过选择成像光学元件）和穿透深度（取决于用于探测样品的光的波长）获取最优结果。

证明这个原理的一个例子就是表征硬脂酸镁（MgSt）。该成分通常以约 1% 浓度存在。它用作润滑剂，并不趋向于聚集，而是围绕相对大的颗粒。硬脂酸镁的域往往小于技术的空间分辨率，因此具有很大的挑战性，因为光谱会被彻底地混合，光谱的贡献来自于硬脂酸镁和它周围的粒子。幸运的是，硬脂酸镁的近红外光谱在长波长范围包含了强烈而尖锐的波段，在长波长范围即使存在非常少量成分时也能被识别。通过扫描（或仅选择）长波长光谱范围，采样的体积可以最小化。简单地说，少量存在的成分更容易在较小取样体积内定位，由于团聚体可以代表本次取样容积中更显著的部分。通过施加适当的数据处理，有可能从混合光谱中挑出明显的硬脂酸镁光谱特征，同时也许能够确定在每个像素测量的硬脂酸镁量。有趣的是，常常没有必要获得新图像，来应用刚才所描述的方法。窄的谱范围可以简单地从最初采集的完整光谱提取。这种两步式方法，首先采集全光谱范围数据，然后选择有限的波长范围进行特定成分的分析，保证了可以表征大部分成分。总之，应根据需要回答的问题和可用的知识，仔细考虑每个应用的空间分辨率、放大率和视场。

11.2.1 数据处理

一旦光谱数据被获取，第二步骤就是对获得的光谱进行预处理。最简单的规则是尽可能减少预处理，因为预处理方法可能在数据集中引入不必要的和混乱的变化。将反射数值转换成吸收光谱[$\lg(1/R)$]，然后消除检测器的暗响应和除以适当的背景响应图像。光谱标准化往往应用于样品表面的光程校正。如果近红外光谱的光谱特征或多或少地相似，如 SNV 的标准化处理往往相当有效，这是近红外光谱中常见的情况，因为基体材料对光谱的贡献非常大。另外，是如果光谱相对不同，标准化响应可能危害信息。在极端情况下，标准化噪声光谱会显著增加噪声。应该仔细考虑标准化的影响，特别是对于定量数据分析。除了归一化，微分光谱常常用来加强不同成分的区别。在近红外光谱常用二阶导数光谱，因为谱图更容易解释。一阶导数光谱也可以用，但峰值最大值的解释不太直观，因为峰值最大值在一阶导数光谱转换为零值。应当指出的是，噪声水平在导数光谱会提高。

混合粉末和片剂是相当复杂的系统，成功应用 NIRCI 的关键始终是，很好地理解实现它要求什么样的信息和需要什么样的成像处理。随着样品和问题复杂性的增加，大多数方法开发策略涉及数据处理的进展，从简单的单谱带强度或积分区域的计算转变为无监督和监督（校准）方法。

获取近红外成像信息最简单和最快的方式是单变量分析。当选择单个波长时，成像的对比度基于在该波长上的光谱强度。这可能足以为显示明显光谱特征的感兴趣成分提供分布信息。单一波长成像的目视检查可以提供一些信息，并不需要任何校准或复杂计算。对于具有光谱特征重叠的更复杂的混合物或者成分，有必要进行无监督的多变量分析，从样品的自然变化中获取所需信息，并产生化学上相关的成像对比度。主成分分析（PCA）作为一种测量化学成像数据的方法被广为接受。主成分分析计算了描述光谱变化性来源的向量并获取得分，或者图像的每张光谱（像素）的变化具体来源所占的比例。在成分被分隔成较大颗粒的样品中，主成分分析载荷向量通常类似于纯成分的光谱，这极大地方便了解释变化性。当样品更均匀地混合时，主成分分析毫无吸引力，因为解释变异来源很复杂（Šašić[11] 通过对近红外和拉曼数据的比较发表了关于这个话题的有趣讨论），得分在像素之间通常并不会显著不同。对于在空间上分开的几个成分这种非常简单的体系，主成分分析将会表现良好并且相当容易解释。更精细的混合成分在更多的药片像素处产生了混合光谱，然后混合光谱驱使主成分分析区寻找混合物光谱之间可变性来源。然后可变性常常不会起因于单一成分（即单一光谱图），在载荷向量中看到，阳性和阴性波段显示来自于多种成分的组合光谱特征。当分析的目的是了解样本之间成分分布的差异，而不必注意解释载荷向量时，主成分分析已被证明是功能非常强大的工具[12,13]。但是，如果有必要理解非常相似样本之间的细微差别，某些成分含量非常低，因此显示大多数混合物光谱，使用有监督的化学计量方法通常更为明智。

各种有监督的化学计量学方法用于光谱成像的每个像素来预测成分的浓度或丰度。经典最小二乘法（CLS）和偏最小二乘（PLS）是相当普遍的方法。经典最小二乘法是相当简单的方法，其中回归方程来自于光谱特征和浓度之间的关联。它需要校准矩阵，其中所有成分的浓度是已知的且已建模。中等复杂程度的系统一般表现良好，但涉及噪声数据和非常大光谱范围的选择则相对较差。偏最小二乘是矩阵分解方法，该方法试图通过考虑光谱和浓度用尽可能少的向量来描述成分的浓度。虽然在校正矩阵中包括所有成分很重要，但是偏最小二乘法的主要优势是并不一定需要知道所有成分的浓度。建立一个预测浓度的偏最小二乘模型，需要建立包含预期所有成分的浓度范围的校准矩阵，或者说至少包括主要成分的矩阵。这种校正在成像上不是一项容易的任务，因为实际上制备的混合物不可能充分混合以确保图像的所有像素对所有成分有相同浓度。往往计算样本成像的平均谱图来规避这一困难。更实际的方法是使用偏最小二乘判别分析（PLS-DA），或分类偏最小二乘，其中只用纯成分光谱建立模型，每一个作为单独的类，模型试图预测不同类的样本成像中像素光谱的类别。一些讨论这些不同方法的参考文献由表 11.1 给出。

表 11.1　药物应用中分析紫外光谱数据立方体的方法

方法	参考文献	方法	参考文献
单波长	[6,11,14-18]	CLS	[17,20]
峰高比	[16,18]	PLS-DA(纯光谱)	[6,14,19,21-25]
相关系数	[16]	PLS(校准集)	[16,20]
PCA	[6,11-13,18,19,23]		

注:引用自 C. Ravn 等,(2008)J. Pharm. Biomed. Anal. 48.

如上所述，应仔细考虑制备传统的近红外定量校正集，并非常注意 NIRCI 的应用。这种校正集的主要缺点是，实际上不可能以 NIRCI 中使用的检查规模制备特定浓度的均匀样品。简单地说，几乎可以肯定，粉末混合物在 40μm 甚至 125μm 每像素的比例下不会均匀，这是使用这种技术来评估混合质量的根本原因！由于准备完整的校准集可能相当困难（甚至是不可能的），并且非常耗时，因此在近红外成像上更多使用判别分析方法。例如 PLS-DA 使用纯光谱的参考库。开发类间（纯成分）差异最大化的模型，并且可以用模型预测纯类或混合物类的光谱归属。然后从成像中的每个像素处获得的光谱在光谱库中进行不同成分的比对并获取得分。这种可能是在制药 NIRCI 文献中报告最多的有监督分析方法，是因为纯成分的可用性（包括 API 和辅料）和获得它们光谱特征的简单性。PLS-DA 得分可以与每个库成分丰度相关（通过扩展的浓度）。丰度预测的准确度取决于模型的成分光谱特征和优化程度来区分它们。例如，可以用宽波长范围以及粗模型来很容易地预测大部分材料丰度，但这种方式可能对次要组分表现不佳，特别是那些具有较少特征或低整体吸收的光谱信号。这种成分可能需要单独校准，也就是从所有原料中（作为一组）将其区别出来而不是将各个原料都进行区分。

探索选择预处理和化学计量学工具的影响总是有益的[20,23]。例如，Gendrin 等人[20] 用标准吸收光谱和二阶导数光谱对比计算 PLS 和 CLS 预测的影响。如预期的那样，不同的处理方案有利于根据成分的丰度、光谱特征的强度、数据的信噪比以及系统中包括的成分的数量进行不同成分的预测。该研究强调了解调查系统（样本）的必要性和可用化学计量学工具的优缺点。

在这一点的分析中，经常以分布直方图的形式研究丰度分布。直方图的 x 轴可以是浓度预测值、峰值强度、来自 PCA 或 PLS 的得分、相关系数等等。这类数据的统计表现强调了低浓度和高浓度区域（通常分别称为洞和热点）的存在。Lewis 等人在参考文献［26］描述了药物混合研究中一个使用直方图的例子。图 11.4 显示了三个不同样品中同一成分的直方图，并有助于理解直方图和成分分布之间的对应。在第一幅图中，可以观察到相当狭窄的分布并且在尾部没有不对称。这指示整个样品表面的成分分布均匀。这样分布的特征是小标准差和接近于零的偏移。分布均值与对应那个成分的丰度（浓度）成比例。第二幅图显示出了显著的不对称性和更宽的柱状图（来自平均值的更高标准偏差）。这个分布的右尾部转换成正偏态，这指示出样品中的较高浓度区域（即热区）。第三幅图显示出左侧的不对称（负歪斜），这表明特定成分的低浓度区域（洞或冷区）。

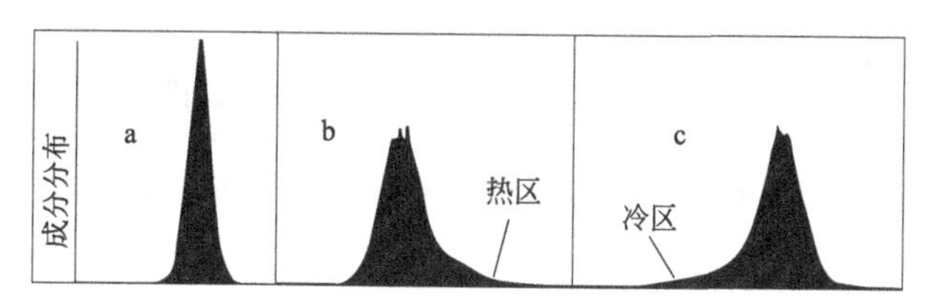

图 11.4 描述同一成分在不同样品中分布的直方图

通常在化学对比成像上进行成像分析，以获得有关成分的空间分布、成分的优先共存、包衣厚度等等的具体信息。通过转换得分成像（或峰高或选择的任何其他对比方法）成二值成像，可能获取关于不同成分的空间分布的信息。该信息可以直接由目视检查提取，但颗粒或团聚体尺寸的量化是通过测量二进制图像中分离的连续区域的面积（即像素的数量）获得的。二进制成像中像素被打开或关闭取决于感兴趣成分的含量，二进制成像可用于统计分析：直径的均值和方差，颗粒（域）的数量，最近邻和其他工具来量化成像中的（非）均匀性。这部分的处理将在某些特定的应用中讨论。

11.3 应用

11.3.1 制剂、过程及质量源于设计

11.3.1.1 粉末样品的混合均匀度

混合均匀度是近红外成像应用的主要制药领域之一，很大程度上推动更好地理解 QbD 过程。虽然相比于药片或其他成品，取样和处理粉末样品引入了新的挑战，但通过近红外成像分析粉末混合均匀已经证明是相当成功的。关于 API 和辅料的混合均一在保证最终产品的质量稳定上通常令人满意。近红外成像能应用于从以实验室规模的早期过程开发到在生产环境中全过程控制来测量混合均匀度。在过程开发中，广泛地研究了混合器类型的选择、混合时间、预混合、湿度和成分粒度的影响，NIRCI 可以在较短的时间内提供有关这些参数对混合均匀性和成品影响有价值的信息。

Ma 和 Anderson[19] 非常详细地描述了小试模型系统中的混合分析，他们通过两种采样评估了混合物中成分分布的均匀性。首先，使共混物的顶部在微型混合器中成像。然后将微型混合器的内容物压紧，将压缩的底部和横截面进行成像（图 11.5）。

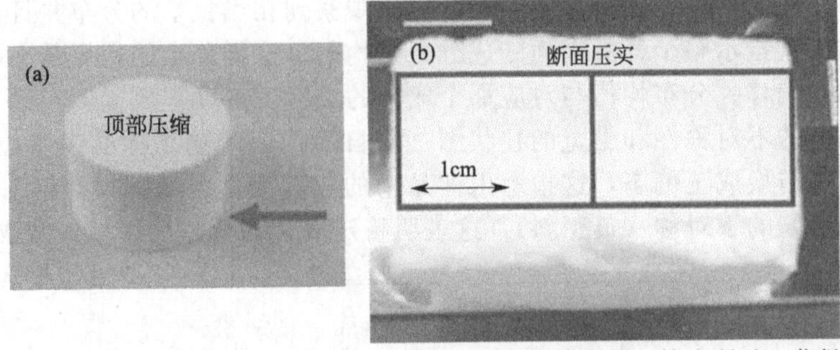

图 11.5 (a) 从混合粉末制备的压实物，图像是从紧凑型底部（箭头所示）获得的，两个图像是从 (b) 所示的横截面区域获得的（经参考文献［19］的许可转载）

在该实验中，首先混合物在原位由通过窗口进入混合器的成像观察，然后压实以使得能够研究混合器中物质的横截面。在迷你混合器中按压压缩会对实际成分的分布引起很少的变化。获得了描述成分逐步混合的有趣结果，但也许最有趣的是，用以测量混合粉末 API 分布的传统 UV 分析结果显示，在特定时间点上多个采样位置之间存在令人费解的巨大差异。在同一时间点获取的化学成像分析表明，更多的 API 出现在压缩物的顶部和底部边缘附近，从而确定确实有更多的处于边缘的 API 被 UV 分析所探测到。

每间隔 10 个时间点从压缩体的顶部、横截面和底部取样，用来继续分析不同点处 API 的浓度差异。底部显示出混合过程中最大的可变性，但在运行结束时相对均匀（图 11.6）。关于高浓度团聚体的尺寸的计算，统计量随着共混物接近 15min 终点而变得分布更均匀。在本研究中，收集了大量关于配料顺序、搅拌器的选择、混合时间和混合效率的影响信息，这在过程理解中是非常宝贵的。图 11.7 显示了稍有不同的小规模混合实验结果。

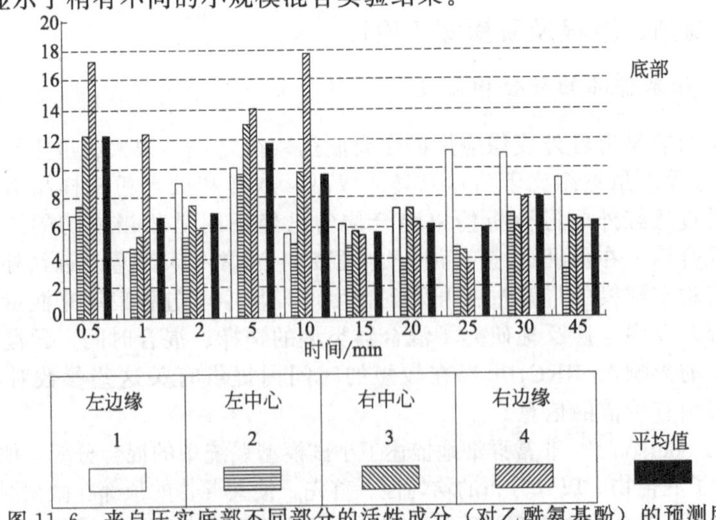

图 11.6 来自压实底部不同部分的活性成分（对乙酰氨基酚）的预测度（经参考文献［19］的许可转载）

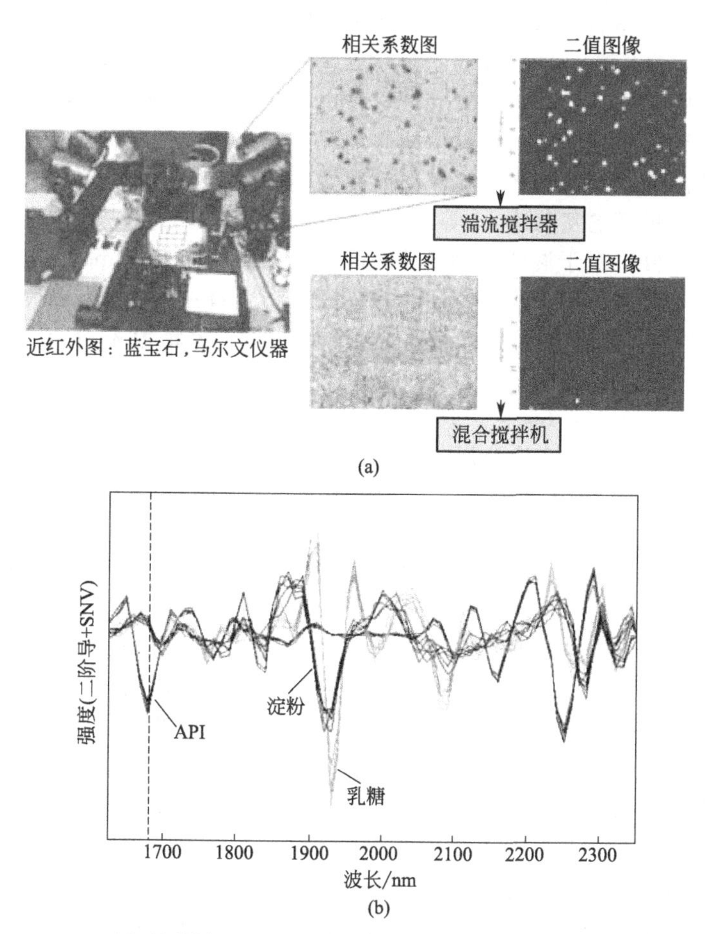

图 11.7 (a) 用不同搅拌机处理的两种粉末混合物中原料药聚合的相关系数和二值近红外图像；(b) 原料药和两种赋形剂的近红外成像光谱（与混合物成分相对应）如图 (a) 所示

在这个实验中，九个画面（FOV＝13×10mm/个，倍率 40μm 像素大小）被连接起来以代表样品粉末的数量，形成大约 4cm×3cm 的取样区域。选择较小成像的级联，也就是镶嵌方法，从而与使用较低放大率和较大 FOV 截然相反，因为预期是 API 的小群。较大 FOV（例如放大每像素 125μm）将使得能够立刻获得这一成像，但每个像素都将探测一个较大的体积，并只揭示了较大的聚集点产生的浓度变量。在这种情况下，对于较小的聚集有兴趣，所以接近漫反射测量的最大空间分辨率的较小像素尺寸更适当。活性成分的纯光谱用于计算相关系数成像。选择这个简单的数学处理，是因为活性成分有非常明显的光谱特征［图 11.7 (b)］。一旦成像包含所希望的化学对比度（在此情况下 API 的相对丰度），就要进行图像分析以分离高丰度颗粒（或域）。它们对应于二值图像的白区域。在二值图像中，单独的像素被分类为活性成分（白色）或散装材料。确定像素是否呈活性成分的阈值是由对比度相关系数决定的。这样混合物的搅拌器类型的效果可以容易地通过视觉检查来评估。活性成分的结块可以在 TURBULA 型搅拌机过程中可见，而在 GRAL 型搅拌机的混合物中几乎没有结块出现。定量评价所检测到的团聚体是用软件 ISys 4.0（英国马尔文仪器有限公司）通过使用粒子统计功能采用二值成像。

另一个小规模的实验由 Li 等人[25] 报告，作者研究了混合过程中 API 颗粒大小（例如筛分）对于混合行为随着时间变化的影响。在 20mL 闪烁瓶中用台式旋转搅拌机（美国，印第安纳州，特霍霍特街道，普兰仪器公司）制备小体积的粉末混合物，并用基于焦平面阵列（FPA）的化学成像系统（马尔文仪器）测量。

将粒径为 60 目、80 目、100 目、200 目和 320 目的 API 混合样品混合 20min。近红外成像直接从药瓶的顶部记录。SNV 归一化和一阶导数光谱用于 PLS-2 的三种 API 成分、羟丙基甲基纤维素（HPMC）及微晶纤维素（MCC）的校正。在各成分预测浓度的基础上，以上述相同方式创建二值图像计算粒度统计。

应当指出的是，浓度成像中确定阈值是主观的，因此应用合适的推理设置阈值。如果浓度差比较大，阈值通常可以从视觉上测定，因为它对应于分布直方图中斜率的变化。然而，这样尖锐的斜率变化并不常见。在这样的情况下，通常选择一些来自于平均或其他相关统计参数的标准偏差设定为阈值。此步骤中最重要的方面是始终使用相同的阈值来处理数据，使得获得的二值图像具有可比性。像素的总百分比（即面积）乘以在这些像素中测得的平均浓度，应该与成分的预期浓度相关。当然，如果样品批次的代表性不强，这将会有偏差。如果样本具有代表性，比较测得的丰度和已知浓度可以帮助验证选出来创建二值图像的阈值的准确性。正如先前讨论，如果看到大的聚集点，在成像区域中测量的丰度并不代表整体的可能性增加。

表 11.2 显示了利用成像区域计算的典型颗粒统计值，其用于在浓度变化方面进一步表征均匀度。

表 11.2　20min 后混合模拟器中的 API 粒子/域的统计

API尺寸/目	总粒子/域（>0.001mm^2）		
	域数量	转化率/%	直径/mm
60	55	4.42	0.28
80	116	5.02	0.22
100	139	4.75	0.18
200	243	4.44	0.13
320	630	4.11	0.08
>320	914	4.30	0.06

注：经参考文献[25]许可转载。

在表 11.2 中，API 颗粒尺寸和检测存在的域的尺寸与数量之间的明确关系：由于使用较大的颗粒，将使混合物得到更小数量的较大聚集。由于颗粒变小，含有较高浓度 API 的样品区域比例稍微减小，但可能不明显。图 11.8 显示了 20min 混合后的 100 目和 320 目 API 的二值图像。混合过程中 API 域的进程可以通过停止混合过程和记录近红外成像观察。在表 11.3 中，给出了 80 目 API 颗粒/域的统计值随着混合时间的变化函数。

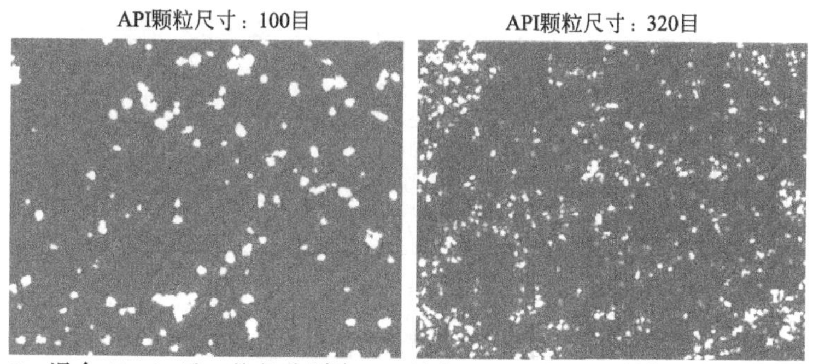

图 11.8 混合 20min 后，粒径分别为 100 目和 320 目的 API 制备混合物的二值图像

利用颗粒统计值评估混合均匀度在过程开发期间研究和比较不同质量参数是非常有吸引力的。

表 11.3 80 目 API 混合模拟中的粒子/域的统计

混合时间/min	总粒子/域(>0.001mm^2)		
	域数量	转化率/%	直径/mm
0.17	67	4.89	0.28
0.5	114	6.92	0.25
1.0	108	7.50	0.25
5.0	106	6.40	0.24
10	88	4.95	0.23
20	57	3.28	0.23

注：经参考文献[25]许可转载。

浓度（或丰度）预测应当始终联系团块尺寸测量来分析，表 11.3 显示的结果是一个评估额外部分信息的很好例子。随着混合时间的增加，域的数目有显著变化，但其余域的平均直径相当稳定。由于 API 丰度随着混合进行保持不变，所以观察浓度（用来量化 API 的平均分数或其他参数）来了解正在发生什么很重要：一方面，如果域的数量降低，但这些领域中浓度（得分）增加，API 很可能分离；另一方面，如果域的数量降低，分数也降低，则说明 API 逐步更精细地混合。

近红外化学成像用于确定混合质量，不仅涉及小分子的药物制剂，也用于生物药剂。稳定蛋白质的一种普通方法是干燥，例如，通过冷冻干燥、喷雾干燥或超临界流体（SCF）干燥。然而，在干燥和/或干燥产品的储存过程中可能发生蛋白质降解。因此，通常需要另外的糖或其他稳定赋形剂。从蛋白质中去除糖，会导致蛋白质在储存期间聚集，已经报道相分离对蛋白质稳定的失效负责。一种新的 SCF 方法进行了实验，用 NIRCI 研究 SCF 样品的均匀性[16]。由于样品量有限，可以使用手动压片机制备小（薄）的压缩物之后，记录近红外成像。定量 PLS 校准模型被创建，并与相关的基于系数模型的性能相对比。研究二元混合物，这使得使用相关系数非常有吸引力，因为解释是相当容易和可靠的，尽管定量结论在非常低浓度可能不太可靠。通过用冷冻干燥的样品和手工混合（不均匀样品）比较溶菌酶浓度的相对标准偏差（%RSD），评估了 SCF 样品的均一性（图 11.9）。

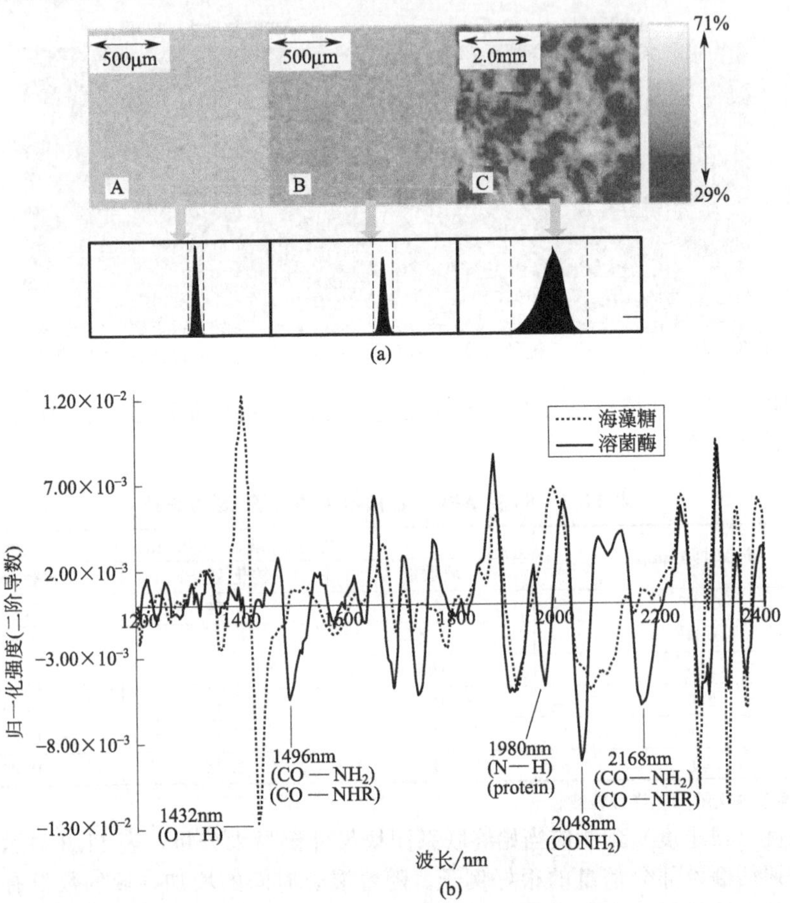

图 11.9 (a) 超临界流体干燥样品（A）、冷冻干燥样品（B）和手工混合样品（C）的溶菌酶浓度分布的近红外图像和直方图；(b) 纯海藻糖和溶菌酶的平均近红外成像光谱（经参考文献［16］许可转载）

11.3.1.2 药片的混合均匀评价

SCF 样品表现出与冷冻干燥产物相当或更好的均匀性。在 SCF 过程中，未检测到相位分离、聚集。这个模型可用于研究制剂随时间变化的稳定性（和加速条件）。

混合均匀度也可以在片剂中测量。它被认为是一个关键的质量参数，可以用 NIRCI 来测量，同时可以测定 API 的晶型、水合状态和含量。对于过程理解和质量源于设计，现在广为接受的是，产品开发人员应该知道，所有重要的成分的预期混合均匀度是什么，也许更重要的是，这个均匀性的偏差如何影响片剂的性能。Hilden 等人[13] 在制剂开发研究中成功地使用 NIRCI，确定了辅料最优粒径，解决了产品溶解故障或稳定性的问题。对比混合粉末的均匀性，片剂可以被这样分析，避免了一些关于粉末的样品完整性问题，尽管有代表性的药片取样（例如，一个商业批次）也可能很困难。为了评估片剂中的混合均匀性，实验片经常被设计为通过在混合过程[14] 或不同的 API 和辅料性质（如颗粒大小）中使用不同的混合时间来故意改变组分的均匀性。使用这种方法，可以研究一些对象，例如特定成分不均匀性的影响、商业产品的混合均匀度的比较[14,21] 以及压片过程本身所造成的对均匀性的影响（图 11.10）。

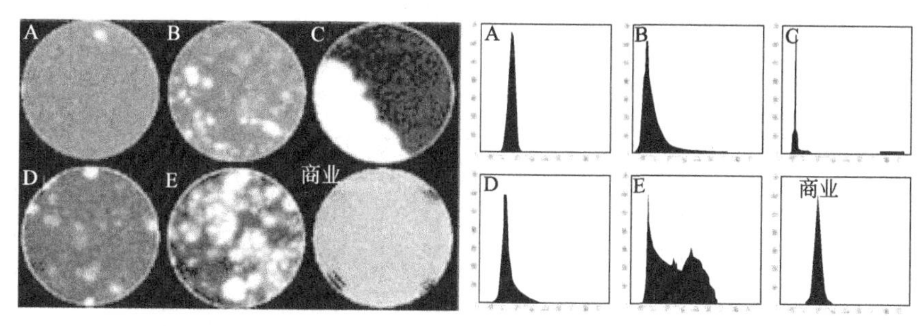

图 11.10 六种成分相同的药物模型片中活性成分分布的近红外化学成像及其浓度分布

成像方法应该具有尽可能高的区分片剂成分的能力，也就是包含合适的光谱范围和放大倍率。如果药片的均匀度达到相对比较均匀的“黄金标准”，那就没有必要量化成分的浓度。PLS-DA 或 CLS 采用纯成分光谱往往适用于这种类型的工作，因为校准样品需要成为唯一纯成分，产生得分成像与每个像素中的成分浓度有关。只要这个分布是高斯分布，均匀性的量化可以用预测单个得分的相对标准偏差表示。对于严重的不均匀性，浓度/得分的分布有望明显偏离正态分布。统计值（如偏度和峰度）可用于评估偏离正态分布的分布。

API 并不总是被研究的唯一成分。可以在文献中找到很多辅料分布的近红外化学成像测量的例子。该对象总是很简单：一旦测量出特定聚类现象，就有可能将它们的存在追溯到某些关键的制造变量，并可能纠正问题或修改过程以获得所期望的结果。研究片剂中特定辅料的均匀性，可以遵循针对上述用于 API 的类似方法。在片剂制剂中 API 的溶解性能很大程度上取决于 API 和辅料的物理特性。在一个特定实例中，使用 NIRCI 评估崩解剂的分布，来研究不均匀性对溶解行为的影响[27]。在不同的混合次数中掺入崩解剂以及采用不同的压片压力制备药片，药片随后使用蓝宝石近红外化学成像系统（马尔文仪器）成像，最后测定溶解曲线。采用偏最小二乘判别分析法（ PLS-DA），用 SNV 归一化和二阶导数对光谱进行预处理后，实现了七个复方片剂处方的崩解剂的判别对比。在这种情况下，可以使用更高崩解剂丰度的区域（域）的措施来量化均匀度。域统计信息提供了每个域的大小、形状和位置等信息，并可与每个域中的平均丰度相结合，以进一步研究异构性。

结果表明，崩解剂在混合 30min 后更均匀地分布。PLS-DA 得分成像如图 11.11 所示。无论崩解剂的分布如何，溶解曲线几乎都是相似的，这是相当出乎意料的。结果表明 API 的物理性质对溶解该制剂可能更为关键，因此崩解剂的分布被看成是非关键因素。在质量源于设计的开发过程中，识别非关键属性也是非常重要的。

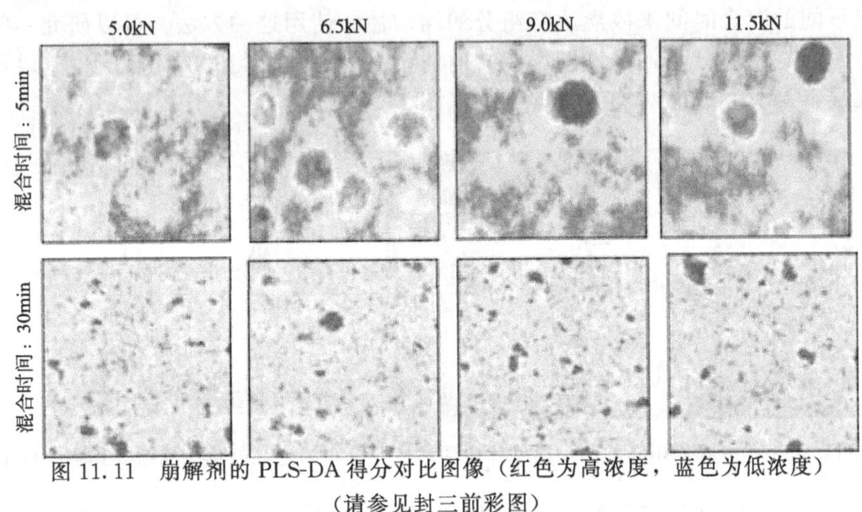

图 11.11 崩解剂的 PLS-DA 得分对比图像（红色为高浓度，蓝色为低浓度）（请参见封三前彩图）

在其他利用 NIRCI 研究药物辅料的实例中，发现影响终产品中组分分布的因素跟多个工艺参数有关。例如，发现压片压力通过形成特定产品中大于 40% 的崩解剂集群来影响溶解。对于过程问题的根源分析也跟踪到了提高片剂的聚合物成分集群大小问题[28]。

以每个片剂中簇的尺寸和数量的测量形式对簇进行定量分析提供了比较这些理想的样品（参考文献［29］中描述的程序）的统计手段。这是产品的一个例子，可能需要在集群大小上有多种差异以使得溶解失败。其他产品更敏感。2005 年，美国食品药品管理局公布的结果显示了在互联网上购买的药物片剂中 API 混合和辅料差异的近红外化学成像和溶解失败之间的联系[21]。虽然实际上没有任何一般性规则来预测哪些处方对于集群大小更为敏感，但这种测量通常与较低剂量产品相关性更高，因为更大的集群大小不仅表明了可能的溶解问题，而且表明了测定失败的可能。简单地说，如果非常低剂量产品的 API 存在于大的集簇中，则一些片剂有更多的机会过多或过少地含有几个集群。任一种情况都会对处方剂量产生显著偏差。在此情况下，使用近红外化学成像的集群大小测量将成为非常宝贵的工具，它在配方研制过程中可用。

Roggo 和 Ulmschneider[30] 描述了颗粒剂中的故障排除/配方开发的应用。从广泛的近红外光谱范围得到的成像所计算出的 PLS 分类允许识别和定位无涂层颗粒的所有五个成分。所得图像突出显示了一个重要的分离问题，其中 API 和微晶纤维素集中在颗粒的核心，赋形剂淀粉和聚乙烯聚吡咯烷酮在外围。这一信息以及在工艺变更实验后测试更多样品的能力表明，为了避免出现分离，需要预混合步骤。

11.3.1.3 过程分析技术：混合均匀监控

近红外成像（图 11.12）以及其测定所有关键成分的混合均匀度的功能是作为 PAT 工具最有趣的技术之一。但是，其目前的位置主要在质量源于设计领域。它作为一种过程监控工具的应用依然缓慢，尽管已经从过程理解中整理出来一些合适的测试方法。虽然监控的是混合过程，但是讨论的经常还是最终的片剂。在片剂生产中快速获取成像并非易事，所以重要的是要了解这些努力的真正好处，以避免在现实中可能配置过度昂贵的仪器。

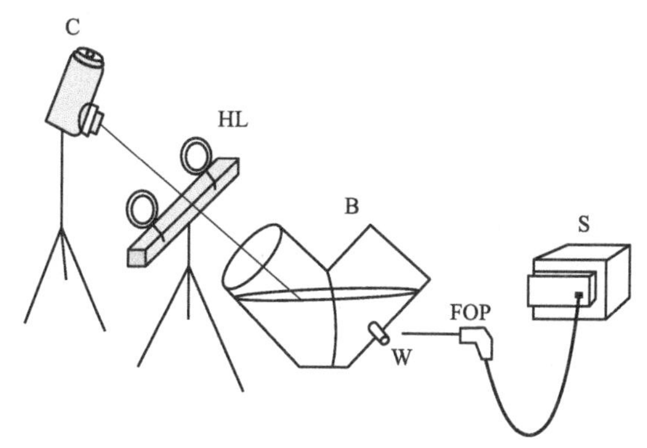

图 11.12 近红外成像设置：InSb 相机（C）、加热灯（HL）、V 形搅拌器（B）、蓝宝石窗（W）、分光光度计（S）和光纤探针（FOP）（经参考文献［15］许可转载）

应用的第一个障碍是，如前所述，混合生产规模的代表性取样很棘手。使用取样器已经可以折中样品的成分/均匀性。然而，目前行业公认的标准是用取样器从在混合器的不同位置取样，将取出的样品进行 HPLC 分析。这种方法费时（通常对操作者敏感），并且与美国 FDA 的过程分析技术（PAT）法规不相符[31]，因为它不提供混合过程的理解——它只是对活性成分的大体分布是否达到终点进行了评估。

对于直接过程分析（不从混合物中采样），全局成像系统已经安装在混合器的上面甚至通过接触窗口连接到混合器以测量小部分混合物。尽管有这些仪器配置远超常规使用这一事实，但人们对这类监测的兴趣正在增加，并已报道了对这类监测的可行性研究。El-Hagrasy 等人[15] 使用液氮冷却锑化铟成像相机，设置有六个离散带通滤波器，包含混合物的两种组分的吸收波段（乳糖和水杨酸），以在原位研究混合物的均匀度。这种类型的全局成像方法的主要优点是相对大视场（约 15cm，在这种情况下可以代表混合物上表面的 2/3），相比于单点近红外混合控制（通常在 1cm 直径范围内）这是显著优点。混合过程每 2min 停止一次，记录混合物顶部的近红外图像。记录在六条光谱带之一中强度的标准偏差用来测量活性成分的均匀性。结果表明，混合物在约 14～16min 最佳混合，但超过 20min 分层明显。这些结果与其他一致，在该研究中，参考技术使用的是紫外和单点近红外光谱混合监控。在现实生活中，为过程分析而停止（商业）混合过程往往不被接受，虽然这对最终混合物的均匀性的过程开发和控制可能是可接受的（在混合时，其中混合物预计是均匀的）。

Lewis 等人[29] 评估了通过光纤直接连接 V 形搅拌器的 LCTF/FPA 近红外成像仪的使用（图 11.13）。探索的基本假设是，在原则上，如果可以用这些复杂工具配置获得高品质成像，混合物过程的演变就可以被研究、监控或控制。

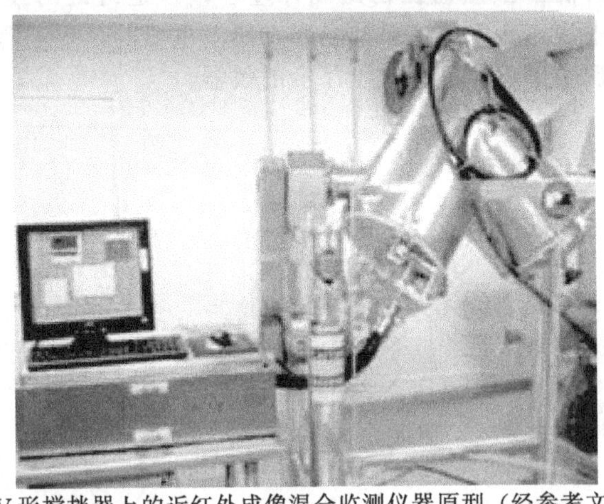

图 11.13 安装在 V 形搅拌器上的近红外成像混合监测仪器原型（经参考文献 [29] 许可转载）

使用一些明显光谱波段的强度直方图，监视混合过程中的均匀状态。结果显示为 API 在 1632nm 处强度的分布结果。

如图 11.14 中的标准偏差值随着混合时间的增加而降低，正如混合物变得更均匀的过程中所预期的。直方图分布的变窄说明，大多数像素正变得彼此更加相似。如先前所解释的，正偏态表示分布右侧的尾部较长，这代表具有高 API 含量的像素。由于斜率随混合时间降低，这意味着这些高 API 含量区域正与基体材料混合，并且朝向平均混合值移动。峰度是衡量“尖峰”分布的，或者是尾部的大小。大的正数表示分布尾部大，意味着一部分像素确实显著地不接近均值（说明样品中正被研究的成分的“热”和“冷”的点）。在这个例子中，没有明显趋势涉及丰度和混合时间，这意味着，虽然基于标准偏差和偏态值可以可见混合过程的进展，但仍有明显 API 结构域存在于混合物中。

成像仪器在混合过程中的应用是否比多点近红外和紫外探针具有显著性的优势目前还没有定论，但随着在剂型研发中 NIRCI 的应用，关于 NIRCI 应用的知识体系将迅速增加，从而有助于回答这个问题。

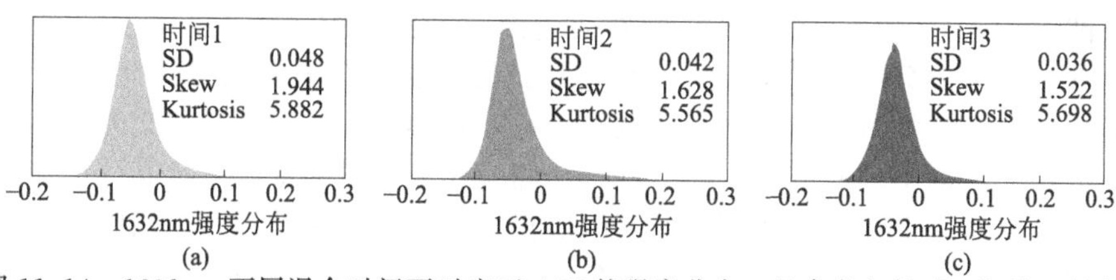

图 11.14 1632nm 不同混合时间下对应于 API 的强度分布（经参考文献［29］许可转载）
SD—标准偏差；Skew—偏态；Kurtosis—峰度

11.3.2 质量控制

近红外成像被认为对成品的质量控制或在制造的不同阶段特别有用。如前所述，成分的均匀度或 API 或辅料的团聚物的存在，与成品的质量和性能密切相关。事实上，本章讨论的所有应用都或多或少与质量控制相关。现有技术（例如 HPLC）广泛用于 API 含量测定，但成分分布当然不是常规分析项目。溶解研究可以确定 API 的释放特性，但是像 HPLC 分析是破坏性的和费力的过程，它不可以对可能的偏差原因提供直接观察。对于更复杂的制剂，如多层系统，关于处方设计的直接信息可以通过近红外成像在相对短的时间内获得。在本节中，一些应用实例中报告显示了近红外成像在质量控制中的广泛适用性。

11.3.2.1 含量均匀度

片剂的含量均匀性是一个描述目标产品 API 方差的普通质量参数。尽管高精密度和准确度的 HPLC 和 UV 分析更适合于得到单个片剂中 API 剂量的可靠结果。尽管现在已经普遍接受辅料的均一性对于药物的疗效也起到关键作用，但是通常没有相似的方法可以检测辅料。溶解性质对于生物药效率来讲非常重要，但是稳定性和其他一些普通的质量参数也证明与辅料的均一性有直接关系。定量分析 API 和辅料的含量以及在粉末或者片剂中的空间分布涉及混合均匀度。仅仅含量的测定涉及含量均匀度。

由于含量均匀性就是计算药片之间的方差，只有单个片剂的平均含量必须测量。通过对一个药片的所有光谱/像素求平均值，可以求出平均谱并用于含量预测[32,33]。Gendrin 等人对两种药物样品进行了可行性研究：API 与纤维素的简单二元混合物和含有 API、MCC、乳糖和其他低含量辅料的成分更复杂的药物制剂。用每个数据立方体的平均光谱建立 PLS-2（浓度）和 CLS 校正模型，并得到了浓度的准确预测。结果表明，最佳光谱预处理和校正设置依赖于混合物的复杂性。PLS-2 和 CLS 都为 API 提供了良好预测，而 PLS-2 可以更好地描述 MCC 和乳糖的均匀性。

在一般情况下，对含量均匀度，平均光谱是从整个成像表面计算而来的，而这种独特的光谱用来预测浓度。基础假设是，片剂的外层可以代表整个药片。这种假设可以通过对片剂的多个后续横截面进行成像并且比较单独的平均光谱得到证实。成像结果可被单独分析，或者被重建成代表一个或更多成分分布的立体矩阵（图 11.15）。作为一般规则，如果从表面计算的含量（浓度）与预期浓度一致，并且单个成分的团簇是小的，那外表面就可能很好地代表了片剂的任何层。然而，如果计算的浓度与预测不一致并且可以观察到大的颗粒，那么外表面就明显地区别于片剂中的其他层。好消息是，测量偏离剂量的浓度并将其分离成离散区域本身就是一个可能需要解决的问题的指示器！如果手动压片，当配料粒径显著不同时，可能会产生有重要影响的分离效果。记录片剂的两面，将提供有关片剂压制期间可能的分离信息。此外，应当注意的是，如果不同光谱范围中不同化合物的含量均匀度与大规模的光谱特征被同时分析，这些波长的差异可能导致样品内的不同穿透深度，这可能会影响观察到的组成信息。

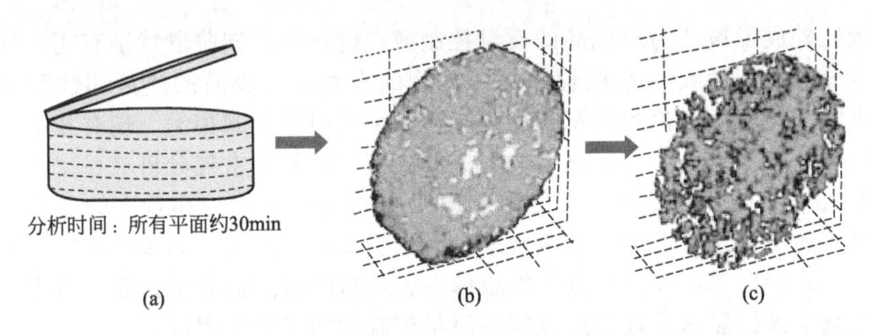

图 11.15　(a) 用于成分三维分析的样品制备示意；(b) 代表原料药（浅色）在赋形剂基质中分布的假彩色图像（深色）；(c) 呈现不含赋形剂基质的原料药集料

对含量均匀性分析来说使用近红外成像的一个额外优点是，相对短的数据采集时间以及同时可以分析大量片剂的可能。Lee 及其同事描述了一个高通量含量均匀性测定的应用[32]。在此工作中，使用了大视场（59.5mm×47.5mm），产生 186μm 的相对较大的像素（马尔文仪器），并允许同时分析 20 粒。这项工作的一个有趣结论是：如果该 API 的含量相对较高，并且其光谱含有特征谱带，有可能使用单个或几个波长来得到浓度测量，这把数据采集时间从分钟降低到秒（对 20 片）。相比于传统的 HPLC 分析，这可以被认为在效率上是巨大的提高。图 11.16 展示了这种方法的一个例子，其中 20 片被定位在大视场中，根据在 1600nm 的单一波长的平均强度来进行颜色编码，这对应于 API 浓度。

成像可以提供可见的、可理解的定性信息。染成红色的样品显示在 1600nm 有强吸收，对应高 API 浓度。反过来，染成蓝色的样品显示在 1600nm 吸收弱，相当于低 API 浓度。可以通过利用平均强度和参考方法测定的值建立标准曲线。这种高通量分析概念为含量均匀分析效率的显著提高展示了清晰的可行性。成功实施强烈地依赖于含量预测的精度和数据采集时间。在低剂量产品中，应该预料到单波长方法可能不能提供所需的精度，并且需要校准模型来测量含量的均匀性。对于一批转换速度为 10s/片的药片来说，数据采集时间将可能从秒上升到几分钟。

图 11.16 1600nm 下 20 片不同含量（40%～60%原料药）的强度图
（经参考文献 [32] 许可转载，请参见封三前彩图）

11.3.2.2 涂层厚度及多层微球

近红外成像可以有效地用于复杂配方中不同层的可视化和涂层厚度的测定[4,33]。图 11.17 给出了一个突出的例子，其中显示了多层控释颗粒。横截面的近红外图像被记录下来，用 PCA 计算超立方体数据中不同类型的差异。显然，在没有大量的校正等数据处理下，颗粒中可以看到三层。

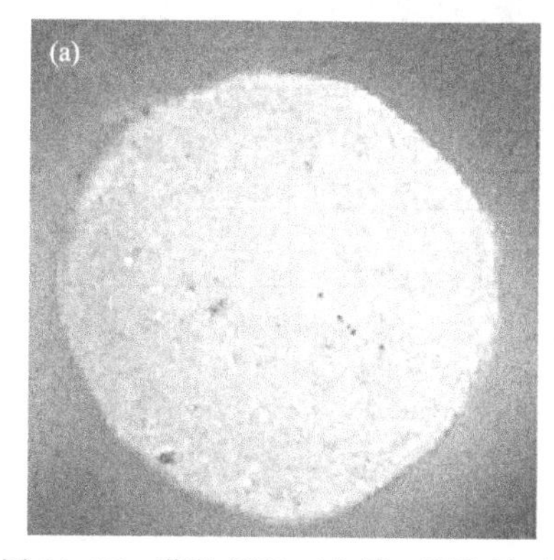

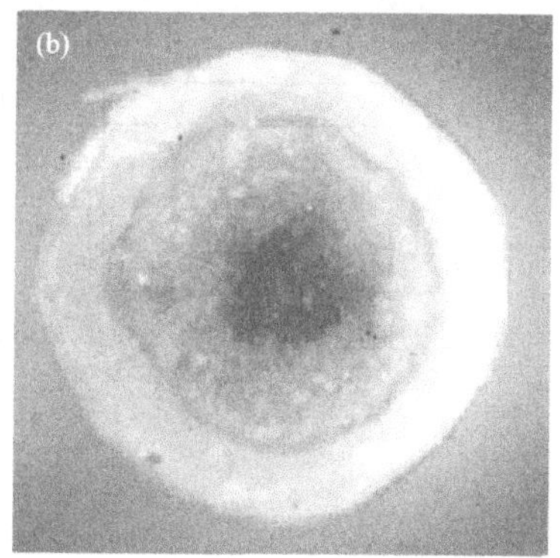

图 11.17 药物缓释（多层）颗粒的可视图像 (a) 和近红外主成分图像 (b)
（经参考文献 [4] 许可转载）

Lewis 等人研究了一个控释微球的涂层厚度[33]。由于近红外成像仪器的放大率被限制在 10μm 左右，所以相对薄的涂层很难通过近红外成像在横截面中量化。在这种情况下，微球涂层厚度大约 200μm，微球被交叉切片用于数据收集（图 11.18）。例如，通过获取基于在 2080nm 上强度差异的黑白二值图像，在涂层和核心成分之间存在明显的强度差异。定量计算可以用来计算包衣的厚度以及完整性。

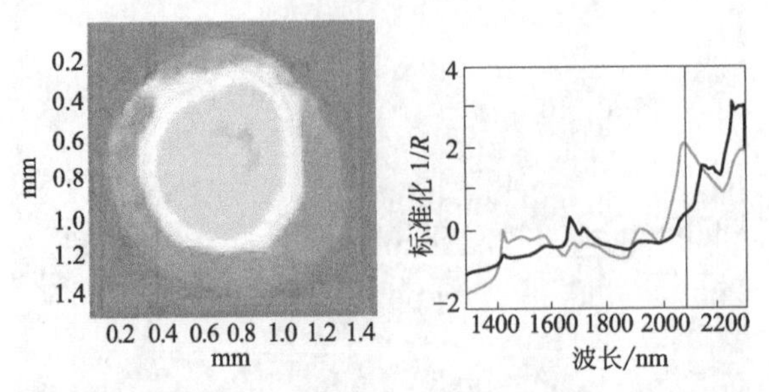

图 11.18 涂层微球横截面的近红外图像和对应于微球芯和涂层的近红外光谱
(经参考文献 [33] 许可转载)

如果考虑两种类型的微球混合物，近红外成像可以基于形态和/或化学信息用于识别不同类型的微球。即使使用单一波长的强度也可以有效区分两种颗粒。如果获得可靠的对比度成像，微粒统计可用于量化微球混合物性能，如不同类型的微球和颗粒大小分布之间的比例（图 11.19）。

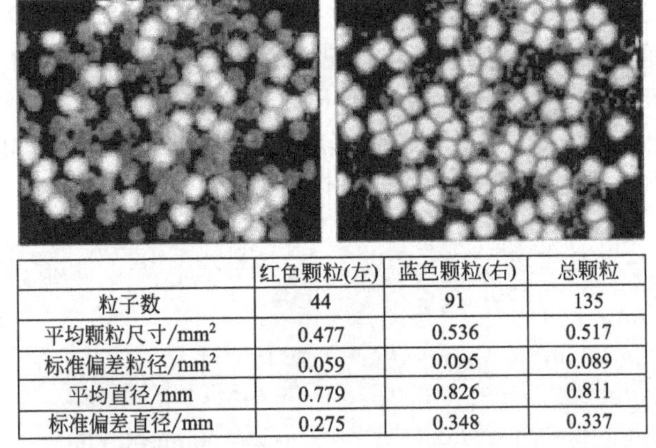

	红色颗粒(左)	蓝色颗粒(右)	总颗粒
粒子数	44	91	135
平均颗粒尺寸/mm²	0.477	0.536	0.517
标准偏差粒径/mm²	0.059	0.095	0.089
平均直径/mm	0.779	0.826	0.811
标准偏差直径/mm	0.275	0.348	0.337

图 11.19 基于单波长强度（左：2050nm，右：2130nm）的两种微球的鉴定
(经参考文献 [33] 许可转载)

11.3.2.3 片剂/胶囊的质量评估

许多先前描述的应用已经凸显了 NIRCI 对于比较样品的优势。即使没有任何成分的参考光谱，该技术也可用于比较化学成分和结构。Westenberger 等人[21] 以及 Veronin 和 Youan[34] 充分利用了这种能力，他们研究了互联网上的商业产品。在第一个研究中，用传统和非传统方法（如 TGA 和近红外成像）检查因特网上的一些可用产品。通常情况下，通过互联网药店进口的产品没有被美国食品药品管理局批准，担心它们的安全性和有效性，这些都需要进行比较研

究。近红外成像强调网上买的和已批准的美国同行之间剂型上的差异。许多样品中含有不同辅料，它们提升了对产品的货架寿命的关注。近红外成像也能够检测制造的差异，如不能均匀混合，就会产生剂量均匀性的问题。大多数这些配方和制造问题，单独进行传统检测将不会明显。Veronin 和 Youan 同样观察到了通过互联网购买的片剂的结构中存在非常大的差异。

近红外成像不太常见的质量控制应用是，在固体制剂中检测局部污染。局部污染往往存在于相对小的制剂区域，因此需要高空间分辨率检测它们。一般认为拉曼成像研究局部污染更有效，这是由于其更强的化学特异性和更高的空间分辨率。然而，当没有事先指明小污染可能的位置时，后者则变成缺点，因为高空间分辨率扫描可以很容易地用几十小时覆盖片剂的整个表面。当污染物定位于药片表面的不同区域（域）时，有可能用近红外成像检测和识别某些形式的污染物，如降解产物。如果杂质覆盖大于约 30μm 的区域，并含有不同光谱特征，用来检测甚至鉴定都会更容易。然后，主成分分析或其他多元分析可以用来检测超立方体数据中的小方差的来源。在图 11.20 中，给出了存在局部降解产物的例子[35,36]。

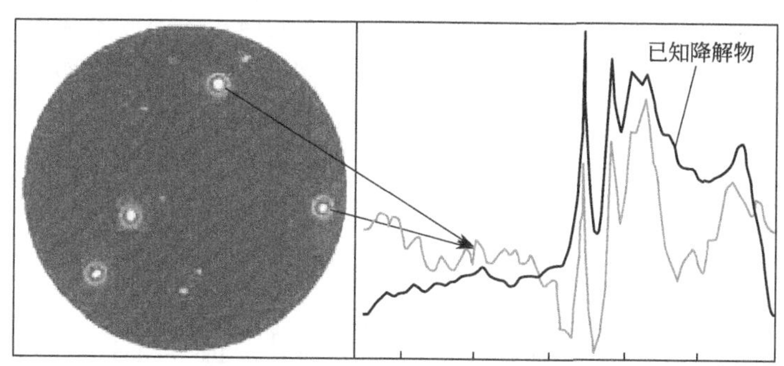

图 11.20 显示局部污染的药片，片剂中白色区域的近红外光谱与已知降解剂的近红外光谱相对应（经参考文献［36］许可转载）

11.3.2.4 片剂以及滚压条带的密度

另一个感兴趣的药片和中间产品的质量评估应用是检查密度。Ellison 等人[37] 研究了使用 NIRCI 药片密度成像的可能性。在药物生产过程中，由于混合时间以及硬脂酸镁的用量不同，润滑剂硬脂酸镁会影响压片的效率。润滑剂不足会导致药片内密度的变化。通过适当的润滑来控制一致的片剂密度分布和均匀的压片压力对于获得可预测的性能是很重要的。

将乳糖一水合物与不同数量的硬脂酸镁进行不同时间的混合。每次混合都进行压片。对于每个片剂都收集了近红外化学成像，并且计算了每个成像像素处的密度。近红外成像中很好地感知了压片内的密度分布。没有硬脂酸镁或有 0.25%硬脂酸镁的片剂比有 1.0%润滑剂的药片更不均匀。近红外成像可用于无损评估片剂的密度分布，并确认压片过程动力分配中摩擦减轻和改善的预测。在这项研究中，密度曲线既可以定性地显示不同混合批次片剂的密度曲线差异，又可以定量地给出单个片剂内的真实密度以及压片压力信息（图 11.21）。

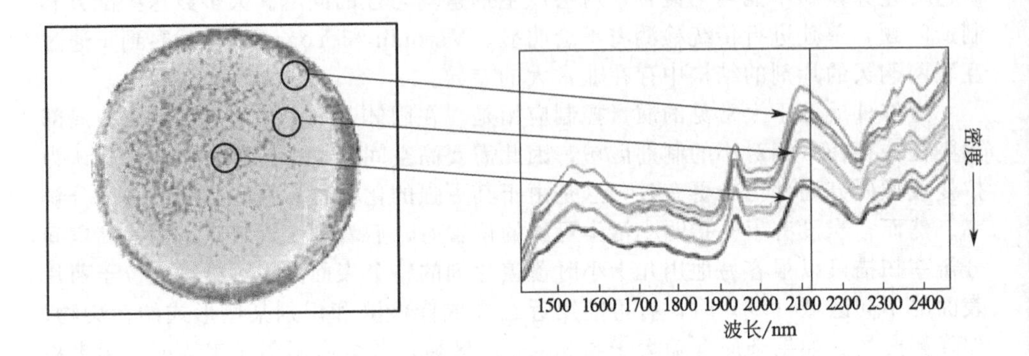

图 11.21 片剂内不同密度的未处理近红外光谱（2120nm）对比图像，低强度对应高密度（经参考文献［37］许可转载，请参见封三前彩图）

Lim 等人[38] 在 2008 年进行了关于滚压条带密度的相似研究，这个团队展示了 MCC 条带在宽度上的密度均匀性随着压力的变化。在这个特定实验中，用更大力产生的色带有更广泛的密度梯度，正如图 11.22 中灰度等级强度分布所说明的。成像中每个点处的密度由基线偏移的简单测量来评估。

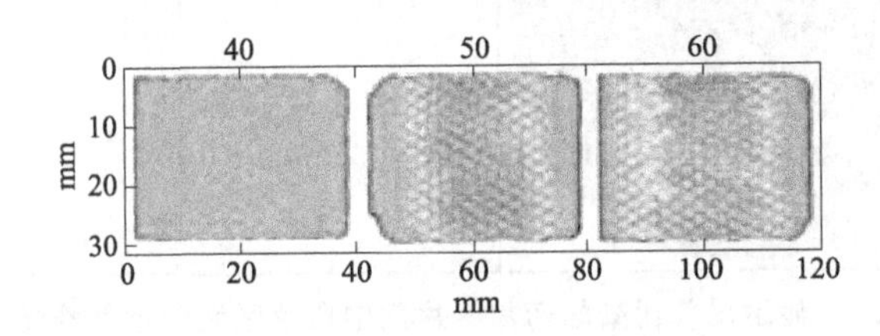

图 11.22 碾压带，显示 40kN、50kN 和 60kN 压力下，宽度带的密度变化

11.3.2.5 泡罩包装中的片剂分析

识别和表征泡罩包装中的片剂的可能性，将在制药行业中有巨大的潜力。对于终产品的质量控制，可以用大视场高速摄像机在短时间内采集数百个片剂的信息[39]。近红外辐射能够穿过包装材料这一优点，为不干扰包装产品直接测定提供了机会。Malik 等人研究了使用近红外成像的可行性，不仅是为了鉴别，也是为了评估在储存和降解过程中湿度摄取的不同。使用锑化铟焦平面阵列成像仪与近红外冷带通滤波器，在光谱 1680～2300nm 的范围内进行大面积（0.5m）成像。根据这样的结构，被同时分析的片剂总量约是 1300，相当于每个药片约 16 个像素。测量能够确定活性成分，并且可以确定将泡罩刺穿暴露在高湿环境下药片的含水量。虽然成像方法并不像单个药片的光谱分析那样精确，但该方法在制

药行业中可能具有很大的实施潜力，绝不仅仅是因为效率上的巨大增益（即1300个片剂在几分钟内成像）。

用NIRCI也对泡罩包装进行了研究，从而检测掺杂（即出现一包中的“错误”片剂）、空泡和假药分析（将在单独章节讨论）。在图11.23中，给出了一个分析泡罩包装中片剂的示例。片剂之一被含有不同API的片剂所替代，这在近红外成像中清楚地看到。之前所描述的片剂数据采集和处理方法可直接适用于泡罩包装。在某些情况下，单波长的测量足以区分产品（例如图11.22），在其他时候，需要建立校正方法来测量成分分布。

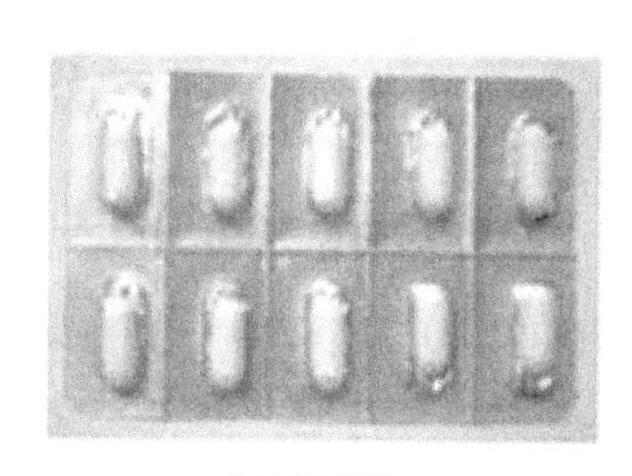

(a) 可见图像

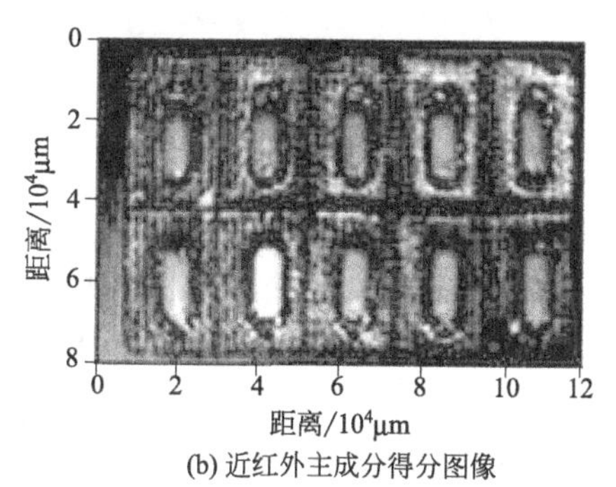

(b) 近红外主成分得分图像

图11.23 可见和近红外PCA药物泡罩包装的分数图像，10片中有1片是用不同API分析的（经参考文献［15］许可转载）

11.3.2.6 联合成像技术

近红外光谱的基本原理表明，在这个光谱范围内只有有机材料具有光谱特征。当无机成分存在于制剂中时，它们的域将显示为近红外成像中的黑洞，因为缺乏无机成分光谱。许多研究者使用孔作为定位无机成分的简单指标，但有一个团队（Clarke等人[40]）通过获取片剂表面同一区域的拉曼和近红外化学图像进行进一步的分析，来研究有机和无机材料的分布，从而试图了解“黏性片剂”问题。化学成像融合（CIF）方法要求显微镜载玻片为精确定位两种仪器的样品进行校准。数据由两种仪器分别采集，并被独立处理以创造成分的分布成像。描述无机黏合剂和API分布的拉曼成像与描述稀释剂、崩解剂和润滑剂的近红外分布成像合并（例如，可用Z形串联实现此目的）（图11.24）。将好的与黏性片剂的编译化学融合成像进行比对。出乎意料的是，润滑剂（NIR）的均匀性似乎不是观察到差异的主要原因，尽管其分布不如预期的那样。制剂中无机黏合剂的分布似乎是主要的区别，令人惊奇的是，良好的批次显示出较不均匀的分布。由此可以得出结论，具有均匀分布的小颗粒并不总是最好的，这个例子表明了解各种成分规格的重要性，这是QbD框架的一个组成部分。

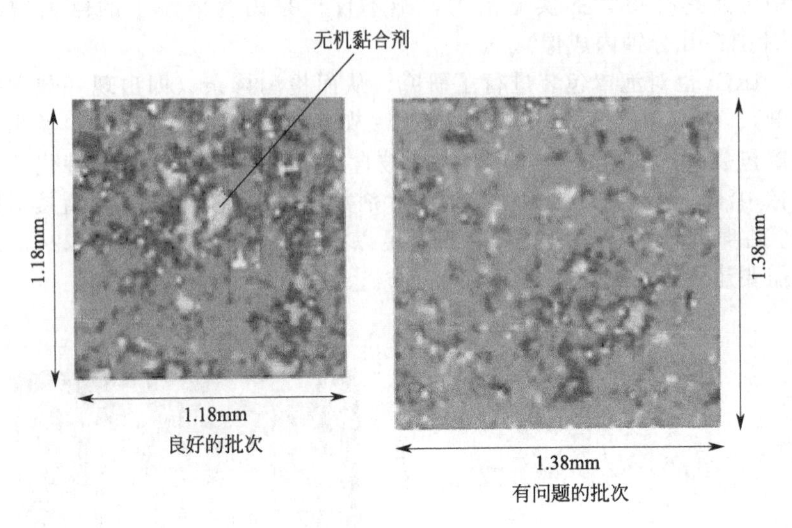

图 11.24 两个拉曼和三个近红外图像的 CIF 图像，一个良好的批次和一个有问题的批次[40]（请参见封三前彩图）

11.3.3 假药分析

假冒药物对患者健康以及真正药片合法生产者的声誉和商业上的成功构成了真正的威胁。使用近红外成像，可同时比较多个样品，或从单个样品可以得到和比较详细成分信息。针对检测假冒产品的近红外成像的适用性已经得到广泛的研究[41-44]，这里只详细解释了几个例子，来解释用 NIRCI 解决问题的主要方面。

通常，假药被描述为含有正确成分，但是以不受控制的方式操纵或者包含错误的活性（或非活性）成分或任何活性成分的物质[41]。在第一个例子中，通过相对大视场获得的图像与真品进行化学组成（甚至在泡罩包装中）的对比来筛选可能的假冒产品。在这种情况下，样品内的成分分布不是主要目的，至少最初不是，而是正确的主要成分的存在。从健康观点出发，人们可能只有兴趣了解所报告浓度中正确活性成分的存在。在任一情况下，主成分分析或峰高度可被用来识别异常的光谱变化。显然，可能的假冒 API 的光谱特征以及高剂量起着重要作用，但在相对低剂量的产品中，用简单的主成分分析来检测 API 是否不同于参照品可能很困难，正如之前在片剂分析中所述的。然而，对许多产品来说，通过这种简单的方法可以非常容易地检测到任何 API 和赋形剂的缺失。

例如，图 11.25 的左侧图像表明，真正的片剂不包含滑石粉，因为滑石粉在 1390nm 有明显的近红外吸收。假冒片剂（B3）也不含滑石粉，而片剂 A2 显示了滑石粉的显著吸收峰。在右侧，选择 API 的波长特征，在药片 B3 的成像中 API 似乎不存在，而存在于药片 A2 中。直方图特征表明，API 的强度与真药相比，在药片 A2 中分布更广泛，意味着 API 存在但不太均匀地分布[42]。当评价假冒产品的兴趣点仅限于测定 API 的存在和浓度时，近红外化学成像就有点小题大做了。确实，从每个药片获得的单点谱将以较低成本提供相同信息。在假冒产品分析中，驱动使用 NIRCI 的动力是成分的空间布局所提供的附加信息。

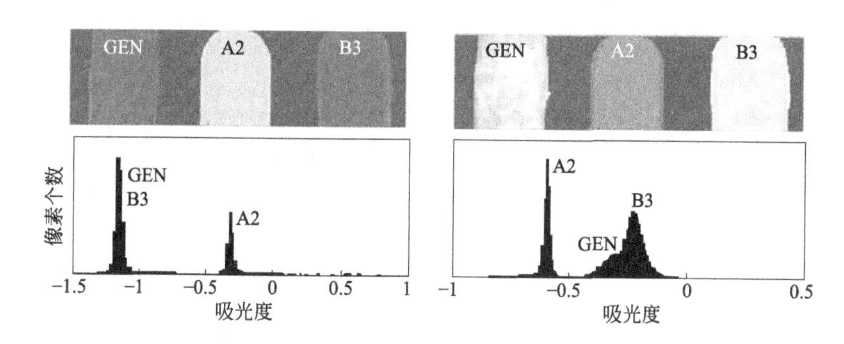

图 11.25 1390nm（左）和 1720nm（右）下的近红外图像以及一种真正的七肽片剂（GEN）和两种假冒片剂的图像强度直方图：A2（不含 API）和 B3（含 API）（经参考文献［42］许可转载）

采用 NIRCI 研究假冒产品，通常包括数据采集和处理，这与质量控制、故障排除和配方开发的方法非常相似。对 NIRCI 进行更高级使用的一个例子是利用各个药片的成像、PCA 和聚类分析来判断一系列样品来源数量的研究。假药来源判别对于帮助了解有多少家不同的厂家生产假药问题的程度非常有用，而不管他们可能的共同成分。使用所有光谱信息数据而不是单个波长的聚类技术对于未知产物的分类可能是非常有帮助的，以便强调观察到变异的根源不仅是由于不同的 API 而且还由于不同的辅料。Lopes 和 Wolff[42] 对从市场得到的 55 个假冒 Heptodin™ 和另外的 11 个真药进行了比较研究。主成分分析和 K 均值聚类均显示，假药可以被分为 13 个主要群体，其中只有 18%包含了正确 API。假药还显示了导致相对大量集群的辅料成分中的差异。这个研究中，近红外成像被证明对于假冒来源分析来说是极好的分析工具。

11.4 结论

NIR 化学成像提供了采用传统技术不能得到的药物产品的宝贵信息。与大多数新的分析技术一样，需要对方法开发进行大量投资。基于现有文献中现实问题的各种实验方法，新用户可以在早期成功的基础上再现实验和应用方法。一旦针对个别应用定制成功，这些步骤就可以记录到可重现的标准操作程序（SOP）和宏运行中。早期的应用集中在排除各种质量问题，但配方开发（以 QbD 方式）和假药分析现在正处于中心阶段。NIR 化学成像提供了一种更好理解制剂发展的途径，以减少不合格批次的可能性。整个配方开发过程中产生的数据促进了对产品的全面了解，因此可以在控制过程中实施，支持 PAT 计划。

参考文献

1. Barer, R., Cole, A. R. H., and Thomson, H. W. (1949). Infrared-microscopy with the reflecting microscope in physics, chemistry and biology. *Nature* **163**(4136), 198–201.
2. Lewis, E. N. and Levin, I. W. (1995). Vibrational spectroscopic microscopy: Raman, near-infrared and mid-infrared imaging techniques. *JMSA* **1**(1), 35–46.
3. www.fda.gov/cder/OPS/PAT.htm.
4. Lewis, E. N., Carroll, J. E., and Clarke, F. M. (2001). A near-infrared view of pharmaceutical formulation analysis. *NIR News* **12**, 16–18.
5. Lyon, R. C., Jefferson, E. H., Ellison, C. D., Buhse, L. F., Spencer, J. A., Nasr, M. M., and Hussain, A. S. (2003). Exploring pharmaceutical applications of near-infrared technology. *Am. Pharm. Rev.* **6**(3), 62–70.
6. Lewis, E. N., Schoppelrei, J., Lee, E., and Kidder, L. H. (2005). Near-infrared chemical imaging as a process analytical tool. In: Bakeev, K. A. (Ed.), *Process Analytical Technology*, Blackwell Publishing Ltd, Oxford, pp. 187–225.
7. LaPlant, F. (2004). Factors affecting NIR chemical images of solid dosage forms. *Am. Pharm. Rev.* **7**(5), 16–24.
8. Clark, D. and Šašic, S. (2006). Chemical images: technical approaches and issues. *Cytometry A* **69A**, 815–824.
9. Hudak, S. J., Haber, K., Sando, G., Kidder, L. H., and Lewis, E. N. (2007). Practical limits of spatial resolution in diffuse reflectance chemical imaging. *NIR News* **18**(6), 4–7.
10. Clarke, F. C., Hammond, S. V., Jee, R. D., and Moffat, A. C. (2002). Determination of the information depth and sample size for the analysis of pharmaceutical materials using reflectance near-infrared microscopy. *Appl. Spectrosc.* **56**(11), 1475– 1483.
11. Šašić, S. (2007). An in-depth analysis of Raman and near-infrared chemical images of common pharmaceutical tablets. *Appl. Spectrosc.* **61**(239–250).
12. Clarke, F. (2004). Extracting process-related information from pharmaceutical dosage forms using near infrared microscopy. *Vib. Spectrosc.* **34**, 25–35.
13. Hilden, L. R., Pommier, C. J., Badawy, S. I., and Friedman, E. M. (2008). NIR chemical imaging to guide/support BMS-561389 tablet formulation development. *Int. J. Pharm.* **353**(1-2), 283–290.
14. Lyon, R. C., Lester, D. S., Lewis, E. N., Lee, E., Yu, L. X., Jefferson, E. H., and Hussain, A. S. (2002). Near infrared spectral imaging for quality assurance of pharmaceutical products: analysis of tablets to assess powder blend homogeneity. *AAPS PharmSciTech.* **3**(3), 17.
15. El-Hagrasy, A. S., Morris, H. R., D'Amico, F., Lodder, R. A., and Drennen, J. K. 3rd. (2001). Near-infrared spectroscopy and imaging for the monitoring of powder blend homogeneity. *J. Pharm. Sci.* **90**(9), 1298–1307.
16. Jovanovic, N., Gerich, A., Bouchard, A., and Jiskoot, W. (2006). Near-infrared imaging for studying homogeneity of protein–sugar mixtures. *Pharm. Res.* **23**(9), 2002–2013.
17. Gendrin, C., Roggo, Y., Spiegel, C., and Collet, C. (2008). Monitoring galenical process development by near infrared chemical imaging: one case study. *Eur. J. Pharm. Biopharm.* **68**, 828–837.
18. Roggo, Y., Edmond, A., Chalus, P., and Ulmschneider, M. (2005). Measurement of drug agglomerates in powder blending simulation samples by near infrared chemical imaging. *Anal. Chim. Acta* **535**, 79–87.
19. Ma, H. and Anderson, C. A. (2008). Characterization of pharmaceutical powder blends by NIR chemical imaging. *J. Pharm. Sci.* **97**(8), 3305–3320.
20. Gendrin, C., Roggo, Y., and Collet, C. (2007). Content uniformity of pharmaceutical solid dosage forms by near infrared hyperspectral imaging: a feasibility study. *Talanta* **73**(4), 733–741.
21. Westenberger, B. J., Ellison, C. D., Fussner, A. S., Jenney, S., Kolinski, R. E., Lipe, T. G., Lyon, R. C., Moore, T. W., Revelle, L. K., Smith, A. P., Spencer, J. A., Story, K. D., Toler, D. Y., Wokovich, A. M., and Buhse, L. F. (2005). Quality assessment of internet pharmaceutical products using traditional and non-traditional analytical techniques. *Int. J. Pharm.* **306**(1-2), 56–70.
22. Koehler, F.W., Lee, E., Kidder, L.H., and Lewis, E.N. (2002). Near-infrared spectroscopy: the practical imaging solution. *Spectrosc. Eur.* **14**, 12–19.
23. Burger, J. and Geladi, P. (2007). Spectral pre-treatments of hyperspectral near infrared images: analysis of diffuse reflectance scattering. *J. Near Infrared Spectrosc.* **15**, 29–37.
24. Furukawa, T., Sato, H., Shinzawa, H., Noda, I., and Ochiai S. (2007). Evaluation of homogeneity of binary blends of poly (3-hydroxybutyrate) and poly(L-lactic acid) studied by near infrared chemical imaging (NIRCI). *Anal. Sci.* **23**(7), 871–876.
25. Li, W., Woldu, A., Kelly, R., McCool, J., Bruce, R., Rasmussen, H., Cunningham, J., and Winstead, D. (2008). Measurement of drug agglomerates in powder blending simulation samples by near infrared chemical imaging. *Int. J. Pharm.* **350**(1-2), 369–373.
26. Lewis, E. N., Kidder, L., and Eunah, L. (2005). NIR chemical imaging as a PAT tool. *Innov. Pharm. Tech.* 107–111.
27. Mellouli, S. and Gerich, A. (2008). Assessment of uniformity of excipients in tablets (internal report: Department of Pharmaceutics, Schering-Plough).
28. Clarke, F. (2004). Extracting process-related information from pharmaceutical dosage forms using near infrared microscopy. *Vib. Spectrosc.* **34**, 25–35.
29. Lewis, E. N., Schoppelrei, J., and Lee, E. (2004). Near Infrared chemical imaging and the PAT initiative. *Spectrosc. Mag.* **04** (26–36).
30. Roggo, Y. and Ulmschneider, M. (2008). Chemical imaging and chemometrics: useful tools for process analytical technology. In: Gad, S. C. (Ed.), *Pharmaceutical Manufacturing Handbook: Regulations and Quality*, Chapter 4.3, Wiley, pp. 411–431.
31. PAT—A Framework for Innovative Pharmaceutical Development, Manufacturing, and Quality Assurance, United States Food and Drug Administration, September 2004.
32. Lee, E., Huang, W., Chen, P., and Vivilecchia, R. (2006). High-throughput analysis of pharmaceutical tablet content uniformity by near-infrared chemical imaging. *Spectroscopy* **21**(11).
33. Lewis, E. N., Kidder, L. H., and Lee, E. (2005). NIR chemical imaging: near infrared spectroscopy on steroids. *NIR News* **16**(2).
34. Veronin, M. A. and Youan, B. B. (2004). Magic bullet gone astray: medications and the Internet. *Science* **305**, 481.
35. Lewis, E. N., Schoppelrei, J., and Lee, E. (2004). Near infrared chemical imaging and the PAT initiative. *Spectrosc. Mag.* **04** (26–36).
36. Lewis, E. N., Lee, E., and Kidder, L. H. (2004). Combining imaging and spectroscopy: solving problems with near-infrared chemical imaging. *Microsc. Today* **12**, (6).
37. Ellison, C. D., Ennis, B. J., Hamad, M. L., and Lyon, R. C. (2008). Measuring the distribution of density and tabletting force in pharmaceutical tablets by chemical imaging. *J. Pharm. Biomed. Anal.* **48**(1), 1–7.
38. Lim, H. -P., Dave, V. S., Kidder, L., Fahmy, R., Bensley, D., O'Brien, C., and Hoag, S. W. (2008). Monitoring variation in porosity of roller compacted ribbons using NIR imaging as a non-destructive analytical tool, Poster presentation,

AAPS.

39. Malik, I., Poonacha, M., Moses, J., and Lodder, R. A. (2001). Multispectral imaging of tablets in blister packaging. *AAPS PharmSciTech* **2**(2), E9.

40. Clarke, F. C., Jamieson, M. J., Clark, D. A., Hammond, S. V., Jee, R. D., and Moffat, A. C. (2001). Chemical image fusion. The synergy of FT-NIR and Raman mapping microscopy to enable a more complete visualization of pharmaceutical formulations. *Anal. Chem.* **73**(10), 2213–2220.

41. Dubois, J., Wolff, J. C., Warrack, J. K., Schoppelrei, J., and Lewis, E. N. (2007). NIR chemical imaging for counterfeit pharmaceutical products analysis. *Spectroscopy* **22**, 40–50.

42. Lopes, M. B. and Wolff, J. C. (2009). Investigation into classification/sourcing of suspect counterfeit Heptodin trademark tablets by near infrared chemical imaging. *Anal. Chim. Acta* **633**(1), 149–155.

43. Rodionova, O. Y., Houmøller, L. P., Pomerantsev, A. L., Geladi, P., Burger, J., Dorofeyev, V. L., and Arzamastsev A. P. (2005). NIR Spectrometry for counterfeit drug detection, a feasibility study. *Anal. Chim. Acta* **549** (2005) 151–158.

44. Kidder, L. H., Dubois, J, and Lewis, E.N., Realizing the potential of Near Infrared Chemical Imaging in Pharmaceutical Manufacturing, Pharmaceutical online, 48-52, May 2007; www.pharmaceuticalonline.com.

第四篇

食品研究中的应用

12

食品的拉曼和红外成像

Nils Kristian Afseth 和 Ulrike Böcker 挪威，
Nofima Mat 股份有限公司

12.1 引言

几十年来，振动光谱在食品和食品成分分析中起到了重要的作用。一方面，近红外和中红外光谱是工业应用中快速在线技术发展的主要驱动力；另一方面，振动光谱技术对于食品和食品成分的一般特性分析非常重要。在后一类中，红外光谱和拉曼光谱也做出了重要贡献。在食品分析中，振动光谱取得的成功与它们的一般特征有关：技术快速，样本用量很少甚至不需要处理，这意味着它们也可能被应用在生物体内。在许多应用中，可以得到样本的定性和定量信息。但食品一般都具有异质的性质，传统上，主要克服样本的同质化或复制点测量，以提高采样的可重复性，这一直是一个挑战。然而，通过调查食品基质的异质性，得到的大量信息显示，在食品样本的表征中应用拉曼和红外成像的兴趣日益增加。这是由于具有拉曼和红外成像系统的新型仪器的不断发展，推动了该兴趣方向的前进。

一般情况下，获得食品局部区域的振动图像有两种主要方式：映射或成像。映射，涉及相邻区域光谱的连续测量，以创建一个图像。成像，需要一个阵列检测器聚焦一个样本的图像，在检测器的每个像素上可以测量到通过样本每块区域的辐射强度或者来自样本每块区域发散的辐射强度。使用拉曼光谱或者红外光谱对食品进行绘图或成像，这种已发表的研究，严格地说大多数都是测绘实验。但是随着新的成像仪器不断地被开发和商业化，这一趋势正在向更加频繁地使用“真实”成像系统的方向转变。然而，在这一章中，并没有尝试去区分这两种方法，因为绘图实验清楚地说明了拉曼和红外成像在食品分析中的应用都是很有潜力的。

本章目的是介绍当前拉曼和红外成像在食品分析中应用的状态。到目前为止，这些应用是有限的，但是使用这些技术的潜力很大，并且本章旨在突出这些潜力。因为经常出现样本的相似性，并且由于这些应用提供了通用的知识，往往可以直接转移到食品分析中，所以在合理的情况下，拉曼和红外成像可以应用于农产品的研究、动物育种研究以及医疗诊断和药物分析等领域的研究中。本章并不意味着在该领域的所有文献中做一个广泛的调查，但是，在食品分析不同的领域内，打算就关于拉曼和红外成像这一方面提供一个最先进的构想和未来前景。

12.2 蔬菜、水果和植物

传统上，获取植物的振动光谱特性一直是一个相当烦琐的方法。首先，分析师必须净化被检查的物质。在采用光谱测量技术之前，大多数是高度入侵性的分离技术。除此之外，所有关于空间分布的信息都丢失了。然而，红外和拉曼显微镜及成像技术的提出，引出了蔬菜、水果和植物微量分析的新时代。现在，空间分辨光谱可以在原位进行，而不需要染色剂或化学品。近年来，通过一系列不同的应用，阐明了使用红外和拉曼成像揭示植物组织微观结构的潜力。在以下部分中，描述了一些这样的应用。

12.2.1 揭示麦粒的解剖学——红外仪器的一个简短的调查

小麦是世界上最主要的粮食之一，是人类饮食的重要组成部分。因此，在食品利用率方面，小麦的微观结构一直是令人特别感兴趣的，并且它影响着从加工品质到育种考虑这些因素。图 12.1 显示了小麦内核的主要成分，包括内核的外果皮、糊粉层细胞、胚乳和胚芽。

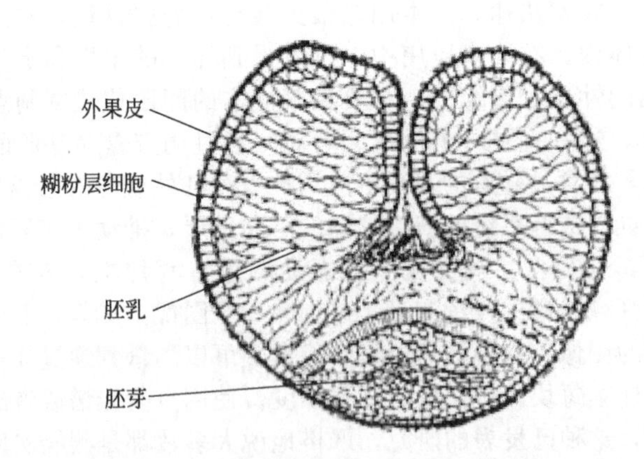

图 12.1　小麦截面展示出内核的外果皮、糊粉层细胞、胚乳和胚芽

拉曼和红外光谱已被广泛用于小麦及其成分的微观结构表征。实际上，小麦的光谱评价提供了一个关于拉曼光谱发展的有趣的历史调查，尤其是用于植物组

织的红外成像技术。早在 1993 年，Wetzel 和 Reffner 发表了一项研究，总结了利用空间分辨傅里叶变换红外显微光谱研究小麦内核微观结构的前期工作[1]。在他们的研究中，将红外显微镜系统配备了一个碲镉汞（MCT）探测器，用于分析小麦内核中的成分。麦粒浸泡在蒸馏水中，冷藏过夜，并用深冷恒温器切片机切出几份 8μm 的切片。在移动台实验中，得出组织区的红外图像，并且作者对麦粒各部分的光谱和化学特征进行了分析。可以观察到，脂类、糖类和蛋白质从果皮经过糊粉层和糊粉层细胞壁，进入胚乳，并进一步进入胚芽。在同一胚乳和在同一胚芽两个部分中的个体差异也可以被可视化。该研究首先提出了振动光谱显微镜用于原位揭示种子微观结构信息的概念。这种方法和类似的研究，为从单个种子内化学物质的局部分布得来的信息的使用做好铺垫，为将研究发现与种子的发育过程和质量的最终用途联系起来。

在 20 世纪 90 年代，随着红外显微镜的发展进步，基于同步加速器的红外显微镜得以提出，它改善了信号-噪声性能，并提高了空间分辨率。1998 年，Wetzel 等人将这个技术用于麦粒的进一步表征[2]。在他们早期的小麦研究中，使用的是传统的硅碳棒红外源，作者已经表明，可能从小麦内核周围的材料中区分出糊粉细胞层。但定位单体细胞之间的细胞壁是更困难的，主要是因为受限于空间分辨率。另外，通过引入基于同步加速器的红外光谱，可以研究单体糊粉细胞的存在性，蛋白质和细胞壁糖类对单体糊粉细胞的可视化提供了充分的对比度。因此，基于同步加速器的红外显微镜可以探查单体细胞，甚至是原位上的部分单体细胞。

红外光谱仪器的另一次重大发展涉及引入碲镉汞焦平面阵列检测器，为红外成像更换掉更耗时的点成像，并得到真实的样品红外图像。Marcott 等人用

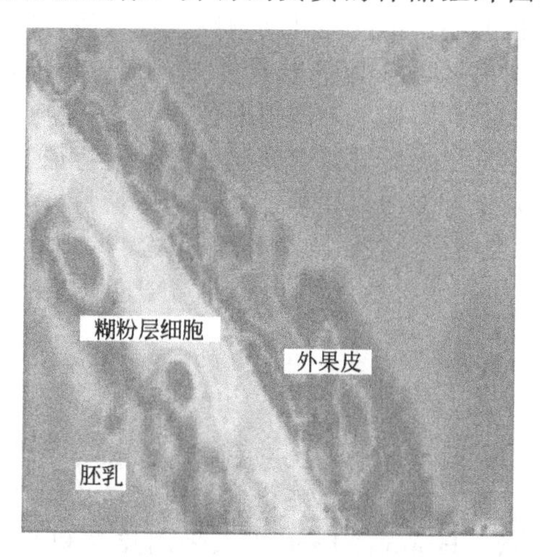

图 12.2 麦粒中胚乳、糊粉层细胞和果皮区域的红外图像［这个图像由两张图像叠加产生，分别代表了位于中心是 1550cm^{-1} 的酰胺Ⅱ（蛋白质）带和中心是 1753cm^{-1} 的羰基（油脂）带之下的区域（彩图位于封三前）］

这种方法表征麦粒[3]。样本上每个4.5μm×4.5μm的区域都代表了一个像素，由此可以获得红外图像，并且麦粒上的不同化学区域都能清晰地显示出来。图12.2中表示的是麦粒的红外图像。这个图像由两张图像叠加产生，代表了位于中心是1550cm^{-1}的酰胺Ⅱ（蛋白质）带和中心是1753cm^{-1}的羰基（油脂）带之下的区域，因此，为胚乳、糊粉层细胞和外果皮区域的可视化提供了充分的对比度。

12.2.2 麦粒的显微结构和籽粒硬度

用于加工的麦粒最重要的特性之一是其硬度。麦粒的硬度与含有大量淀粉的胚乳质地有关，很大程度影响粉碎性能和由此得到的面粉质量。众所周知，硬质小麦品种的胚乳有较高硬度，而软质小麦品种的胚乳则较脆。尽管如此，小麦硬度相关的生化成分在过去一直是个有争议的话题，与麦粒硬度相关的生化因素一直被认为是优化小麦加工过程的关键。

Piot等人利用共焦显微拉曼光谱技术表征麦粒[4,5]。在他们的研究中，用以2μm为间隔获得的光谱，在50μm厚的固体区域上进行高分辨率光谱成像，并且把能提供8mW的氦/氖激光器作为激发源。因此，研究人员能够表征胚乳中的淀粉和蛋白质，以及糊粉-糊粉中的木聚糖和阿魏酸、胚糊粉-果皮和糊粉-胚乳细胞壁。该研究组进一步集中于胚乳中蛋白质的作用，这关系到籽粒硬度。通过把酰胺Ⅰ带分别分解为α-螺旋、β-折叠、β-转角和无规卷曲的二级结构，来评估胚乳中蛋白质的二级结构。他们的研究结果表明，蛋白质的α-螺旋二级结构可能与麦粒的硬度有关。

胚乳中的多糖也与籽粒硬度有关。Barron等人利用傅里叶变换红外显微光谱技术对四种不同品种的小麦中的胚乳细胞壁进行成像，这些不同品种的小麦之所以被选择，是由于它们胚乳质地的差异性[6]。通过声波降解法移除细胞内含物，由此可得到细胞横截面图像。对所得图像进行主成分分析，可以研究不同品种之间非均质性的差异。根据胚乳整个横截面的光谱特征，不能区分硬质和软质小麦，但当聚焦位置限于籽粒内时，根据籽粒的多糖特征，可以清晰地区别出软质和硬质小麦品种。

12.2.3 亚麻茎

在纺织和工业用途中，天然纤维一直备受极大关注，并且为了提高纤维质量，化学成分和细胞壁结构的知识是至关重要的。亚麻是世界上最古老的纤维作物之一，它用于生产亚麻布。可根据亚麻茎的显微结构特征，努力发展无创性方法，以此提高亚麻质量。Himmelsbach等人采用拉曼和红外成像技术来表征亚麻茎组织中化学成分的分布[7,8]。采用碲镉汞检测器，通过绘图方式得到亚麻茎组织的傅里叶变换红外图像，并且根据这些图像，可以区分主要的化学成分，如角质层和表皮组织中的蜡、表皮和薄壁组织中的果胶酸盐、组织核心和纤维素中的纤维、组织核心中的芳烃以及组织核心和纤维素中的乙酰化多糖。在类似的亚麻茎样品上，使用装备 1064nm Nd-YAG 激光器的傅里叶变换拉曼微探针系统，得到了相应的拉曼光谱成像。在这项研究中，从拉曼图像上发现了角质层和表皮组织的蜡成分，而与糖类相关的最强强度则发现在细胞中。此外，在薄壁组织中发现果胶、其他的非纤维素多糖和纤维素，而在核心组织中发现木质素，在表皮组织中发现色素。

脱胶是用于调解亚麻茎纤维释放的采后处理步骤之一。对于工业来说，寻找最佳脱胶剂是至关重要的，这使得研究脱胶剂的影响是一个重大问题。傅里叶变换红外显微镜成像已被作为一种工具，来研究亚麻茎的酶法脱胶[9]。结合红外和可见光成像，可能阐明酶处理后主要化学成分分布的相对损失或变化，并且不需要额外的螯合剂。此外，可以证明红外成像技术比可见光成像有优势，因为处理亚麻茎的解剖特征后，它可以检测和定位当前的化学成分类别。

12.2.4 探索其他植物物种的解剖学

揭示植物组织的微观结构，不仅关系到改进的工业加工过程，而且很有可能关系到育种计划，该计划涉及为特殊用途而选择优良品种、粮食品质的预测以及对于人类和动物的营养价值。玉米和大麦对人类的消费非常重要，并且它们的微观结构已被广泛研究。基于同步加速的傅里叶变换红外显微光谱已被用于探索玉米种子组织的细胞尺寸大小的结构-化学特征[10]，并且类似的方法已被用于揭示大麦组织的分子微观结构-化学特征[11,12]。然而，这些研究中的分析方法，类似于测试小麦和亚麻发现的方法，其细节不作进一步的讨论。

木质素和纤维素是植物细胞壁最丰富的生物聚合物，从植物生物学和商业用途的观点来看，理解如细胞壁中的木质素和纤维素等生物聚合物的异质性是至关重要的。木质素由结构实体香豆醇、松柏醇、芥子醇和能提供合适拉曼散射截面的芳香族化合物等的缩合反应所产生。Agarwal 使用拉曼成像研究黑云杉木植物细胞壁的结构和成分，并且其图像显示了细胞壁中木质素和纤维素的分布[13]。图 12.3 显示了组织横截面中木质素松柏醛和松柏醇单元空间分布的拉曼图像，即六个相邻的细胞围绕细胞壁。这个拉曼图像是用 1519～1712cm^{-1} 的组合带区产生的。

在一个类似的研究中，红外成像技术用来描述向日葵和玉米根的解剖特征[14]。主要目标之一是评估使用红外光谱区分两种不同植物物种的潜力，以玉米和向日葵作为代表生物。作者发现使主成分分析，利用表皮和木质部红外光谱明显区分玉米和向日葵的方法，并且在代表木质素氢化肉桂酸的 1638cm^{-1} 红外波段处，还提供了一个区分玉米与向日葵植物组织的决定性方法。

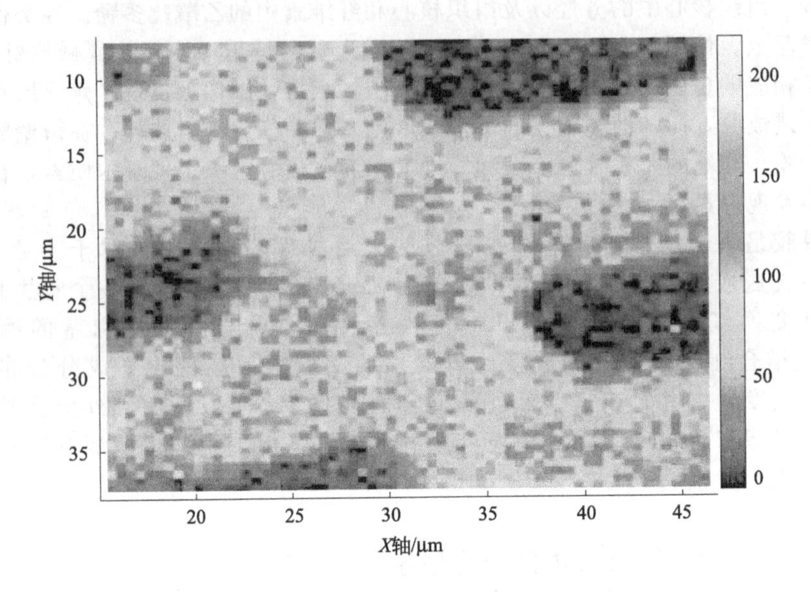

图 12.3 拉曼图像显示了组织横截面中木质素松柏醛和松柏醇单元的空间分布，即六个相邻的细胞围绕细胞壁。这个拉曼图像是使用 $1519\sim1712\text{cm}^{-1}$ 的组合带区产生的

植物细胞壁中，还有一个成分，虽然分量小但很重要，即果胶。Micklander 和同事研究了使用显微拉曼光谱表征马铃薯组织中果胶分布的潜力[15]。在原马铃薯块茎上进行测量，并特别着重研究了光谱上大约 1745cm^{-1} 处独特的半乳糖醛酸甲酯峰。作者发现，可以得到马铃薯细胞壁的高质量果胶光谱，但他们不能判断这些光谱是否能够充分地区分不同马铃薯品种中果胶和淀粉不同的品质。

12.2.5 色素及相关化合物

在拉曼光谱中，分子键的散射效率差别很大。散射效率首先取决于构成官能团和键的电子的极化率。众所周知对称化学键，如双键和叁键，可以提供高的拉曼散射效率。但当激光束的频率接近电子跃迁的频率时，会发生一个附加效应，即共振效应，这也可能明显增强特定化学键的散射效率。在食品中，这些效果通常用于观察颜色成分和颜料，并可能十分灵敏地检测这些成分（在 10^{-6} 数量级）[16]。

类胡萝卜素是植物、藻类和其他微生物中的天然色素。它们在植物的光合作用中起到至关重要的作用，众所周知，如 α-和 β-胡萝卜素等类胡萝卜素在光合作用下转化为维生素 A。为了得到高营养价值的改良品种，需要了解类胡萝卜素生物合成调控的详细信息。类胡萝卜素分子由一个具有共轭双键系统的长链体系组成，这是光吸收发色基团，影响这些化合物的特征颜色。Baranska 等人证明，拉曼成像可以直接在活体植物组织中观测类胡萝卜素堆积物[17]。他们关注胡萝卜根上主要的类胡萝卜素（如 β-胡萝卜素、α-胡萝卜素、叶黄素和番茄红素）。由于在 1500～1540cm^{-1} 的波数范围内，观察到—C═C—伸缩振动的位置变化，则可以主要区分这些类胡萝卜素。并且拉曼图像可以给出不同类胡萝卜素的分布和相对含量。从这些结果中，可以得到类胡萝卜素基因发育调控的指示。

聚乙炔是胡萝卜中的另一组化合物，除了别的相关性之外，食物中的苦涩味与它们的存在有关。聚乙炔是由两个或多个碳碳叁键构成的有机分子，并且由于伸缩振动，这些化学键在大约 2200cm^{-1} 区提供独一无二的拉曼散射。Baranska 等人用拉曼成像提供了胡萝卜根中这些化合物的详细信息，并且也发现，拉曼光谱可以用来区分化学性质相似的聚乙炔类化合物[18]。另一个研究小组用拉曼显微镜测量苦杏仁子叶中的苦杏仁苷的分布[19]。苦杏仁苷是一种含有氰基的芳香苷，而且与苦味有关。已知，该化合物水解时会释放剧毒氰化氢。苦杏仁苷的特征拉曼带，包括大约 2244cm^{-1} 的氰基伸缩振动和大约 3060cm^{-1} 的芳碳-氢伸缩。在这项研究中，虽然仅给出了拉曼光谱的线图，但这个研究表明了利用拉曼成像表征植物组织中氰苷的潜力。

拉曼成像也被用来研究和鉴定药用和香料植物中的次生代谢物。Baranska 等人设法绘出茴香果实中茴香脑和姜黄根中姜黄素的分布[20]。茴香是一种芳香萜类化合物，应用于食品添加剂和香料。姜黄素是一种多酚，并与某些健康有益的影响有关。

12.2.6 点采样的成像技术

显微光谱成像技术提供了获取高空间分辨率光谱的方法，可以得到几微米范围内的单个成分的高质量光谱。因此，这些技术经常用于点采样，目的是获得异构基质中纯组分的代表光谱。Wetzel 和同事描述了一种方法，以揭示小麦胚乳蛋白的光谱细节[21,22]。小麦胚乳是一种异构基质，由蛋白质网络中的大量淀粉颗粒（大小通常在 5～30μm 的范围内）组成。了解蛋白质的二级结构一般对下列因素的理解是重要的，如消化行为、营养品质、植物的纹理以及对人类和动物的利用性和可用性。在红外和拉曼光谱中，酰胺Ⅰ带是一种与蛋白质的二级结构直接相关的主要频段之一，并且这个频段的去卷积可使像 β-折叠和 α-螺旋构象这样的结构相对量化。Wetzel 利用由基于同步辐射的红外显微光谱得到的高空间分辨率，提供了小麦胚乳切片的高密度成像。从这些切片的光谱来看，通过消除因淀粉颗粒的存在而显示高淀粉含量和高散射贡献的光谱，可以选择由蛋白质信息主导的光谱。从一个样品的相邻切片的平均蛋白质光谱，得到典型的蛋白质信息，并可以评估样品的蛋白质二级结构。Yu 等人用类似的方法来研究亚麻和牧草种子[23,24]。

12.3 动物组织

在食品分析中，代表性抽样是一个反复出现的主题。例如，想象一下在你的实验室工作台上有一个很大的牛肌肉。如果你想预测这块肌肉的嫩度，但是当你仅有一个只能覆盖样品 $2cm^2$ 范围的近红外探头时，你会做什么呢？采样区域太小不能代表整个样品，但过大不能说明样品的微观结构。传统上，研磨材料或在整个样品上进行多光谱测量都面临着这些挑战。然而，最近的发展已经允许使用近红外光谱进行大面积成像。同时，红外和显微拉曼光谱对动物组织微观结构的详细表征铺平了道路。表征动物组织的这些技术，其潜在用途是广泛的，包括组织中的脂质沉积与人的健康有关的应用，以及蛋白结构与质地和嫩度有关的应用。在本节中，描述了动物组织中红外和显微拉曼成像的几个应用。

12.3.1 热、盐诱导肉的变化

加热在肉类食品加工过程中是最重要的步骤之一，而且为了得到美味安全的产品，加热往往是必要的。加热过程中，肉类的微观结构和蛋白质结构发生了相当大的结构变化，因此，烹调后，肉类产品的质量也发生了巨大变化。Kirschner 等人用傅里叶红外光谱显微成像监测腐坏牛肉里脊的变质过程[25]，首先分别集中在结缔组织和单肌纤维的结构变化过程。这个分析包括对生的和加热的四个挪威红牛背最长肌肌肉片的分析。在该研究中，进行热处理，可以在红外光谱的酰胺Ⅰ区监测到肌原纤维蛋白质的二级结构变化，并且发现聚集的β-折叠结构增加以及α-螺旋结构的减少。比起结缔组织，这个变化在肌纤维中较为明显。在基于酰胺Ⅰ区中分别与聚集β-折叠（$1630cm^{-1}$）和α-螺旋结构（$1654cm^{-1}$）相关的两谱带之比获得的图像中，清晰地显示了由于热处理而引起的蛋白质变性过程。如图 12.4 所示。上一层图像是从原肌部分得到的，而下一层图像是原肌经过 70℃热处理后得到的。这种强度水平与带比相符合，因此也相符于蛋白质变性程度，而黑色区域对应于由于信噪比质量测试失败而被拒绝的光谱。

加盐是另一种处理方法，其会影响蛋白质的二级结构和肌肉质地。Böcker 等人用红外成像研究猪肉盐诱导的化学变化[26]。取三种不同程度腌制（分别为 1.6%、7.7%和 15.4%的盐浓度）的组织样本，并用带有焦平面探测器的红外显微镜进行分析。图 12.5 分别显示了基于酰胺Ⅰ区中分别与聚集β-折叠（$1630cm^{-1}$）和α-螺旋结构（$1654cm^{-1}$）相关的两谱带之比获得的图像。上层的三个图像是其化学图像，而下层的三个图像是其对应的显微照片。由于进行信噪比质量检测，图像中的黑色域归因于已被拒绝的光谱。从图像可知，加盐导致的α-螺旋结构减少的影响清晰可见。此外，当高盐含量的纤维细胞收缩到一个高程度时，会增加细胞外空间。显而易见，化学图像中的黑色像素域会增加。

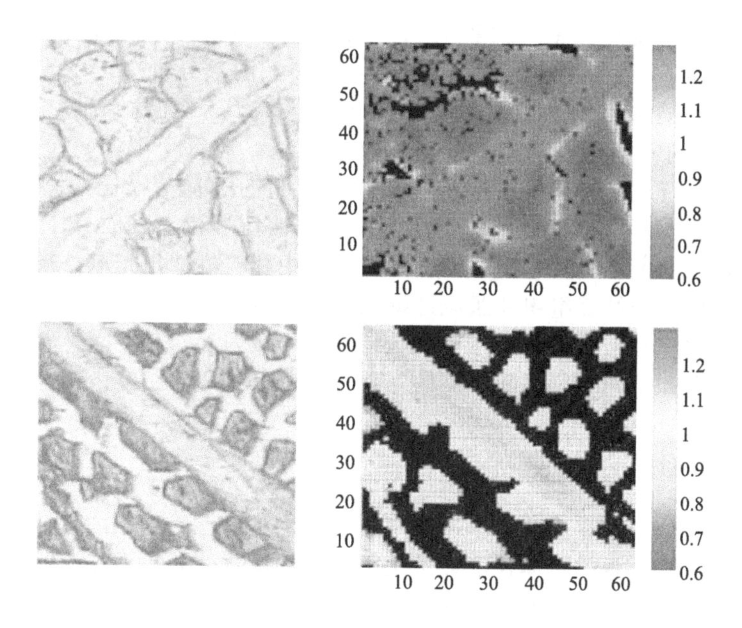

图 12.4 化学图像得到可使用 I_{1630}/I_{1654} 带比作为原肌牛肉片（上层）和加热牛肉片（下层，70℃）变性程度的测量（图像左侧展示了相应的红外图像的显微照片）

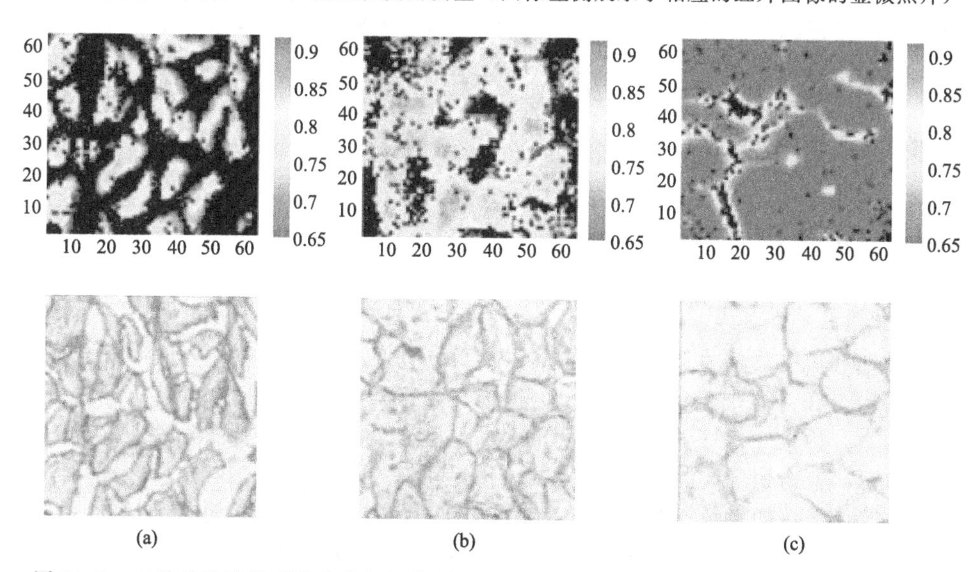

图 12.5 三种盐浓度得到的猪肉组织化学图像（显示 I_{1630}/I_{1654} 带比）：高（a）、中（b）、低（c）（从左至右）（相应的红外图像下展示了对应的显微照片，彩图位于封三前）

12.3.2 用于点取样的成像技术

如 12.2.6 节的讨论，显微成像技术经常用于点取样，目的是获得非均质基质中纯组分的代表性光谱。这种方法也被用于采集肉和猪肌肉的单肌纤维光谱[27,28]。然而，Kohler 等人引入了一种自动多元图像分析法，在傅里叶变换红外图像上分离结缔组织和肌原纤维细胞所在区域[29]。在这项研究中，共获得 113 张四种不同时间老化的背最长肌的红外图像。对每个图像每个像素上的光谱，要首先进行质量检测，由水蒸气和脂类引起的不良信噪比或高吸光度的光谱，需要移除。所有剩余的光谱要基于扩展乘性信号校正（EMSC），进行预处理，以消除光谱上不必要的物理干扰。从图像中随机挑选出光谱，得到主成分分析的模型，以区分结缔组织和肌原纤维细胞。主成分分析模型用于分割所有图像中肌原纤维细胞和结缔组织。在一个结缔组织区域内，与其空间位置信息结合的结缔组织，是和不同老化时间有关的，并且可以仔细研究结缔组织的异质性。

12.3.3 骨组织

骨组织的分析是在生物医学领域中最经常遇到的，骨组织的表征可能在动物科学中同样有效。骨的整体强度显然是其中的因素之一，拉曼光谱被认为是一种识别骨骼矿物成分差异的潜在方法。

Timlin 等人使用拉曼成像研究牛骨疲劳相关的微损伤[30]。在他们的研究中，获得和分析了无可见损伤、具有微裂纹和弥漫性损害骨组织的拉曼图像。分析表明，受损的骨拉曼磷酸盐频带的变化归因于不同矿物种类的存在，并研究证明光谱成像对可探索骨的不均匀化学微观结构的能力。作者对拉曼光谱（950～970cm^{-1}）的磷酸 ν_1 区域特别感兴趣。该方法和途径应该可以用于其他动物物种和鱼类的骨和骨畸形的研究。

12.4 杂项食品

12.4.1 生物聚合共混物

质地和流变学特性是食品中的重要参数，食品的质量往往主要取决于它们的微观结构。在许多加工食品中，如生物聚合物这样的添加剂是为食品添加纹理的主要因素，因此，为了生产出预期的产品，充分了解添加剂的微观结构至关重要。通常，生物聚合共混物用于提供适当的基质，并且基于共混物成分之间化学对比的成像技术，如拉曼和红外成像，能够对这样系统的微观结构进行独特的观察。

Mousia 等人使用傅里叶变换红外成像技术，研究明胶、玉米淀粉混合物分离之后的生物聚合共混物构成的空间变化[31]。在他们的研究中，对挤压的支链淀粉-明胶共混物薄膜进行步长为 30μm 的傅里叶变换红外光谱成像，并把糖带（1180～953cm^{-1}）与酰胺Ⅰ和Ⅱ带（1750～1483cm^{-1}）的面积之比用于观察支链淀粉-淀粉比率的空间变异性。通过分别从大孔径测量和小孔径测量的光谱，对抽样区域中计算出的支链淀粉-淀粉比和其依赖性进行了测试，但没有发现由于取样方法的不同而显现出的差异。挤压加工处理后，尽管通过挤出加工进行了预期的充分混合，但结果表明其仍有高程度的异质性。这些图像还表明，无论使用的是天然淀粉还是预糊化淀粉，明胶构成了共混物的连续相。

燕麦产品因其所声称的降胆固醇特性而受到欢迎。但不像大多数谷物粉，纯燕麦粉不适合制作稳定的膨化结构。这主要是由于存在高浓度的脂质以及可溶性的胶质物。因此，燕麦粉产品通常混合了其他谷物粉，以制造挤出产品。Cremer 和 Kaletunc 通过使用傅里叶变换红外成像技术，研究了基于挤压的玉米和燕麦粉中的淀粉、蛋白质和脂质的空间分布[32]。从图像中，可以得到脂质（基于 $1740cm^{-1}$ 的羰基带）、蛋白质（基于 $1650cm^{-1}$ 和 $1550cm^{-1}$ 的酰胺Ⅰ和Ⅱ带）和糖类（基于 $1100\sim1000cm^{-1}$ 的区域）的空间分布，因此也可以获得成分之间异质性和相互作用的信息。结果表明，基于挤压的谷类产品中的淀粉形成一个连续相。在主要组成成分中，蛋白质是分布最不均匀的。脂质分布与淀粉和蛋白质分布无相关性。

Pudney 等人把注意力转向了另一种生物聚合混合物，即水中的结冷胶和卡拉胶的共混物[33,34]。作者制作了不同混合物的凝胶状软固体微观结构的拉曼图像。并对单个成分进行定量分析，由于两种多糖的化学相似性，采用多元曲线分辨法，以得到单成分浓度图。在一定浓度条件下，两种聚合物相会分离。此属性可用于产生不同的微观结构。因此，可以绘制出两种不同微观结构的图，并且得到这两种生物聚合物的定量成分图像。由此所得的浓度可以被用来绘制冷胶/卡拉胶相图的连接线，并为系统地理解和控制它们的结构和性能提供必不可少的知识。为了同样的扩展方法来研究更复杂的“现实生活”样本，还获得了日记传播(diary spread) 的拉曼图像。

12.4.2 “现实生活”产品的微观结构

作为天然干酪的廉价替代品，仿奶酪通常用于食品，如比萨。仿奶酪是一种相对高脂肪的产品（含大约 25%脂肪)，由于消费者对于健康方面的意识，迫使食品制造商开发出降低脂肪含量的新的仿奶酪。然而，减少脂肪含量将影响产品的质地和熔融特性，了解低脂肪仿奶酪的微观结构的知识是非常重要的。Noronha 等人用傅里叶变换红外成像检验了含淀粉的仿奶酪的微观结构[35]。仿奶酪含有四种不同类型淀粉（天然、预胶化、抗性和糯玉米）中的一种，并得到四种基质的红外图像。从图像可以得到，脂质、蛋白质和淀粉分布的信息，淀粉类型对蛋白质和脂质的分布有很明显的影响。结合电子和光学显微镜的结果，表明在适当制造处理后，抗性淀粉没有胶化。另外，预胶化和天然玉米淀粉胶化了，因此与蛋白质基质会有更多的相互作用。

2007 年，三聚氰胺被认定为掺杂在宠物食品中导致大量猫和狗死亡的有机化合物。原来，为了提高产品的蛋白质含量，三聚氰胺是故意被添加到宠物食品中，并且三聚氰胺会再次进入食物链危害动物和人类，这很令人担忧。因此，开发快速和可靠的方法检测宠物食品中的三聚氰胺，是非常有意义的。在拉曼光谱中，三聚氰胺的标记带，特别是独特的三嗪环呼吸模式（大约在 670cm^{-1}），已经被确认。Liu 等人进行了一个小试验，考察使用拉曼成像可视化识别宠物食品中三聚氰胺的潜力，并制作了小麦面粉与三聚氰胺的混合物[36]。图 12.6 显示了含有 6%三聚氰胺的小麦粉图像。在这个图像中，通过亮场反射图像和相应的拉曼图像进行比较，在 670cm^{-1} 波段强度处，可以得出三聚氰胺的存在。该混合物的三聚氰胺浓度相当高，但作者声称，在浓度为 0.2%（质量分数）时，可以探测到三聚氰胺。

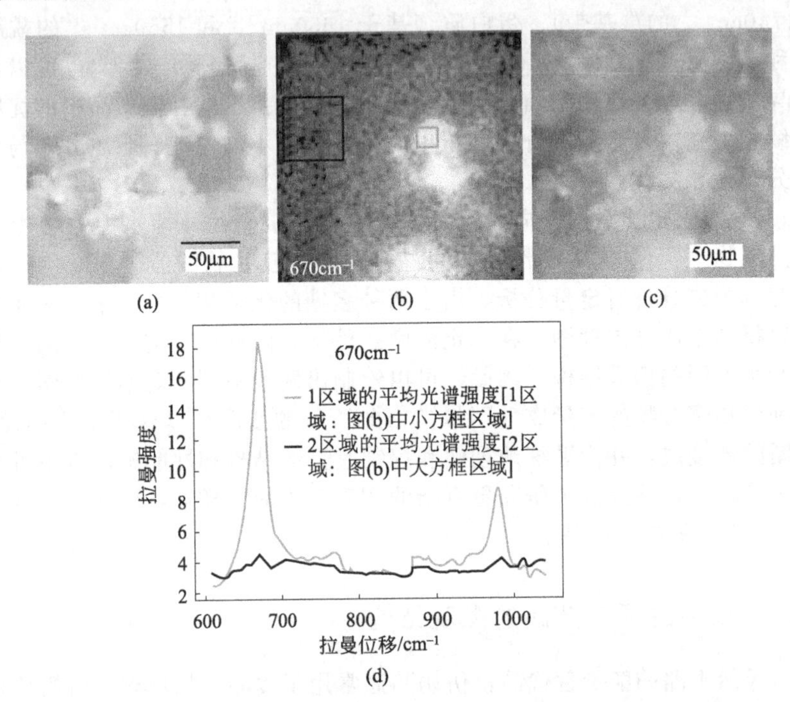

图 12.6 （a）亮场反射图像；（b）对应 670cm^{-1} 的拉曼图像；
（c）小麦面粉和三聚氰胺（6%）混合物的拉曼光谱和亮场反射图像的融合；
（d）图像的高强度拉曼光谱对应（b）图像中由三聚氰胺产生的白点

12.4.3 乳剂

大量的食物以乳剂形式存在（即混合两种不混溶的液体，一种液体通过像表面活性剂和/或蛋白质那样的乳化剂的作用分散在另一液体中）。多重乳状液包括三个部分（水-油-水或油-水-油），由于外层氧化的保护和成分缓慢释放设计的可能性，所以这些乳液在功能性食品的设计中是特别有意义的。并且，对于这些混合物分析的快速方法是需要的。

Meyer 等人用相干反斯托克斯拉曼散射显微镜研究水-油-水乳剂的组成和分子分布[37]。相干反斯托克斯拉曼散射是一种非线性拉曼技术，相比传统的拉曼光谱，需要额外的仪器（即多个激光源），但由于信号强度对激光强度的非线性依赖，图像获取时间往往较短。在相干反斯托克斯拉曼散射分析中，通过选择合适的拉曼共振，可以把乳液成分单独成像。Meyer 制作的多重乳液，包含了有高蔗糖和葡萄糖含量的内水滴和外水相。内相分散在 MCT 油滴中，其折射率（1.445）与外水相的折射率（1.449）几乎相同。由于缺乏对比度，这些折射率的相似性使得利用基于透射或反射的显微技术进行分析变得困难。使用常规拉曼光谱选择拉曼共振特性，以获得不同乳液成分的光谱，并通过选择相干反斯托克斯拉曼散射分析中的共振特性，获得单乳液滴中分子的空间分布成像。通过获取不同聚焦深度的图像，作者还展示了相干反斯托克斯拉曼散射显微技术的三维空间的切片能力。

12.4.4　微生物

微生物污染是食品行业以及消费者面对的一个严重问题，从而对微生物的表征和定量分析的快速、可靠以及明确的方法不断地被开发出来。拉曼光谱和红外光谱一直常用于微生物的表征[38,39]，当空间分辨率足够时，拉曼和红外显微成像提供工具去识别、量化和研究微生物的化学异质性。

Rösch 等人使用显微拉曼光谱成像，研究了在食品行业和医药洁净室普遍出现的细菌和细菌孢子的空间异质性[40]。开发在洁净室内快速检测空气污染物的一种技术，以这个为总体目标，并进行异质性成像。获得九种不同微生物的拉曼图像，并且这些图像是基于在约 2900cm^{-1} 处的碳-氢伸缩区域、在约 1650cm^{-1} 处的酰胺Ⅰ带以及在约 1420cm^{-1} 处的亚甲基变形谱带。对于细菌和细菌孢子的异质性，即使缺乏异质性，也能清晰地表示出来。从这些结果中，作者可以推断出哪些微生物需要多个测量点进行代表性表征，哪些微生物是同质性，需要较少的采样点。

Escoriza 等人研究了利用显微拉曼成像技术对过滤过的水性细菌进行定量分析的适用性[41]。使用 532nm 的激光激发器，获得基于碳-氢伸缩区域（2800～3000cm^{-1}）的化学图像，这些图像被用于水性细菌的计数。拉曼响应的强度与涂铝载玻片上样品水滴中的细胞数有很好的相关性。然而，灵敏度可能是个限制因素，因此，开发低拉曼散射背景的过滤器来浓缩存在的细菌是至关重要的。Tripathi 等人也采用拉曼成像研究水性病原体[42]。在这里，拉曼成像用来在细胞水平区分混合物中的萎缩芽孢杆菌和大肠杆菌。他们的研究结果表明，通过利用空间分辨能力这一技术，拉曼化学成像可以检测在复杂生物背景

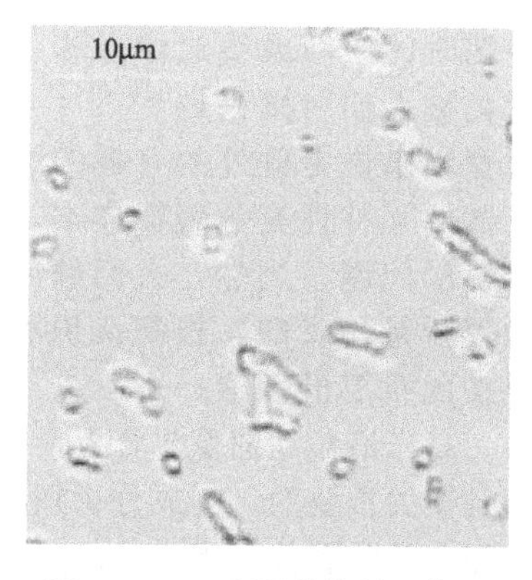

图 12.7　一个覆盖拉曼图像和亮场图像的萎缩芽孢杆菌和大肠杆菌的细菌细胞

中存在的个体生物体的高质量拉曼光谱。萎缩芽孢杆菌和大肠杆菌的拉曼图像和亮场图像的叠加如图 12.7 所示。

从单点分析到微生物菌株成像，一个重要步骤是检测定位细菌菌落的可行性。然而，当使用成像技术时，短时间内获得的大量数据有可能使得化学成像技术不能用于在线或在线检测。Gilbert 等人利用红外成像技术区分三种不同大肠杆菌菌种两两之间的差异[43]。他们的调查目标是确定不同大肠杆菌类型的空间分布，并应用主成分分析，证明了利用红外成像技术对不同大肠杆菌的空间分布进行可视化的可行性。但由于数据量大、计算时间长，为了减少数据量，在化学计量学数据分析之前引入基于小波变换的数据压缩方法。在可接受的信息损失下计算时间可以减少一个数量级以上。

12.5 结束语和未来展望

从组织切片到仿奶酪，食品的拉曼和红外成像的使用涵盖了多种不同的应用。此外，光谱成像领域涉及多种技术和仪器配置，选择哪种技术将主要取决于应用本身的性质。那些被研究的化学成分可能会适应于其一种技术。拉曼光谱更能恰当地分析一些成分（例如具有高度对称键的成分、水溶液），反之亦然，但使得这两种方法都可行的不同化学成分，往往令人很感兴趣。采样是另一个问题。透射红外显微成像技术适用于薄的样本，往往低于 10μm，而拉曼光谱技术可能更适于分析相当厚的样本。空间分辨率无疑是另一个关键因素。传统上，拉曼光谱技术能够提供目前为止最好的空间分辨率，但是，引入基于同步辐射的傅里叶变换红外光谱和衰减全反射傅里叶变换红外光谱成像，能减少这些差异点[44]。

时间总是至关重要的，由于引进焦平面阵列或碲镉汞线性阵列检测，所以食品样本“真实”红外成像的应用得以“频繁”使用。另外，拉曼成像仍是耗时的绘图或线成像方法，尽管像宽视场拉曼成像这样的“真实”成像技术正被人们所感兴趣[36,41,42]。共焦拉曼测量的可行性，即考虑样本的厚度，对食物来说是额外的有趣的可能性。理想情况下，人们希望使用红外和拉曼光谱的互补性充分表征样本，但在食品分析中，仪器的选择往往是可用性和传统的问题。当然，人们倾向于使用手边和他们所熟悉的东西。振动光谱成像仪器是昂贵的，提高认识和降低价格是在食品分析中增加使用拉曼和红外成像的重要的因素。

高光谱振动图像包含大量的数据和信息。为了提取这些信息，多元分析的应用是至关重要的，与成分识别和表征、波段分辨、全局和局部定量分析以及数据压缩有关的软件是现成的。然而，在图像分析中，主要的挑战是找到适当的鲁棒性和自动化程序，并且不应该低估鲁棒图像分析中预处理的作用。一个预处理的示例，是利用 EMSC 去修正牛背最长肌切片的红外图像，这些切片经受过不同的热处理[45]。EMSC 是基于模型的一种预处理方法，用于分离和表征振动光谱上的物理和化学信息[46]。基于物理学的特性（如散射效应）可能既增强又模糊光谱上的化学信息。在对牛的研究中，表明了对牛肉经过热处理后，其傅里叶变换红外光谱中的散射信息是如何与样本的不同质构特性相关的。因此，当光谱没有经过适合预处理时，散射作用可能被误导解释为化学差异。然而，图 12.8 显示了后一种情况的一个例子。图中显示了两个相同组织横截面的化学图像。这些图像由 $1240cm^{-1}$ 的波段强度构成，其主要涉及结缔组织。在中间的图像上，结缔组织部分几乎不可见，但经过 EMSC 法处理后（右图），结缔组织的基质是清晰显示的。

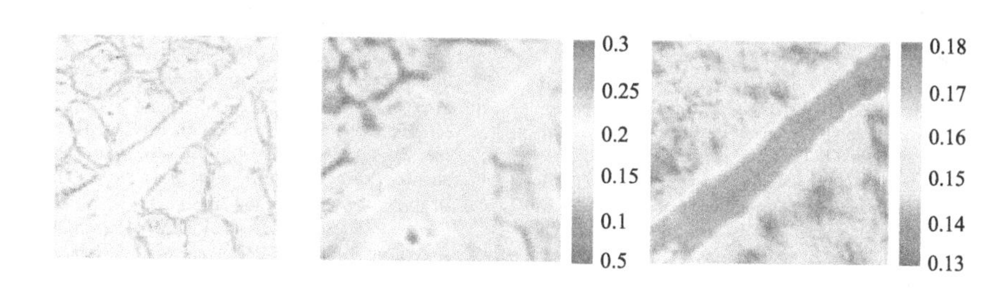

图 12.8　组织横截面的红外图像由原始的 $1240cm^{-1}$ 的波段强度（中）和经过 EMSC 法预处理后的光谱（右）构成（左边图像展示了相应的光学显微图像）

医学和制药成像的领域将有助于发展食品分析中新的应用。组织、细胞甚至单个细胞的分析，无疑将构成一个中心领域[47-49]。如蛋白质、糖类、脂类、水甚至 DNA 等主要成分的定性、定量分析以及分布是一些信息的丰富来源，这些信息涉及食品加工、动物繁育、育种的质量和健康以及新陈代谢。例如，拉曼和红外光谱可以表征食品和生物系统中脂质[50-52]，并且成像有可能是观察细胞中与健康有益方面相关的脂肪酸代谢的可行方法。一种类似的成像方法，涉及了细胞和组织中的次生代谢产物以及如生物碱、类胡萝卜素、维生素或其他抗氧化剂等其他次要成分的表征和分布[53-55]。

多年来，拉曼和红外光谱一直被认为是检测以及鉴定微生物和病原体的可行工具[38,39,56]。由于快速筛查、抽样和样本的异质性，成像技术可能提供了其他方面的应用，并且最近的研究已经证明了细菌微阵列快速红外成像的可行性，以及使用拉曼化学成像可以对病原体进行检测[57,58]。另一个未来领域涉及随时间变化过程。随着成像设备的不断发展，允许对样本进行快速成像，使用拉曼和红外成像研究随时间变化的过程是有可能的。相关的应用可能包括从跟踪组织中的扩散和成分迁移、相变和结晶的表征，到水吸附的可视化[59-62]。

光谱成像是一门刚起步的学科，近年来发展迅速。仪器的价格相当高，易于使用的仪器的可用性较低，并且仍然缺乏对仪器以及它们在食品分析中的认识和知识。因此，在未来几年，食品分析的光谱成像，无疑将引起研究者越来越多的兴趣。该技术提供了生物系统和过程的表征及理解的巨大可能性。随着食品科学越来越多地涉及基因组学、蛋白质组学和代谢组学等领域的跨学科，振动光谱成像无疑将成为重要的工具，为这些及相关领域提供基础的和新的知识和理解。

参 考 文 献

1. Wetzel, D. L., and Reffner, J. A. (1993) Using spatially resolved Fourier-transform infrared microbeam spectroscopy to examine the microstructure of wheat kernels. *Cereal Food World* **38**, 9–20.
2. Wetzel, D. L., Eilert, A. J., Pietrzak, L. N., Miller, S. S., and Sweat, J. A. (1998) Ultraspatially-resolved synchrotron infrared microspectroscopy of plant tissue *in situ*. *Cell. Mol. Biol.* **44**, 145–168.
3. Marcott, C., Reeder, R. C., Sweat, J. A., Panzer, D. D., and Wetzel, D. L. (1999) FT-IR spectroscopic imaging microscopy of wheat kernels using a mercury-cadmium-telluride focal-plane array detector. *Vib. Spectrosc.* **19**, 123–129.
4. Piot, O., Autran, J. C., and Manfait, M. (2000) Spatial distribution of protein and phenolic constituents in wheat grain as probed by confocal Raman microspectroscopy. *J. Cereal Sci.* **32**, 57–71.
5. Piot, O., Autran, J. C., and Manfait, M. (2002) Assessment of cereal quality by micro-Raman analysis of the grain molecular composition. *Appl. Spectrosc.* **56**, 1132–1138.
6. Barron, C., Parker, M. L., Mills, E. N. C., Rouau, X., and Wilson, R. H. (2005) FT-IR imaging of wheat endosperm cell walls *in situ* reveals compositional and architectural heterogeneity related to grain hardness. *Planta* **220**, 667–677.
7. Himmelsbach, D. S., Khahili, S., and Akin, D. E. (1999) Near-infrared-Fourier-transform-Raman microspectroscopic imaging of flax stems. *Vib. Spectrosc.* **19**, 361–367.
8. Himmelsbach, D. S., Khalili, S., and Akin, D. E. (1998) FT-IR microspectroscopic imaging of flax (*Linum usitatissimum* L.) stems. *Cell. Mol. Biol.* **44**, 99–108.
9. Himmelsbach, D. S., Khalili, S., and Akin, D. E. (2002) The use of FT-IR microspectroscopic mapping to study the effects of enzymatic retting of flax (*Linum usitatissimum* L.) stems. *J. Sci. Food Agric.* **82**, 685–696.
10. Yu, P. Q., McKinnon, J. J., Christensen, C. R., and Christensen, D. A. (2004) Imaging molecular chemistry of pioneer corn. *J. Agric. Food Chem.* **52**, 7345–7352.
11. Yu, P. Q., McKinnon, J. J., Christensen, C. R., and Christensen, D. A. (2004) Using synchrotron transmission FT-IR microspectroscopy as a rapid, direct, and nondestructive analytical technique to reveal molecular microstructural-chemical features within tissue in grain barley. *J. Agric. Food Chem.* **52**, 1484–1494.
12. Yu, P. Q., McKinnon, J. J., Christensen, C. R., Christensen, D. A., Marinkovic, N. S., and Miller, L. M. (2003) Chemical imaging of microstructures of plant tissues within cellular dimension using synchrotron infrared microspectroscopy. *J. Agric. Food Chem.* **51**, 6062–6067.
13. Agarwal, U. P. (2006) Raman imaging to investigate ultrastructure and composition of plant cell walls: distribution of lignin and cellulose in black spruce wood (*Picea mariana*). *Planta* **224**, 1141–1153.
14. Dokken, K. M., and Davis, L. C. (2007) Infrared imaging of sunflower and maize root anatomy. *J. Agric. Food Chem.* **55**, 10517–10530.
15. Thygesen, L. G., Løkke, M. M., Micklander, E., and Engelsen, S. B. (2003) Vibrational microspectroscopy of food. Raman vs. FT-IR. *Trends Food Sci. Technol.* **14**, 50–57.
16. Ozaki, Y., Cho, R., Ikegaya, K., Muraishi, S., and Kawauchi, K. (1992) Potential of near-infrared Fourier transform Raman spectroscopy in food analysis. *Appl. Spectrosc.* **46**, 1503–1507.
17. Baranska, M., Baranski, R., Schulz, H., and Nothnagel, T. (2006) Tissue-specific accumulation of carotenoids in carrot roots. *Planta* **224**, 1028–1037.
18. Baranska, M., and Schulz, H. (2005) Spatial tissue distribution of polyacetylenes in carrot root. *Analyst* **130**, 855–859.
19. Micklander, E., Brimer, L., and Engelsen, S. B. (2002) Non-invasive assay for cyanogenic constituents in plants by Raman spectroscopy: content and distribution of amygdalin in bitter almond (*Prunus amygdalus*). *Appl. Spectrosc.* **56**, 1139–1146.
20. Baranska, M., Schulz, H., Rösch, P., Strehle, M. A., and Popp, J. (2004) Identification of secondary metabolites in medicinal and spice plants by NIR-FT-Raman microspectroscopic mapping. *Analyst* **129**, 926–930.
21. Bonwell, E. S., Fisher, T. L., Fritz, A. K., and Wetzel, D. L. (2008) Determination of endosperm protein secondary structure in hard wheat breeding lines using synchrotron infrared microspectroscopy. *Vib. Spectrosc.* **48**, 76–81.
22. Wetzel, D. L., Srivarin, P., and Finney, J. R. (2003) Revealing protein infrared spectral detail in a heterogeneous matrix dominated by starch. *Vib. Spectrosc.* **31**, 109–114.
23. Yu, P., McKinnon, J. J., Soita, H. W., Christensen, C. R., and Christensen, D. A. (2005) Use of synchrotron-based FTIR microspectroscopy to determine protein secondary structures of raw and heat-treated brown and golden flaxseeds: a novel approach. *Can. J. Anim. Sci.* **85**, 437–448.
24. Yu, P., Wang, R., and Bai, Y. (2005) Reveal protein molecular structural-chemical differences between two types of winterfat (forage) seeds with physiological differences in low temperature tolerance using synchrotron-based Fourier transform infrared microspectroscopy. *J. Agric. Food Chem.* **53**, 9297–9303.
25. Kirschner, C., Ofstad, R., Skarpeid, H. J., Host, V., and Kohler, A. (2004) Monitoring of denaturation processes in aged beef loin by Fourier transform infrared microspectroscopy. *J. Agric. Food Chem.* **52**, 3920–3929.
26. Böcker, U., Ofstad, R., Egelandsdal, B., and Kohler, A. (2004) Study on salt-induced chemical changes in pork muscle by FT-IR imaging. In: *ICoMST 2004*, Helsinki, Finland.
27. Böcker, U., Ofstad, R., Bertram, H. C., Egelandsdal, B., and Kohler, A. (2006) Salt-induced changes in pork myofibrillar tissue investigated by FT-IR microspectroscopy and light microscopy. *J. Agric. Food Chem.* **54**, 6733–6740.
28. Böcker, U., Ofstad, R., Wu, Z. Y., Bertram, H. C., Sockalingum, G. D., Manfait, M., Egelandsdal, B., and Kohler, A. (2007) Revealing covariance structures in Fourier transform infrared and Raman microspectroscopy spectra: a study on pork muscle fiber tissue subjected to different processing parameters. *Appl. Spectrosc.* **61**, 1032–1039.
29. Kohler, A., Bertrand, D., Martens, H., Hannesson, K., Kirschner, C., and Ofstad, R. (2007) Multivariate image analysis of a set of FTIR microspectroscopy images of aged bovine muscle tissue combining image and design information. *Anal. Bioanal. Chem.* **389**, 1143–1153.

30. Timlin, J. A., Garden, A., Morris, M. D., Rajachar, R. M., and Kohn, D. H. (2000) Raman spectroscopic imaging markers for fatigue-related microdamage in bovine bone. *Anal. Chem.* **72**, 2229–2236.

31. Mousia, Z., Farhat, I. A., Pearson, M., Chesters, M. A., and Mitchell, J. R. (2001) FTIR microspectroscopy study of composition fluctuations in extruded amylopectin-gelatin blends. *Biopolymers* **62**, 208–218.

32. Cremer, D. R., Kaletunc, G. (2003) Fourier transform infrared microspectroscopic study of the chemical microstructure of corn and oat flour-based extrudates. *Carbohydr. Polym.* **52**, 53–65.

33. Pudney, P. D. A., Hancewicz, T. M., and Cunningham, D. G. (2002) The use of confocal Raman spectroscopy to characterise the microstructure of complex biomaterials: foods. *Spectroscopy* **16**, 217–225.

34. Pudney, P. D. A., Hancewicz, T. M., Cunningham, D. G., and Brown, M. C. (2004) Quantifying the microstructures of soft solid materials by confocal Raman spectroscopy. *Vib. Spectrosc.* **34**, 123–135.

35. Noronha, N., Duggan, E., Ziegler, G. R., Stapleton, J. J., O'Riordan, E. D., and O'Sullivan, M. (2008) Comparison of microscopy techniques for the examination of the microstructure of starch-containing imitation cheeses. *Food Res. Int.* **41**, 472–479.

36. Liu, Y., Chao, K., Kim, M. S., Tuschel, D., Olkhovyk, O., and Priore, R. J. (2009) Potential of Raman spectroscopy and imaging methods for rapid and routine screening of the presence of melamine in animal feed and foods. *Appl. Spectrosc.* **63**, 477–480.

37. Meyer, T., Akimov, D., Tarcea, N., Chatzipapadopoulos, S., Muschiolik, G., Kobow, J., Schmitt, M., and Popp, J. (2008) Three-dimensional molecular mapping of a multiple emulsion by means of CARS microscopy. *J. Phys. Chem. B* **112**, 1420–1426.

38. Dalterio, R. A., Nelson, W. H., Britt, D., Sperry, J., and Purcell, F. J. (1986) A resonance Raman microprobe study of chromobacteria in water. *Appl. Spectrosc.* **40**, 271–273.

39. Naumann, D., Helm, D., and Labischinski, H. (1991) Microbiological characterizations by FT-IR spectroscopy. *Nature* **351**, 81–82.

40. Rösch, P., Harz, M., Schmitt, M., Peschke, K. D., Ronneberger, O., Burkhardt, H., Motzkus, H. W., Lankers, M., Hofer, S., Thiele, H., and Popp, J. (2005) Chemotaxonomic identification of single bacteria by micro-Raman spectroscopy: application to clean-room-relevant biological contaminations. *Appl. Environ. Microbiol.* **71**, 1626–1637.

41. Escoriza, M. F., VanBriesen, J. M., Stewart, S., Maier, J., and Treado, P. J. (2006) Raman spectroscopy and chemical imaging for quantification of filtered waterborne bacteria. *J. Microbiol. Methods* **66**, 63–72.

42. Tripathi, A., Jabbour, R. E., Treado, P. J., Neiss, J. H., Nelson, M. P., Jensen, J. L., and Snyder, A. P. (2008) Waterborne pathogen detection using Raman spectroscopy. *Appl. Spectrosc.* **62**, 1–9.

43. Gilbert, M. K., Frick, C., Wodowski, A., and Vogt, F. (2009) Spectroscopic imaging for detection and discrimination of different *E. coli* strains. *Appl. Spectrosc.* **63**, 6–13.

44. Kazarian, S. G., and Chan, K. L. A. (2006) Applications of ATR-FTIR spectroscopic imaging to biomedical samples. *Biochim. Biophys. Acta: Biomembr.* **1758**, 858–867.

45. Kohler, A., Kirschner, C., Oust, A., and Martens, H. (2005) Extended multiplicative signal correction as a tool for separation and characterization of physical and chemical information in Fourier transform infrared microscopy images of cryo-sections of beef loin. *Appl. Spectrosc.* **59**, 707–716.

46. Martens, H., Nielsen, J. P., and Engelsen, S. B. (2003) Light scattering and light absorbance separated by extended multiplicative signal correction. Application to near-infrared transmission analysis of powder mixtures. *Anal. Chem.* **75**, 394–404.

47. Jamin, N., Dumas, P., Moncuit, J., Fridman, W. H., Teillaud, J. L., Carr, G. L., and Williams, G. P. (1998) Highly resolved chemical imaging of living cells by using synchrotron infrared microspectrometry. *Proc. Natl. Acad. Sci. USA* **95**, 4837–4840.

48. Swain, R. J., and Stevens, M. M. (2007) Raman microspectroscopy for non-invasive biochemical analysis of single cells. *Biochem. Soc. Trans.* **35**, 544–549.

49. Uzunbajakava, N., Lenferink, A., Kraan, Y., Volokhina, E., Vrensen, G., Greve, J., and Otto, C. (2003) Nonresonant confocal Raman imaging of DNA and protein distribution in apoptotic cells. *Biophys. J.* **84**, 3968–3981.

50. Beattie, J. R., Bell, S. E. J., and Moss, B. W. (2004) A critical evaluation of Raman spectroscopy for the analysis of lipids: Fatty acid methyl esters. *Lipids* **39**, 407–419.

51. Guillen, M. D., and Cabo, N. (1997) Infrared spectroscopy in the study of edible oils and fats. *J. Sci. Food Agric.* **75**, 1–11.

52. Afseth, N. K., Segtnan, V. H., Marquardt, B. J., and Wold, J. P. (2005) Raman and near-infrared spectroscopy for quantification of fat composition in a complex food model system. *Appl. Spectrosc.* **59**, 1324–1332.

53. Arikan, S., Sands, H. S., Rodway, R. G., and Batchelder, D. N. (2002) Raman spectroscopy and imaging of beta-carotene in live corpus luteum cells. *Anim. Reprod. Sci.* **71**, 249–266.

54. Beattie, J. R., Maguire, C., Gilchrist, S., Barrett, L. J., Cross, C. E., Possmayer, F., Ennis, M., Elborn, J. S., Curry, W. J., McGarvey, J. J., and Schock, B. C. (2007) The use of Raman microscopy to determine and localize vitamin E in biological samples. *FASEB J.* **21**, 766–776.

55. Wold, J. P., Marquardt, B. J., Dable, B. K., Robb, D., and Hatlen, B. (2004) Rapid quantification of carotenoids and fat in Atlantic salmon (*Salmo salar* L.) by Raman spectroscopy and chemometrics. *Appl. Spectrosc.* **58**, 395–403.

56. Yang, H., and Irudayaraj, J. (2003) Rapid detection of foodborne microorganisms on food surface using Fourier transform Raman spectroscopy. *J. Mol. Struct.* **646**, 35–43.

57. Kalasinsky, K. S., Hadfield, T., Shea, A. A., Kalasinsky, V. F., Nelson, M. P., Neiss, J., Drauch, A. J., Vanni, G. S., and Treado, P. J. (2007) Raman chemical imaging spectroscopy reagentless detection and identification of pathogens: signature development and evaluation. *Anal. Chem.* **79**, 2658–2673.

58. Mossoba, M. M., Al-Khaldi, S. F., Kirkwood, J., Fry, F. S., Sedman, J., and Ismail, A. A. (2005) Printing microarrays of bacteria for identification by infrared micro spectroscopy. *Vib. Spectrosc.* **38**, 229–235.

59. Celedon, A., and Aguilera, J. M. (2002) Applications of microprobe Raman spectroscopy in food science. *Food Sci. Technol. Int.* **8**, 101–108.

60. Chan, K. L. A., and Kazarian, S. G. (2004) Visualisation of the heterogeneous water sorption in a pharmaceutical formulation under controlled humidity via FT-IR imaging. *Vib. Spectrosc.* **35**, 45–49.

61. Gupper, A., and Kazarian, S. G. (2005) Study of solvent diffusion and solvent-induced crystallization in syndiotactic polystyrene using FT-IR spectroscopy and imaging. *Macromolecules* **38**, 2327–2332.

62. Zhang, G., Flach, C. R., and Mendelsohn, R. (2007) Tracking the dephosphorylation of resveratrol triphosphate in skin by confocal Raman microscopy. *J. Control. Release* **123**, 141–147.

13 近红外高光谱成像在食品研究中的应用

Paul Geladi　瑞典，于默奥，瑞典农业科学大学生物技术与化学系

Marena Manley　南非，斯特兰德，斯特兰德大学食品科学系

13.1 引言

13.1.1 食品的整体近红外分析

很长时间以来，已经通过中红外（2500～15000nm）和近红外（780～2500nm）光谱对食品进行研究。因为它们包含的C—H、O—H和N—H化学键在MIR和NIR波长区域有很高的吸光度。这些化学键出现在所有生物材料的主要成分中。在20世纪60～70年代，使用近红外光谱的前辈就已经将兴趣放在食品应用上，例如大豆[1]、肉类[2]、油菜籽[3]以及谷物[3-7]。很早人们就发现近红外光谱可以对各种各样的农产品、半加工品和全成品[8-12]中的水、脂肪、蛋白质和不同的糖类进行定量分析。后来，像无机盐[13]、乙醇[14]、脂肪酸[15]、抗氧化剂[16,17]和酚类[17,18]这样的成分以及核硬度[19-23]、成熟度[24]和感官质量[24-26]等物理参数也可以定量分析。这些分析通常是在散装材料上进行的，从这些材料上获取单条近红外光谱，这样做的目的是在尽可能大的范围内积分，以避免出现取样误差。大多数食品原本就不均匀，因此需要在进行整体近红外测量之前进行同化或均质化。

13.1.2 近红外高光谱成像

最早的科学成像应用是在可见光谱范围内的简单黑白或者彩色图像，但是受卫星成像的启发，多光谱图像分析[27]很快就在实验室开始起作用。第一幅卫星图像就已经在波长上涵盖了近红外、可见光和中红外。如今，高光谱成像[28]变得更加普及，其提供了完整的光谱，将图像（参考第 2 章）上每个像素点的光谱范围扩展到长波近红外（1100～2500nm）。这些最简单的图像有 x 和 y 空间坐标以及一个 λ 波长坐标，形成了一个叫作超立方体的三维阵列。高光谱图像或高光谱立方体可以描述正在研究样本的差异和梯度。鉴于此，样本可以是多样的。这些高光谱图像中的光谱展现出了局部光谱特征，这些特征可以用来测定和分类。随着外部信息（参考数据）的局部化，定量和定性的校正以及预测是可行的。近红外高光谱成像（NHI）和总体近红外光谱的两种样本制备并不相同。研磨和其他均质化方法对于整体近红外光谱分析是有用的，然而近红外成像取样和样本制备有自己的特点。

13.1.3 仪器

文献中介绍的用于食品应用中的 NHI 仪器主要有以下三种：①Specim 类型的线扫描仪器；②矩阵近红外焦平面和基于液晶可调滤波器（LCTF）的仪器；③通常情况下基于 Specim PGP（棱镜-光栅-棱镜）单色器的自制仪器。还有一些作者使用基于滤波器和滤光轮的仪器。食品高光谱成像通常使用漫反射方式，但也使用激光激发荧光。只有很少一部分应用用到透射方式。

13.1.4 样本制备和表达

例如，对肉类和鱼类样本进行成像时，为了适应相机、物镜［视场（FOV）］和最佳的照明系统，必须准备适当尺寸的相对平坦的表面。对于谷物来说，必须在适当的背景下，以适当的方向（胚芽或褶痕，向下或向上）放置谷粒，避免或最小化阴影或核重叠。除非研究水果、蔬菜以及其他类似食品表皮上几乎平坦的区域，否则由于它们的表皮是曲面这一缺点，这些食品需要特殊的方式来照明以及成像。表 13.1 对整体近红外光谱和近红外高光谱成像给出了更加详细和系统的比较。

表 13.1 整体近红外光谱与近红外高光谱成像之间的系统性比较

仪器设备属性	整体近红外光谱	近红外高光谱成像
样本制备	研磨，均质化	最好没有
样本容器	烧杯、培养皿	平坦的表面，黑暗或者反射的背景
照明	可能是不均匀的	尽可能均匀
探测器	硅、铟镓砷、硫化铅	硅、铟镓砷、碲镉汞、碲化铟
波长范围	可见光 2500nm	可见光 1000nm、900～1700nm、1000～2500nm
穿透深度	0.1～10mm	1～2mm
模式	反射 透射 透反射	反射 荧光 透射
测量	积分球 旋转移动杯 流通池 液体池	焦平面(向下注视) 线性扫描(推扫式) 逐点扫描(摆扫式)
所需性质	浓度	化学梯度、局部损伤、局部感染和局部寄生虫

13.1.5 样本大小和波长范围

红外高光谱成像在食品中应用的两个重要方面是放大倍数和波长范围。放大倍数可以是西瓜大小（30cm）和微小细菌或真菌菌落大小（0.1mm）之间的任何数。波长范围覆盖了可见光以及高达1100nm的附加波长。或者，更加先进的相机使用900～1700nm或者1000～2500nm。由于测量和质量控制需要快速进行，所以工业在线应用仅包括几个精心挑选的波长区域。为了研究目的，可以使用宽波长范围和更小的波长间隔，因为并不需要获取实时性结果。

13.1.6 局部性质

整体近红外光谱几乎都是用于对成分（蛋白质、水、脂肪、糖类）进行定量分析或对食品材料物理性质、感官质量或者真伪进行分析。由于整体近红外光谱的本身特性，所以它描述的是平均值。另一方面，NHI不仅可以定量分析局部成分，也可以定量分析局部物理性质或扰动。后者并不总是大家关注的焦点。局部扰动可能是由于水果或蔬菜表皮不规则、鱼类存在寄生虫或者真菌或细菌开始感染。例如，漫反射值的变化可以用于识别水果和蔬菜的表皮和皮下损伤，即使它们并不一定和化学变化有关。

13.1.7 本章细节

本章简要概述了关于近红外高光谱应用于食品领域的近期文献。但不包括牧草和饲料，尽管它们和食品应用领域存在一些相似之处，也不涉及波长低于740nm的应用和遥感应用。在谷物、水果和蔬菜、肉类和鱼类以及其他食品的标题下给出了相关的文献应用。随后通过实例来阐述NHI在食品生产中的应用，也介绍了如何利用合适的化学计量学方法从超立方体中提取有用信息。这个案例根据黄玉米籽粒的不同硬度级别来区分玉米的种类。

13.2 文献中的应用

13.2.1 概述

表13.2给出了近15年内NHI应用于食品领域的同行论文数量。这些应用涉及食品质量以及/或者安全性问题。很多已经发表的关于NHI和食品应用的综述性文章大多包含了安全和质量[29-31] 这两方面。Wang和Paliwal[30] 的研究还包括整体近红外光谱应用。Du和Sun[31] 综述了其他的成像技术，例如超声波、核磁共振成像（MRI）以及各种断层成像技术。但至今仍然没有解决的问题是掺假和转基因，在这方面NHI应用于食品研究中将有巨大的潜力。

表 13.2 已发表的关于近红外高光谱食品成像的同行评审文章数量

食品类别	食品质量	食品安全
肉类和鱼类	>10 篇	6～10 篇
谷类	6～10 篇	6～10 篇
水果和蔬菜	>10 篇	6～10 篇
其他(例如坚果、油菜籽和蘑菇)	1～5 篇	无

13.2.1.1 谷类

迄今为止所有的近红外高光谱成像的谷类应用报道一直都是单粒[32-39]。通过透射[32] 或漫反射的方式[33,34] 测量单一玉米粒，并且对水分[32]、油以及油酸[34] 进行量化。小麦的测量主要是通过漫反射方式，并且包括不同小麦等级的分类[35,36] 以及小麦玻璃态硬度[35,37] 的分类。对于单粒小麦发芽的早期检测结果表明，其比人眼或湿化学黏度测试有更高的灵敏度[38]。个别麦粒可被归类于黑点或者真菌影响[39]。表 13.3 列出了更多关于仪器、波长范围、成像方式、图像大小以及使用的化学计量学方法的详细信息。

表 13.3 涵盖玉米和小麦质量和安全方面的近红外高光谱成像应用总览

产品	应用	仪器	波长范围(nm)/波数①	模式/图像尺寸(像素)①	化学计量学方法	参考文献
玉米质量	单粒/水分含量	自制、CCD 相机、LCTF	700～1090	透射，512×512	预处理、PLS、PCR、通过 GA 选择波长	[32]
玉米	研磨对分类的影响	PIKA 线性扫描相机	435～769，160 个波长	反射，640 像素/行	逐步 DA	[33]
玉米	油和油酸的含量	矩阵近红外光谱	950～1700	反射，256×320	PLS、PC、通过 GA 选择波长	[34]
硬质小麦	玻璃态比率分类	自制、LCTF	650～1100，90 个波长	反射，1024×1024 降到 512×512	DA	[35]
小麦	加拿大小麦区别	自制、铟镓砷相机、LCTF	960～1700，74 个波长	反射，640×480	LDA、QDA、BP-NN	[36]
硬质小麦	玻璃态和淀粉质	Lextel	950～2450	反射，320×200	平滑，可见光谱检测	[37]
小麦	收割前的发芽	矩阵近红外光谱	950～1700	反射，256×320	预处理、PCA、PLS、可视化检测	[38]
小麦安全性	健康的和着色谷物的分类	ASD 光谱仪、XY 扫描	420～2500	300×60	惩罚 DA	[39]

① 因为一些作者并没有报告波长数量或者图像尺寸，这些都是计算上需要的，因此可能一些数字并不正确。

13.2.1.2 水果和蔬菜

食品成像的主要对象是水果和蔬菜，主要在可见光（400～780nm）以及赫歇尔（800～1100nm）波段范围进行成像。少量的应用在铟镓砷波段范围（900～1700nm）成像。然而，在长波 NIR（1100～2500nm）范围内，目前还没有任何应用。将近红外高光谱成像应用于水果、蔬菜质量检测的大多数报告中都将苹果作为研究对象。这些研究主要集中于确定淀粉指数[40]、苦陷病[41]、果梗/花萼[42]、坚硬度[43]和瘀伤检测[44-47]。瘀伤检测需要进行表皮和皮下异常的识别。

许多研究已经解决了黄瓜质量检测方面的问题，包括寒冷导致的损伤[48,49]、瘀伤检测[50]以及分级[51,52]。就像大多数水果和蔬菜的应用一样，这是在漫反射模式下进行的。

对水果的进一步研究包括测定芒果[53]和桃子[54]的坚硬度以及草莓[55]的酸度。一个很少采用透射模式研究检测的是酸樱桃坑[56]。定量测定涵盖了芒果[53]、草莓[55]、苹果[44]、甜瓜（透射）[57]以及猕猴桃[58]中所有的可溶物。报道测定猕猴桃中总可溶性固形物含量可能是 NHI 在食品中应用的第一篇论文。也有关于定量分析草莓[55]和芒果[53]中水分含量的文章。

NHI 也可以应用于水果的安全性，主要内容是检测苹果的大肠菌群[59-63]。曾有一篇文章就介绍过柑橘的真菌感染[64]的检测。

关于水果和蔬菜质量检测的论文的作者使用了各种各样的多元化学计量学方法去研究空间和光谱信息。这些方法有主成分分析（PCA）、线性判别分析（LDA）、偏最小二乘（PLS）、偏最小二乘判别分析（PLS-DA）、多元线性回归（MLR）以及神经网络（NN）。在食品污染的研究中主要使用了 PCA、PLS-DA 和分类方法。表 13.4 列出了更多关于仪器、波长范围、成像模式和图像大小的详细信息。

表 13.4 涵盖水果和蔬菜质量和安全方面的近红外高光谱成像应用总览

产品	应用	仪器	波长范围(nm)/波数①	模式/图像尺寸(像素)①	化学计量学方法	参考文献
苹果质量	淀粉指数	线性扫描、铟镓砷相机、Imspector	900～1700	反射，320×200	求导、PCA、得分阈值	[40]
苹果	苦陷病	线性扫描、Imspector V9、铟镓砷相机	900～1700，降到954～1350	反射，320×240	PLS-DA	[41]
苹果	果梗/花萼	线性扫描、Imspector V10、CCD 相机	400～1000，1040 个波长	反射，800 像素/行	PCA 和轮廓线	[42]
苹果	坚硬度、总可溶物	线性扫描、Imspector V9、CCD 相机	450～1000	反射，512×512 降到 256×256	MLR、波长选择	[43]
苹果	瘀伤检测	线性扫描、Imspector V10、CCD 相机	400～1000，降到 500～950	反射，800 个像素/行	PCA 和阈值、PLS-DA	[44]

续表

产品	应用	仪器	波长范围(nm)/波数①	模式/图像尺寸(像素)①	化学计量学方法	参考文献
苹果	瘀伤检测	线性扫描、Imspector V10E、CCD相机	400～1000	反射,400×400	PCA、PLS、波长选择	[45]
苹果(金冠苹果)	瘀伤检测	线性扫描、Imspector V10、CCD相机	400～1000,1040个波长,降到104	反射,800像素/行,分级减少	PCA、分类算法	[46]
苹果(乔纳金)	瘀伤检测	线性扫描、Imspector V10、CCD相机	400～1000,112个波长	反射,1392×1040	PCA、通过轮廓线分类	[47]
黄瓜	低温损伤	自制线性扫描,USDA USL	447～951,112个波长	反射,146×300	PCA、LDA,结合权重	[48]
黄瓜	低温损伤	自制线性扫描、USDA ISL	447～951,112个波长	反射,460×300	PCA、根据ROI分类	[49]
腌黄瓜	瘀伤检测	线性扫描、Imspector、铟镓砷相机	900～1700,100个波长	反射,320×240	PCA、波长选择和ROI比率	[50]
腌黄瓜	分级(正常和有缺陷的)	线性扫描、Imspector V10E、CCD相机	400～1000	反射,透射,400×400	PLS-DA	[51,52]
芒果	总可溶物、水分含量、坚硬度	线性扫描、Imspector V10E、CMOS相机	400～1000	反射,512×512	PCA、PLS、NN、MLR	[53]
桃子	坚硬度	线性扫描、Imspector V9、CCD相机	500～1000	反射,512×512分级降到256×256	MLR、PCR、PLS、波长选择	[54]
草莓	水分含量、总可溶物、酸度	线性扫描、Imspector V10、CCD相机	400～1000,826个波长	反射,400×400	PLS、MLR减少波长、纹路测量	[55]
樱桃	存在坑	线性扫描、Inspector、CCD相机	400～1000	透射,512×512	NN,PCA	[56]
甜瓜	含糖量	滤光轮、五滤波器、CCD相机	830、850、870、905、930	透射,658×494,分级下降	PLS,逐步MLR	[57]
猕猴桃	可溶物	自制线性扫描、CCD相机	650～1100,90个波长	反射,150×242	PLS	[58]
苹果安全性	粪便性污染	自制线性扫描、USDA ISL	450～850,110个波长	反射,408×256	PCA,波段选择	[59]
苹果	粪便性污染	线性扫描、Imspector V9、CCD相同	425～752,激发值356	荧光,512×512	PCA	[60]

续表

产品	应用	仪器	波长范围(nm)/波数①	模式/图像尺寸(像素)①	化学计量学方法	参考文献
苹果	表面缺陷和污染	线性扫描、Imspector	430～900	反射,256像素/行	PCA、非对称二次差分	[61]
苹果	动物粪便污染	自制线性扫描、USDA ISL	425～772,激发值 400	荧光,反射,460 个像素每行	PCA、波长选择	[62]
苹果	粪便性污染	自制线性扫描、USDA ISL	447～951	反射,460像素/行	波长比率和差异,PCA	[63]
柑橘	盘尼西林	自制、LCTF、CCD 相机	460～1020,56 个波长	反射,551×551	LDA,CART	[64]

① 因为一些作者并没有报告波长数量或者图像尺寸，所以需要计算，因此可能一些数字并不正确。

13.2.1.3 肉类和鱼类

许多NHI研究一直致力于评估肉类和鱼类质量。肉类研究主要包括预测牛肉嫩度[65]和纹路[66]、滴水损失、pH 值以及猪肉颜色[67]。定量分析不同鱼类的水分和脂肪含量[68,69]以及检测鳕鱼身上的寄生虫[70,71]。

肉类的安全性应用主要包括家禽的排泄物和饮食的污染检测与分类[72-75]。还研究了鸡的皮肤肿瘤检测[76]。通过四滤波器仪器研究的唯一应用就是鸡心脏病[77]的检测。所有的肉类和鱼类的 NHI 应用都将 1100nm 作为最大波长，这意味着可见光和赫歇尔波段占了上风。表 13.5 给出了更多关于仪器和用于这些应用的化学计量学方法的详细信息。

表 13.5 近红外高光谱成像技术在肉类和鱼类的质量和安全方面的应用概述

产品	应用	仪器	波长范围(nm)/波数①	模式/图像尺寸(像素)①	化学计量学方法	参考文献
优质牛肉	嫩度	线性扫描,Imspector V10E,CCD 相机	400～1000,300 个波长	反射,800 像素/行	PCA,标准 DA	[65]
猪腰	品质,大理石纹	线性扫描,Imspector V10E,CMOS 相机	400～1000	反射	PCA 和 ROI 集群	[66]
猪肉	滴水损失,酸碱值,颜色	线性扫描,Imspector V10E,CCD 相机	400～1000	反射	NN	[67]
熏鱼	含水量	Titech Visionsort	760～1040,15 个波长	反射	PLS	[68]
鱼排	脂肪和水分含量	Qmonitor	760～1040,15 个波长	反射	PLS	[69]
鳕鱼	线虫检测	SpexTubeV	350～950	反射,290×290	PLS-DA	[70]
鳕鱼排	寄生虫检测	自制线性扫描,CCD 相机,15 滤波	400～1000	透射,512×512 降至 256×256	PCA 分类	[71]

续表

产品	应用	仪器	波长范围(nm)/波数①	模式/图像尺寸(像素)①	化学计量学方法	参考文献
家禽	粪便和吸入物污染	自制	430～900	反射,1280×1024	PCA分类	[72]
家禽	尸体污染检测	自制线性扫描	400～1100	反射,1376×1040	PLS	[73]
家禽	粪便表面污染检测	自制线性扫描	430～900	反射,1280×1024	波长选择,线性回归	[74]
安全家禽	污染物分类	自制线性扫描	430～900	反射,1280×1024	光谱角度映射器	[75]
鸡肉	皮肤肿瘤检测仪器	自制	420～850	反射,400像素/行	波长缩减	[76]
鸡肉	心脏疾病	自制	495,535,585,604,4滤波	反射,640×480降至320×240	单变量	[77]

① 因为一些作者并没有报告波长数量或者图像尺寸，所以需要计算，因此可能一些数字并不正确。

13.2.1.4 其他

通过PCA和NN[78]测定绿色蔬菜大豆中对应蔗糖和果糖、葡萄糖的甜度以及氨基酸的浓度。使用高斯核[79]的支持向量机（SVM）分类器来确定胡桃果肉中的壳部分是最有效的。使用顺序消除过程，可以确定挑选的食品[80]里是否存在食品病原体。一项关于白蘑菇的研究使用三个主成分（PCs）来检测瘀伤，包括曲率校正[81]。表13.6列出了更多关于仪器、波长范围、成像模式、图像大小和化学计量学方法的详细信息。

表13.6 近红外高光谱成像技术在食品质量方面的应用概述

产品	应用	仪器	波长范围(nm)/波数①	模式/图像尺寸(像素)①	化学计量学方法	参考文献
优质大豆	蔗糖、葡萄糖、果糖、氨基酸含量	线性扫描,Imspector,CCD相机	400～1000,120个波长	反射,484×500	PCA,NN,导数	[78]
核桃	外壳和果肉的鉴别	自制,USDAISL	425～755,50个波长,UV激发	荧光,512×512	SVM,PCA,LDA	[79]
细菌	识别和区分	Malvern Sapphire	1200～2350	反射,320×256	PLS,分类	[80]
蘑菇	损伤状态	线性扫描,Imspector,V10E CCD相机	450～1000	反射,580×580	分类,PCA阈值	[81]

① 因为一些作者并没有报告波长数量或者图像尺寸，所以需要计算，因此可能一些数字并不正确。

13.3 食品的近红外高光谱图像分析：玉米

13.3.1 问题定义和样本

本节推荐一个用于食品的近红外高光谱图像的多元数据分析的系统性方法。这种方法要经过一系列的步骤，对超立方体进行研究和解释。所选的应用是检测和鉴别与玉米（*Zea mays* L.）粒硬度相关的胚乳差异。玉米粒的硬度对于谷物和食品工业来说非常重要，因为它会影响到食品最终用途的加工品质。玉米胚乳由玻璃态和粉状胚乳组成，当其呈现特定的比例时会决定玉米核是硬质还是软质。

在这个实验中，有三个硬度类别，分别是硬质、中等质和软质，每个硬度类别有六个玉米核，这些玉米核由经验丰富的育种者提供并贴上标签，并将胚胎倒置于黑暗的背景（碳化硅砂纸）下，从而获取一幅近红外高光谱图像。图13.1给出了样本的数字彩图和按硬度分类的内核布局。

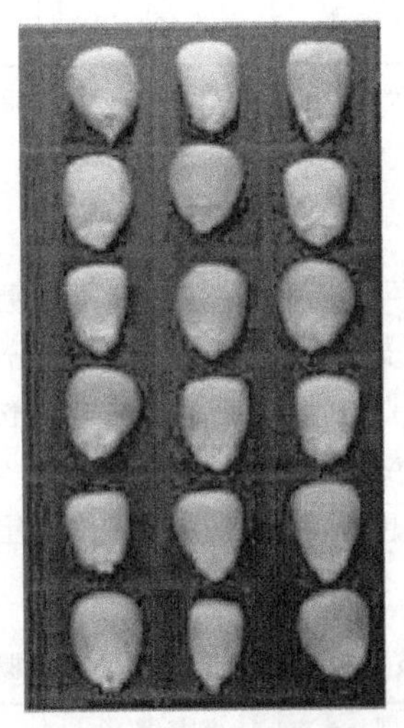

H	S	I
I	H	S
S	I	H
H	I	S
S	H	I
I	S	H

图13.1 不同硬度玉米粒的数字图像（H=硬，I=中等，S=软）

13.3.1.1 仪器

用于高光谱成像的仪器是sisuChema SWIR（短波红外）高光谱，推扫式成像系统（Specim光谱成像有限公司，奥卢，芬兰）。sisuChema由一个成像光谱仪PGP和一个波长范围为1000～2498nm以及波长间隔为6.5nm的二维阵列汞镉碲（MCT）探测器组成。sisuChema最高有每行（x坐标）231像素以及239个波长（λ坐标）。仪器扫面阶段可以通过编程来得到任意行（y坐标）。在样本成像前，可立即获取黑（0%的反射率）白（100%的反射率）参考图像。将内部黑白图像作为参考，通过sisuChema获取的图像在Evince 2.020高光谱图像分析软件包（UmBio AB，于默奥，瑞典）中被自动转换成伪吸光度图。应用了自动校正缺失像素技术。接下来的数据分析也使用 Evince 2.020 执行。原始的图像超立方体规格为 618×231×239（$y\times x\times\lambda$），但是经过对原始图像边缘背景的行和列的修剪之后就可以得到一幅 570×219×239 的图像。像素的尺寸大约为 0.2mm×0.2mm。

13.3.1.2 通过 PCA 进行数据降维

超立方体包含了大量的数据，因此需要应用数据降维技术，例如 PCA。图 13.2 给出了一幅如何将 PCA 应用于超立方体的典型布局示意图。这需要将超立方体重组成一个非常长的数据矩阵（在这个例子中有 570×219=124830 行）。获取到的数据矩阵通常要进行光谱预处理，例如均值中心化以及缩放比例。这些预处理数据矩阵然后分解产生得分向量（矩阵 $\boldsymbol{T}$）和载荷向量（矩阵 $\boldsymbol{P}$），剩下的就是残差（矩阵 $\boldsymbol{E}$）。得分向量可以通过重组产生得分图像。载荷向量可以制成折线图来对光谱进行解译。两个不同的得分向量散点绘制会产生得分点图。这幅图像对于寻找离群点、点簇和梯度非常有用。

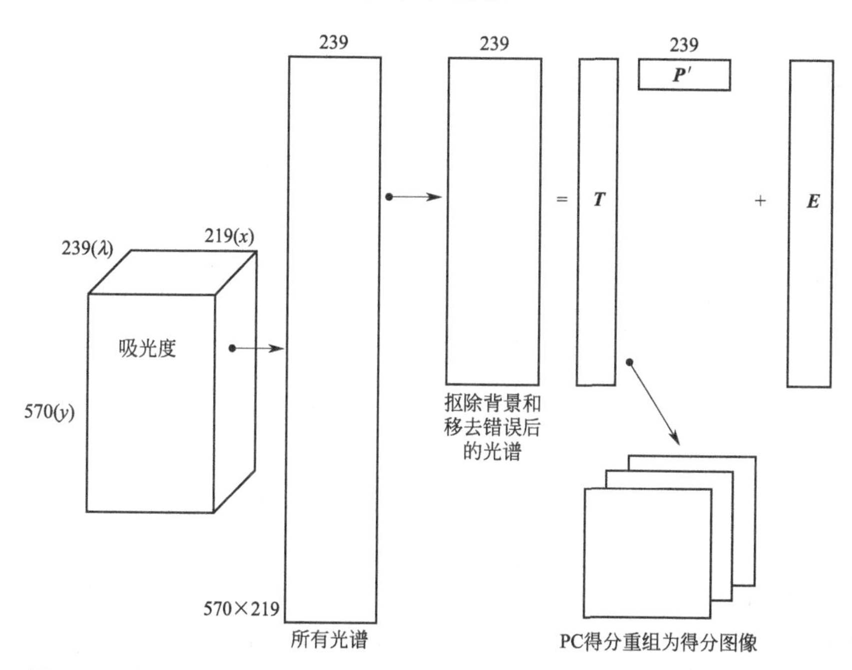

图 13.2 由 PCA 产生主成分（$\boldsymbol{T}$）、载荷（$\boldsymbol{P}'$）、残差（$\boldsymbol{E}$）和得分图像的示意

因此，多变量图像分析的第一步几乎总是一个简单的三分量 PCA。通过观察选定的得分点图及各自的得分图像，鉴别背景、底纹、镜面反射、坏像素和边缘效应。图 13.3 给出了在经过均值中心化的数据上进行 PCA 变换后的第一得分图像［PC1～PC3 的成分大小通过将平方和 SS=90.7、8.3 以及 0.64 化作百分比来表示］。图像清楚地显示了必须剔除的背景和底纹。这很容易通

过得分图与得分点图之间交互方式的选择来实现。图 13.3 中，包含背景像素的集群被标记。由于玉米粒尖端的边缘效应，离相机镜头辐射状较远的地方需要移除。

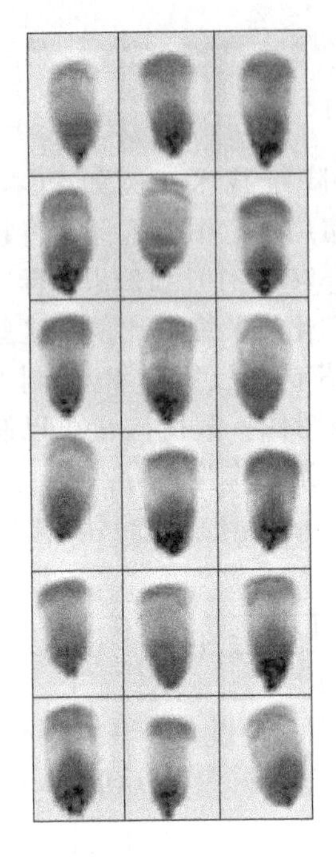

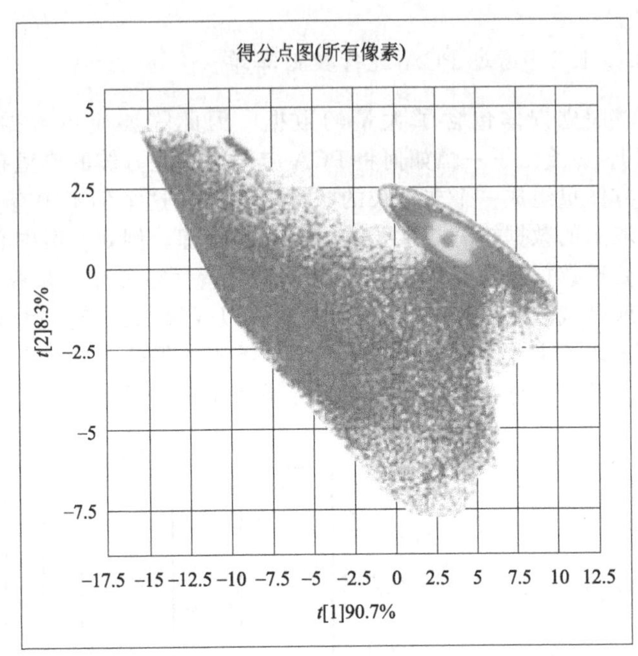

图 13.3 第一主成分得分图像（左边）和对应的包含背景的得分点图（右边）
（得分点图中椭圆所示，图像物理尺寸为 11.4mm×4.4mm）

13.3.1.3 解释得分图像和得分点图

图 13.4 给出了在剔除背景和底纹之后保留主成分的得分图像 t1～t6。这幅图像采用颜色编码，在得分图中，低值被表示为蓝色，高值为红色；介于中间的值用蓝-绿-黄-橘黄-红这样的顺序来表示。一个组分中大部分区域颜色相同就表明光谱和空间上的区域（这里指一个单玉米粒）相似。如果所有的玉米粒都是同样的颜色，那么就不可能进行区分（如 PC1，PC3，PC4 和 PC6）。这就意味着就内核硬度差异而言，那些主成分的得分图像没有信息可用。在 PC2 的得分图像中（图 13.4），软核在某种程度上可以与其他内核区分开来。PC5 的得分图像给出了硬、软和中等硬度玉米粒之间的显著区别。所有的颜色都会在玉米粒上呈现，在 PC2 和 PC5 上，有的玉米颜色种类多有的玉米颜色种类少，这种区别明显不是基于玉米核，而是基于玉米粒里胚乳的纹理。PC2 和 PC5 因此被认为是将样本分为硬、中等和软玉米核的最有效的主成分。主成分大小由 SS/%（由每个主成分解释变化）来表示为 94.4、3.8、1.6、0.07、0.05 和 0.02。

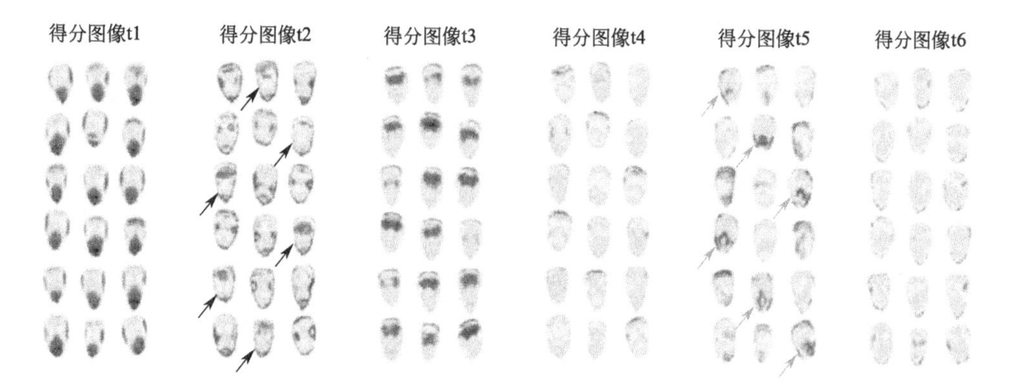

图 13.4　剔除了背景以及例如几何误差和阴影的其他扰动之后的 PCA 得分图像（PC1～PC6）（蓝色箭头表示软玉米粒，绿色箭头表示硬玉米粒；彩图位于封三前）

13.3.1.4　检测和选择集群

图 13.5 给出了在剔除了背景以及例如几何误差和阴影的其他扰动之后的 PC2 和 PC5 对比的 PCA 得分点图。经过反复实验测试所有的 PC 组合，通过将得分点图和得分图像之间的相互比较，这种主成分组合（PC2 和 PC5）被证实是判别不同的硬度级别中最有效的组合。这在图 13.4 中所阐述的得分图像早期视觉检查中就可以推断出来。得分点图（图 13.5 中椭圆所指示的）上可以区分出三个点簇。图 13.6 给出了在 PCA 得分点图上各自

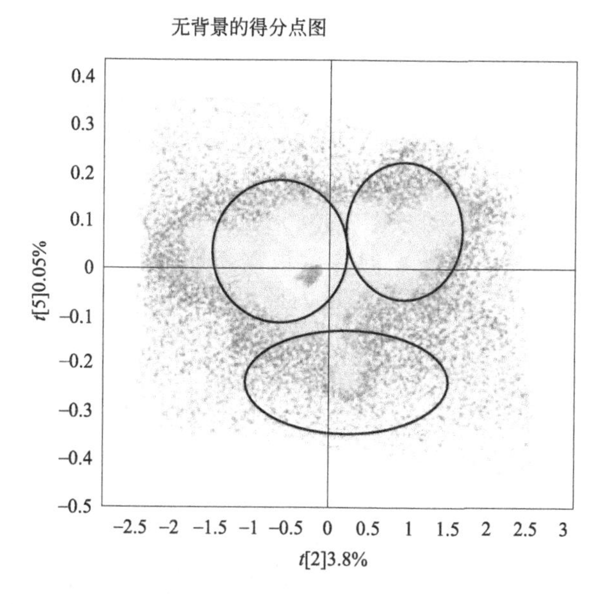

图 13.5　剔除了背景以及例如几何误差和阴影的其他扰动之后的 PCA 得分点图（PC2 对 PC5）（椭圆所指示的点簇是对软、硬和中等的潜在分类）

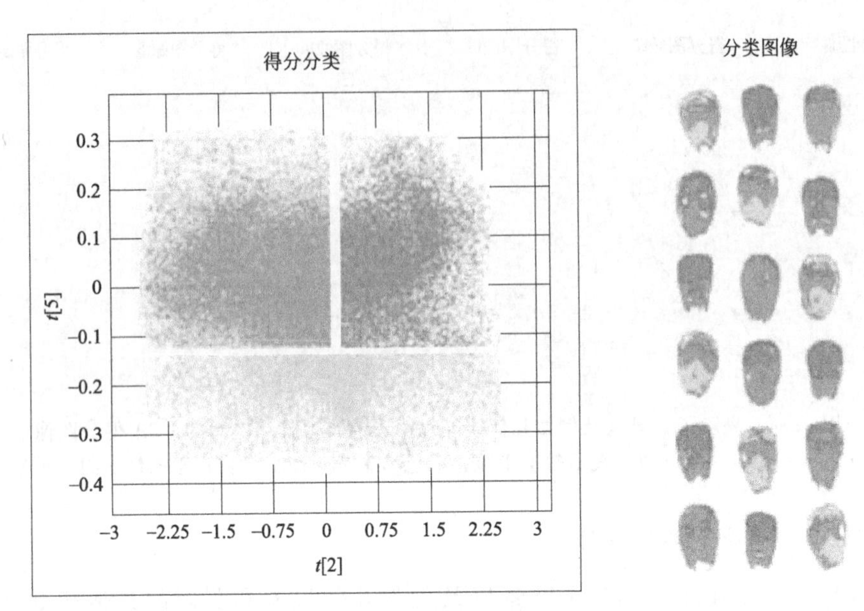

图 13.6 分类后的 PCA 得分点图（绿色＝玻璃态，红色＝中等，蓝色＝粉状）（左边）和对应的投影到得分图像上的分类图（右边）（彩图位于封三前）

选择的点簇，并将相应的分类投影到得分图像上。这些点簇和不同硬度的玉米粒没有关系，但是在所有玉米粒中分布不均匀，可以在分类图（图 13.6）中看到。因此每个点簇都描述了谷粒胚乳中的物理和化学相似性。点簇的不同表示胚乳区域之间的化学和物理性质不同，例如，玻璃态或者粉状。玻璃态和粉状胚乳区域在硬、中等和软玉米粒中的分布不同。硬玉米粒有更多的玻璃态胚乳（由绿色表示）和更少的粉状胚乳（由蓝色表示）。在软质玉米粒中，这个比例相反。这比较倾向于依靠胚乳质地分类，而不是整个硬、中等或者软玉米粒。根据谷物类文献，不同硬度的玉米粒是包含不同比例的玻璃态和粉状胚乳[82]。分类图（图 13.6）十分清晰地显示，玉米培育人员贴"硬"标签的玉米粒玻璃态胚乳的含量最大，贴"软"标签的玉米粒粉状胚乳的含量最大。中等硬度的玉米粒也因此可以得出具有变化的玻璃态和粉状胚乳的比例。然而，从得分点图和分类图像（图 13.6）看来，一个明显的点簇与所观察到的中等硬度玉米粒的很大一部分胚乳存在着一定联系。这似乎表明中等硬度的玉米粒不仅仅是包含不同比例的玻璃态和粉状胚乳，还包含一种不同物理性质和化学成分的玻璃态和粉状胚乳的中间类型胚乳。

13.3.1.5 数据预处理

NHI 可以鉴别三种类型的胚乳，这表明玉米存在一系列胚乳结构。图 13.6 中的类别选择并不是很精确。如图 13.7 所示，经过标准正态变换（SNV）预处理后可以得到更精确的分类。标准正态变换是逐行减去平均值并除以标准差。因此，它需要消除偏移和斜率的差异。经过计算后得主成分含量为90.2%、3.44%、2.0%、1.25%、0.46%。

图13.7是一个用可能的簇表示的PC2对PC4的得分点图。在这幅图中，得分点图和得分图像之间通过交互式多边形选择来确定点簇，这会更加精确。最后的结果是分类图像（图13.7）。对点簇的描述越精确，那么所选择的得分点图的区域就越小。更大的未分类区域在分类图像中用灰色表示。与没有进行预处理的图像相反，用SNV处理过后的结果需要更少的主成分，这表明SNV校正确实有用。我们可以假定SNV校正消除散射效应，因此需要较少的成分来进行分类。

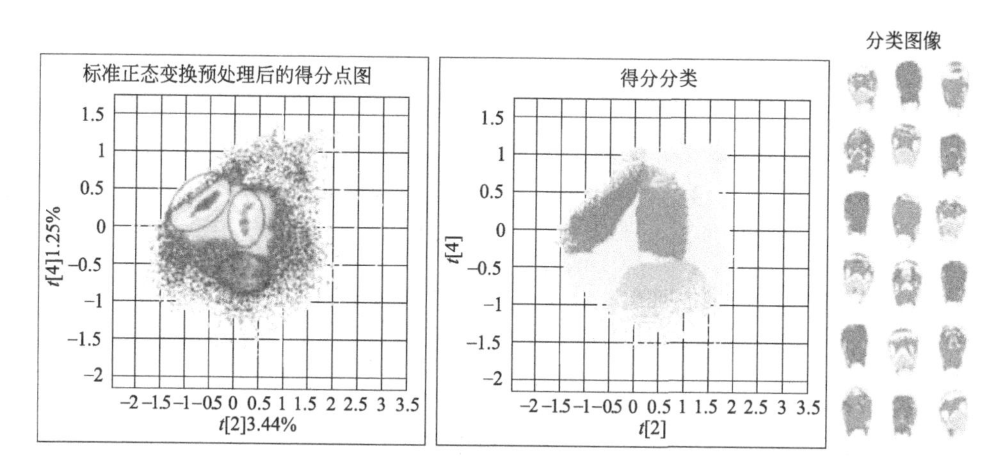

图13.7 经过剔除背景和SNV预处理之后的PCA得分图（PC2对PC4）（左边），椭圆所示的点簇代表了玻璃态、中等和粉状胚乳，分类后的（绿色＝玻璃态，红色＝中间，蓝色＝粉状）PCA得分点图（中间）以及对应的投影到得分图像上的分类图像（右边）（彩图位于封三前）

13.3.1.6 解译光谱数据

要对胚乳类型进行解释，观察光谱信息是很重要的。图13.8给出了玻璃态和粉状胚乳的平均光谱。可以很清楚地看到粉状胚乳和玻璃态胚乳相比有偏移，这意味着有更多的散射。为了消除散射效应，可以使用SNV预处理。通过对比经过SNV预处理的光谱，可以推断出细小的化学差异。然而，从差异图（图13.8）中，这些化学差异变得更加显著并更加容易解释。玻璃态和粉状胚乳之间的正偏差可以在1450nm（淀粉和水）和1929nm（蛋白质和水）处被观察到。玻璃态和粉状胚乳之间的负偏差可以在2192nm（蛋白质）和2298nm（蛋白质）处被观察到。

结合两类和做PCA的SNV校正数据，玻璃态和粉状胚乳之间的差异可以在第二主成分得分上观察到。对应的第二载荷线图（未给出）和图13.8中的差异图相似，从而验证了差异图的解释。

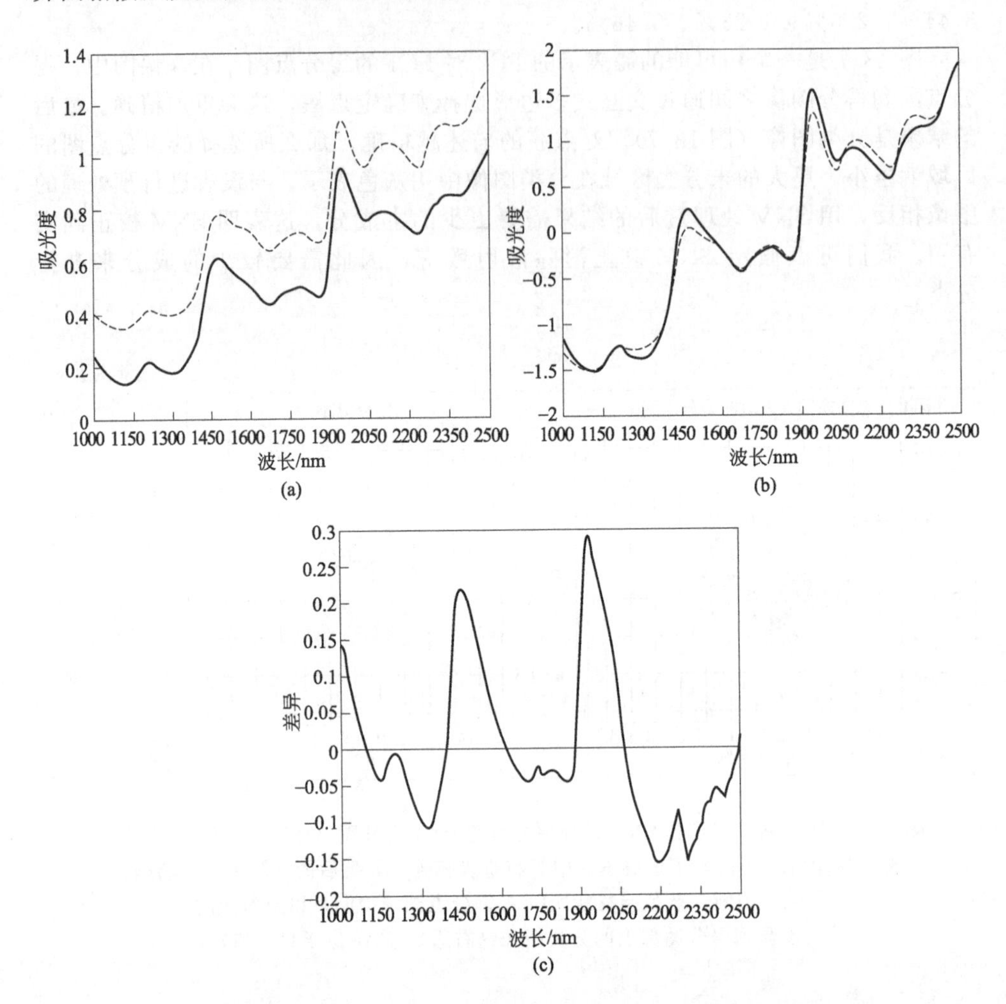

图 13.8 玻璃态（实线）和粉状类型胚乳的平均光谱：(a) 没有经过预处理，(b) 经过 SNV 处理，(c) 经过 SNV 校正的光谱的差异

13.3.1.7 偏最小二乘判别分析

为了测试分类，在 SNV 校正图像上测试 PLS-DA 模型对胚乳类别进行分类。PLS-DA 在光谱和虚拟变量向量之间生成了一个回归模型。例如虚拟变量，1 代表玻璃态胚乳，0 代表粉状胚乳。PLS-DA 模型的特性表明，玻璃态和粉状胚乳的细分很有意义。图 13.9 给出了 PLS-DA 模型的结果，该图显示经过三个 PLS 成分之后，y 变量（图 13.9 中称为 R^2Y-cum）的 SS 值为 92.5%。对于训练集和测试集可以设计相似的模型来测试对各自胚乳类别预测的精度。

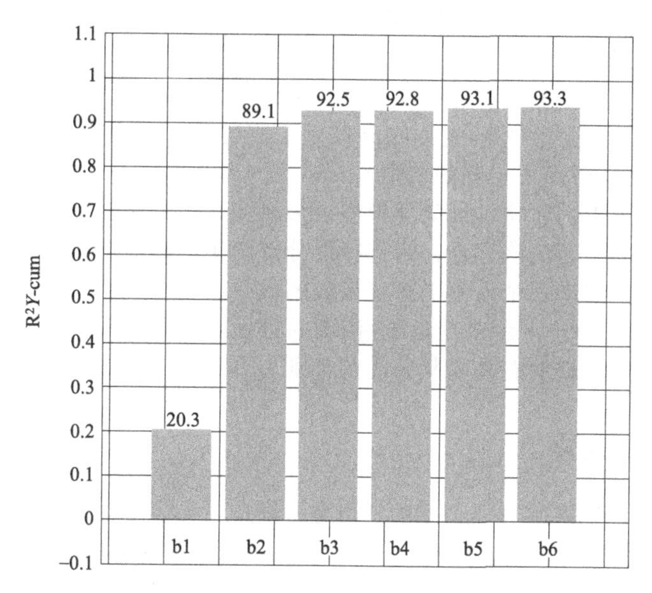

图 13.9 在 PLS-DA 模型中使用的 PLS 成分数与 y 变量的 SS（%）值（以 R^2Y-cum 表示）之间的函数演变图

13.4 食品近红外高光谱图像成像和数据分析的注意事项

13.4.1 取样和样本表达

由于成像的二维性质，以及相机和镜头组合的视场限制，选择正确的样本表达很重要。

这种玉米硬度的应用是用最大数量的玉米粒来配合相机的 FOV（图 13.1）。玉米粒的形状还需要细致的光照优化。尽管没有校正，但内核是不平坦的，厚度也不相同，并有一个圆角边缘（尖）。这个问题在进行未加工食品成像时经常碰到。

13.4.2 图像清理

剔除背景（图 13.3）非常重要，并且任何坏像素、光学、几何或者物理干扰不能过大。只有在进行合适的图像清理之后才能进行高质量的图像分析。如果没有将不相关的像素剔除，本章所介绍的数据分析将不会成功。通过在未清理的图像上使用简单的 PCA 模型并交互地使用得分点图和得分图像，可以识别出最不相关的像素并依次将其除去。

13.4.3 最终的 PCA 模型、簇检测和选择

图像清理之后，可以得到含有许多成分的最终 PCA 模型。通过交互式地使

用得分图像（图 13.4）和得分点图（图 13.5），就可以评估出 PCs 的相关性，可以基于像素密度来检测集群（图 13.5），将最相关的 PC 进行组合。最终图像是熟练利用得分图像覆盖颜色选择的域，也称为分类图像（图 13.6 和图 13.8）。然而，在得分点图上对于簇或类的选择是主观性的。尽管如此，两种选择（图 13.6 和图 13.8）得出了相同的结论。

当选择的簇不同时化学计量学模型也会改变，但如果选择是正确的，那么模型仍然是鲁棒的。还应该记住，当选择得分点图中的簇时应该始终考虑样本的组织学背景信息。如果一个人不了解玉米粒的成分，很可能会在得分图中选择不正确的类，例如图 13.5。在 y 变量 SS 值高并且预测准度高的 PLS-DA 模型上，可以确保正确地选择玻璃态和粉状胚乳的类别。

13.4.4 穿透深度

该应用中使用的 NHI 是二维的，但是图像是三维结构的数据，包括深度信息。通过立体显微镜观察切开的玉米粒可以看到一些区域是纯玻璃态胚乳，另一些区域是纯粉状胚乳，但是有一些看起来是两者的混合物。这就被认为是中间产物。

该应用给出了关于近红外辐射穿透深度的其他信息。胚乳纹理的差异可以通过果皮（厚度＜0.2mm）看出来，但是胚胎（1.5～2mm 深）的差异无法清楚地看见。这些事实表明了成像实验中的穿透深度。作为一般规则，最好在制作高光谱成像时搞清楚辐射能穿透样本多深。

13.5 结论

食品工业中使用的原料是多样有机的，这使得 NHI 成为整体近红外光谱的一个理想补充。许多研究小组一直在使用自制和商业成像系统来测量不同的食品原料，主要是水果、蔬菜、肉类、鱼类和谷物。大多数应用研究至今为止都在使用一系列的 CCD 或者 CMOS 相机（400～1100nm）。一些应用需要铟镓砷光谱范围（900～1700nm），然而只有一小部分使用扩展的铟镓砷或者碲镉汞光谱范围（1000～2500nm）。很少应用使用透射或者荧光激光或者紫外灯激发，但反射是主要使用的模式。从实验室应用到在线应用的转变难度仍然很大，但是随着仪器在通用性、速度和实用性方面的改进，这样的转变将变得越来越容易。

由于高光谱成像产生了大量数据，超立方体构成了化学计量学应用的来源，因此，在空间和光谱上有无限的机会设计局部模型。不同硬度玉米粒的玻璃态和粉状胚乳的检测和识别应用表明，组织学知识和化学计量学可以以一种有意义的方式结合起来。

未来，高光谱成像装置有望产生更宽的波长范围和更高的空间分辨率。这需要更好的探测器（相机）和更好的光源。同时，对无偏差相机的期待也非常高。一个有趣的想法是开发集成具有同样的空间分辨率和匹配的紫外、可见光、近红外、中红外以及拉曼光谱的设备。

目前，高光谱图像是二维的。通过层析成像技术制成的三维高光谱图像将是更大的进步，但这需要光谱学和相机硬件以及计算能力上的共同提升[83]。

致谢

Julian White（Specim，光谱成像技术有限公司，奥卢，芬兰）对于sisuChema仪器的使用，David Nilsson 和 Oskar Jonsson（Umbio AB，Umea，瑞典）对于Evince软件的使用和帮助，先锋种子（Delmas，南非）对于样本的提供，南非-瑞典研究伙伴计划达成双边协议，国家研究基金会，南非（UID60958 & VR 348-2006-6715）为研究人员交流提供了经费。

缩写

BP	反向传播
CART	分类和回归树
CCD	电荷耦合器件
CMOS	互补金属氧化物半导体
DA	判别分析
FOV	视野
GA	遗传算法
LCTF	液晶可调滤波器
LDA	线性判别分析
MCT	碲镉汞
MIR	中红外
MLR	多元线性回归
MRI	磁共振成像
NHI	高光谱成像
NIR	近红外
NN	神经网络
PC	主成分
PCA	主成分分析
PCR	主成分回归
PGP	棱镜-光栅-棱镜
PLS	偏最小二乘
PLS-DA	偏最小二乘判别分析
QDA	二次判别分析
ROI	感兴趣区域
SNV	标准正态变换
SS	平方和
SVM	支持向量机
SWIR	短波红外
UV	紫外线
VIS	可见光

参考文献

1. Ben-Gera, I., and Norris, K. H. (1968a) Determination of moisture content in soybeans by direct spectrophotometry. *Isr. J. Agric. Res.* **18**, 125–132.
2. Ben-Gera, I., and Norris, K. H. (1968b) Direct spectrophotometric determination of fat and moisture in meat products. *J. Food Sci.* **33**, 64–67.
3. Williams, P. C. (1975) Application of near infrared reflectance spectroscopy to analysis of cereal grains and oilseeds. *Cereal Chem.* **52**, 561–576.
4. Williams, P. C., and Thompson, B. N. (1978) Influence of whole meal granularity on analysis of HRS spring wheat for protein and moisture by near infrared reflectance spectroscopy. *Cereal Chem.* **55**, 1014–1037.
5. Williams, P. C., Stevenson, S. G., Starkey, P. M., and Hawtin, G. C. (1978) The application of near infrared reflectance spectroscopy to protein testing in pulse breeding programmes. *J. Sci. Food Agric.* **29**, 285–292.
6. Williams, P. C. (1979) Screening wheat for protein and hardness

by near infrared reflectance spectroscopy. *Cereal Chem.* **56**, 169–172.

7. Osborne, B. G. (1981) Application of near infrared reflectance spectroscopy to the analysis of food. *Anal. Proc.* **18**, 488–489.
8. Siesler, H. W., Ozaki, Y., Kawata, S., and Heise, H. M. (Eds.) (2002) *Near-Infrared Spectroscopy: Principles, Instruments, Applications*, Wiley, Weinheim, p. 361.
9. Osborne, B. G., Fearn, T., and Hindle, P. H. (1993) *Practical NIR Spectroscopy with Practical Applications in Food and Beverage Analysis*, 2nd ed., Longman Scientific and Technical, Harlow, p. 227.
10. Burns, D. A.,and Ciurczak, E. W. (Eds.) (2001) *Handbook of Near-Infrared Analysis*, 2nd ed., Marcel Dekker, Inc., New York, p. 814.
11. Williams, P.,and Norris, K. (Eds.) (2001) *Near-Infrared Technology in the Agricultural and Food Industries*, 2nd ed., American Association of Cereal Chemists, St. Paul, MN, p. 296.
12. Ozaki, Y., McClure, W. F.,and Christy, A. A. (Eds.) (2007) *Near-Infrared Spectroscopy in Food Science and Technology*, Wiley–Interscience, Hoboken, NJ, p. 424.
13. Blazquez, C., Downey, G., O'Donnell, C., O'Callaghan, D., and Howard, V. (2004) Prediction of moisture, fat and inorganic salts in processed cheese by near infrared reflectance spectroscopy and multivariate data analysis. *J. Near Infrared Spectrosc.* **12**, 149–157.
14. Baumgarten, G. (1987) The determination of alcohol in wines by means of near infrared technology. *S. Afr. J. Enol. Vitic.* **8**, 75–77.
15. Christopoulou, E., Lazaraki, M., Komaitis, M., and Kaselimis, K. (2004) Effectiveness of determinations of fatty acids and triglycerides for the detection of adulteration of olive oils with vegetable oils. *Food Chem.* **84**, 463–474.
16. Joubert, E., Manley, M., and Botha, M. (2006) The use of NIRS for quantification of mangiferin and hesperidin contents of dried, green honeybush (*Cyclopia genistoides*) plant material. *J. Agric. Food Chem.* **54**, 5279–5283.
17. Manley, M., Joubert, E., and Botha, M. (2006) Quantification of the major phenolic compounds, soluble solid content and total antioxidant activity of green rooibos (*Aspalathus linearis*) by means of near infrared spectroscopy. *J. Near Infrared Spectrosc.* **14**, 213–222.
18. Cozzolino, D., Kwiatkowski, M. J., Parker, M., Cynkar, W. U., Dambergs, R. G., Gishen, M., and Herderich, M. J. (2004) Prediction of phenolic compounds in red wine fermentations by visible and near infrared spectroscopy. *Anal. Chim. Acta* **513**, 73–80.
19. Downey, G., Byrne, S., and Dwyer, E. (1986) Wheat trading in the Republic of Ireland: the utility of a hardness index derived by near infrared reflectance spectroscopy. *J. Sci. Food Agric.* **37**, 762–766.
20. Osborne, B. G. (1991) Measurement of the hardness of wheat endosperm by near infrared spectroscopy. *Postharvest News Inform.* **2**, 331–334.
21. Windham, W. R., Gaines, C. S., and Leffler, R. G. (1993) Effect of wheat moisture content on hardness scores determined by near-infrared reflectance and on hardness score standardization. *Cereal Chem.* **70**, 662–666.
22. Manley, M., Van Zyl, L., and Osborne, B. G. (2002) Using Fourier transform near infrared spectroscopy in determining kernel hardness, protein and moisture content of whole wheat flour. *J. Near Infrared Spectrosc.* **10**, 71–76.
23. Manley, M., Van Zyl, L., and Osborne, B. G. (2001) Deriving a grain hardness calibration for Southern and Western Cape ground wheat samples by means of the particle size index (PSI) method and Fourier transform near infrared (FT-NIR) spectroscopy. *S. Afr. J. Plant Soil* **18**, 69–74.
24. Downey, G., Howard, V., Delahunty, C., O'Callaghan, D., Sheehan, E., and Guinee, T. (2005) Prediction of maturity and sensory attributes of Cheddar cheese using near-infrared spectroscopy. *Int. Dairy J.* **15**, 701–709.
25. Blazquez, C., Downey, G., O'Callaghan, D., Howard, V., Delahunty, C., and Sheehan, E. (2006) Modelling of sensory and instrumental texture parameters in processed cheese by near infrared reflectance spectroscopy. *J. Dairy Res.* **73**, 58–69.
26. Cozzolino, D., Smyth, H. E., Lattey, K. A., Cynkar, W., Janik, L., Damberg, R. G., Francis, I. L., and Gishen, M. (2005) Relationship between sensory analysis and near infrared spectroscopy in Australian Riesling and Chardonnay wines. *Anal. Chim. Acta* **539**, 341–348.
27. Geladi, P. and Grahn, H. F. (1996) *Multivariate Image Analysis*, Wiley, Chichester, UK, p. 316.
28. Grahn, H. F., and Geladi, P. (Eds.) (2007) Techniques and Applications of Hyperspectral Image Analysis, Wiley, Chichester, UK, p. 368.
29. Gowen, A. A., O'Donnell, C. P., Cullen, P. J., Downey, G., and Frias, J. M. (2007) Hyperspectral imaging: an emerging process analytical tool for food quality and safety control. *Trends Food Sci. Technol.* **18**, 590–598.
30. Wang W., and Paliwal, J. (2007) Near-infrared spectroscopy and imaging in food quality and safety. *Sens. Instrum. Food Qual. Saf.* **1**, 193–207.
31. Du, C., and Sun, D. (2004) Recent developments in the applications of image processing techniques for food quality evaluation. *Trends Food Sci. Technol.* **15**, 230–249.
32. Cogdill, R. P., Hurburgh, C. R., and Rippke, G. R. (2004) Single-kernel maize analysis by near-infrared hyperspectral imaging. *Trans. ASAE* **47**, 311–320.
33. Nansen, C., Kolomiets, M., and Gao, Z. (2008) Considerations regarding the use of hyperspectral imaging data in classifications of food products, exemplified by analysis of maize kernels. *J. Agric. Food Chem.* **56**, 2933–2938.
34. Weinstock, B. A., Janni, J., Hagen, L., and Wright, S. (2006) Prediction of oil and oleic acid concentrations in individual corn (*Zea mays* L.) kernels using near-infrared reflectance hyperspectral imaging and multivariate analysis. *Appl. Spectrosc.* **60**, 9–16.
35. Gorretta, N., Roger, J. M., Aubert, M., Bellon-Maurel, V., Campan, F., and Roumet, P. (2006) Determining vitreousness of durum wheat kernels using near infrared hyperspectral imaging. *J. Near Infrared Spectrosc.* **14**, 231–239.
36. Mahesh, S., Manickavasagan, A., Jayas, D. S., Paliwal, J., and White, N. D. G. (2008) Feasibility of near-infrared hyperspectral imaging to differentiate Canadian wheat classes. *Biosystems Eng.* **101**, 50–57.
37. Shahin, M. A., and Symons, S. J. (2008) Detection of hard vitreous and starchy kernels in amber durum wheat samples using hyperspectral imaging (GRL Number M306). *NIR News* **19**, 16–18.
38. Smail, V. W., Fritz, A. K., and Wetzel, D. L. (2006) Chemical imaging of intact seeds with NIR focal plane array assists plant breeding. *Vib. Spectrosc.* **42**, 215–221.
39. Berman, M., Connor, P. M., Whitbourn, L. B., Coward, D. A., Osborne, B. G., and Southan, M. D. (2007) Classification of sound and stained wheat grains using visible and near infrared hyperspectral image analysis. *J. Near Infrared Spectrosc.* **15**, 351–358.
40. Peirs, A., Scheerlinck, N., De Baerdemaeker, J., and Nicolai, B. M. (2003) Starch index determination of apple fruit by means of a hyperspectral near infrared reflectance imaging system. *J.*

Near Infrared Spectrosc. **11**, 379–389.

41. Nicolai, B. M., Lotze, E., Peirs, A., Scheerlinck, N., and Theron, K. I. (2006) Non-destructive measurement of bitter pit in apple fruit using NIR hyperspectral imaging. *Postharvest Biol. Technol.* **40**, 1–6.
42. Xing, J., Jancsók, P., and De Baerdemaeker, J. (2007) Stem-end/calyx identification on apples using contour analysis in multispectral images. *Biosystems Eng.* **96**, 231–237.
43. Peng, Y. K., and Lu, R. F. (2008) Analysis of spatially resolved hyperspectral scattering images for assessing apple fruit firmness and soluble solids content. *Postharvest Biol. Technol.* **48**, 52–62.
44. Xing, J., Saeys, W., and De Baerdemaeker, J. (2007) Combination of chemometric tools and image processing for bruise detection on apples. *Comput. Electron. Agric.* **56**, 1–13.
45. ElMasry, G., Wang, N., Vigneault, C., Qiao, J., and ElSayed, A. (2008) Early detection of apple bruises on different background colors using hyperspectral imaging. *LWT Food Sci. Technol.* **41**, 337–345.
46. Xing, J., Bravo, C., Jancsók, P. T., Ramon, H., and De Baerdemaeker, J. (2005) Detecting bruises on Golden Delicious apples using hyperspectral imaging with multiple wavebands. *Biosystems Eng.* **90**, 27–36.
47. Xing, J., Van Linden, V., Vanzeebroeck, M., and De Baerdemaeker, J. (2005) Bruise detection on Jonagold apples by visible and near-infrared spectroscopy. *Food Control* **16**, 357–361.
48. Cheng, X., Chen, Y. R., Tao, Y., Wang, C. Y., Kim, M. S., and Lefcourt, A. M. (2004) A novel integrated PCA and FLD method on hyperspectral image feature extraction for cucumber chilling damage inspection. *Trans. ASAE* **47**, 1313–1320.
49. Liu, Y. L., Chen, Y. R., Wang, C. Y., Chan, D. E., and Kim, M. S. (2005) Development of a simple algorithm for the detection of chilling injury in cucumbers from visible/near-infrared hyperspectral imaging. *Appl. Spectrosc.* **59**, 78–85.
50. Ariana, D. P., Lu, R., and Guyer, D. E. (2006) Near-infrared hyperspectral reflectance imaging for detection of bruises on pickling cucumbers. *Comput. Electron. Agric.* **53**, 60–70.
51. Ariana, D. P., and Lu, R. (2008) Quality evaluation of pickling cucumbers using hyperspectral reflectance and transmittance imaging: part I. Development of a prototype. *Sens. Instrum. Food Qual. Saf.* **2**, 144–151.
52. Ariana, D. P., and Lu, R. (2008) Quality evaluation of pickling cucumbers using hyperspectral reflectance and transmittance imaging: part II. Performance of a prototype. *Sens. Instrum. Food Qual. Saf.* **2**, 152–160.
53. Sivakumar, S. S. (2006) Potential applications of hyperspectral imaging for the determination of total soluble solids, water content and firmness in mango. MSc Thesis, Department of Bioresource Engineering, Macdonald Campus, McGill University, Montreal, Quebec, Canada.
54. Lu, R. F., and Peng, Y. K. (2006) Hyperspectral scattering for assessing peach fruit firmness. *Biosystems Eng.* **93**, 161–171.
55. ElMasry, G., Wang, N., ElSayed, A., and Ngadi, M. (2007) Hyperspectral imaging for nondestructive determination of some quality attributes for strawberry. *J. Food Eng.* **81**, 98–107.
56. Qin, J., and Lu, R. (2005) Detection of pits in tart cherries by hyperspectral transmission imaging. *Trans. ASAE* **48**, 1963–1970.
57. Long, R. L., Walsh, K. B., and Greensill, C. V. (2005) Sugar "imaging" of fruit using a low cost charge-coupled device camera. *J. Near Infrared Spectrosc.* **13**, 177–186.
58. Martinsen, P., and Schaare, P. (1998) Measuring soluble solids distribution in kiwifruit using near-infrared imaging spectroscopy. *Postharvest Biol. Technol.* **14**, 271–281.
59. Kim, M. S., Lefcourt, A. M., Chao, K., Chen, Y. R., Kim, I., and Chan, D. E. (2002) Multispectral detection of fecal contamination on apples based on hyperspectral imagery. Part I. Application of visible and near-infrared reflectance imaging. *Trans. ASAE* **45**, 2027–2037.
60. Kim, M. S., Lefcourt, A. M., Chen, Y. R., Kim, I., Chan, D. E., and Chao, K. (2002) Multispectral detection of fecal contamination on apples based on hyperspectral imagery: part II. Application of hyperspectral fluorescence imaging. *Trans. ASAE* **45**, 2039–2047.
61. Mehl, P. M., Chen, Y.-R., Kim, M. S., and Chan, D. E. (2004) Development of hyperspectral imaging technique for the detection of apple surface defects and contaminations. *J. Food Eng.* **61**, 67–81.
62. Kim, M. S., Lefcourt, A. M., Chen, Y. R., and Kang, S. (2004) Uses of hyperspectral and multispectral laser induced fluorescence imaging techniques for food safety inspection. *Key Eng. Mater.*, **270–273**, 1055–1063.
63. Liu, Y. L., Chen, Y. R., Kim, M. S., Chan, D. E., and Lefcourt, A. M. (2007) Development of simple algorithms for the detection of fecal contaminants on apples from visible/near infrared hyperspectral reflectance imaging. *J. Food Eng.* **81**, 412–418.
64. Gómez-Sanchis, J., Gómez-Chova, L., Aleixos, N., Camps-Valls, G., Montesinos-Herrero, C., Moltó, E., and Blasco, J. (2008) Hyperspectral system for early detection of rottenness caused by *Penicillium digitatum* in mandarins. *J. Food Eng.* **89**, 80–86.
65. Naganathan, G. K., Grimes, L. M., Subbiah, J., Calkins, C. R., Samal, A., and Meyer, G. E. (2008) Visible/near-infrared hyperspectral imaging for beef tenderness prediction. *Comput. Electron. Agric.* **64**, 225–233.
66. Qiao, J., Ngadi, M. O., Wang, N., Gariépy, C., and Prasher, S. O. (2007) Pork quality and marbling level assessment using a hyperspectral imaging system. *J. Food Eng.* **83**, 10–16.
67. Qiao, J., Wang, N., Ngadi, M. O., Gunenc, A., Monroy, M., Gariépy, C., and Prasher, S. O. (2007) Prediction of drip-loss, pH, and color for pork using a hyperspectral imaging technique. *Meat Sci.* **76**, 1–8.
68. Wold, J. P., Johansen, I-R., Haugholt, K. H., Tschudi, J., Thielemann, J., Segtnan, V. H., Narum, B., and Wold, E. (2006) Non-contact transflectance near infrared imaging for representative on-line sampling of dried salted coalfish (bacalao). *J. Near Infrared Spectrosc.* **14**, 59–66.
69. ElMasry, G., and Wold, J. P. (2008) High-speed assessment of fat and water content distribution in fish fillets using online imaging spectroscopy. *J. Agric. Food Chem.* **56**, 7672–7677.
70. Heia, K., Sivertsen, A. H., Stormo, S. K., Elvevoll, E., Wold, J. P., and Nilsen, H. (2007) Detection of nematodes in cod (*Gadus morhua*) fillets by imaging spectroscopy. *J. Food Sci.* **72**, E11–E15.
71. Wold, J. P., Westad, F., and Heia, K. (2001) Detection of parasites in cod filets by using SIMCA classification in multispectral images in the visible and NIR region. *Appl. Spectrosc.* **55**, 1025–1034.
72. Lawrence, K. C., Windham, W. R., Park, B., and Buhr, R. J. (2003) A hyperspectral imaging system for identification of faecal and ingesta contamination on poultry carcasses. *J. Near Infrared Spectrosc.* **11**, 269–281.
73. Lawrence, K. C., Windham, W. R., Park, B., Heitschmidt, G. W., Smith, D. P., and Feldner, P. (2006) Partial least squares regression of hyperspectral images for contaminant detection on poultry carcasses. *J. Near Infrared Spectrosc.* **14**, 223–230.
74. Park, B., Lawrence, K. C., Windham, W. R., and Smith, D. P. (2006) Performance of hyperspectral imaging system for poultry surface fecal contaminant detection. *J. Food Eng.* **75**, 340–348.
75. Park, B., Windham, W. R., Lawrence, K. C., and Smith, D. P. (2007) Contaminant classification of poultry hyperspectral

imagery using a spectral angle mapper algorithm. *Biosystems Eng.* **96**, 323–333.

76. Chao, K., Mehl, P. M., and Chen, Y. R. (2002) Use of hyper- and multi-spectral imaging for detection of chicken skin tumors. *Appl. Eng. Agric.* **18**, 113–119.
77. Chao, K., Chen, Y. R., Hruschka, W. R., and Park, B. (2001) Chicken heart disease characterization by multi-spectral imaging. *Appl. Eng. Agric.* **17**, 99–106.
78. Monteiro, S. T., Minekawa, Y., Kosugi, Y., Akazawa, T., and Oda, K. (2007) Prediction of sweetness and amino acid content in soybean crops from hyperspectral imagery. *ISPRS J. Photogramm. Remote Sens.* **62**, 2–12.
79. Jiang, L., Zhu, B., Rao, X., Berney, G., and Tao, Y. (2007) Discrimination of black walnut shell and pulp in hyperspectral fluorescence imagery using Gaussian kernel function approach. *J. Food Eng.* **81**, 108–117.
80. Dubois, J., Lewis, N., Fry, J., Frederick S., and Calvey, E. M. (2005) Bacterial identification by near-infrared chemical imaging of food-specific cards. *Food Microbiol.* **22**, 577–583.
81. Gowen, A. A., O'Donnell, C. P., Taghizadeh, M., Cullen, P. J., Frias, J. M., and Downey, G. (2008) Hyperspectral imaging combined with principal component analysis for bruise damage detection on white mushrooms (*Agaricus bisporus*). *J. Chemom.* **22**, 259–267.
82. Watson, S. A. and Ramstad, P. E. (Eds.) (1987) *Corn: Chemistry and Technology*, American Association of Cereal Chemists, St. Paul, MN, p. 605.
83. Kemsley, E. K., Tapp, H. S., Binns, R., Mackin, R. O., and Peyton, J. A. (2008) Feasibility study of NIR diffuse optical topography on agricultural produce. *Postharvest Biol. Technol.* **48**, 223–230.

第五篇

聚合物研究中的应用

14

聚合物的振动光谱成像

Harumi Sato 和 Yukihiro Ozaki　日本，三田，关西学院大学科学技术学院化学系
Jianhui Jiang（蒋健晖）和 Ru-Qin Yu（俞汝勤）　中国，长沙，湖南大学化学/生物传感和化学计量学国家重点实验室
Hideyuki Shinzawa　日本，名古屋，中部地区，产业技术综合研究院前沿仪器研究所

14.1 引言

振动光谱是研究聚合物结构和动力学的一种行之有效的方法[1-5]。可以用红外和拉曼光谱研究聚合物的构成、结构、形态及分子内和分子间的相互作用（如氢键）。红外光谱和拉曼光谱已广泛用于各种聚合物的研究，涉及从基础到应用整个过程的聚合物的研究，如结构研究、相容性、相转变、结晶、氢键、热机械性能和聚合物反应。红外光谱和拉曼光谱通常是互补的。对于具有强极化作用的官能团的振动模式，红外光谱会产生强度很强的波段，比如 O—H 键和 C ═O 键的拉伸模式。若官能团的振动模式具有强极化率，则拉曼光谱也会产生强度波段，比如 S—S、C—X（X=Cl，Br，S）、C ═C 和 C ═N 的拉伸模式。局部振动模式比如 CH_2 振动模式会产生强烈的红外光谱，而整体的分子或分子很大一部分引起的拉伸模式，比如可折叠模式，会产生很强的拉曼光谱。

通常不仅采用透射光谱而且采用衰减全反射（ATR）光谱、反射光谱、反射-吸收（RA）光谱、时间分辨光谱和微光谱对聚合物红外光谱进行研究。红外线二色性对聚合物取向测量有重要意义。而对聚合物拉曼光谱的研究，不仅经常使用常规拉曼光谱，还经常使用共振拉曼光谱、表面增强拉曼散射（SERS）、时间分辨拉曼光谱和拉曼显微镜。在许多文献中可以找到一些利用红外光谱和拉曼光谱研究聚合物的好例子[1-5]。

近红外光谱（NIR）在聚合物的研究中也得到了应用[1,6]。在许多聚合物的实际应用中，常常选择近红外光谱（NIR），例如测量和预测物理性质，如密度、颗粒尺寸和结晶度、在线监测和质量控制。然而，需要指出的是近红外光谱在基

础聚合物的研究中发现其独特性也是非常重要的。事实上，它已被用来研究氢键、分子间和分子内的相互作用、聚合反应、物理特性，如热机械性能和溶剂在聚合物中的扩散。

14.2 聚合物的振动光谱成像

聚合物的振动光谱成像技术是其振动光谱绘像的自然延伸[7,9]。后者，特别是聚合物的红外绘像和拉曼绘像，在过去的20年中得到了发展。而聚合物近红外绘像的发展被推迟了近10年。在聚合物的光谱学领域，振动光谱绘像已经用来确定在聚合物和聚合物材料中的污染物，以及确定它们组成成分的分布，并研究聚合物、聚合物共混物和聚合物复合材料的结构和形态。在振动绘像中最困难的问题是需要花费很长的时间才能获取一个绘像。毫无疑问，成像比绘像更有优势。振动光谱成像的一般历史、优势和仪器在前面的章节中已经讲述了，因此在本章中，主要从聚合物应用的角度描述其优点。

振动光谱成像技术在聚合物的科学与技术中有如下优点[7-35]：①通过振动光谱和数字成像技术的组合，可以得到聚合物成分的分布或其不同形态的分布；②通过观察更大的高空间分辨率样本区域来探索一些动态过程是可能的，例如，在图像采集过程的时间尺度内聚合物溶解的动态过程。

FTIR和拉曼成像常用来研究聚合物共混物的相离、相溶和形态结构。例如，Vogel等人[10] 利用FTIR成像研究了聚3-羟基丁酸酯（PHB）、聚L-乳酸（PLLA）和聚ε-己内酯（PCL）组成的共混物的相离。Oh等人[11] 发表了一项关于聚苯乙烯-丙烯醇/聚酯共混物的相离形态的FTIR成像研究。Chernev和Wilhelm[12]、Snively和Koenig[13] 首次阐明极化辐射对FTIR图像的产生是有用的。Vogel等人[14] 把流变光学测量和FTIR成像结合起来研究各向异性聚合物共混物。

Wilhelm等人[15,16] 坚持认为红外光谱、电子显微镜结合来表征聚合物形态的重要性。他们研究了FTIR和拉曼成像的横向和深度分辨率。Gupper等人[18] 利用拉曼成像研究了聚合物共混物的形态。

尽管近红外成像已广泛应用于制药领域[19]，但在聚合物领域中，它是相对新兴的技术。Furukawa等人[20] 使用这种技术来评估PHB和PLLA二元混合物的均匀性。Shinzawa等人[35] 在分子水平上通过近红外成像研究了对纤维素赋形剂进行研磨的影响。

近年来，FTIR成像已被用来研究聚合物的溶解性[21-24]。特别是对发展较缓慢的系统，这些尝试很成功，因为这个方法的时间分辨率比较低。Koenig及其同事[21-23] 发表了关于聚合物溶解性的FTIR成像研究。FTIR成像可以检测所研究的聚合物溶解样本的初始化学或物理缺陷，这些缺陷是在扩散过程中产生的。Gupper和Kazarian[24] 用FTIR光谱和成像研究了间规聚苯乙烯的溶剂扩散和溶剂诱导结晶。

Michaels 等人[25] 使用近红外成像和光谱来研究一种聚苯乙烯/聚(丙烯酸乙酯）混合物薄膜。这个仪器把纳米级分辨率的扫描探针显微镜和振动光谱的化学特性结合起来。其主要特征包括宽调谐和带宽、高速图像采集的并行光谱检测以及红外透明孔径探针。

Patterson 等人[26] 采用带有单点和线性阵列检测器的大半径内反射元件得到了大面积的红外显微光谱图像，并使用该系统研究聚合物的膜。

14.3 聚合物的 FTIR 成像

14.3.1 聚合物共混物相分离的 FTIR 成像研究

最近，Vogel 等人[10] 利用 FTIR 成像研究 PHB、PLLA 和 PCL 组成的共混物的相分离。PHB、PLLA 和 PCL 的化学结构如图 14.1 所示。PHB 属于聚羟基烷酸（PHAs）组，它是通过细菌从可再生资源中合成的[36,37]。PHB 作为一种环境友好型材料，由于它具有热塑性和可生物降解而备受关注。然而，由于完全由 R 构型组成的完全等规结构使得 PHB 很坚硬。为了改善其力学性能，PHB 必须与其他聚合物共聚或混合：PLLA[38]、PCL[39]、聚环氧乙烷(PEO)[40] 等。PHB/PLLA（50/50）混合显示“海岛结构”，而 PHB/PLLA（30/70）混合产生一个均匀的单相聚合物体系。

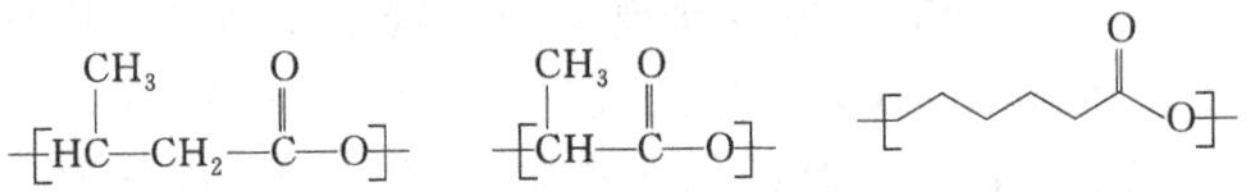

PHB PLLA PCL

图 14.1 PHB、PLLA 和 PCL 的化学结构

图 14.2 把 PHB 和 PLLA 的 FTIR 光谱［图 14.2(a)］以及 PHB/PLLA（质量比 50/50）共混物的 FTIR 光谱［图 14.2(b)］进行了比较。在图 14.2(a) 中，可以发现 PHB 和 PLLA 有一些特殊的吸收带。为了对比 PHB/PLLA 共混物的相均匀性，分别用到 PHB 的 FTIR 光谱 1723cm^{-1} 以及 PLLA 的 FTIR 光谱 1759cm^{-1} 处的 C═O 化学键拉伸带强度。图 14.3 分别给出了 PHB/PLLA（质量比 50/50）共混物的可见光图像和共混物中 PLLA、PHB 各自特异性的 FTIR 图像［图 14.3(a)］，以及 PHB/PLLA（质量比 30/70）共混物的可见光图像和共混物中 PLLA、PHB 各自的 FTIR 图像［图 14.3(b)］。从图 14.3 可以看出，50/50 的共混物中有一个大小为 30～40μm 的岛状结构。值得注意的是，PLLA 和 PHB 特定共混物的 FTIR 图像是互补的。与 50/50 的共混物对比，30/70 的共混物在可见光图像和 FTIR 图像中没有表现出相分离。根据这些结果，Vogel 等人[10] 推断出 50/50 的共混物是相分离的，而 30/70 的共混物是相容的单相系统。I_{1723}/I_{1759} 强度比用来比较这些共混物的同质性。

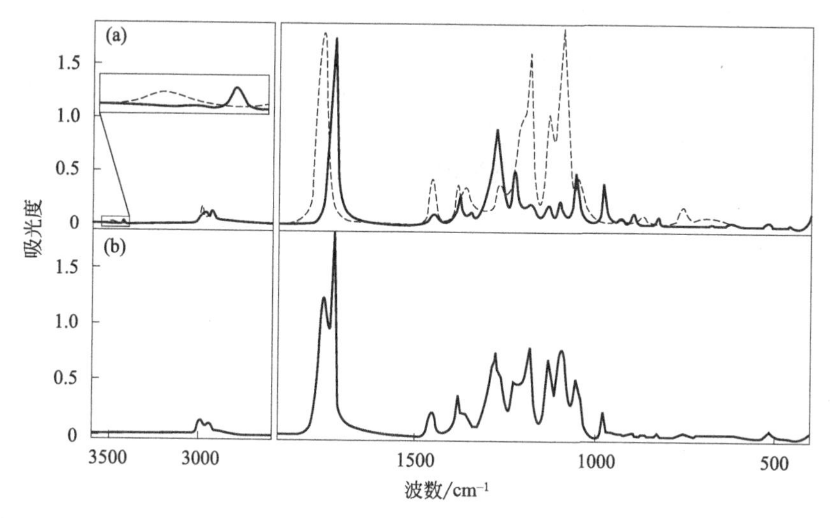

图 14.2 (a) PHB (—) 和 PLLA (---) 的 FTIR 光谱；(b) PHB/PLLA (质量比 50/50) 共混物的 FTIR 光谱 (来自参考文献 [10]，2008 年版权为美国化学协会所有)

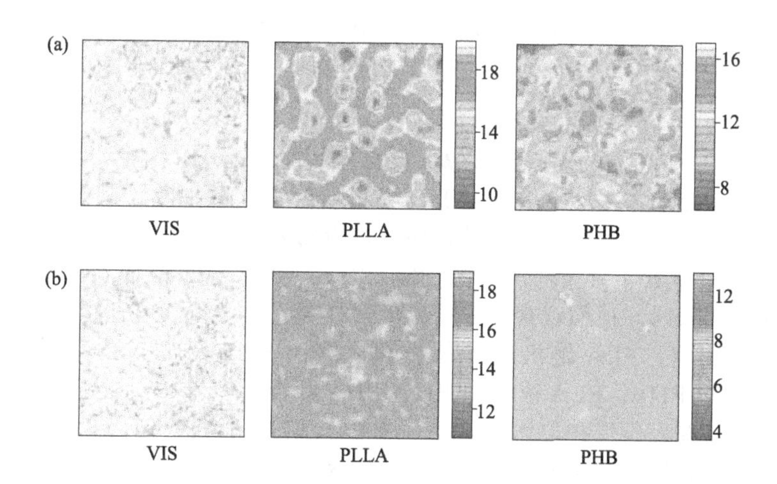

图 14.3 (a) PHB/PLLA (质量比 50/50) 共混物的可见光图像 (左)，共混物中 PLLA 的 FTIR 图像 (中)，共混物中 PHB 的 FTIR 图像 (右)；(b) PHB /PLLA (质量比 30/70) 共混物的可见光图像 (左)，共混物中 PLLA 的 FTIR 图像 (中)，共混物中 PHB 的 FTIR 图像 (右) (经许可转载自参考文献 [10]，2008 年版权为美国化学协会所有) (彩图位于封三前)

图 14.4 绘制了在 $PHB_{max}/PLLA_{max}$ 的比值与 PLLA 浓度 (质量分数) 相对条件下，不同比例成分的 PHB/PLLA 共混物的 FTIR 成像分别所检测的 PHB 和 PLLA 集中区域大小的分布图像[10]。图像显示，分别带有质量分数为 15%、30%、60%、70%和 85%PLLA 的共混物，在 $PHB_{max}/PLLA_{max}$ 的强度比之下，

其 FTIR 图像中的 PHB 和 PLLA 集中区域大小仅有很小的差异。这一发现表明，这些共混物具有均匀的单相聚合物体系。另外，PLLA 浓度为 40%和 50%的共混物在比值上表现出显著的差异。这些共混物很有可能在两个阶段中用不同的 PHB / PLLA 组合物分离。从 PHB/PLLA 浓度比为 50/50（质量比）的共混物的 FTIR 图像中可以发现一个混溶隙[10]。

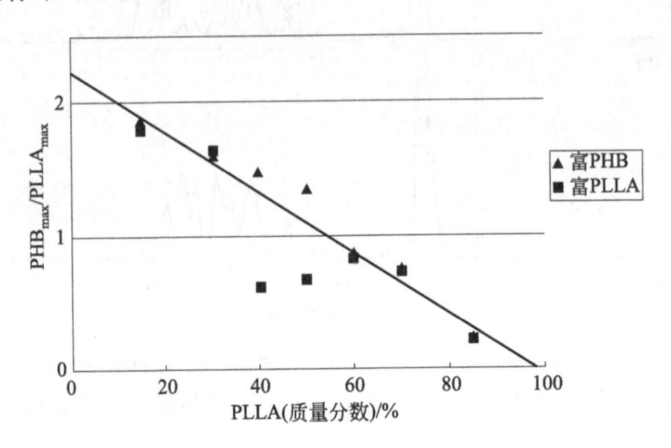

图 14.4 在 $PHB_{max}/PLLA_{max}$ 的比值与 PLLA 浓度相对条件下，特定比例共混物中 PHB 和 PLLA 的 FTIR 图像集中区域大小分布（见正文本）（经许可转载自参考文献［10］，2008 年版权为美国化学协会所有）

Vogel 等人[14] 认为 FTIR 成像在各向异性的 PHB/PLA 共混物中会得到偏振辐射。他们先前采用流变光学 FTIR 光谱研究这些共混物，其结合了应力-应变测试与原位偏振测量，并以机械处理方式检测分子水平的结构信息。在研究富含 PLA（质量分数≥60%PLA）的 PHB/PLA（35℃，每分钟 10%的应变）共混膜的断裂伸长时，他们观察到 PHB 和 PLA 链的力学研究中的有趣定位现象。在这些共混物中，PLA 链沿着伸长方向，然而 PHB 链则定向垂直于拉伸方向[40]。另外，PHB>PLA 浓度的 PHB/PLA 共混膜有着类似于 PHB 均聚合物的力学性能，并且仅仅在熔体淬火之后通过冰水冷拉伸进行定向[41]。

在这个 FTIR 成像研究中，他们证明，就以在各向异性材料中表征定向现象而言，偏振辐射的 FTIR 成像技术比非偏振辐射的成像数据和单一元素探测器的二色性测量具有更优越的细节。

为了探讨机械处理诱导链取向的变化，PHB/PLA 混合膜中的 C═O 拉伸谱带用于计算取向函数（假设相对于聚合物链的方向 C═O 吸收带为垂直跃迁矩）：

$$f_{\perp}=-2\frac{R-1}{R+2}$$

式中，$R=\frac{A_{\parallel}}{A_{\perp}}$为偏振光谱中 C═O 拉伸带的二向色性比。左翼下的尖峰区域为 1825～1779cm^{-1}，右翼的尖锋区域为 1718～1691cm^{-1}，分别被认为是

PLLA 和 PHB 成分特征。监测顺序状态的变化作为机械加工的一种函数，结构吸收率 A_0 消除了方向对带强度的影响，通常表示为：

$$A_0=\frac{A_{\parallel}+2A_{\perp}}{3}$$

图 14.5 给出了光学图像［图 14.5(a)］、A_{0PHB}/A_{0PLLA} 的傅里叶红外图像（3.9mm×3.9mm）［图 14.5(b)］、A_{0PLLA}/A_{0PHB} 的傅里叶红外图像（3.9mm×3.9mm）［图 14.5(c)］、50%拉伸的 PHB［图 14.5(d)］和 PLLA［图 14.5(e)］（质量比 50/50）混合膜中 PHB 和 PLLA 相应的取向函数 $f_{\perp}$ 的图像[14]。从图 14.5(b) 和 (c) 中可以看出，岛状结构富含 PHB 而基体含有较高的 PLLA 成分。

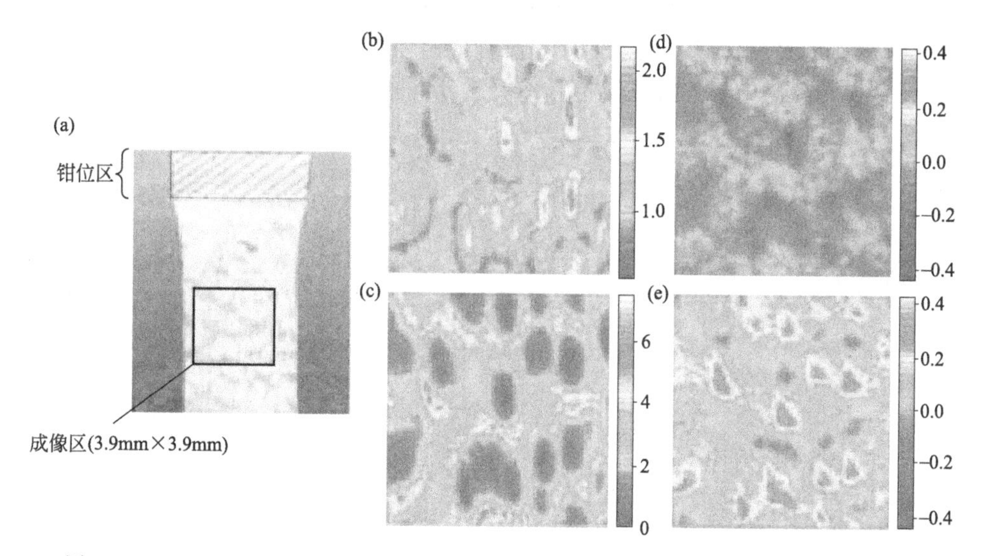

图 14.5 (a) 光学图像；(b) A_{0PHB}/A_{0PLLA} 的傅里叶红外图像（3.9mm×3.9mm）；(c) A_{0PLLA}/A_{0PHB} 的傅里叶红外图像（3.9mm×3.9mm）；50%拉伸的 PHB (d) 和 PLLA (c)（质量比 50/50）混合膜中 PHB 和 PLLA 相应的取向函数 $f_{\perp}$ 的图像［为了最佳的比较效果，$f_{\perp}$ 的图像 (d) 和 (e) 中用同样的颜色，彩图位于封三前］

相应的取向函数（$f_{\perp}$）图像［图 14.5 (d)和 (e)］显示，PHB 链在“岛状结构”承担负向取向（$f_{\perp}\approx-0.4$），而 PLLA 在同一区域承担正向取向（$f_{\perp}\approx0.3$）。相比之下，在基体中，PHB 和 PLLA 母体方向仅仅有很小的作用（$f_{\perp}$ 在 0～0.1）。因此，对厚度均匀的 PHB /PLLA（质量比 50/50）混合膜拉伸的两阶段的机械应力反应不同：对于两个聚合物复合材料，富含 PHB 的阶段扩展到与两聚合物成分相反方向更高的高度和更低的厚度（PHB 正向，PLLA 负向），PLLA 丰富的阶段只进行了一个小的伸长，这个伸长率可以忽略不计的厚度减少和非常低的正方向。图 14.6 说明了在 PHB 丰富的 PHB/PLLA（质量比 50/50）混合膜中的相分离的取向机制[14]。

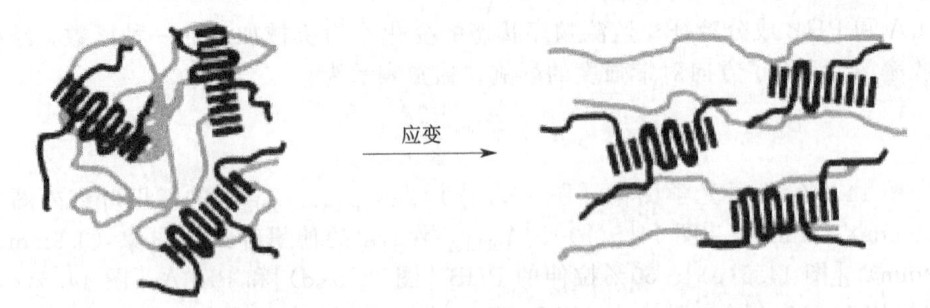

图 14.6 在相分离的 PHB/PLLA（质量比 50/50）混合膜富含 PHB 区域的取向机制示意（黑色：PHB 链；灰色：PLLA 链）

Vogel[14] 测量了整个区域、基体区域和 PHB/PLLA（质量比 50/50）混合膜延长 50%的岛状区域的红外偏振光谱。他们发现用单元素探测器对 PHB/PLLA 混合物相分离的各向异性结构，不能区分不同的取向机制。

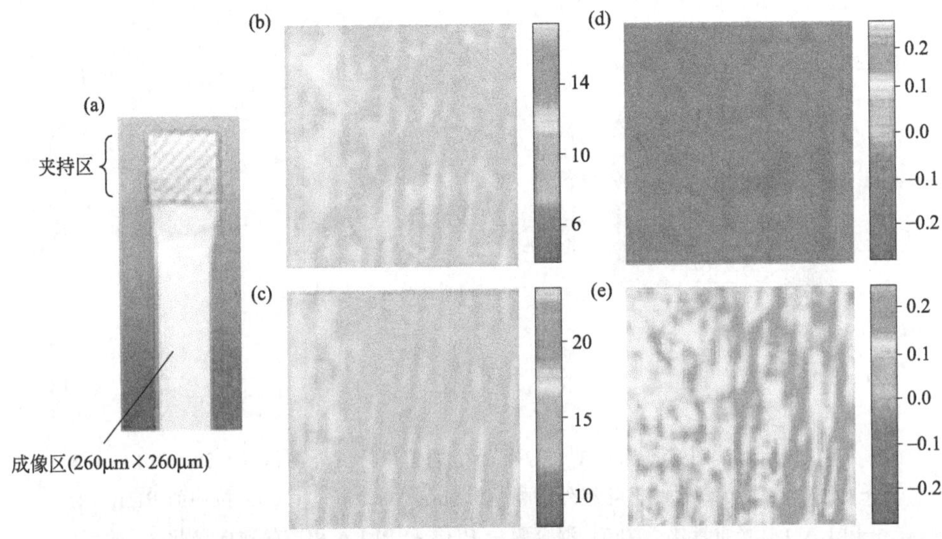

图 14.7 光学图像（a）和 $260\mu m \times 260\mu m$ 的 A_{0PHB} 傅里叶红外图像（b）和 A_{0PLLA} 的傅里叶红外图像（c），拉伸为 200%的 PHB/PLLA（质量比 40/60）混合膜中相应取向函数 PHB（d）和 PLLA（e）图像［为了进行最佳比较，（d）和（e）的图像以相同的色标显示］（经允许转载自参考文献［14］，2008 年版权为美国化学学会所有）（见封三前彩图）

图 14.7 描述了一个光学图像［图 14.7(a)］和 $260\mu m \times 260\mu m$ 的 A_{0PHB} 傅里叶红外图像［图 14.7(b)］和 A_{0PLLA} 的傅里叶红外图像［图 14.7(c)］，拉伸为 200%的 PHB/PLLA（质量比 40/60）混合膜中相应取向函数 PHB［图 14.7(d)］和 PLLA［图 14.7(e)］图像。在以往的研究中，PLLA 含量大于 50%的 PHB/PLLA 混合膜被划分为混溶。图 14.7（b）和（c）显示在采样区 PHB 和 PLLA 的分布略有条纹图案。从图 14.7(d) 可以发现，在整个区域中 PHB 显示出 $f_{\perp}$ 从 -0.05 到 -0.25 的负向作用。在图 14.7(e) 中，可以看到 PLLA 在整

个区域中有 0.05～0.25 的正向作用。

以这种方式，在整个图像区域中检测方向相反（PHB 负向，PLLA 正向）的函数 $f_{\perp}$ 图像。参照 PLLA 函数图像的方向条纹图，在富含 PLLA 的区域能够检测到一个较低的正链的排列。

14.3.2 混合溶剂中聚合物溶出度红外成像研究

Miller-Chou 和 Koenig[21] 报道了用傅里叶红外成像研究缠结聚（α-甲基苯乙烯）(PAMS) 在氘代环己烷（C_6D_{12}）和甲基异丁基酮（MIBK）二元混合溶剂中的溶解度。

傅里叶红外成像的研究表明，可以在图像中直接看到，在众多的溶剂系统中，在聚合物-溶剂接触面溶剂不能均匀地溶解聚合物，会导致聚合物的边缘开裂和粗糙化。

Ribar[42] 等用傅里叶红外成像原位监测 PAMS 在 d-环己烷和 MIBK 混合溶剂中溶解，该研究比 Miller-Chou 和 Koenig 早[21]。Ribar[42] 研究的 PAMS 低于缠结分子量。研究发现，缠结的 PAMS 溶解和非缠结系统有很大不同。Miller-Chou 和 Koenig[21] 发现了溶剂分离的证据，这在未缠结的 PAMS 中不能看到。在聚合物-溶剂接触面，缠结的 PAMS 不能均匀溶解。很有可能，当溶剂进入聚合物的时候，由于有限段缠结链的移动和环己烷的高压蒸气导致压力积聚。在玻璃化转变的过程中，大量的应力能被冻结在聚合物之中。因此，应力通过裂化被释放出来，当裂缝结合起来时，会使小块的聚合物从聚合物大块上脱离。

图 14.8 显示了 PAMS、MIBK 和 C_6D_{12} 的傅里叶红外光谱[21]。系统中每一

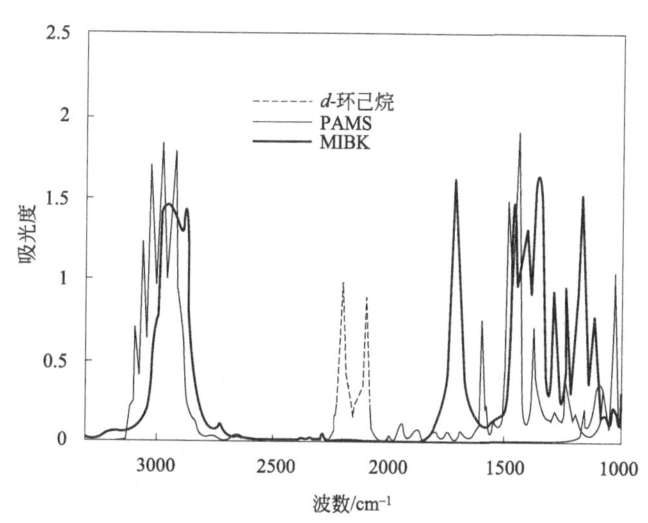

图 14.8 系统中用来监测每个成分（PAMS、MIBK 和 C_6D_{12}）的傅里叶红外光谱和峰

个组分由一种波段的红外监测。PAMS 的四分环拉伸模式在 1600cm^{-1} 处形成一个峰，MIBK 中 C═O 的拉伸方式在 1720cm^{-1} 处形成一个带，2148cm^{-1} 的峰归属于 C_6D_{12} 的 CD 伸缩模式，这些峰被用于表征每个组分的边缘用于描述每个组件。

图 14.9 给出了在 PAMS 溶解过程中 PAMS 和 MIBK 浓度变化的光谱图像。特别有趣的是，在聚合物-溶剂接触面上 PAMS 没有发生溶解，而是产生了物理峰和裂缝。当纯 C_6D_{12} 作为溶剂的时候能够观察到类似的粗糙的接触面。

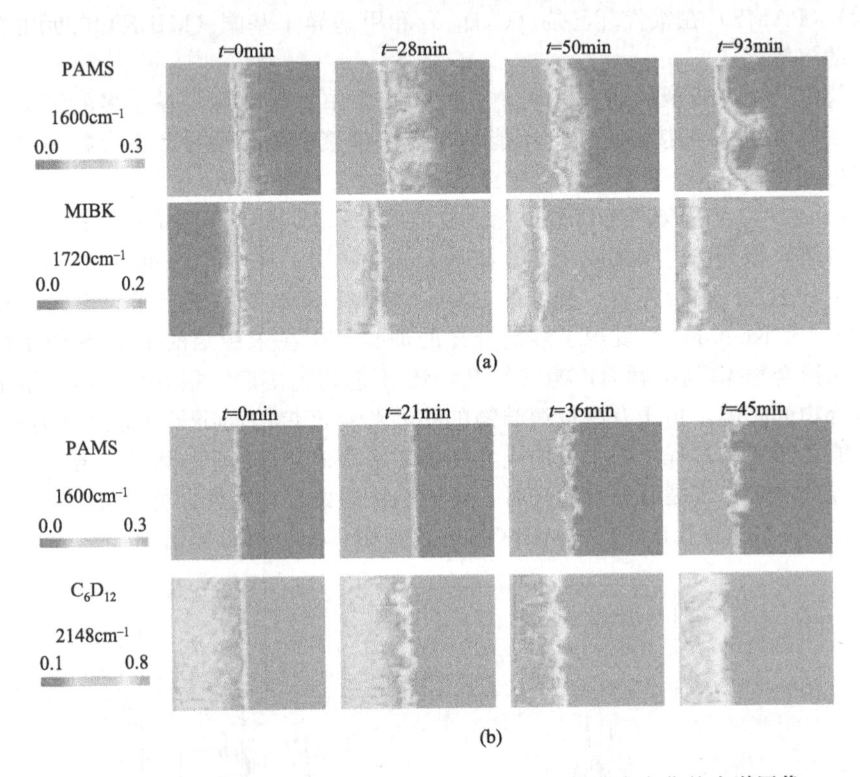

图 14.9 (a) 在 PAMS 溶解过程中 PAMS 和 MIBK 浓度变化的光谱图像；(b) 在 PAMS 溶解过程中 PAMS 和 C_6D_{12} 浓度变化的光谱图像

图 14.10 给出了在 85/15 的 C_6D_{12}/MIBK 溶剂中，PAMS、MIBK 和 C_6D_{12} 浓度的光谱图像[21]。从这些图像中可以看出，该聚合物没有溶解均匀，聚合物块从本体聚合物界面喷发出来。然而，在重复实验中，聚合物只有在轻微粗糙化的聚合物-溶剂接触面溶解均匀。图 14.11 描述的光谱图像显示了在同一时间 PAMS 的浓度和相应 C_6D_{12} 的黑白成像。当裂缝相遇时，一个聚合物块从大块的聚合物上脱离下来。

这是傅里叶红外成像研究混合溶剂中聚合物溶解的很好的例子。

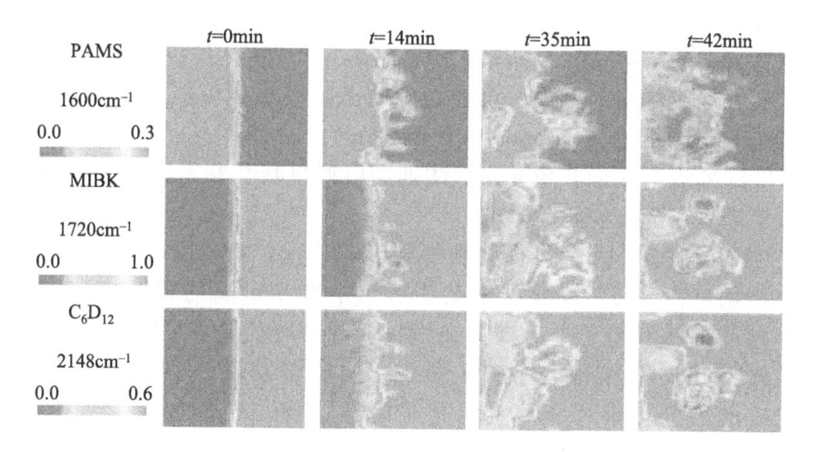

图 14.10 光谱图像显示了在 C_6D_{12}/MIBK 为 85/15 的溶液中 PAMS 溶解的过程中 PAMS、MIBK 和 C_6D_{12} 浓度

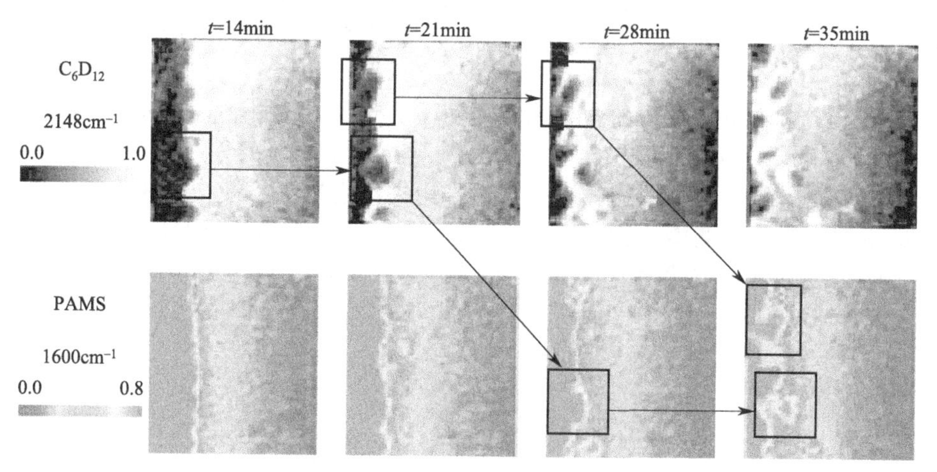

图 14.11 光谱图像给出了在同一时间 PAMS 的浓度和相应 C_6D_{12} 的黑白成像（当裂缝相遇时，一个聚合物块从大块聚合物上脱离出来）

14.3.3 在间同立构聚苯乙烯中溶剂扩散和溶剂诱导结晶的傅里叶红外光谱和成像研究

Gupper 和 Kazarian[24] 利用傅里叶红外透射成像和单元素探测器传输红外光谱研究了在间同立构聚苯乙烯（sPS）中溶剂的扩散动力学和溶剂诱导结晶（氯仿）。作为溶剂曝光时间的函数，通过成像实验的空间分辨信息，监测了 δ 结晶 sPS 的外形，该实验是在受控环境（温度和溶剂蒸气压力）和单轴溶剂扩散到聚合物条件下进行的。聚合物在不同位置的聚合物结晶动力学和溶剂扩散系数从一系列时间分辨的傅里叶红外图像来确定。从成像实验发现，在 sPS 样品的

整个结晶过程中溶剂扩散是限制因素。

聚合物材料的溶剂诱导结晶是聚合物材料加工和应用的基础。近年来快速发展的傅里叶红外成像使人们探讨聚合物的动态过程成为可能，比如聚合物/溶剂体系的形态变化与结晶。Gupper 和 Kazarian[24] 介绍了一种新的应用，也就是利用傅里叶红外透射成像和单元素探测器透射傅里叶红外光谱对溶剂诱导聚合物结晶动力学进行空间分辨原位研究。

研究的聚合物是 sPS。无规则和规则形式相比，sPS 具有很快的结晶趋势，并在暴露于温度高于 T_g 或暴露于某些溶剂中有相对高的程度。已知，sPS 主要有四个结晶变体和若干个亚型。在横贯面或苯环侧基 TTTT 全反 α 和 β 形式与螺旋结构或 TTGG 结构的 γ 和 δ 形式之间能够发现一个明显的区别，其中螺旋构象中的大分子排列和苯基侧基是沿聚合物主链的彼此反式-反式-旁位-旁位结构。为了获得螺旋状构象的 sPS，需要一个涉及溶剂的步骤，它是从溶液中脱离，从溶液中沉淀，或非晶体样品暴露在合适的溶剂中。Immirzi[43] 等人研究了溶剂的使用和它们对非晶体 sPS 的影响。据报道，一些有机溶剂引入 γ 形式和某种 δ 形式。这些形式可以通过广角 X 射线衍射和振动光谱来区分。

图 14.12 给出了氯仿的红外光谱 [图 14.12(a)]、非结晶 sPS 的红外光谱 [图 14.12(b)] 和 δ 结晶 sPS 的红外光谱 [图 14.12(c)][24]。在 1220cm^{-1} 处的谱带归属于氯仿的弯曲模式。这个谱带用来测定溶剂扩散行为的类型和溶剂扩散系数。为了监测聚合物的结晶过程，采用了 1275 cm^{-1} 的波段。图 14.12 所示的区域可以在成像和单元素检测器实验中获得，包含关于溶剂吸收以及

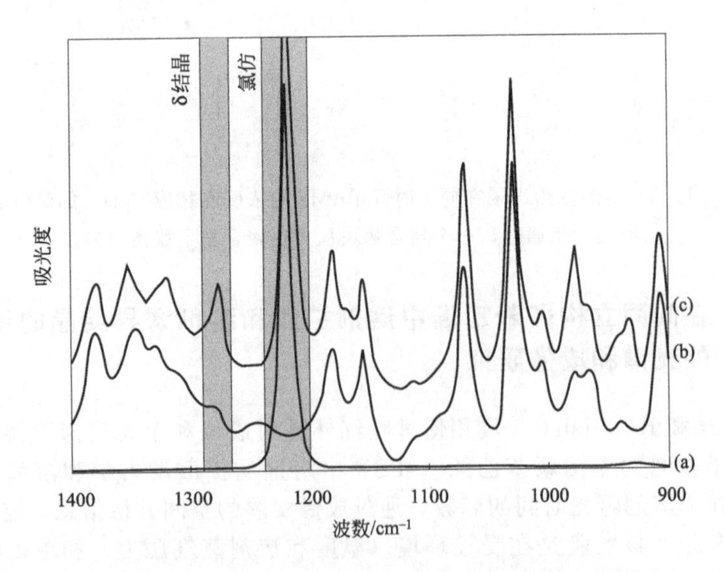

图 14.12 氯仿在 1400～900cm^{-1} 区域的傅里叶红外光谱 (a)、非结晶 sPS 的傅里叶红外光谱 (b) 和 δ 结晶 sPS 的傅里叶红外光谱 (c)

sPS相变的信息。图14.13给出了氯仿前沿的位置。它作为一个焦平面阵列(FPA)水平像素数函数，气相态在左侧，聚合物在右侧[24]。在这个图中，气态氯仿从左侧提供。纵切面是基于氯仿在1220cm^{-1}处吸收带的吸光值的。在侧面图14.13(a)中，样品暴露于氯仿的蒸气中52s。在侧面图14.13(b)～(h)中，溶剂曝光时间在52s的基础上逐点增加。图14.13显示，用较长的曝光时间，溶剂前沿移动到右边和进一步进入聚合物。与溶剂相互作用的聚合物膜是膨胀的，这是清晰可见的。图14.13中的结果显示，在聚合物中的浓度值约为20，从聚合物/溶剂接触面到溶剂扩散前沿这几乎是恒定的。这表明，在聚合物和气体供应的溶剂之间是平衡的。

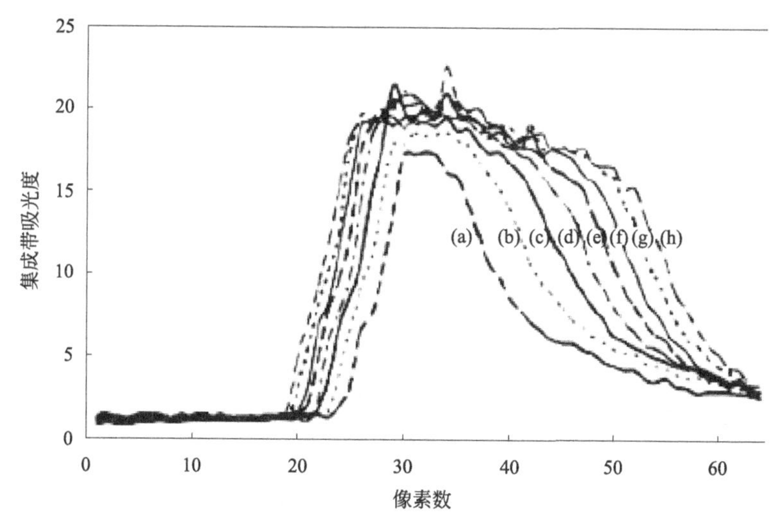

图14.13 氯仿前沿的位置作为FPA的一个水平像素数函数；气态在左侧，聚合物在右侧。基于氯仿在1220cm^{-1}处的吸收带的吸光度值的纵切面

为了推导出氯仿扩散的定量信息，通过傅里叶红外成像的图测定了聚合物膜的边缘和在不同的溶剂曝光时间后的氯仿扩散的前沿位置。图14.14给出了与溶剂曝光时间相对应的三氯甲烷扩散前沿与聚合物/溶剂接触面的距离($d/\mu\text{m}$)的lg-lg曲线图。聚合物膜的边缘通过结合sPS在1530cm^{-1}和1420cm^{-1}波段确定，溶剂前沿的位置通过结合氯仿在1220cm^{-1}波段确定。这两种膜的边缘和溶剂的前端被定义为在最大吸光度值的50%点。溶剂的扩散类型可以根据Snibely和Koenig[44]所谓的扩散指数α来确定，α值约0.5指示Fickian扩散行为，值为1.0的时候显示Ⅱ型扩散行为。所有的氯仿实验产生的α值约0.5，表明Fickian扩散行为。

图14.14(b)给出了与溶剂曝光时间的平方根相对应的聚合物/溶剂接触面(d/cm)扩散前沿的距离[24]。从线性回归的斜率来看，计算出溶剂扩散系数D在20℃时为$4\times10^{-7}\text{cm}^2/\text{s}$。需要注意的是，溶剂扩散可以从空间分辨的红外图像直接确定。这与Vittoria[45]等通过大量吸收实验所观察到液态氯仿

的扩散系数的值是完全一致的。氯仿的扩散系数在其气态和液态中是一样的，这是相当显著的。这表明与饱和氯仿相比，溶剂量的增加不影响聚合物的塑化和溶剂的扩散。

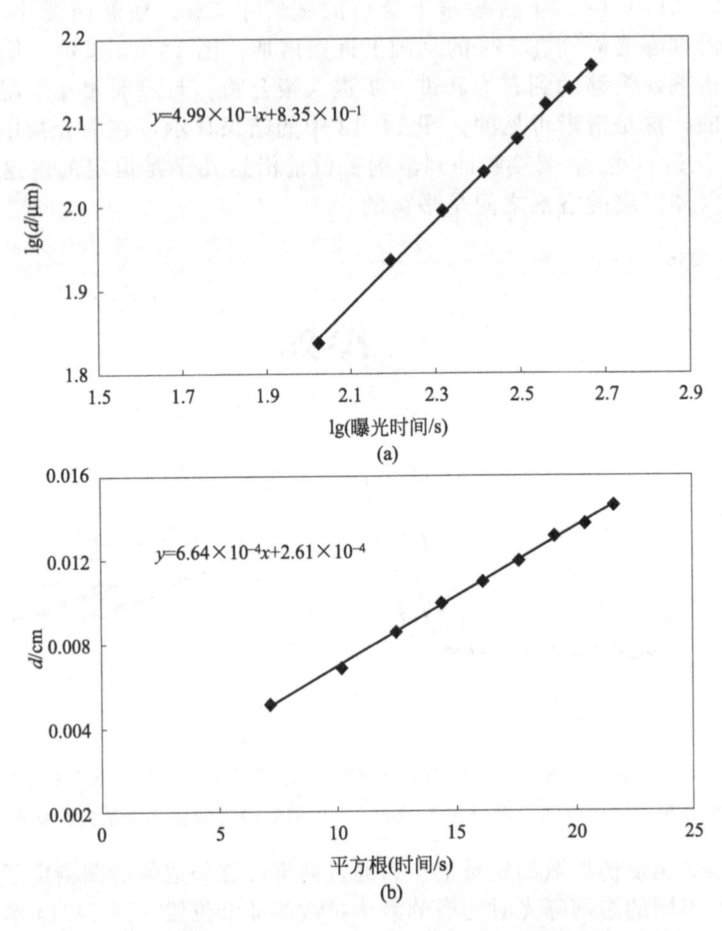

图 14.14 (a) 与溶剂曝光时间相对的氯仿扩散前沿距聚合物/溶剂接触面距离（$d/\mu m$）的 lg-lg 图；(b) 与溶剂曝光时间的平方根相对应的聚合物/溶剂接触面（d/cm）扩散前沿的距离

本研究还探讨了 sPS 的溶剂诱导结晶技术。Vittoria 等发现氯仿诱导 sPS 螺旋结晶（δ形式与溶剂分子形成一个复杂的螺旋大分子链）。他们研究中的基本问题是 sPS 样品的整体结晶过程是否受到大分子链重排或溶剂扩散到聚合物中的影响。图 14.15（a）给出的是归一化浓度/时间的两个极限情况[24]。黑色实体线代表聚合物中某一位置的溶剂浓度分布，并适用于下面讨论的两种情况下。灰色线说明 δ 结晶的 sPS 在样品相同的特定位置有两种可能的情况。图 14.15(a) 的曲线（Ⅰ）表明在大分子开始重新排列之前必须有一定量的溶剂，一旦达到溶剂浓度的临界值，改组为热力学上更稳定的δ结晶开始。曲线（Ⅱ）表示：在结晶过程中，从随机卷曲的非晶态到螺旋构象的大分子链的重排是速率决定阶段。

图 14.15(b) 表明在远离聚合物/溶剂接触面 50μm 处结晶程度（方点）和溶剂（圆点）随曝光时间而增加（FPA 像素行 41）。从图 14.15(b) 可以看出，图 14.15(a) 中的曲线（Ⅰ）反映的是有限扩散结晶过程。

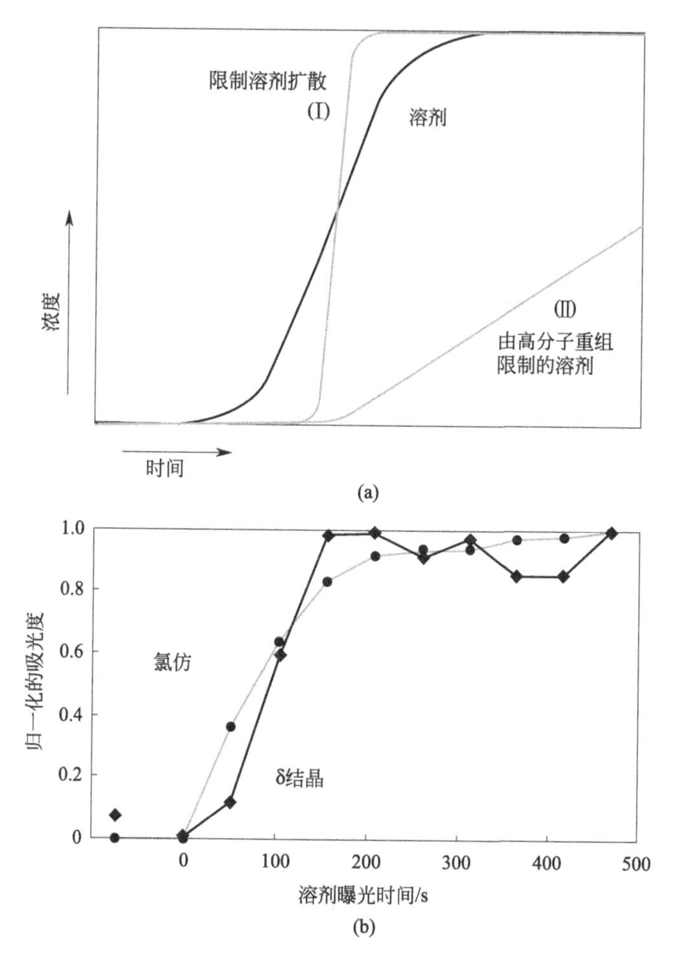

图 14.15 (a) 对于一个 sPS 样品整体结晶过程的极限情况：（Ⅰ）溶剂扩散到聚合物速率限制结晶的进程；（Ⅱ）与溶剂扩散前沿的运动相比，大分子链的重排是缓慢的。(b) 距离聚合物/溶剂接触面 50μm 溶剂浓度 (●) 和结晶程度 (◆) 增加与曝光时间的关系

图 14.16 给出了氯仿光谱波段的归一化吸收光谱图和δ结晶为焦平面探测器的水平像素数函数。实线表明氯仿的浓度分布，而虚线代表了由于 sPS 或者结晶度指标，在 $1275cm^{-1}$ 处的波段吸收。图 14.16 中的溶剂曝光时间表明结晶过程是溶剂在半结晶聚合物达到平衡之前完成的。这个观察得出结论：整体

结晶过程受聚合物的溶剂扩散系数和塑化限制，而不是由大分子的重新排列所限制。

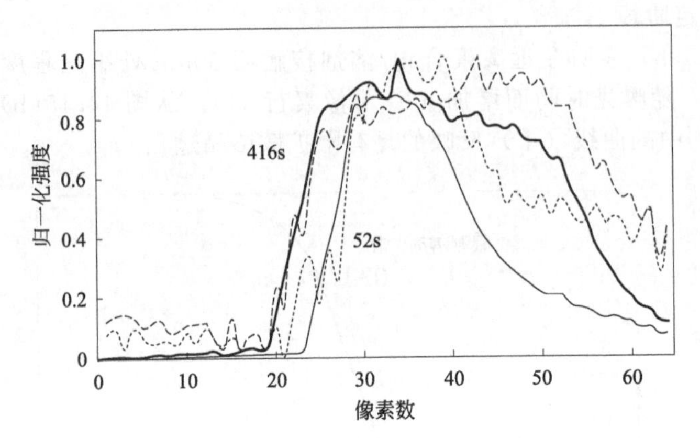

图 14.16 氯仿光谱波段的归一化吸收光谱图和 δ 结晶作为焦平面探测器水平像素数的函数

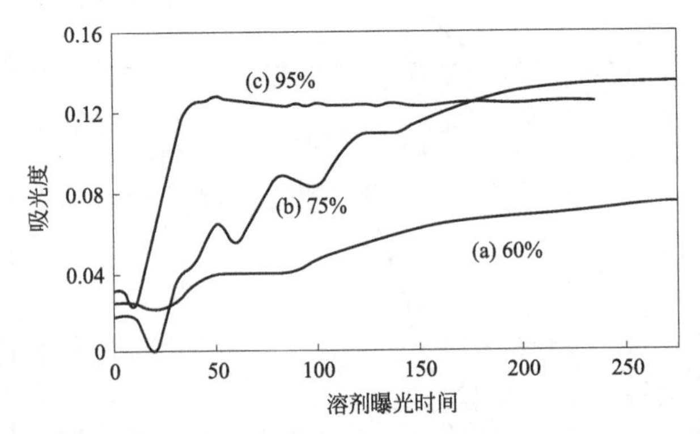

图 14.17 绘制与氯仿蒸气曝光时间相对应的在 $1725cm^{-1}$ 波段的吸收频带（δ 结晶的一个指标），氯仿的浓度设置为 60％（a）、75％（b）和 95％（c）的溶剂饱和气进入样品室中的结果

Gupper 和 Kazarian[24] 还探讨了实际结晶过程的快慢，以及低临界溶剂浓度对结晶度的影响。图 14.17 绘制了在 $1725cm^{-1}$ 波段与溶剂曝光时间相对应的吸光度[24]。曲线（a）～（c）对应于分别受到氯仿的浓度为 60％、75％和 95％的饱和溶剂蒸气影响的聚合物薄膜。在溶剂蒸气浓度最高的情况下，整体结晶过程在 60s 内完成。当溶剂蒸气压力降低时，结晶过程需要更长的时间。溶剂分子在单分子链之间的移动，增加了它们之间的距离，使聚合物重新排列。溶剂存在的量越高，就越容易对宏观分子进行重新排列。

报道称原位傅里叶红外成像方法不仅仅局限于 sPS，也可应用于多种聚合物扩散和结晶的研究。

14.4 聚合物的近红外成像

14.4.1 聚合物混合物的近红外成像

Furukawa[20] 等人对 PLLA 含量范围 20%～80%的四种 PHB/PLLA 聚合物混合物实施傅里叶近红外光谱成像来计算混合物的质量。这项研究表明傅里叶

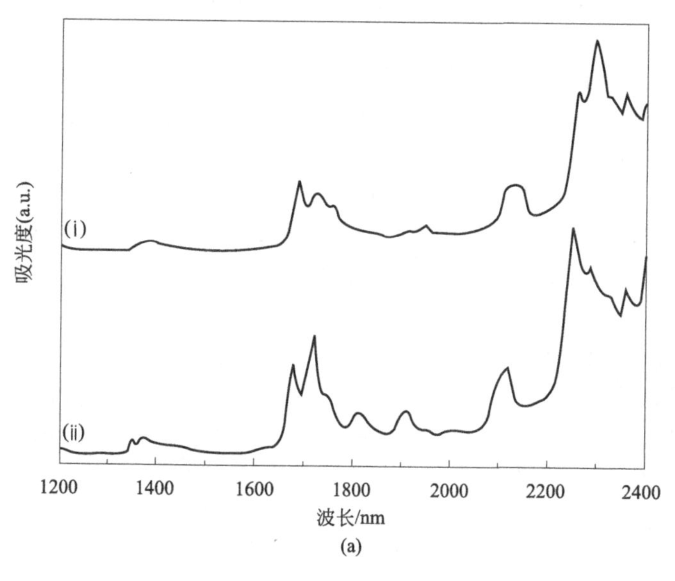

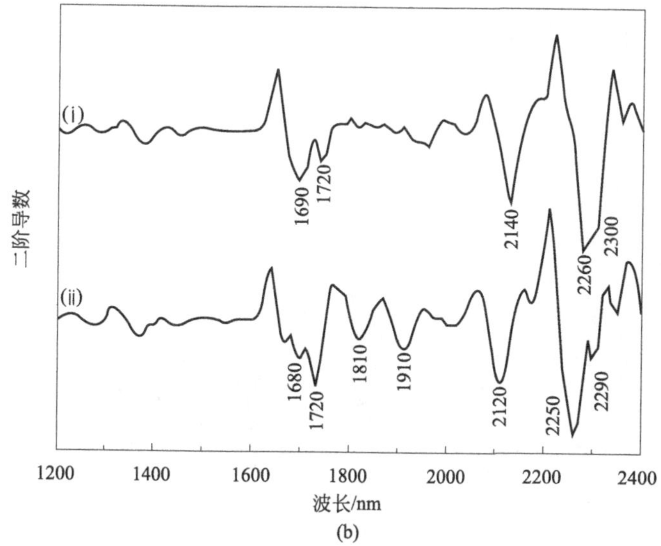

图 14.18 (a) 近红外光谱；(b) 导数光谱 [(ⅰ) 和 (ⅱ) 分别为均匀的 PHB 和 PLLA]

近红外成像对混合均匀性的定性与定量无损评估有突出的潜力。Furukawa[20]等把近红外光谱数据和偏最小二乘回归（PLSR）结合了起来。

图 14.18(a) 和（b）给出了均匀的 PHB 和 PLLA 在 1200～2400nm 区域近红外光谱及其二阶导数光谱[20]。CH 振动的合频和一级泛频、C═O 伸缩振动的二级泛频产生的波带，在 PHB 和 PLLA 光谱中都可以观察到。值得注意的是，PHB 和 PLLA 的谱带在二阶导数谱中有明显的重叠。因此，与采用固定波长的强度来监测混合物成分的分布和预测不同，他们采用 PLSR 方法。

图 14.19 给出的是来自四种 PHB/PLLA（80/20、60/40、40/60、20/80）混合物的 PLSR 得分图像[20]。在得分图像中，高、低值分别表明富含 PHB 和富含 PLLA 像素的多少。利用 PLSR 方法估计聚合物混合物的成分。平均在空间上的聚合物混合物组成成分的预测浓度和它们的实际浓度基本一致。得分图像直接描述的是 PHB/PLLA 聚合物混合物组成成分的空间分布。直方图的标准偏差表示得分值的分布，表明混合物的变化很小。这些结果定量、定性显示 PHB/

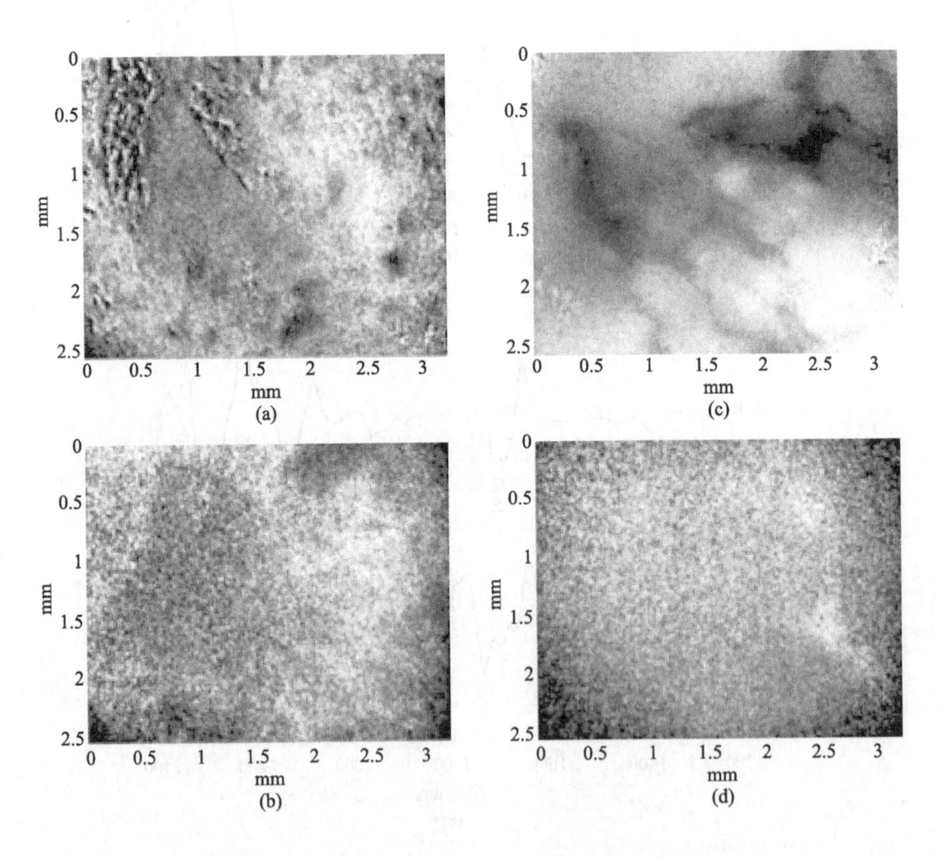

图 14.19 来自于 PLSR 的 PHB/PLLA 混合物的得分图像
[PHB/PLLA 为 80/20（a）、60/40（b）、40/60（c）、20/80（d）]

PLLA 混合物高水平的同质化。

傅里叶近红外成像技术在二元聚合物混合物的研究中是非常有用的。即使在均匀聚合物混合物中，傅里叶近红外光谱成像能够在宽范围无损研究样本。

14.4.2 纤维素片的近红外成像

研磨是药片制造工艺的核心部分。研磨加工的主要目的通常仅仅是药片组分的均匀分布，均匀分布能够设计出可以持续释放活性物质的药片。研磨过程的另一个重要方面是预期的机械力化学效应，在这个过程中引起药物成分本身之外的化学或物理变化[46]。机械力化学效应潜能的控制使控制最终产品所需的药物特性成为可能。

Shinzawa 等[35] 通过近红外成像研究研磨纤维素赋形剂在分子水平的影响。图 14.20 给出了研磨 60min 的纤维素片原始近红外成像光谱［图 14.20(a)］和典型的二阶导数图［图 14.20(b)］[35]。在图 14.20(b) 中观察到三个特征峰。在 $6960cm^{-1}$ 观察到的负峰归属给不规则区域的 OH 官能团中 OH 伸缩振动模式的一阶倍频[35,47,48]。在 $6780cm^{-1}$ 形成的峰归因于结晶区的氢键 OH 官能团，这个区域纤维素的晶体结构部分无序。在 $6304cm^{-1}$ 处的峰，归属为结晶区中的氢键缔合 OH 官能团[35,47,48]。

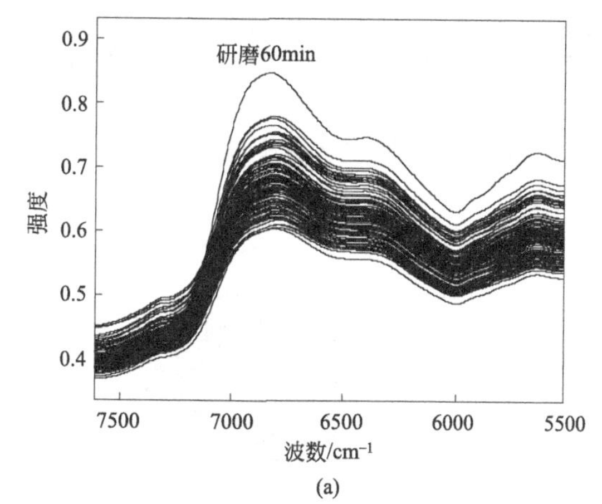

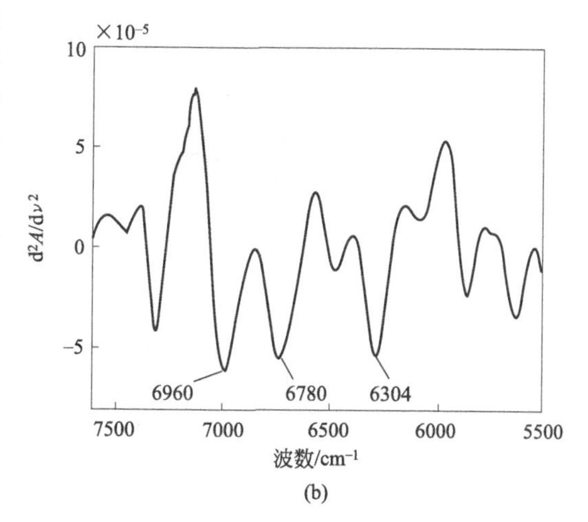

图 14.20 (a) 研磨 60min 的纤维素片原始近红外成像光谱；(b) 典型的二阶导数图

在光谱成像数据处理过程中，峰位置图对于解释样品的结构形态信息是非常有用的[35,49]。分子结构的实质性变化可以被检测为一种谱带位置移到一个更高的或更低波数的形式。与 OH 双原子分子相关的谱带位置可以作为分子结构特征的一个指标，比如，在图 14.21 中给出了在研磨 0min 和 60min 纤维素片的光谱数据中观察到的非晶体区的峰值[35]。在图 14.21 中，非晶体带的位置随着研磨时间的增加移向低波数。由于纤维素样品的结晶度随着研磨时间的增加而减少，在图 14.21 中所观察到的移动的意义变得非常重要。随着研磨时间的增加，谱带位移到较低的波数方向与非晶态区域氢键的增加程度有明显的相关性。因此，由于非晶体成分含量的增加使峰位置偏移这是有可能的。在图 14.21 中，（c）和（d）分别代表研磨有关药片 0min 和 60min 晶体带的峰值位置。我们注意到在图 14.21 中，结晶带随着研磨时间的增加移动到更高的波数，主要反映的是晶体成分的含量降低的事实。还注意到从非晶体到结晶峰之间的整个特征是互补的。这种可视化可能会带来分子结构中的化学键强度的另一种信息，而传统的基于谱强度的可视化技术主要依赖于成分的浓度[49]。在图 14.20(b) 所观察到的三个峰的平均位置如图 14.22 所示[35]。需要注意的是，平均峰的位置来自每一个纤维素片。例如，在图 14.22 中（a）代表非结晶体峰，（b）代表半结晶体峰，（c）代表结晶体峰[35]。正如预期的那样，三个峰的整体特征或多或少地相似，但是它们移动的方向彼此相反。

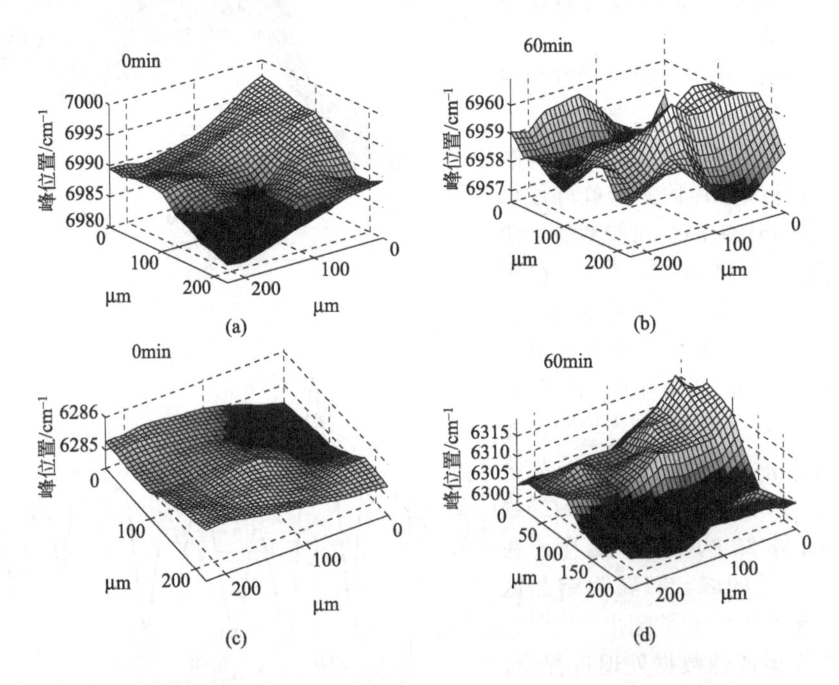

图 14.21 研磨纤维素片 0min（a）和 60min（b）非结晶区的峰位置，研磨纤维素片 0min（c）和 60min（d）结晶区的峰位置

从制药学的角度来看，纤维素与水分子相互作用的能力是重要的。水分子通常不能穿透纤维素的结晶区，而被非结晶区包裹。纤维素聚合物的无序排列与水分子的截留密切相关。例如，水分子的长期滞留程度与非晶体成分的量有关[50]。从图 14.21 看出，在充分研磨后，该药片成为了单向均匀覆盖的纤维素非晶体结构，水分子可以很好地包裹在药片的非晶体区，从而最终导致与药物活性成分直接接触[35,50]。这就意味着被非晶体结构很好包围着的药片，研磨 60min，导致

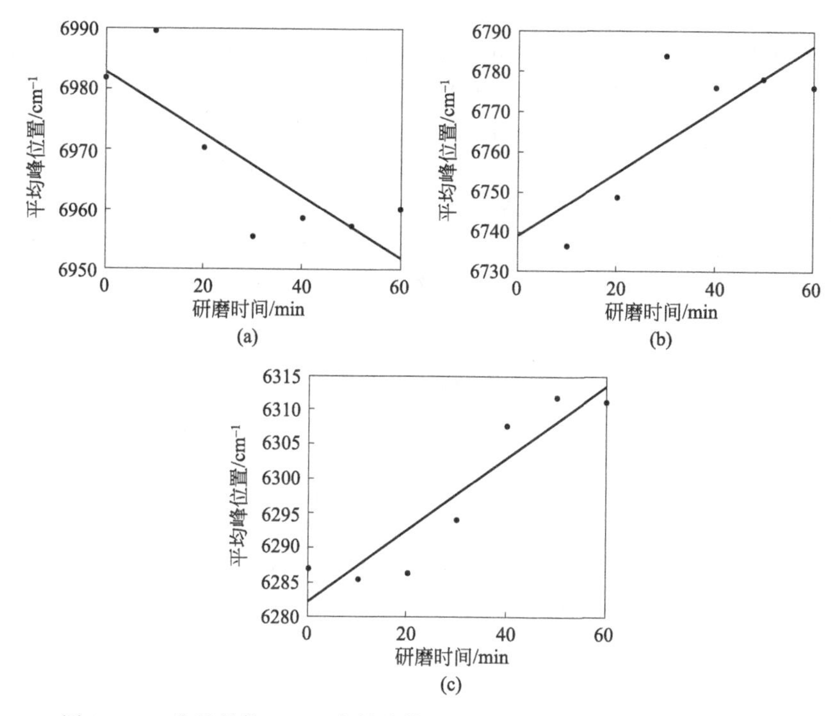

图 14.22 非结晶体（a）；半结晶体（b）和结晶体（c）的平均峰位置

活性药物成分的溶解性比其他的好。

14.5 聚合物的拉曼成像

Huan[34] 等人利用共焦拉曼成像研究了 PET/HDP 聚合物混合物的相行为和兼容性。在 220℃时采用 HDPE 和 MAH、过氧化氢熔体混合获取高密度马来酸酐接枝聚乙烯（MAH-HDPE）[51]。聚合物混合物是在 220℃时，在双螺杆挤出机中将 PET 和 MAH-HDPE 或 HDPE 复合得到的。拉曼成像测量的空间分辨率约是 2mm。拉曼成像通过使用摄像机和白光照明首先将激光聚焦定位在聚合物样品上，准备了 PET/HDPE 质量比为 20/80、50/50、80/20 这三种类型的混合物。接下来扫描成像区域（选择步长为 2μm 的 60μm×60μm）通过累积每个像素点获得完整光谱。对于测量的每个样品来说，总共 900 张拉曼光谱（30×30 探测点）。

以聚对苯二甲酸乙二醇酯/高密度聚乙烯（PET/HDPE）混合物为例。PET 和 HDPE 广泛用作包装材料。HDPE 可以改变 PET 的流变特性和冲击性能，提高 PET 的结晶速度；PET 可以提高 HDPE 的力学性能和热稳定性。然而，它们是热力学不相容体系。如果机械地混合，不相容的两种聚合物之间可能带来较差的力学性能。如果它们在马来酸酐（一种常用的活性剂）的存在下被混合，两相之间的黏度状态和相容性有明显改善。

拉曼成像记录了三套这两种类型的混合物，这三套 PET/HDPE 质量比分别为 20/80、50/50、80/20。借助于基于空间定向聚集聚类多变量图像分割方法，对聚合物混合物的空间分布或混合的程度进行了研究[52]。采用空间定向聚集聚类实现了对 50%HDPE-50% PET 不相容混合的拉曼成像数据进行分割。

图 14.23(a) 为用马来酸酐制备的 50%HDPE-50%PET 共混聚合物的光学图像[34]。图 14.23(b) 为用马来酸酐制备的 50%HDPE-50%PET 共混聚合物的可靠性曲线，图 14.23(c) 为共混聚合物的相异性曲线。图 14.23(d) 说明共混

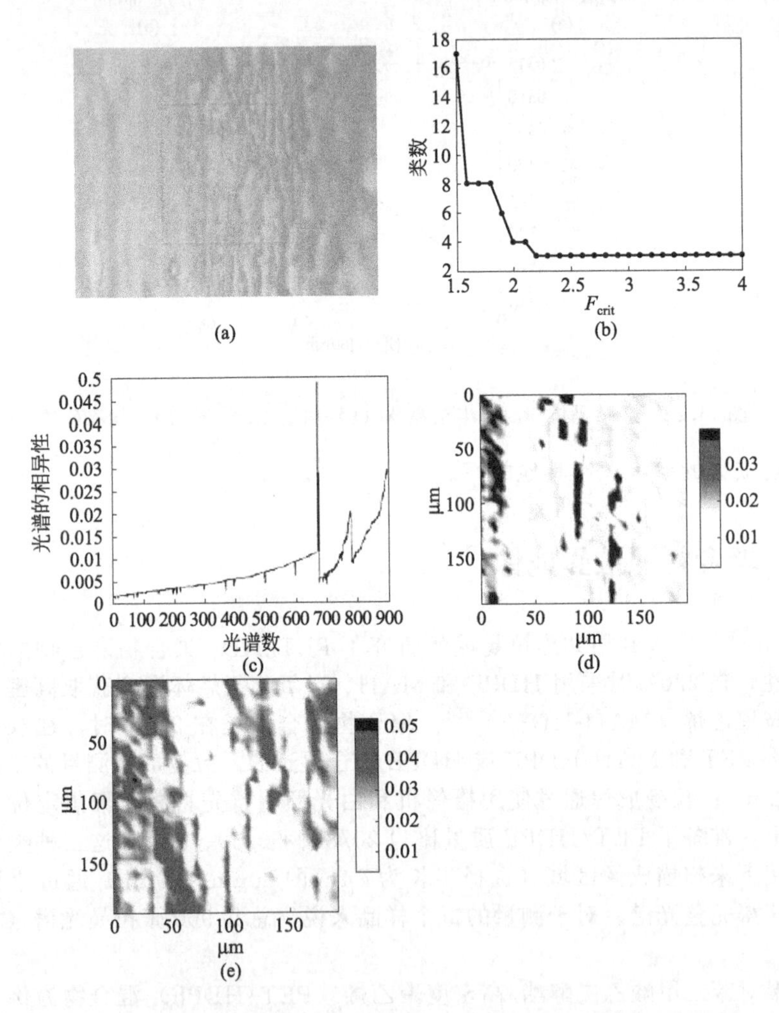

图 14.23 (a) 用马来酸酐制备的 50%HDPE-50%PET 共混聚合物的光学图像；(b) 用马来酸酐制备的 50%HDPE-50%PET 共混聚合物的可靠性曲线；(c) 共混聚合物的相异性曲线；(d) 共混聚合物的相关图（灰色尺度代表与类 1 有代表性光谱的相关系数）；(e) 共混聚合物与类 2 代表性光谱的相关系数图

聚合物的关系，灰色尺度代表集群与类 1 有代表性光谱的相关系数。共混聚合物与类 2 有代表性光谱的相关系数如图 14.23(e) 所示。图 14.24 给出了用马来酸酐制备的 50%HDPE-50%PET 共混聚合物归一化光谱在前两个 PC 的投影图。

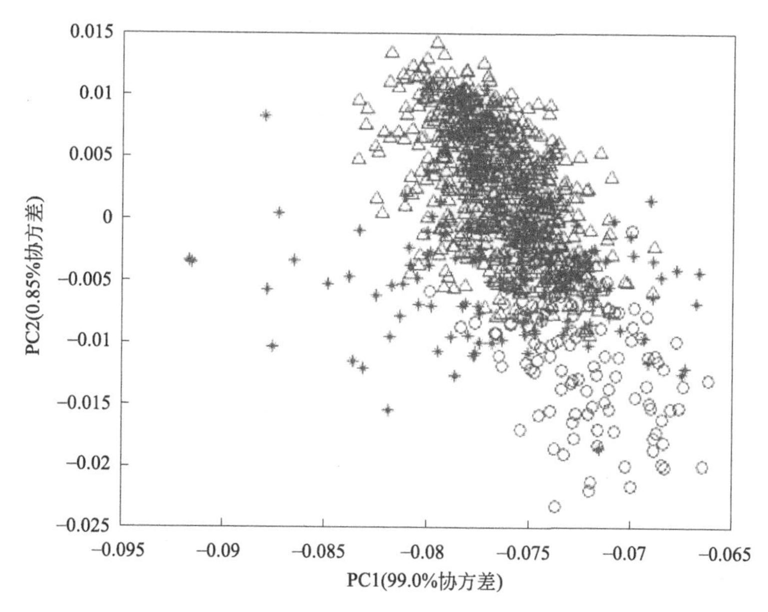

图 14.24 用马来酸酐制备的 50%HDPE-50%PET 共混聚合物的归一化光谱在前两个 PC 的投影图

△类 1 数据点；○类 2 数据点；※类 3 数据点

对 80%HDPE-20%PET 的不相容混合物、20%HDPE-80%PET 的不相容混合物、50%HDPE-50%PET 的半相容混合物、80%HDPE-20%PET 的半相容混合物和 20%HDPE-80%PET 的半相容混合物进行类似的分析。图 14.25(b)、图 14.26(b)、图 14.27(b)、图 14.28(b) 和图 14.29(b) 分别表示聚类过程中相应的相异性曲线[34]，可以观察到曲线跳跃的个数对应于图像数据中类的数目。通过检查每类有代表性的光谱，可以确定每类的化学特性。图 14.25(c) 和 (d)、图 14.26(c) 和 (d)、图 14.27(c) 和 (d)、图 14.28(c) 和 (d)、图 14.29(c) 和 (d) 分别为图像中的光谱与各类中有明确化学意义的代表性光谱之间的相关图[34]。

聚乙烯丰富的区域是一个清晰而广阔的连续相，同时聚酯丰富的区域是分散的“大岛屿”，表明不混溶的聚合物共混物的空间分布具有高度异质性。聚乙烯和聚酯丰富的区域都呈现出明显的和宽的相互分离的相，表明在不混溶的聚合物混合物中的成分在激光取样体积上混合很差。聚酯丰富的很小区域在聚乙烯丰富的广阔连续相中分散均匀，表明与不混溶溶液相比混溶共混物的非均匀性大大改善。与不混溶溶液相比，相容的溶液的亚相比较小；混溶共混物的振动强度的比率比不相容共混物小得多。两种混溶混合物在化学分布均匀性上得到了改善。

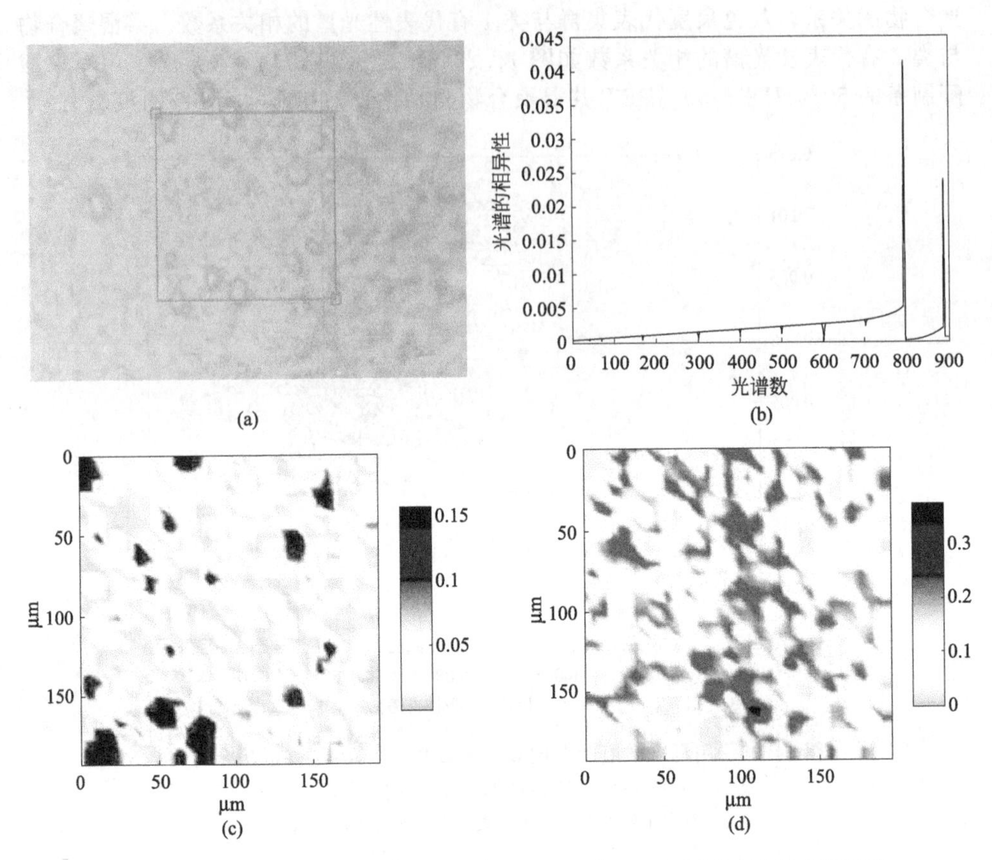

(a) (b) (c) (d)

图 14.25 (a) 用马来酸酐制备的 80%HDPE-20%PET 共混聚合物的光学图像；(b) 共混聚合物的相异性曲线；(c) 共混聚合物的相关图（灰色尺度代表与类 1 中有代表性光谱之间的相关系数）；(d) 共混聚合物与类 2 中有代表性光谱的相关系数图

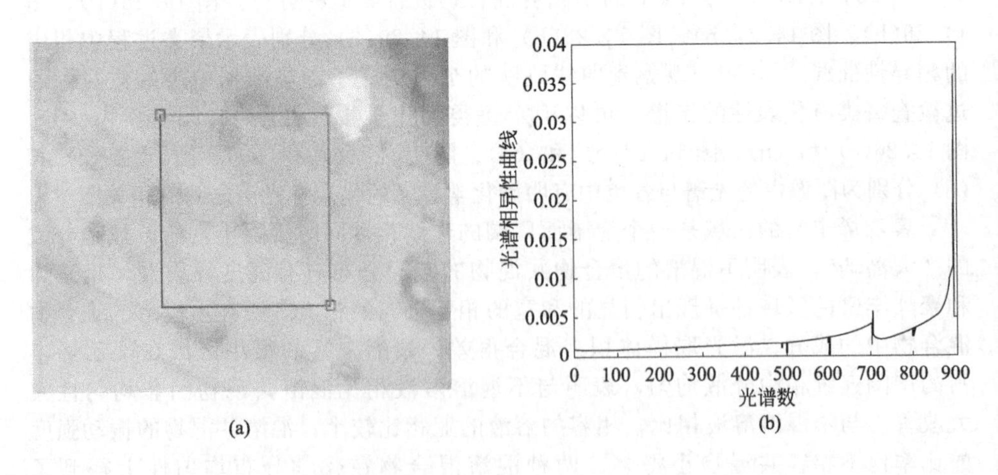

(a) (b)

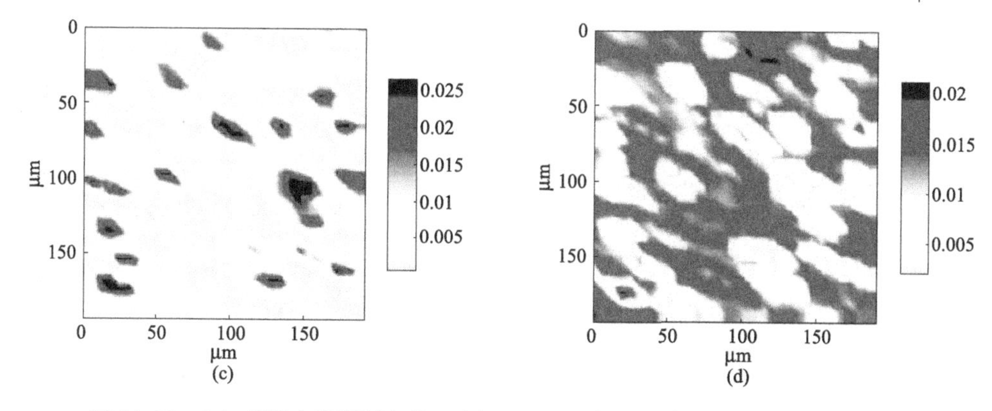

图 14.26 (a) 用马来酸酐制备的 20%HDPE-80% PET 共混聚合物的光学图像；(b) 共混聚合物的相异性曲线；(c) 共混聚合物的相关图（灰色尺度代表与类 1 中有代表性光谱之间的相关系数）；(d) 共混聚合物与类 2 中有代表性光谱的相关系数图

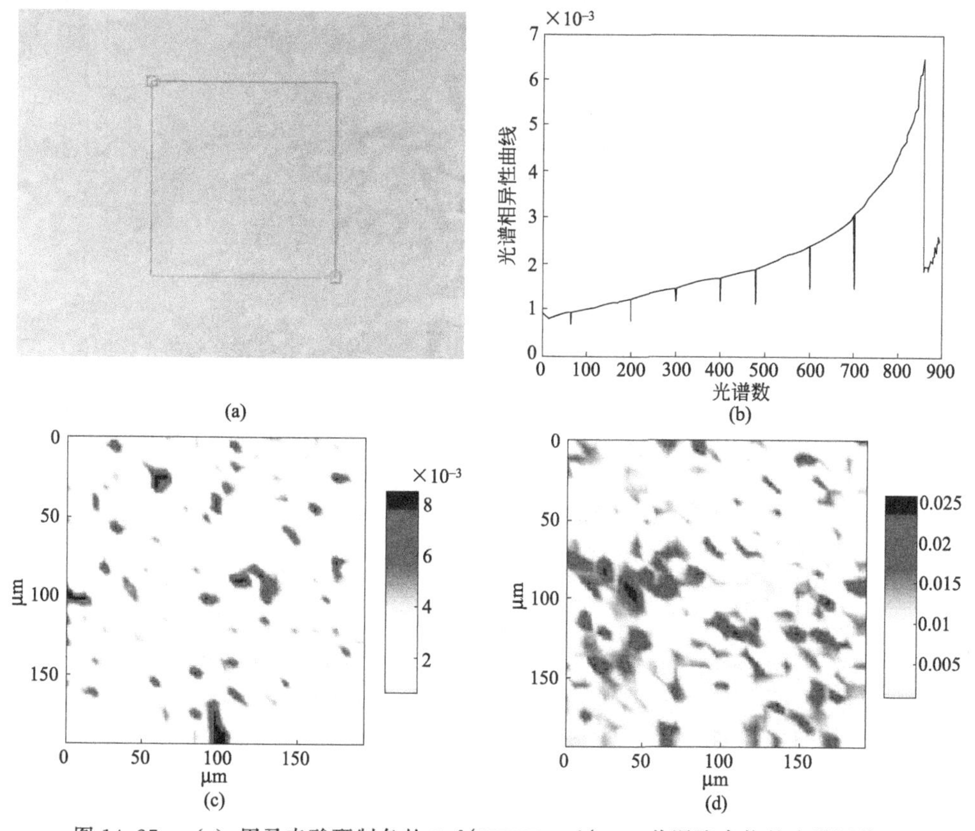

图 14.27 (a) 用马来酸酐制备的 50%HDPE-50%PET 共混聚合物的光学图像；(b) 共混聚合物的相异性曲线；(c) 共混聚合物的相关图（灰色尺度代表与类 1 中有代表性光谱之间的相关系数）；(d) 共混聚合物与类 2 中有代表性光谱的相关系数图

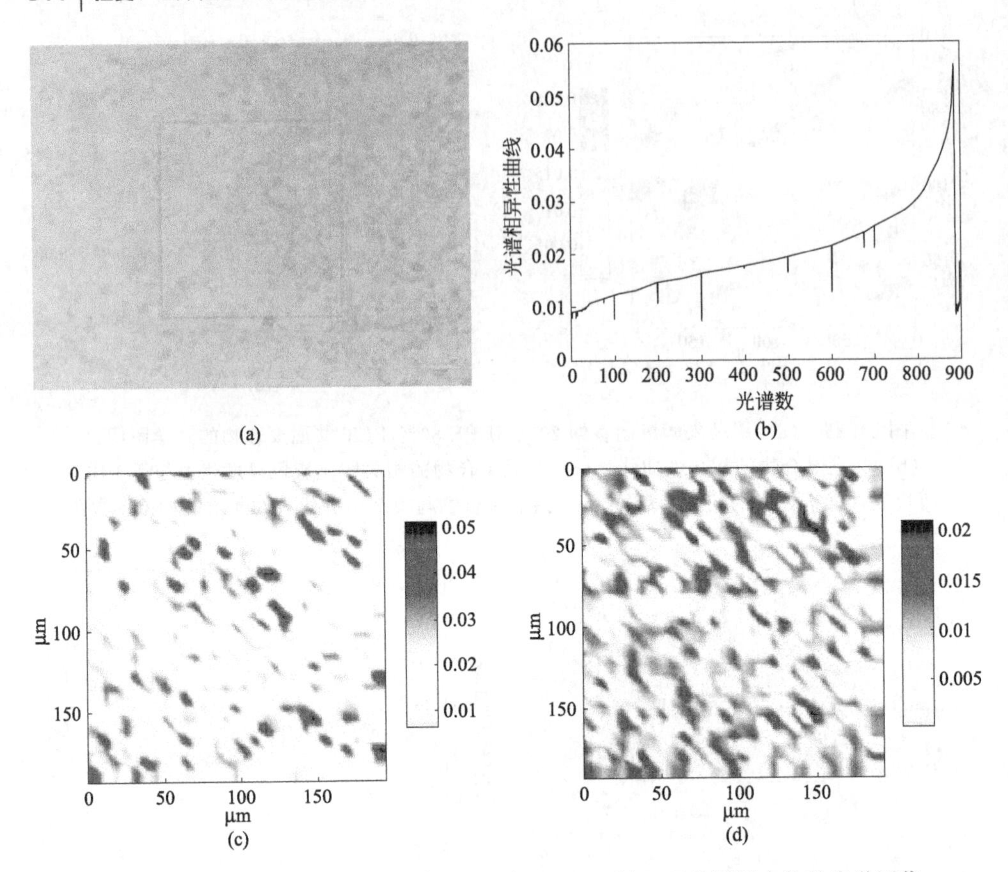

图 14.28 (a) 未使用马来酸酐制备的 80%HDPE-20%PET 共混聚合物的光学图像；(b) 共混聚合物的相异性曲线；(c) 共混聚合物的相关图 (灰色尺度代表与类 1 中有代表性光谱之间的相关系数)；(d) 共混聚合物与类 2 中有代表性光谱的相关系数图

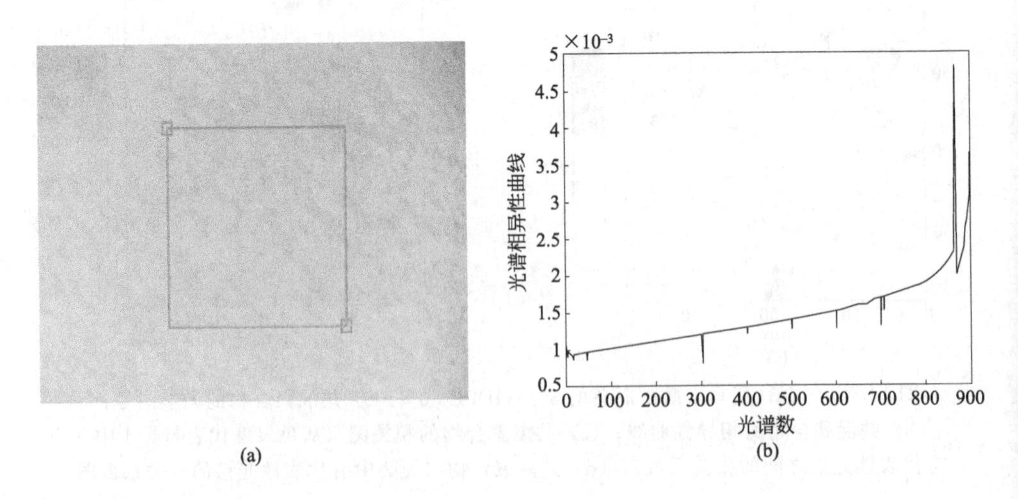

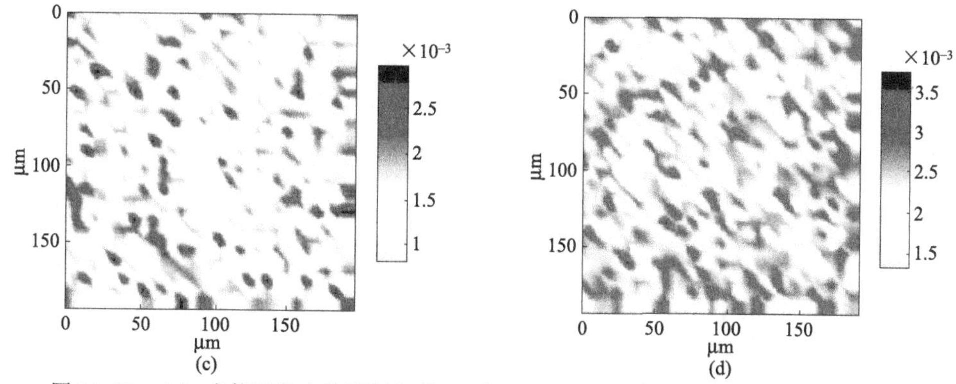

图 14.29 (a) 未使用马来酸酐制备的 20%HDPE-80%PET 共混聚合物的光学图像；(b) 共混聚合物的相异性曲线；(c) 共混聚合物的相关图（灰色尺度代表与类 1 中有代表性光谱之间的相关系数）；(d) 共混聚合物与类 2 中有代表性光谱的相关系数图

拉曼成像结果可以通过扫描电镜观测聚合物混合物进行验证[34]。扫描电镜结果表明，当机械混合时，非极性的聚乙烯和极性的聚酯之间的相分离是无法避免的。然而，在马来酸酐存在的接枝共聚物 HDPE 中，活性增溶使得提高黏度状态成为可能，并使聚合物共混物具有明显的分散性。

参 考 文 献

1. Siesler, H. W. and Holland-Moritz, K. (1980) *Infrared and Raman Spectroscopy*, Marcel Dekker, New York.
2. Christy, A. A., Ozaki, Y., and Gregoriou, V. G. (2001) *Modern Fourier Transform Infrared Spectroscopy. Comprehensive Analytical Chemistry*, Vol. 35, Elsevier.
3. Coleman, M. M., Graf, J. F., and Painter, P. C. (1991) *Specific Interactions and the Miscibility of Polymer Blends*, Technomic Publishing, Lancaster, PA.
4. Everall, N. J., Chalmers, J. M., and Griffiths, P. R. (Eds.) (2007) *Vibrational Spectroscopy of Polymers: Principles and Practice*, Wiley, Chichester, UK.
5. Zerbi, G. (1999) *Modern Polymer Spectroscopy*, Wiley-VCH, Weinheim.
6. Siesler, H. W., Ozaki, Y., Kawata, S., and Heise, H. M. (2002) *Near-Infrared Spectroscopy: Principles, Instruments, Applications*, Wiley-VCH, Weinheim.
7. Bhargava, R., Wang, S.-Q., and Koenig, J. L. (2003) *Adv. Polym. Sci.* **163**, 137.
8. Koenig, J. L. (2005) FTIR imaging of multicomponent polymers. In: Bhargava, R.,and Levin, I. W. (Eds.), *Spectrochemical Analysis Using Infrared Multichannel Detectors*, Blackwell Publishing Ltd, Oxford, UK.
9. Salzer, R., and Siesler, H. W. (Eds.) (2009) *Infrared and Raman Spectroscopic Imaging*, Wiley-VCH, Weinheim.
10. Vogel, C., Wessel, E., and Siesler, H. W. (2008) *Biomacromolecules* **9**, 523.
11. Oh, S. J., Do, J. S., and Ok, J. H. (2003) *Appl. Spectrosc.* **57**, 1058.
12. Chernev, B. and Wilhelm, P. (2006) *Monatsh. Chem.* **137**, 963.
13. Snively, C. M., and Koenig, J. L. (1999) *J. Polym. Sci. B: Polym. Phys.* **37**, 2353.
14. Vogel, C., Wessel, E., and Siesler, H. W., (2008) *Macromolecules* **41**, 2975.
15. Gupper, A., Wilhelm, P., Kothleitner, G., Eichhorn, K.-J., and Pompe, G. (2004) *Macromol. Symp.* **205**, 171.
16. Wilhelm, P., Chernev, B., and Pölt, P. (2005) *Macromol. Symp.* **230**, 105.
17. Wilhelm, P., Chernev, B., Pölt, P., Kothleitner, G., Eichhorn, K.-J., Pompe, G., Johner, N., and Piry, A. (2004) *Spectrosc. Eur.* **16**, 14.
18. Gupper, A., Wilhelm, P., Schmied, M., and Ingolic, E. (2002) *Macromol. Symp.* **184**, 275.
19. Koehler, F. W. IV, Lee, E., Kidder, L. H., and Neil Lewis, E. (2002) *Spectrosc. Eur.* **14**(3), 12.
20. Furukawa, T., Sato, H., Shinzawa, H., Noda, I., and Ochiai, S. (2007) *Anal. Sci.* **23**, 871.
21. Miller-Chou, B. A., and Koenig, J. L. (2002) *Macromolecules* **35**, 440.
22. González-Benito, J. and Koenig, J. L. (2002) *Macromolecules* **35**(19), 7361–7367.
23. Coutls-Lendon, C., and Koenig, J. L. (2005) *Appl. Spectrosc.* **59**, 976.
24. Gupper, A., and Kazarian, S. G., (2005) *Macromolecules* **38**, 2327.
25. Michaels, C. A., Gu, X., Chase, D. B., and Stranick, S. J. (2004) *Appl. Spectrosc.* **58**, 257.
26. Patterson, B. M., Havrilla, G. J., Marcott, C., and Story, G. (2007) *Appl. Spectrosc.* **61**, 1147.

27. Furukawa, T., Sato, H., Kita, Y., Matsukawa, K., Yamaguchi, H., Ochiai, S., Siesler, H. W., and Ozaki, Y. (2006) *Polym. J.* **38**, 1127.
28. Gupper, A., Wilhelm, P., Schmied, M., Kazarian, S. G., Chan, K. L. A., and Reussner, J. (2002) *Appl. Spectrosc.* **56**, 1515.
29. Kazarian, S. G. and Chan, K. L. A., (2004) *Macromolecules* **37**, 579.
30. Wilhelm, P., Chernev, B., and Polt, P. (2005) *Macromol. Symp.* **230**, 105.
31. Vogel, C., Wessel, E., and Siesler, H. W. (2008) *Appl. Spectrosc.* **62**, 599.
32. Wessel, E., Vogel, C., and Siesler, H. W. (2009) *Appl. Spectrosc.* **63**, 1.
33. Kolomiets, O., Hoffmann, U., Geladi, P., and Siesler, H. W. (2008) *Appl. Spectrosc.* **62**, 1200.
34. Huan, S., Lin, W., Sato, H., Yang, H., Jiang, J., Ozaki, Y., Wu, H., Shen, G., and Yu, R. (2007) *J. Raman Spectrosc.* **38**, 260.
35. Shinzawa, H., Awa, K., Ozaki, Y., and Sato, H. (2009) *Appl. Spectrosc.* **63**, 974.
36. Hocking, P. J. and Marchessault, R. H. (1998) Polyhydroxyalkanoates. In: Kaplan, D. L. (Ed.), *Biopolymers from Renewable Resources*, Springer-Verlag, Berlin, p. 220.
37. Doi, Y., and Steinbüchel, A. (Eds.) (2001) *Biopolymers: Polyesters II*, Vol. 3B, Wiley-VCH, Weinheim.
38. Furukawa, T., Sato, H., Murakami, R., Zhang, J., Duan, Y.-X., Noda, I., Ochiai, S., and Ozaki, Y. (2005) *Macromolecules* **38**, 6445.
39. Avella, M. and Martuscelli, E. (1988) *Polymer* **29**, 1731.
40. Vogel, C. (2008) Ph.D. thesis, University of Duisburg-Essen, Essen, Germany.
41. Iwata, T. (2005) *Macromol. Biosci.* **5**, 689.
42. Ribar, T. B., Bhargava, R., and Koenig, J. L. (2000) *Macromolecules*, **33**, 8842.
43. Immirzi, A., De Candia, F., Iannelli, P., Zambelli, A., and Vittoria, V. (1988) *Makromol. Chem., Rapid Commun.* **9**, 761.
44. Snively, C. M. and Koenig, J. L. (1999) *J. Polym. Sci. B: Polym. Phys.* **37**, 2261.
45. Vittoria, V., de Candia, F., Iannelli, P., and Immirzi, A. (1988) *Makromol. Chem., Rapid Commun.* **9**, 765.
46. Awa, K., Okumura, T., Shinzawa, H., Otsuka, M., and Ozaki, Y. (2007) *Anal. Chim. Acta* **619**, 81.
47. Watanabe, A., Morita, S., and Ozaki, Y. (2006) *Appl. Spectrosc.* **60**, 1054.
48. Tsuchikawa, S. and Siesler, H. W. (2003) *Appl. Spectrosc.* **57**, 667.
49. Chan, K. L. A., Kazarian, S. G., Vassou, D., Gionis, V., and Chryssikos, G. D. (2007) *Vib. Spectrosc.* **43**, 221.
50. Shinzawa, H., Morita, S., Awa, K., Okada, M., Noda, I., Ozaki, Y., and Sato, H. (2009) *Appl. Spectrosc.* **63**, 501.
51. Sato, H., Sasao, S., Matsukawa, K., Kita, Y., Ikeda, T., Tashiro, H., and Ozaki, Y. (2002) *Appl. Spectrosc.* **56**, 1038.
52. Lin, W. Q., Jiang, J. H., Yang, H. F., Ozaki, Y., Shen, G. L. and Yu, R. Q. (2006) *Anal. Chem.* **78**, 6003.

第六篇

特殊方法

15

表面增强拉曼散射成像：远场和常规设置的应用和实验方法

Yasutaka Kitahama，Mohammad Kamal Hossain 和 Yukihiro Ozaki　日本，三田，关西学院大学科学技术学院化学系

Tamitake Itoh　日本，香川，高松市，国家先进工业科学技术研究所

Athiyanathil Sujith　印度，喀拉拉邦，卡利卡特，卡利卡特国立技术学院

Xiaoxia Han（韩晓霞）　中国，长春，吉林大学超分子结构与材料国家重点实验室

15.1　引言

在拉曼光谱学中，目标分子结构的详细信息通过官能团振动模式的峰位和强度得到[1]。然而，一般而言，较小的约为 $10^{-24}\,cm^{-1}$ 的拉曼横截面导致拉曼散射微弱。众所周知，拉曼散射可以通过入射光与分子中电子的跃迁共振来加强(共振拉曼效应)。1974 年，报道了吡啶通过吸附在连续氧化还原循环粗糙化的银电极上而导致拉曼光谱增强[2]。最初认为拉曼散射的增强是由于电极表面区域电子的增多。1977 年，研究表明被吸附吡啶巨大的表面增强拉曼散射(SERS) 增强因子 $10^5 \sim 10^6$ 与表面积不成正比[3,4]。这意味着拉曼散射的增强，不仅取决于表面面积，还取决于导致拉曼散射横截面增强的纳米结构本身。这个新现象被命名为 SERS。

对于表面增强拉曼散射的研究，已经开发了各种各样有效的表面增强拉曼散射系统，例如：氧化还原循环形成的粗糙电极、气相沉积形成的岛状膜、光刻产生的纳米结构以及通过降低金属盐在水溶液中溶解而产生的金属胶质[5]。金属胶质制备简单并广泛地应用于表面增强拉曼散射。在胶质溶液中的金属纳米颗粒

和纳米聚合物有各种不同的大小和结构。金属纳米颗粒中，入射光会与等离子振体共振是因为导带电子的偶极子振荡［局部表面等离子共振（LSPR）］。局部表面等离子共振最大值取决于纳米颗粒的大小和形状。在金属纳米粒子的间隙中，电磁（EM）场被强烈放大。表面增强拉曼散射起源于电磁场中几纳米的间距[6-9]。通过传统的总体测量方式，只能测量吸附于不同纳米粒子和纳米聚合物的目标分子的总体表面增强拉曼散射光谱。因此，微观成像是研究表面增强拉曼散射的增强和单独的纳米结构之间关系必不可少的条件。

显微成像已经被应用于研究不均匀金属中目标分子的空间分布，例如，活细胞中的各种生物分子。表面增强拉曼散射光谱学显示出极高的灵敏度。的确，已经公布了通过表面增强拉曼散射得到的单个分子光谱[10-14]。在表面增强拉曼散射中，振动光谱的指纹提供分子构造的详细信息，光谱的多路技术容易实现，荧光分子可以测量。但是，表面增强拉曼散射光是来自吸附在贵金属纳米结构结合点的分子[6-9]。换句话说，表面增强拉曼散射的空间分辨率可以达到几纳米。

15.2 方法和实验仪器

典型的拉曼光谱学测量仪器有几个必要的组成部分，即激励光源（如激光）、用于防止瑞利散射的合适装置（如陷波滤波器）、分析器（如分光仪或光谱仪）、探测器、转换器和获得数据的控制装置等[15,16]。在所有的这些部分中，激励光源和探测系统是成像的关键。

关于拉曼成像的激励波长，研究者必须记住散射背景和自发荧光会因为波长变长而严重降低，进而使得表面增强拉曼散射特征更明显，特别是在生物领域[17,18]。因此，使用吸收红外或近红外波长范围的染料导致的信噪比优于吸收蓝光范围的染料[19,20]。另外，因为拉曼散射的横截面不充足，所以人们必须十分小心地把散射光从样本转换到分光仪。老式的分光仪必须保持狭窄的入射狭缝，从而导致光损失不可避免。共聚焦拉曼显微镜基本解决了这个问题，它通过显微镜物镜集中激励光源束到样品上，并且收集穿过传输结构中的另一个物镜的散射信号。散射光通过一个针孔进入分光仪以确保理想、最佳的光学强度。一般而言，在聚焦到光栅之前，散射光通过陷波滤波器以去除反射光和弹性散射光。现在，所有部件都集成的紧凑型拉曼光谱仪已经可以购买到。它们操作简单但不易修改，从而使得它们很难应用于非标准场合。专用的和特别定制的系统也许可以解决这个问题。拉曼分光仪所有组成部分的信息在参考文献［16］论述。

为提高图谱质量和尽可能提取多的信息，不同的方法都在开发中[15,16,21]。这里，我们只关注对于理解成像特征必要的两个普遍概念。

15.2.1 逐点成像

如前所述，在共焦拉曼光谱中，激励激光束在通过物镜后紧密聚焦，并且拉曼散射光是从小体积样品中收集的。空间分辨率的极限由下述的瑞利判据决定：

$$\Delta d = \frac{0.61\lambda}{\mathrm{NA}}$$

式中，NA是数值孔径；λ是激励波长。

1.0的数值孔径是很容易得到的，拉曼光谱可以在大约0.5μm（785nm的激励）的空间分辨率下测量。通过以符合光学分辨率的步长移动样品穿过激光焦点（或者相反），可以得到不均匀样本的拉曼成像，同时获得分子结构和显微结构的信息。

通过扫描近场光学显微镜（SNOM），可以实现超越衍射极限的较高空间分辨率。样品通过光纤照射，光圈比波长小，或者探针是放在非常接近样本表面的地方，并且光在衍射之前先与样本相互作用。然后，由探测系统探测到被照射点的响应。类比于扫描探针显微镜，探测到样本连续的纳米大小的点，并通过光栅扫描建立了完整标本的图像。该技术已被广泛应用于相互关联的双光子诱导发光和拉曼散射成像的检测[17,22-24]。已经证实，光致发光和SERS的光发射源自和形貌、尺寸有关的惰性金属的间隙。这与时域有限差分（FDTD）计算结果[8,9,18,25-28]是一致的。在这些事例中，研究了SERS和纳米大小分子的联系。然而，由于样本探测仅在近场中，导致产生拉曼散射的分子数量急剧减少。另外，探测到的通过毛细管的光子数量（在反射结构中）减少了几个数量级。

15.2.2 强度成像

与传统成像相比，来自样品的辐射发射光传输到二维阵列检测系统（如数码

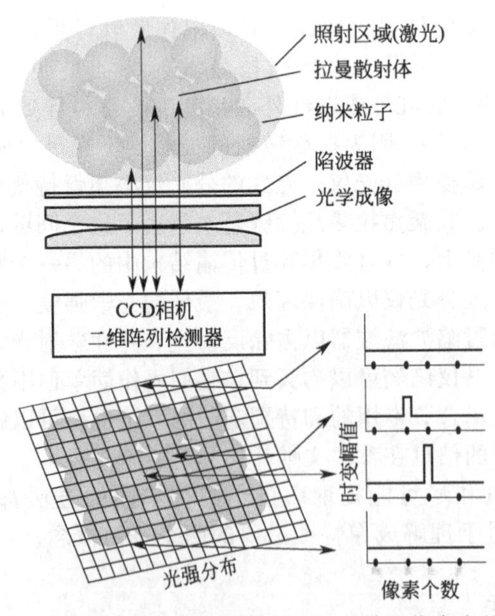

图15.1 亮度映射的概要图解（显示在单独像素中的不同亮度，对应样本上真实点）

相机中的电荷耦合器件)。探测器的每一个像素都对应于样本中独立的真实点，这个排列显示了这些对应点的强度图像而不是单独的光谱信息。图 15.1 是强度成像概念的原理图，解释了二维排列的单独像素和对应的样本真实点所记录的不同强度。例如，像素编号“o”代表了来自拉曼散射的最大强度，而像素编号“m”和“p”仅代表了背景，而不是光谱特征，只能得到散射强度和微观构造信息。为确认亮点发散自 SERS 或荧光，我们需要测量光谱特征。为避免测量全体亮点，我们通过在多色器（分光系统）前插入针孔来限制测量区域[29]，尽管不同位置的光谱是使用检测 FTIR 图像的集中水平排列探测器同时测量的[30]。下一节详细解释了这个简单而有效的方法。

15.3 LSPR 和 SERS 图像的相关性

我们在这里展示了 LSPR 瑞利散射和 SERS 间的相关性的测量。使用显微镜系统来做 LSPR 瑞利散射和 SERS 成像的关联测试，这使我们能够建立 SERS、激励极化、激励能量和 LSPR 的最大值间的关系[18]。

图 15.2(a) 说明了测量单个银纳米聚合体的 LSPR 瑞利散射光谱的实验步骤。在倒置光学显微镜中，一束来自 100W 卤素灯的平行无偏振白光光束透过暗场聚光器穿过样品表面。来自单个明亮点（如单个银纳米聚合体）的瑞利散射光通过物镜收集，然后使用等离子和 SERS 成像的数字相机或连接光谱测量的电子耦合装置（CCD）的多色器来探测。探测单个银纳米聚合物的 LSPR 瑞利散射光和最小的背景光是通过在样本上直径 1.5μm 的区域内［如图 15.2(b) 的开放光圈所示］选择性测量，这是使用插入倒置显微镜的像平面的小孔（半径 300μm）实现的[18]。

图 15.2(a) 也显示了单个银纳米聚合体的 SERS 光谱测量的实验步骤。倒置光学显微镜对瑞利散射和 SERS 信号都可以探测。激励激光可以使用氩离子激光、LD YAG 激光的二次谐波（532nm）、KR 离子激光和氦氖激光。用位置控制端口的一套反光镜（M_1 ～ M_3）选择 457nm、488nm、514nm、532nm、567nm 和 633nm，用于 SRES 刺激。激励光束穿过偏振片（P_1）和 1/4 波片（W），通过半透明镜（HM）反射进入暗场聚光透镜，然后聚集于样本表面。通过使用 2 块凸透镜（L_1 和 L_2）来调整激光束的焦点和白光焦点一致。这样的排列不需要额外的镜片就可以同时使探测瑞利散射和 SERS 信号变得简单。来自单个明亮点［图 15.2(c)］的 SERS 信号使用普遍物镜（O_1）来挑选，通过了全息的陷波滤波器（N）［HNF-(457.8，488，514.3，532，568.2，632.8)］，再使用 CCD 相机以与瑞利散射一样的探测方式探测。在样本表面，激励光源能量是 $100mW/cm^2$。通过使用一个针孔来从单个银纳米聚合体选择 SERS 信号，并利用针孔将背景信号的贡献最小化。这个针孔可以有选择性地测量来自样本的直径 1.5μm 区域内的 SERS 信号。

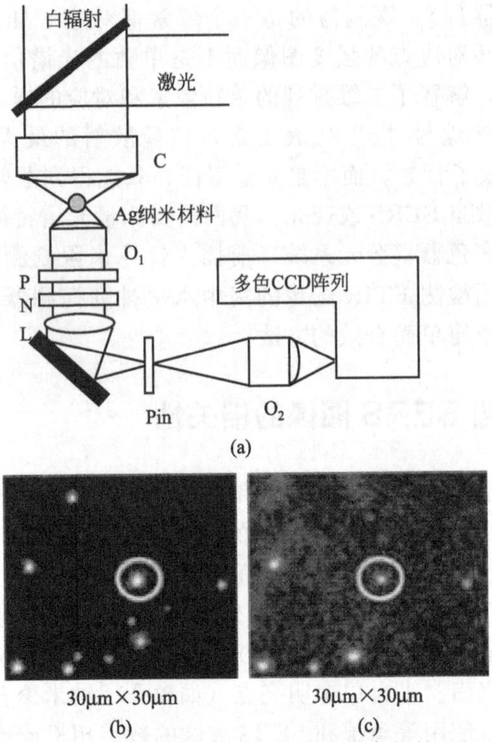

图 15.2 (a) 最新发明的测量单独银纳米聚合物的 LSPR 和拉曼散射实验仪器；(b)、(c) 选定样本表面各自的暗场和 SERS 图像[20]

C—暗场或亮场聚光器；O_1，O_2—目镜；P—起偏器；N—陷波滤波器；L—镜筒透镜；Pin—针孔；CCD—电荷耦合器件

15.3.1 单一的纳米粒子和二聚物

SERS 增强因子在理论和实验方面都进行了研究。基于电磁模型的理论研究阐明了 SERS、LSPR 和单个银纳米聚合体几何结构间的联系[7]。实验方面的研究揭示了，SERS 增强因子取决于银纳米聚合体几何结构和 LSPR 瑞利散射光谱[18,29,31-35]。这些研究说明了 SERS、LSPR 和银纳米聚合体的几何结构之间是相互联系的。但是，因为实验上的困难，还不能对 SERS 图像、LSPR 瑞利散射图像和银纳米聚合物的 SEM 图像的相互关系进行测量。但可以通过理论的和实验的结果很好地估计相关测量。这个估计对于预测进一步提高 SERS 增强因素的几何体发展是必不可少的。

图 15.3 是 SERS、LSPR 瑞利散射和 SEM 关于相同单个银纳米聚合物吸附罗丹明 6G（R6G）的扫描电子显微镜图像。单个银纳米聚合物的 SERS 和 LSPR 瑞利散射图像是使用图 15.2 所描述的暗场显微镜系统观测的。银纳米聚合物的几何结构是通过电磁发射扫描电子显微镜观测的。这些相关观察可以确定，银纳米粒子的二聚化物显示了 SERS 活性。

对 LSPR 瑞利散射和 SERS 的研究说明了 LSPR 和 SERS 间的 3 种关系。从这些研究中，确定了激励极化、激励能量、LSPR 能量之间的关系并得到了 3 个特殊的结论：①SERS 带有和纵向 LSPR 带一样的偏振依赖性，这意味着平行于纵向等离子模型的激励偏振装置可以提供最大 SERS 强度；②SERS 强度取决于 LSPR 最大值，这说明分子吸收带和 LSPR 间的更大重叠可以提供更高的 SERS 强度；③最后，SERS 的光谱形状依赖于 LSPR 能量，这意味着可以通过 LSPR 带形状来调节 SERE 光谱[18,29,31-35]。

15.3.2　纳米聚合体

图 15.4(a) 和 (b) 分别显示了因为银纳米聚合体的 LSPR 产生的 SERS 和瑞利散射的微观图像，样品为银纳米聚合体吸附的 0.5μmol/L 5,5′-二氯-3,3′-二磺丙基噻菁钠盐（TC）水溶液，并用 514nm 激励。在图 15.4(b) 中，可以看到不同颜色的银纳米聚合体，这通过它们单独的 LSPR 来显示。在罗丹明和卟啉的情况下，来自银纳米聚合体的 SERS 通常显示黄色或红色[32,36]，而在使用 TC 时，除了黄、红两色外，还有蓝色。我们认为显示不同颜色的原因是 TC 吸收带显示在短波长区域（二聚体：408nm；单体：430nm；J-聚合体：464nm）[37]。

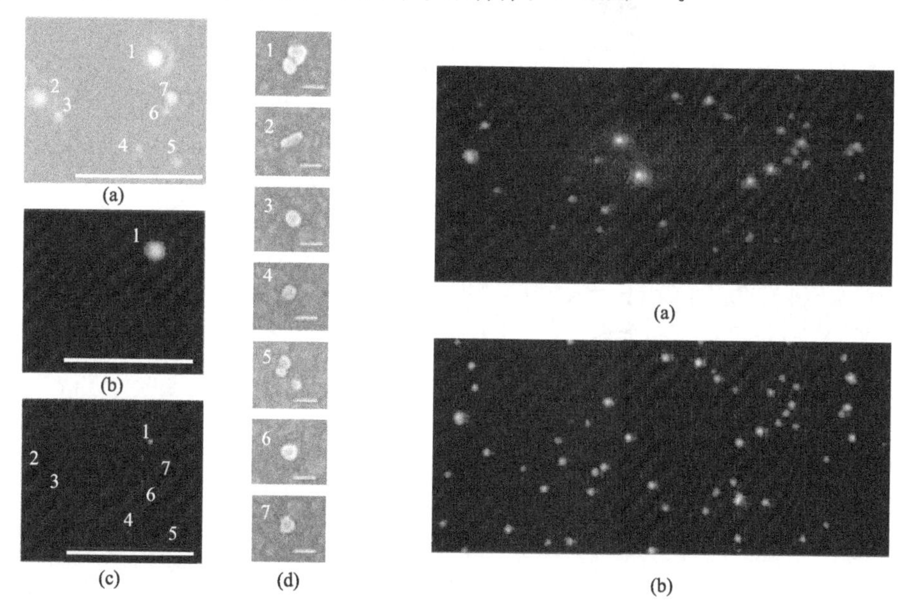

图 15.3　(a) LSPR 瑞利散射图像；(b) SERS 图像；(c) 孤立银纳米粒子的 SEM 图像；(d) 每个孤立银纳米粒子被数字标明的放大 SEM 图像；[(a)～(c) 标尺是 5mm，(d) 标尺是 100nm]

图 15.4　(a) 在 514nm 处激励的 TC 分子吸收银纳米聚合体的 SERS 的显微图像；(b) 对应的来自经暗场聚光镜的白光照明的银纳米聚合体的 LSPR 瑞利散射的显微图像（图像覆盖区域为 78μm×34μm 彩图位于封三前）

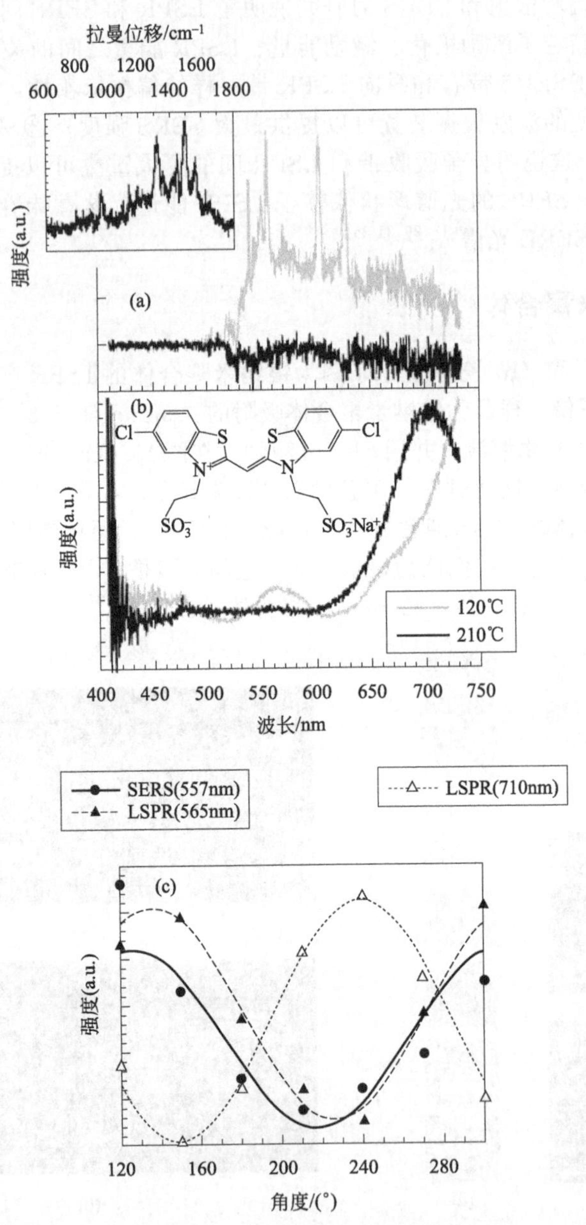

图 15.5 (a) 在 514nm 激发下，吸附在单个银纳米聚合体上 TC 分子的偏振 SERS 谱（插图：1800～600cm^{-1} 区域的 SERS 谱）；(b) 同一纳米银聚合体的 LSPR 偏振反射光谱（插图：5,5′-二氯-3,3′-二磺丙基噻菁钠盐的化学结构）；(c) SERS 和 LSPR 的偏振相关性

图 15.5(a) 和 (b) 展示了单个银纳米聚合体 514.5nm 激励的偏振 SERS 光谱，在聚合体上 TC 分别由其 0.5μmol/L 水溶液和对应的 LSPR 偏振散射光谱

吸收。当偏振角为120°和210°时，SERS强度分别为零和最大值，并且LSPR带分别出现在565nm和710nm处。SERS光谱的偏振依赖性和LSPR带是一致的，但波长区域较窄，如图15.5(c) 所示，这与先前研究的SRES光谱相反[18,32,33]。注意到，2条LSPR带出现在偏振角为120°处，并且计算出来的在银纳米二聚体短轴上的LSPR带出现在350nm而不是565nm处[32]。这很可能意味着，在514nm处激励的银纳米聚合体不是一个简单的二聚体，而是与短轴有连接的聚合体。我们成功地通过FDTD计算再现了由2～3个银球体组成的类矩形纳米聚合体的LSPR带。这2个LSPR带的不同外观是由于纳米二聚体短轴上有不同的长度，如图15.6所示。

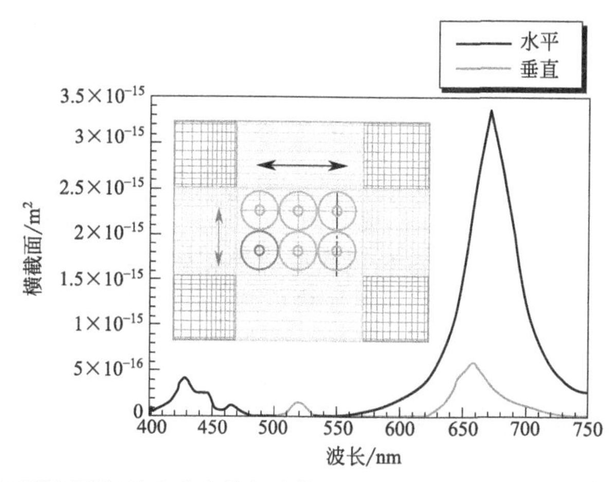

图15.6 关于类矩形银纳米聚合体的计算偏振瑞利散射光谱。插图：包含2～3个直径为20nm的球体的纳米聚合体。长轴和短轴长度分别为57nm和40（38）nm

15.3.3 长范围的纳米结构

目前，金纳米粒子已经成为纳米科学和纳米技术进步不可或缺的因素。金纳米结构或束非常适合于在各种不同的表面增强振动（SEV）光谱应用中使用，这是由于它们巨大的光谱增强能力、生物相容性、化学稳定性和完善的功能化化学[18,20,38-40]。在生物医学应用的单个分子探测中，在来自金纳米粒子（甚至来自其他贵金属纳米粒子）的“热点”处的SERS增强的秘密，至今尚未得到完全研究。一个合理的解释是准备一个合适的样本并理解表面等离子共振（SPR）介导的电磁场分布是非常困难的。因此，我们首先发明一个创新的、容易准备的、经济的技术[41]。采用原子力显微镜（AFM）和SEM进行广泛测量。最初的形貌测量认为0～5nm的粒子间隙是适合SERS活性的基底。通过这一项技术，可以制备一个单一的热位点和一维或二维的金纳米粒子结构。因此，它打开了基于目前现实考虑下的其他基础研究路径。这里，我们只报告了各向异性的金纳米聚合体和大范围的二维金纳米聚合体，来阐明SPR激励和SERS活性间的关系[41]。

各向异性的金样本很可能显示了一个在 450nm 附近的微弱蓝移峰，除此之外还有一个集中于 570nm 的宽峰，它覆盖了另一个在 700nm 附近的峰的底部。在二维金样本的情况下，在较长波长范围内不止观察到一个 SPR 尖峰。SERS 观察证实，使用由染料分子吸收的金纳米聚合体，使得拉曼强度至少有数百万倍的增强。各向异性的金纳米粒子样本比拉曼信号中的二维样本大约增强了 5 倍。在长范围 2D 金纳米粒子的边缘附近，观察到了 SPR 和 SERS 中优先的强度散射信号。

图 15.7(a) 所示的是各向异性金纳米粒子的细长形聚合物（EA）的 SPR 图像。图 15.7(a) 中标记为 1 和 2 的两个位置，代表了沿着这条线的 SPR 激励变化。在金纳米粒子的非匀质聚集情况下，观察到一个集中于 570nm 的展宽的 SPR 峰覆盖了 700nm 附近另一个峰的底部，除此之外还有在长范围 2D 样本中被抑制的短波长区域附近的一个微弱的峰。图 15.7(b) 是在图 15.7(a) 中标示的“X”位置得到的来自金样本的 SPR 光谱。这个相同的样本被结晶紫（CV）吸附，用 647nm 激光激励。图 15.7(c) 是由金纳米粒子组成的相同样本的 SERS 图像。非连续性的 SERS 强度与图 15.7(a) 中所示的聚合体上的 SPR 激励强度变化有关。如前所述，SPR 仅仅取决于在纳米量级范围内局部结构的变化，并因此影响拉曼散射信号。虽然金纳米粒子是在细长机构下聚合，但每个粒子间间隙和单个纳米粒子都是不一样的。一个值得注意的地方是来自 SPR 观察，

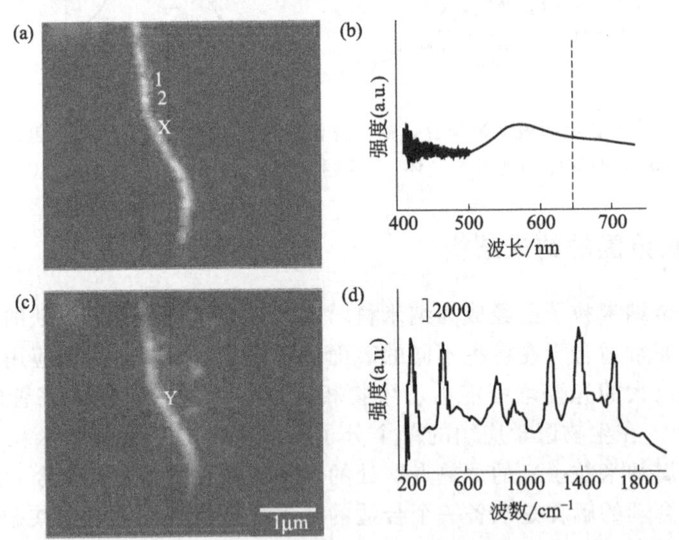

图 15.7 (a) 直径 50nm 的非匀质金纳米粒子样本的 SPR 图像，表明强度随 SPR 强度线性变化；(b) 相同样本在图 (a) 标注“X”位置的 SPR 光谱，表明广泛的 SPR 峰覆盖 700nm 附近微弱的痕迹；(c) CV 吸收相同样本的 SERS 图像，表明对图 (a) 正相关；(d) CV 吸收相同样本在图 (c) 标注“Y”位置的 SERS 光谱。在图 (c) 中相同标尺表明了 SPR 和 SERS 图像的大小。在图 (b) 中点的垂线表明激光激励的位置

即中心在570nm的宽峰很好地覆盖了激励激光波长（647nm），并提高了与二维样品相比更高的SERS信号。图15.7(d)是在图15.7(c)中标示的“Y”位置得到的关于EA样本吸收CV的SERS光谱。这个使用同样方法观察到的峰与相关报道[42,43]相一致。平均的SERS亮度似乎要高于二维金样本。有关金纳米粒子的非匀质样本，观察到SPR和SERS间正相关图像。

在长范围类自组聚合强中，局部的SPR有更多的自由，并且被周围活跃的热点直接影响[17,24,44]。反过来，纳米粒子参与引起串联的热点也许表现的像纳米棒。实际上，在这次研究中观察几个SPR激励。图15.8(a)是二维长范围聚合强（2DLA）的SPR图像，解释了局部SPR激励的不均匀分布。这个等离子激励没有像各向异性样本那么强烈，说明了SPR激励在特别的纳米范围位置是受周围能量影响的。图15.8(b)显示了图15.8(a)中标注“X”的位置得到的2DLA样本的SPR峰至少有3个，集中在620nm、670nm和750nm处。这样的光谱散射现象是正常的，并且基于不同理论性和实验性方面的基底进行描述。在620nm的蓝色位移峰可以看成4倍矩阵共振，而在670nm和750nm处的峰也许可以推测为纵向等离子共振的一个广阔的长波长两极数列共振的离散峰。图15.8(c)是相同样本的SERS图像，并可以观察到非齐次信号分布。SERS亮度是高于RA样本的，没有EA样本增强那么多。图15.8(d)是在图15.8(c)中标注“Y”的位置得到的金纳米粒子组成的2DLA样本吸收CV的SERS光谱。所观察到的SERS峰值与报告的峰值一致[45,46]。

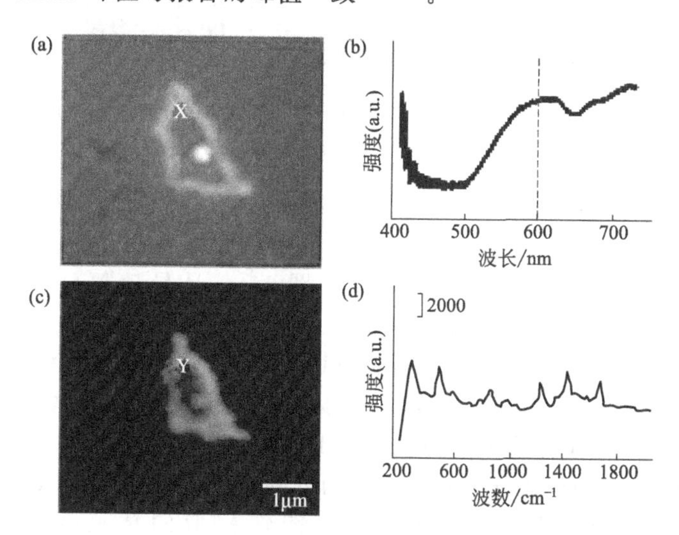

图15.8 (a) 直径为50nm的金纳米粒子二维样本的SPR图像；(b) 图 (a) 中标注“X”位置的相同样本的SPR光谱，这表明了在较长波长范围的几个峰（如620nm、670nm和750nm附近）；(c) CV吸收相同样本的SERS图像表明对图 (a) 的正相关；(d) CV吸收相同样本在图 (c) 标注“Y”位置的SERS光谱。在图 (c) 中相同标尺表明了SPR和SERS图像的大小，在图 (b) 中点的垂线表明激光激励的位置

15.4 SERS成像的应用

15.4.1 蛋白探测的SERS活性基底

在传统的SERS基础的研究中，SERS活性基底通常是最先准备的（如金属胶质、电极或者岛状膜），然后分析物在这些基底中汇集，最后进行SERS探测。对于大多数芯片上基于SERS的蛋白探测，抗体和探针通常与金属纳米粒子相连。

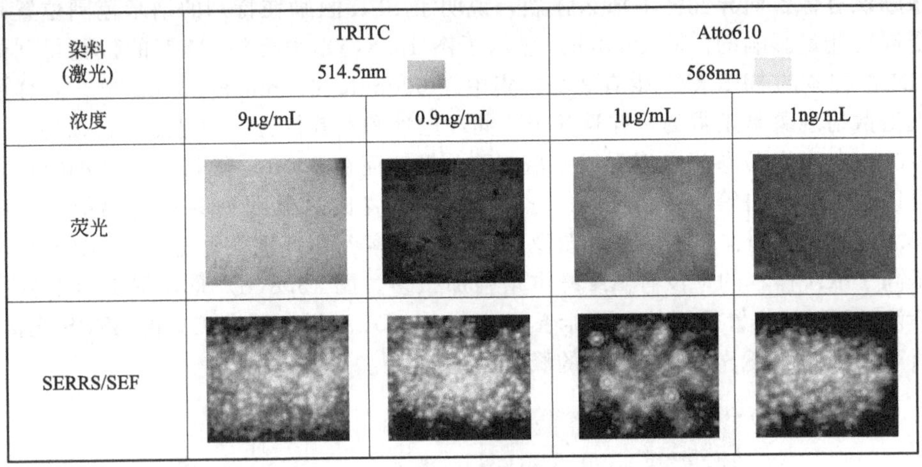

染料 (激光)	TRITC 514.5nm		Atto610 568nm	
浓度	9μg/mL	0.9ng/mL	1μg/mL	1ng/mL
荧光				
SERRS/SEF				

图 15.9 荧光（顶端）与SERRS/SEF（底端）在不同浓度下来自TRITC和Atto610的微观图像（彩图位于封三前）

在我们的研究中，使用了一种相反的方法，它是基于蛋白质和银纳米颗粒之间的强相互作用[16]。在蛋白质和定向分析物联系后，通过使用银胶质着色所有蛋白质，得到了SERS活性基底。图15.9是异硫氰酸四甲基罗丹明（TRITC）和Atto610分子，在蛋白质、人体免疫球蛋白G（IgG）和抗生物素蛋白以及它们分别对应的定向分析物TRITC-IgG和Atto610生物素建立联系以后的荧光图像。图15.9也代表了它们在胶质银着色以后的表面增强共振拉曼散射（SERRS）和表面增强荧光（SEF）图像[47]。注意到，每个荧光分子的SERRS和SEF图像表面显示出明显的浓度相关性。对于TRITC-IgG，由于浓度降低，SERRS/SEF图像从与荧光图像相似的黄色变成绿色。对于Atto610生物素，由于浓度降低，SERRS/SEF图像从与荧光图像相似的红色变成橙色。蓝移的颜色图像表明了SERRS的增强，因为SERRS发生在近激励波长处。的确，TARITC和Atto610的最大荧光值分别位于580nm和630nm。TRITC和Atto610的SERRS峰出现在1700～900cm^{-1}和1400～1000cm^{-1}区域，相当于560nm和610nm附近，分别在514nm和568nm处的激励。从SEF

和 SERRS 颜色图像的改变，我们发现 SEF 会随着定向分析物的减少而明显地减少。SERRS 和 SEF 都可以在图 15.9 的底部图像中观察到，这是因为 SERRS 和 SEF 相关距离的扩大。对于紧密接近金属表面的分子，SERRS 可以通过金属表面电磁场来增强，但是荧光会因为能量转移到金属表面而猝灭[48,49]。此外，我们还发现 SERRS 图像比倾向于光漂白的荧光图像稳定得多。在即使很少有 SEF 活性银聚合体的情况下，我们也可以在很低的浓度中观察到稳定的 SERS 活性银聚合体。这说明 SERRS 图像在蛋白质配合基作用的超灵敏测定中的巨大潜力。

15.4.2 活细胞分析的 SERS 成像

生物和药学试样的 SERS 测量通常使用 NIR 激光，因为这样可以减少由于高能量破坏样本的风险[50]。振动光谱的高特殊性、荧光性的降低、探测时间的减少（300ns～1s 相比于普通拉曼光谱[50-52]）、空间探测极限的改善（400～100nm 相比于普通拉曼光谱[50-52]）和对溶液环境的敏感提高了 SERS 对于研究像活细胞这样的复杂生物系统的重要程度[53-55]。在这些实验中，胶质银或金颗粒被吸附在细胞上或细胞内，SERS 被用于监视细胞的进程和事件。同时，SERS 活性纳米粒子越过荧光标签推进了探测或检查不同的已知的生物分子。使用荧光标记的麻烦主要是，比 SERS 光谱更宽的复杂重叠的荧光光谱和不均匀光漂白率，从而导致一些潜在的并发问题[56]。

一个对活细胞分析流行的方案是使用表面增强拉曼光谱。本章将会描述在这方面被众多研究人员使用的常见方法。使用包含或不包含探针分子的贵金属胶质对细胞内部或外部的 SERS 测量得到了大量的关注。

15.4.2.1 细胞内的 SERS 测量

运送纳米粒子进入细胞内部，以及规定粒子路线或确定细胞间隔，可以通过不同方法实现，不仅可以依靠实验的性质还可以依靠特定类型的细胞系和物理化学粒子参数，如大小、形状和表面功能[57-59]。这些方法包括了提升自培养基的液相以及显微注射等机械方法。关于细胞区室活有机体内的分子探针通过测量来自活个体皮膜细胞系 IRPT 和巨噬细胞 J774 的 SERS 光谱已经被报道了[60]。

SERS 信号具有高度不可复制性，并不能对目标细胞内成分进行量化。另外，投递 SERS 诱导体（金/银纳米粒子）到细胞内部感兴趣的点是另一个挑战。在一个最新研究中，Kneipp 等人在解释 SERS 带[60] 时，恰当地考虑了关于纳米粒子聚合体的溶酶体环境[61]。一个可以达到定量结果的方法是培养使用纳米粒子的功能化纳米粒子传感器，并将其涂上一种分子，使其与分析物相结合。功能化纳米粒子探针比非功能化探针有几点好处：①通过提供与目标分析物的特定联系，传感器对功能化群体的特异性上升了一个台阶；②分析分子不需要存在拉曼活性或者有特定的拉曼截面积；③表面覆盖了功能分子，干扰分子不能吸附到

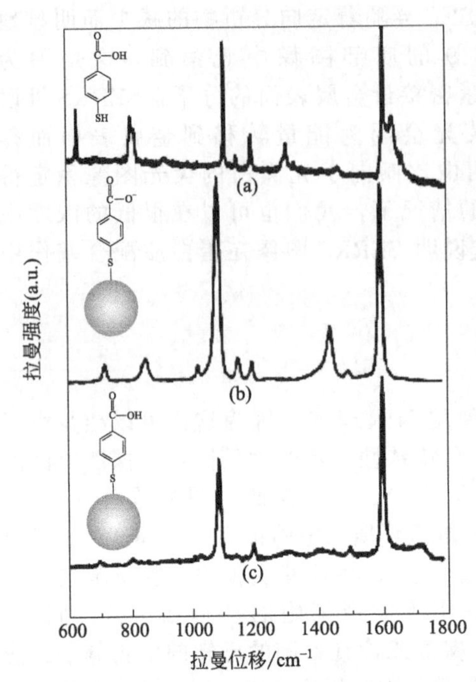

图 15.10 固体 4-MBA（a）拉曼光谱和在 pH＝12.3（b）和 pH＝5（c）处 4-MBA 接触银纳米粒子的 SERS 光谱（每个光谱左边的插图说明了在上述条件下分子的主导状态[63]

粒子表面，因此背景将会减少[62]。Talley 等人培养了基于 4-巯基苯甲酸（4-MBA）的纳米级 pH 感应器[63]。根据酸性物质情况而改变的 4-MBA 拉曼光谱如图 15.10 所示。由于 pH 值降低和酸性物质质子化，COO^- 延伸模型在 $1430cm^{-1}$ 处强度降低。在 $1075cm^{-1}$ 和 $1590cm^{-1}$ 处强环形呼吸模式没有受 pH 值改变的影响。4-MBA 覆盖纳米粒子传感器表现出了 pH 值在 6～8 的范围内是理想的生物测量。为证明在活细胞中利用这些纳米颗粒传感器的可行性，4-MBA 功能纳米粒子传感器被注射进中国仓鼠卵巢（CHO）细胞。图 15.11 是这个细胞包含的纳米粒子代表性 SERS 光谱，阐明了这个功能化纳米粒子保持了它们的功能，并且在进入生物母体时没有被巨大的背景淹没。这个光谱表明纳米粒子周围的 pH 值低于 6，这符合粒子位于溶酶体内部[64]（pH 值约为 5)。虽然 CHO 细胞通常不被认为是吞噬细胞，但它们已经展示了注射直径 1mm 的乳胶微球[65]。这些研究也说明了吞噬乳胶粒子一旦内在化，即定位于溶酶体中。

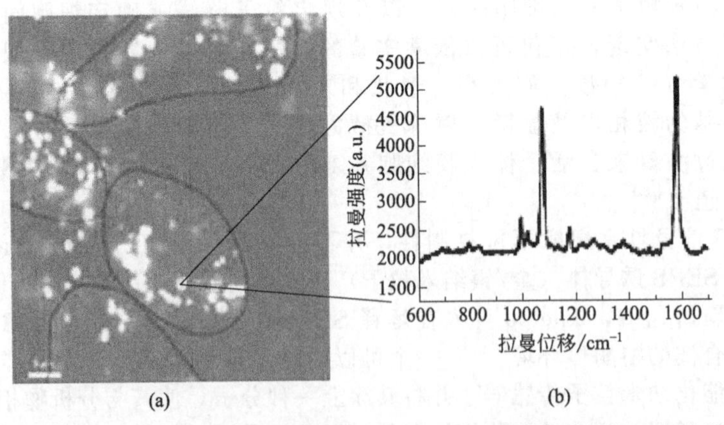

图 15.11 （a）4-MBA 纳米粒子传感器并入 CHO 细胞的集中图像，细胞处于暗环境以方便观察明亮粒子；（b）其中一个纳米传感器的 SERS 光谱（表明纳米粒子周围的 pH 值低于 6）

最近，Chourpa 等人提出了使用结合荧光的 SERRS 设备来得到先进的多光谱成像方法[66]。在细胞的光学切片上同时记录了荧光的发散光谱和抗癌药物（米托蒽醌 MTX）的 SERRS 光谱（图 15.12）。如图 15.12(b) 所示的光谱强度图（在光谱范围的平均强度包括荧光和 SERRS 的最大值）显示了高亮度的区域（大概为细胞核及其周围药物的荧光）和至少 4 个位于低亮度区域（细胞液和膜）的特别明亮的点。符合这些点［图 15.12(c)］的光谱证明了微小的银聚合体的存在，因为它们包含了叠加米托蒽醌的 SERRS 信号的荧光背景，明显是由于在 $1300cm^{-1}$ 处的最强带。SERRS 信号强度至少和荧光一样高，因此意味着在亚细胞分析的敏感性方面，这两种技术是相当的。图 15.12(c) 阐明了细胞内光谱的定量分析，因为它们每一个都可以被分解成比例增加的特征荧光和 SERRS 光谱。例如，图 15.12(c) 所示光谱说明了，在给定区域（位于细胞膜的 4 聚合体

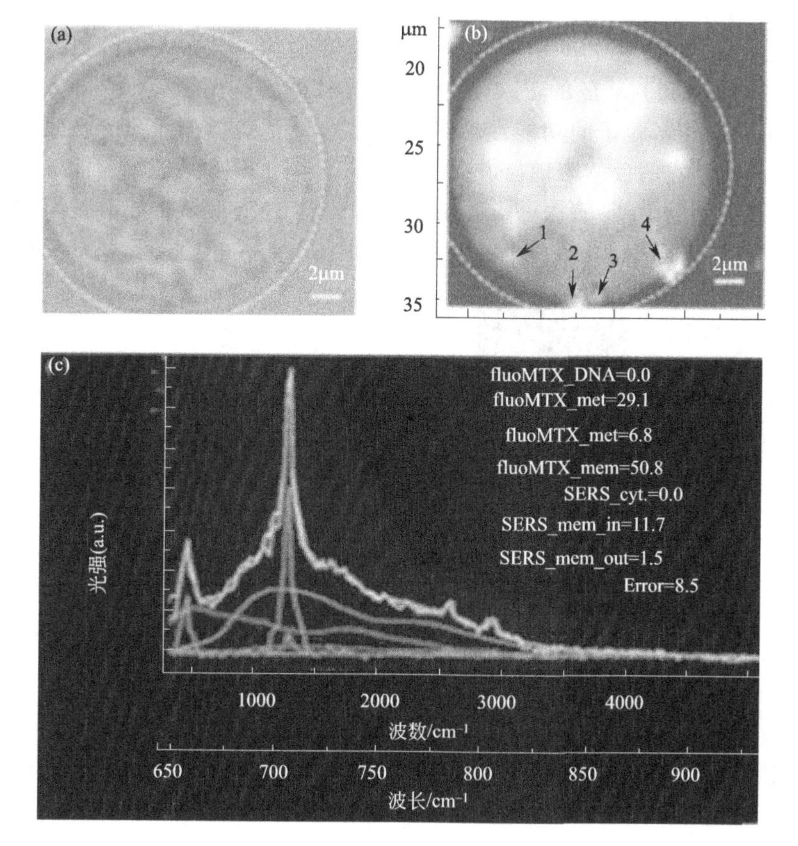

图 15.12 在 MCF-7 癌细胞内的荧光抗癌细胞药物 MTX 的结合荧光和 SERRS 集中光谱图像：(a) 细胞的白光显微镜图像（虚线是外部细胞膜边界）；(b) 空间强度分布图（平均强度在 1200～1500nm 或 685～699nm 范围）揭示了 4 个银胶质聚合体（亮点 1～4）；(c) 细胞内光谱（位于细胞膜的聚合体 4 的内部部分）符合荧光特质和 SERRS 光谱总体比例分布

内部）的 SERRS 信号伴随氧化代谢物（占 29.1%）和膜（占 50.8%）的低偏振环境是与米托蒽醌的荧光特质共处的。这些数据连同药物的亲水细胞溶质荧光特性的 6.8%贡献，与主要 SERS 模式分配到内细胞膜（贡献 11.7%）的一致。因此，将 SERRS 与荧光多光谱成像相结合，是将具有亚细胞间隔的纳米 SERS 底物进行共同定位的真正机会。分析这样的 SERRS 荧光多光谱图像，提供了大量关于给定的亚细胞间隔中药物分子联系的信息。

15.4.2.2　细胞外的 SERS 测量

由于对细胞的不同生物学功能的敏感性，对活细胞外细胞膜的测量变得越来越重要[67]。以下是在这方面尝试的一些值得注意的地方。

SERS 是监控神经递质在单个细胞水平的释放的理想工具，它是一种灵敏技术，可以提供关于释放混合物的结构信息和关于它们释放位置的空间信息[68]。此外，SERS 最近成功应用于区分癌细胞和正常细胞。例如，为得到关于活体正常 HEK293 细胞和其释放的 PLCγ1 的高度灵敏的细胞图像，Lee 等人[69] 使用基于金/银壳核纳米粒子的功能性纳米探针结合分子抗体的 SERS 技术。PLCγ1 是一种蛋白质，它的反常表现与肿瘤发育有关。图 15.13 是癌细胞的 SERS 图像关于银覆盖金伴随 R6G 的示意图。结合次级抗体的功能探针对于癌细胞里的标记仅是附属的。在特异性结合中，纳米探针使用缓冲溶液洗涤。在洗涤后，剩下

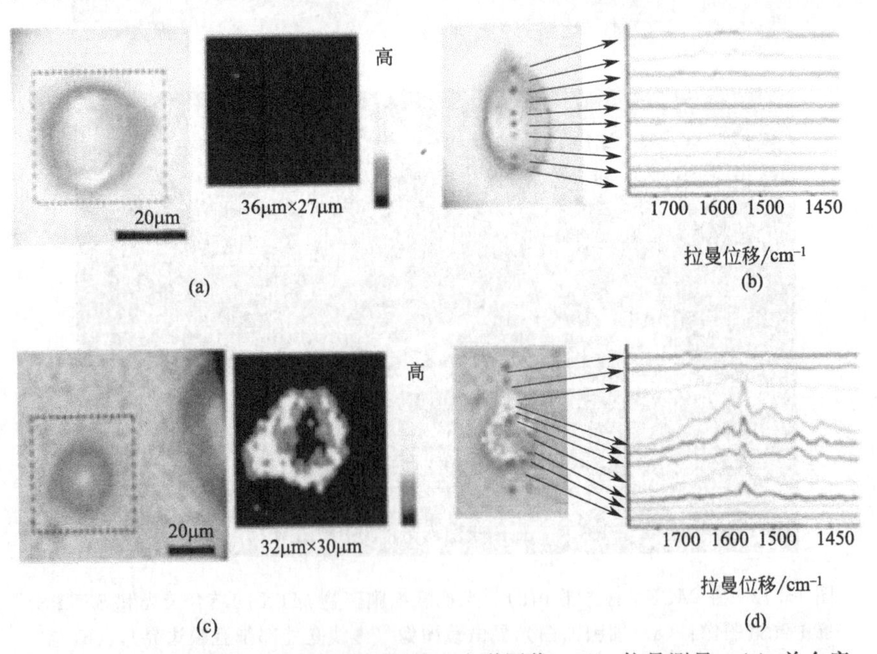

图 15.13　(a) 正常细胞暗场图像和 SERS 光谱图像；(b) 拉曼测量；(c) 单个癌细胞：亮场图像（左），SERS 图像（右）；(d) 亮场覆盖图和关于单个癌细胞的 SERS 和拉曼绘图［在 (b) 和 (d) 中的点表明穿过沿着 y 轴的细胞中间的激励点］

的纳米探针通过抗体间的相互作用选择性附加到癌细胞。每个拉曼光谱通过从细胞顶部的激光点向下移动 3mm 来测量，但是从正常细胞中不能观察到任何关于 R6G 的典型的 SERS 信号［图 15.13(a) 和 (b)］。在光谱中仅仅观察到一些荧光引起的噪声信号。图 15.13(c) 是同一个释放 PLCγ1 的 HEK239 细胞的 SERS 图像。在这些图片中，SERS 光谱图像通过使用在 $1650cm^{-1}$ 处的最强拉曼峰的单色解码方式展示。较暗的黑木条表示较低浓度的 SERS 纳米探针附加到细胞。图 15.13(d) 是亮场和 SERS 图像的结合的图片。它显示了 PLCγ1 在细胞膜中的分布。为了清楚地理解，拉曼深度分析谱也被测量，如图 15.13(d) 所示。这里 R6G 标记的细胞膜 SERS 光谱看上去跟纯净 R6G 的 SERS 光谱有些不一样。尤其，在 $1524cm^{-1}$ 处观察到一个非常强烈的拉曼峰。然而，在 HEK 细胞里关于拉曼报告者 R6G 的其他拉曼峰是与纯净的 R6G 匹配的。在另一项研究中[70]，关于细胞成分的 SERS 信号与拉曼报告者吲哚菁绿（ICG）一起测量。ICG 分布与细胞组成的相关性取决于两种分子的相互吸附。然而，根据实验数据，用于拉曼绘图的 $1650cm^{-1}$ 处的最强拉曼峰的亮度，非常符合纳米粒子和生物标记间相互作用的抗体亮度。因此，人们相信，用抗体金属纳米探针的 SERS 图像可以清楚地区分癌细胞和非癌细胞。

Sujith 等人[71] 最近尝试通过 SERS 来研究活性单个酵母锌的细胞壁生化过程。图 15.14(a) 和 (b) 是活酵母细胞含和不含银纳米粒子的暗场图像。在图 15.14(b) 里细胞中不同类的分散的多彩点对应孤立银纳米粒子或纳米聚合体。对于酵母细胞表面的 AFM 图像［图 15.14(c)］和吸收银纳米粒子的酵母细胞［图 15.14(d)］，这个相似性很明显。细胞吸收粒子的平均直径是 96nm。然而，目前用于研究的单个银纳米粒子的直径约为 40nm。因此，观察直径的提高被归结于 AFM 尖端的低分辨率，它不能接触粒子和细胞壁或者纳米粒子聚合体的接触面。吸收粒子的高度建立在 10～23nm 的范围［图 15.14(e)］。这个微弱的高度可能是由银粒子的强吸引力使得细胞表面中空造成的。AFM 测量揭示了大约 20%的吸收银粒子来自类二聚体。图 15.14(f) 和 (g) 分别是在细胞壁上吸收的银纳米粒子的暗场和对应的 SERS 图像。在图 15.14(g) 中可以清楚地看到 SERS 活性点为红色、绿色和黄色。在图 15.14(d) 中类二聚体的分布是和在图 15.14(g) 中 SERS 活性点一致的。来自单个活酵母细胞壁上的单个纳米聚合体的 SERS 光谱如图 15.15 所示，测量了作为酵母细胞壁的主要成分的甘露聚糖、葡聚糖和角素的拉曼光谱和 SERS 光谱。在细胞壁成分中，来自单个酵母酿酒细胞的甘露聚糖的 SERS 光谱与图 15.15 中的光谱相似，并不能显示任何对于甘露聚糖的拉曼光谱的相似性。Ahern 和 Garrell[72] 报道称，甘露聚糖和银纳米粒子间的关系在本质上讲是很弱的。因此，甘露聚糖本身不能显示 SERS 信号。众所周知，酵母细胞壁的甘露聚糖共价结合蛋白（甘露糖蛋白）[73]。此外，蛋白质中氮原子对银原子有很强的吸引力。因此，它们用于甘露聚糖蛋白的 SERS 光谱。氨基酸如苯丙氨酸、酪氨酸、色氨酸、组氨酸存在于有载色体群组的甘露糖蛋白中。所以，电子吸纳进激励光谱范围是可能的，从而使共振增强。图 15.15 中的

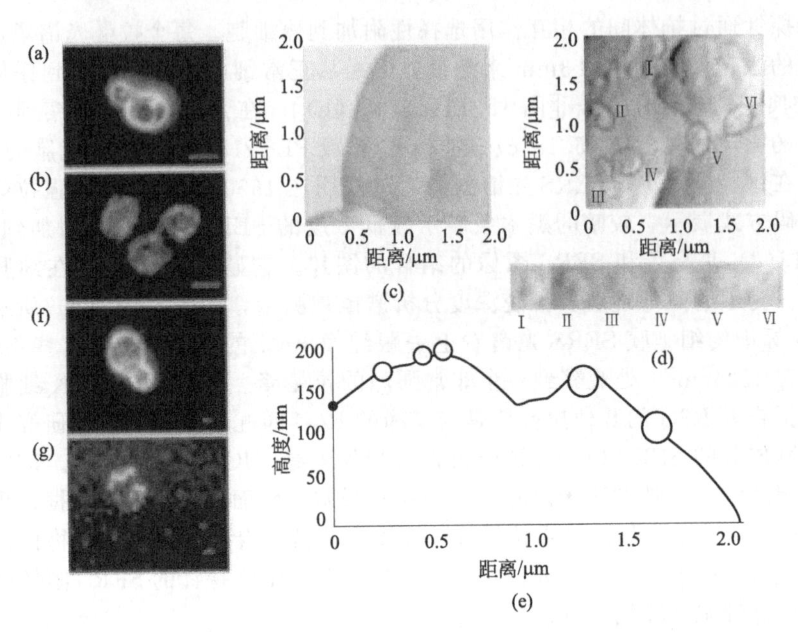

图 15.14 关于酵母细胞（a）和银吸收酵母细胞（b）表面（100 倍）（范围 1μm）的暗场图像，关于酵母细胞（c）和银吸收酵母细胞（d）的 AFM 图像，二聚体纳米聚合体是循环的，沿着（d）中所画的线的高度（e）追踪（概述了银纳米粒子，银粒子从左到右的高度分别是 10nm、10nm、10nm、23nm、15nm），酵母细胞表面的银纳米聚合体（f）以及对应的 SERS（g）图像（60 倍）（范围 1μm）

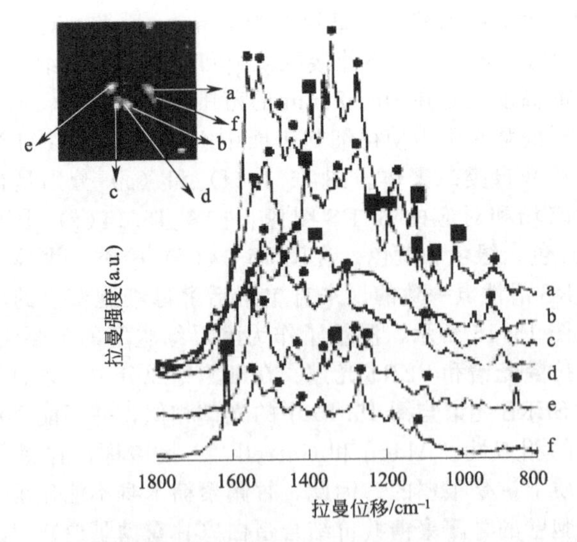

图 15.15 在单个酵母细胞壁内不同的银纳米聚合体的 SERS 光谱。插图：单个酵母细胞图像（60 倍）（范围 1μm）。从“a”到“f”的光谱收集自图像中 a～f 的银纳米聚合体

圆圈（红点）标示了相似的甘露糖蛋白质峰。然而，还有一些不同于观察到的甘露糖蛋白质峰［图 15.15 中的矩形（绿点）］，这是关于活细胞生物活性的氨基化合物、C—N、蛋白支柱和氨基酸振动[60,72,74,75]，例如蛋白分泌物、运动等。图 15.15 中的纳米聚合体-by-纳米聚合体光谱变化，也许起因于酵母细胞的异质性，是由于甘露糖蛋白[76] 的聚集或不对称的细胞表面分布。异质性将会通过氨基和羧基群体提供含银纳米聚合体的甘露糖蛋白间的多重相互作用。

15.5　SERS 成像中的闪烁

SERS 光谱学对于测量吸收贵金属聚合体的单分子拉曼光谱足够敏感[10,11]。最近，有几个单分子 SERS 光谱学的观点被发表[6,12-14]。一些现象认为是单分子检测的证据。第一，SERS 信号的统计学分布不是高斯分布而是泊松分布[10,12]。前者是所有分子的总体特征，后者意味着贵金属纳米聚合体吸收了单个或少数分子。第二，来自两种不同类型的分析物分子的混合物的 SERS 光谱归于其中一个分析物分子[6,12,13]。在两种分析物足够低的情况下，单个分析物分子吸附贵金属纳米聚合体。最后，闪烁的 SERS 放射和光谱荧光性解释见参考文献［11］、［13］和［14］。在荧光光谱学[77] 中闪烁同样被认为是单个分子探测的证据。

图 15.16 显示吸附在水中单银纳米聚合体[78] 中的 5,5′-二氯-3,3′-二磺丙基噻菁的时间分辨 SE（R）RS 光谱，其结构如图 15.5(b) 所示。最初，归于 J-聚合体的 SE(R)RS 图像会随着背景放射，变化为暂时性波动的 SE(R)RS 光谱。该光谱的波动与 J-聚合体分解成单元或二聚体一致。我们猜测，通过带正电荷的氮原子（═N⁺〈），

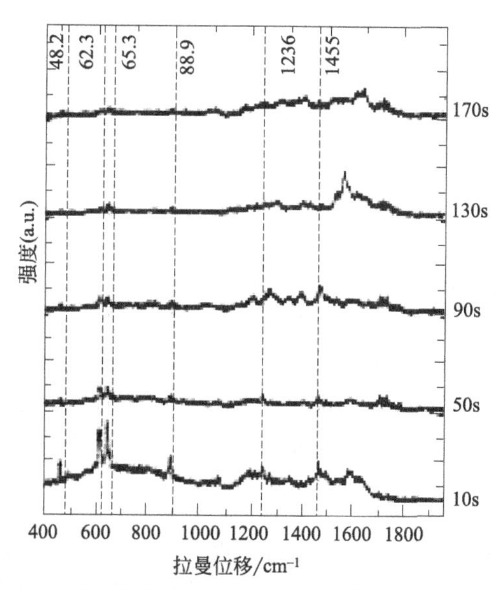

图 15.16　在水中单个银纳米聚合体吸收 5,5′-二氯-3,3′-二磺丙基噻菁的时间分辨 SE(R)RS 光谱

例如罗丹明 6G（R6G）[79]，阴离子硫氰酸盐分子被吸收到带负电荷的还原柠檬酸盐银表面。然而，它们有不同于 R6G 的 2 个负电荷群组。关于硫氰酸盐的 SERS 光谱波动可能是由于库伦排斥产生的在小银纳米聚合物连接点上的分子热运动。事实上，在一个被 3,3′-二乙基噻菁（阳离子染料）吸附的银纳米聚合体上，我们观察到了短暂波动的和短暂稳定的 SERS 光谱，但它并没有形成 J-聚合体[80]。然而，我们定性研究了这种闪烁 SERS 的电荷依赖性，其方式与 R6G[28] 的闪烁 SERS 的温度依赖性类似，有报道称闪烁是一种热激活机制。我们要定量地研究闪烁的 SERS。

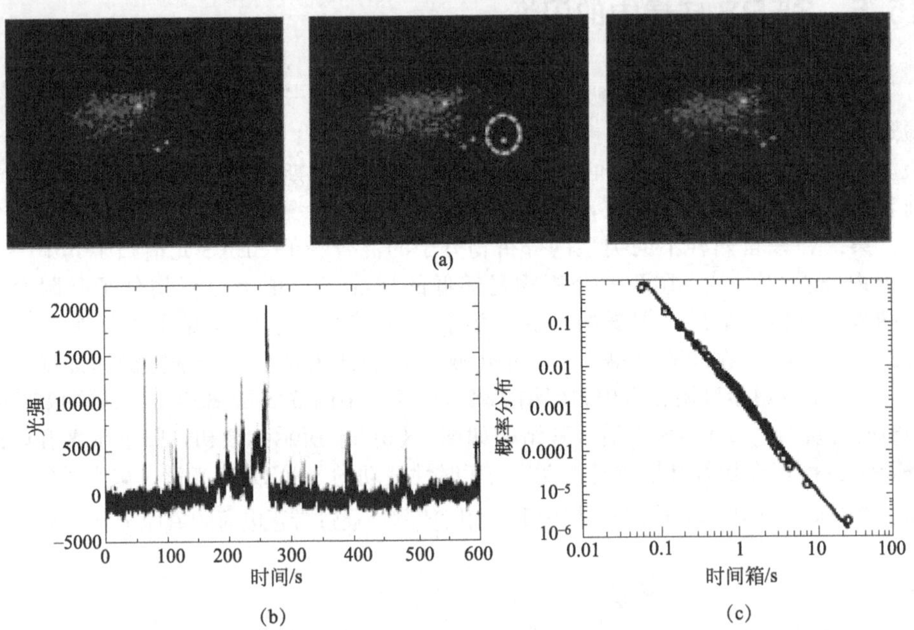

图 15.17 （a）噻菁在不同时间吸附单个银纳米聚合体的 SERS 微观图像；（b）SE(R)RS 闪烁亮度时间表；（c）反比时间收集器的明亮事件分布（该线通过幂次法则表明了最好结果）

我们使用结合了时间分辨约为 60ms 的冷却数字 CCD 相机（滨松，ORCA-AG）的倒置显微镜（奥林巴斯，IX-70），录制来自在水中由 5,5′-二氯-3,3′-二磺丙基噻菁所吸收的银纳米聚合体的闪烁 SERS 视频。视频图像如图 15.17(a) 所示。图 15.17(b) 是通过分析视频得到的闪烁 SERS 强度时间轮廓。以这种方法，可以一次性测量大量的 SERS 强度的时间轮廓。光谱波动和组成 SERS 强度的背景发射强度有很大的关系。闪烁可以通过某些方法来定量表征。其中一个自相关函数如下：

$$C(\tau)=\sum_{\nu}\left[\langle I_{\nu}(t)\cdot I_{\nu}(t+\tau)\rangle-\langle I_{\nu}(t)\rangle^{2}\right]$$

式中，I_{ν} 是在波长 ν 和时间 t 处的强度[81,82]。研究表明，来自每个由 R6G 吸收的银纳米聚合体的自相关函数暗含了一些周期性，并且不能被任何单一函数复制[82]。这说明闪烁过程很复杂。依赖闪烁的激光能量使用计算积分在不同的激光能量下平均自相关函数的比率来研究：

$$k^{-1}=\int[C(\tau)/C(0)]\mathrm{d}\tau$$

另一方面，幂率统计对于闪烁的长范围非指数行为很有用[83]。针对每个明亮时间接收器，图 15.17(c) 表明了 SERS 强度时间轴的归一化明亮时间的可能分布［图 15.17(a)］。图 15.17(c) 的线是由以下函数得到的：

$$P(t)=At^{-\alpha}$$

式中，α 是幂率指数。这也许表示了 SERS 闪烁。

15.6 结论

在这一章，我们概述关于 SERS 成像原理和其生物应用的最新研究。在介绍的 SERS 图像中，使用了贵金属胶体和传统的暗场显微镜。因此，这些 SERS 机理的研究都是从与 LSPR 相关性的角度进行的。从 SERS 发明的第一阶段开始，它就已经用于生物应用了。最近几年，对化学、生物和药物方面的开拓者来说，SERS 的生物应用已经成为一个充满机遇和挑战的学科。我们公布了 SERS 光谱用于蛋白质探测和活细胞分析方面的最新应用。研究人员使用含或不含探针分子进行的细胞内外分析的方案得到特别的关注。

参 考 文 献

1. Grasselli, J. G. and Bulkin, B. J. (1991) *Analytical Raman Spectroscopy*, Wiley–Interscience, New York.
2. Fleischmann, M., Hendra, P. J., and McQuillan, A. J. (1974) *Chem. Phys. Lett.* **26**, 163.
3. Jeanmaire, D. L. and Van Duyne, R. P. (1977) *J. Electroanal. Chem.* **84**, 1.
4. Albrecht, M. G. and Creighton, J. A. (1977) *J. Am. Chem. Soc.* **99**, 5215.
5. Moskovits, M. (1985) *Rev. Mod. Phys.* **57**, 783.
6. Etchegoin, P. G. and Le Ru, E. C. (2008) *Phys. Chem. Chem. Phys.* **10**, 6079.
7. Xu, H., Bjerneld, E. J., Käll, M., and Börjesson, L. (1999) *Phys. Rev. Lett.* **83**, 4357.
8. Xu, H., Aizpurua, J., Käll, M., and Apell, P. (2000) *Phys. Rev. E* **62**, 4318.
9. García-Vidal, F. J. and Pendry, J. B. (1996) *Phys, Rev. Lett.* **77**, 1163.
10. Kneipp, K., Wang, Y., Kneipp, H., Perelman, L. T., Itzkan, I., Dasari, R. R., and Feld, M. S. (1997) *Phys. Rev. Lett.* **78**, 1667.
11. Nie, S. and Emory, S. R. (1997) *Science* **275**, 1102.
12. Kneipp, J., Kneipp, H., and Kneipp, K. (2008) *Chem. Soc. Rev.* **37**, 1052.
13. Pieczonka, N. P. W., and Aroca, R. F. (2008) *Chem. Soc. Rev.* **37**, 946.
14. Qian,X. -M. and Nie, S. M. (2008) *Chem. Soc. Rev.* **37**, 912.
15. Zander, Ch., Enderlein, J., and Keller, R. A. (2002) *Single Molecule Detection in Solution: Methods and Applications*, Wiley-VCH Verlag GmbH, Berlin.
16. Laserna, J. J. (1996) *Modern Techniques in Raman Spectroscopy*, Wiley, Chichester.
17. Hossain, M. K., Shimada, T., Kitajima, M., Imura, K., and Okamoto, H. (2006) *J. Microsc.* **229**, 327.
18. Itoh, T., Kikkawa, Y., Yoshida, K., Hashimoto, K., Biju, V., Ishikawa, M., and Ozaki, Y. (2006) *J. Photochem. Photobiol. A* **183**, 322.
19. Soper, A. and Legendre, B. L. (1998) *Appl. Spectrosc.* **52**, 1.
20. Bulte, J. W. M. and Modo, M. M. J. (2008) *Nanoparticles in Biomedical Imaging: Emerging Technologies and Applications*, Springer Science + Business Media, New York.
21. Dickinson, M. E., Bearman, G., Tille1, S., Lansford, R., and Fraser, S. E. (2001) *BioTechniques*, **32**, 1272.
22. Imura, K., Okamoto, H., Hossain, M. K., and Kitajima, M. (2006) *Chem. Lett.* **35**, 78.
23. Imura, K., Okamoto, H., Hossain, M. K., and Kitajima, M. (2006) *Nano Lett.* **6**, 2173.
24. Hossain, M. K., Shimada, T., Kitajima, M., Imura, K., and Okamoto, H. (2008) *Langmuir* **24**, 9241.
25. Hao, E. and Schatz, G. C. (2004) *J. Chem. Phys.* **120**, 357.
26. Futamata, M., Maruyama, Y., and Ishikawa, M. (2002) *Vib. Spectrosc.* **30**, 17.
27. Futamata, M., Maruyama, Y., and Ishikawa, M. (2003) *J. Phys. Chem. B* **107**, 7607.
28. Maruyama, Y., Ishikawa, M., and Futamata, M. (2003) *J. Phys. Chem. B* **108**, 673.
29. Itoh, T., Hashimoto, K., and Ozaki, Y. (2003) *Appl. Phys. Lett.* **83**, 2274.
30. Petibois, C. and Déléris, G. (2006) *Trends Biotechnol.* **24**, 455.
31. Itoh, T., Hashimoto, K., Ikehata, A., and Ozaki, Y. (2003) *Appl. Phys. Lett.* **83**, 5557.
32. Itoh, T., Hashimoto, K., Ikehata, A., and Ozaki, Y. (2004)

Chem. Phys. Lett. **389**, 225.

33. Itoh, T., Biju, V., Ishikawa, M., Kikkawa, Y., Hashimoto, K., Ikehata, A., and Ozaki, Y. (2006) *J. Chem. Phys.* **124**, 134708.
34. Itoh, T., Kikkawa, Y., Biju, V., Ishikawa, M., Ikehata, A., and Ozaki, Y. (2006) *J. Phys. Chem. B* **110**, 21536.
35. Itoh, T., Yoshida, K., Biju, V., Kikkawa, Y., Ishikawa, M., and Ozaki, Y. (2007) *Phys. Rev. B* **76**, 085405.
36. Itoh, T., Hashimoto, K., Biju, V., Ishikawa, M., Wood, B. R., and Ozaki, Y. (2006) *J. Phys. Chem. B* **110**, 9579.
37. Yao, H., Kitamura, S., and Kimura, K. (2001) *Phys. Chem. Chem. Phys.* **3**, 4560.
38. Baker, G. A. and Moore, D. S. (2005) *Anal. Bioanal. Chem.* **382**, 1751.
39. Maier, S. A., Brongersma, M. L., Kik, P. G., Meltzer, S., Requicha, A. A. G., and Atwater, H. A. (2001) *Adv. Mater.* **13**, 1501.
40. Schatz, G. C. and Van Duyne, R. P. (2002) *Handbook of Vibrational Spectroscopy*, Wiley, Chichester.
41. Hossain, M. K., Kitahama, Y., Huang, G. G., Kaneko, T., and Ozaki, Y. (2008) *Appl. Phys. B*, **95**, 165.
42. Liang, E. J., Ye, X. L., and Kiefer, W. (1997) *J. Phys. Chem. A.* **101**, 7330.
43. Watanabe, T. and Pettinger, B. (1982) *Chem. Phys. Lett.* **89**, 501.
44. Shimada, T., Imura, K., Hossain, M. K., Kitajima, M., and Okamoto, H. (2008) *J. Phys. Chem. C* **112**, 4033.
45. Le, F., Brandl, D. W., Urzhumov, Y. A., Wang, H., Kundu, J., Halas, N. J., Aizpurua, J., and Nordlander, P. (2008) *ACS Nano* **2**, 708.
46. Hossain, M. K., Kitahama, Y., Biju, V. P., Kaneko, T., Itoh, T., and Ozaki, Y. (2009) *J. Phys. Chem. C* **113**, 11689.
47. Han, X. X., Kitahama, Y., Tanaka, Y., Guo, J., Xu, W. Q., Zhao, B., and Ozaki, Y. (2008) *Anal. Chem.* **80**, 6567.
48. Lakowicz, J. R., Geddes, C. D., Gryczynski, I., Malicka, J., Gryczynski, Z., Aslan, K., and Lukomska, J. (2004) *J. Fluoresc.* **14**, 425.
49. Geddes, C. D. and Lakowicz, J. R. (2002) *J. Fluoresc.* **12**, 121.
50. Kneipp, K., Kneipp, H., Itzkan, I., Dasari, R. R., and Feld, M. S. (2002) *J. Phys. Condens. Matter* **14**, R597.
51. Eliasson, C., Loren, A., Engelbrektsson, J., Josefson, M., Abrahamsson, J., and Abrahamsson, K. (2005) *Spectrochim. Acta A* **61**, 755.
52. Kneipp, K., Kneipp, H., Itzkan, I., Dasari, R. R., and Feld, M. S. (1999) *Chem. Rev.* **99**, 2957.
53. Morjani, H., Riou, J. F., Nabiev, I., Lavelle, F., and Manfait, M. M. (1993) *Cancer Res.* **53**, 4784.
54. Manfait, M., Morjani, H., and Nabiev, I. (1992) *J. Cell. Pharmacol.* **3**, 120.
55. Nabiev, I., Morjani, H., and Manfait, M. (1991) *Eur. Biophys. J.* **19**, 311.
56. Cao, Y. C., Jin, R., and Mirkin, C. A. (2002) *Science* **297**, 1536.
57. Rejman, J., Oberle, V., Zuhorn, I. S., and Hoekstra, D. (2004) *Biochem. J.* **377**, 159.
58. Arlein, W. J., Shearer, J. D., and Caldwell, M. D. (1998) *Am. J. Physiol.* **44**, R1041.
59. Tkachenko, A. G., Xie, H., Liu, Y. L., Coleman, D., Ryan, J., Glomm, W. R., Shipton, M. K., Franzen, S., and Feldheim, D. L. (2004) *Bioconjugate Chem.* **15**, 482.
60. Kneipp, J., Kneipp, H., McLaughlin, M., Brown, D., and Kneipp, K. (2006) *Nano Lett.* **6**, 2225.
61. Shamsaie, A., Heim, J., Yanik, A. A., and Irudayaraj, J. (2008) *Chem. Phys. Lett.* **461**, 131.
62. Talley, C. E., Huser, T. R., Hollars, C. W., Jusinski, L., Laurence, T., and Lane, S. M. (2005) *Nanoparticle Based Surface-Enhanced Raman Spectroscopy*, UCRL-PROC-208863, NATO Advanced Study Institute, Biophotonics Ottawa, Canada.
63. Talley, C. E., Jusinski, L., Hollars, C. W., Lane, S. M., and Huser, T. (2004) *Anal. Chem.* **76**, 7064.
64. Alberts, B., Bray, D., Lewis, D. J., Raff, M., Roberts, K., and Watson, J. D. (1994) *Molecular Biology of the Cell*, Garland Publishing, New York.
65. Fukasawa, M., Sekine, F., Miura, M., Nishijima, M., and Hanada, K. (1997) *Exp. Cell Res.* **230**, 154.
66. Chourpa, I., Lei, F. H., Dubois, P., Manfaita, M., and Sockalingum, G. D. (2008) *Chem. Soc. Rev.* **37**, 993.
67. Kapteyn, J. C., Ende, H. V. D., and Klis, F. M. (1999) *Biochim. Biophys. Acta* **1426**, 373.
68. Dijkstra, R. J., Scheenen, W. J. J. M., Dama, N., Roubos, E. W., and ter Meulen, J. J. (2007) *J. Neurosci. Meth.* **159**, 43.
69. Lee, S., Kim, S., Choo, J., Shin, S. Y., Lee, Y. H., Choi, H. Y., Ha, S., Kang, K., and Oh, C. H. (2007) *Anal. Chem.* **79**, 916.
70. Kneipp, J., Kneipp, H., Rice, W. L., and Kneipp, K. (2005) *Anal. Chem.* **77**, 2381.
71. Sujith, A., Itoh, T., Abe, H., Anas, A., Yoshida, K., Biju, V., and Ishikawa, M. (2008) *Appl. Phys. Lett.* **92**, 103901.
72. Ahern, A. M. and Garrell, R. L. (1991) *Langmuir* **7**, 254.
73. Lipke, P. N. and Ovalle, R. (1998) *J. Bacteriol.* **180**, 3735.
74. Stewart, S. and Fredericks, P. M. (1999) *Spectrochim. Acta A* **55**, 1615.
75. Heme, T. M., Ahern, A. M., and Garrell, R. L. (1991) *Anal. Chim. Acta* **246**, 75.
76. Chaffin, W. L., Pez-Ribot, J. L., Casanova, M., Gozalbo, D., and Martinez, J. P. (1998) *Microbiol. Mol. Biol. Rev.* **62**, 130.
77. Tamarat, Ph. Maali, A., Lounis, B., and Orrit, M. (2000) *J. Phys. Chem. A*, **104**, 1.
78. Kitahama, Y., Tanaka, Y., Itoh., T., and Ozaki, Y. (2009) *Chem. Lett.* **38**, 54.
79. Shegai, T. O. and Haran, G. (2006) *J. Phys. Chem. B* **110**, 2459.
80. Takazawa, K., Kitahama, Y., Kimura, Y., and Kido, G. (2005) *Nano Lett.* **5**, 1293.
81. Weiss, A. and Haran, G. (2001) *J. Phys. Chem. B* **105**, 12348.
82. Emony, S. R., Jensen, R. A., Wenda, T., Han, M., and Nie, S. (2006) *Faraday Discuss.* **132**, 249.
83. Bizzarri, A. R. and Cannistraro, S. (2005) *Phys. Rev. Lett.* **94**, 068303.

16

线性和非线性显微拉曼光谱：从分子到单个活细胞

Hideaki Kano　日本，东京，东京大学科学学院化学系/日本，埼玉，日本科学技术振兴机构胚胎科学与技术研究院（PRESTO）
Yu-San Huang（黄玉山），Rintaro Shimada 和 Hiro-o Hamaguchi　日本，东京，东京大学科学学院化学系
Yasuaki Naito　日本，东京，学习院大学化学系

16.1 引言

“光谱是分子的来信”，这个浪漫的习语深刻地阐明了，分子在光谱形式下如何将自己的信息传递给我们。特别地，振动光谱（例如拉曼和红外）体现了很多特殊于分子的典型特征。通过分析振动光谱，我们可以确定分子化学种类，并详细阐明它们的构造和动态。因此，振动光谱通常被称为“分子指纹”。在中红外“指纹”区域，我们观察到很多由分子选择模式特征引起的振动带。因为生物系统由分子组成，在生命科学和材料科学中，振动光谱同样有用。由于它的非侵害和非破坏本质，拉曼光谱比红外更适合生物应用。归功于最近的设备发展，我们现在可以在显微镜下观察活生命体中的活体细胞。因此，虽然证实这个细胞是真实活着的非常困难，但已经发表了相当多的关于活细胞的显微拉曼光谱研究[1-11]。我们最近在活着的酵母细胞的线粒体中发现了一个强的拉曼谱带，它敏锐地反映了线粒体的新陈代谢活动[8,9]。我们把这个谱带命名为“生命的拉曼光谱信号”。通过监测这个信号，的确可以确认细胞死活。这意味着不仅可以形象化分子种类的分布，还可以形象化生长和死亡的酵母细胞的细胞活性。本章通

过线性和非线性的显微拉曼光谱，回顾我们最新的关于单个活酵母细胞的结构、转换和生物活性的研究。最后同样重要的是，将介绍显微拉曼高光谱，凭借它可以在显微镜下以亚微粒空间分辨率观察红外活性振动模式。拉曼光谱和拉曼高光谱的结合为不被选择规则限制的高空间分辨率振动显微光谱打开了新区域。我们注意到，本章在参考文献部分包含了几个前文引用的部分，因此会有一定的重复描述。

16.2 在活体内通过时间空间分辨的显微拉曼光谱对单个活体分裂酵母细胞的细胞活性的实时追踪

16.2.1 实验

我们使用共聚显微拉曼分光仪（Nanofinder，东京仪器公司），使用632.8nm的线性氦氖激光（Melles Grior 05-LHP-991）在样本上产生1～4mW的能量。横向和轴向的空间分辨率分别是0.3μm和1.7μm。我们研究了细胞核被绿色荧光蛋白（GFP）标记的酵母细胞（*Schizosaccharomyces pombe*）。

16.2.2 空间分辨的拉曼光谱

图16.1是单个活体酵母细胞在G1/S期的空间分辨拉曼光谱。这些光谱是在低营养环境下得到的，这样使得减缓细胞循环以允许300s的长时间曝光。图16.1(a)、(b)、(d) 分别对应细胞核、线粒体和隔膜的光谱。这些测得拉曼光谱的位置在插图中通过字母a、b、d指明。使用线粒体被GFP标记的细胞，我们证实了图16.1(b) 的光谱来自线粒体。来自细胞核的光谱通过已知的蛋白质拉曼带占到了主导地位。特别的，图16.1(a) 的波段显示了酰胺Ⅰ模式的主链（1655～1660cm^{-1}）、C—H弯曲脂肪族链（1450cm^{-1}和1340cm^{-1}），酰胺Ⅲ模式的主链（1250～1300cm^{-1}）和在蛋白质中关于苯丙氨酸残基的呼吸模式（1003cm^{-1}）。众所周知，酰胺Ⅰ和Ⅲ灵敏波段频率是关于蛋白主链的第二构造的标记者。在最近的研究中，在1654～1659cm^{-1}的范围内观察到了酰胺Ⅰ波段，这说明了α-螺旋结构处于控制[12]。对于第二结构，因为波段广阔，所以需要进一步详细研究，因此不能忽视来自其他第二构造的分布。活体细胞蛋白第二结构的新视角对于联系天然未褶皱蛋白的存在非常重要[12,13]，这在前几年已经集中讨论过了。除了蛋白质以外，在781cm^{-1}和1576cm^{-1}观察到了微弱的波段，可以归属为核酸。根据孤立细胞核成分分析的结果，*S. pombe* 细胞核内DNA/RNA/蛋白的化学组成比例是1/9.4/115[14]。这个比例说明了蛋白质在孤立细胞核中比细胞核酸高10倍还多。这个结果符合最新研究中在活有机体内拉曼光谱观察到的结果。853cm^{-1}波段对于825cm^{-1}波段的强度比率被认为是酚羟基中氢键强度的指示器[15]。

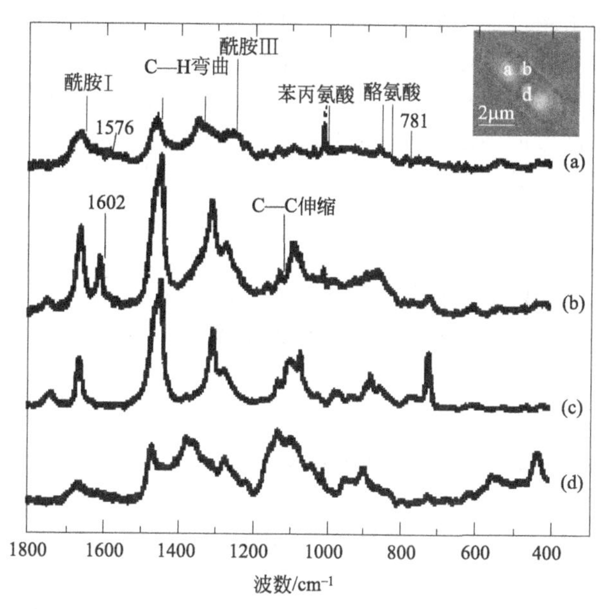

图 16.1 单个 G1/S 期的单个分裂酵母活细胞的空间分辨拉曼光谱：(a) 细胞核；(b) 线粒体；(c) 磷脂酰胆碱（脂质双层的模式成分）；(d) 隔膜

线粒体的拉曼光谱［图 16.1(b)］在除了 $1602cm^{-1}$ 的强度波段以外与磷脂酰胆碱［图 16.1(c)］的相同。除了 $1602cm^{-1}$ 带，参照磷脂酰胆碱光谱的归属，图 16.1(b) 中所有突出带都可归属为磷脂振动模式[16,17]。$1000\sim1150cm^{-1}$ 范围的 C—C 骨架伸缩模式已知可以对构造碳氢链很灵敏[18]。在 $1062cm^{-1}$ 和 $1122cm^{-1}$ 的波段可以归于全反式链的异向和同向模式。另外，$1082cm^{-1}$ 波段是由于偏转的构造。偏转波段对于反式波段的强度比率在线粒体拉曼光谱［图 16.1(b)］中要大于在磷脂酰胆碱拉曼光谱［图 16.1(c)］中。这个发现意味着线粒体膜的碳氢链比纯磷脂酰胆碱的构造更加不规律。

隔膜的拉曼光谱如图 16.1(d) 所示。该带基本上被归于多糖。我们发现了细胞分裂过程的隔膜拉曼光谱的变化。基于双糖正态模式分析[19,20]，这个改变被认为是糖类分子的逐渐聚合。

16.2.3 分离的分裂酵母细胞的时间空间分辨的拉曼光谱

由于细胞分裂过程，预期拉曼光谱会激烈地改变，细胞器的分子组成反映了这个改变。图 16.2 是在 YE 液体培养基中酵母细胞分裂的时间空间分离的拉曼光谱。我们从早期的 M 期［图 16.2(a)］开始拉曼测量，这时分裂细胞核是处于细胞中央的。在 9min 时［图 16.2(b)］，两个细胞核留出对称的细胞周长。在 1h13min（G1/S 期）时，细胞核完全分裂并位于细胞的两端。在接下来的 G1/S 期，隔膜从细胞膜开始形成，如图 16.2(d) 所示。最后，隔膜在 5h54min［图 16.2(e)］时变得成熟。在有丝分裂的过程中，拉曼光谱改变明显。最开始的拉曼波段归结于细胞核蛋白。9min 时的光谱是线粒体和细胞质的重叠。这就是说在细胞的中间部分开始生成线粒体。在 1h13min [图 16.2(c)]，线粒体产生的磷脂带在拉曼光谱里发生明显变化。也要注意到在 1602cm^{-1} 的拉曼位移处发现了强度波段。这个波段的强度如同 1654cm^{-1} 处的波段，明显高于图 16.1 中空间分辨实验中观察到的其他波段。这个关于 1602cm^{-1} 带到线粒体的代谢活性的结果是有趣的。时间空间分辨拉曼光谱是从在 YE 液体培养基里的酵母细胞分裂得到的，虽然空间分辨拉曼光谱（图 16.1）测量于低营养环境。这意味着在 1602cm^{-1} 的波段强度取决于营养环境。图 16.2 中在 1602cm^{-1} 处较强的波段表示在 YE 培养基中的酵母细胞里的较高代谢活性。

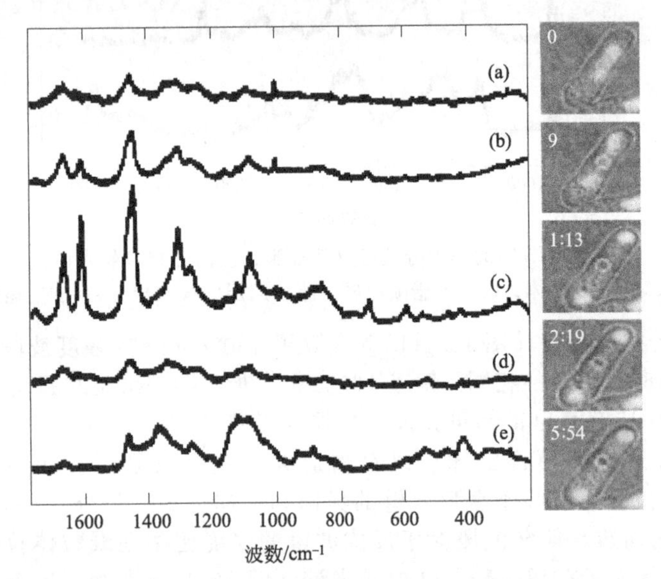

图 16.2 活酵母细胞中心部分的时间空间分辨拉曼光谱（白色虚线圆圈表示激光光束点）

16.2.4 关于“生命信号的拉曼光谱”的发现

为了进一步详细研究在 1602cm^{-1} 处波段强度和线粒体的代谢活性间的关系，进行了下述实验。为了观察呼吸抑制剂对 1602cm^{-1} 波段强度的影响，我们向酵母细胞样本中添加了 KCN 溶液。由 KCN 处理的酵母细胞的时间空间分辨拉曼光谱如图 16.3 所示。时间分辨率是 100s。在加入 KCN 前的 5min，拉曼光谱在 1602cm^{-1} 处和在 1655cm^{-1}、1446cm^{-1} 和 1300cm^{-1} 处众所周知的磷脂波段有强烈的吸收 [图 16.3(a)]。在加入 KCN 后的 3min [图 16.3(b)]，在 1602cm^{-1} 处波段的强度明显降低，并且其他的波段保持不变。1602cm^{-1} 波段随着时间的流逝变得微弱 [图 16.3(c) 和 (d)]，并最终在 39min 时消失 [图 16.3(e)]。附带的，磷脂波段逐渐从高分辨率尖峰变化到弥漫广阔的宽峰。

1003cm^{-1}处的蛋白质峰没有变化，并且在整个实验过程中没有其他的峰出现。我们从以下两步来考虑附加的KCN对活体酵母细胞线粒体的影响。首先，细胞呼吸被抑制，线粒体的代谢活性降低。这个过程通过1602cm^{-1}波段强度的急剧降低被监测到。其次，线粒体的双模结构被低活性降低，并且最终被毁坏。这个过程被磷脂波段的改变所探查。1602cm^{-1}波段很可能通过线粒体代谢活性探测到，并观察显示KCN处理的酵母细胞的主要死亡过程。因此，我们命名这个波段为“生命信号拉曼光谱”。

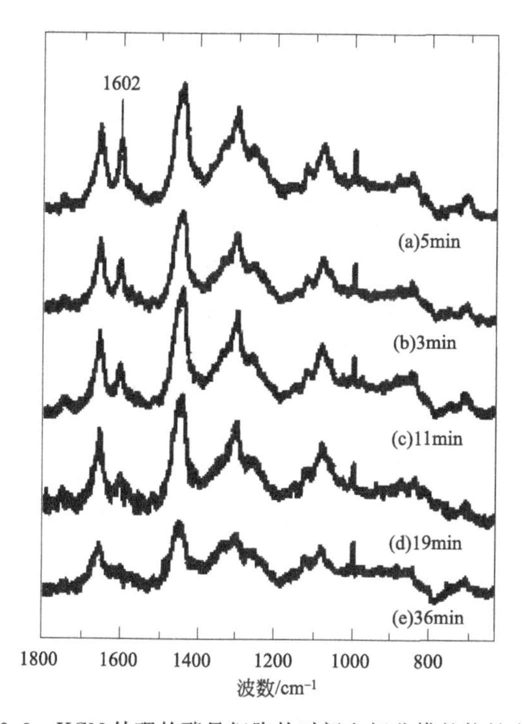

图 16.3 KCN处理的酵母细胞的时间空间分辨的拉曼光谱

16.3 活体内单个萌芽期酵母细胞的自然死亡过程的时间分辨拉曼成像

16.3.1 萌芽期酵母细胞的胞液和晃动躯体

胞液是酵母细胞里最大的细胞器之一。胞液的功能包括氨基酸存储和解毒功能。在萌芽期酵母（*S. cerevisiae*）胞液中，一个名叫晃动躯体的粒子偶尔会出现并短暂地活跃移动。虽然先前的荧光研究表明，晃动躯体的主要分子组成是多磷酸盐[21]，但这并不明确。研究晃动躯体的困难之一是我们不能将它从胞液中分离出来。我们通过时间空间分辨拉曼光谱（没有数据显示）调查晃动躯体的分子组成，并探测由晶体般的多磷酸盐组成的晃动躯体[10]。

16.3.2 随着晃动躯体出现的自发性死亡进程

图 16.4 展示了单个活体萌芽期 *S. cerevisiae* 在时间跨度为 20h 的时间分辨拉曼图像［图 16.4(a)］和光学显微镜图像［图 16.4(b)］。从图 16.4(b) 的显微图像，可以看见晃动躯体在 5h50min 和 6h 间形成于胞液。然后，胞液消失在 8h41min 到 9h31min 间。最后，细胞被完全毁坏在 9h31min 到 19h37min 间。这明显说明在显微图像中的改变反映了 *S. cerevisiae* 细胞的自发性死亡过程。我们确认图 16.4 显示的自发死亡过程在没有激光放射下也会出现在细胞中。我们检查了 642 个细胞发现，一旦晃动躯体在胞液形成，细胞最终无一例外地死亡。如图 16.4(b) 所示，通过 $1602cm^{-1}$、$1440cm^{-1}$、$1160cm^{-1}$ 和 $1002cm^{-1}$ 处的拉曼成像，我们追踪了这些在分子水平上的改变。$1602cm^{-1}$ 波段即“生命信号拉曼光谱”反映了分子代谢活性。因此，它显示了活性线粒体在细胞内的分布。在 $1445cm^{-1}$ 处的波段是关于磷脂的 C—H 弯曲模式，它对应包含高浓度磷脂的线粒体分布。在 $1160cm^{-1}$ 处的多磷酸盐波段提供了包括晃动躯体位置的磷酸盐分布成像。在 $1002cm^{-1}$ 处的波段是甲基丙氨酸的呼吸模式，并显示了细胞内的蛋白分布。在 0min 时，细胞有如 $1602cm^{-1}$ 图像所示的活跃的线粒体。磷脂（$1440cm^{-1}$）和蛋白质（$1002cm^{-1}$）仅位于胞液外部，但是一些多磷酸盐于胞液的内、外部分同时存在。在 6h 时，当晃动躯体突然可见，线粒体代谢活性显著降低，如 $1602cm^{-1}$ 图像所示，虽然线粒体（$1440cm^{-1}$）分布没有明显改变。$1160cm^{-1}$ 波段提供了覆盖胞液绝大部分的图像，意味着晃动躯体通过激光场被

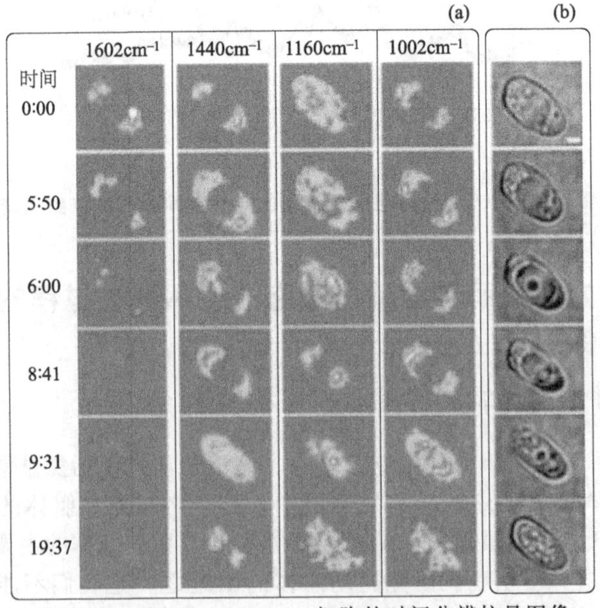

图 16.4 死亡 *S. cerevisiae* 细胞的时间分辨拉曼图像
(a) 和对应的光学显微图像 (b)（彩图位于封三前）

俘获并且在胞液内伴随激光点移动。这时蛋白分布没有变化。在 8h41min，晃动躯体停止移动，并停留在胞液的较下部分。在这个阶段，线粒体代谢活性完全失去，同时线粒体和蛋白分布没有明显改变。在 9h31min，胞液消失，而剩余的晃动躯体仍存在于细胞中央。拉曼图像显示，在该阶段细胞内分子分布高度随意。这意味着细胞失去结构。在 19h37min，细胞分布完全自由，表明该细胞没有任何活性。至此，凭借在分子水平的活体时间分辨拉曼图像形象化了自发性细胞死亡过程。

16.4　单个光谱细胞的非线性显微拉曼光谱和成像

16.4.1　超宽带多元相干反斯托克斯拉曼散射过程

如上所述，显然显微拉曼光谱对于在活体中以三维分割能力阐明细胞结构是有用的。然而，它可能不适合追踪细胞内部的详细动态行为，因为它效率相当低。自发性拉曼光谱通常需要几分钟才能得到一个光谱。这样的低效源于小散射穿过了自发性拉曼过程的部分。以高速度得到振动光谱的替代性方法是相干反托斯克斯拉曼散射（CARS）[5,22-27]。特别的，多元 CARS 显微光谱是很理想的选择，因为它得到振动光谱很高效[24,28-31]。图 16.5 展示了多元 CARS 过程的能量示意图。多元 CARS 过程需要两个激光源，也就是窄波段泵浦激光（ω_1）和宽波段斯托克斯激光（ω_2）。多元振动相干是可产生的，因为频率差宽广的光谱范围，$\omega_1 \sim \omega_2$。如果我们可以准备超短激光脉冲，脉冲拉曼激励和随后的窄波段探针同样可以产生多元 CARS 光谱[32,33]。关于多元 CARS 显微光谱的一个最突出特征在于，它可以通过光谱分析很容易地从结构变化中区别出特殊分子的浓度变化[11]。要强调的是，在 CARS 显微镜中广泛采用的单波数 CARS 探测器不能够区别这两个现象。虽然对于多元 CARS 光谱覆盖有几个局限，这主要是由于激光发射带宽引起的[24,28-31]，但是使用产生于光子晶体光纤[11,34-36] 或锥尖光纤[37] 的超连续光源已经明显扩大了光谱覆盖。最近，多元 CARS 显微光谱学

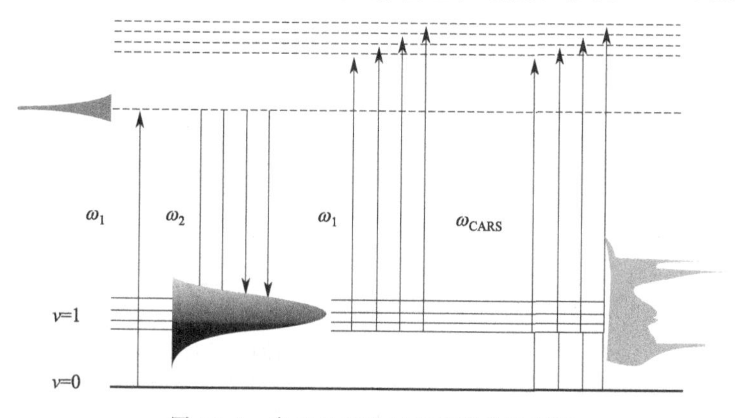

图 16.5　多元 CARS 过程的能量示意图

的光谱覆盖已经延伸到了超过 3500cm^{-1}。

16.4.2 用于超宽带多元 CARS 显微光谱的实验仪器

图 16.6 是多元 CARS 显微光谱仪的图解。非放大互锁模式 Ti:蓝宝石激光器(Coherent，Vitesse-800）作为泵浦激光在 800nm 波长提供固定激励。典型持续时间、脉冲能量和重复率分别是 100fs、12nJ 和 800MHz。来自振荡器的部分输出被用作在 PCF（晶体光纤，NL-PM-750）中产生超连续谱的种子。超连续谱产生的输入脉冲能量低于 2.3nJ。如图 16.6 所示，Ti:蓝宝石激光和超连续的基波振荡分别用于泵浦(ω_1）和斯托克斯（ω_2）激光。为了得到高频率分辨的拉曼光谱，泵浦激光脉冲是用窄带带通滤波器严格过滤的。带宽大约为 20cm^{-1}。因为泵浦激光在近红外（NIR）范围，所以斯托克斯激光同样在此范围。超连续谱中的可见成分因此被长波长通过滤波器所封锁。由于近红外激励，我们可以预期有几个好处，例如低光破坏、抑制非共振背景信号和对不透明样本的较深的穿透深度。两个激光脉冲使用 800nm 陷波滤波器得到共线重叠，然后通过 40×0.9NA 物镜紧聚焦在样本上。在紧聚焦情况下，由于大角度的散布和小交互作用体积使得相位匹配条件放宽[38,39]。放宽相位匹配的条件是重要的，特别是对于 CARS 光谱学，因为使用超宽带斯托克斯激光可以同时完成宽范围的振动共振。40×0.6NA 物镜用来收集正向传播的 CARS 信号。最后，CARS 信号被引向多色仪（Acton，Spectra-300i），并且通过 CCD 相机探测（Roper 科学，Spec-10：400BR/XTE)。多元 CARS 图像通过 CARS 光谱的点到点采集来测量。样

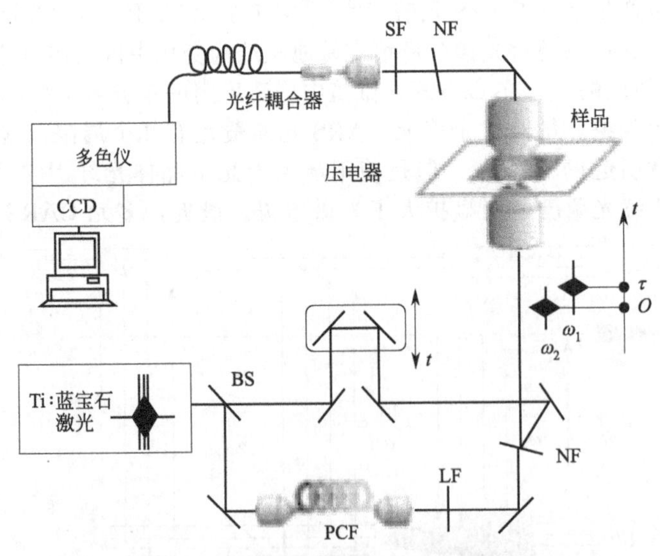

图 16.6 多元 CARS 显微光谱的实验仪器

BS—分束器；CCD—电荷耦合检测器；LF—长波长通过滤波器；
NF—陷波滤波器；SF—短波长通过滤波器；PCF—晶体光纤

本通过电压式驱动 xyz 传送器（MadCity，Nano-LP-100）移动。我们使用分裂酵母 *S. pombe* 作为样本[7-9]。酵母细胞原子核通过 GFP 标记。

16.4.3 单个活细胞的 CARS 图像

图 16.7(a) 显示了活体酵母细胞的 CARS 信号的典型光谱概况。由于显示清楚，在 2840cm^{-1} 的拉曼位移处观察到一个强烈的信号。该波段源于 C—H 伸缩振动模式，它显示了由非共振背景干扰引起的轻微色散谱线形状。基于我们先前自发性拉曼[7-9] 和 CARS[11] 研究，线粒体中在 2840cm^{-1} 处的拉曼位移的信号特别强，因为线粒体是包含高浓度磷脂的细胞器。图 16.7(b) 是使用演化方法的 C—H 伸缩模式的共振 CARS 图像[11]。图 16.7(a) 所示的酵母细胞的 CARS 光谱测于 $(x, y)=(5.65\mu m, -3.05\mu m)$ 处，如图 16.7(b) 中黑色叉号所示。在图 16.7(b) 中，清楚地观察到在不同细胞循环阶段的酵母细胞。特别的，酵母细胞中一个隔膜被形象化在图 16.7(b) 中心附近。隔膜由例如多糖的碳水化合物组成，多糖也富含 C—H 键。

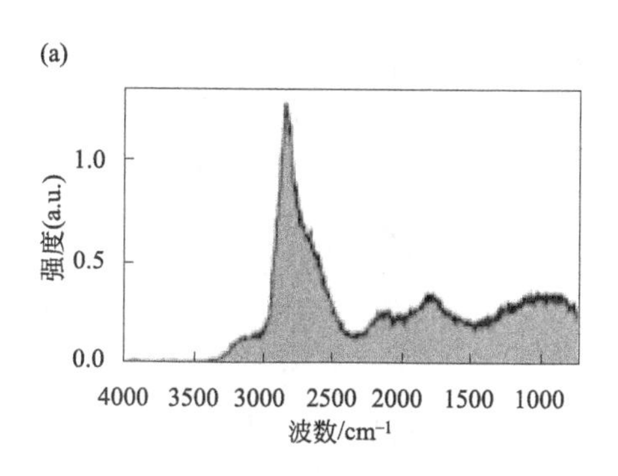

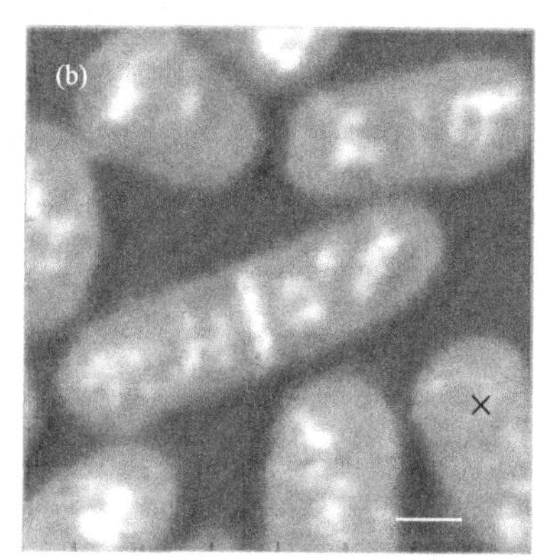

图 16.7 (a) 来自活体酵母细胞的 CARS 信号的典型光谱轮廓；(b) 在 C—H 伸缩振动模式的拉曼位移处的活体酵母细胞 CARS 图像（短轴尺寸为 2μm）

由于其三维分布能力，CARS 显微镜使我们不仅可以得到活酵母细胞的横向切片，还可以得到其轴向切片。图 16.8(a) 是酵母细胞的横向 CARS 图像。图 16.8(b) 对应于在 $y=0$ 位置的酵母细胞的垂直切片。CARS 信号在顶端比在低端要微弱。这样的变化是因为由细胞内部的空间不均匀折射指数所导致的 2 个激光束不完全聚焦。

16.4.4 单个活细胞的多重非线性光学图像

超连续光源同样可以作为双光子荧光（TPEF）的激励光源[40-42]。由于超连续谱的宽波段光谱滤波，对比于传统 TPEF 显微镜，使用 Ti:蓝宝石振荡器可以有效激发双光子所允许的电子态。图 16.9(a) 是在 100ms 暴露时间下的 CARS 和 TPEF 光谱。在目前的研究中，酵母细胞的细胞核是由 GFP 标记的。在 506nm

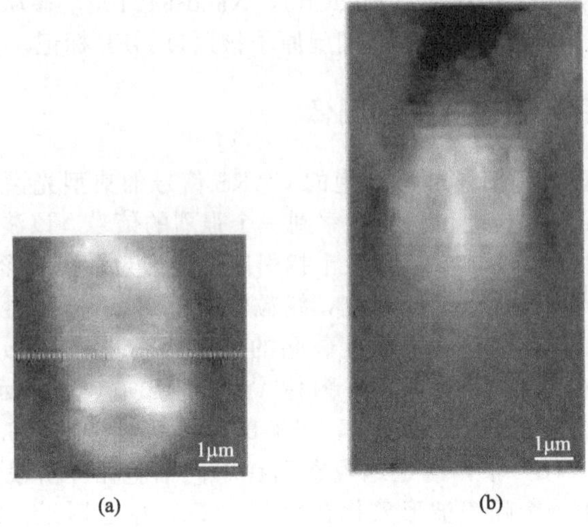

图 16.8 酵母细胞在 C—H 伸缩振动模式的横向（a）和轴向（b）的 CARS 图像（短轴对应于 1μm）

附近观察到一个广泛但是可辨别的峰。考虑到这个信号的光谱外形，由于 GFP 它被认为是 TREF 信号。图 16.9(b) 和（c）是 CARS 图像。要注意到，在一个单个测量中同时得到多元 CARS 和 TPEF 的图像。因为在光谱区域内 CARS 和

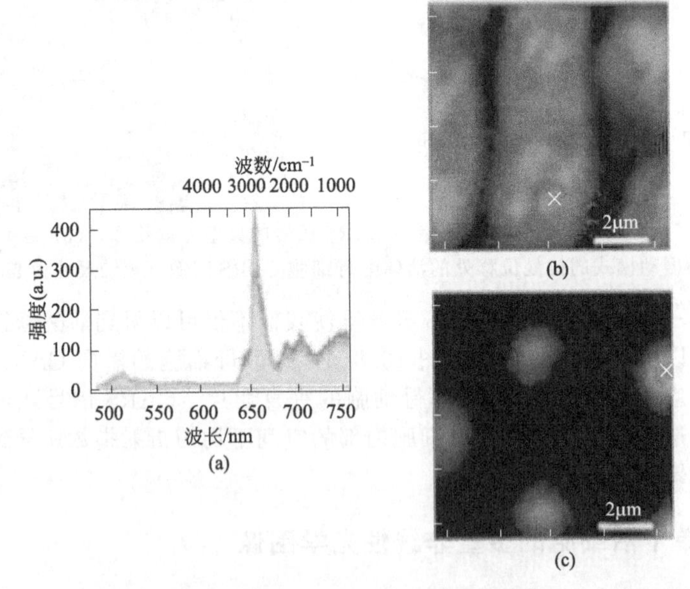

图 16.9 （a）活酵母细胞的 CARS 和 TPEF 信号的光谱轮廓；（b）活酵母细胞关于 C—H 伸缩模式的 CARS 横向图像；（c）相同系统在 506nm 处的 TPEF 横向图像［（a）中红色和绿色光谱是在（b）和（c）中白色和黑色叉号标记位置得到的］（彩图位于封三前）

TPEF 信号没有重叠，所以使用分光仪可以容易地分离它。虽然使用两个同步化 Ti:蓝宝石振荡器已经公布了 CARS 和 TPEF 信号的双重成像[43]，但是在最近的研究中第一次得到全光谱信息。

总之，我们可以使用超宽波段多元 CARS 显微镜以高速度得到拉曼光谱和拉曼图像。此刻，暴露时间是 30ms，这是自发性拉曼显微镜时间的 1/30。

16.4.5 细胞分裂过程的活体测量

CARS 仪器可以使我们以高速度得到振动光谱图像。我们可以将它应用于细胞分裂过程[44]。图 16.10(a) 和 (b) 分别是 C—H 伸缩模式的 CARS 和 TPEFF 图像。样本是细胞核用 GFP 标记的活体分裂酵母细胞。左上方的数字是观察时间。每个空间点的暴露时间是 50ms。每个图像由从底部到顶部扫描样本得到的 61×61 CARS 光谱来构建。得到一个图像要花费 3.8min，这决定了在目前的实验中的时间分辨率。一开始在 G1 期观察到两个活细胞。两个细胞在细胞中心附近有隔膜。在每个部分都观察到了膜性细胞器的一个强烈的 CARS 信号。首先，我们集中于

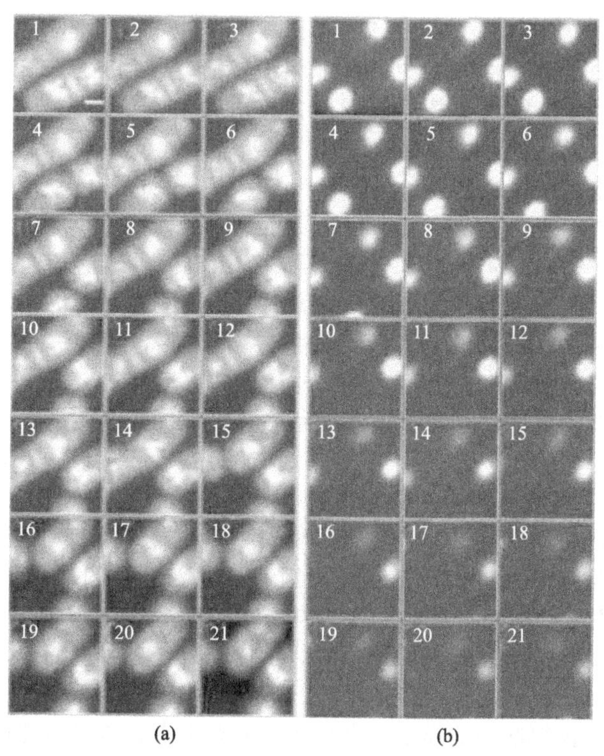

图 16.10 分别在 C—H 伸缩振动模式 (a) 和 TPEF (b) 图像的 CARS [样本是细胞核被 GFP 标记的活酵母细胞。比例尺对应 2μm。左上方数字是观察的时间进程。每个空间点的曝光时间是 50ms。横向 (*XY*) 图像包含 61×61 的像素，并每隔 3.8min 测量一张图像]

在图像较低那边的酵母细胞。来自隔膜的CARS信号在细胞分裂［从（a-1）到（a-4）］中降低。细胞最终分裂成两个子细胞（a-4)。其中一个子细胞几乎离开（a-8）中的可见区域。对于另一个子细胞，相比于分裂进程［从（a-1）到（a-4)］，细胞内部的CARS信号没有显示从（a-10）到（a-21）的重要分布改变。其次，探讨了上面区域的酵母细胞。来自隔膜的CARS信号从（a-1）到（a-10）逐渐增强。接下来，在（a-13）附近它轻微地降低，在（a-15）细胞分裂成两个子细胞。在细胞分裂之后，视野内的子细胞仍然是细胞内的CARS强度的动态分布变化，这与在低区域的细胞相反。这可以通过在轴向的细胞器移动所解释。如图16.10(b)所示，在观察期间，细胞内部核的相关位置在细胞循环过程中不能明显改变。也要注意到，TPEF信号在细胞分裂过程中变得越来越弱。这很可能是由于激光照射的光漂白效应。另外，CARS信号强度没有变化。这个结果证明CARS图像的另一个优点，这并不天生受光漂白效应所损害。

16.5 显微拉曼高光谱

使用自发性拉曼和/或CARS显微光谱，我们可以考察化学和生物系统的构造和动态，例如在活有机体里的活体细胞。然而，因为选律，拉曼和CARS仅允许我们观察拉曼活性振动模式。因此，在研究中，单独的拉曼或CARS显微光谱学不能充分得到分子的全振动信息。想象一个环境，在其中，我们可以在显微镜下得到生物系统中未知物种的拉曼光谱，并且我们不能用X射线晶体学和/或NMR提取它来分析。然后，我们想要在相同显微镜下测量红外（IR）光谱。然而，红外显微镜的空间分辨率被特别限制。由于红外线的衍射局限，它在几微米量级上成像。虽然近红外技术已经被引入红外显微镜，但仍在发展阶段[45,46]。为了克服这个困难，我们已经发明了显微拉曼高光谱，它允许用和显微拉曼光谱一样高的空间分辨率考察拉曼惰性但红外活性的振动模式。这个发明是实现完全振动显微光谱学的新方法，它不被选律限制并提供仅在显微镜下探测到的分子的完全振动信息[47]。

1965年第一次观察到超拉曼HR散射，它是非线性拉曼效应之一[48]。从那时起，就有许多理论和实践[48-54]研究者集中于这个现象。根据选律[49-52]，所有红外活跃振动模式都是HR活跃的。因此，随着可见的或近红外激光源的使用，HR显微镜可以用和拉曼显微镜一样高的空间分辨率得到IR等价的振动信息。此外，非线性性质过程提供了一些优于传统拉曼显微镜的地方，例如固有的三维分割能力和没有单光子荧光的干涉。

目前研究中我们选择的样本是全反式β-胡萝卜素，这是自然中广泛存在的类胡萝卜色素。这个选择有两个理由：一个是可以表明，在显微镜下自然基底可以是一个很好的HR探针；另一个是证明在互斥原则下的选律。注意，全反式β-胡萝卜素有反转对称性。

光源是锁模的Ti∶蓝宝石激光器(Coherent，Vitesse-800)，这与多元CARS显微光谱学光源是相同的。飞秒激光的输出太宽而不能用于 HR 激励。因此，用窄带通滤波器或光栅和狭缝对它进行频谱滤波。一个可调中性点密度滤波器用于调制激励能量。滤波激光输出被引向倒转显微镜（尼康，TE2000-S），然后通过物镜（40×NA0.9）聚焦于样本。HR 散射通过相同物镜被收集，穿过分色镜和一对短波长滤波器（Asahi Bunko），耦合进入光纤以被引向分光仪（Acton，SpectraPro-300i）。最后，HR 光谱在电子耦合器（CCD，Roper Scientific Spec-10：400BR）中记录。通过用压电驱动 xyz 转换器（MadCity，Nano-LP-100）扫描样本获得一个 HR 图像。要注意，这个仪器是多元 CARS 系统的一部分。通过阻断斯托克斯超连续谱，该系统可以从 CARS 转变到 HR 显微光谱学。

用显微拉曼分光仪（Nanofrnder、Tokyo Instruments，Inc.）得到自发性拉曼光谱。光源为连续 CW 氦氖激光器。在 JASCO FT/IR-670 分光仪上记录 KBr 盘中的中红外吸收光谱。

从 WAKO 纯化学工业和 Nacalai Tesque 公司购买全反式 β-胡萝卜素和苯。所有试剂直接使用而没有进一步提纯。胡萝卜素微晶体通过苯溶液重结晶得到。目前研究使用的微晶体典型长度是 20μm。所有样本在红外灯下制备。

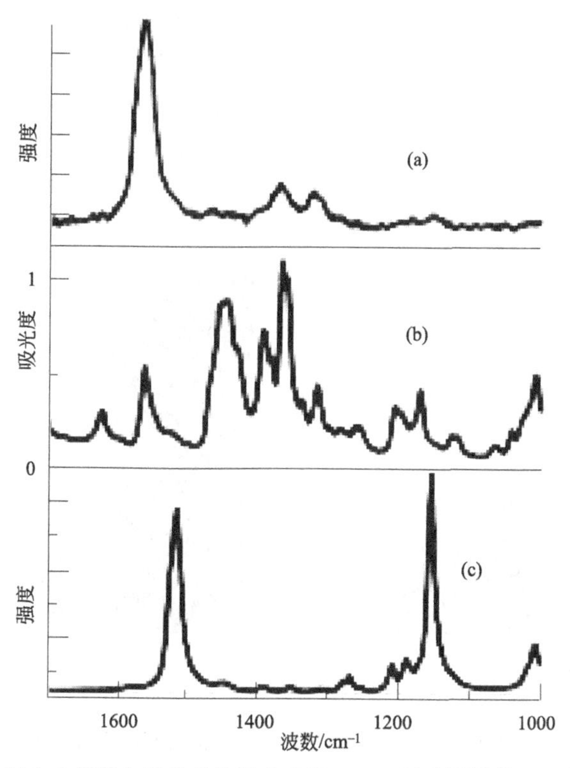

图 16.11 全反式 β-胡萝卜素结晶的振动光谱：KBr 压片测量的 HR 光谱（a），拉曼光谱（b），红外吸收光谱（c）（一个垂直实线显示 $1564cm^{-1}$。在样本尖端以 3mW 的脉冲能量得到 HR 光谱。曝光时间是 5min。HR 光谱已经对双光子荧光背景进行了修正）

结晶的全反式β-胡萝卜素的 HR、拉曼和 IR 光谱如图 16.11 所示。在 HR 光谱中，在 1564cm^{-1} 处观察到一个强烈的波段。这不同于在 1523cm^{-1} 的拉曼光谱，但和在 1561cm^{-1} 的 IR 光谱非常接近。这个波数与全反式β-胡萝卜素的正坐标分析一致[55]。假定所有的全反式胡萝卜素属于点集 C_{2h}，HR 活性振动模式应该是红外活性。因此，在 1564cm^{-1} 处的 HR 信号无差错地归因于共轭链的 C═C 和 C—C 伸缩振动[55]。对于图 16.11 所示的 HR 和 IR 光谱，我们注意到 HR 和 IR 波段的相对强度不同。事实上，在 HR 光谱中没有观察到一些 IR 活性波段。这可以通过考虑 HR 和 IR 信号强度的来源解释。HR 信号是通过关于振动正坐标的超极化率第一衍生物产生的，而 IR 则是通过偶极矩的类似衍生物产生的。电子共振影响可能也可归结于 HR 信号。我们同样在环己烷溶液中测量全反式β-胡萝卜素。溶液中的整个光谱轮廓和在显微镜中观察到的相似。

图 16.12(a) 是在 1s 时测量的全反式胡萝卜素微晶的整个光谱轮廓。在 0cm^{-1} 处观察到一个强烈的信号，它对应于超瑞利散射或激励激光区域的二次

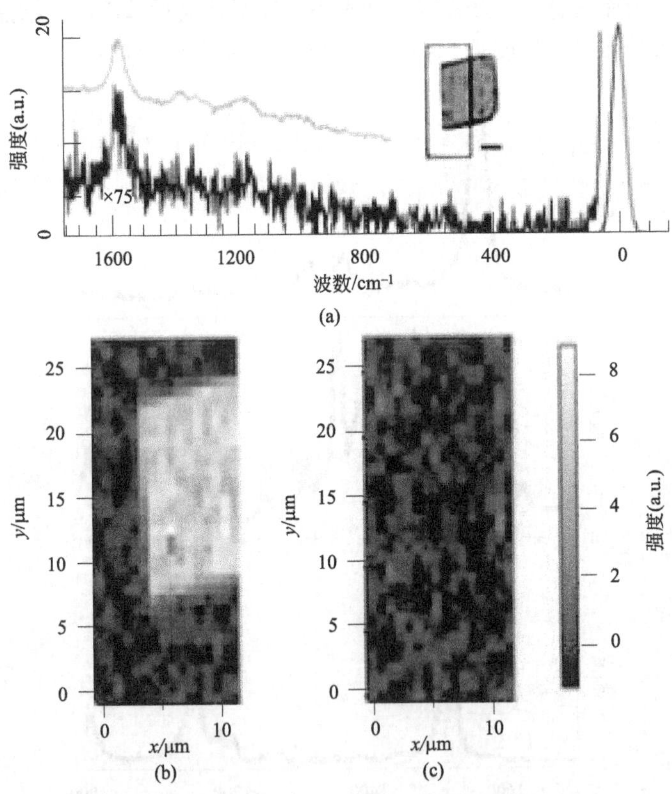

图 16.12 1s 时全反式胡萝卜素的 HR 光谱 (a)。通过平均结晶的 220 个空间分辨光谱得到灰色线；在 1564cm^{-1} (b) 和 1944cm^{-1} (c) 的拉曼位移处结晶的 HR 图像（插图是相同结晶的显微图像。插图中黑棒表示 5μm。在样本尖端入射激光的脉冲能量为 8mW。对每个像素的曝光时间是 1s。整个图像在 10min 内得到）

谐波。宽的背景可能是由于样本的双光子荧光。图 16.12(b) 和 (c) 分别是在 1564cm^{-1} 和 1944cm^{-1} 拉曼位移处的微晶的两个 HR 横向图像。正如图 16.12 (b) 所清楚表明的，在 1564cm^{-1} 处成功得到 HR 图像。另外，在 1944cm^{-1} 处没有观察到振动对比 [图 16.12(c)]。图 16.12(b) 中的高振动对比有着对一个像素短至 1s 的曝光时间，它证明了 HR 显微光谱作为振动成像的新工具的可行性。

正如下面介绍的，HR 显微光谱学有着比传统 IR 显微光谱学高很多的空间分辨率。首先，评价横向空间分辨率。图 16.13(a) 是图 16.12 显示的结晶边缘处的 HR 强度轮廓。通过用高斯卷积阶跃函数拟合该轮廓，半峰全宽被确定为 $(0.6\pm0.2)\mu m$。虽然 $0.6\mu m$ 被认为是最大可能的空间分辨率，但它正好对应了来自激光束点大小的理论值[3] $0.61\lambda/\sqrt{2}\,NA=0.38\mu m$。这强调了，我们已经成功地得到了拥有亚微米分辨率的红外活性振动模式的振动图像。显微镜的空间分辨率取决于聚焦激光光束点的大小。如果紧聚焦到衍射极限，则点的大小跟入射光波长成比例。因此，使用长波长光的 IR 显微镜很难达到高空间分辨率。通过有针尖增强红外吸收技术[7] 或定制孔径探针的 IR 近场扫描光学显微镜（IR-NSOM)，已经得到了拥有亚微米分辨率的 IR 显微镜[46]。然而，IR-NSOM 对光学样本的应用有很大局限，因为 IR-NSOM 没有三维分割能力。水的强烈吸收干扰同样是 IR 显微镜的一个缺点。我们发明的 HR 显微光谱学可以视为唯一的替代，因为它可以使我们得到亚微米空间分辨率的 IR 活性模式的振动光谱图像。而且，HR 显微光谱学还可以被用于测量 IR 和拉曼非活性振动模式。

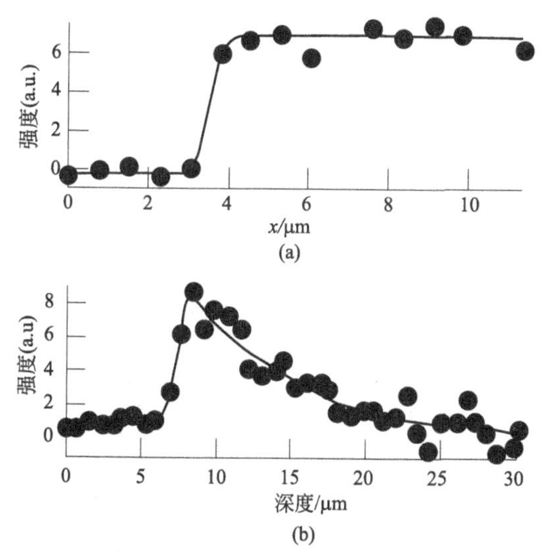

图 16.13 (a) 在 1564cm^{-1} 处的结晶和在 1574cm^{-1} 处的环己烷中的全反式 β-胡萝卜素的 HR 信号（整圆）的侧面 (a) 和轴向 (b) 亮度轮廓（拟合曲线由实线表明）

其次，我们讨论深度分辨率。利用二阶非线性光谱过程，HR 显微光谱学有固有的高轴向分辨率。图 16.13(b) 表现了在 $1574cm^{-1}$ 处环己烷溶液中 β-胡萝卜素的 HR 信号的深度相关性，这是穿过保护玻璃和溶液的交界面测量的。这个强度轮廓非常符合高斯卷积的单指数函数。这个指数的衰减很可能是溶液对散射光的再吸收。从在玻璃/溶液界面的信号上升，这个轴向空间分辨率被估计为 $(1.4\pm0.4)\mu m$。观察到的轴向分辨率跟理论估计值[3] $2\lambda/\sqrt{2}NA^2=1.4\mu m$ 相差无几。

HR 显微光谱学可以在显微镜下提供关于拉曼非活性而不是红外活性模式的共振信息。随着仔细地选择激励激光波长和使用电子共振，我们相信这个技术可以用于各种有机物质。横向和轴向空间分辨率分别小于 $0.6\mu m$ 和 $1.4\mu m$。HR 显微光谱学的横向分辨率远优于传统的红外显微镜。因此，拉曼和 HR 方法的结合实现了不受选律限制的高空间分辨率振动显微光谱学。

16.6 结论

由于它固有的高的分子特异性，线性和非线性拉曼光谱提供了活细胞中关于分子组成、构造和动态的丰富信息。另外，"生命信号拉曼光谱"使我们可以无须类似于染色标记的任何预处理即可形象化线粒体代谢活性。在不久以后，我们将可以使用时间和空间分辨的线性和非线性拉曼光谱，在分子水平上定量讨论单个活细胞的生存和死亡。

致谢

非常高兴编辑我们最近关于活细胞拉曼光谱和图像的研究，这一过程在东京大学实验室进行。作者很感谢所有实验室成员的合作和支持。同样感谢 T. Karashima 先生、M. Yamamoto 教授和 A. Toh-e 教授的支持。

参考文献

1. Puppels, G. J., De Mul, F. F. M., Otto, C., Greve, J., Robert-Nicoud, M., Arndt-Jovin, D. J., and Jovin, T. M. (1990) *Nature* **347**, 301.
2. Maquelin, K., Choo-Smith, L. P., van Vreeswijk, T., Endtz, H. P., Smith, B., Bennett, R., Bruining, H. A., and Puppels, G. J. (2000) *Anal. Chem.* **72**, 12.
3. Schuster, K. C., Urlaub, E., and Gapes, J. R. (2000) *J. Microbiol. Methods* **42**, 29.
4. Mohacek-Grosev, V., Bozac, R., and Puppels, G. J. (2001) *Spectrochim. Acta* **57A**, 2815.
5. Cheng, J.-X., Jia, Y. K., Zheng, G., and Xie, X. S. (2002) *Biophys. J.* **83**, 502.
6. Xie, C. and Li, Y.-Q. (2003) *J. Appl. Phys.* **94**, 6138.
7. Huang, Y.-S., Karashima, T., Yamamoto, M., and Hamaguchi, H. (2003) *J. Raman Spectrosc.* **34**, 1.
8. Huang, Y.-S., Karashima, T., Yamamoto, M., Ogura, T., and Hamaguchi, H. (2004) *J. Raman Spectrosc.* **35**, 525.
9. Huang, Y.-S., Karashima, T., Yamamoto, M., and Hamaguchi, H. (2005) *Biochemistry* **44**, 10009.
10. Naito, Y., Toh-e, A., and Hamaguchi, H. (2005) *J. Raman Spectrosc.* **36**, 837.
11. Kano, H. and Hamaguchi, H. (2005) *Opt. Express* **13**, 1322.
12. Maiti, N. C., Apetri, M. M., Zagorski, M. G., Carey, P. R., and Anderson, V. E. (2004) *J. Am. Chem. Soc.* **126**, 2399.
13. Jeong, H., Mason, S. P., Barabasi, A. L., and Oltvai, Z. N. (2001) *Nature* **411**, 41.
14. Duffus, J. H. (1975) In: Prescott, D. M. (Ed.), *Methods in Cell Biology*, Academic Press, New York.
15. Siamwiza, M. N., Lord, R. C., Chen, M. C., Takamatsu, T., Harada, I., Matsuura, H., and Shimanouchi, T. (1975) *Biochemistry* **14**, 4870.
16. Gaber, B. P. and Peticolas, W. L. (1977) *Biochim. Biophys. Acta* **465**, 260.

17. Takai, Y., Masuko, T., and Takeuchi, H. (1977) *Biochim. Biophys. Acta* **465**, 260.
18. Lippert, J. L. and Peticolas, W. L. (1971) *Proc. Natl. Acad. Sci. USA* **68**, 1572.
19. Dauchez, M., Derreumaux, P., Lagant, P., Vergoten, G., Sekkal, M., and Legrand, P. (1994) *Spectrochim. Acta* **50A**, 87.
20. Dauchez, M., Lagant, P., Derreumaux, P., Vergoten, G., Sekkal, M., Legrand, P., and Sombret, B. (1994) *Spectrochim. Acta* **50A**, 105.
21. Allan, R. A. and Miller, J. J. (1980) *Can. J. Microbiol.* **26**, 912.
22. Hashimoto, M., Araki, T., and Kawata, S. (2000) *Opt. Lett.* **25**, 1768.
23. Zumbusch, A., Holtom, G. R., and Xie, X. S. (1999) *Phys. Rev. Lett.* **82**, 4142.
24. Wurpel, G. W. H., Schins, J. M., and Mueller, M. (2002) *Opt. Lett.* **27**, 1093.
25. Paulsen, H. N., Hilligsoe, K. M., Thogersen, J., Keiding, S. R., and Larsen, J. J. (2003) *Opt. Lett.* **28**, 1123.
26. Schaller, R. D., Ziegelbauer, J., Lee, L. F., Haber, L. H., and Saykally, R. J. (2002) *J. Phys. Chem. B* **106**, 8489.
27. Ichimura, T., Hayazawa, N., Hashimoto, M., Inouye, Y., and Kawata, S. (2004) *Phys. Rev. Lett.* **92**, 220801/1.
28. Otto, C., Voroshilov, A., Kruglik, S. G., and Greve, J. (2001) *J. Raman Spectrosc.* **32**, 495.
29. Cheng, J. -X., Volkmer, A., Book, L. D., and Xie, X. S. (2002) *J. Phys. Chem. B* **106**, 8493.
30. Oron, D., Dudovich, N., and Silberberg, Y. (2002) *Phys. Rev. Lett.* **89**, 273001.
31. Oron, D., Dudovich, N., Yelin, D., and Silberberg, Y. (2002) *Phys. Rev. Lett.* **88**, 063004/1.
32. Lim, S.-H., Caster, A. G., and Leone, S. R. (2005) *Phys. Rev. A* **30**, 2805.
33. Kano, H. and Hamaguchi, H. (2006) *J. Raman Spectrosc.* **37**, 411.
34. Konorov, S. O., Akimov, D. A., Serebryannikov, E. E., Ivanov, A. A., Alfimov, M. V., and Zheltikov, A. M. (2004) *Phys. Rev. E* **70**, 057601.
35. Kano, H. and Hamaguchi, H. (2005) *Appl. Phys. Lett.* **86**, 121113/1.
36. Petrov, I. G. and Yakovlev, V. V. (2005) *Opt. Express* **13**, 1299.
37. Kee, T. W. and Cicerone, M. T. (2004) *Opt. Lett.* **29**, 2701.
38. Toleutaev, B. N., Tahara, T., and Hamaguchi, H. (1994) *Appl. Phys. B* **59**, 369.
39. Cheng, J.-X., Volkmer, A., and Xie, X. S. (2002) *J. Opt. Soc. Am. B* **19**, 1363.
40. McConnell, C. and Riis, E. (2004) *Phys. Med. Biol.* **49**, 4757.
41. Isobe, K., Watanabe, W., Matsunaga, S., Higashi, T., Fukui, K., and Itoh, K. (2005) *Jpn. J. Appl. Phys. Part* **2**, **44**, L167.
42. Palero, J. A., Boer, V. O., Vijverberg, J. C., Gerritsen, H. C., and Sterenborg, H. J. C. M. (2005) *Opt. Express* **13**, 5363.
43. Wang, H., Fu, Y., Zickmund, P., Shi, R., and Cheng, J.-X. (2005) *Biophys. J.* **89**, 581.
44. Kano, H. and Hamaguchi, H. (2007) *Anal. Chem.* **79**, 8967.
45. Knoll, B. and Keilmann, F. (1999) *Nature (London)* **399**, 134.
46. Masaki, T., Inouye, Y., and Kawata, S. (2004) *Rev. Sci. Instrum.* **75**, 3284.
47. Shimada, R., Kano, H., and Hamaguchi, H. (2006) *Opt. Lett.* **31**, 320.
48. Terhune, R. W., Maker, P. D., and Savage, C. M. (1965) *Phys. Rev. Lett.* **14**, 681.
49. Long, D. A. and Stanton, L. (1970) *Proc. Roy. Soc. Lond. A* **318**, 441.
50. Andrews, D. L. and Thirunamachandran, T. (1978) *J. Chem. Phys.*
51. Ziegler, L. D. (1990) *J. Raman Spectrosc.* **21**, 769.
52. Bonang, C. C. and Cameron, S. M. (1992) *Chem. Phys. Lett.* **192**, 303.
53. Mizuno, M., Hiroo, H., and Tahara, T. (2002) *J. Phys. Chem. A* **106**, 3599.
54. Kelley, A. M., Leng, W., and Blanchard-Desce, M. (2003) *J. Am. Chem. Soc.* **125**, 10520.
55. Saito, S. and Tasumi, M. (1983) *J. Raman Spectrosc.* **14**, 310.

索 引

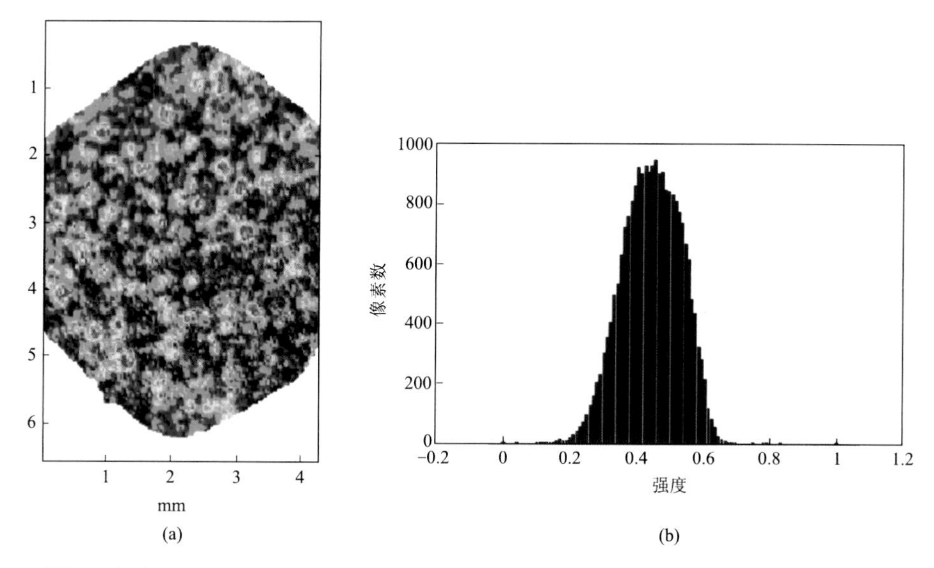

图4.2 包含22400张近红外光谱的NIRCI数据集的药物片剂的成像图和相应的直方图

（完整标题见正文）

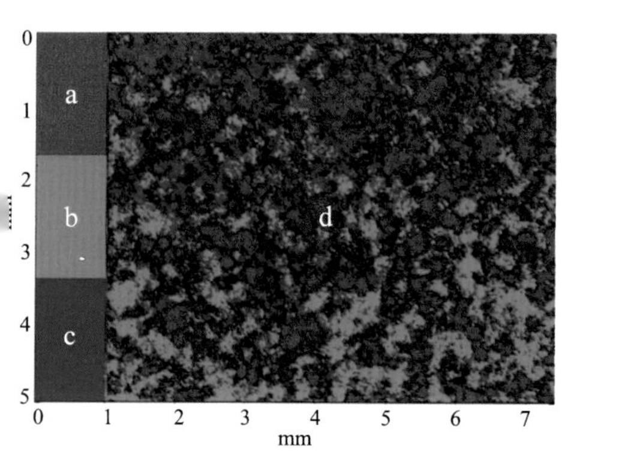

图4.7 三组分混合物的化学图像：a、b和c是纯组分的区域，d是混合物的区域

（完整标题见正文）

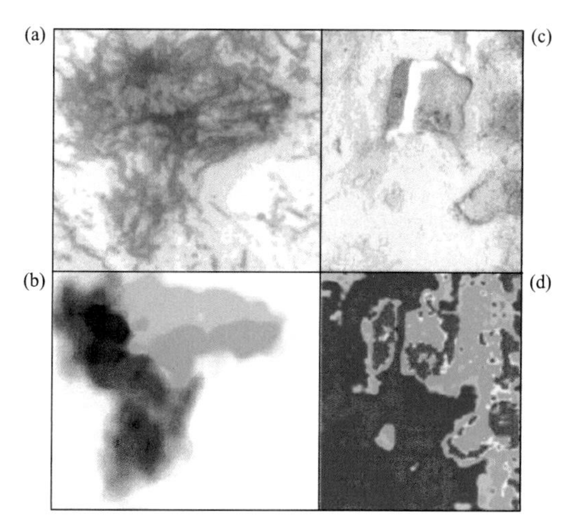

图6.1 脑膜瘤肿瘤区的拉曼成像

（完整标题见正文）

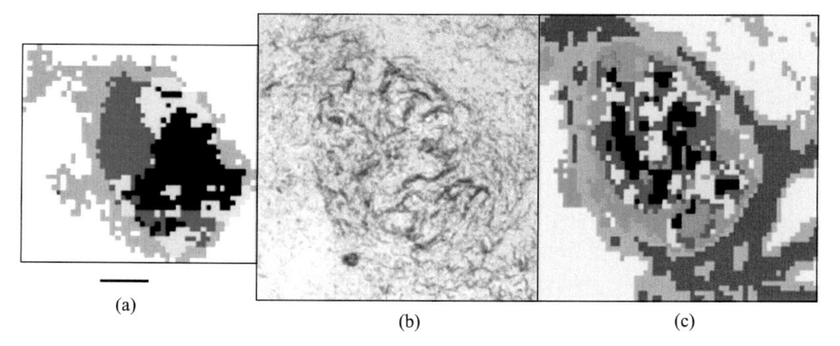

图6.4 FTIR微观成像(a)、显微照片(b)和神经节的显微拉曼成像(c)

（完整标题见正文）

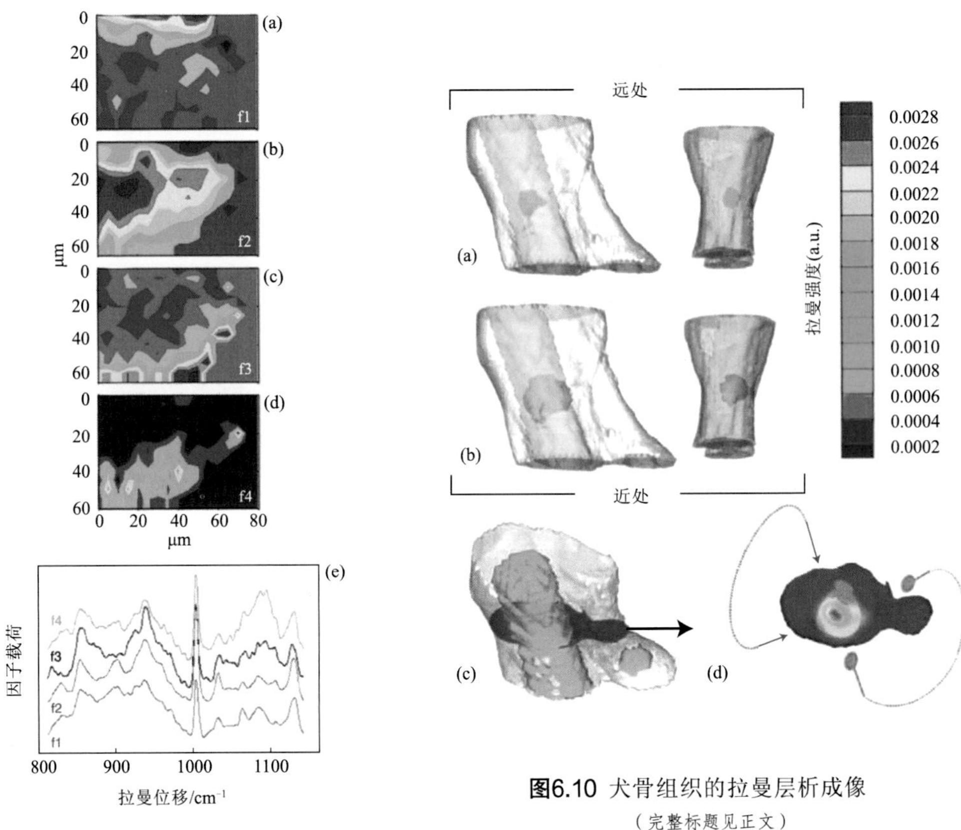

图6.6 共焦拉曼数据集的因子分析描述了受伤12h后创伤边界的皮肤区域

（完整标题见正文）

图6.10 犬骨组织的拉曼层析成像

（完整标题见正文）

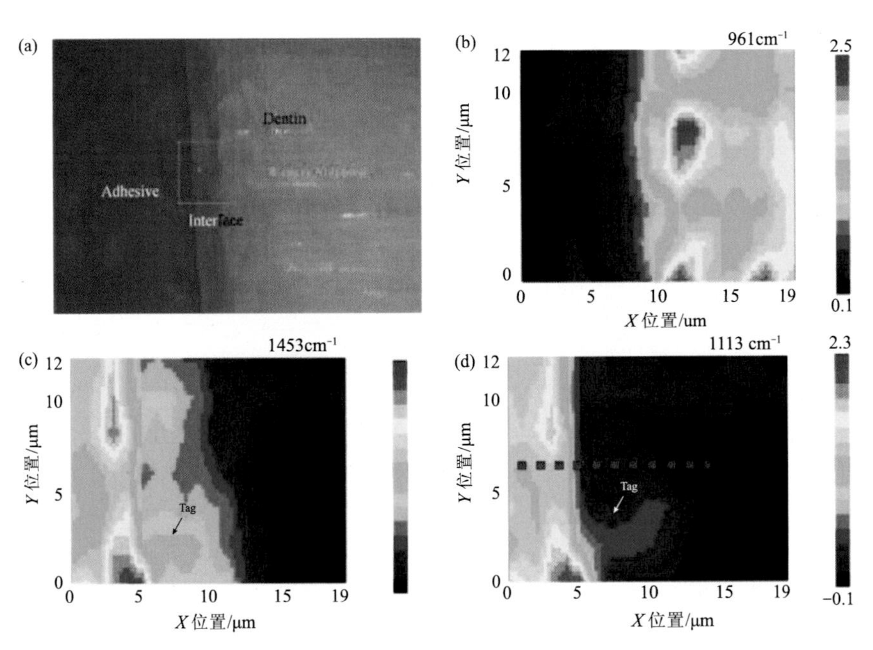

图6.12 (a)黏合剂/牙本质界面的可见成像以及相应的拉曼微光谱学成像

（完整标题见正文）

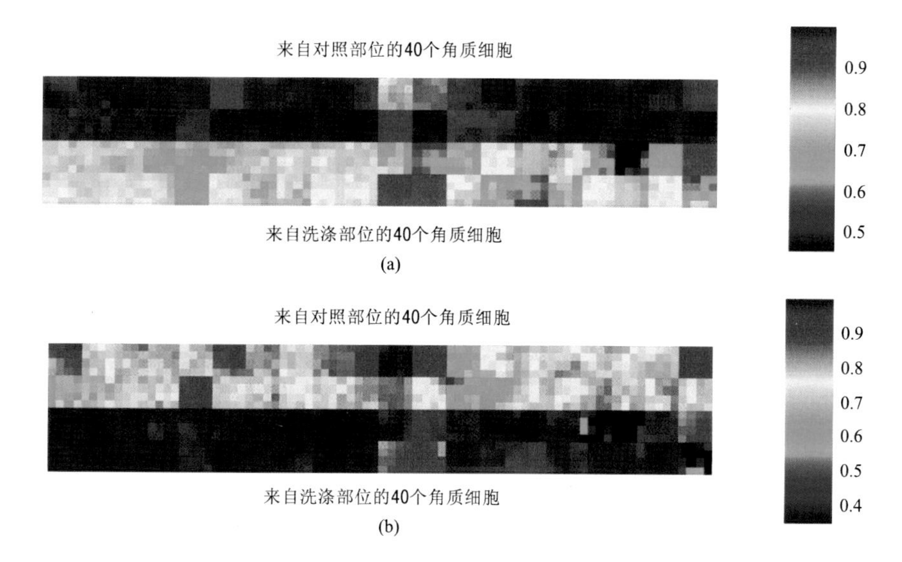

图7.9 实验组和对照组多个分离角质细胞的相关系数成像（完整标题见正文）

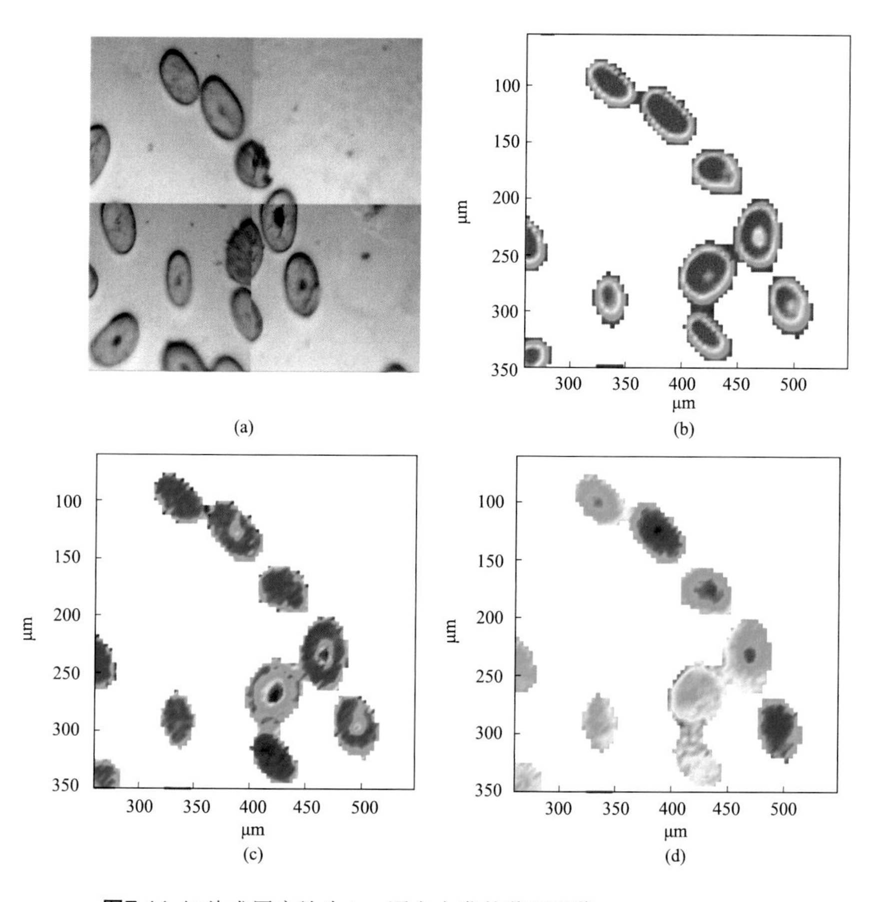

图7.11 切片成厚度约为4μm漂白人发的截面图像（完整标题见正文）

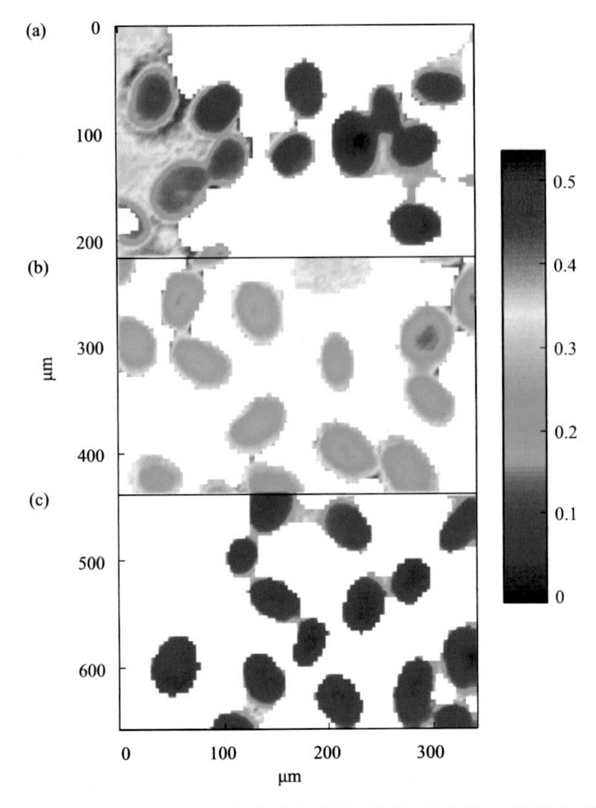

图7.12 在各种处理后，人体头发显微切片相对磺酸含量的红外成像

（完整标题见正文）

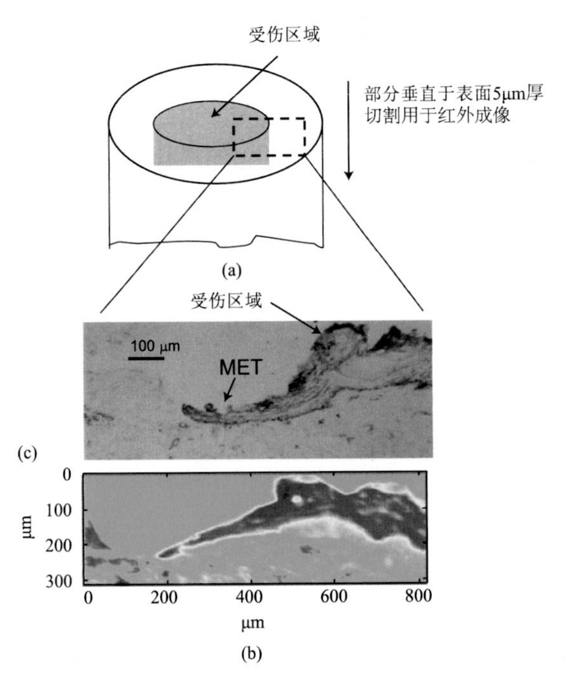

图7.14 (a)当前实验千分尺中使用的皮肤伤口愈合模型的示意，采用3mm 打孔活组织（完整标题见正文）

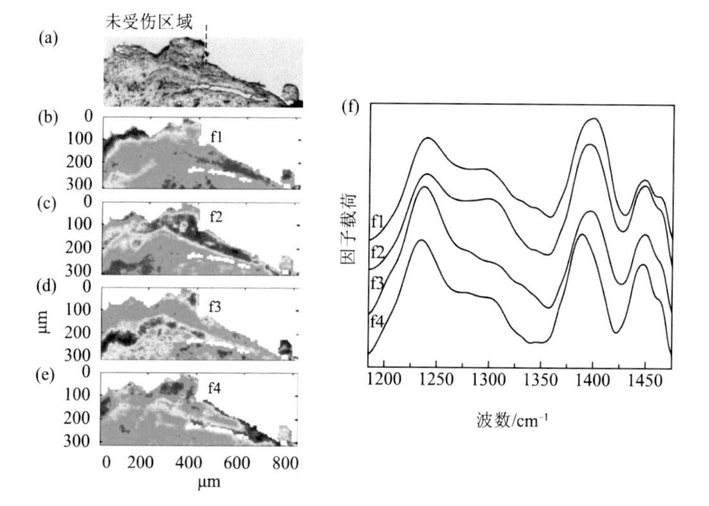

图7.15 在受伤和非受伤富含角蛋白区域的IR表征,创伤后第6天,对1185~1480cm^{-1}光谱区域采用因子分析法

（完整标题见正文）

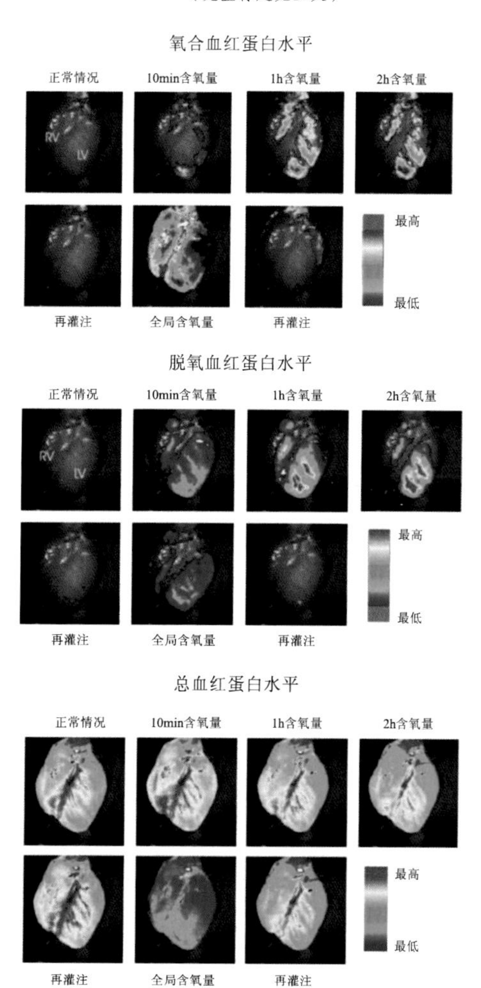

图8.11 停跳心脏用血：KHB溶液（50∶50）进行局部和全局缺血灌注，近红外图像突出了心脏氧合血红蛋白、脱氧血红蛋白和总血红蛋白的区域差异

（完整标题见正文）

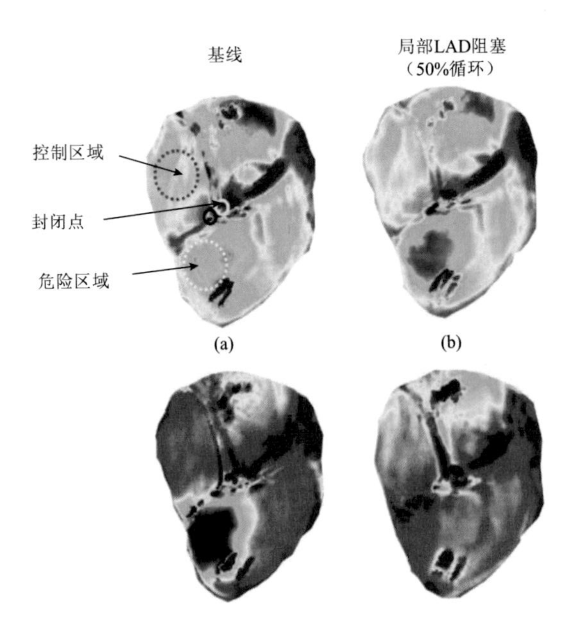

图8.15 在局部区域缺血模型(a)中潘生丁注射对氧合作用的影响（暗区氧合差）

（完整标题见正文）

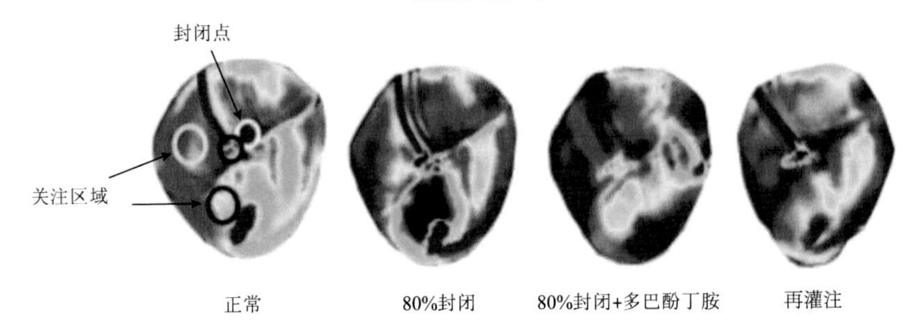

图8.16 在局部区域缺血模型中多巴酚丁胺注射对氧合作用的影响

（完整标题见正文）

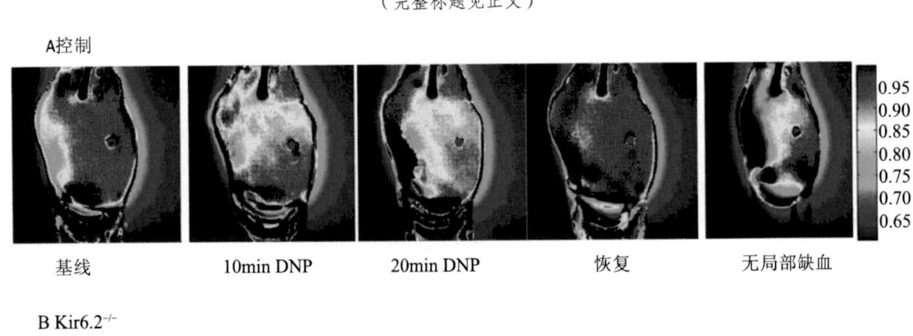

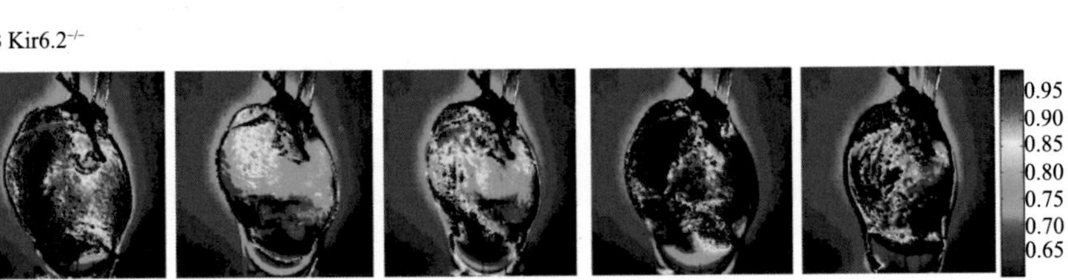

图8.17 近红外图像突出了KHB免疫对照组与用2,4–二硝基苯酚处理的Kir6.2$^{-/-}$小鼠心脏的组织肌红蛋白氧合的变化（暗区氧合程度差）

（完整标题见正文）

10 μm
10 μm
10 μm
(a)
(b)
(c)
API峰值
归一化强度
1630
1640
1650
1660
1670
1680
1690
1700
拉曼位移/cm⁻¹
(d)

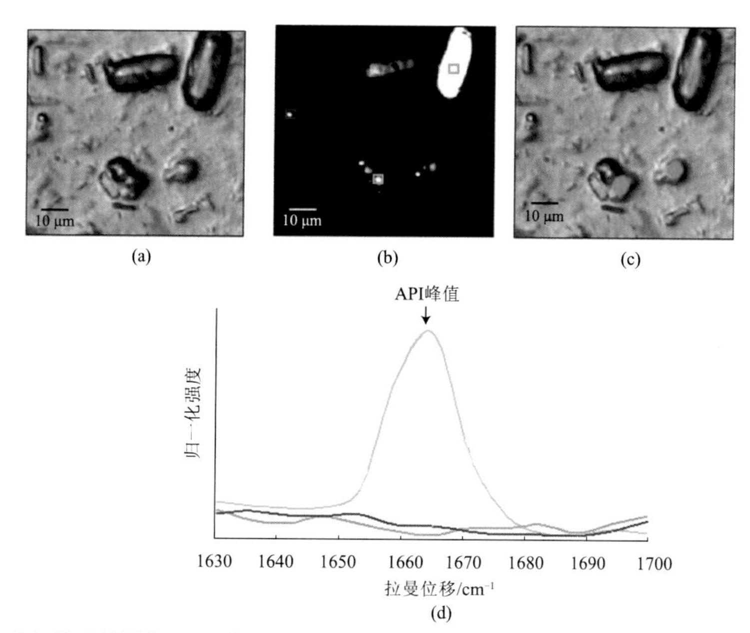

图9.5 (a)明亮的反射图像；(b)偏振光图像；(c)亮场/拉曼重叠图像，平均成像分光仪生成的拉曼光谱用于一个聚焦区域；在图像(d)中，偏振光颜色进行编码以匹配指示的区域

（经斯普林格允许从参考文献[17]转载）

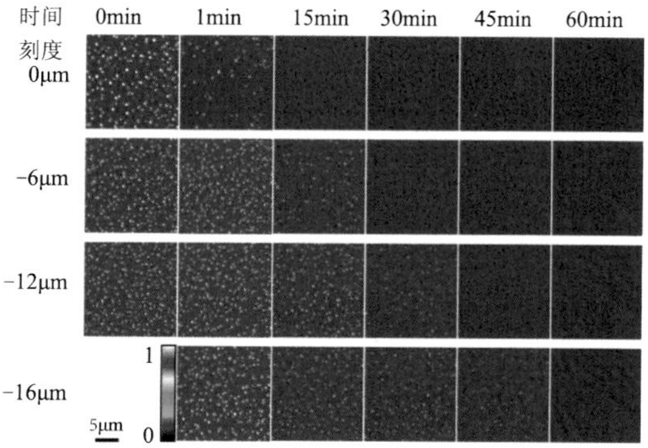

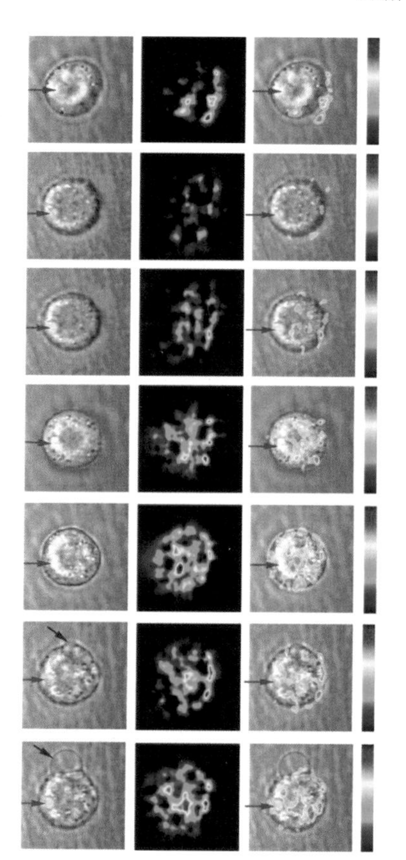

时间
0min
1min
15min
30min
45min
60min
刻度
0μm
−6μm
−12μm
−16μm
1
0
5μm

图9.9 来自PEVA薄片的PTX的原地CARS成像

（完整标题见正文）

图9.8 MDA-435乳腺癌细胞暴露于紫杉醇之前、期间和之后的成像（完整标题见正文）

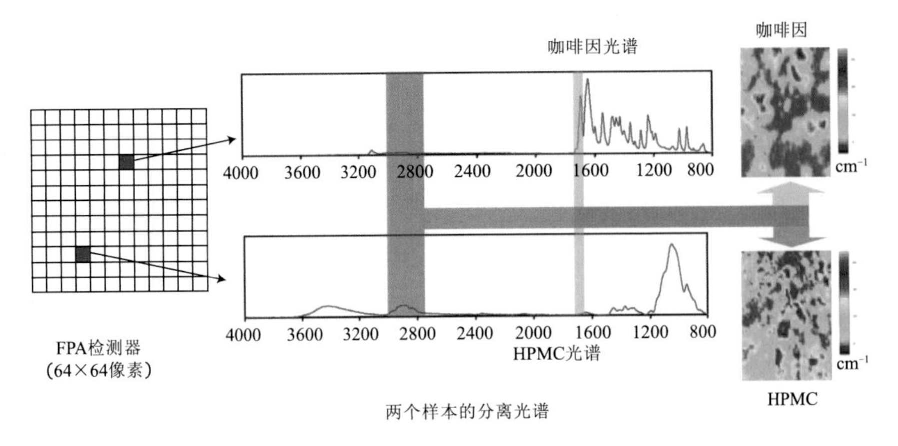

图10.1 FPA检测器采集光谱

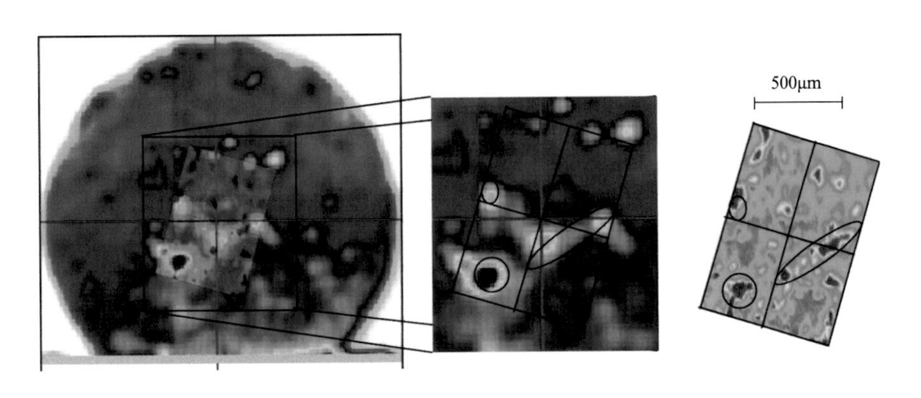

图10.8 FTIR光谱图像与X射线显微断层图像进行比较

（经John Wiley&Sons公司许可转载自参考文献[69]）

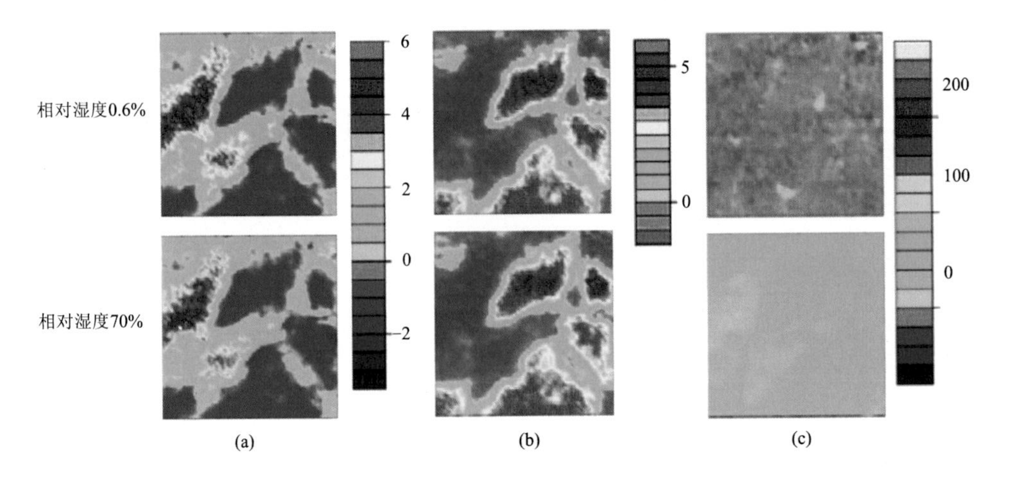

图10.11 不同相对湿度下PEG-灰黄霉素混合物的FTIR图像（完整标题见正文）

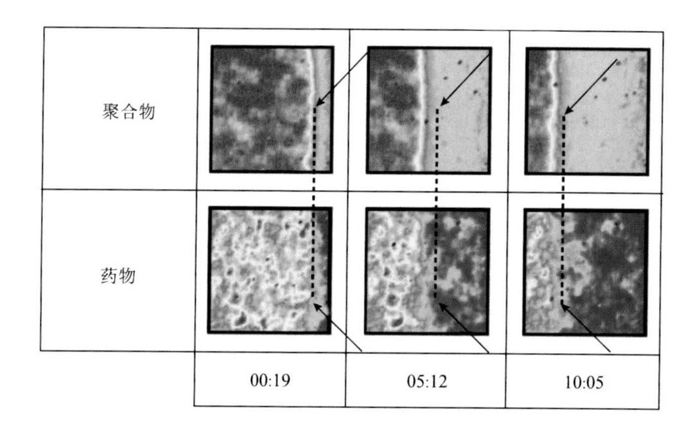

图10.13 配方在透射中溶解模式的FTIR成像

（经Elsevier许可转载自参考文献[83]2003年版权）

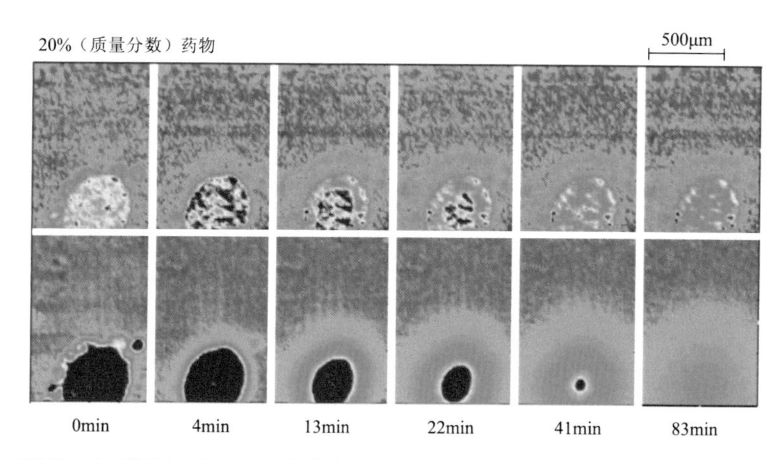

图10.14 硝苯地平和PEG的溶出，顶行显示药物溶出，底行显示聚合物溶出

（经美国化学学会许可部分转载自参考文献[82]2004年版权）

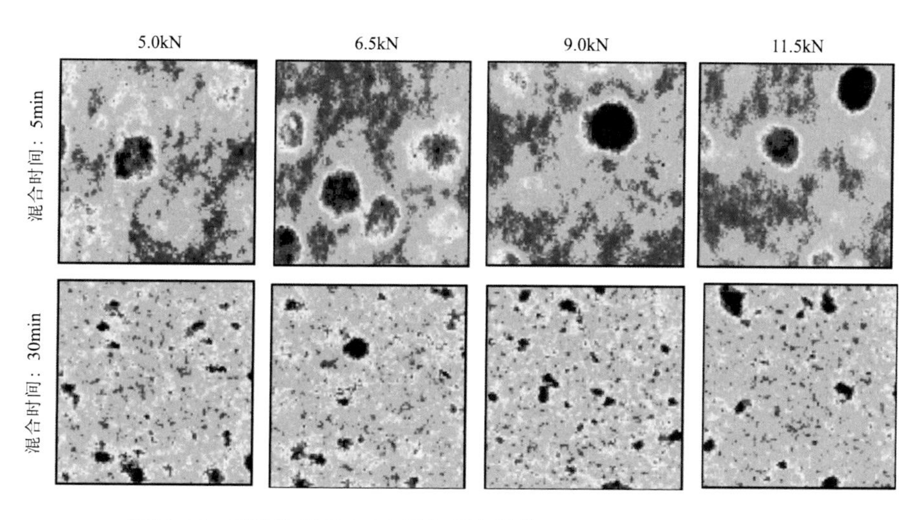

图11.11 崩解剂的PLS-DA得分对比图像（红色为高浓度,蓝色为低浓度）

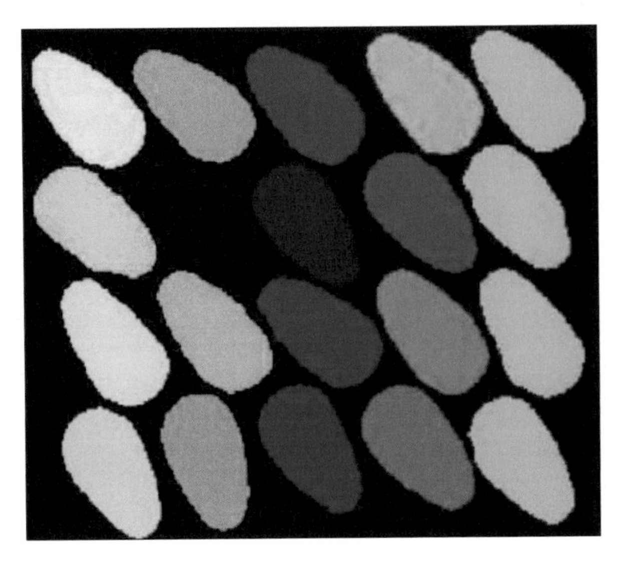

图11.16 1600nm下20片不同含量（40%~60%）原料药的强度图
（经参考文献[32]许可转载）

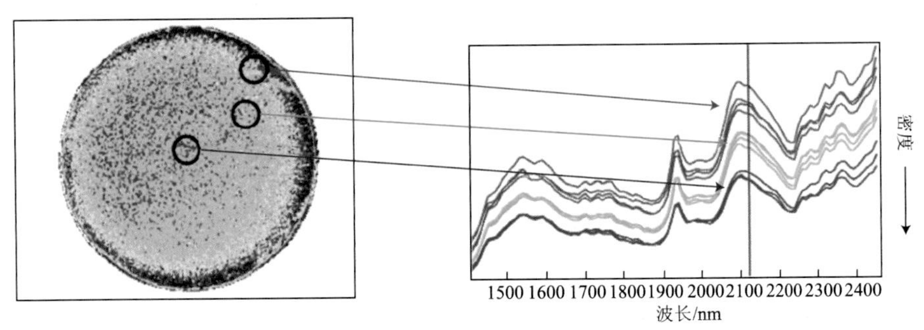

图11.21 片剂内不同密度的未处理近红外光谱（2120nm）对比图像，低强度对应高密度（经参考文献[37]许可转载）

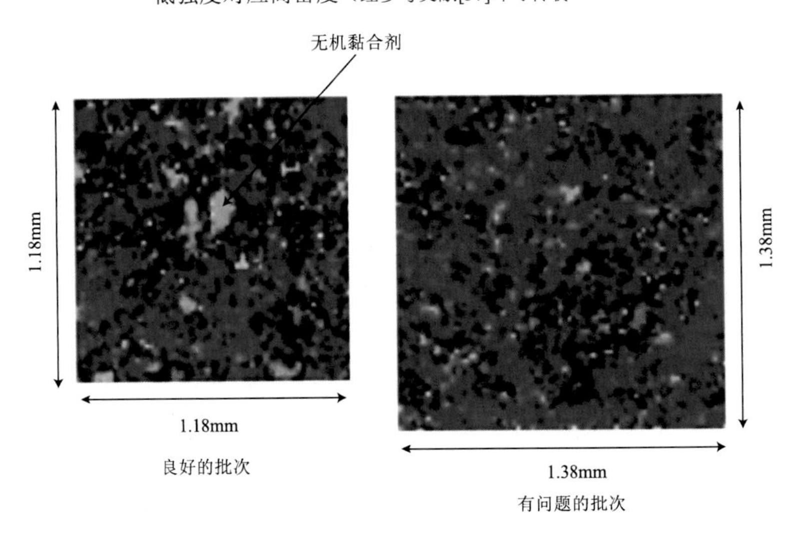

图11.24 两个拉曼和三个近红外图像的CIF图像，一个良好的批次和一个有问题的批次[40]

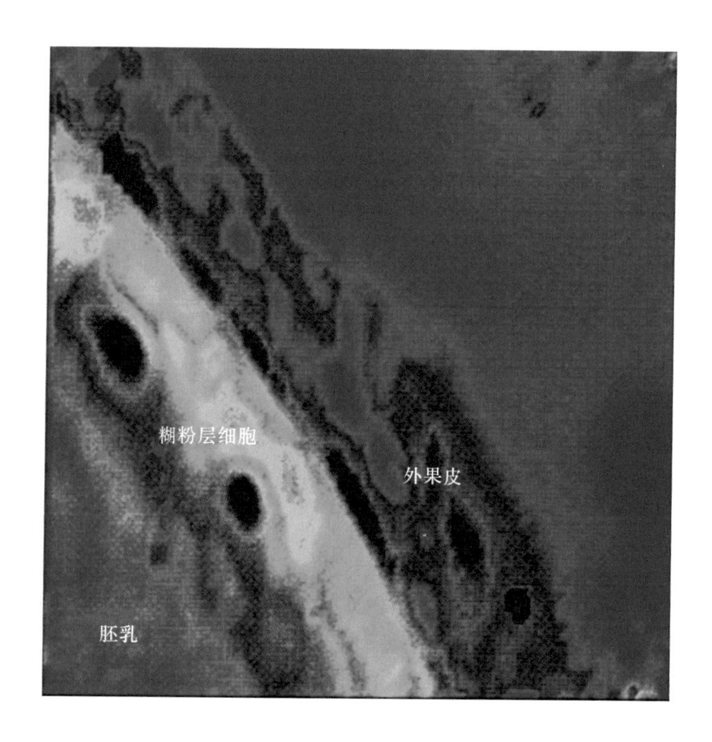

图12.2 麦粒中胚乳、糊粉层细胞和果皮区域的红外图像
（完整标题见正文）

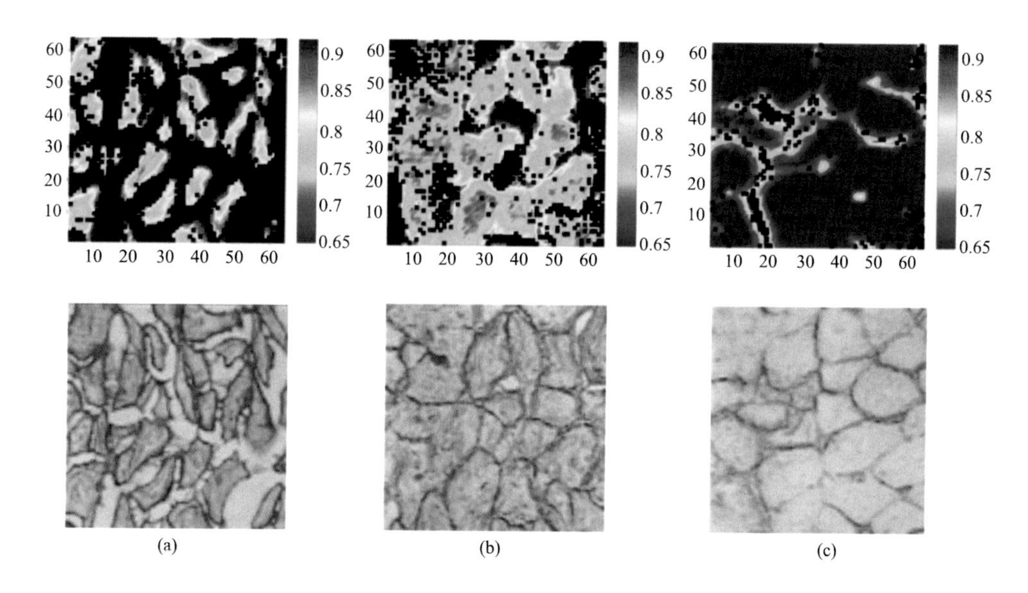

图12.5 三种盐浓度得到的猪肉组织化学图像（显示I_{1630}/I_{1654}带比）：高(a)、中(b)、低(c)（从左至右）（相应的红外图像下展示了对应的显微照片）

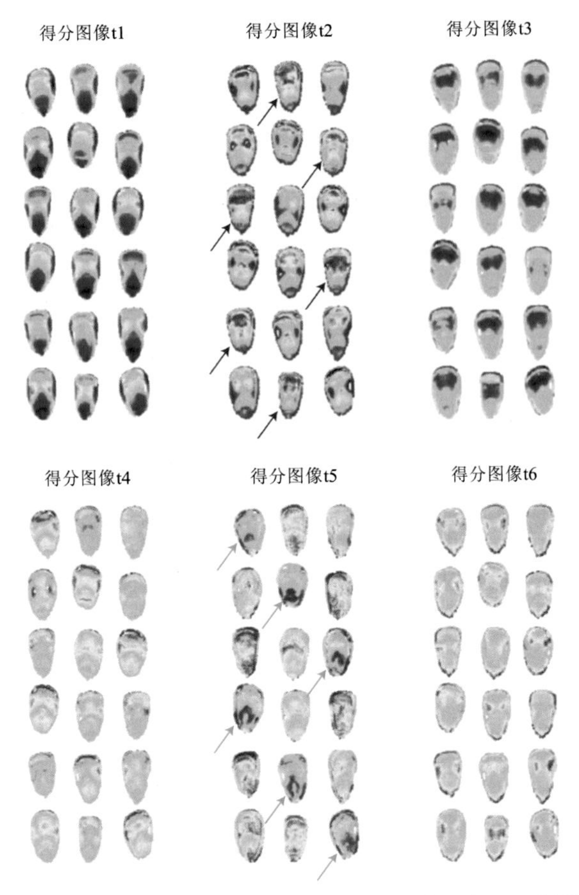

图13.4 剔除了背景以及例如几何误差和阴影的其他扰动之后的PCA得分图像(PC1~PC6)

(蓝色箭头表示软玉米粒,绿色箭头表示硬玉米粒)

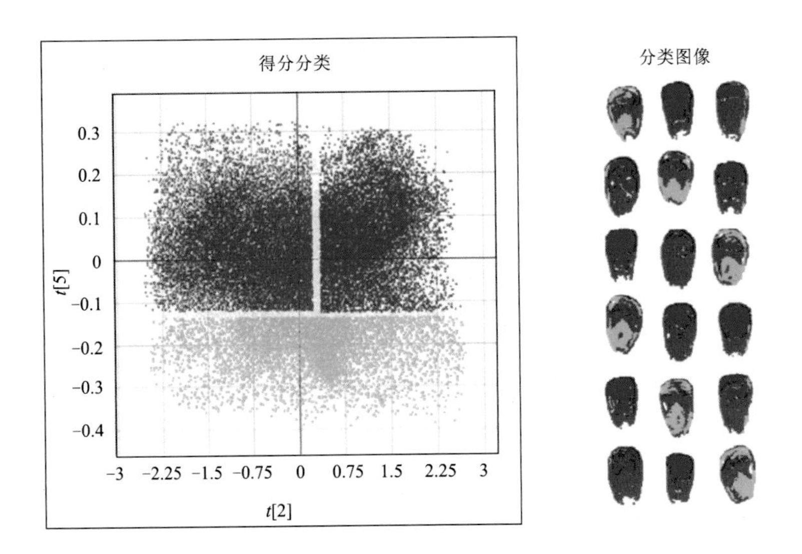

图13.6 分类后的PCA得分点图（绿色=玻璃态，红色=中等，蓝色=粉状）（左边）和对应的投影到得分图像上的分类图（右边）

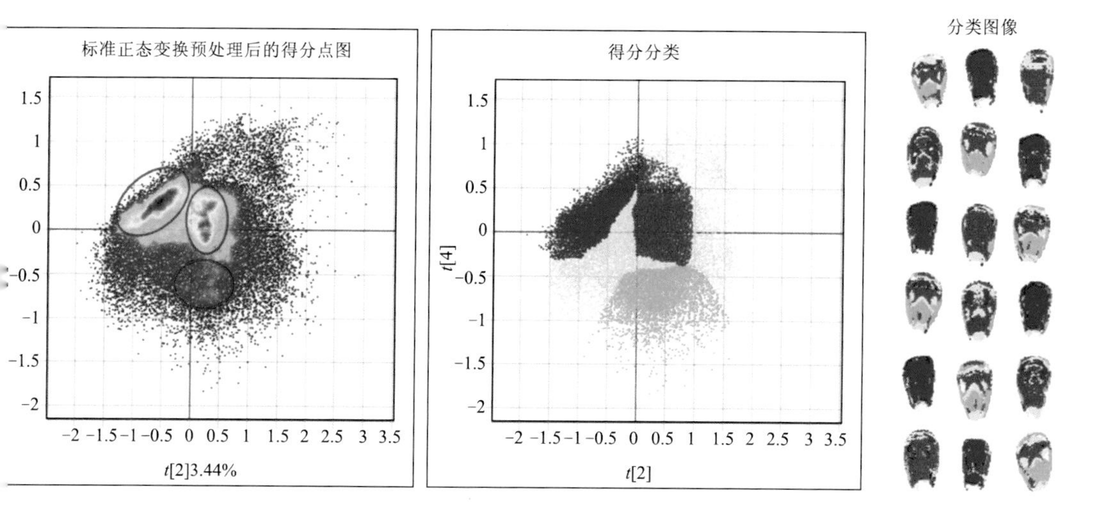

图13.7 经过剔除背景和SNV预处理之后的PCA得分图（PC2对PC4）（左边）

（完整标题见正文）

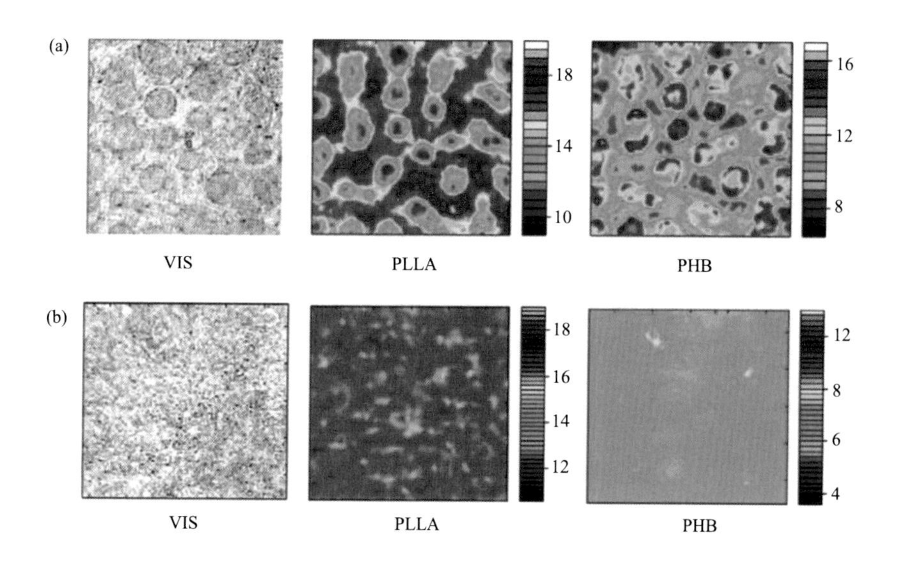

图14.3 (a) PHB/PLLA（质量比50/50）共混物的可见光图像（左），共混物中PLLA的FTIR图像（中），共混物中PHB的FTIR图像（右）

（完整标题见正文）

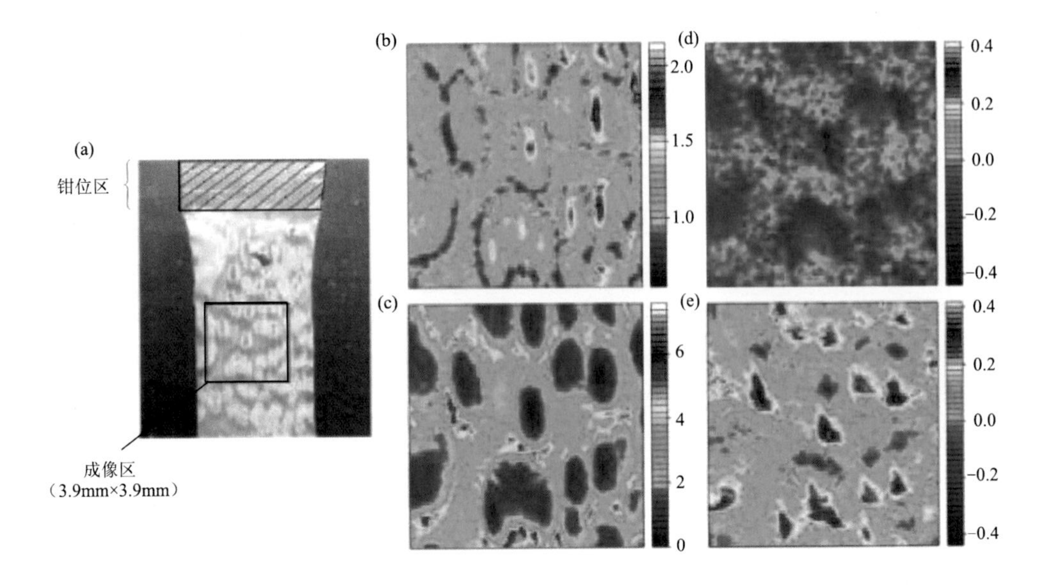

图14.5 (a)光学图像；(b)A_{0PHB}/A_{0PLLA}的傅里叶红外图像（3.9mm×3.9mm）；(c) A_{0PLLA}/A_{0PHB} 的傅里叶红外图像（3.9mm×3.9mm）；50%拉伸的PHB (d)和PLLA (c)（质量比50/50）混合膜中PHB和PLLA相应的取向函数$f_{\perp}$的图像[为了最佳的比较效果，$f_{\perp}$的图像(d)和(e)中用同样的颜色]

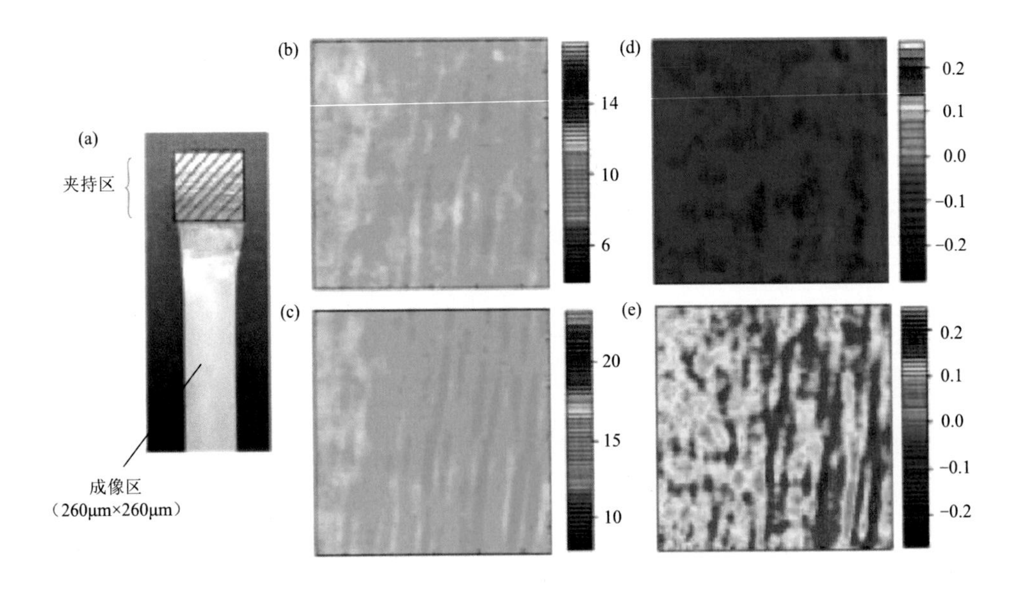

图14.7 光学图像(a)和260μm×260μm的A_{0PHB}傅里叶红外图像(b)和A_{0PLLA}的傅里叶红外图像(c)，拉伸为200%的PHB/PLLA（质量比40/60）混合膜中相应取向函数PHB (d)和PLLA (e)图像[为了进行最佳比较，(d)和(e)的图像以相同的色标显示]

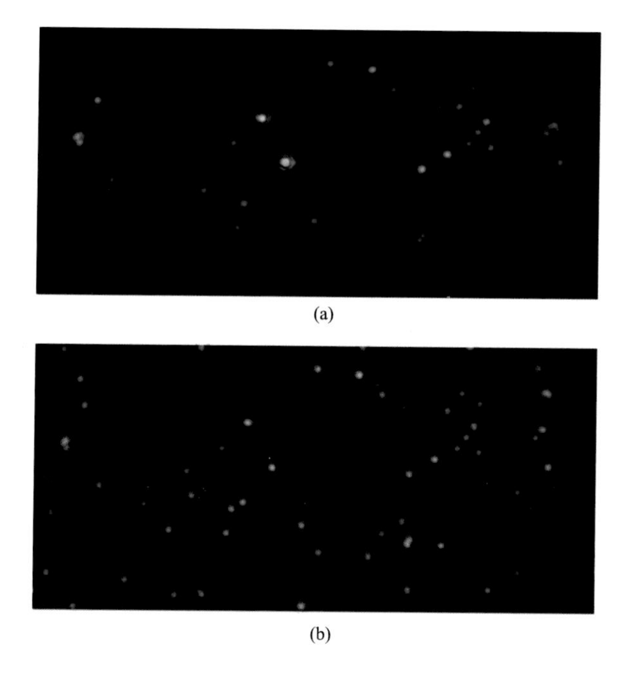

图15.4 (a)在514nm 处激励的TC分子吸收银纳米聚合物的SERS的显微图像；(b)对应的来自经暗场聚光镜的白光照明的银纳米聚合物的LSPR瑞利散射的显微图像（图像覆盖区域为78μm×34μm）

染料（激光）	TRITC 514.5nm		Atto610 568nm	
浓度	9μg/mL	0.9ng/mL	1μg/mL	1ng/mL
荧光				
SERRS/SEF				

图15.9 荧光（顶端）与SERRS/SEF（底端）在不同浓度下来自TRITC和Atto610的微观图像

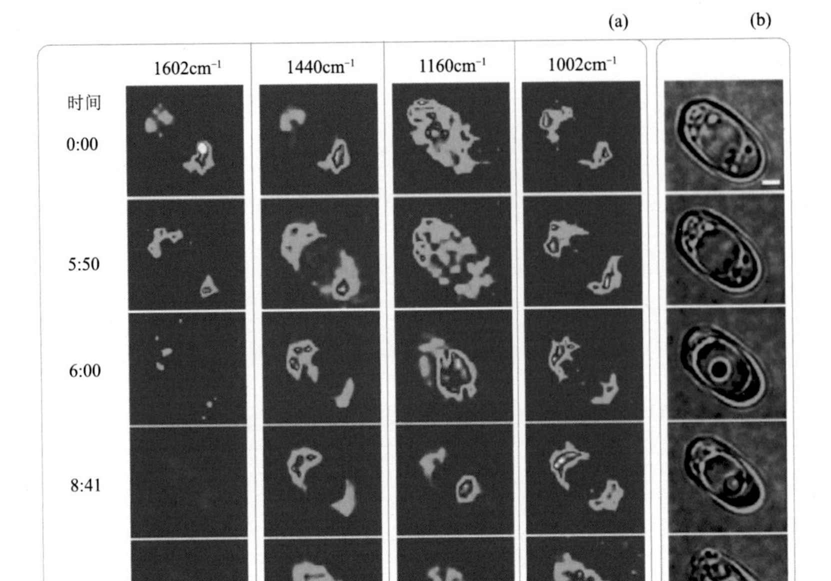

图16.4 死亡*S.cerevisiae*细胞的时间分辨拉曼图像
(a)和对应的光学显微图像(b)

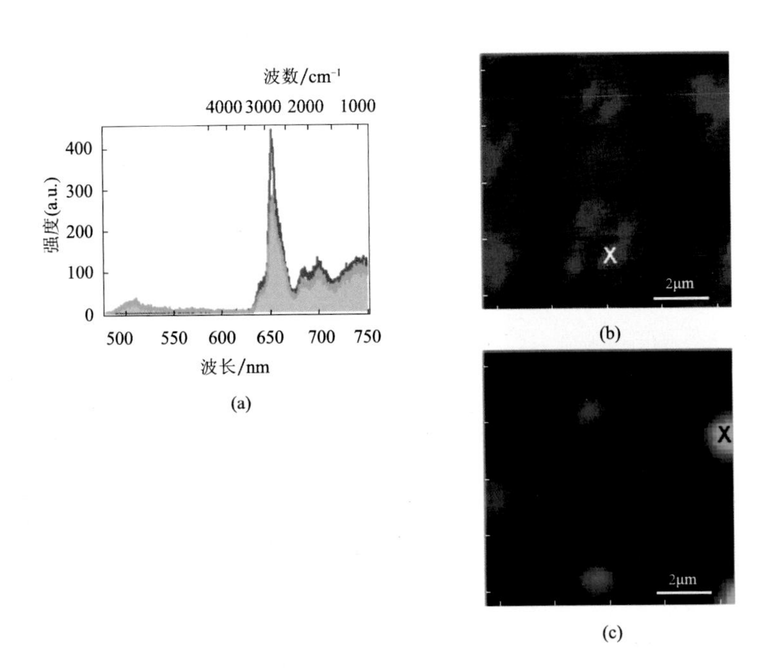

图16.9 (a)活酵母细胞的CARS和TPEF信号的光谱轮廓；(b)活酵母细胞关于C-H 伸缩模式的CARS横向图像；(c)相同系统在506nm 处的TPEF横向图像（完整标题见正文）